CAD/CAM/CAE 必学技能视频丛书

AutoCAD 2014 必学技能 100 例

陈桂山　高倩倩　代卧龙　编著

電子工業出版社
Publishing House of Electronics Industry
北京 • BEIJING

内 容 简 介

本书详细讲述 AutoCAD 软件的应用，通过必学技能 100 例以及三个综合实训，让读者真正掌握 AutoCAD 软件的技能精华，有效提升设计技能，达到学以致用的目的。

全书共 16 章，第 1～13 章主要包括基本操作和绘图、编辑修改图形、层和块操作、文字操作、对图形进行尺寸和文字标注、利用辅助功能绘图、使用图层管理图形、图块和样板的使用、创建图案填充、绘制三维图形、编辑三维模型和图形的打印输出，第 14～16 章为综合实训。

本书的绘图必学技能，适合 AutoCAD 2004～2014 所有版本，并且是根据专业设计者经常使用 AutoCAD 的操作技能来编写的，希望读者能够掌握这些操作技能。

本书适合初、中、高级读者学习，也可以作为广大读者快速掌握 AutoCAD 的操作指导书，同时可作为大中专院校机械、建筑、电气设计专业计算机辅助设计课程的教材。

图书在版编目（CIP）数据

AutoCAD 2014 必学技能 100 例 / 陈桂山，高倩倩，代卧龙编著. —北京：电子工业出版社，2014.6
（CAD/CAM/CAE 必学技能视频丛书）
ISBN 978-7-121-22990-9

Ⅰ. ①A… Ⅱ. ①陈… ②高… ③代… Ⅲ. ①AutoCAD 软件 Ⅳ. ①TP391.72

中国版本图书馆 CIP 数据核字（2014）第 078146 号

策划编辑：许存权
责任编辑：许存权　　特约编辑：刘丽丽　王　燕
印　　刷：三河市双峰印刷装订有限公司
装　　订：三河市双峰印刷装订有限公司
出版发行：电子工业出版社
　　　　　北京市海淀区万寿路 173 信箱　邮编 100036
开　　本：787×1 092　1/16　印张：24.75　字数：610 千字
印　　次：2014 年 6 月第 1 次印刷
定　　价：59.00 元（含 DVD 光盘 1 张）

凡所购买电子工业出版社图书有缺损问题，请向购买书店调换。若书店售缺，请与本社发行部联系，联系及邮购电话：（010）88254888。

质量投诉请发邮件至 zlts@phei.com.cn，盗版侵权举报请发邮件至 dbqq@phei.com.cn。

服务热线：（010）88258888。

前 言

AutoCAD 是美国 Autodesk 公司推出的通用辅助设计软件，该软件已经成为世界上最优秀、应用最广泛的计算机辅助设计软件之一。无论是 CAD 的系统用户，还是其他的计算机使用者，都可能因 AutoCAD 的诞生与发展而大为受益。

目前，AutoCAD 推出的最新版本 AutoCAD 2014 中文版，更是集图形处理之大成，代表了当今 CAD 软件的最新潮流和技术巅峰。

本书不同于以往的 AutoCAD 图书，对每个命令直接采用操作步骤的方法来说明，而是归纳必备技能中的重点为“必学技能”，贯穿全书。对具体的命令进行了操作步骤的编写，使读者真正体会每个命令的使用方法，将命令的操作方法在书中反映出来，有利于读者举一反三、融会贯通，从而大大提高读者的学习效率。

本书有以下特色：

（1）内容新颖，以必学技能的方式安排内容，使 AutoCAD 的应用简捷易学。

（2）高效掌握，通过具体的 100 例必学技能，帮助读者在短时间内有效提升设计技能。

（3）实用性强，作者实践经验丰富，每个必学技能都是作者精心选取和亲自操作过的。

（4）实训全面，精心挑选每个实训实例，让读者能全面学习常用的必学技能。

（5）视频讲解，每个技能实例录制有视频讲解，使读者学习轻松愉快。

第 14～16 章安排了相关的必学技能实训，涵盖了建筑设计、机械设计、电气设计等领域的必学技能案例，叙述清晰，内容实用，每个必学技能都配有专门的出处，使读者能够在实际操作中加深对每个必学技能的理解，真正帮助读者掌握绘图的技巧，通过第 14～16 章的实训，使读者对 AutoCAD 的必学技能达到学以致用的目的，真正掌握 AutoCAD 绘图操作。

随书光盘中包含本书必学技能操作的视频，以及必学技能综合实训视频和最终制作效果文件，读者可以充分利用这些资源提高学习效率。

本书主要由陈桂山、高倩倩、代卧龙编写，另外谢德娟、钟成圆、杨文正、谭晓霞、高峰、詹芝青、刘含笑、冯新新、罗遵福、黄新长、沈寅麒、郭静波、杨育良、王扬、贾广浩、李明新等也参与了部分章节的编写工作，在此向他们表示感谢！

读者在学习过程中遇到难以解答的问题，可以向本书专门的技术支持 QQ：283936443 求助，或直接发邮件到编者邮箱 guishancs@163.com，编者会尽快给予解答。

编　者

目 录

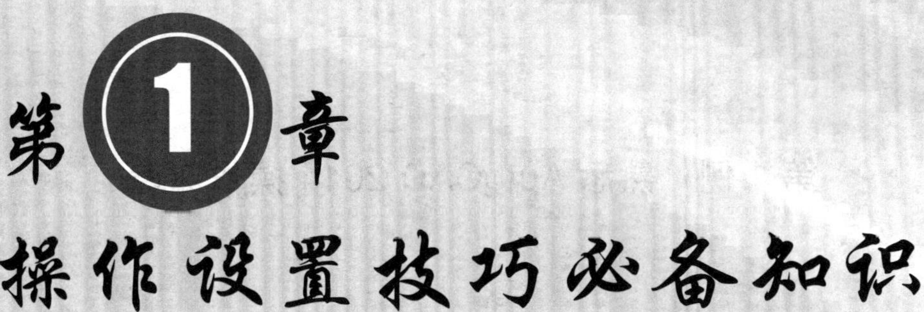

第1章 操作设置技巧必备知识

本章内容导读

在许多行业中，如土木建筑、装饰装潢、城市规划、园林设计、电子电路、机械设计、服装鞋帽、航空航天、轻工化工等诸多领域，Auto CAD 已经成为国际上广为流行的绘图工具。其具有良好的用户界面，通过交互菜单或命令行方式便可以进行各种操作。

本章将主要讲述操作设置技巧方面所必备的一些知识，让读者能够对 AutoCAD 软件有个基本的了解。另外，一般没有特殊要求的服装、机械、电子、建筑行业的公司都是使用 AutoCAD Simplified 版本，所以 AutoCAD Simplified 基本上算是通用版本。这里主要介绍“AutoCAD 2014-简体中文（Simplified Chinese）”版本的使用方法。

本章必学技能要点

- 熟悉 AutoCAD 2014 操作环境
- 掌握图形文件管理的方法
- 掌握命令的调用方法
- 掌握绘图单位的设置
- 掌握选择集的设置
- 掌握十字光标、靶框及自动捕捉标记大小的设置
- 掌握鼠标左、右键功能
- 掌握视图显示

第 1 例　熟悉 AutoCAD 2014 操作环境

必学技能

熟悉操作环境对于刚接触 AutoCAD 2014 的初学者来说，是必备的技能，这里主要熟悉快速访问工具栏、菜单栏、工具栏、功能区、绘图区、命令输入行、状态栏和光标菜单。

启动桌面上的“AutoCAD 2014 -简体中文（Simplified Chinese）”程序后的界面如图 1-1 所示，其采用的是“AutoCAD 经典”工作空间。

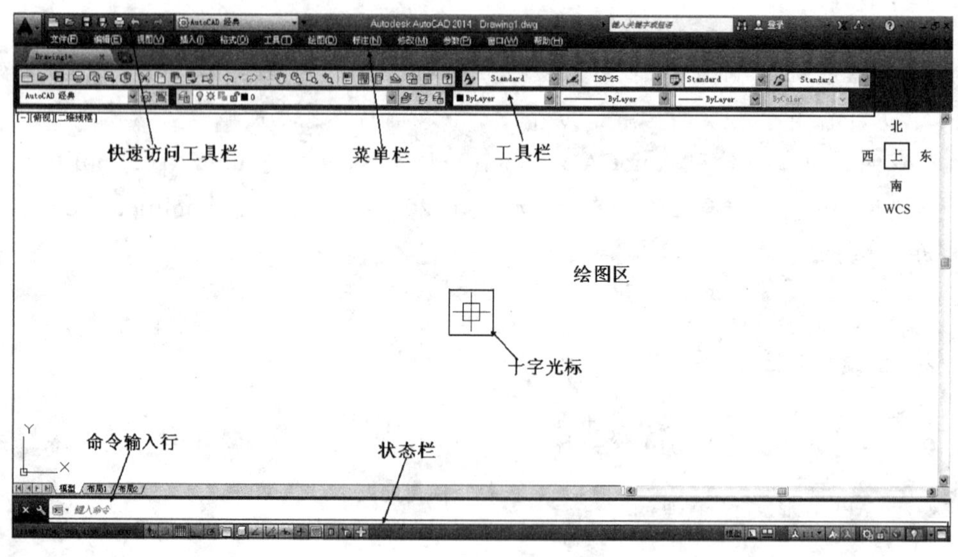

图 1-1　AutoCAD 2014 中文版操作界面（经典）

这本书所采用的工作空间为“AutoCAD 经典”项，AutoCAD 的工作空间共有草图与注释、三维基础、三维建模和 AutoCAD 经典四种模式。一般设计者所采用的都是“AutoCAD 经典”工作空间，这样的操作界面比较简单、运行比较快，是大多设计者所采用的，故本书所讲述的将是“AutoCAD 经典”工作空间。

第 2 例　掌握图形文件管理的方法

必学技能

图形文件管理包括新建图形文件、打开图形文件、保存图形文件、加密图形文件和关闭图形文件几种方法，在绘制图形文件前应该掌握这几种操作方法。

下面将具体讲解图形文件管理的方法。

1. 新建图形文件

操作步骤

01 选择菜单栏中的“文件”→“新建”命令。

02 或者单击“模型”文件选项下的“新建”按钮，来创建新图形文件。

03 系统将打开如图 1-2 所示的“选择样板”对话框，用户可以根据需要选择合适的样板，即 dwt 模版的创建，将在后面的必学技能中详细叙述，这里就不再赘述。

2. 打开图形文件

一般熟练的绘图者都是采用：选择菜单栏中的“文件”→“打开”命令打开图形文件，系统打开“选择文件”对话框，可以从列表中找到需要打开的文件，默认的格式为“.dwg”，如图 1-3 所示。

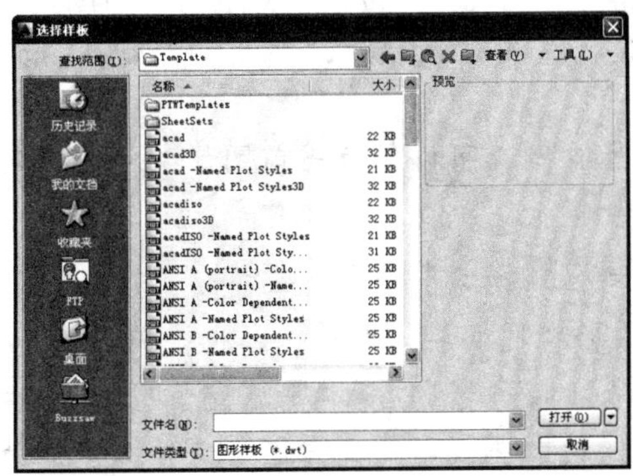

图 1-2　“选择样板”对话框

图 1-3　“选择文件”对话框

3．保存图形文件

操作步骤

01 单击“快速访问栏”中的“保存”按钮，第一次保存图像时，弹出“图像另存为”对话框，如图 1-4 所示，文件默认的保存格式“AutoCAD 2007/LT2007 图形(*.dwg)”。

02 用户可以根据自己的实际需求，在“文件类型”的下拉列表中选择自己所需要的文件格式进行保存，其“保存文件类型”选项如图 1-5 所示，选择“AutoCAD 2004”版本的文件。

图 1-4 “图形另存为”对话框

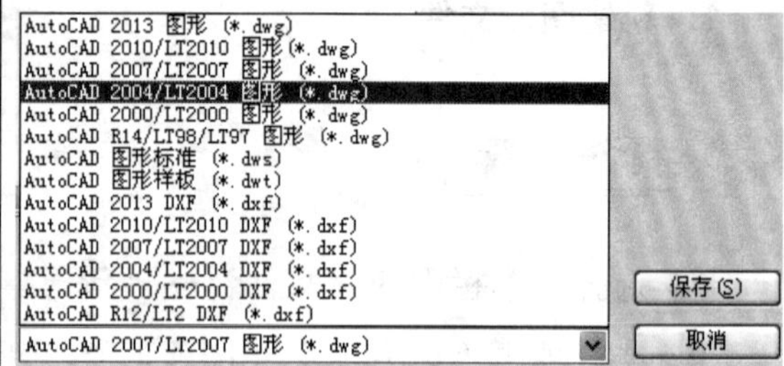

图 1-5 “保存文件类型”选项

4．加密图形文件

加密图形文件的方法：选择菜单栏中的“工具”→“选项”→“打开和保存”→“安全选项”命令，然后输入密码即可，其“安全选项”对话框如图 1-6 所示。

5．关闭图形文件

一般熟练的绘图者都是在绘图窗口中直接单击“关闭”按钮，关闭当前的图形文件。如果当前图形没有存盘，系统将弹出“AutoCAD”警告对话框，如图 1-7 所示，询问是否保存文件。

- 单击“是（Y）”按钮或直接按 Enter 键，可以保存当前图形文件并将其关闭；
- 单击“否（N）”按钮，可以关闭当前图形文件但不存盘；
- 单击“取消”按钮，取消关闭当前图形文件操作，即不保存也不关闭；
- 如果当前所编辑的图形文件没有命名，那么单击“是（Y）”按钮后，AutoCAD 会打开“图形另存为”对话框，要求用户确定图形文件存放的位置和名称。

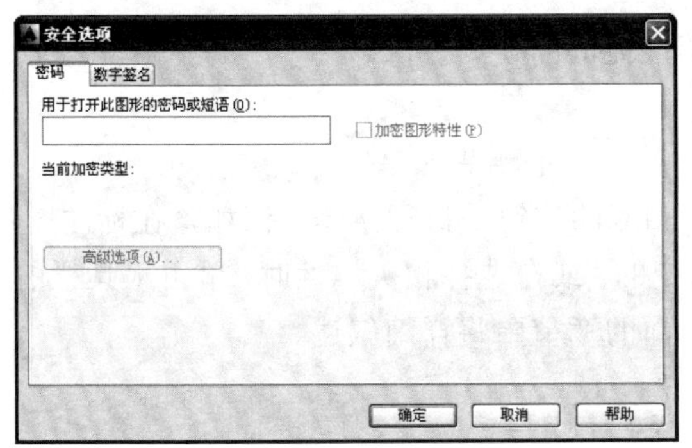

图 1-6　“安全选项”对话框

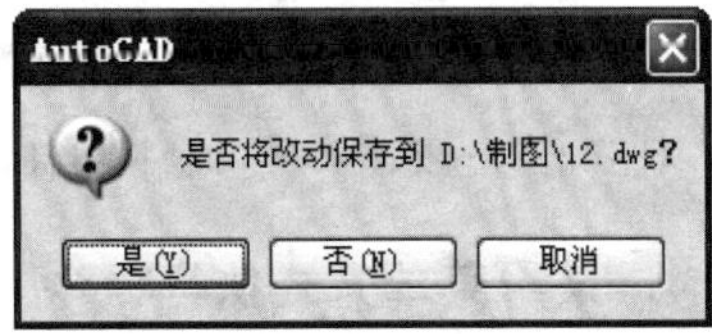

图 1-7　“Auto CAD”警告对话框

第 3 例　掌握命令的调用方法

必学技能

命令的调用方法包括用鼠标发出命令、用键盘输入命令、单击面板上相应的按钮执行命令、采用菜单方式执行命令、重复执行命令、透明命令、退出正在执行的命令和取消已执行的命令几种方法，在设计前应该掌握这些方法。

下面将具体讲解命令的调用方法。

1. 用鼠标发出命令

使用鼠标绘图时，其主要进行两种操作，以执行相关任务。

◆　一种是利用鼠标执行相关命令；

◆　另一种是利用鼠标在绘图区域里选择对象以对其进行绘图编辑操作。

用鼠标执行相关命令，然后绘制或编辑相关图形。用鼠标还可以对绘图区里的图形进行选择，在 AutoCAD 2014 中设置了各种选择方式，保证用户可以将想要编辑的部分顺利选上。

2. 用键盘输入命令

在绘图操作时经常要设定一些参数，需要用键盘来输入。AutoCAD 中大部分命令都具有快捷键，用户可以直接在命令行中输入快捷键，然后大拇指按下空格键，这样可以大大提高绘图的效率，后面将具体介绍快捷键的使用方法。

3．单击面板上相应的按钮执行命令

在绘制图形时，有时需要单击面板上相应的按钮来执行命令，例如，在标注图形尺寸时，就是单击面板上相应的按钮执行命令的；或在选择相关属性时，单击工具栏的“标准”中的相关按钮，其具体操作方法在后面的章节中将详细叙述。

4．采用菜单方式执行命令

在绘制图形时对于不经常使用的操作命令，可以选择菜单栏中的命令来执行，例如，在 AutoCAD 中创建多边形，选择菜单栏中的“绘图”→“多边形”命令，接着按照命令行中的提示操作。其他采用菜单方式执行的命令将在后面的必学技能中讲述。

5．重复执行命令

在很多时候，绘制图形经常要用到重复的命令来执行上一步骤命令。其中快速重复执行命令主要是靠单击鼠标右键或者是左手大拇指按下空格键这两种操作方法。

6．透明命令

透明命令的定义：透明命令就是一个命令还没结束，中间插入另一个命令，然后继续完成前一个命令，插入的命令称为透明命令，插入透明命令是为了更方便地完成第一个命令。

常见的视图缩放、视图平移、帮助、变量设置等。其使用的方法是在当前窗口中没有完全显示整个图形，要画的部分比当前窗口显示的部分要大很多，这时可以进行缩放，也就是滚动鼠标滚轮，或者按住鼠标中键平移。

这种情况只针对缩放。还有就是画线，在没有点下一点的情况下，可以更改捕捉、栅格、正交、极轴等。

7．退出正在执行的命令

按 Esc 键退出当前正在执行的命令。一般熟练的绘图者都是左手放在 Esc 键附近，随时准备退出正在执行的命令。

一般情况下，左手大拇指按下空格键或单击鼠标右键可以激活上次使用的命令。

8．取消已执行的命令

UNDEFINE 是用来取消已执行的命令。在快捷键中一般通过左手输入“**U**”，然后左手大拇指按下空格键来执行。

第 4 例　掌握绘图单位的设置

必学技能

在设计绘制图纸前，应该掌握**绘图单位的设置**，设置合适的测量单位是非常有必要的。

使用 AutoCAD 可以绘制精度要求比较高的工程、机械工艺、城市规划等图纸，在绘制图形之前，设置合适的测量单位是非常有必要的。根据绘制任务的需要，可以指定每一个单位所代表的实际距离。

下面就将介绍怎么设置绘图单位。

操作步骤

01 选择菜单栏中的“格式”→“单位”命令，左手大拇指按下空格键，打开“图形单位”对话框，如图 1-8 所示。

02 在“长度”选项组中对绘图的“长度”单位类型和“精度”进行设置。用户根据需要从其下拉列表中选择相应的选项来进行设置。

◆ 选择“长度”单位类型有分数、工程、建筑、科学、小数 5 种类型；

◆ 选择“精度”单位类型如图 1-9 所示。

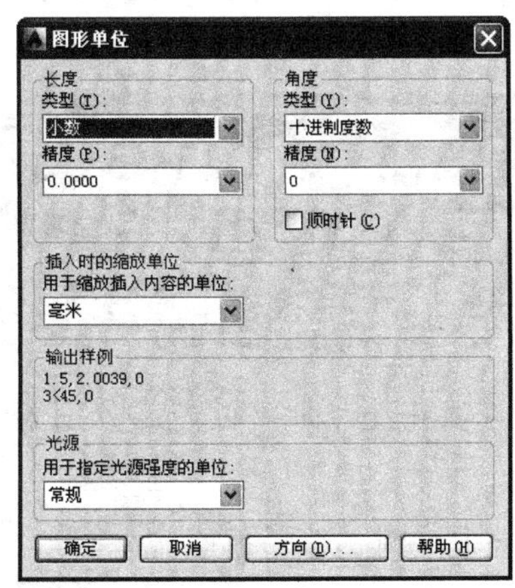

图 1-8　“图形单位”对话框

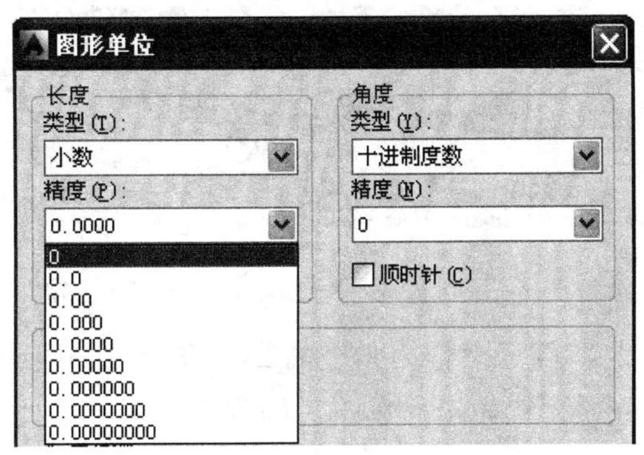

图 1-9　“类型”下拉列表

03 在“角度”选项组中设置角度单位类型与精度，其中“顺时针”复选框用来设置正角度的方向，在此保持选项组的默认设置。

04 在“插入比例”选项组中设置插入到当前图形中的块和图形的测量单位。用户可从该项的下拉列表中选择相应的单位选项，如图 1-10 所示。

提示

如果块或图形创建时使用的单位与该选项指定的单位不同，则在插入这些块或图形时，将对其按比例缩放。当在该项的下拉列表中选择“无单位”选项时，所插入的块将保持原始大小。

05 通过“输出样例”选项组观察当前单位和角度设置下的标注示例，在“光源”选项组中指定图形中光源强度的单位，用户可从下拉列表选择相应的单位。在“图形单位”对话框的底部单击“方向”按钮，弹出如图 1-11 所示的“方向控制”对话框；

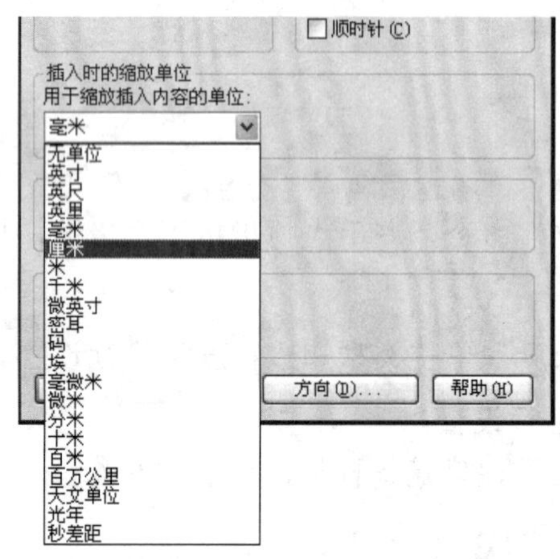

图 1-10　插入图形的单位列表

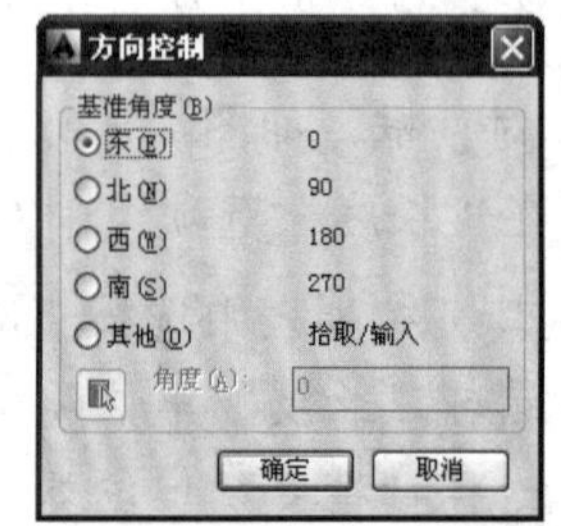

图 1-11　“方向控制”对话框

专家提示：为创建和使用光度控制光源，必须从选项列表中指定非“常规”的单位。如果“插入比例”设置为“无单位”，则将显示警告信息，通知用户渲染输出可能不正确。

06 在“方向控制”对话框设置基准角度的方向，其中东、北、西、南分别表示以东、北、西、南作为角度的零度方向。

07 设置完毕后单击“确定”按钮，关闭“方向控制”对话框，返回到“图形单位”对话框，接着单击“确定”按钮退出对话框，完成绘图单位的设置。

第 5 例　掌握选择集的设置

必学技能

在设计绘制图纸前，应该掌握**选择集的设置**，包括**拾取框的大小和夹点尺寸的设置**，设置合适的选择集对眼睛有一定的好处。

在绘图区，当需要选择对象时，光标变为方框形“□”。通常鼠标的左键用于拾取对象指定点，鼠标右键用于确认。例如，选择对象完毕后右击，表示选择结束，并提示系统进行下一步操作，等同于键盘上的 Enter 键。

这里就需要介绍“选择集”的设置，“选择集”选项卡中可对 AutoCAD 2014 中的选择工具和对象进行修改。可以调整 AutoCAD 2014 拾取框的大小和夹点尺寸的设置。

采用两种方法打开“选项”对话框：

- ◆ 选择菜单栏中的“工具”→“选项”命令，打开“选项”对话框；
- ◆ 输入“OP”命令，左手大拇指按下空格命令，打开“选项”对话框。

在“选项”对话框中选择“选择集”选项卡，如图 1-12 所示的“选项”对话框。

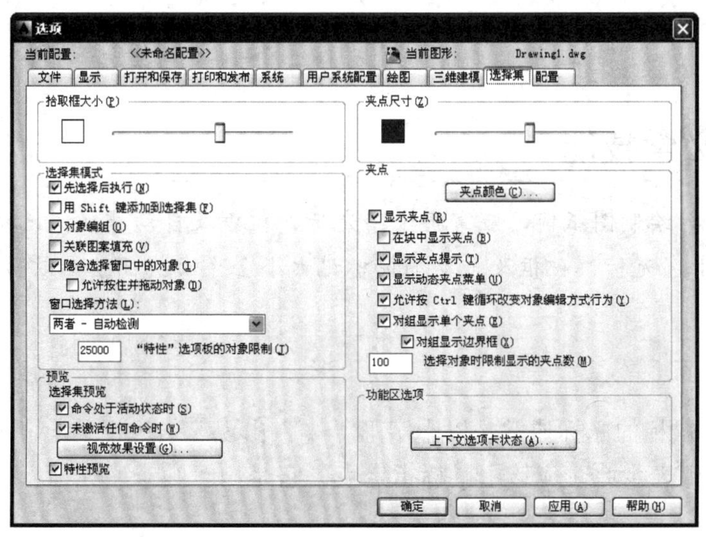

图 1-12　“选项”对话框的“选择集”选项卡

下面将介绍拾取框的大小和夹点尺寸的设置，其设置过程如下所述。

操作步骤

01 左手输入键盘命令：OP；左手大拇指按下空格键；打开“选项”对话框（或者是单击“工具”→“选项”命令），选择“选择集”选项卡。

02 其“拾取框的大小”设置如图 1-13 所示，其“夹点尺寸”设置如图 1-14 所示，一一将其设置至合适的大小。

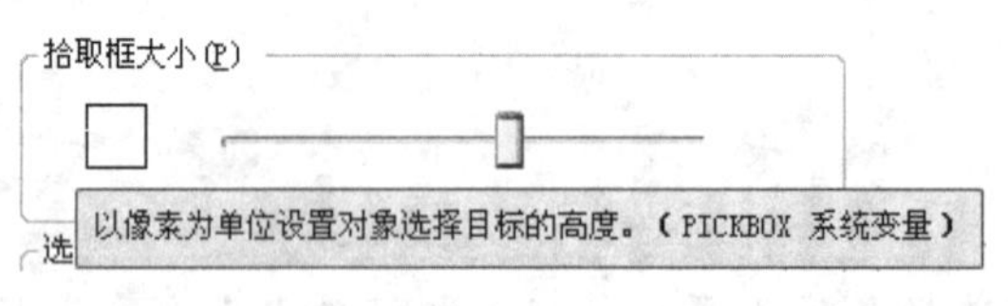

图 1-13 “拾取框的大小”的设置

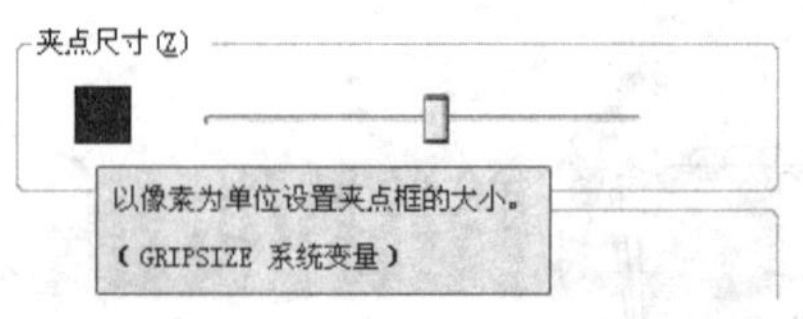

图 1-14 “夹点尺寸”的设置

专家提示：设置“拾取框的大小”和“夹点尺寸”是为了便于选择图形及防止眼睛疲劳，在实际的绘图中将体会到这些设置的意义。

第 6 例 掌握十字光标、靶框及自动捕捉标记大小的设置

必学技能

在设计绘制图纸前，应掌握十字光标、靶框及自动捕捉标记大小的设置，设置合适的十字光标、靶框及自动捕捉标记大小会大大提高绘图效率，并改善用眼疲劳。

在绘图区，鼠标的光标通常是以十字形“⌖”出现。当运行某一命令后，如果光标显示为“十”，则表示此时应该用鼠标指定点。它是由“纯十字光标”和“靶框”两部分组成的。

靶框即十字光标中十字形上的矩形框大小，靶框大小将影响到对象的选择。自动捕捉标记大小即在自动捕捉对象时所呈现的标框大小。

下面将介绍十字光标、靶框及自动捕捉标记大小的设置，其设置过程如下。

操作步骤

01 左手输入键盘命令：OP；左手大拇指按下空格键；打开“选项”对话框（或者是选择菜单栏中的“工具”→“选项”命令），选择“显示”选项卡。

02 其“十字光标大小”设置如图 1-15 所示，用于控制十字光标的尺寸，默认尺寸为 5%，有效值的范围以全屏幕大小的 1%～100%。

在设置为 100%时，将看不到十字光标的末端；将其大小设置为 4%时的结果如图 1-16 所示，然后单击“应用”按钮。

图 1-15　“十字光标大小”设置

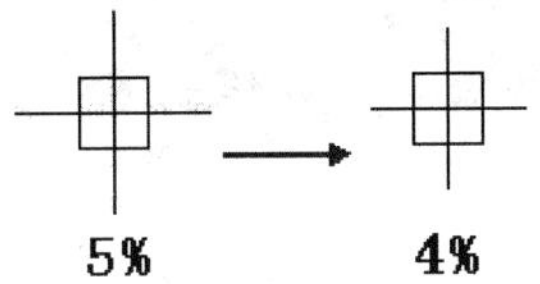

图 1-16　调整十字光标尺寸前、后

03 选择“绘图”选项卡，其“靶框大小”设置如图 1-17 所示，用于控制靶框大小，将其大小设置如图 1-18 所示，这样便于选择对象，然后单击“应用”按钮。

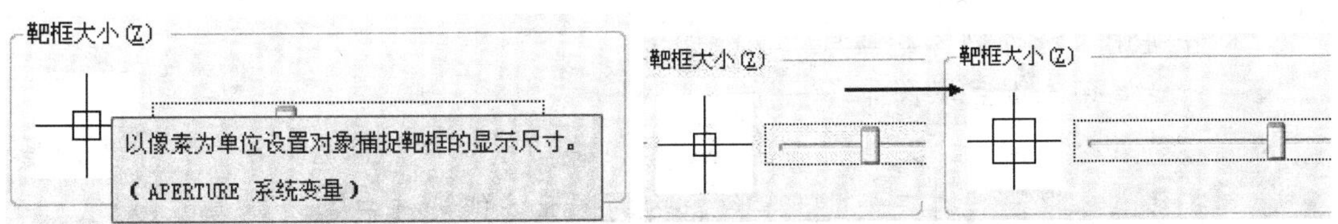

图 1-17　“靶框大小”设置

图 1-18　调整靶框大小前、后

04 其“自动捕捉标记大小”设置如图 1-19 所示，用于控制自动捕捉标记大小，将其大小设置如图 1-20 所示，这样便于选择对象，然后单击“应用”按钮。

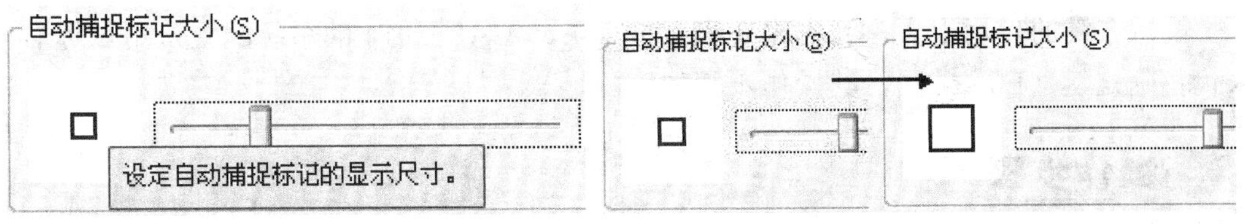

图 1-19　“自动捕捉标记大小”设置

图 1-20　调整自动捕捉标记大小前后

专家提示：合适的十字光标、靶框及自动捕捉标记大小，对于具体的设计是十分必要的，能够极大地提高绘图效率，建议大家试试看，并琢磨琢磨。

第 7 例 掌握鼠标左、右键功能

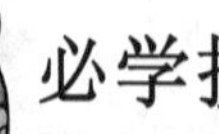

必学技能

在设计绘制图纸前，应掌握鼠标左、右键功能，这些是绘图必须具备的技能。

在进行设计之前，我们应该掌握鼠标左、右键功能，以满足设计的需要，使设计更有效。

1. 掌握鼠标左键功能

鼠标左键用来选择物体，其具体功能如下：

- ◆ 一是直接左键点取图元；
- ◆ 二是鼠标左键点下后，向右上或右下侧拖动鼠标，然后松开。这时出现的是实线选择框，只有完全处于实线框内的图元才能被选中；
- ◆ 三是鼠标左键点下后，向左上或左下侧拖动鼠标，然后松开。这时出现的是虚线选择框，只要有一部分处于虚线框内的图元，都能被选中。

2. 掌握鼠标右键功能（鼠标右键代替确定键）

鼠标右键的作用很大，我们先要来改一下 AutoCAD 2014 的系统配置，用鼠标右键来代替确定键（Enter 键），其操作步骤如下。

操作步骤

01 左手输入键盘命令：OP；左手大拇指按下空格键；系统打开“选项”对话框（或者选择菜单栏中的“工具”→“选项”命令），选择“用户系统配置”选项卡。

02 其“用户系统配置”设置如图 1-21 所示，在此选项菜单中取消“双击进行编辑”和“绘图区域中使用快捷菜单”勾选项，然后单击“确定”按钮。

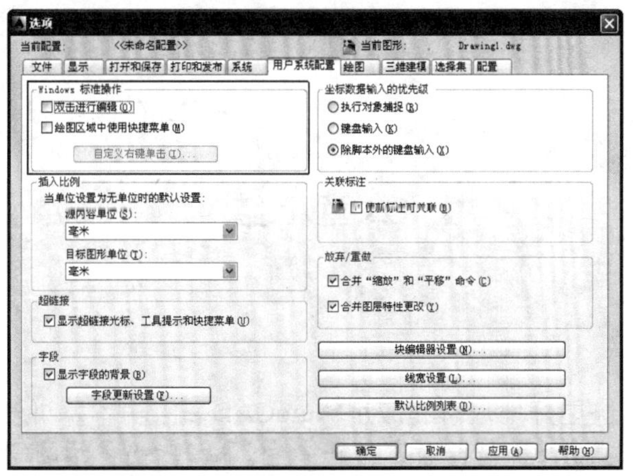

图 1-21　“选项”对话框的“用户系统配置”选项卡

专家提示：键盘中的回车键和空格键同样可以达到在“默认模式”和“编辑模式”中，重复上一个命令的目的；在命令模式中，进行确认。但在速度上肯定要慢于用鼠标右键来达到同样的目的，建议大家试试看，并琢磨琢磨。

第 8 例　掌握视图显示

必学技能

掌握视图显示，包括缩放视图和平移视图，即鼠标操作的方法，这些方法对设计是十分必要的技能。

下面将具体讲解调整视图显示的方法，包括缩放视图和平移视图。

1. 缩放视图

视图的缩放有多种方法。一般熟练的绘图者都是通过鼠标缩放，即向上滚动鼠标滚轮可以放大视图，向下滚动鼠标滚轮可以缩小视图。

2. 平移视图

平移视图的方法也有多种，一般熟练的绘图者都是按住鼠标中键在屏幕内拖动视图，其他的操作方法不建议采用！

本章小结

为了帮助读者尽快更好地理解和应用 AutoCAD 2014，本章讲解了 AutoCAD 的相关基础知识和基本操作，包括工作界面，工作空间，模型空间，图纸空间，图形文件管理，命令的调用方法，绘图单位的设置，选择集的设置，十字光标、靶框及自动捕捉标记大小的设置，掌握鼠标左、右键功能和视图显示等方面，为深入学习做铺垫。

第 2 章 设计前的准备

必学技能壹百例

本章内容导读

在设计前，应该熟记 AutoCAD 的快捷键命令，便于以后绘制图形，并掌握一般工程图的规则以及理解图纸规范，还应该掌握单位及绘图 dwt 模板的设置。

本章必学技能要点

- 掌握 AutoCAD 快捷键命令
- 掌握一般工程图的规则
- 掌握单位及绘图 dwt 模版的设置

第 9 例　掌握 AutoCAD 快捷键命令

必学技能

对于需要经常绘图的设计者来说，掌握 AutoCAD 2014 快捷键命令是必备的技能，这能够极大地提高设计效率。

下面是经常要使用到的快捷键命令，希望读者能够熟记，在后面的绘图中经常用到快捷键，这样能够极大地提高绘图效率。常见的快捷键命令如表 2-1 所示。

表 2-1　常见的快捷键命令

对象特性					
MA	MATCHPROP	属性匹配	RE	REDRAW	重新生成
PU	PURGE	清除垃圾	REN	RENAME	重命名
OP	OPTIONS	自定义 CAD 设置	EXIT	QUIT	退出
绘图命令					
PO	POINT	点	L	LINE	直线
RAY	RAY	射线	ML	MLINE	多线
SPL	SPLINE	样条曲线	REC	RECTANGLE	矩形
C	CIRCLE	圆	A	ARC	圆弧
EL	ELLIPSE	椭圆	T	MTEXT	单行文本
MT	MTEXT	多行文本	B	BLOCK	块定义
I	INSERT	插入块	H	BHATCH	填充
编辑命令					
CO	COPY	复制	MI	MIRROR	镜像
EL	ELLIPSE	椭圆	AR	ARRAY	阵列
O	OFFSET	偏移	RO	ROTATE	旋转
M	MOVE	移动	E 或 DEL 键	ERASE	删除
X	EXPLODE	分解	TR	TRIM	修剪
EX	EXTEND	延伸	S	STRETCH	拉伸
LEN	LENGTHEN	直线拉长	SC	SCALE	比例缩放
BR	BREAK	打断	CHA	CHAMFER	倒角
F	FILLET	倒圆角	BR	BREAK	打断

续表

尺寸标注					
DLI	DIMLINEAR	直线标注	DAL	DIMALIGNED	对齐标注
DRA	DIMRADIUS	半径标注	DDI	DIMDIAMETER	直径标注
DAN	DIMANGULAR	角度标注	DCE	DIMCENTER	中心标注
DOR	DIMORDINATE	点标注	TOL	TOLERANCE	标注形位公差
LE	QLEADER	快速引出标注	DBA	DIMBASELINE	基线标注
DCO	DIMCONTINUE	连续标注	D	DIMSTYLE	标注样式
DED	DIMEDIT	编辑标注	DOV	DIMOVERRIDE	替换标注系统变量
常用功能键					
F1	HELP	帮助	F2		文本窗口
F3	OSNAP	对象捕捉	F7	GRIP	栅格
F8	ORTHO	正交			

根据这样的原则熟记好快捷键后，经过 2～5 天的练习，一定能够提高不少的效率。在以后的设计中应该尽量使用快捷键，以提高设计绘图效率！

专家提示：在绘制图纸时，一般使用标准键盘，左手放在键盘的 Esc 键旁边，随时准备一个功能的退出，左手手指输入快捷键字母，大拇指按空格键确定；右手握鼠标，鼠标左键及鼠标中间滑轮由右手食指控制，鼠标右键由右手中指控制。鼠标的左、右键功能详见第 7 例。

第 10 例　掌握一般工程图的规则

必学技能

工程图的规则包括图纸幅面的设置、图纸格式的设置、标题栏的样式、图形比例的设定、字体的设定、图线的设定和尺寸标注的设定几种规则，在绘制图形文件前应该掌握这些规则。

图纸是现代工业生产中最基本的技术文件，是工程界表达和交流技术思想的共同语言。图纸的绘制必须遵守统一的规范，即技术制图和机械制图的中华人民共和国国家标准，简称国标，一般使用 GB 表示。

下面将具体讲解一般工程图的规则。

1. 图纸幅面的设置

电气工程图纸采用的基本幅面有 5 种：A0、A1、A2、A3、A4，各图幅的相应尺寸如表 2-2 所示。图幅分为横式幅面和立式幅面。

表 2-2　图幅尺寸（单位：mm）

幅面	A0	A1	A2	A3	A4
长	1189	841	594	420	297
宽	841	594	420	297	210

2. 图纸格式的设置

在图纸上必须用粗实线图框，其格式一般分为留装订边和不留装订边两种，并且同一产品的图纸格式必须保持一致。

3. 标题栏的样式

标题栏一般由名称及代号区、签字区、更改区及其他区组成，用于说明图的名称、编号责任者的签名，以及图中局部内容的修改记录等。各区的布置形式有多种，不同的单位，其标题栏也各有特色。本书根据幅面的大小推荐两种比较通用的格式，分别如图 2-1 和图 2-2 所示。

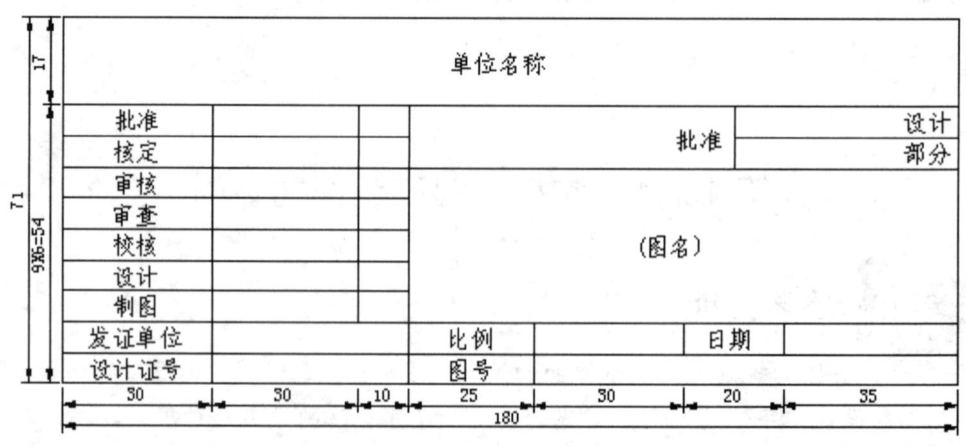

图 2-1　设计通用标题栏（A0 和 A1 幅面）

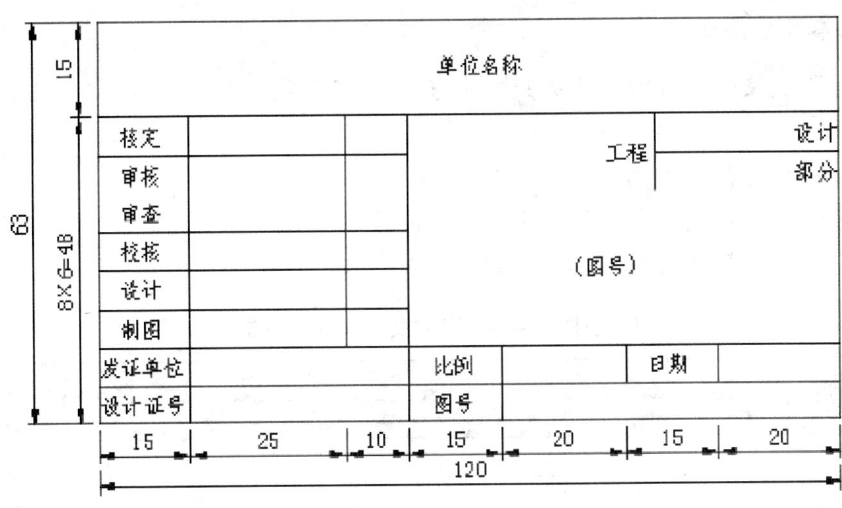

图 2-2　设计通用标题栏（A2、A3 和 A4）

4．图形比例的设定

图形与其实物相应要素的线性尺寸之比称为比例。需要按比例绘制图样时，应从表 2-3（推荐比例）中所规定的系列中选取适当的比例。

表 2-3　国际比例

类别	推荐比例		
放大比例	50：1		
	5：1	2：1	
原值比例	1：1		
缩小比例	1：2	1：5	1：10
	1：20	1：50	1：100

为了能从图样上得到实物大小的真实概念，应尽量采用原值比例绘图。在图纸中出现部分图形的比例与标题栏中的比例不一致时，对这个图形应在视图下方或者右方另行标注所用比例，如 I/（2:1）、（B-B）/（4:1）。

5．字体的设定

电气工程图样和简图中的所选汉字应为长仿宋体。在 AutoCAD 2014 中，汉字字体可采用 Windows 系统自带的 TrueType“仿宋_GB2312”。

1）字体

电气工程图样和简图中的所选汉字应为长仿宋体。在 AutoCAD 2014 中，汉字字体可采用 Windows 系统自带的 TrueType“仿宋_GB2312”。

2）文本尺寸高度

（1）常用的文本尺寸宜在下列尺寸中选择：1.5、3.5、5、7、10、14 和 20，单位为 mm。

（2）字符的宽高比约为 0.7。

（3）各行文字剪的行距不应小于 1.5 倍的字高。

（4）图样中采用的各种文本尺寸如表 2-4 所示。

表 2-4　图样中采用的各种文本尺寸（单位：mm）

文本类型	中文		字母及数字	
	字高	字宽	字高	字宽
标题栏图名	7～10	5～7	5～7	3.5～5
图形图名	7	5	5	3.5
说明抬头	7	5	5	3.5
说明条文	5	3.5	3.5	1.5
图形文字标注	5	3.5	3.5	1.5
图号和日期	5	3.5	3.5	1.5

3）表格中的文字和数字

（1）数字书写：带小数的数值，按小数点对齐；不带小数点的数值，按个位对齐。

（2）文本书写：正文按左对齐。

6. 图线的设定

不同的工程图纸，对图线、字体和比例有不同的要求。国标对工程图纸的图线、字体和比例做出了相应的规定。

1）基本图线

根据国标规定，工程图纸中常用的线型有实线、虚线、点画线、波浪线、双折线等。

2）图线的宽度

图线的宽度应根据图纸的大小和复杂程度，在下列系数中选择：0.18mm、0.25mm、0.35mm、0.5mm、0.7mm、1mm、1.4mm、2mm。

在工程图纸上，图纸一般只用两种宽度，分别为粗实线和细线，其宽度之比为 2:1。在通常情况下，粗线的宽度采用 0.5mm 或 0.7mm，细线的宽度采用 0.25mm 或 0.35mm。

在同一图纸中，同类图纸的宽度应基本保持一致；虚线、点画线及双点画线的画长和间隔长度也应各自大致相等。

7. 尺寸标注的设定

尺寸标注用途广泛，如建筑、机械、场景等，不同的用途有不同的规定，下面是对尺寸标注一些基本规定的介绍。

尺寸标注需要符合国家的相关规定。例如，在进行尺寸标注时，如果使用的计量单位是毫米，可以不在尺寸文字中注明单位，但如果使用其他的计量单位，如米、厘米等，则必须在标注文字中注明相应的单位。

1）基本规则

- ◆ 机件的真实大小应以图样上所标注的尺寸数值为依据，与图形的大小及绘图的准确度无关；
- ◆ 图形（包括技术要求和其他说明）中的尺寸，以 mm（毫米）为单位时，不需标注单位和符号（或名称）；如采用其他单位，则应注明相应的符号单位，如米（或 m）、厘米（或 cm）、度［或°］等；
- ◆ 图样中所标注的尺寸，为该图样所示机件的最后完工尺寸，否则应另加说明；
- ◆ 机件的每一尺寸，一般只标注一次，并应标注在反映该结构的最清晰的图形上。

2）尺寸的基本要素

一个完整的尺寸包括尺寸界线、尺寸线（含箭头或斜线）和尺寸数字的三个基本要素。

- ◆ 尺寸界线：尺寸界线表明所标注尺寸的范围，用细实线绘制，并应由图形的轮廓线、轴线或对称中心线外引出，也可直接利用这些线作为尺寸界线；
- ◆ 尺寸线：尺寸线表明度量尺寸的方向，必须用细实线单独绘制，不能用图中的任何图线来代替，也不得画在其他图线的延长线上；
- ◆ 尺寸数字：用来表示机件的实际大小，一律用标准字体书写（一般为 3.5 号字），在同一张图样上尺寸数字的字高应保持一致。

上面已经对一般工程图的规则进行了大致的讲解，下面将介绍各种设置的方法。

可能有很多人，直接就开始画图，但这是不正确的。应该先进行各种设置，包括图层、线形、字体、标注等。进行各方面的设置是非常有必要的，只有各项设置合理了，才为接下来的绘图工作打下良好的基础，才能达到“清晰”、“准确”、“高效”的目的。

第 11 例　掌握单位及绘图 dwt 模版的设置

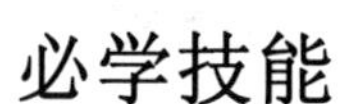

必学技能

对需要经常绘图的设计者来说，应该掌握单位及绘图 dwt 模版的设置方法，这能够极大地提高工作效率。

1．单位的设置（Units）

单位设置的选项中，有人喜欢在长度的精度选项上选用 0，是以个位作为单位。对这点，建议改为小数点后 3～4 位。在最开始的篇章里，强调过准确是 AutoCAD 使用的三大基本点之一。如果我们把长度精度定义为个位，那将会忽略掉许多微小的错误，如 1000 的线段，实际上却被画成了 999.97。

2．模版的打开及保存

在每次画图之前都进行以上定义比较麻烦，所以 AutoCAD 公司给用户提供了一个非常好的办法，就是 dwt 模版。

单击“新建”按钮，打开“选择样板”对话框；或者单击“快速访问栏”中的“新建”按钮；或者选择菜单栏中的“文件”→“新建”命令来新建图形文件。

每次在新建一张图纸时，CAD 软件都会让用户打开一张 dwt 模版文件，默认的是 acad.dwt，如图 2-3 所示。

图 2-3 “选择样板”对话框

而我们在创建好自己的一套习惯设置后，就可以建立自己的模版文件，以保存所有的设置和定义。

用户可以自己建立相关的 dwt 模版，精心选择一些图，包括简单的平面图、立面图、剖面图、楼梯大样各一张，以及常用的图块几十个（当然是归类整理好的）。这样，在每次新做一个项目时，就可以打开这张模块，开始工作了。

可能会有人问是如何创建 dwt 文件的，其实很简单，在保存文件时，选择另存为，然后在文件类型中选择 dwt 就可以了，如图 2-4 所示。

图 2-4　“图形另存为”对话框

本章小结

最后总结一下，AutoCAD 中各项清晰条理的设置，是达到 CAD 软件使用中“清晰、准确、高效”三个基本点的基石。因此，强烈呼吁用户的各个专业，都尽快建立起适用于本部门本专业的一套标准设置，并加以落实。如果能够做到每个专业都条例化、标准化，不但对于专业内部，而且在各专业的衔接、资料的提交上，都可以提高不少的效率。

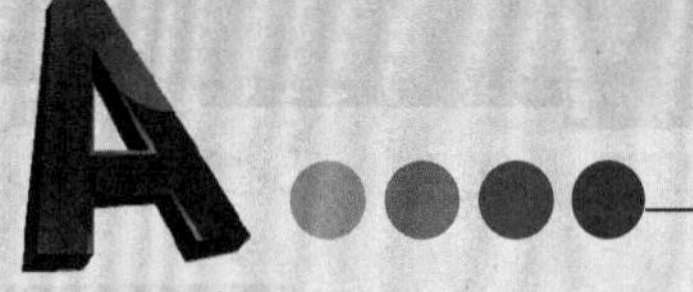

第 3 章 绘制平面图形

本章内容导读

在对 AutoCAD 2014 有了一个基本的了解之后，从本章开始介绍 AutoCAD 2014 绘制图形的方法，首先从最基本的点开始，依次讲解点、直线、圆、圆弧、椭圆、椭圆弧、矩形、多边形等常用的图形元素。这些图形元素是 AutoCAD 中常用的元素，掌握这些元素的绘制方法，基本上就可掌握简单 CAD 图形的绘制。

这里的必学技能主要是采用操作方法来讲述每个命令的功能，这与以往图书所介绍的完全不同，希望读者能够掌握其操作方法。

本章必学技能要点

- 掌握绘制点的方法
- 掌握绘制直线、射线与构造线的方法
- 掌握绘制圆、圆弧与圆环的方法
- 掌握绘制椭圆和椭圆弧的方法
- 掌握绘制矩形与正多边形的方法
- 掌握绘制多线绘制与编辑的方法
- 掌握绘制多段线绘制与编辑的方法
- 掌握样条曲线绘制与编辑的方法

第 12 例　掌握绘制点的方法

必学技能

掌握绘制点的方法，是必备的技能，这里主要**掌握设置点样式、绘制单点、绘制多点、绘制定数等分点、绘制定距等分点**几种绘制点的方法。

下面将具体讲解绘制点的方法。

1. 设置点样式

选择菜单栏中的“格式”→“点样式”命令可以设置点的样式，如图 3-1 所示。下面将介绍设置点的外观和大小的方法，首先讲述设置点的外观的方法。

采用菜单方式执行命令详见第 3 例。

1）设置点的外观

操作步骤

01 在弹出的“点样式”对话框里，如图 3-2 所示，给出了 20 种点的外观形状，可以单击选择任何一种（默认的形状是第一个），在这里选择第三行的第四个图案。

02 单击“点样式”对话框里的“确定”按钮，并左手输入点的快捷键：PO；左手大拇指按下空格键，在屏幕内绘制点，可以看到绘制的点形状如图 3-3 所示。

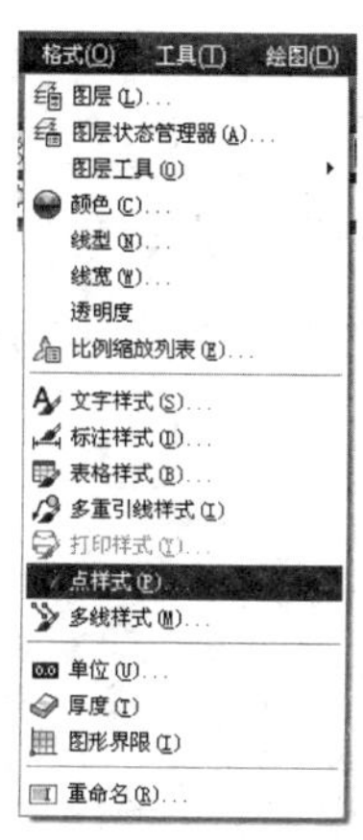

图 3-1　“点样式”选项

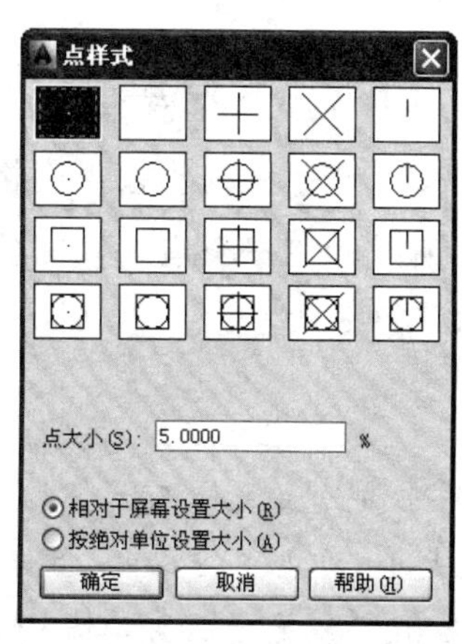

图 3-2　“点样式”对话框

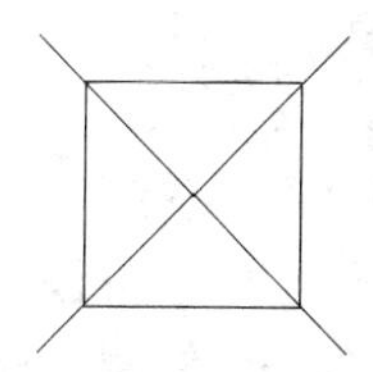

图 3-3　点

2）设置点的大小

设置点的大小是相对于屏幕设置大小的。

（1）相对于屏幕设置大小

操作步骤

01 选择菜单栏中的“格式”→“点样式”命令，打开“点样式”对话框，在“点样式”对话框里，有一个文本框，还有“相对于屏幕设置大小”和“按绝对单位设置大小”两个选项。

02 在这里接受系统默认的“相对于屏幕设置大小”，并在“点大小”文本框中输入百分比为“15”，单击“确定”按钮，如图 3-4 所示。

03 左手输入点的快捷键：PO；左手大拇指按下空格键；在图中绘制一个单点，如图 3-5 所示。

用键盘输入命令详见第 3 例。

04 向上滚动鼠标滚轮（即放大视图），可以看到刚才绘制的点放大了，如图 3-6 所示。

鼠标的操作详见第 8 例。

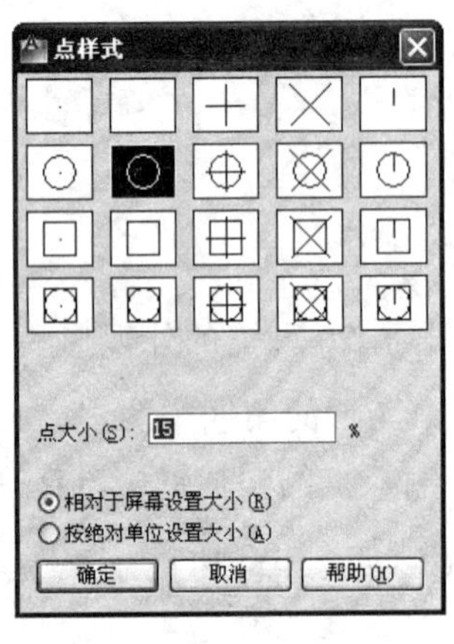

图 3-4 “点样式”对话框

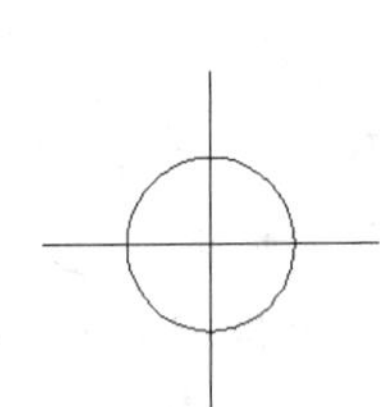

图 3-5 点

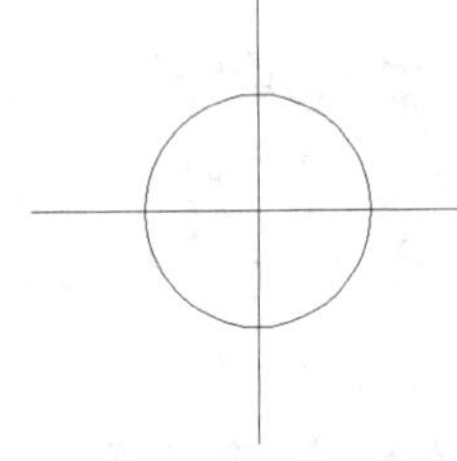

图 3-6 放大点

05 左手输入点的快捷键：PO；左手大拇指按下空格键；绘制一个单点，可以看到两个单点的大小不同，如图 3-7 所示，第一个点随视图放大了，第二个点的大小与第一个点被放大之前的大小相同，如图 3-8 所示。

提示

第二个点的大小与第一个点被放大之前的大小相同，这是因为在“点样式”对话框中选择了“相对于屏幕设置大小”，文本框里的 15 是一个相对值。每次绘制点，点的大小都是相对于当前屏幕而言，是当前屏幕大小的 15%。

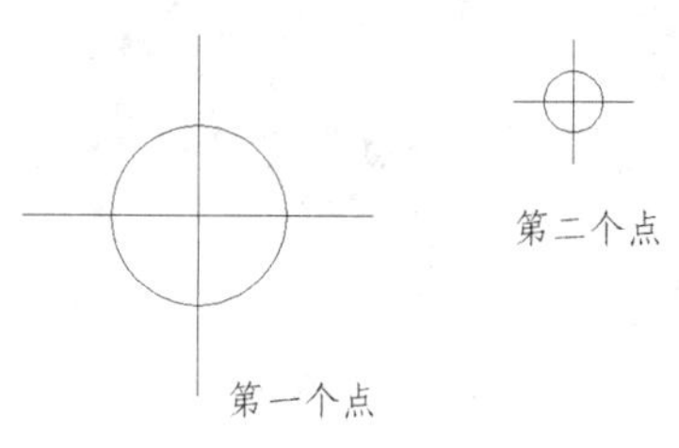

图 3-7　绘制的两个点

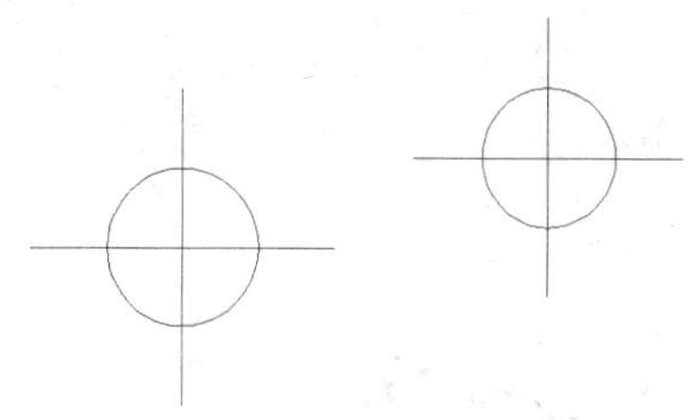

图 3-8　绘制的两个点

（2）按绝对单位设置大小

操作步骤

01 选择菜单栏中的“格式”→“点样式”命令，在“点样式”对话框中，选择第二行第三个点样式，如图 3-4 所示。

02 选择“按绝对单位设置大小”，在“点大小”文本框中输入点大小尺寸为“**10**”，单击“确定”按钮。

03 左手输入键盘命令：PO；左手大拇指按下空格键；绘制一个单点，如图 3-9 所示。

04 向上滚动鼠标滚轮（即放大视图），可以看到点被放大了，如图 3-10 所示。

05 左手输入点的快捷键：PO；左手大拇指按下空格键；可以看到两个点大小一致，如图 3-11 所示。

这是因为勾选了点样式里的“按绝对单位设置大小”，文本框里的 15，是点的实际尺寸，每次绘制的点的实际尺寸都是 15。视图缩放，点自然也跟着缩放了。

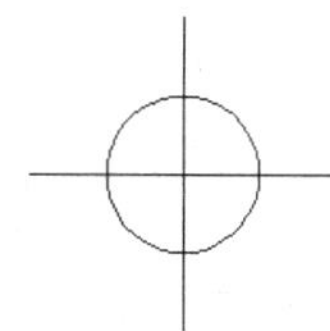

图 3-9　绘制的点

图 3-10　绘制的点（放大了）

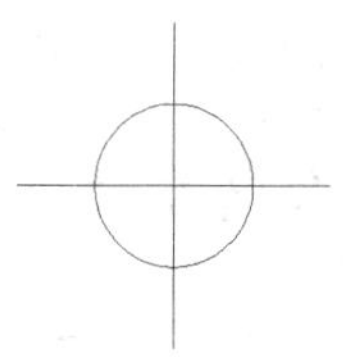

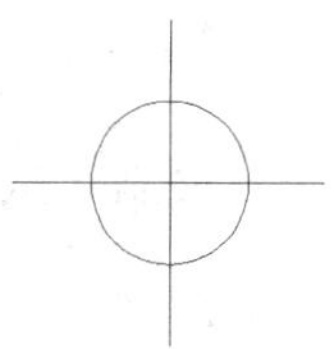

图 3-11　绘制的点

2. 绘制单点

一般熟练的绘图者都采用下面的方法绘制点。在“绘图”面板中单击“点”下拉列表，显示绘制点的按钮，从中进行选择，如图 3-12 所示。

提示

单击“多点”按钮也可进行单点的绘制，在“绘图”面板中没有显示“单点”按钮，若需要使用，可在“菜单栏”或者“菜单浏览器”之后选择。

由图 3-12 知，AutoCAD 2014 可绘制点的类型包括“单点”、“多点”、“定数等分”和“定距等分”。通过选择菜单栏中的“绘图”→“点”→“单点”命令，可绘制一个单点，如图 3-13 所示。

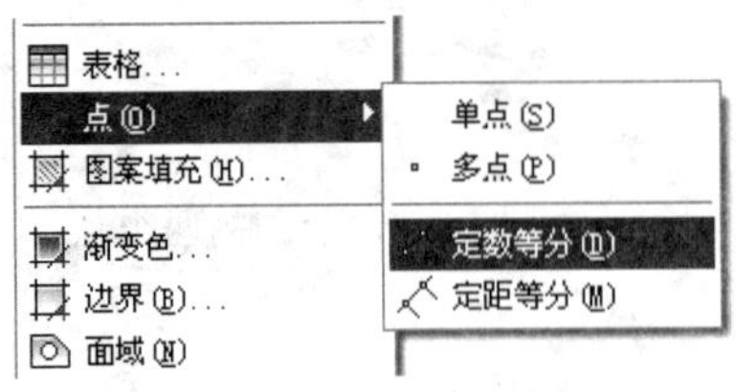

图 3-12　点下拉列表

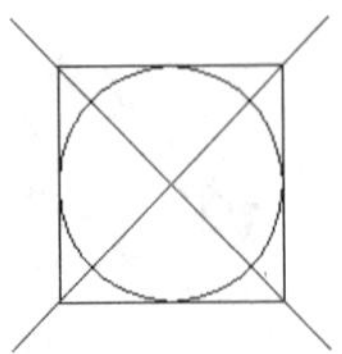

图 3-13　单点

3. 绘制多点

一般熟练的绘图者都是按照下面的操作方法绘制多点。

操作步骤

01 选择菜单栏中的“绘图”→“点”→“多点”命令。

执行**绘制多点**命令后，命令行提示如下：

```
当前点模式:  PDMODE=99  PDSIZE=0.0000
指定点:
```

02 此时可用鼠标在绘图区单击指定点的位置，单击鼠标左键结束命令。

命令行中的 PDMODE 和 PDSIZE 显示了当前点的外观和大小。如图 3-14 中的点，点的外观编号均为 66。

4. 绘制定数等分点

“定数等分点”用于将所选对象等分为指定数量的相同长度，如图 3-15 中的定数等分点分别将一条直线和圆弧等分为 3 份。

一般熟练的绘图者都通过以下方法绘制定数等分点。

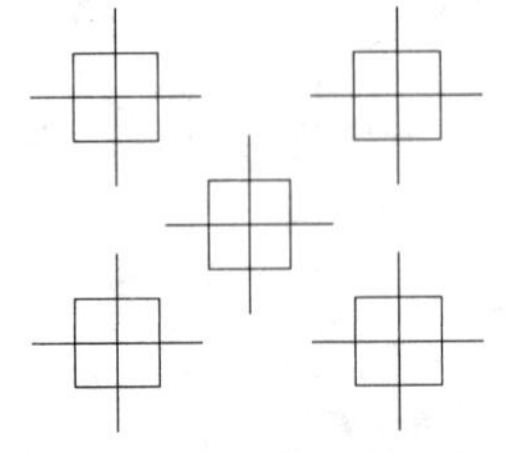

图 3-14　多点

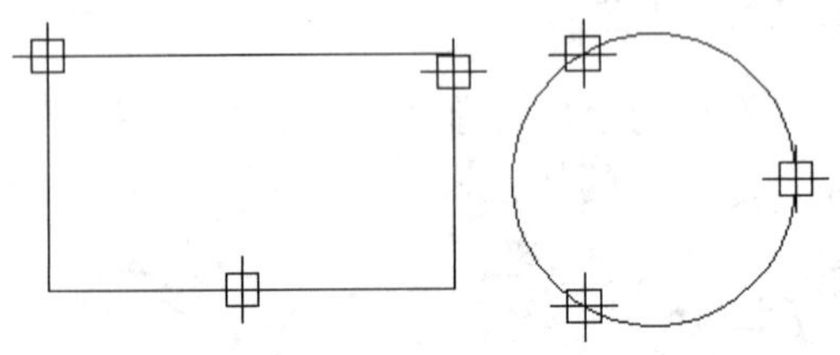

图 3-15　定数等分点

操作步骤

01 选择菜单栏中的“绘图”→“点”→“定数等分”命令。

执行定数等分命令后，命令行提示如下：

```
选择要定数等分的对象：
```

02 此时鼠标光标变为“□”状，单击选择要等分的对象，包括直线、圆、圆弧和样条曲线等，注意一次只能选择一个对象。

选择后，命令行提示如下：

```
输入线段数目或 [块(B)]： 3
```

用键盘输入命令详见第 3 例。

03 此时在命令行输入等分数“3”，然后按下空格键，可实现对对象的等分。

输入 B 表示选择“块（B）”选项，可沿选定对象等间距放置块。

5. 绘制定距等分点

一般熟练的绘图者都采用下面的方法绘制定距等分点。

操作步骤

01 选择菜单栏中的“绘图”→“点”→“定距等分”命令。

执行**定距等分**命令后，命令行提示如下：

```
选择要定距等分的对象：
```

02 与定数等分操作相同，此时选择要定距等分的对象。

选择后，命令行提示如下：

```
指定线段长度或[块(B)]： 15
```

03 输入间隔距离“15”，完成后的效果如图 3-16 所示。

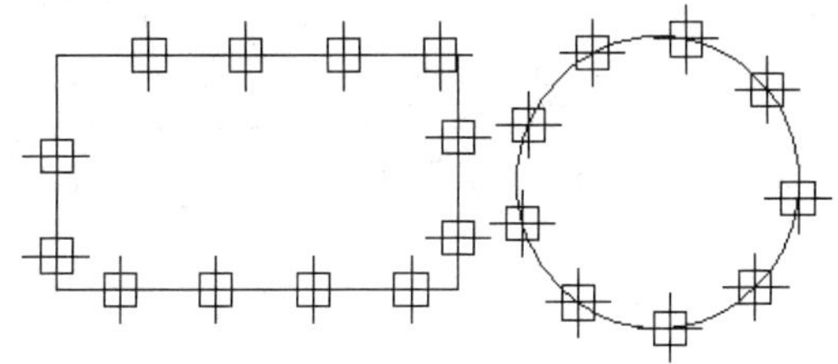

图 3-16　定距等分点

第 13 例　掌握绘制直线的方法

必学技能

掌握**绘制直线**的方法，是必备的技能，这里主要**掌握通过快捷键绘制直线**的方法。

下面将具体讲解通过快捷键绘制直线的方法。

提示

从这个必学技能开始将只介绍快捷键的使用，所以读者应该掌握第 9 例的快捷键命令，并且能够熟练地使用。

直线在图形中用途广泛，绘制直线是 AutoCAD 的最基本功能，AutoCAD 通过指定直线的端点实现绘制。

操作步骤

01 左手输入键盘命令：l（L）。

02 左手大拇指按下空格键。

专家提示：输入键盘 L 的方法，快捷键不区分大、小写，并且左手中指随时按住 Esc 键退出命令，后面的键盘鼠标操作方法也一样。

执行**绘制直线**操作后，命令行提示如下：

```
命令：L
LINE
指定第一个点：
```

03 鼠标左键指定直线绘制的起点。指定第一个点后，绘图区如图 3-17 所示，输入第一个点后，命令行提示如下：

```
指定下一点或 [放弃(U)]：
```

04 鼠标左键指定第二点后，绘图区如图 3-18 所示，命令行提示如下：

```
指定下一点或 [放弃(U)]：
```

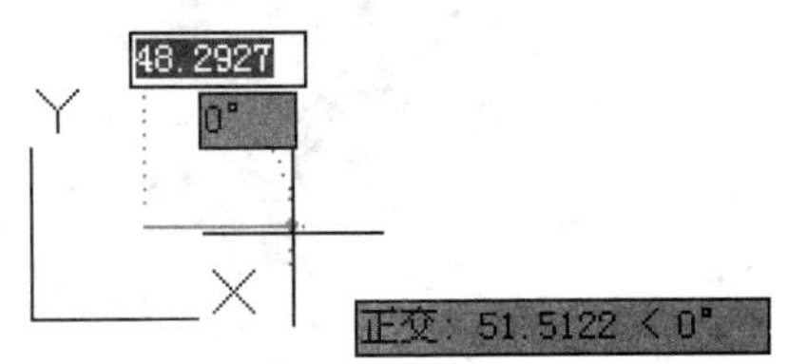

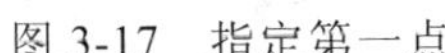

图 3-17　指定第一点

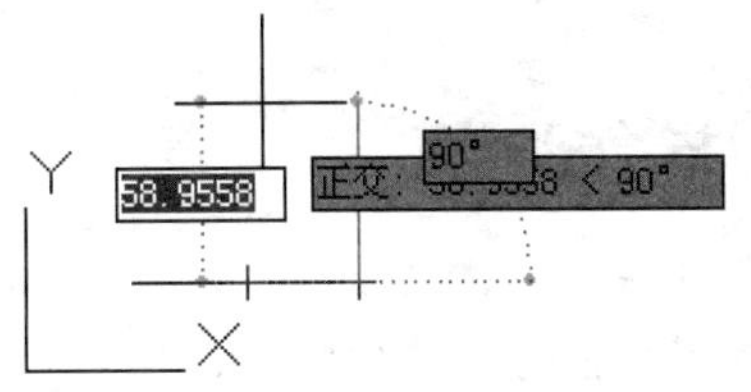

图 3-18　指定第二点

05 鼠标左键指定第三点后，绘图区如图 3-19 所示，完成以上操作后，命令行提示如下：

```
指定下一点或 [闭合(C)/放弃(U)]: C
```

06 左手食指输入键盘命令：C，按下鼠标右键，所绘制的图形如图 3-20 所示。

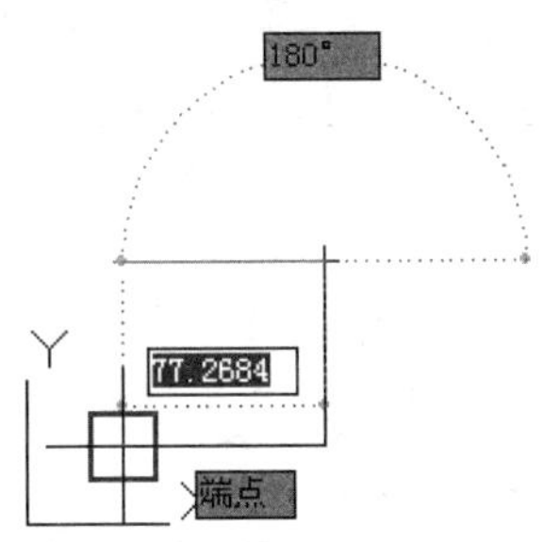

图 3-19　指定第三点

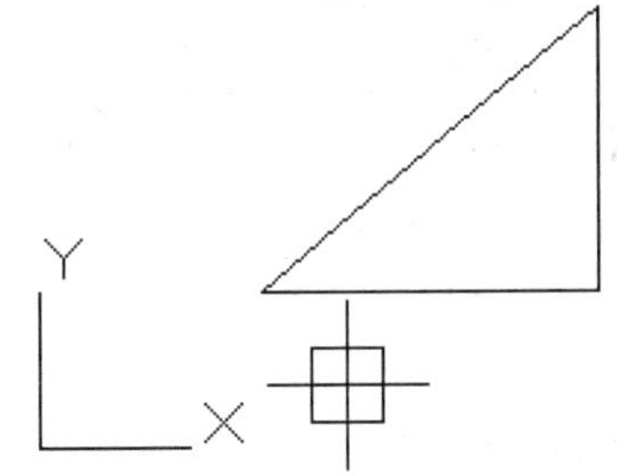

图 3-20　采用快捷键绘制的直线

提示

这里直接介绍快捷键的使用，因为后面将只介绍快捷键的使用，其他的方法将不再叙述。快捷键的使用将极大地提高绘图的效率，希望读者能够掌握。

第 14 例　掌握绘制射线的方法

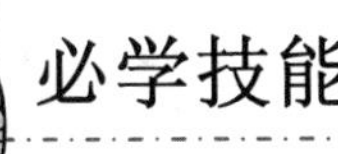

必学技能

掌握绘制射线的方法，是必备的技能，这里主要掌握通过快捷键绘制射线的方法。

下面将具体讲解通过快捷键绘制射线的方法。

操作步骤

01 左手输入键盘命令：RAY。

02 左手大拇指按下空格键。

执行绘制射线命令后，命令行提示如下：

```
命令：RAY
指定起点：
```

03 用鼠标在绘图区单击或从键盘输入坐标指定射线的起点，如图 3-21 所示，指定起点后，命令行提示如下：

```
指定通过点：
```

04 指定通过点之后，所得的图形如图 3-22 所示。

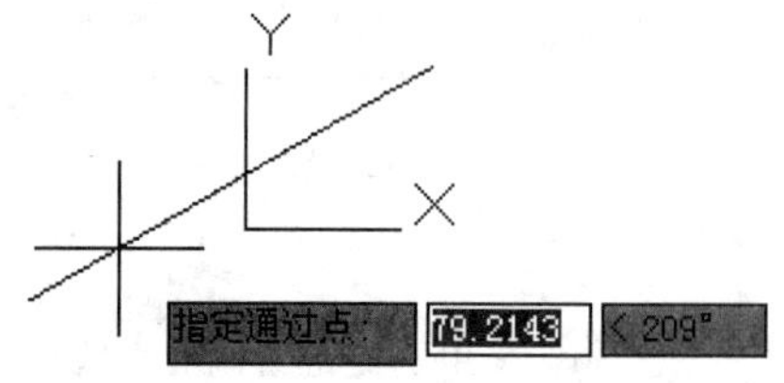

图 3-21　指定起点

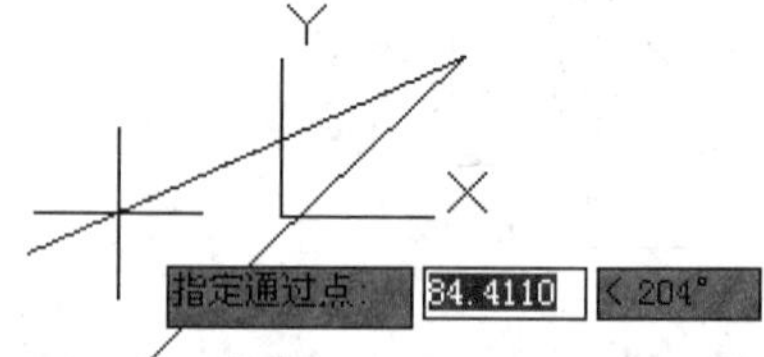

图 3-22　指定通过点

05 单击鼠标右键结束，所得的图形如图 3-23 所示。

专家提示：在 RAY 命令下，AutoCAD 2014 默认用户会画成第二条射线，在此为演示需要，只画一条射线后，单击鼠标右键结束命令。可以看出，射线从起点沿射线方向一直延伸到无限远处。

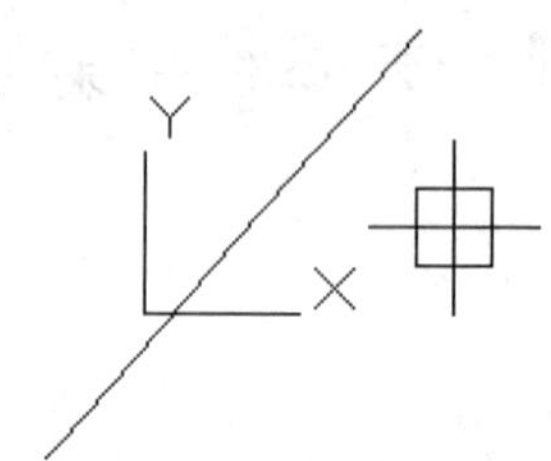

图 3-23　采用 RAY 命令绘制的射线

第 15 例　掌握绘制构造线的方法

必学技能

掌握**绘制构造线**的方法，是必备的技能，这里主要**掌握通过菜单栏绘制构造线**的方法。

下面将具体讲解通过快捷键绘制射线的方法。

操作步骤

01 选择菜单栏中的“绘图”→“构造线”命令。

提示

对于不经常使用的快捷键，这里不采用，而使用菜单栏中的命令，这样比较实用，希望读者能够掌握这些。

执行绘制构造线命令后，命令行提示如下：

```
命令: _xline
指定点或 [水平(H)/垂直(V)/角度(A)/二等分(B)/偏移(O)]:
```

02 指定点后，绘图区如图 3-24 所示。

03 输入第一点的坐标值后，命令行提示如下。

```
指定通过点:
```

04 指定通过点后，绘图区如图 3-25 所示，命令行提示如下：

```
指定通过点:
```

05 单击鼠标右键结束。由以上命令绘制的图形如图 3-26 所示。

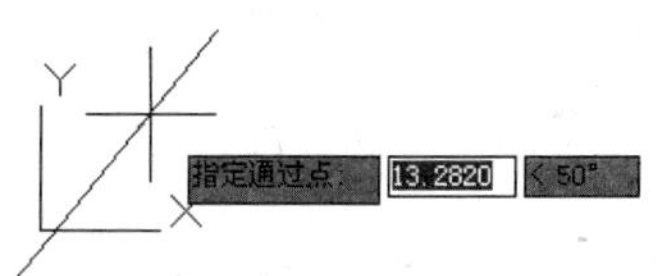

图 3-24　指定点

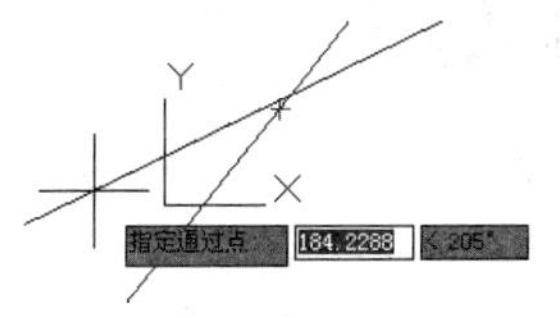

图 3-25　指定通过点

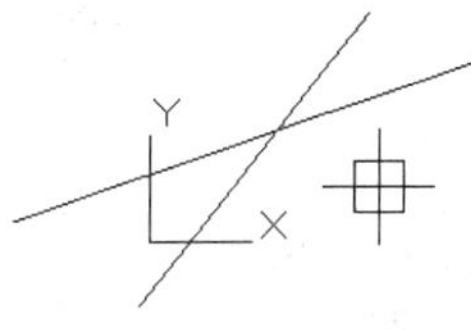

图 3-26　绘制的构造线

第 16 例　掌握绘制圆、圆弧与圆环的方法

必学技能

掌握绘制圆、圆弧与圆环的方法，是必备的技能，这里主要掌握绘制圆、圆弧与圆环这三种方法。

下面将具体讲解绘制圆、圆弧与圆环的方法。

1．绘制圆

一般熟练的绘图者都采用快捷键，因为这样能极大地提高绘图效率。

操作步骤

01 左手输入键盘命令：c（C）。

02 左手大拇指按下空格键。

执行**绘制圆**命令后，命令行提示如下：

```
指定圆的圆心或 [三点(3P)/两点(2P)/相切、相切、半径(T)]:
```

指定圆的圆心后，绘图区域如图 3-27 所示。

03 输入圆心坐标后，命令行提示如下：

```
指定圆的半径或 [直径(D)]:40
```

04 输入指定圆的半径“40”，单击鼠标右键确定，最后的效果如图 3-28 所示。

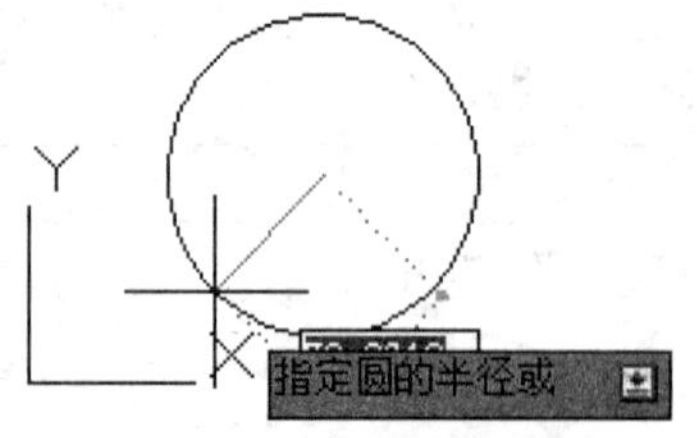

图 3-27　指定圆的圆心

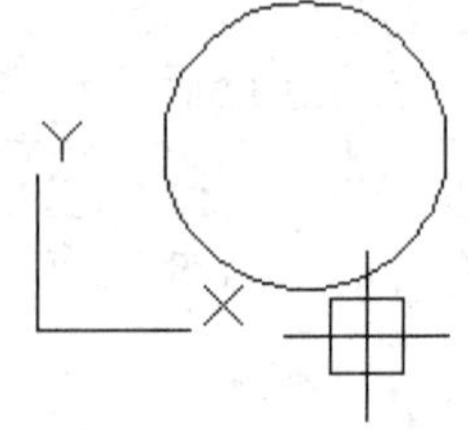

图 3-28　用快捷键命令绘制的圆

专家提示：修改圆直径的大小可以通过“特性”选项来体会，在“特性”选项板修改的方法经常使用，希望读者能够掌握！

2. 绘制圆弧

如图 3-29 所示为“绘图”菜单下的“圆弧”子菜单，如图 3-30 所示为“绘图”面板，提供多达 11 种绘制圆弧的方法。下面将一一介绍。

三点(P)
起点、圆心、端点(S)
起点、圆心、角度(T)
起点、圆心、长度(A)
起点、端点、角度(N)
起点、端点、方向(D)
起点、端点、半径(R)
圆心、起点、端点(C)
圆心、起点、角度(E)
圆心、起点、长度(L)
继续(O)

图 3-29　“圆弧”子菜单

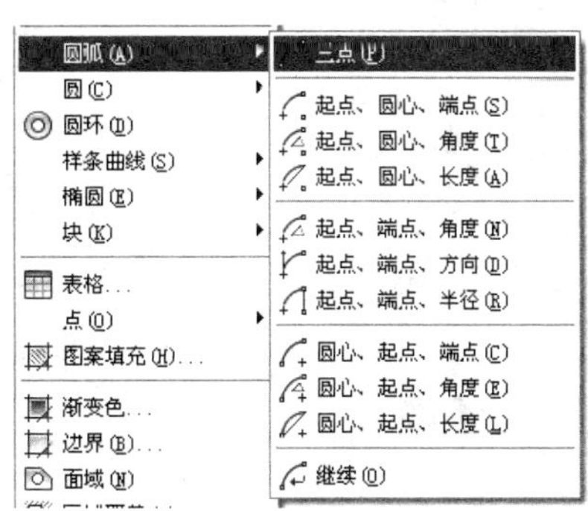

图 3-30　“绘图”面板

1）方法 1：三点画圆弧

操作步骤

01 选择菜单栏中的“绘图”→“圆弧”→“三点”命令。

执行三点画圆弧命令后，命令行提示如下：

```
命令：_arc 指定圆弧的起点或 [圆心(C)]:
```

指定圆弧的起点时绘图区如图 3-31 所示。

02 指定圆弧的起点后，命令行提示如下：

```
指定圆弧的第二个点或 [圆心(C)/端点(E)]:
```

指定圆弧的第二点时绘图区如图 3-32 所示。

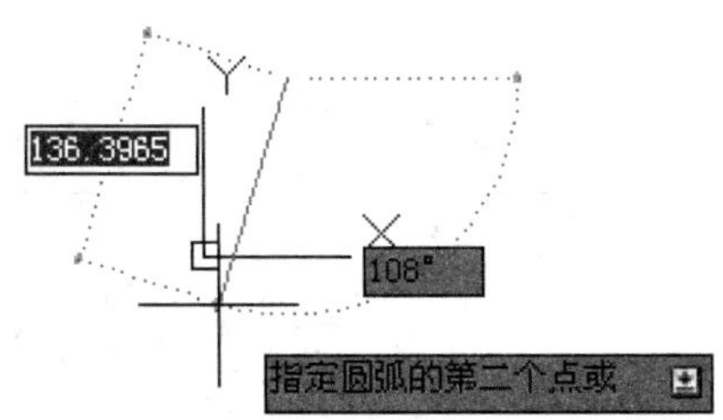

图 3-31　指定圆弧的第一个起点

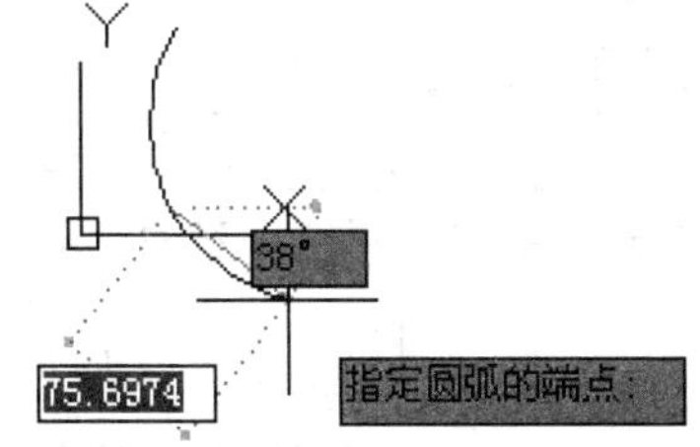

图 3-32　指定第二个起点

03 指定圆弧的第二点后，命令行提示如下：

```
指定圆弧的端点:
```

指定圆弧的端点后，绘图区如图 3-33 所示。

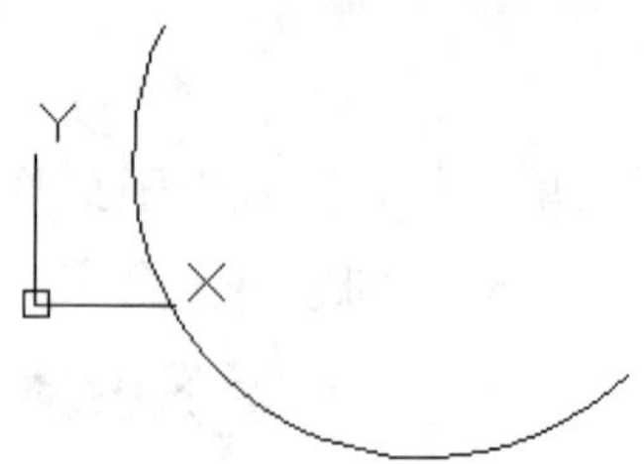

图 3-33　用“三点圆弧”命令绘制的圆弧

2）方法 2：起点、圆心、端点画圆弧

操作步骤

01 选择菜单栏中的“绘图”→“圆弧”→“起点、圆心、端点”命令。

执行“起点、圆心、端点”画圆弧命令后，命令行提示如下：

```
命令：_arc 指定圆弧的起点或 [圆心(C)]:
```

指定圆弧的起点时，绘图区如图 3-34 所示。

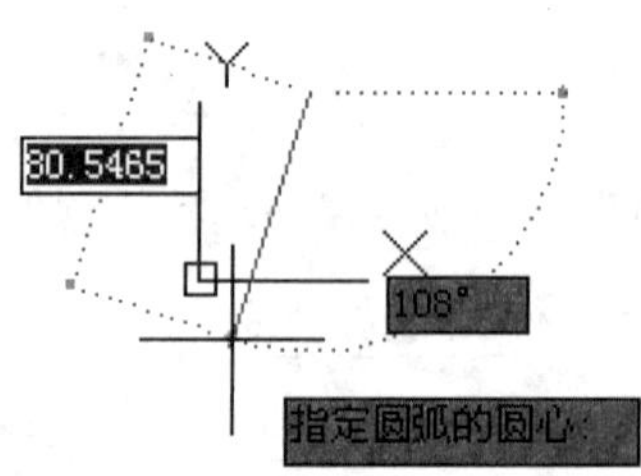

图 3-34　指定圆弧的起点

02 指定圆弧的起点后，命令行提示如下：

```
指定圆弧的第二个点或 [圆心(C)/端点(E)]: _c 指定圆弧的圆心:
```

指定圆弧的圆心后，绘图区如图 3-35 所示。

03 指定圆弧的圆心后，命令行提示如下：

```
指定圆弧的端点或 [角度(A)/弦长(L)]:
```

指定圆弧的端点后，绘图区如图 3-36 所示。

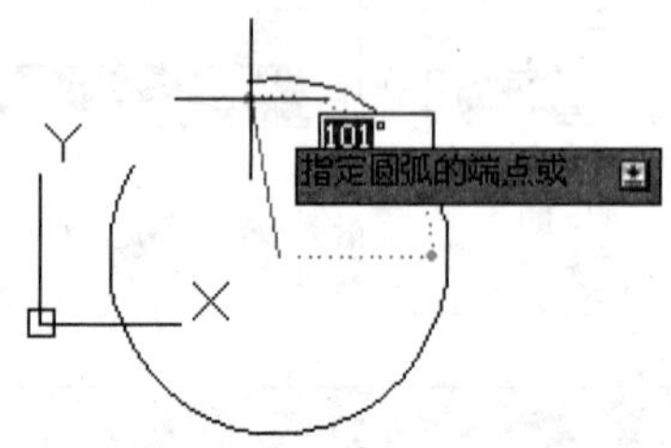

图 3-35　指定圆弧的圆心

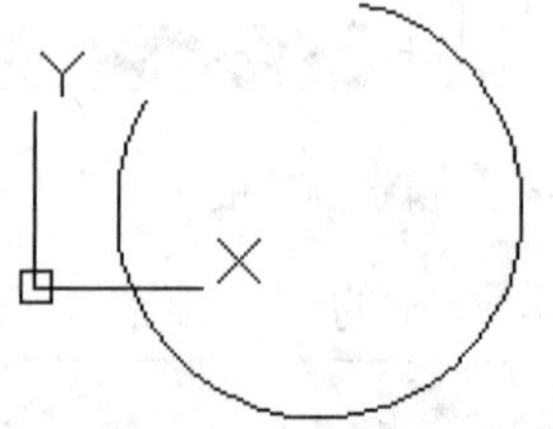

图 3-36　用“起点、圆心、端点”命令绘制的圆弧

3）方法3：起点、圆心、角度画圆弧

操作步骤

01 选择菜单栏中的“绘图”→“圆弧”→“起点、圆心、角度”命令。

专家提示： 此处的角度为包含角，即为圆弧的中心到两个端点的两条射线之间的夹角，若夹角为正值，按顺时针方向画圆弧，若为负值，则按照逆时针方向画圆弧。

执行“起点、圆心、角度”画圆弧命令后，命令行提示如下：

```
命令: _arc 指定圆弧的起点或 [圆心(C)]:
```

指定圆弧的起点后，绘图区如图3-37所示。

02 指定圆弧的起点后，命令行提示如下：

```
指定圆弧的第二个点或 [圆心(C)/端点(E)]: _c 指定圆弧的圆心:
```

指定圆弧的圆心后，绘图区如图3-38所示。

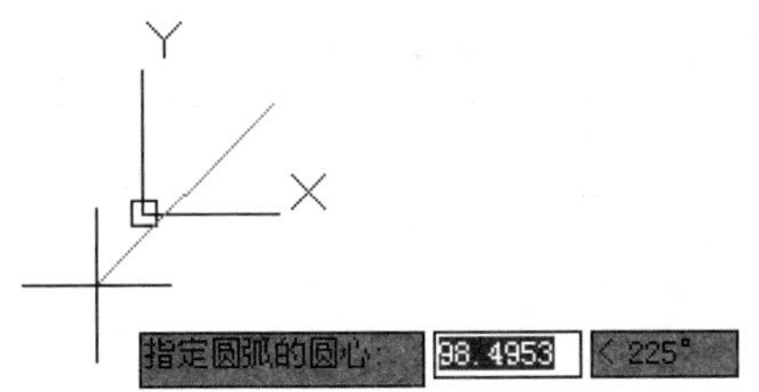

图3-37　指定圆弧的起点

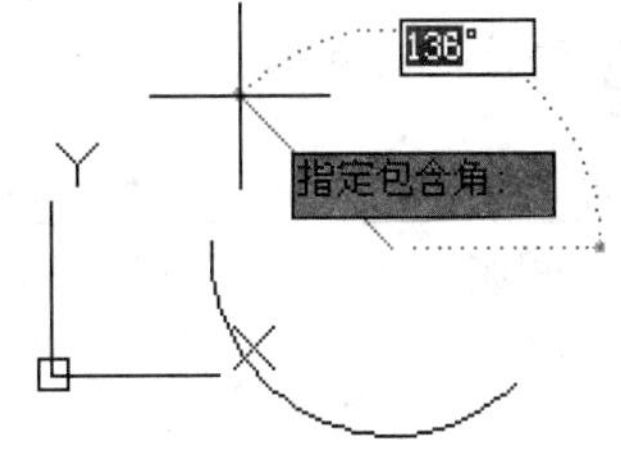

图3-38　指定圆弧的圆心

03 指定圆弧的圆心后，命令行提示如下（这里指定了角度，其角度为100°）：

```
指定圆弧的端点或 [角度(A)/弦长(L)]: _a 指定包含角: 100
```

指定圆弧的角度后，绘图区如图3-39所示。

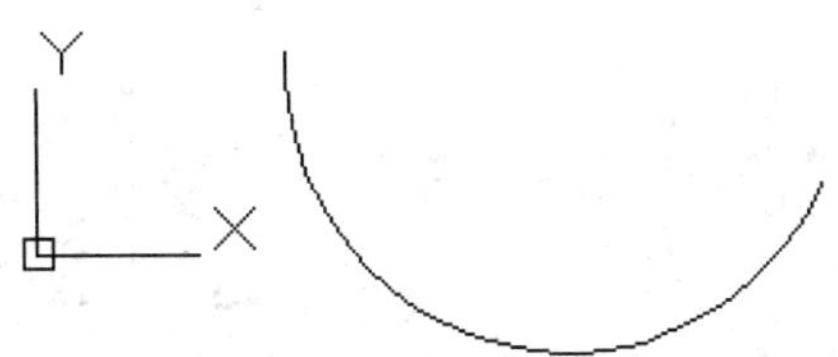

图3-39　“用起点、圆心、角度”命令绘制的圆弧

4）方法4：起点、圆心、长度画圆弧

操作步骤

01 选择菜单栏中的“绘图”→“圆弧”→“起点、圆心、长度”命令。

执行“起点、圆心、长度”画圆弧命令后，命令行提示如下：

```
命令：_arc 指定圆弧的起点或 [圆心(C)]：
```

指定圆弧的起点后，绘图区如图 3-40 所示。

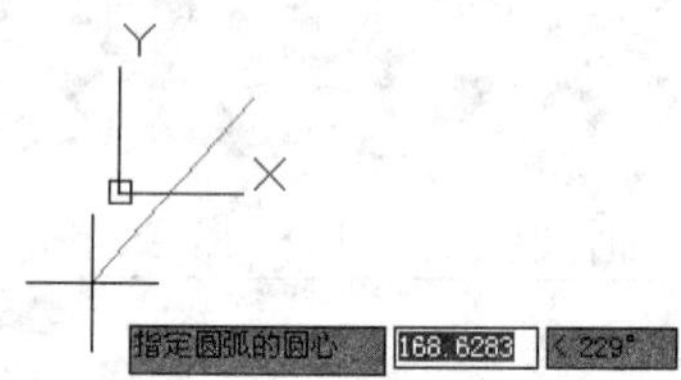

图 3-40　指定圆弧的起点

02 指定圆弧的起点后，命令行提示如下：

```
指定圆弧的第二个点或 [圆心(C)/端点(E)]：_c 指定圆弧的圆心：
```

指定圆弧的圆心后，绘图区如图 3-41 所示。

03 指定圆弧的圆心后，命令行提示如下（这里指定了弦长，其弦长为 l）：

```
指定圆弧的端点或 [角度(A)/弦长(L)]：_l 指定弦长：300
```

指定圆弧的弦长后，绘图区如图 3-42 所示。

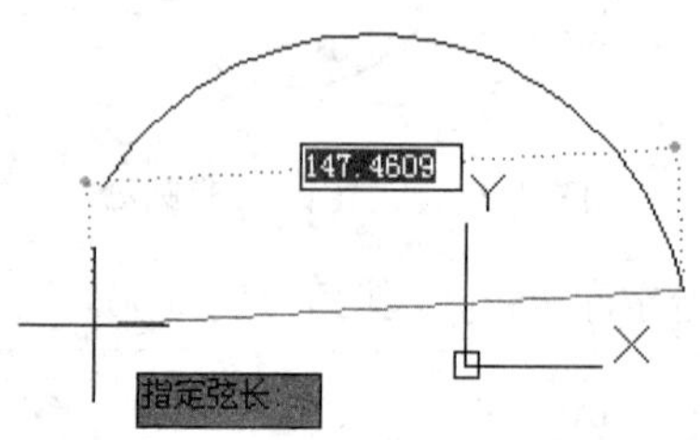

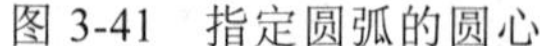

图 3-41　指定圆弧的圆心

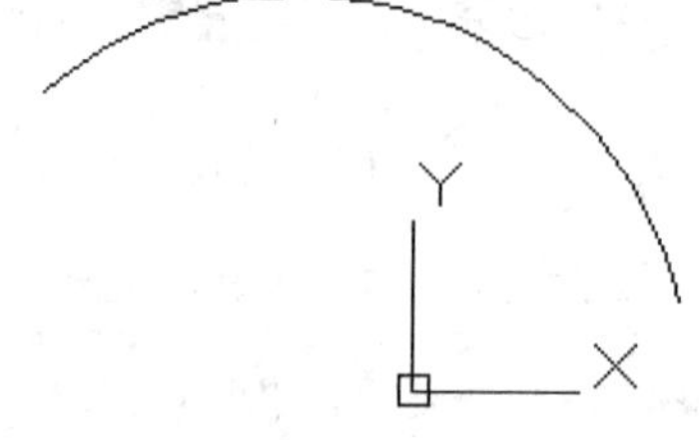

图 3-42　用“起点、圆心、长度”命令绘制的圆弧

专家提示：当逆时针画圆弧时，若弦长为正值，则绘制的是与给定弦长相对应的最小圆弧，若弦长为负值，则绘制的是与给定的弦长相对应的最大圆弧；顺时针画圆弧则正好相反。

5）方法 5：起点、端点、角度画圆弧

操作步骤

01 选择菜单栏中的“绘图”→“圆弧”→“起点、端点、角度”命令。

执行“起点、端点、角度”画圆弧命令后，命令行提示如下：

```
命令：_arc 指定圆弧的起点或 [圆心(C)]:
```

指定圆弧的起点时，绘图区如图 3-43 所示。

02 指定圆弧的起点后，命令行提示如下：

```
指定圆弧的第二个点或 [圆心(C)/端点(E)]: e
指定圆弧的端点:
```

指定圆弧的端点后，绘图区如图 3-44 所示。

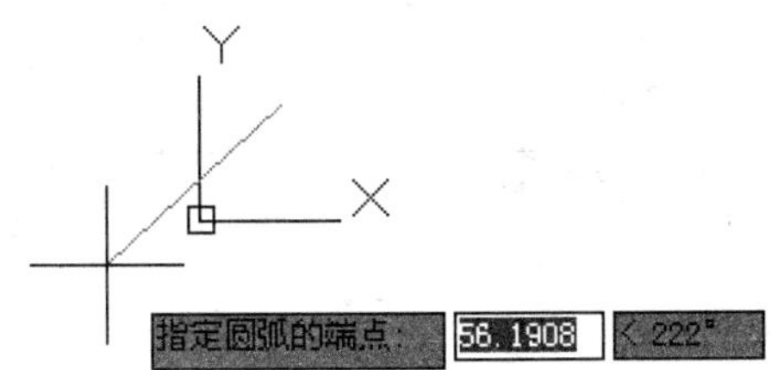

图 3-43　指定圆弧的起点

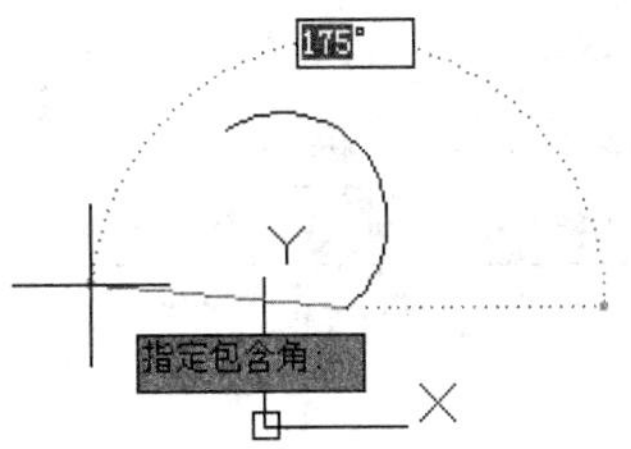

图 3-44　指定圆弧的端点

03 指定圆弧的端点后，命令行提示如下（这里指定了角度，其角度为 270°）：

```
指定圆弧的圆心或 [角度(A)/方向(D)/半径(R)]: _a 指定包含角: 270
```

指定圆弧的角度后，绘图区如图 3-45 所示。

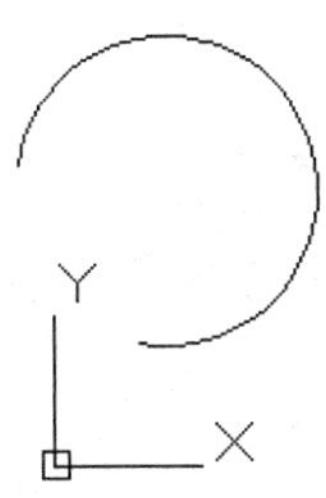

图 3-45　用“起点、端点、角度”命令绘制的圆弧

6）方法 6：起点、端点、切向画圆弧

操作步骤

01 选择菜单栏中的“绘图”→“圆弧”→“起点、端点、切向”命令。（所谓的切向指的是圆弧的起点切线方向，以度数来表示）。

执行“起点、端点、角度”画圆弧命令后，命令行提示如下：

```
命令：_arc 指定圆弧的起点或 [圆心(C)]:
```

指定圆弧的起点后，绘图区如图 3-46 所示。

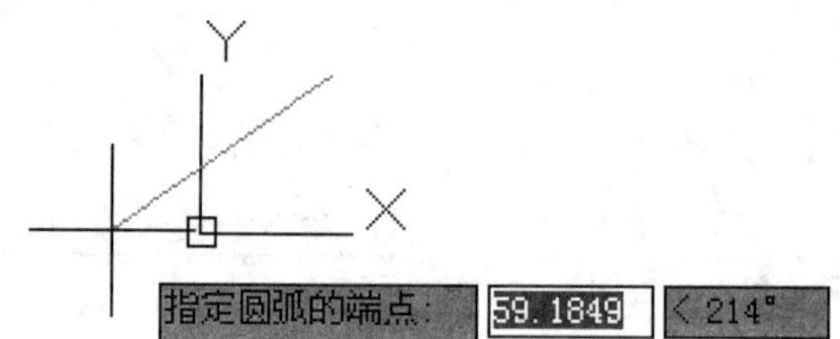

图 3-46　指定圆弧的起点

02 指定圆弧的起点后，命令行提示如下：

```
指定圆弧的第二个点或 [圆心(C)/端点(E)]: _e
指定圆弧的端点:
```

指定圆弧的端点后，绘图区如图 3-47 所示。

03 指定圆弧的端点后，命令行提示如下（这里指定了切向，其方向向右）：

```
指定圆弧的圆心或 [角度(A)/方向(D)/半径(R)]: _d 指定圆弧的起点切向:
```

指定圆弧的切向后，绘图区如图 3-48 所示。

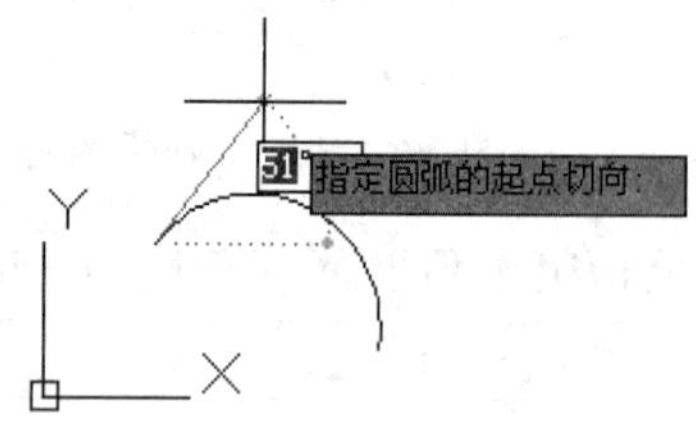

图 3-47　指定圆弧的端点

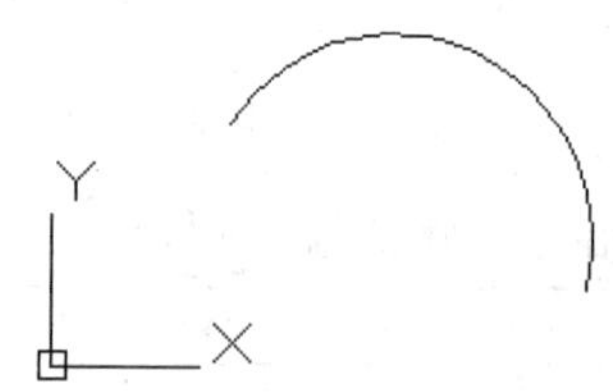

图 3-48　“用起点、端点、切向”命令绘制的圆弧

7）方法 7：起点、端点、半径画圆弧

操作步骤

01 选择菜单栏中的“绘图”→“圆弧”→“起点、端点、半径”命令。

执行“起点、端点、半径”画圆弧命令后，命令行提示如下：

```
命令: _arc 指定圆弧的起点或 [圆心(C)]:
```

指定圆弧的起点后，绘图区如图 3-49 所示。

02 指定圆弧的起点后，命令行提示如下：

```
指定圆弧的第二个点或 [圆心(C)/端点(E)]: _e
指定圆弧的端点:
```

指定圆弧的端点后，绘图区如图 3-50 所示。

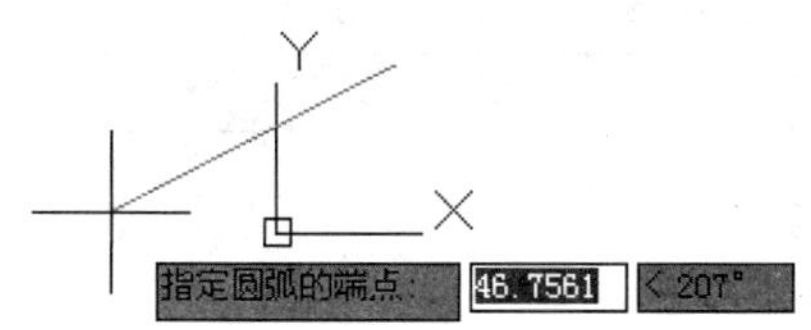

图 3-49　指定圆弧的起点

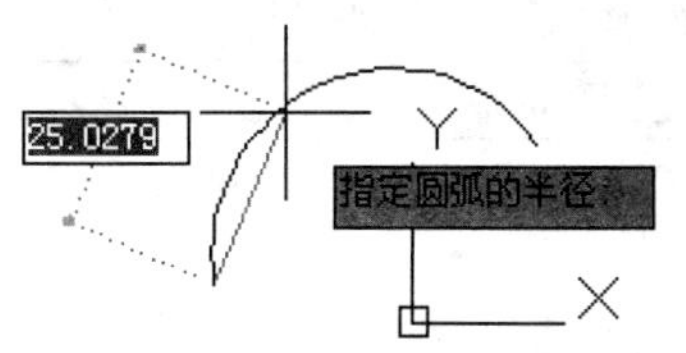

图 3-50　指定圆弧的端点

03 指定圆弧的端点后，命令行提示如下（这里指定了圆弧的半径，其半径为 50）：

```
指定圆弧的圆心或 [角度(A)/方向(D)/半径(R)]: _r 指定圆弧的半径: 50
```

指定圆弧的半径后，绘图区如图 3-51 所示。

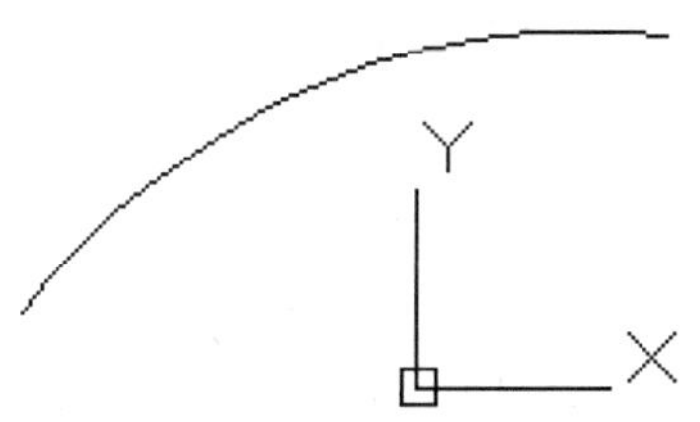

图 3-51　用"起点、端点、切向"命令绘制的圆弧

8）方法 8：圆心、起点、端点画圆弧

操作步骤

01 选择菜单栏中的"绘图"→"圆弧"→"圆心、起点、端点"命令。

执行"圆心、起点、端点"画圆弧命令后，命令行提示如下：

```
命令: _arc 指定圆弧的起点或 [圆心(C)]: _c 指定圆弧的圆心:
```

指定圆弧的圆心后，绘图区如图 3-52 所示。

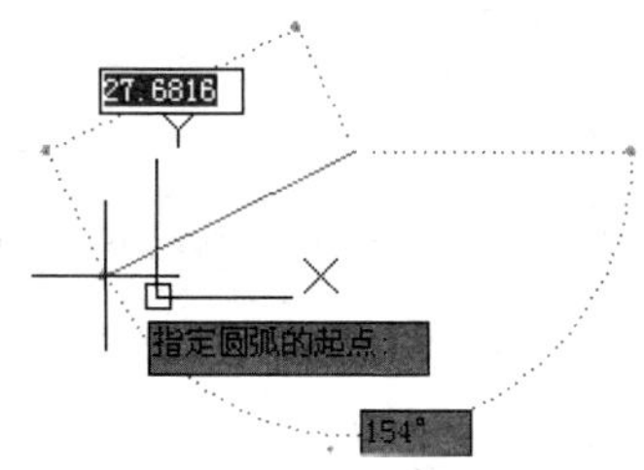

图 3-52　指定圆弧的圆心

02 指定圆弧的圆心后，命令行提示如下：

```
指定圆弧的起点:
```

指定圆弧的起点后，绘图区如图 3-53 所示。

03 指定圆弧的起点后，命令行提示如下（这里指定了圆弧的端点）：

```
指定圆弧的端点或 [角度(A)/弦长(L)]:
```

指定圆弧的端点后，绘图区如图 3-54 所示。

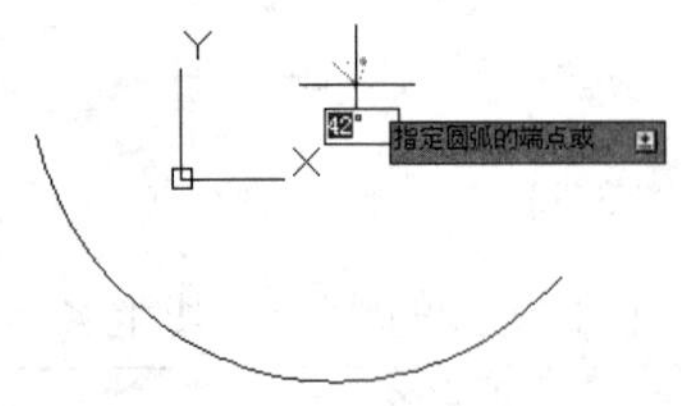

图 3-53　指定圆弧的起点

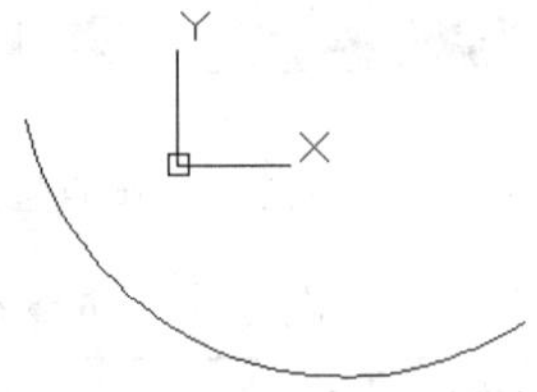

图 3-54　用“圆心、起点、端点”命令绘制的圆弧

9）方法 9：圆心、起点、角度画圆弧

操作步骤

01 选择菜单栏中的“绘图”→“圆弧”→“圆心、起点、角度”命令。

执行“圆心、起点、角度”画圆弧命令后，命令行提示如下：

```
命令: _arc 指定圆弧的起点或 [圆心(C)]: _c 指定圆弧的圆心:
```

指定圆弧的圆心后，绘图区如图 3-55 所示。

02 指定圆弧的圆心后，命令行提示如下：

```
指定圆弧的起点:
```

指定圆弧的起点后，绘图区如图 3-56 所示。

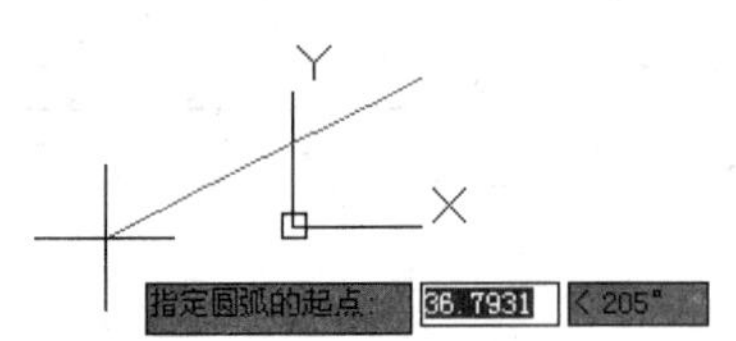

图 3-55　指定圆弧的圆心

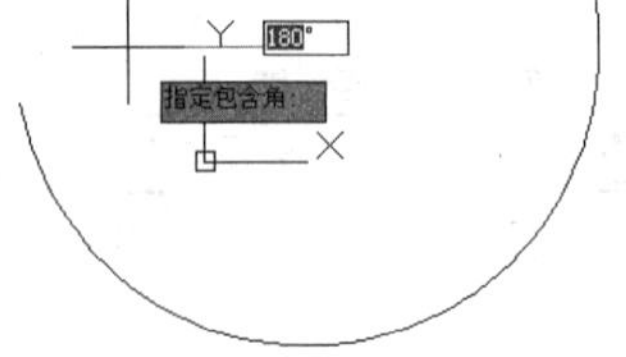

图 3-56　指定圆弧的起点

03 指定圆弧的起点后，命令行提示如下（这里指定了圆弧的角度，角度为 135°）：

```
指定圆弧的端点或 [角度(A)/弦长(L)]: _a 指定包含角: 135
```

指定圆弧的角度后，绘图区如图 3-57 所示。

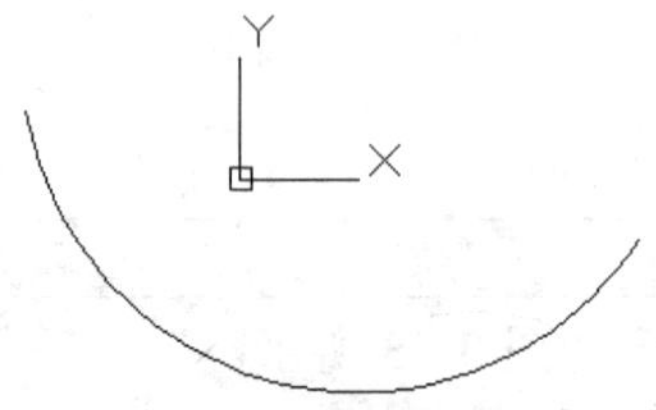

图 3-57　用“圆心、起点、角度”命令绘制的圆弧

10）方法 10：圆心、起点、长度画圆弧

操作步骤

01 选择菜单栏中的"绘图"→"圆弧"→"圆心、起点、长度"命令。

执行"圆心、起点、长度"画圆弧命令后，命令行提示如下：

```
命令：_arc 指定圆弧的起点或 [圆心(C)]：_c 指定圆弧的圆心：
```

指定圆弧的圆心后，绘图区如图 3-58 所示。

02 指定圆弧的圆心后，命令行提示如下：

```
指定圆弧的起点：
```

指定圆弧的起点后，绘图区如图 3-59 所示。

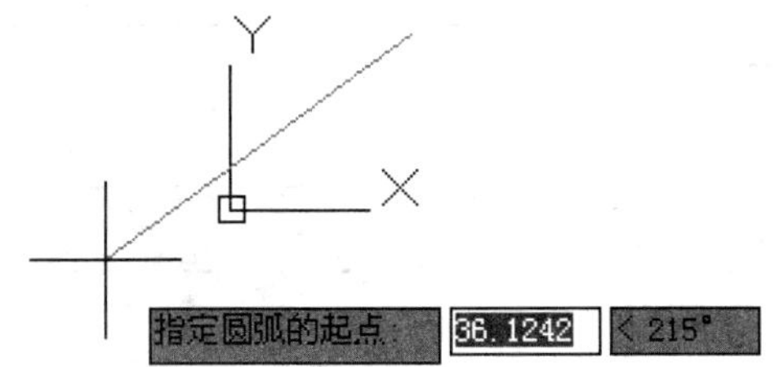

图 3-58　指定圆弧的圆心

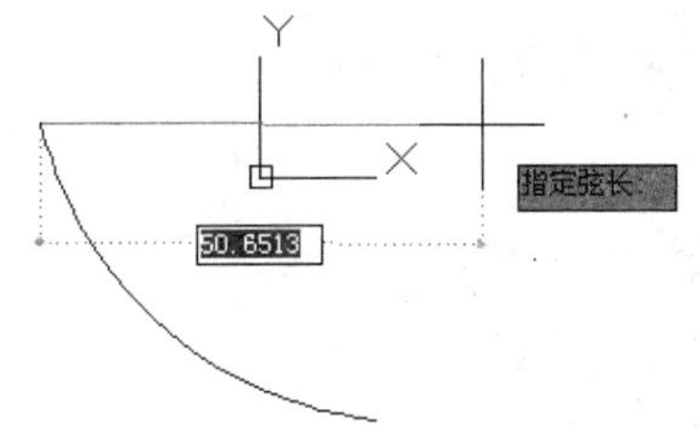

图 3-59　指定圆弧的起点

03 指定圆弧的起点后，命令行提示如下（这里指定了圆弧的长度，长度为 80）：

```
指定圆弧的端点或 [角度(A)/弦长(L)]：_l 指定弦长：80
```

指定圆弧的角度后，绘图区如图 3-60 所示。

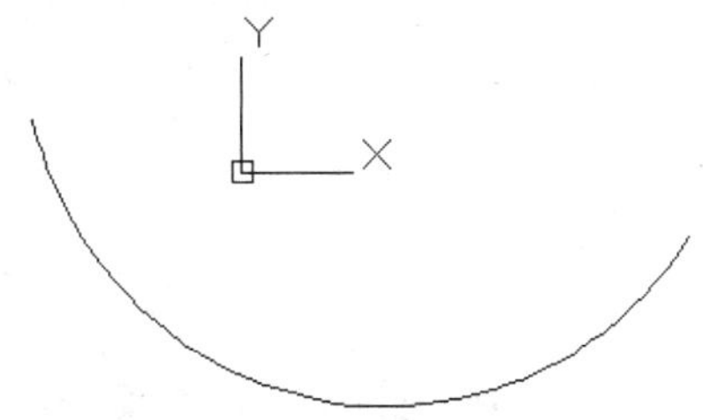

图 3-60　用"圆心、起点、长度"命令绘制的圆弧

11）方法 11：继续

在这种方法下，用户可以从以前绘制的圆弧的终点开始继续下一段圆弧。采用这种方法绘制圆弧时，每段圆弧都与以前的圆弧相切。以前圆弧或直线的终点和方向就是此圆弧的起点和方向。

3. 绘制圆环

圆环是经过实体填充的环，要绘制圆环，需要指定圆环的内、外直径和圆心。

操作步骤

01 选择菜单栏中的“绘图”→“圆环”命令。

选择命令后，命令行提示如下：

```
命令:
DONUT
指定圆环的内径 <13.4282>:  指定第二点:
```

02 指定圆环的内径后，命令行提示如下：

```
指定圆环的外径 <5.0000>:
```

指定圆环的外径后，绘图区如图 3-61 所示。

03 指定圆环的外径后，命令行提示如下：

```
指定圆环的中心点或 <退出>:
```

指定圆环的中心点后，绘制的图形如图 3-62 所示。

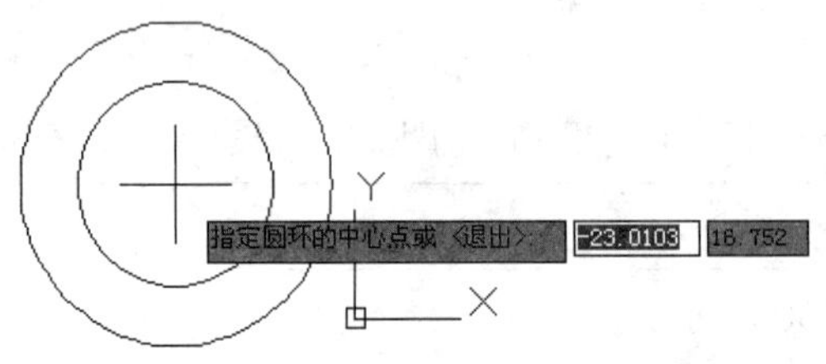

图 3-61 指定圆环的外径

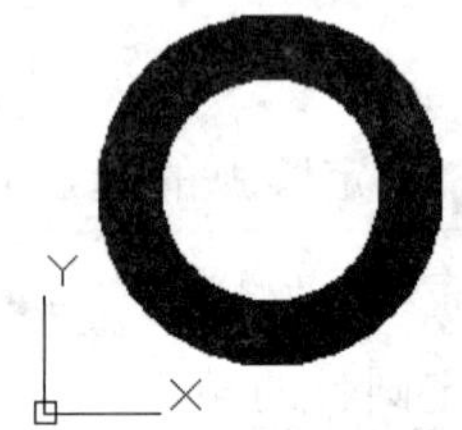

图 3-62 指定圆环的中心点

第 17 例 掌握绘制椭圆与椭圆弧的方法

必学技能

绘制椭圆与椭圆弧的方法，是必备的技能，这里主要掌握椭圆绘制的 3 种方法及椭圆弧绘制的方法。

下面将具体讲解绘制椭圆与椭圆弧的方法。

1. 绘制椭圆

椭圆是基于中心点、长轴及短轴绘制的。如图 3-63 所示为“绘图”菜单下的“椭圆弧”子菜单，如图 3-64 所示为“绘图”面板，提供了 3 种绘制椭圆弧的方法。

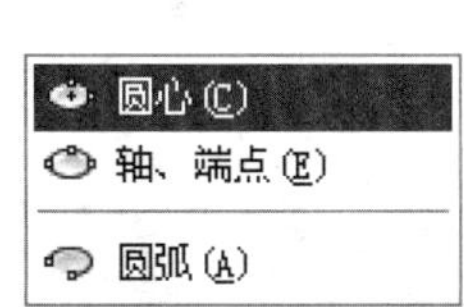

图 3-63　“椭圆弧”子菜单

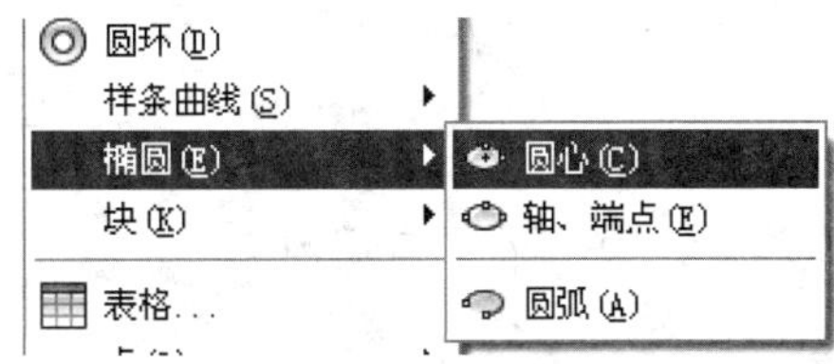

图 3-64　“绘图”面板

1）***方法 1:*** 圆心画椭圆

操作步骤

01 选择菜单栏中的“绘图”→“椭圆”→“圆心”命令。

选择命令后，命令行提示如下：

```
命令: _ellipse
指定椭圆的轴端点或 [圆弧(A)/中心点(C)]: _c
指定椭圆的中心点:
```

指定椭圆的中心点后，绘图区如图 3-65 所示。

02 指定中心点后，命令行提示如下：

```
指定轴的端点:
```

指定轴的端点后，绘图区如图 3-66 所示。

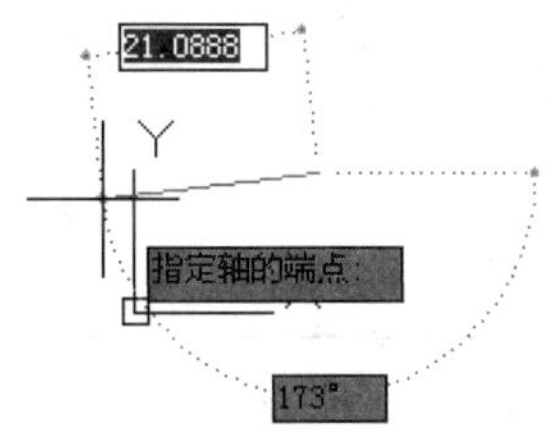

图 3-65　指定的中心点

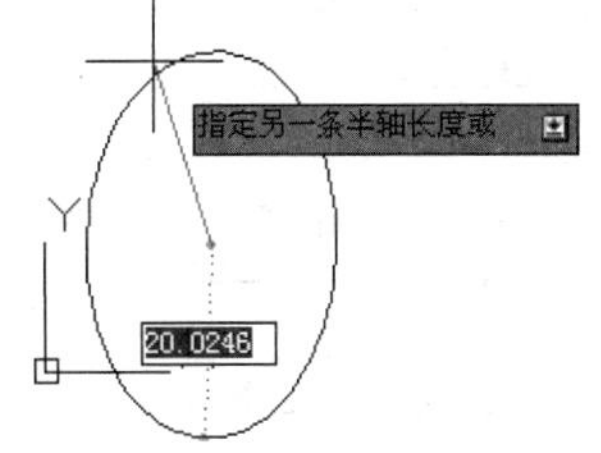

图 3-66　指定轴的端点

03 指定椭圆的轴的端点后，命令行提示如下：

```
指定另一条半轴长度或 [旋转(R)]:
```

指定椭圆的另一条半轴长度后，绘图区如图 3-67 所示。

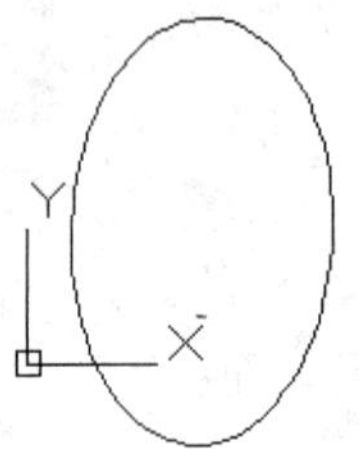

图 3-67　用“圆心”命令绘制的椭圆

2）方法 2：轴、端点画椭圆

操作步骤

01 选择菜单栏中的“绘图”→“椭圆”→“轴、端点”命令。

选择命令后，命令行提示如下：

```
命令：_ellipse
指定椭圆的轴端点或 [圆弧(A)/中心点(C)]:
```

指定椭圆的轴端点后，绘图区如图 3-68 所示。

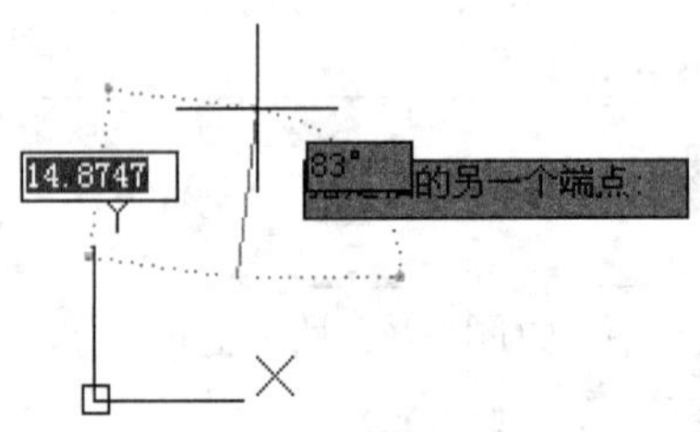

图 3-68　指定椭圆的轴端点

02 指定轴端点后，命令行提示如下：

```
指定轴的另一个端点:
```

指定椭圆轴的另一个端点后，绘图区如图 3-69 所示。

03 指定椭圆轴的另一个端点后，命令行提示如下：

```
指定另一条半轴长度或 [旋转(R)]:
```

指定椭圆的另一条半轴长度后，绘图区如图 3-70 所示。

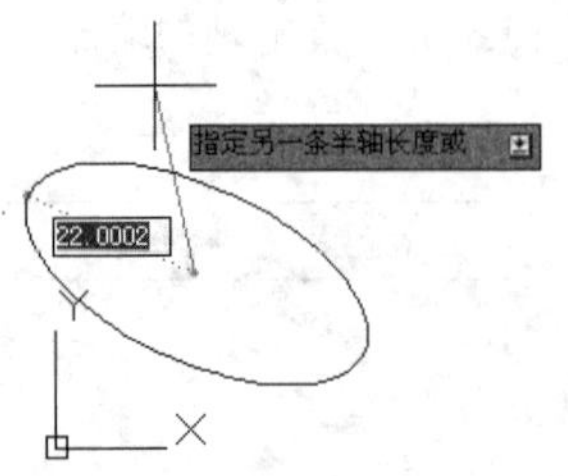

图 3-69　指定另一个端点

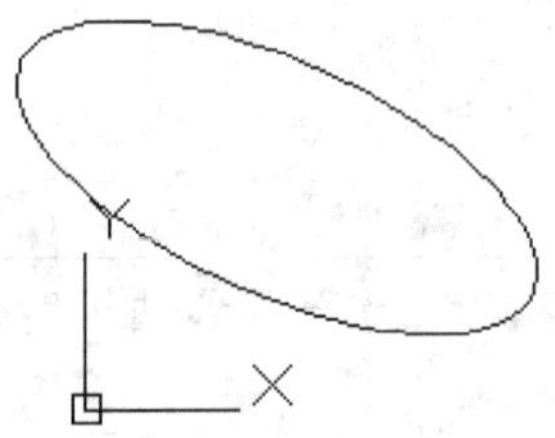

图 3-70　用“轴、端点”命令绘制的椭圆

3）方法 3：快捷键画椭圆

操作步骤

01 左手输入键盘命令：el（EL）。

02 左手大拇指按下空格键。

执行绘制椭圆命令后，命令行提示如下：

```
命令: _ellipse
指定椭圆的轴端点或 [圆弧(A)/中心点(C)]: _c
指定椭圆的中心点:
```

指定椭圆的中心点后，绘图区如图 3-71 所示。

03 指定中心点后，命令行提示如下：

```
指定轴的另一个端点:
```

指定椭圆轴的另一个端点后，绘图区如图 3-72 所示。

04 指定椭圆弧轴的另一个端点后，命令行提示如下：

```
指定另一条半轴长度或 [旋转(R)]:
```

指定椭圆的另一条半轴长度后，绘图区如图 3-73 所示。

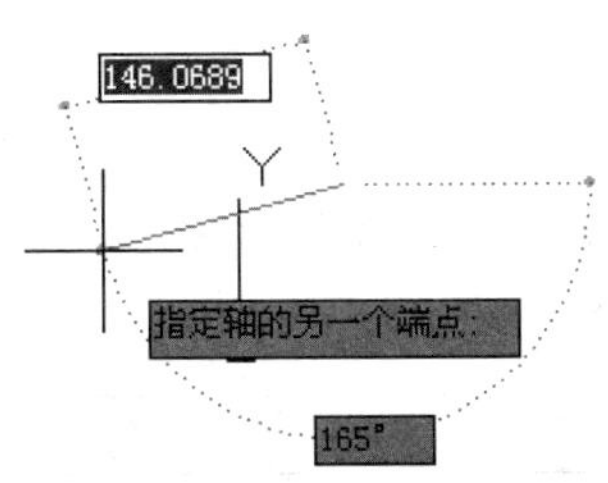

图 3-71　指定的中心点

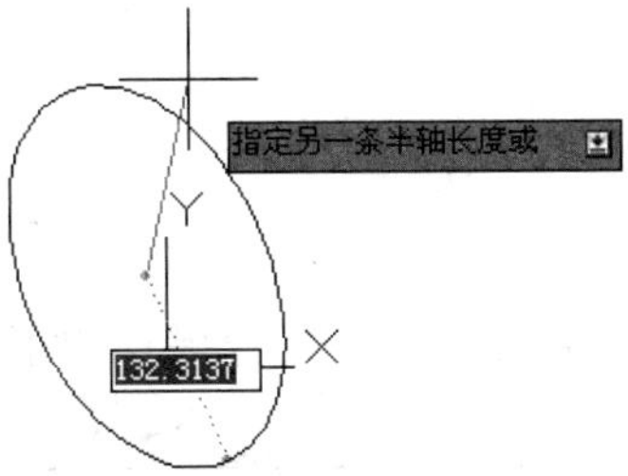

图 3-72　指定另一个端点

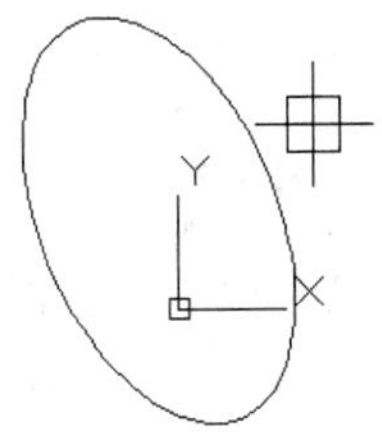

图 3-73　用快捷键绘制的椭圆

2. 绘制椭圆弧

操作步骤

01 选择菜单栏中的“绘图”→“椭圆”→“圆弧”命令。

选择命令后，命令行提示如下：

```
命令: _ellipse
指定椭圆的轴端点或 [圆弧(A)/中心点(C)]: _a
```

指定椭圆的轴端点后，绘图区如图 3-74 所示。

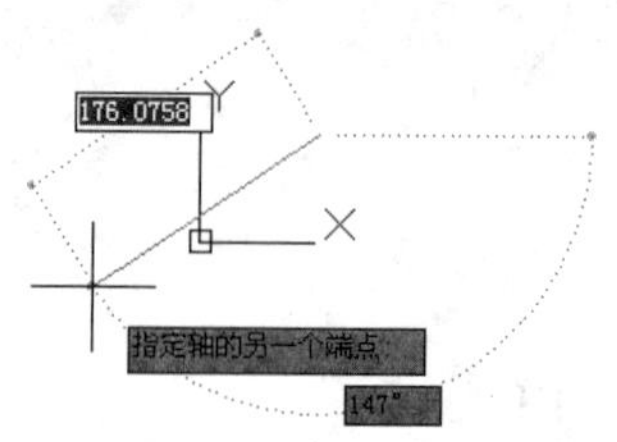

图 3-74　指定椭圆弧的轴端点

02 指定轴端点后，命令行提示如下：

```
指定椭圆弧的轴端点或 [中心点(C)]:
指定轴的另一个端点:
```

指定轴的另一个端点后，绘图区如图 3-75 所示。

03 指定椭圆弧轴的另一个端点后，命令行提示如下：

```
指定另一条半轴长度或 [旋转(R)]:
```

指定椭圆弧的另一条半轴长度后，绘图区如图 3-76 所示。

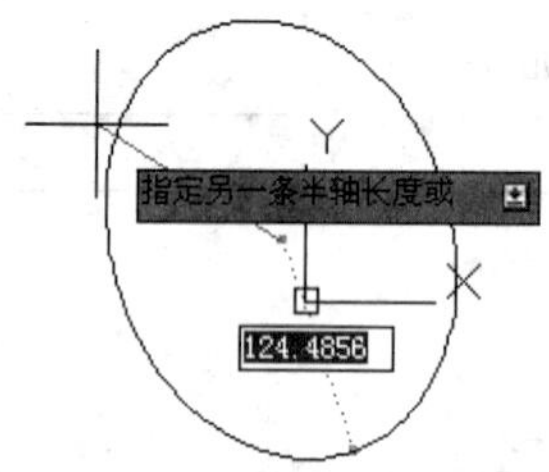

图 3-75　指定另一个端点

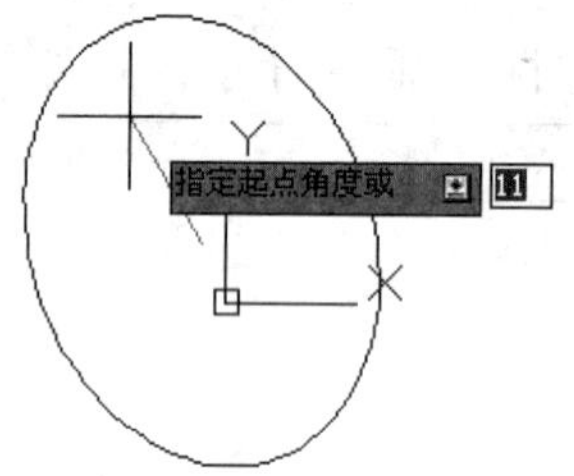

图 3-76　指定另一条半轴长度

04 指定椭圆弧轴的另一个端点后，命令行提示如下：

```
指定起点角度或 [参数(P)]:150
```

指定起点角度为“150”后，绘图区如图 3-77 所示。

05 指定起点角度后，命令行提示如下：

```
指定端点角度或 [参数(P)/包含角度(I)]: 300
```

指定椭圆弧的端点角度为“300”后，绘图区如图 3-78 所示。

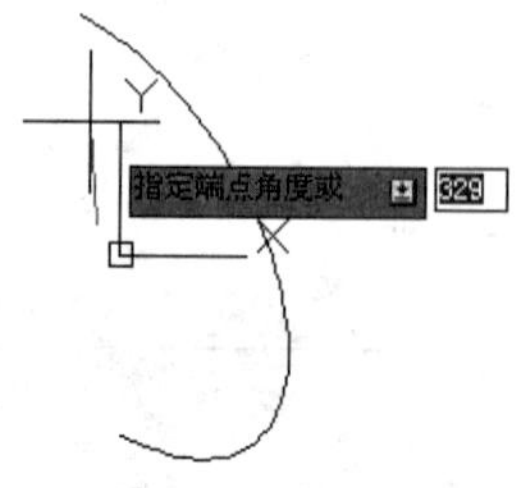

图 3-77　指定起点角度

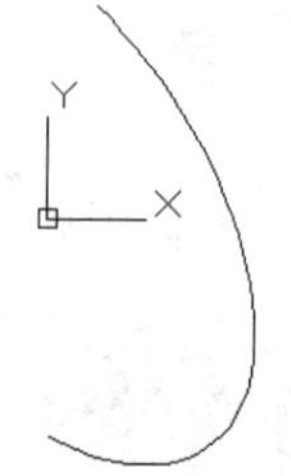

图 3-78　指定端点角度

第 18 例　掌握绘制矩形的方法

必学技能

掌握绘制矩形的方法，是必备的技能，这里主要掌握通过快捷键创建矩形的方法。

下面将具体讲解绘制矩形和正多边形的方法。

操作步骤

01 左手输入键盘命令：rec（REC）。

02 左手大拇指按下空格键。

执行绘制矩形命令后，命令行提示如下：

```
命令: rec RECTANG
指定第一个角点或 [倒角(C)/标高(E)/圆角(F)/厚度(T)/宽度(W)]:
```

指定第一个角点后，绘图区如图 3-79 所示。

图 3-79　指定第一个角点

03 输入第一个角点值后，命令行提示如下：

```
指定另一个角点或 [面积(A)/尺寸(D)/旋转(R)]: d
```

04 输入“d”后，左手大拇指按下空格键，指定另外一个角点之后，绘图区如图 3-80 所示，接着命令行提示如下：

```
指定矩形的长度 <10.0000>:10  (输入矩形的长度之后，指定矩形的宽度如图 3-81 所示)
```

```
指定矩形的宽度 <10.0000>: 5
```

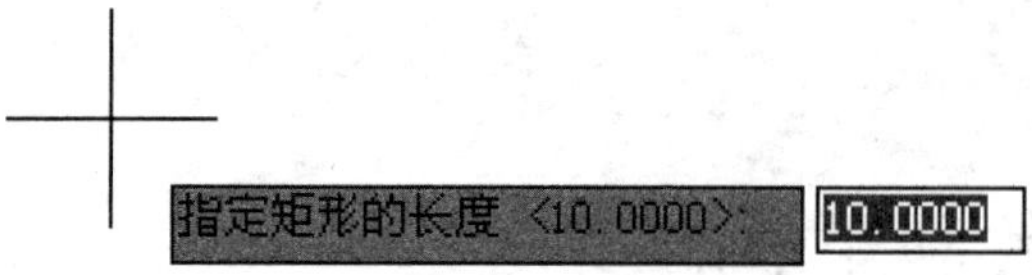

指定矩形的长度 <10.0000>: 10.0000

图 3-80　指定矩形的长度

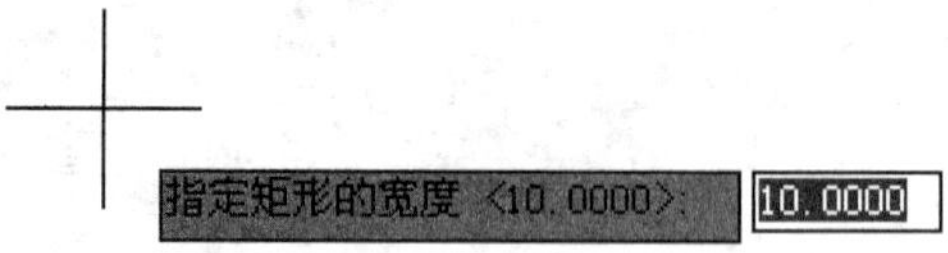

指定矩形的宽度 <10.0000>: 10.0000

图 3-81　指定矩形的宽度

05 输入数值“5”后，绘制的图形如图 3-82 所示，其命令行提示如下：

```
指定另一个角点或 [面积(A)/尺寸(D)/旋转(R)]:
```

指定矩形的角点后，绘图区如图 3-83 所示。

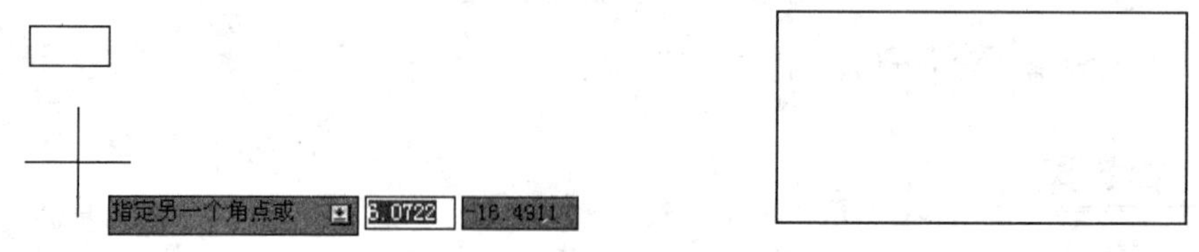

图 3-82　指定另一个角点　　　　图 3-83　用 REC 命令绘制的矩形

第 19 例　掌握绘制正多边形的方法

必学技能

掌握绘制正多边形的方法，是必备的技能，这里主要掌握通过菜单栏绘制正多边形的方法。

下面将具体讲解绘制正多边形的方法。

操作步骤

01 选择菜单栏中的“绘图”→“正多边形”命令；

选择命令后，命令行提示如下：

```
命令: _polygon 输入侧面数 <4>: 6
```

02 在输入“6”后，左手大拇指按下空格键，绘图区如图 3-84 所示，命令行提示

如下：

指定正多边形的中心点或 [边(E)]：

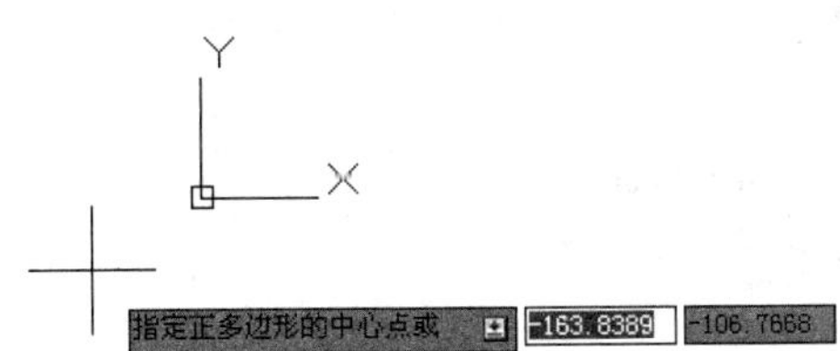

图 3-84　指定正多边形的中心点

03 在绘图区域中指定正多边形的中心点，绘图区如图 3-85 所示，命令行提示如下：

输入选项 [内接于圆(I)/外切于圆(C)] <I>：I

04 在命令行中输入“I”后，左手大拇指按下空格键，绘图区如图 3-86 所示。接着命令行提示如下：

指定圆的半径：300

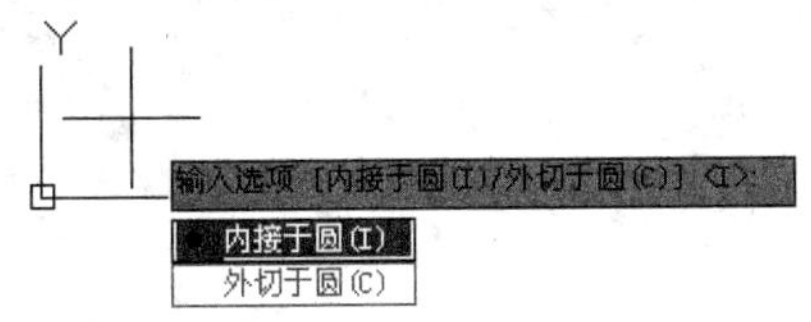

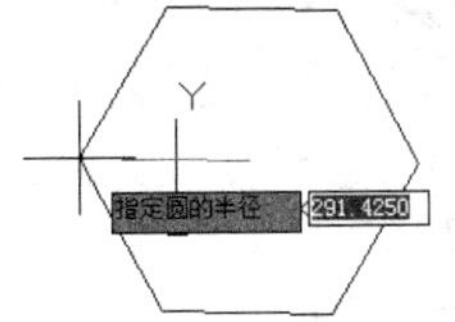

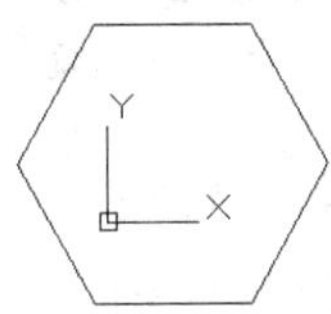

图 3-85　输入选项　　图 3-86　指定圆的半径　　图 3-87　绘制的正六边形

输入圆的半径为“300”后，绘制的图形如图 3-87 所示。

第 20 例　掌握多线绘制与编辑的方法

必学技能

掌握多线绘制与编辑的方法，是必备的技能，这里主要掌握多线比例的设置与编辑的方法。

多线一般用于建筑图的墙体、公路和电子线路图等平行线对象。

下面将具体讲解绘制多线绘制与编辑的方法。

1. 绘制多线

多线的比例，在建筑设计中使用比较多，如绘制承重墙、非承重墙、门窗等，希望读者能够掌握。

操作步骤

01 左手输入键盘命令：ml（ML）。

02 左手大拇指按下空格键。

执行绘制多线命令后，命令行提示如下：

```
命令: ML MLINE
当前设置: 对正 = 上, 比例 = 20.00, 样式 = STANDARD
指定起点或 [对正(J)/比例(S)/样式(ST)]:  s
输入多线比例 <20.00>:
当前设置: 对正 = 上, 比例 = 20.00, 样式 = STANDARD
指定起点或 [对正(J)/比例(S)/样式(ST)]:  j
输入对正类型 [上(T)/无(Z)/下(B)] <上>:  z
当前设置: 对正 = 无, 比例 = 20.00, 样式 = STANDARD
指定起点或 [对正(J)/比例(S)/样式(ST)]:
指定下一点:    <正交 开>
指定下一点或 [放弃(U)]:
指定下一点或 [闭合(C)/放弃(U)]:
指定下一点或 [闭合(C)/放弃(U)]:
```

指定点后，绘图区如图 3-88 所示。

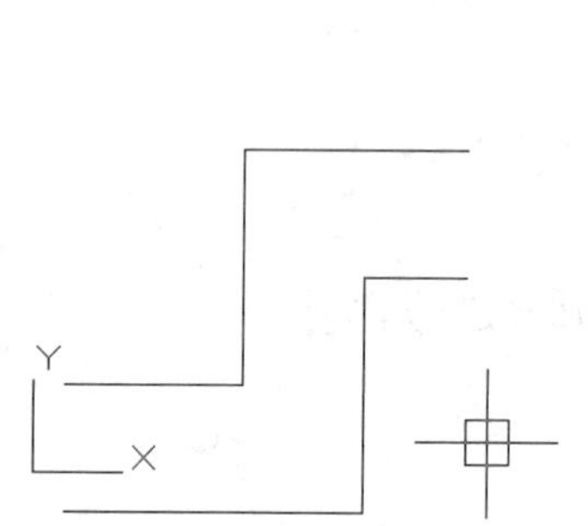

图 3-88　指定点

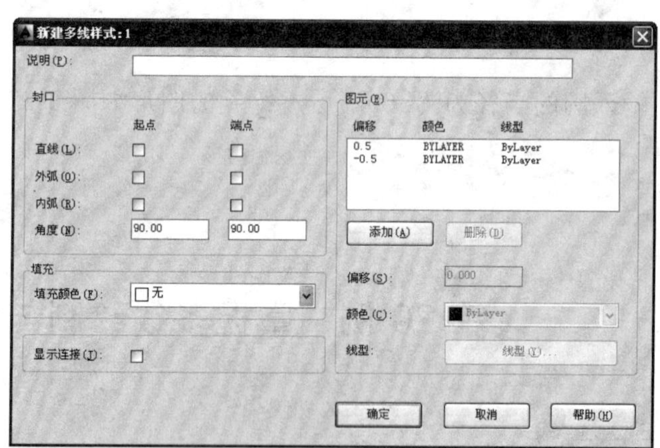

图 3-89　“新建多线样式”对话框

专家提示：选择菜单栏中的“格式”→“多线样式”命令，单击“新建”按钮，为新样式命名。单击“确定”按钮，即可打开“新建多线样式”对话框，如图 3-89 所示。在这个对话框里可以对多线的封口方式、填充颜色、线型等内容进行设置。

2. 编辑多线

操作步骤

01 选择菜单栏中的“修改”→“对象”→“多线段”命令。

02 弹出“多线编辑工具”对话框，如图 3-90 所示，其中提供了 12 种多线编辑工具。

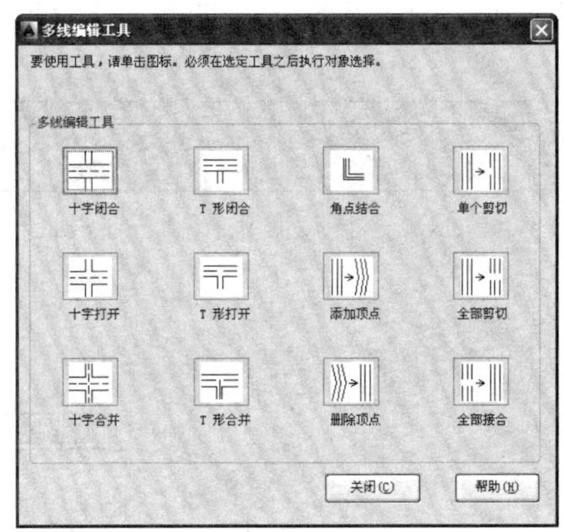

图 3-90　“多线编辑工具”对话框

“多线编辑工具”对话框中的编辑工具共分为 4 列，单击其中的一个工具图标，即可使用该工具，命令行将显示相应的提示信息。这里就不再一一叙述。

第 21 例　掌握多段线绘制与编辑的方法

必学技能

掌握多段线绘制与编辑的方法，是必备的技能，这里主要掌握多段线宽度设置与编辑的方法。

多段线的绘制方法与直线相同，但在绘制多段线时，还可以进一步设置是直线段还是弧线段，以及线的宽度。

1．绘制多段线

操作步骤

01 选择菜单栏中的“绘图”→“多段线”命令。

选择命令后，命令行提示如下：

```
指定起点:
```

02 用鼠标拾取或输入起点坐标指定多段线的起点，这时绘图区如图 3-91 所示，命令行提示如下：

```
当前线宽为 0.0000
指定下一个点或 [圆弧(A)/半宽(H)/长度(L)/放弃(U)/宽度(W)]: w
```

03 在命令行中输入“W”后，左手大拇指按下空格键，绘图区如图 3-92 所示（左手按下 F8 键，选择正交选项）。

正交模式设置详见第 44 例。

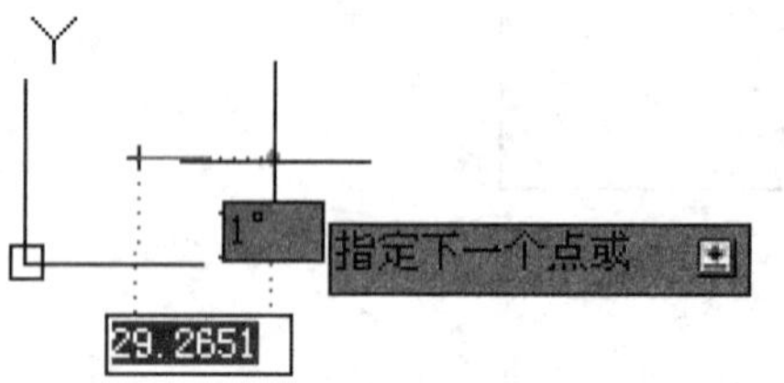

图 3-91 指定起点

图 3-92 指定宽度

04 输入指定起点和端点的宽度后，指定下一个点的位置（输入“100”），绘图区如图 3-93 所示，命令行提示如下：

```
指定起点宽度 <87.0564>: 10
指定端点宽度 <10.0000>: 10
指定下一个点或 [圆弧(A)/半宽(H)/长度(L)/放弃(U)/宽度(W)] :100
```

05 命令行提示指定下一点，输入宽度“W”，指定起点和端点宽度，绘图区如图 3-94 所示，命令行提示如下：

```
指定下一点或 [圆弧(A)/闭合(C)/半宽(H)/长度(L)/放弃(U)/宽度(W)]: w
指定起点宽度 <10.0000>: 25
指定端点宽度 <25.0000>: 0
```

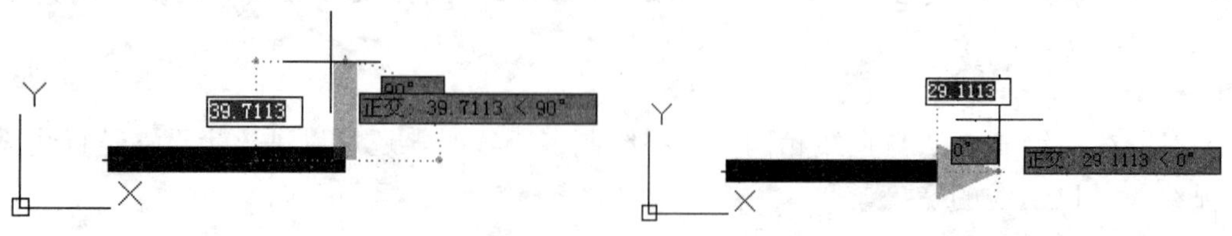

图 3-93 指定下一点　　图 3-94 指定宽度

06 输入指定下一个点的位置（输入“65”），绘图区如图 3-95 所示，命令行提示如下：

```
指定下一点或 [圆弧(A)/闭合(C)/半宽(H)/长度(L)/放弃(U)/宽度(W)]: 65
```

07 单击鼠标右键，确定箭头的绘制，绘图区如图 3-96 所示，命令行提示如下：

```
指定下一点或 [圆弧(A)/闭合(C)/半宽(H)/长度(L)/放弃(U)/宽度(W)]:
自动保存到 C:\DocumentsandSettings\Administrator\localsettings\temp\ Drawing1_1_1_5863.sv$
```

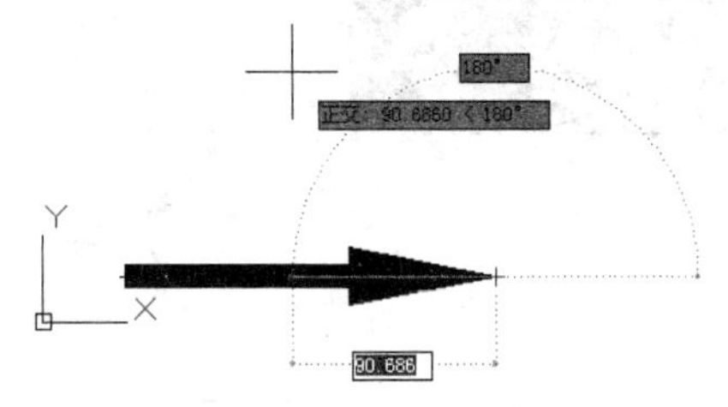

图 3-95　指定下一点

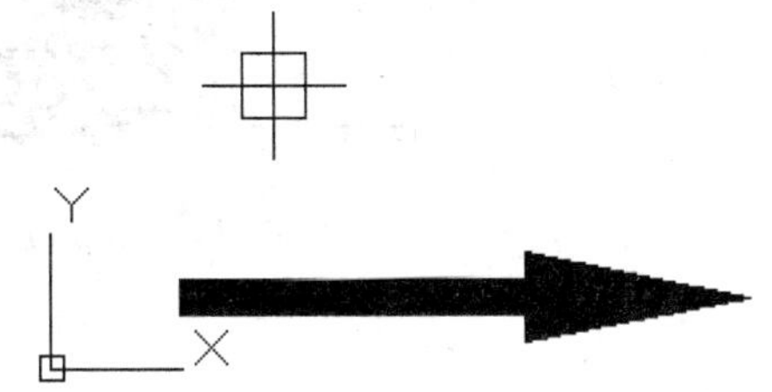

图 3-96　多段线命令绘制的箭头

2. 多段线绘制与编辑

操作步骤

01 选择菜单栏中的“修改”→“对象”→“多段线”命令。

执行编辑多段线命令后，命令行提示如下：

```
选择多段线或 [多条(M)]:
```

此时可用鼠标选择要编辑的多段线，如果所选择的对象不是多段线，命令行将提示“选定的对象不是多段线。是否将其转换为多段线？<Y>:”，输入 y 或 n 选择是否转换。

02 选择完多段线对象后，其绘图区如图 3-97 所示，命令行提示如下：

```
输入选项 [打开(O)/合并(J)/宽度(W)/编辑顶点(E)/拟合(F)/样条曲线(S)/非曲线化(D)/线型生成(L)/放弃(U)]:
```

03 在图中选择宽度（W）后，接着绘图区如图 3-98 所示，命令行提示如下：

```
指定所有线段的新宽度: 45（输入新宽度 45）
```

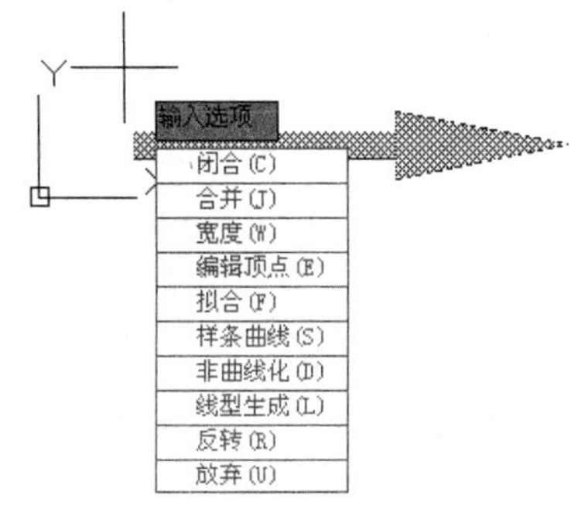

图 3-97　选择多段线对象

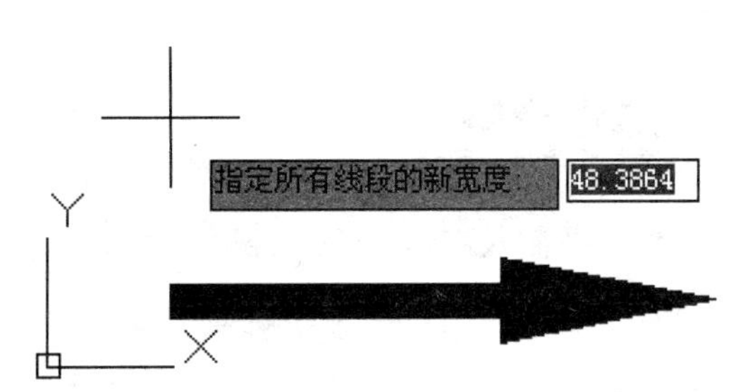

图 3-98　指定多段线的新宽度

04 单击鼠标右键，确定宽度的修改，绘图区如图 3-99 所示，命令行提示如下：

```
输入选项 [闭合(C)/合并(J)/宽度(W)/编辑顶点(E)/拟合(F)/样条曲线(S)/非曲线化(D)/线型生成(L)/反转(R)/放弃(U)]:
自动保存到 C:\Documents and Settings\Administrator\local settings\temp\Drawing1_1_1_5863.sv$ ...
```

图 3-99 修改多段线的宽度

提示

与编辑多线时弹出的对话框不同，编辑多段线只能输入对应字母选择各选项来编辑多段线，其各个选项的含义这里不再叙述，请读者按照上面的操作步骤体会。

第 22 例 掌握样条曲线绘制与编辑的方法

必学技能

掌握绘制圆类的方法，是必备的技能，这里主要掌握绘制样条曲线的快捷键与样条曲线的编辑方法。

一般熟练的绘图者都通过指定一系列点来绘制样条曲线。样条曲线主要用于切断线、波浪线等。

1. 绘制样条曲线

操作步骤

01 左手输入键盘命令：spl（SPL）。

02 左手大拇指按下空格键。

执行绘制样条曲线命令后，命令行提示如下：

```
指定第一个点或 [方式(M)/节点(K)/对象(O)]:
```

03 用鼠标拾取或输入起点坐标指定样条曲线的起点，这时绘图区如图 3-100 所示，命令行提示如下：

```
指定下一点:
指定下一点或 [起点切向(T)/公差(L)]:
```

图 3-100　指定起点

04 用鼠标拾取或输入起点坐标指定样条曲线的一点，这时绘图区如图 3-101 所示。

05 继续上一步骤，用鼠标拾取或输入起点坐标指定样条曲线的一点，最后的绘制的图形如图 3-102 所示。

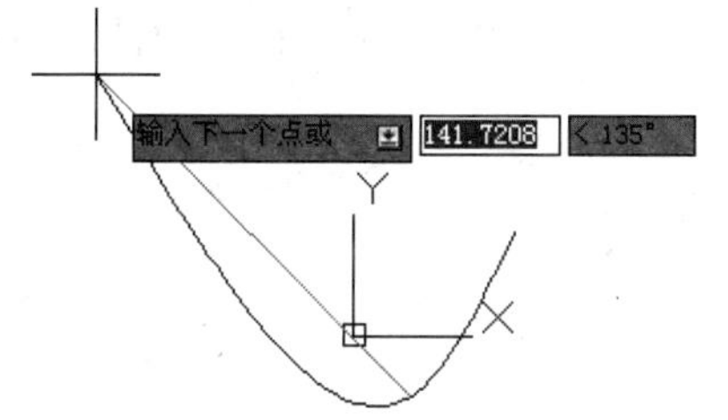

图 3-101　指定圆弧

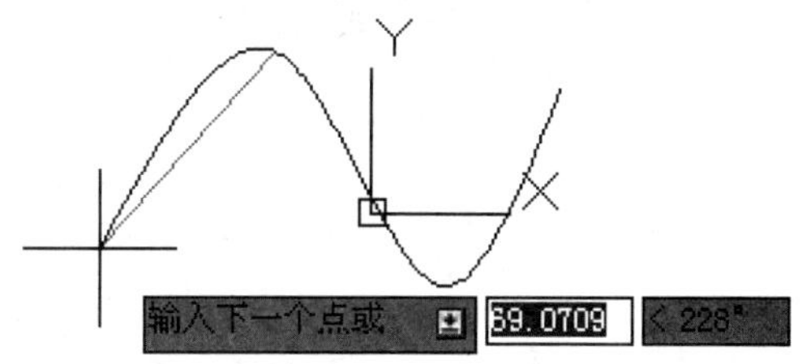

图 3-102　指定另一圆弧

06 继续上一步骤，最后绘制的图形如图 3-103 所示，命令行提示如下：

```
指定下一点:
指定下一点或 [起点切向(T)/公差(L)]:
```

此时可指定下一点，或输入 L，选择“拟合公差（L）”选项指定样条曲线的拟合公差。公差值必须为 0 或正值，如果公差设置为 0，则样条曲线通过拟合点，如图 3-103（a）所示。输入大于 0 的公差，将使样条曲线在指定的公差范围内通过拟合点，如图 3-103（b）所示。

07 所有的点均指定完毕后，单击鼠标右键，结束命令。

（a）公差为 0

（b）公差大于 0

图 3-103　零公差与正公差

2. 样条曲线编辑

操作步骤

01 选择菜单栏“修改”→“对象”→“样条曲线”命令。

执行**样条曲线**编辑命令后，命令行提示如下：

```
选择样条曲线:
```

02 选择要编辑的样条曲线，可选择样条曲线对象或样条曲线拟合多段线，选择后夹点将出现在控制点上。命令行继续提示如下：

```
输入选项 [闭合(C)/合并(J)/拟合数据(F)/编辑顶点(E)/转换为多段线(P)/反转(R)/放弃(U)/退出(X)]:F
```

03 选择拟合数据选项后，命令行将提示如下：

```
输入拟合数据选项
[添加(A)/打开(O)/删除(D)/扭折(K)/移动(M)/清理(P)/相切(T)/公差(L)/退出(X)]
<退出>:
```

04 选择打开（O）或者闭合（C）选项后，样条曲线闭合的编辑效果如图 3-104 所示。

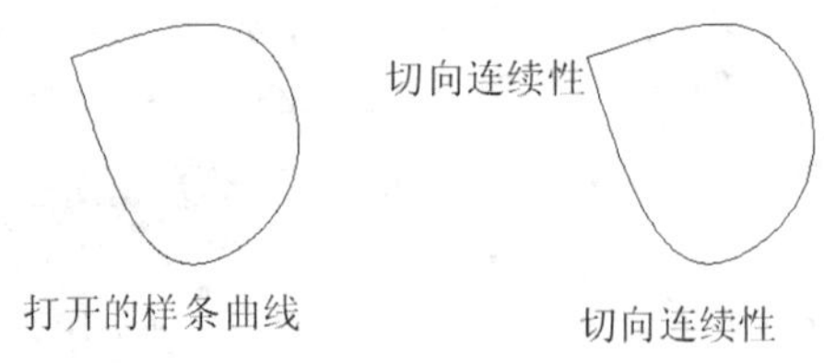

图 3-104 打开或闭合样条曲线

本章小结

本章主要讲解 AutoCAD 2014 绘制点、直线型对象、圆与圆弧、矩形与正多边形、多线绘制与编辑、多段线绘制与编辑、样条曲线绘制与编辑的方法。

第4章 编辑图形

本章内容导读

在对 AutoCAD 2014 有了一个基本的了解之后，从本章开始介绍 AuoCAD 2014 编辑图形的方法，首先从最基本的夹点编辑图形开始，依次讲解删除、修剪、延伸、合并、分解、打断、倒角、圆角、复制、偏移、镜像、阵列、移动、拉伸、返回、编辑图形对象等常用的方法。这些编辑图形对象的方法是 AutoCAD 中常用的方法，掌握这些方法，基本上即可掌握 CAD 图形的编辑。

这里的必学技能主要是采用操作方法来讲述每个命令的功能，这与以往图书所介绍的完全不一样，希望读者能够掌握其操作方法。

本章必学技能要点

- 掌握选择图形对象的方法
- 掌握夹点编辑图形的方法
- 掌握删除命令的方法
- 掌握修剪命令的方法
- 掌握延伸和合并命令的方法
- 掌握分解命令的方法
- 掌握打断命令的方法
- 掌握倒角命令的方法
- 掌握圆角命令的方法
- 掌握快速制作多个图形的方法
- 掌握阵列命令的方法
- 掌握改变图形对象位置的方法
- 掌握改变图形大小的方法

第 23 例　掌握选择图形对象的方法

必学技能

掌握选择图形对象的方法，是必备的技能，这里主要掌握使用鼠标单击或矩形窗口选择和快速选择这几种选择图形对象的方法。

要实现对图形对象的编辑，首先要选择对象。下面将具体介绍选择图形对象的方法。

1．使用鼠标单击或矩形窗口选择

1）使用鼠标单击

在 AutoCAD 2014 中，最简单、最快捷的选择对象方法是使用鼠标单击，如图 4-1 所示，被选择对象的组合称为选择集。

将光标置于对象位置时，将亮显对象，单击则选择该对象。当需要选择很多对象时，可以使用矩形窗口选择，如果遇到不需要的选择对象，可以按住 Shift 键，然后单击不需要的选择对象。

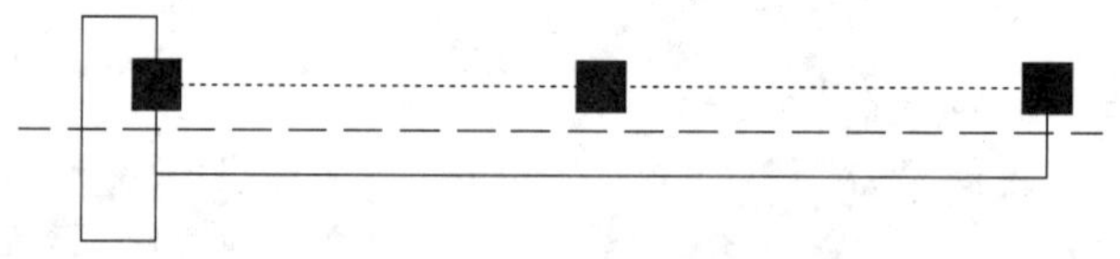

图 4-1　鼠标单击选择对象

专家提示： 在无命令的状态下，对象选择后显示其夹点；如果是执行编辑命令过程中提示选择对象，此时光标显示为方框形状“□”，被选择的对象则亮显。

2）使用矩形窗口选择

如果一次选择多个对象，可单击鼠标后拖住不放并拖动鼠标，此时将显示一个蓝色或绿色的矩形窗口，在另一处松开鼠标左键后，将选择窗口内的对象，其过程如图 4-2 所示。

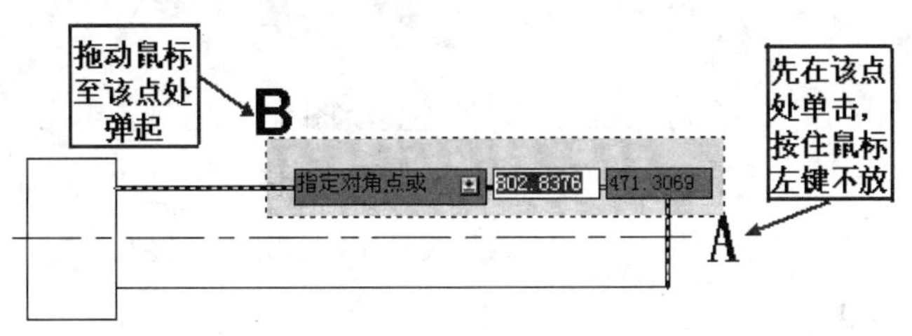

图 4-2　用矩形窗口选择对象的方式

用矩形窗口选择对象时，有两种情况将影响选择的效果。

- ◆ 如果矩形窗口的角点是按从左到右的顺序构造的，那么矩形窗口将显示为蓝色，此时选择全部在矩形内部的对象，即只有对象的全部均包含在矩形窗口中才会被选中，而不会选中只有一部分在矩形窗口中的对象；
- ◆ 如果矩形窗口的角点是按从右到左的顺序构造的，则矩形窗口显示为绿色，此时选择与矩形窗口相交的对象，即不管对象是全部在窗口中或只有一部分在窗口中均会被选中。

例如，同样是如图 4-2 所示的矩形窗口，如果先指定 A 点，按住鼠标不放，在 B 点处松开，那么选择的对象如图 4-3（a）所示。如果先指定 B 点，按住鼠标不放后在 A 点处松开，那么选择的对象如图 4-3（b）所示。

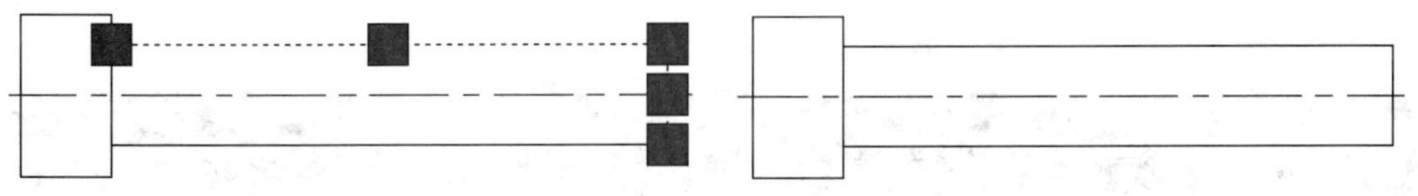

（a）从右向左选择对象　　（b）从左向右选择对象（没有选中对象）

图 4-3　用矩形窗口选择对象

专家提示：选择菜单栏中的“工具”→“选项”命令，在弹出的“选项”对话框中，选择“选择集”选项卡，可设置拾取框的大小，还可以设置选择对象相关的选项，前面的必学技能已经做了相关介绍。

2. 快速选择

通过鼠标单击和构造矩形窗口选择对象是最简单也是最快捷的方法，此外，也可以根据对象的类型和特性来选择对象，下面将具体介绍这种选择方法。

操作步骤

01 选择菜单栏中的“工具”→“快速选择”命令。

02 弹出如图 4-4 所示的“快速选择”对话框（使用“快速选择”功能可以根据指

定的过滤条件快速定义选择集）。

03 单击“应用到”下拉列表框，选择“整个图形”选项，单击“对象类型”下拉列表框，选择“直线”选项，在“特性”列表框中选择“线型”选项。

04 单击“值”下拉列表框，选择“CENTER”选项，最后单击“确定”按钮，所选择的对象如图 4-5 所示。

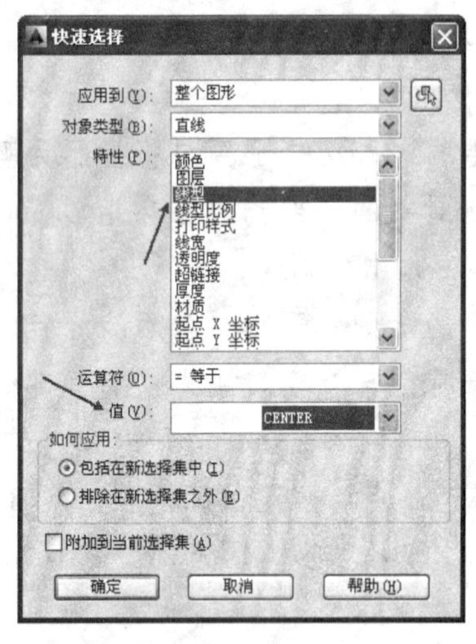

图 4-4 “快速选择”对话框

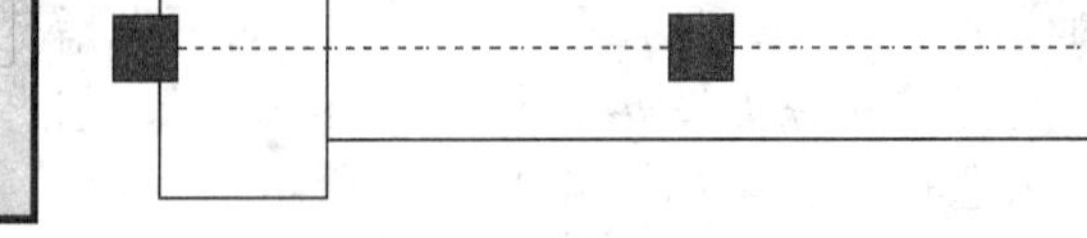

图 4-5 选择集

专家提示：在“快速选择”对话框中，可以根据需要选择所要选择的对象，其所需的“对象类型”、“特性”等都可以从图中选择。

第 24 例 掌握夹点编辑图形的方法

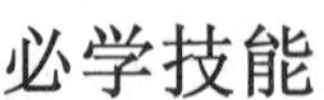

在设计绘制图纸前，应掌握夹点编辑图形的方法，拉伸夹点编辑的方法在实际的操作中应用较多，希望读者能够掌握！

夹点是一些实心的小方框，在无命令的状态下选择对象时，对象关键点上将出现夹点，如图 4-6 所示。

需要注意的是，锁定图层上的对象不显示夹点。另外可以拖动这些夹点快速拉伸、

移动、旋转、缩放或镜像对象。

其中夹点的设置方法参见第 5 例。

要进入夹点编辑模式，只需在无命令的状态下，鼠标光标为┼时选择对象，将显示其夹点，然后在任意一个夹点上单击即可，此时命令行提示如下：

```
** 拉伸 **
指定拉伸点或 [基点(B)/复制(C)/放弃(U)/退出(X)]:
```

命令行的提示信息表明已进入夹点编辑模式，如图 4-7 所示。

“** 拉伸 **”表示此时的夹点模式为拉伸模式。

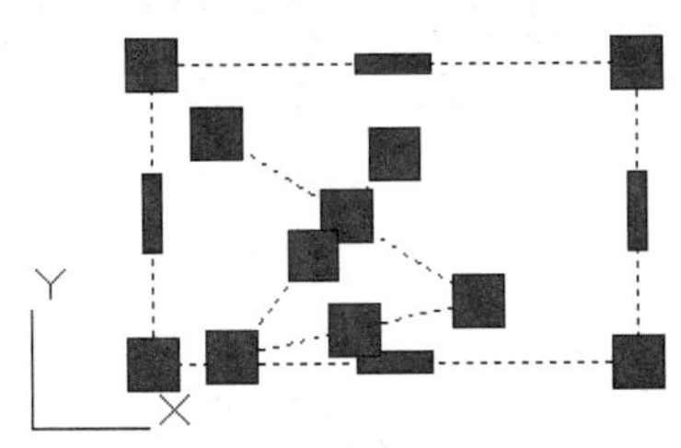

图 4-6　显示对象上的夹点

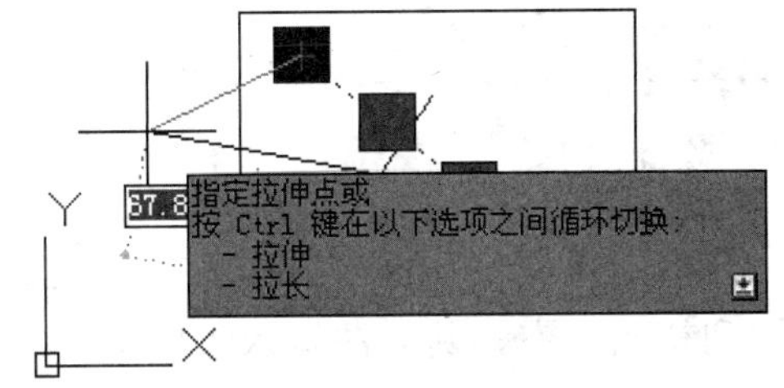

图 4-7　夹点编辑模式

下面将详细介绍夹点编辑的 5 种模式的应用。

1. 拉伸对象

在夹点编辑模式下，通过移动夹点位置拉伸对象。

操作步骤

01 在无命令的状态下选择对象，单击其夹点即进入夹点拉伸模式，系统自动将被单击的夹点作为拉伸基点，如图 4-8 所示。

此时命令行提示如下：

```
** 拉伸 **
指定拉伸点或 [基点(B)/复制(C)/放弃(U)/退出(X)]:
```

02 此时可通过拖动鼠标或在命令行输入数值指定拉伸点，该夹点就会移动到拉伸点的位置。在本例中输入数值“30”后，绘图区如图 4-9 所示。

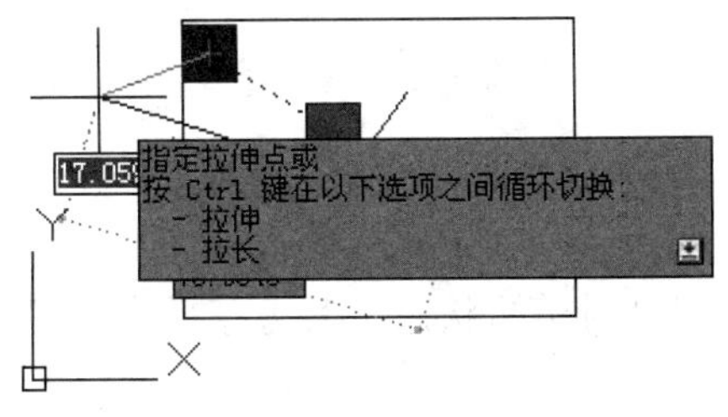

图 4-8　拉伸基点显示

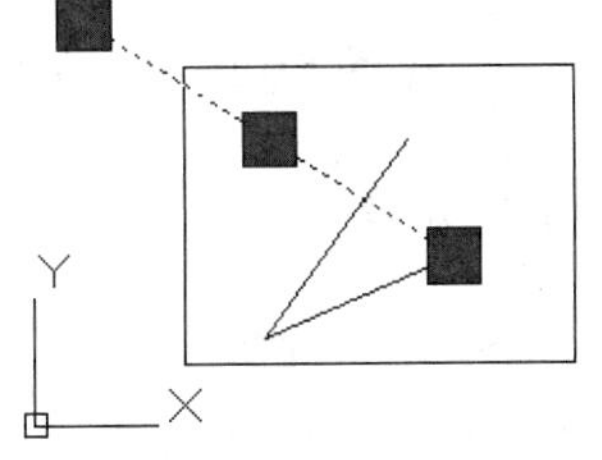

图 4-9　拉伸基点之后效果

提示

对一般的对象，随着夹点的移动，对象会被拉伸；对于文字、块参照、直线中点、圆心和点对象，夹点将移动对象而不是拉伸对象，这是移动块参照和调整标注位置的好方法。中括号里的其他选项的含义如下。

- 基点（B）：重新指定拉伸的基点；
- 复制（C）：选择该选项后，将在拉伸点位置复制对象，被拉伸的原对象将不会删除；
- 放弃（U）：取消上一次的操作；
- 退出（X）：退出夹点编辑模式。

2. 移动对象

在夹点编辑模式，可通过移动夹点位置移动对象。

回到初始状态，其方法输入“U”，然后空格，直到回到实例前的状态。

操作步骤

01 单击夹点进入夹点编辑模式后，按 Enter 或 Space 键切换编辑模式至“移动”，系统自动将被单击的夹点作为移动基点，如图 4-10 所示。

此时命令行提示如下：

```
** 移动 **
指定移动点或 [基点(B)/复制(C)/放弃(U)/退出(X)]:
```

02 通过鼠标拾取或输入移动点的坐标指定移动点后，可将对象移动到移动点，在本例中输入数值“20”后，绘图区如图 4-11 所示。

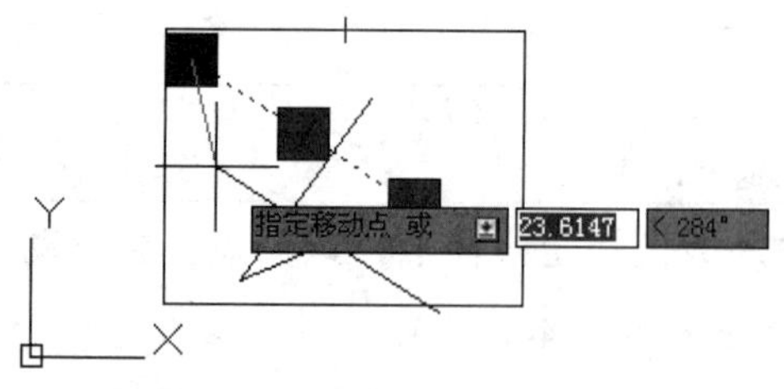

图 4-10　移动基点显示

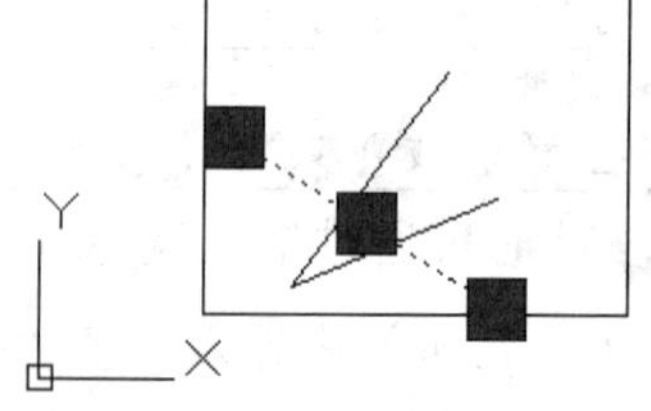

图 4-11　移动基点之后效果

3. 旋转对象

旋转对象是指对象绕基点旋转指定的角度。回到初始状态，其方法输入“U”，然后空格，直到回到实例前的状态。

操作步骤

01 单击夹点进入夹点编辑模式后，按 Enter 或 Space 键切换编辑模式至“旋转”，系统自动将被单击的夹点作为旋转基点，如图 4-12 所示。

此时命令行提示如下：

```
** 旋转 **
指定旋转角度或 [基点(B)/复制(C)/放弃(U)/参照(R)/退出(X)]:
```

02 在某个位置上单击鼠标，即表示指定旋转角度为该位置与 X 轴正方向的角度，也可通过输入角度值指定旋转的角度，在本例中输入数值“-30”后，绘图区如图 4-13 所示。

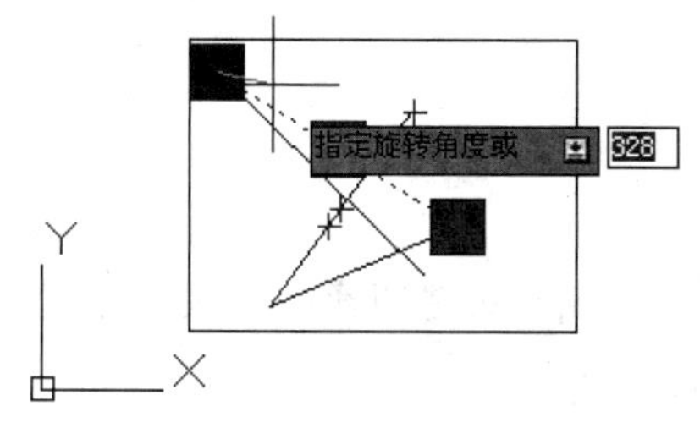

图 4-12　旋转基点显示

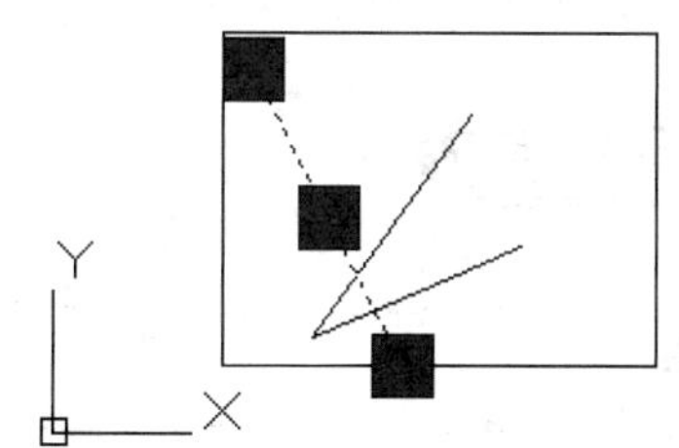

图 4-13　旋转基点之后效果

4. 比例缩放

比例缩放是指对象的大小按指定比例进行扩大或缩小。

回到初状态，其方法输入“U”，然后空格，直到回到实例前的状态。

操作步骤

01 单击夹点进入夹点编辑模式后，按 Enter 或 Space 键切换编辑模式至“比例缩放”，系统自动将被单击的夹点作为比例缩放基点，如图 4-14 所示。

命令行提示如下：

```
** 比例缩放 **
指定比例因子或 [基点(B)/复制(C)/放弃(U)/参照(R)/退出(X)]:
```

02 输入比例因子，即可完成对象基于基点的缩放操作。比例因子大于 1 表示放大对象，小于 1 表示缩小对象。在本例中输入数值“2”之后，绘图区如图 4-15 所示。

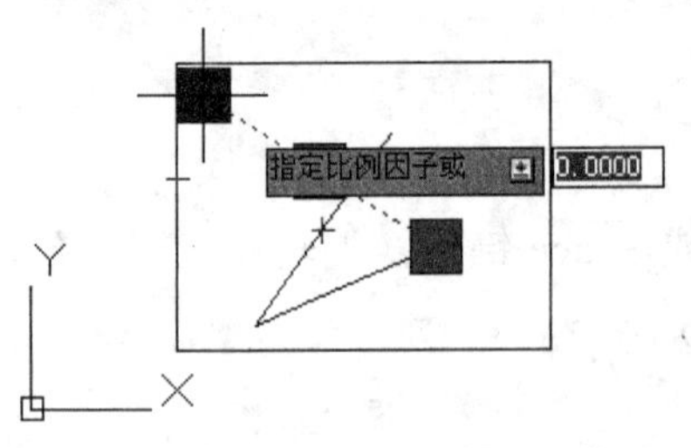

图 4-14　缩放基点显示

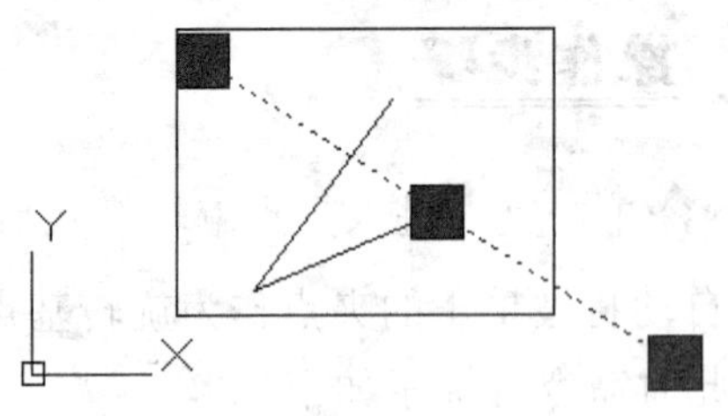

图 4-15　缩放基点之后效果

5．镜像对象

镜像对象是指对象沿着镜像线进行轴对称操作。回到初始状态，其方法输入“U”，然后空格，直到回到实例前的状态。

操作步骤

01 单击夹点进入夹点编辑模式后，按 Enter 或 Space 键切换编辑模式至“镜像”，系统自动将被单击的夹点作为镜像基点，如图 4-16 所示。

命令行提示如下：

```
** 镜像 **
指定第二点或 [基点(B)/复制(C)/放弃(U)/退出(X)]:
```

02 此时指定的第二点与镜像基点构成镜像线，对象将以镜像线为对称轴进行镜像操作并删除原对象。指定第二点后，绘图区如图 4-17 所示。

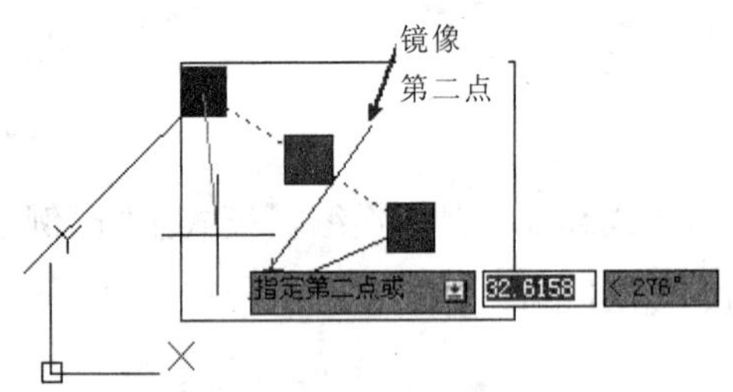

图 4-16　镜像基点显示

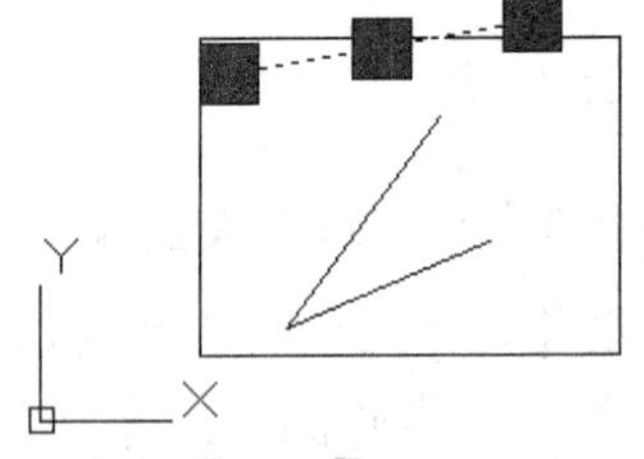

图 4-17　镜像后效果

专家提示：夹点编辑图形的方法在实际使用过程中，采用拉伸编辑对象的方法最多，希望读者能够掌握其使用的方法，其他方法可以仅了解一下。

第 25 例　掌握删除命令的方法

必学技能

掌握删除命令的方法，是必备的技能，这里主要掌握删除快捷键使用的方法，以及选择对象操作的方法。

删除操作可将对象从图形中清除。

一般熟练的绘图者都是采用快捷键，这样能极大地提高绘图效率。

操作步骤

01 左手输入键盘命令：e（E）。

02 左手大拇指按下空格键。

执行删除命令后，命令行提示如下：

```
命令：E
ERASE
选择对象：
```

03 此时按住鼠标左键指定选择的对象后，绘图区如图 4-18 所示。

04 放开鼠标左键之后，绘图区如图 4-19 所示，此时命令行提示如下：

```
选择对象：指定对角点：找到 2 个
```

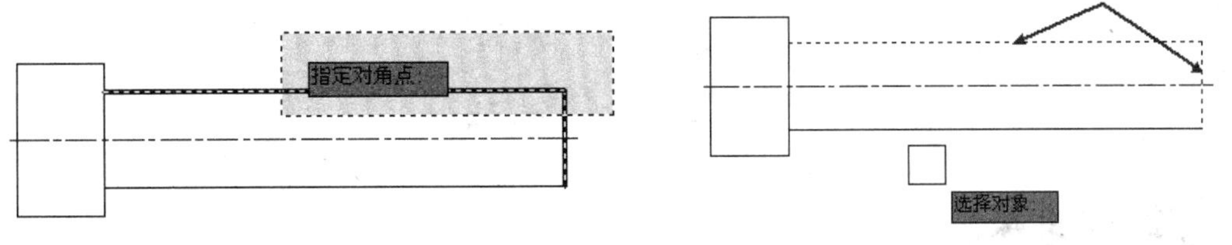

图 4-18　选择要删除的对象　　　　图 4-19　完成选择删除的对象

提示

选择删除对象的方法：在绘图区单击鼠标选择一点，然后拉选至需要选择的对象；对于不需要选择的对象而又选择上的，按住 Shift 键后单击多选择的对象（对于其他常用的命令，此选择对象的方法也适用）。

05 单击鼠标右键结束，所得的图形如图 4-20 所示。

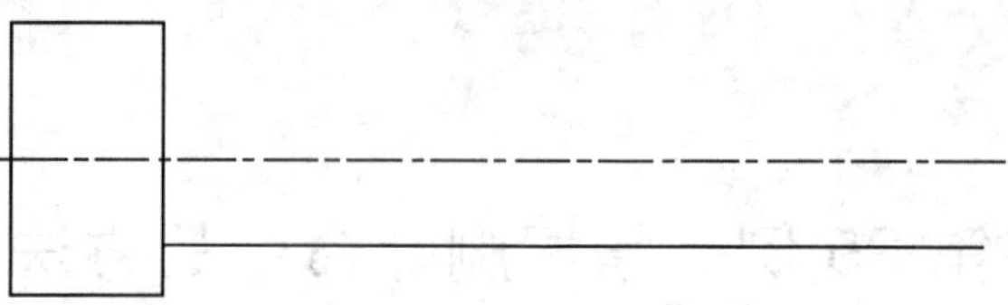

图 4-20　删除图形

第 26 例　掌握修剪命令的方法

必学技能

掌握修剪命令的方法，是必备的技能，这里主要掌握修剪快捷键使用的方法，以及什么是剪切边，什么是被剪切的对象。

注意什么是剪切边，什么是被剪切的对象，在图 4-21 中，给出了具体的定义。回到初始状态，其方法输入“U”，然后空格，直到回到实例前的状态。

下面将具体讲解删除和修剪命令这两种常用的方法。

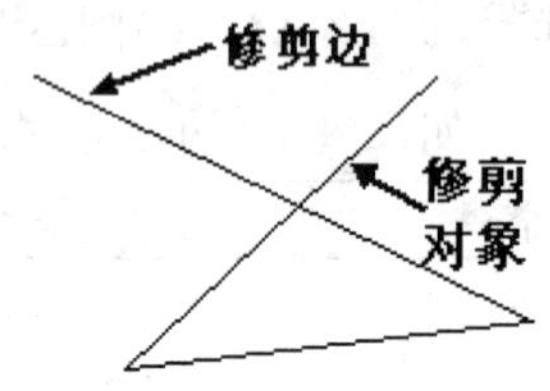

图 4-21　修剪对象、边

操作步骤

01 左手输入键盘命令：tr（TR）。

02 左手大拇指按下空格键。

执行修剪命令后，命令行提示如下：

```
当前设置:投影=UCS，边=无
选择剪切边...
选择对象或<全部选择>:
```

因为在 AutoCAD 中，对象既可以作为剪切边，也可以是被修剪的对象，所以可以

直接按鼠标右键表示全部选择。

03 选择剪切边，命令行提示如下：

```
选择对象或<全部选择>:
```

04 选择剪切边，依次选择剪切边，如图 4-22 所示。被选择的对象亮显，对象选择完后单击鼠标右键完成选择。

05 选择被剪切对象，选择剪切边后，命令行提示如下：

```
选择对象:
选择要修剪的对象，或按住 Shift 键选择要延伸的对象，或[栏选(F)/窗交(C)/投影(P)/边(E)/删除(R)/放弃(U)]:
```

06 依次单击指定要剪切的对象及剪切部位，如图 4-23 所示，最后单击鼠标右键完成修剪操作，修剪效果如图 4-23 所示。

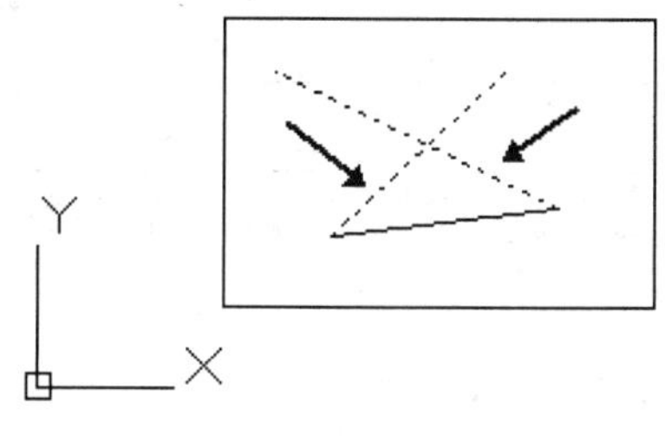

图 4-22　选择剪切边

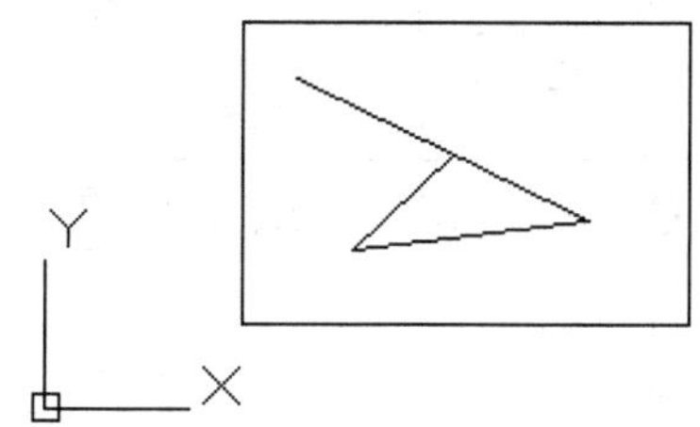

图 4-23　选择被剪切对象

第 27 例　掌握延伸和合并命令的方法

必学技能

掌握延伸和合并命令的方法，是必备的技能，这里主要掌握延伸的边选择问题和合并这两种命令操作的方法。

下面将具体讲解延伸和合并命令的操作方法。

1. 延伸命令

同样，在使用延伸时，也要注意什么是延伸边界，什么是被延伸的对象。

回到初始状态，其方法输入“U”，然后空格，直到回到实例前的状态。

操作步骤

01 左手输入键盘命令：ex（EX）。

02 左手大拇指按下空格键。

执行延伸命令后，命令行提示如下：

```
当前设置:投影=UCS，边=无
选择边界的边...
选择对象或<全部选择>:
```

延伸的操作过程与修剪相同，也是先选择延伸边界的边，然后选择要延伸的对象。

03 选择延伸边界的边，命令行提示如下：

```
选择对象或<全部选择>:
```

04 选择矩形为延伸边界的边，如图 4-24 所示，对象被选择后亮显，单击鼠标右键完成选择。

05 选择被延伸的对象，指定了延伸边界后，命令行提示如下：

```
选择对象:
选择要延伸的对象，或按住 Shift 键选择要修剪的对象，或[栏选(F)/窗交(C)/投影(P)/边(E)/
放弃(U)]:
```

06 此时单击需要延伸的直线，选择需要被延伸的对象，如图 4-24 所示，最后单击鼠标右键完成延伸操作，效果如图 4-25 所示。

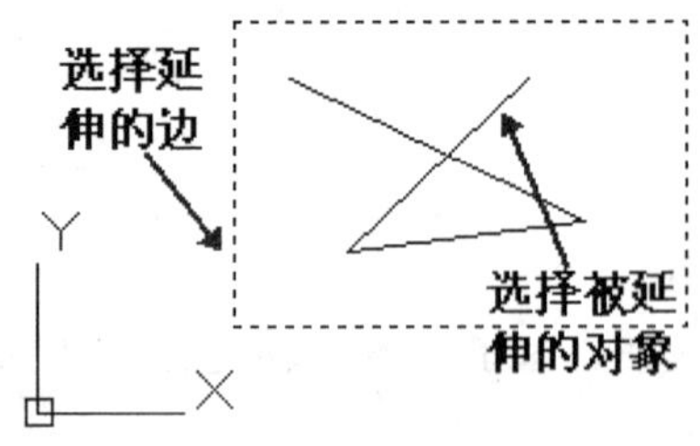

图 4-24　选择延伸边及被延伸对象

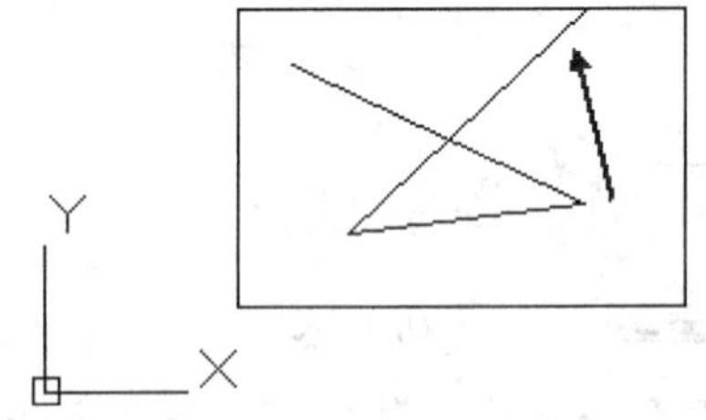

图 4-25　完成延伸

2. 合并命令

合并可以将相似的对象合并为一个对象。回到初始状态，其方法输入“U”，然后空格，直到回到实例前的状态，合并前的状态如图 4-26 所示。

操作步骤

01 选择菜单栏中的“修改”→“合并”命令。

执行合并命令后，命令行提示如下：

```
_join 选择源对象：
```

专家提示：合并命令执行后可选择一条直线、多段线、圆弧、椭圆弧、样条曲线或螺旋作为合并操作的源对象。选择完成后，根据选择对象的不同，命令行的提示也不同，并且对所选择的合并到源的对象也有限制，否则合并操作不能进行。

02 选择合并源对象的边，如图 4-27 所示，命令行提示如下：

```
选择源对象或要一次合并的多个对象：找到 1 个
```

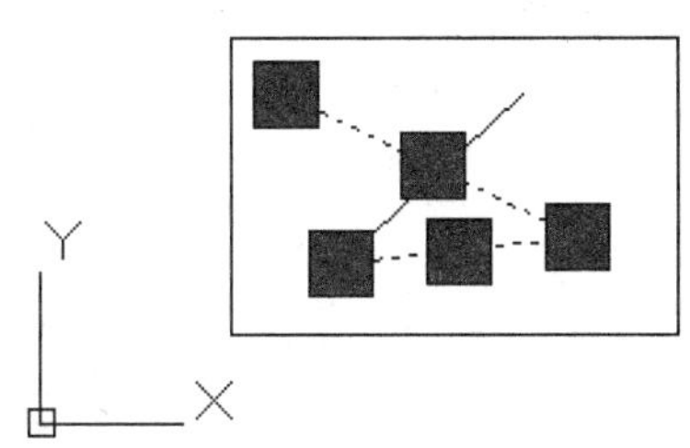

图 4-26　合并前

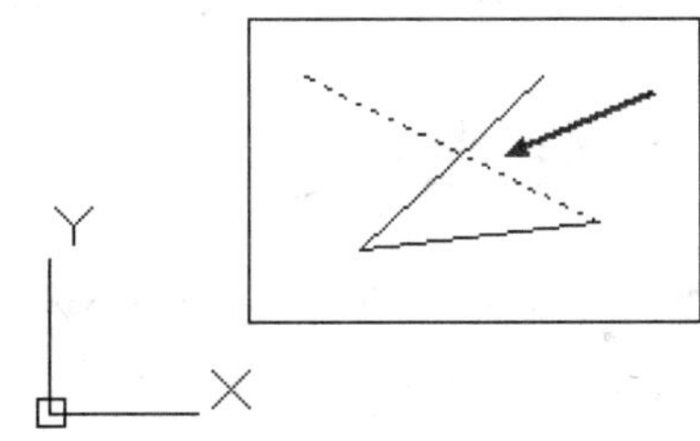

图 4-27　选择合并源对象

03 继续选择另外一条直线为合并的边，如图 4-28 所示。命令行提示如下：

```
选择要合并的对象：找到 1 个，总计 2 个
```

04 对象被选择后亮显，单击鼠标右键完成选择，最后效果如图 4-29 所示。

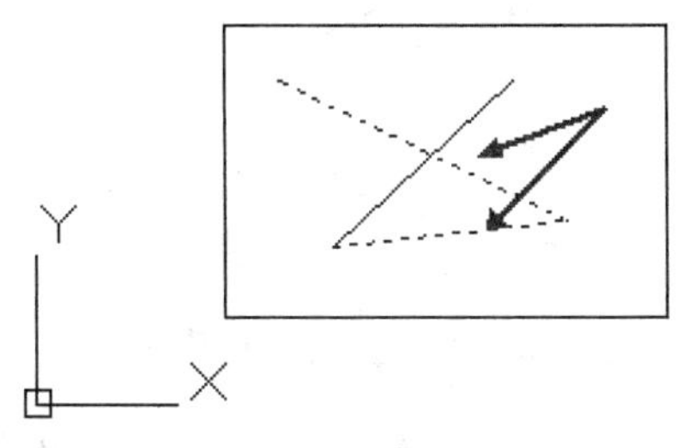

图 4-28　选择合并的另外一条边

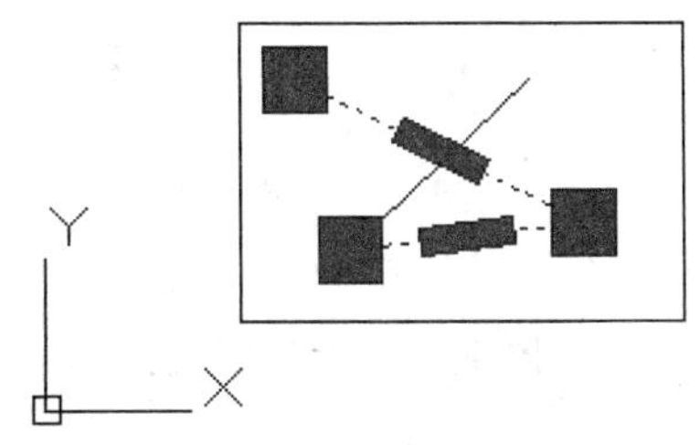

图 4-29　合并后

注意：合并后的直线为一整体，合并前为如图 4-26 所示的效果，合并后其夹点将为如图 4-29 所示效果。

第 28 例　掌握分解命令的方法

必学技能

掌握分解命令的方法，是必备的技能，这里主要掌握分解命令快捷键的操作方法。

回到初始状态，其方法输入“U”，然后空格，直到回到实例前的状态。分解矩形前的状态如图 4-30 所示。

下面将具体讲解分解命令快捷键的操作方法。

操作步骤

01 左手输入键盘命令：x（X）。

02 左手大拇指按下空格键。

执行分解命令后，命令行提示如下：

```
命令: X
EXPLODE
选择对象: 找到 1 个
```

03 此时按住鼠标左键指定选择的对象，绘图区如图 4-31 所示。

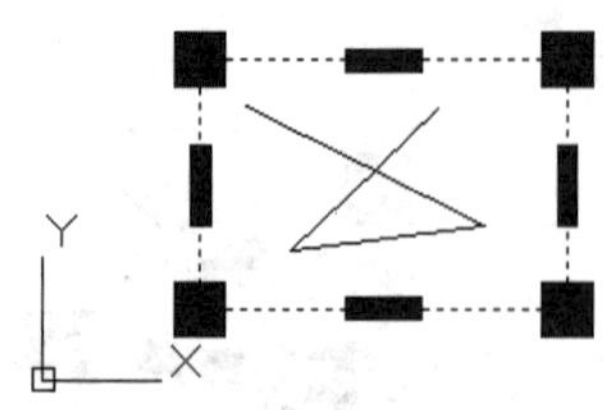

图 4-30　分解矩形前

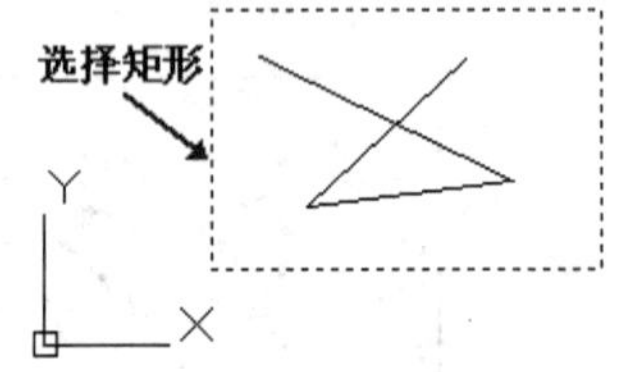

图 4-31　选择分解对象

04 单击鼠标右键确定，最后的效果如图 4-32 所示（分解矩形之后的效果为单条直线）。

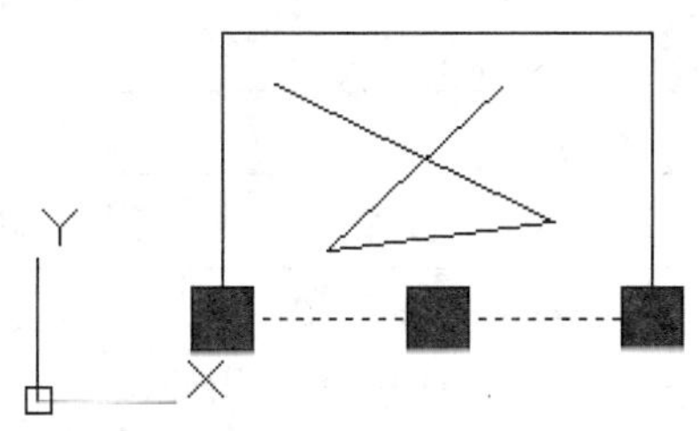

图 4-32　分解矩形

专家提示：可将块分解为单独的对象，可将多线分解成直线和圆弧，可将标注分解成直线、多段线、文字等，也可以分解定义的块。对象分解后，其颜色、线型和线宽会根据分解的合成对象类型的不同而有所不同。

第 29 例　掌握打断命令的方法

必学技能

掌握打断命令的方法，是必备的技能，这里主要掌握打断命令快捷键的操作方法。

打断操作可以将一个对象打断为两个对象。对象之间可以有间隙，也可以没有间隙。下面将具体讲解使用打断命令快捷键的操作方法。

操作步骤

01 左手输入键盘命令：br（BR）。

02 左手大拇指按下空格键（打断前如图 4-33 所示的对象）。

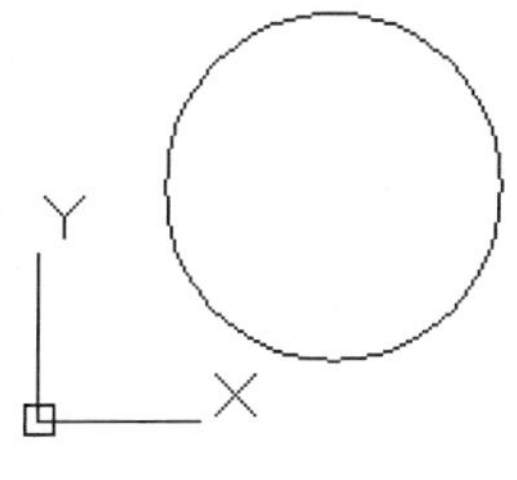

图 4-33　打断前

执行**打断**命令后，命令行提示如下：

```
_break 选择对象:
```

03 选择如图 4-34 所示的对象，接着命令行继续提示如下：

```
指定第二个打断点或 [第一点（F）]:
```

此时提示的是指定第二个打断点，如图 4-35 所示。

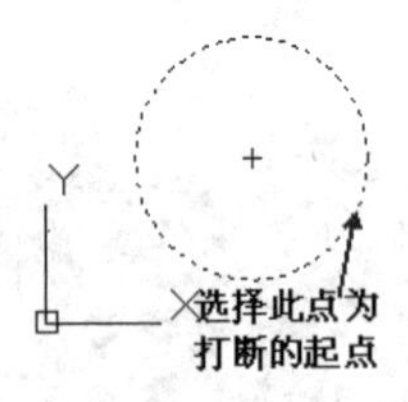

图 4-34　选择对象

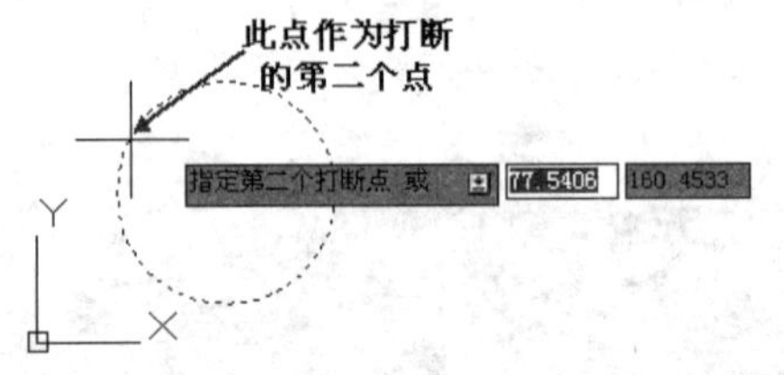

图 4-35　指定第二个打断点

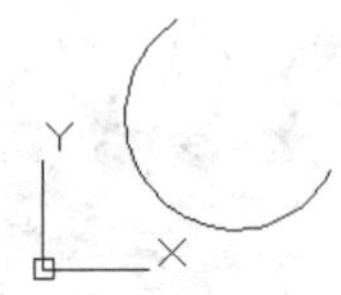

图 4-36　打断后

04 选择如图 4-35 所示的点作为第二个打断点之后，绘图区如图 4-36 所示。

第 30 例　掌握倒角命令的方法

必学技能

掌握倒角命令的方法，是必备的技能，这里主要掌握倒角命令的操作方法。

倒角操作可以连接两个对象，使它们以平角或倒角相接。回到初始状态，其方法输入“U”，然后空格，直到回到实例前的状态。倒角前的状态如图 4-37 所示。

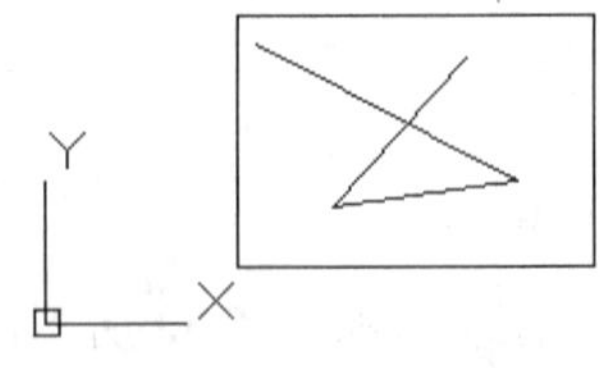

图 4-37　倒角前

操作步骤

01 左手输入键盘命令：cha（CHA）。

02 左手大拇指按下空格键。

执行倒角命令后，命令行提示如下：

```
命令: CHA
CHAMFER
("修剪"模式) 当前倒角距离 1 = 0.0000，距离 2 = 0.0000
选择第一条直线或 [放弃(U)/多段线(P)/距离(D)/角度(A)/修剪(T)/方式(E)/多个(M)]:
```

指定第一条直线之后，绘图区如图 4-38 所示。

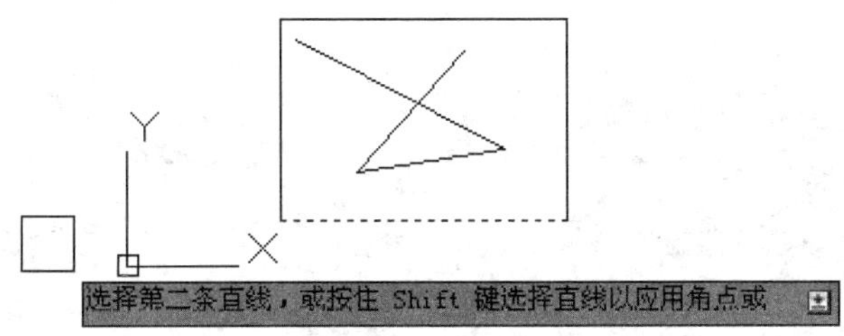

图 4-38　选择指定倒角第一条直线

03 选择第一条直线之后，命令行提示如下：

```
选择第二条直线，或按住 Shift 键选择直线以应用角点或 [距离(D)/角度(A)/方法(M)]: d
```

输入字母“d”之后，绘图区如图 4-39 所示。

04 指定第一倒角距离之后，命令行提示如下：

```
指定 第一个 倒角距离 <0.0000>: 指定第二点: 指定 第二个 倒角距离 <29.4163>:
```

选择指定第二条直线之后，绘图区如图 4-40 所示。

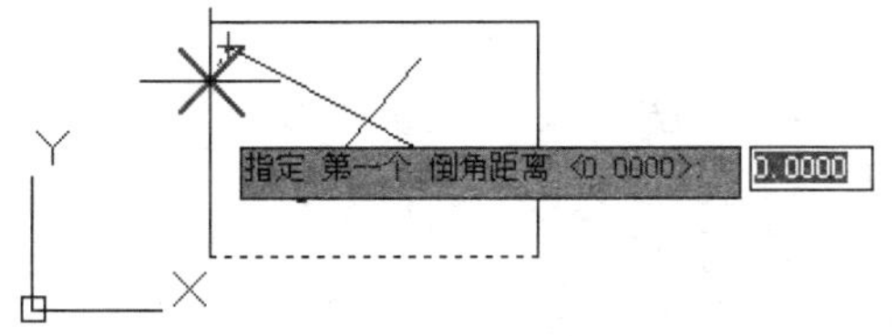

图 4-39　指定第一个倒角距离

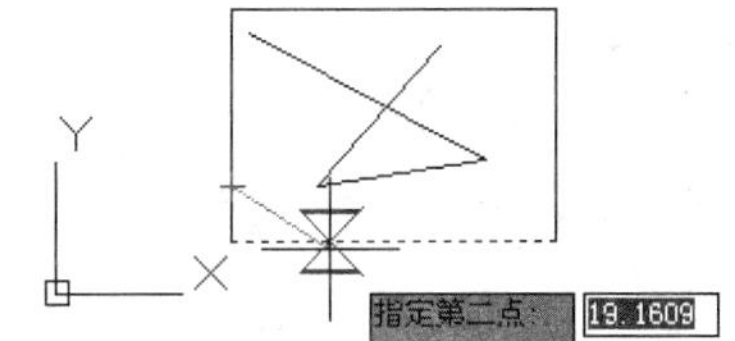

图 4-40　指定第二个倒角点

05 接着将鼠标放置于第二条选择倒角的直线，此时绘图区预览如图 4-41 所示。

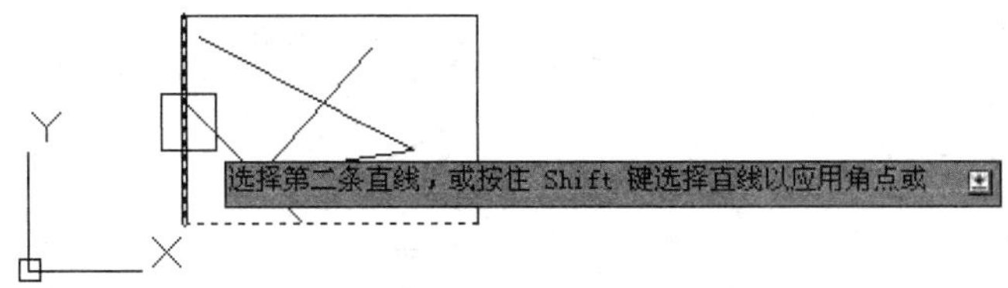

图 4-41　指定倒角预览

06 单击鼠标左键，此时命令行提示如下：

```
选择第二条直线，或按住 Shift 键选择直线以应用角点或 [距离(D)/角度(A)/方法(M)]:
```

单击鼠标右键完成倒角后,绘图区如图 4-42 所示。

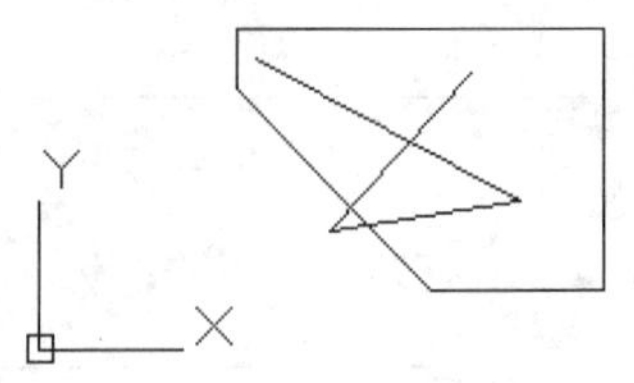

图 4-42　完成的倒角

专家提示：在使用倒角的过程中，要注意以下两点：

- 倒角的两个对象可以相交也可以不相交。如果不相交，AutoCAD 2014 自动将对象延伸并用倒角相连接，但不能对两个相互平行的对象进行倒角操作。
- 如果对象过短无法容纳倒角距离，则不能对这些对象倒角。

第 31 例　掌握圆角命令的方法

必学技能

掌握圆角命令的方法，是必备的技能，这里主要掌握圆角命令三种应用的方法。

圆角一般应用于相交的圆弧或直线等对象。与倒角的操作相同，在 AutoCAD 中也是通过指定圆角的两个对象来绘制圆角的。

回到初始状态，其方法输入“U”，然后空格，直到回到实例前的状态。圆角前的状态如图 4-43 所示。

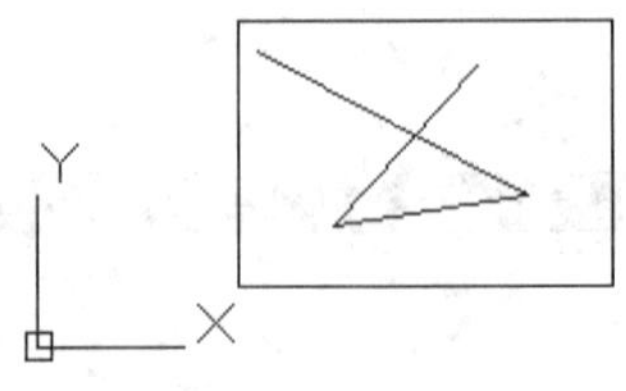

图 4-43　圆角前

1. 圆角命令应用之一：交接直线圆角

两相交直线间的圆角或者相关线的圆角。

操作步骤

01 左手输入键盘命令：f（F）。

02 左手大拇指按下空格键。

执行圆角命令后，命令行提示如下：

```
_命令: F
FILLET
当前设置: 模式 = 修剪，半径 = 0.0000
选择第一个对象或 [放弃(U)/多段线(P)/半径(R)/修剪(T)/多个(M)]:r
```

03 输入“r”之后，按下空格键，接着命令行提示如下：

```
指定圆角半径 <0.0000>: 15
```

04 接着按照命令行输入的数值“15”后，其命令行提示如下：

```
选择第一个对象或 [放弃(U)/多段线(P)/半径(R)/修剪(T)/多个(M)]:
```

单击如图 4-44 所示的第一条矩形边。

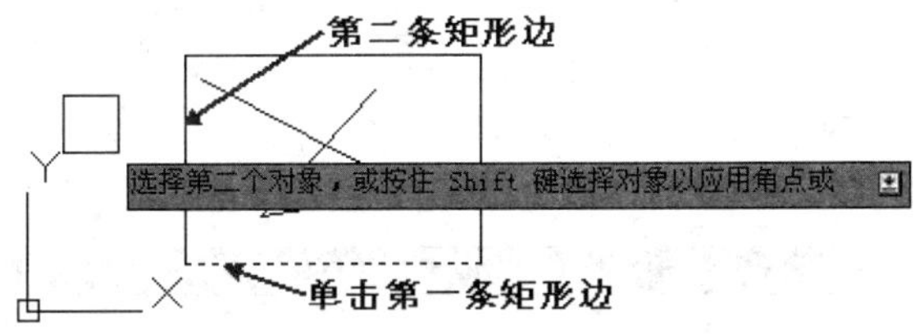

图 4-44　选择第一条矩形边

05 单击如图 4-44 所示的第二条矩形边，其命令行提示如下：

```
选择第二个对象，或按住 Shift 键选择对象以应用角点或 [半径(R)]:
自动保存到 C:\Documents and Settings\Administrator\local settings\temp\
Drawing1_1_1_8467.sv$ ...
```

单击矩形的第二条边之后，绘图区如图 4-45 所示。

2. 圆角命令应用之二：两条平行线圆角

绘制两条相互平行的直线，绘图区如图 4-46 所示。

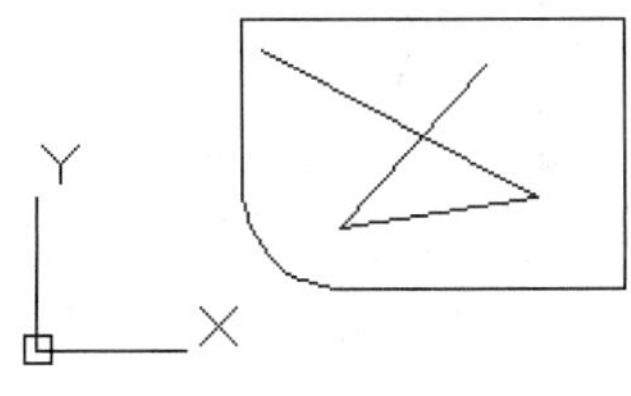

图 4-45　圆角之后的效果图

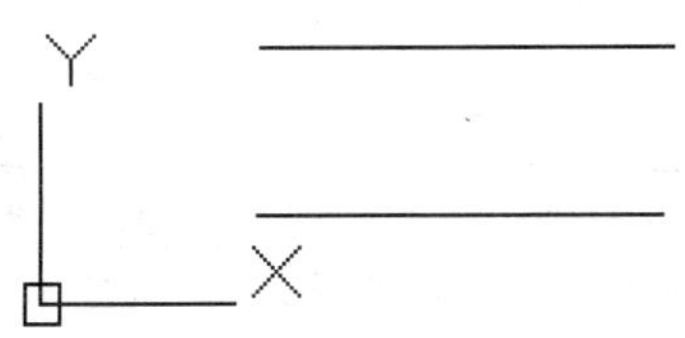

图 4-46　两条平行边

操作步骤

01 左手输入键盘命令：f（F）。

02 左手大拇指按下空格键。

执行圆角命令后，命令行提示如下：

```
命令：F
FILLET
当前设置：模式 = 修剪，半径 = 0.0000
选择第一个对象或 [放弃(U)/多段线(P)/半径(R)/修剪(T)/多个(M)]:r
```

03 输入“r”之后，按下空格，命令行提示如下：

```
指定圆角半径 <0.0000>: 0
```

04 按照命令行输入的数值“0”后，命令行提示如下：

```
选择第一个对象或 [放弃(U)/多段线(P)/半径(R)/修剪(T)/多个(M)]:
```

单击如图 4-47 所示的第一条边。

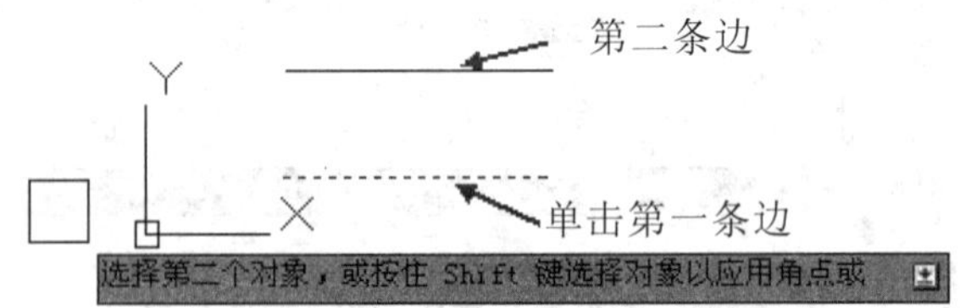

图 4-47　选择第一条圆角边

05 接着单击如图 4-47 所示的第二条边，命令行提示如下：

```
选择第二个对象，或按住 Shift 键选择对象以应用角点或 [半径(R)]:
```

单击鼠标右键完成圆角后，绘图区效果如图 4-48 所示。

专家提示：单击平行直线的边，选择离直线端点的远近不同将导致圆角效果不一样，如图 4-49 所示为完成的圆角效果。

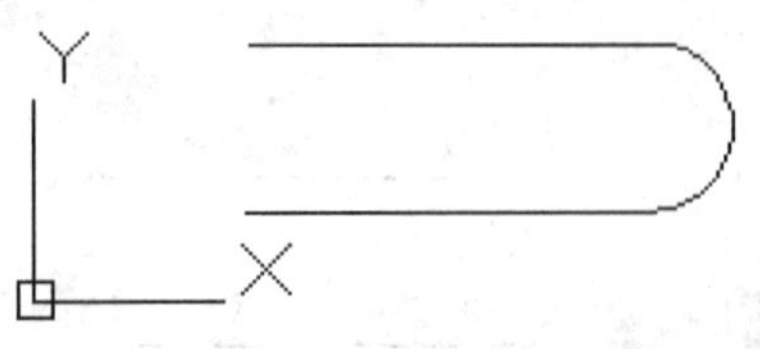

图 4-48　完成的圆角效果（一）

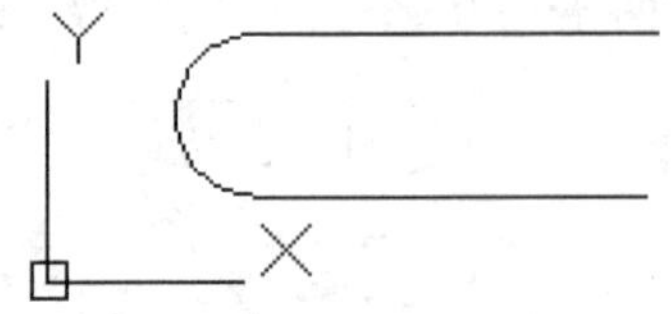

图 4-49　完成的圆角效果（二）

3. 圆角命令应用之三：两直线相连

绘制两条不相连的直线，绘图区如图 4-50 所示。

操作步骤

01 左手输入键盘命令：f（F）。

02 左手太拇指按下空格键。

执行圆角命令后，命令行提示如下：

```
命令：F
FILLET
当前设置：模式 = 修剪，半径 = 0.0000
选择第一个对象或 [放弃(U)/多段线(P)/半径(R)/修剪(T)/多个(M)]:r
```

03 输入“r”之后，按下空格，命令行提示如下：

```
指定圆角半径 <0.0000>: 0
```

04 输入数值“0”后，命令行提示如下：

```
选择第一个对象或 [放弃(U)/多段线(P)/半径(R)/修剪(T)/多个(M)]:
```

单击如图 4-51 所示的第一条边。

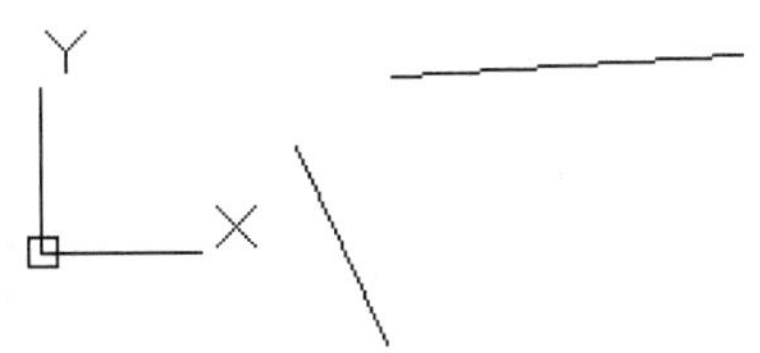

图 4-50　两条直线

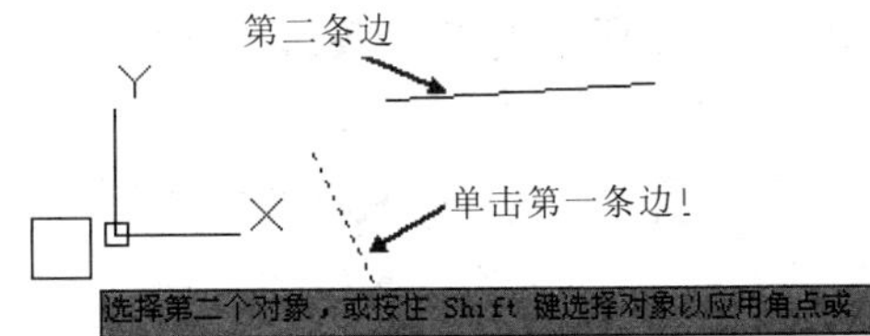

图 4-51　选择第一条圆角边

05 接着单击如图 4-51 所示的第二条边，命令行提示如下：

```
选择第二个对象，或按住 Shift 键选择对象以应用角点或 [半径(R)]:
```

单击鼠标右键完成圆角后，绘图区效果如图 4-52 所示。

4. 圆角命令应用之四：两直线去端点

绘制两条相交的直线，绘图区如图 4-53 所示。

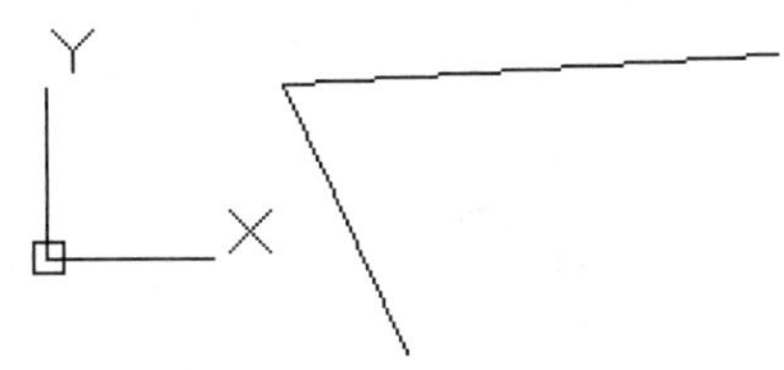

图 4-52　完成的圆角效果

图 4-53　两条相交直线

操作步骤

01 左手输入键盘命令：f（F）。

02 左手大拇指按下空格键。

执行圆角命令后，命令行提示如下：

```
命令：F
FILLET
当前设置：模式 = 修剪，半径 = 0.0000
选择第一个对象或 [放弃(U)/多段线(P)/半径(R)/修剪(T)/多个(M)]:r
```

03 输入“r”后，按下空格，命令行提示如下：

```
指定圆角半径 <0.0000>: 0
```

04 输入数值“0”后，命令行提示如下：

```
选择第一个对象或 [放弃(U)/多段线(P)/半径(R)/修剪(T)/多个(M)]:
```

单击如图 4-54 所示的第一条边。

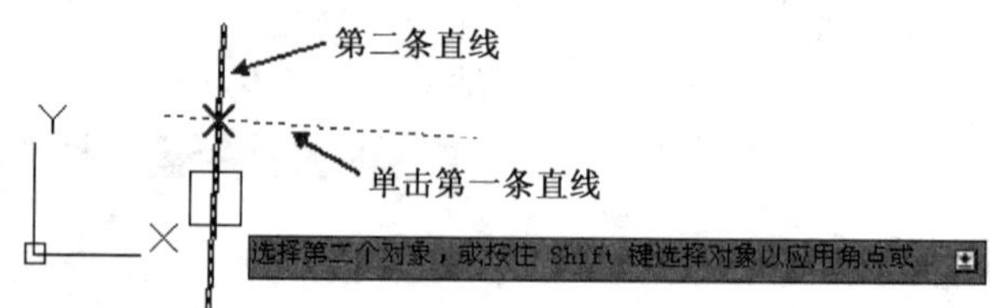

图 4-54　选择第一条圆角边

05 接着单击如图 4-54 所示的第二条边，命令行提示如下：

```
选择第二个对象，或按住 Shift 键选择对象以应用角点或 [半径(R)]:
```

单击鼠标右键完成圆角后，绘图区效果如图 4-55 所示。

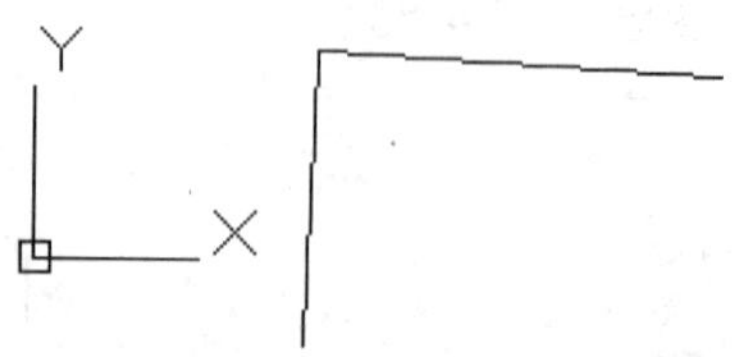

图 4-55　完成的圆角效果

第 32 例　掌握快速制作多个图形的方法

必学技能

快速制作多个图形的方法包括复制、偏移、镜像和阵列命令这几种方法，在设计前应该掌握这些方法。

下面将具体讲解快速制作多个图形的方法。

1. 复制命令

复制操作可以将原对象以指定的角度和方向创建对象的副本，配合坐标、栅格捕捉、对象捕捉和其他工具，可以精确复制对象。

回到初始状态，其方法输入“U”，然后空格，直到回到实例前的状态。

操作步骤

01 左手食指输入键盘命令：co（CO）。

02 左手大拇指按下空格键。

执行**复制**命令后，命令行提示如下：

```
命令：CO
COPY
选择对象：找到 1 个
```

选择对象之后，绘图区如图 4-56 所示。

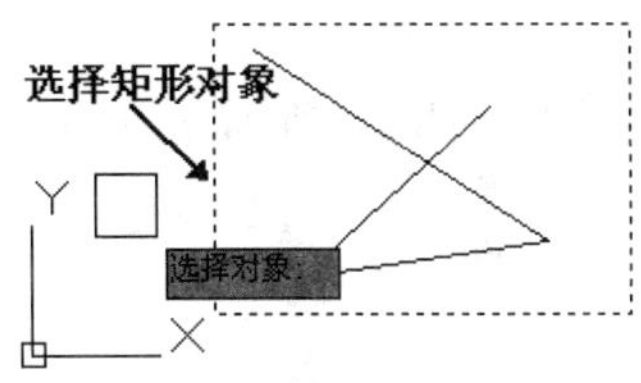

图 4-56　选择复制对象

03 选择复制矩形对象之后，命令行提示如下：

```
选择对象:
当前设置:  复制模式 = 多个
指定基点或 [位移(D)/模式(O)] <位移>:
```

指定基点之后，移动矩形后，绘图区如图 4-57 所示。

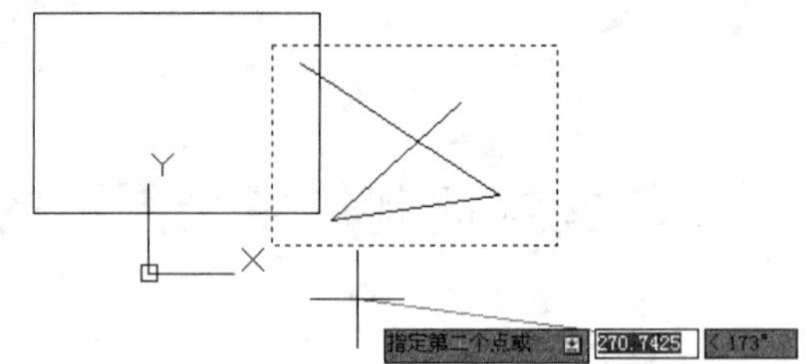

图 4-57　指定基点

04 移动至适当位置，单击鼠标左键，命令行提示如下：

```
指定第二个点或 [阵列(A)] <使用第一个点作为位移>:
```

指定基点之后，复制矩形后，绘图区如图 4-58 所示。

05 单击鼠标右键，结束复制命令，命令行提示如下：

```
指定第二个点或 [阵列(A)/退出(E)/放弃(U)] <退出>:
自动保存到 C:\Documents and Settings\Administrator\local settings\temp\
Drawing1_1_1_9259.sv$ ...
```

单击鼠标右键完成复制矩形后,绘图区如图 4-59 所示。

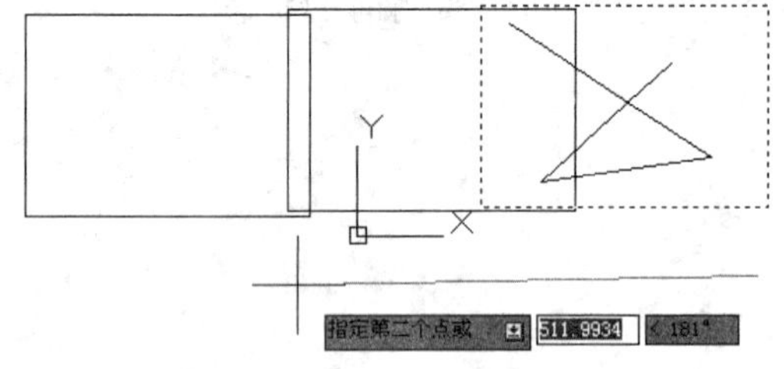

图 4-58　复制矩形预览

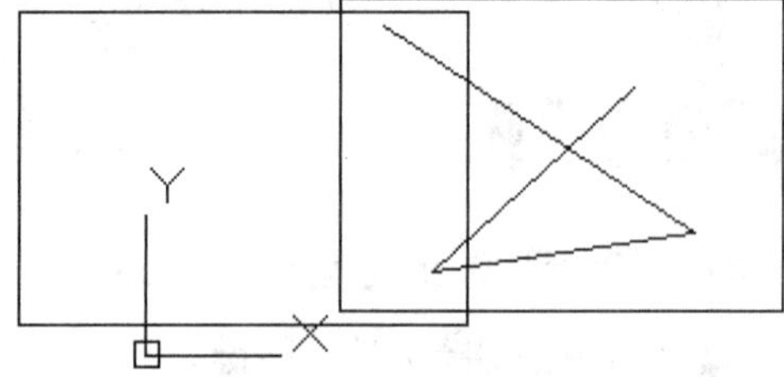

图 4-59　复制矩形

2．偏移命令

偏移用于创建其造型与原始对象造型平行的新对象，可以用偏移命令来创建同心圆、平行线和平行曲线等。

回到初始状态，其方法输入“U”，然后空格，直到回到实例前的状态。

操作步骤

01 左手食指输入键盘命令：o（O）。

02 左手大拇指按下空格键。

执行**偏移**命令后，命令行提示如下：

```
命令: O
OFFSET
当前设置: 删除源=否  图层=源  OFFSETGAPTYPE=0
```

```
指定偏移距离或 [通过(T)/删除(E)/图层(L)] <通过>: 50
```

03 输入偏移距离为“50”后，选择要偏移的对象，命令行提示如下：

```
选择要偏移的对象，或 [退出(E)/放弃(U)] <退出>:
```

选择要偏移的对象后，绘图区域如图 4-60 所示。

04 单击鼠标左键，确定偏移方向，命令行提示如下：

```
指定要偏移的那一侧上的点，或 [退出(E)/多个(M)/放弃(U)] <退出>:
```

单击鼠标右键完成偏移直线后,绘图区域如图 4-61 所示。

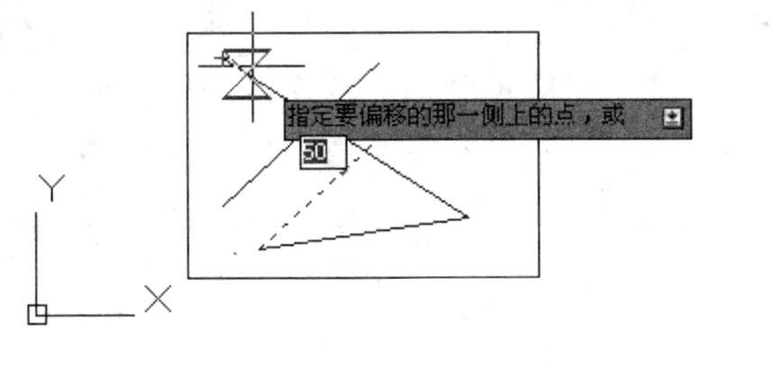

图 4-60　偏移直线预览

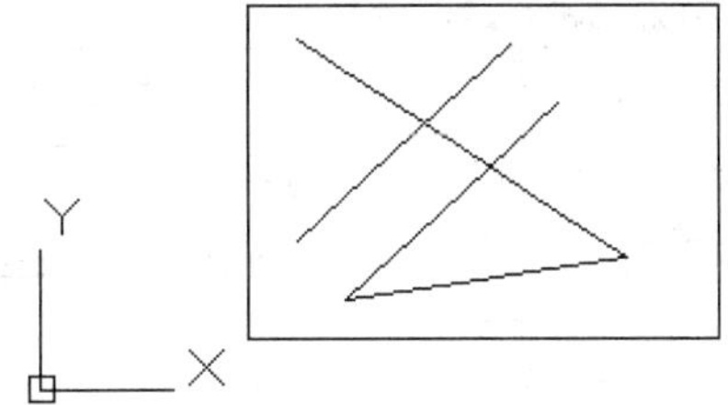

图 4-61　偏移直线

3. 镜像命令

镜像对绘制对称的图形非常有用，可以先绘制半个图形，然后将其镜像，而不必绘制整个图形。

回到初始状态，其方法输入“U”，然后空格，直到回到实例前的状态。

操作步骤

01 左手食指输入键盘命令：mi（MI）。

02 左手大拇指按下空格键。

执行**镜像**命令后，命令行提示如下：

```
命令: MI
命令:MIRROR
选择对象: 指定对角点: 找到 3 个
```

选择镜像对象后，绘图区如图 4-62 所示。

03 单击鼠标右键，命令行提示如下：

```
选择对象:
指定镜像线的第一点: 指定镜像线的第二点:
```

选择镜像指定第一点后，绘图区如图 4-63 所示。

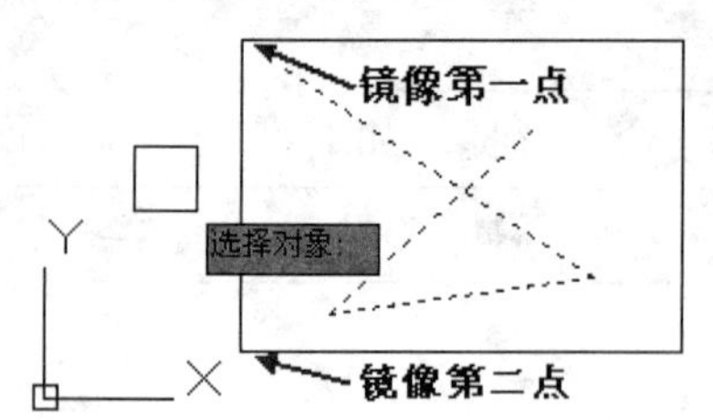

图 4-62　选择镜像对象

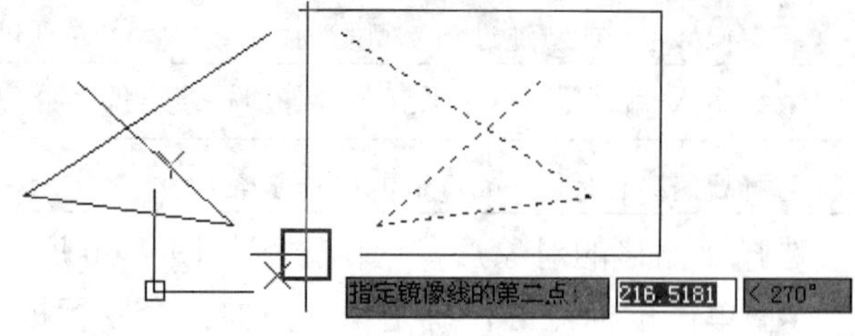

图 4-63　镜像对象预览

04 指定镜像线的第二点后，绘图区如图 4-64 所示，命令行提示如下：

```
要删除源对象吗? [是(Y)/否(N)] <N>: n
```

05 输入“n”后，左手大拇指按下空格键，完成镜像后，绘图区如图 4-65 所示。

```
自动保存到 C:\Documents and Settings\Administrator\local settings\temp\Drawing1_1_1_9259.sv$ ...
```

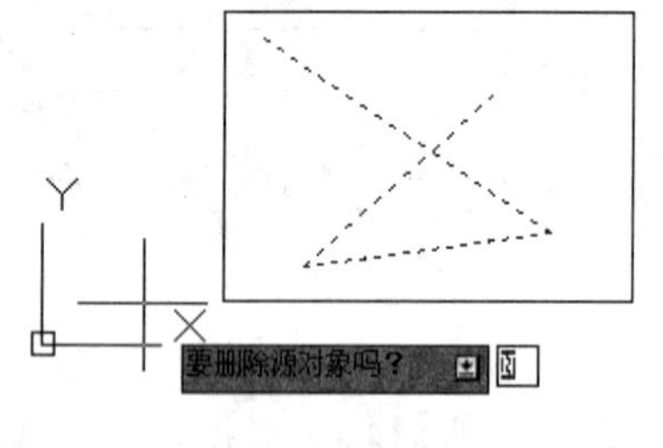

图 4-64　询问对象

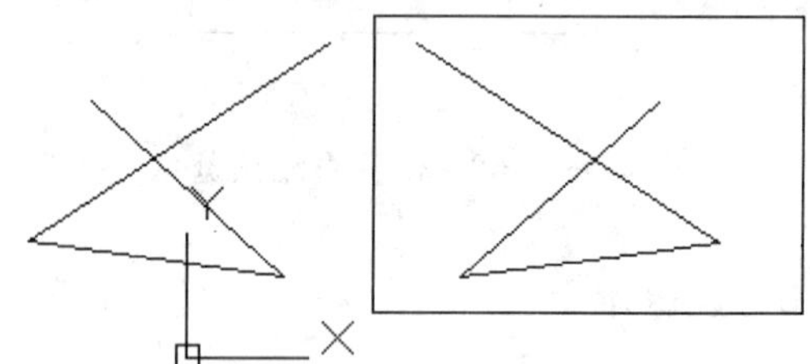

图 4-65　完成镜像

第 33 例　掌握阵列命令的方法

必学技能

掌握**阵列命令**的方法，阵列命令包括**矩形阵列**、**路径阵列**、**环形阵列**这几种方法，在设计前应该掌握这些方法。

下面将具体讲解阵列的方法。

1. 矩形阵列

矩形阵列是按照矩形排列方式创建多个对象的副本。在 AutoCAD 中矩形阵列的操作方法采用以下方法。首先绘制一个 100×50 的矩形，如图 4-66 所示。

操作步骤

01 选择菜单栏中的“修改”→“阵列”→“矩形阵列”命令。

执行**矩形阵列**命令后，命令行提示如下：

```
命令: _arrayrect
选择对象: 找到 1 个
```

选择矩形阵列对象后，绘图区如图 4-67 所示。

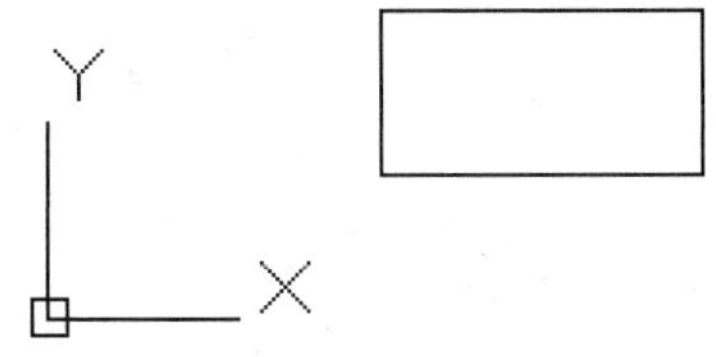

图 4-66　矩形

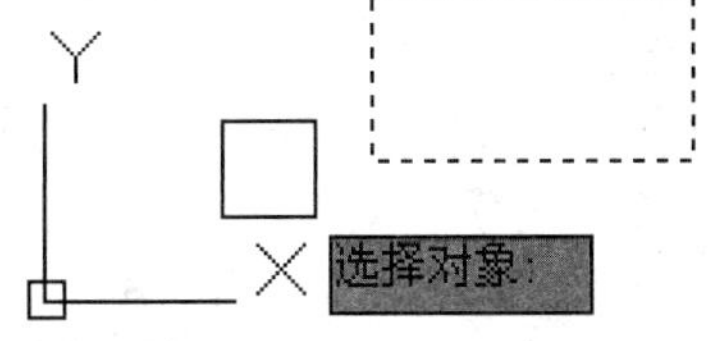

图 4-67　选择对象

02 单击鼠标右键，命令行提示如下：

```
选择对象:
类型 = 矩形  关联 = 是
选择夹点以编辑阵列或 [关联(AS)/基点(B)/计数(COU)/间距(S)/列数(COL)/行数(R)/层数(L)/退出(X)] <退出>: S
```

矩形阵列预览效果如图 4-68 所示。

03 输入“S”后，左手大拇指按下空格键，命令行提示如下：

```
指定列之间的距离或 [单位单元(U)] <150>: 200
```

矩形阵列预览效果如图 4-69 所示。

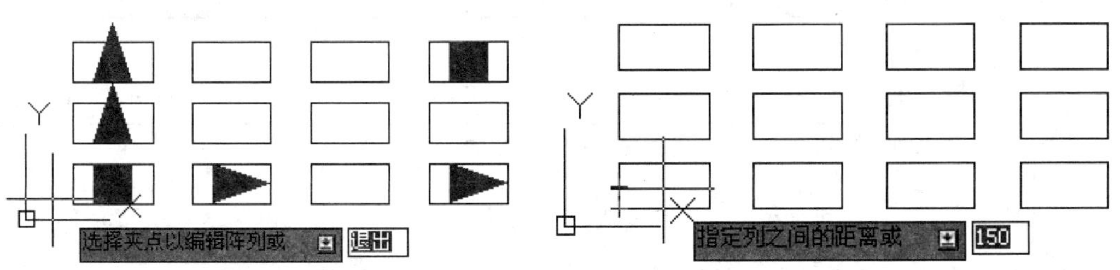

图 4-68　矩形阵列预览效果　　　图 4-69　指定列之间的距离

04 输入指定列之间的距离“200”后，左手大拇指按下空格键，命令行提示如下：

```
指定行之间的距离 <75>: 100
```

矩形阵列预览效果如图 4-70 所示。

05 输入指定行之间的距离“100”后，左手大拇指按下空格键，命令行提示如下：

```
选择夹点以编辑阵列或 [关联(AS)/基点(B)/计数(COU)/间距(S)/列数(COL)/行数(R)/层数(L)/退出(X)] <退出>: R
```

矩形阵列预览效果如图 4-71 所示。

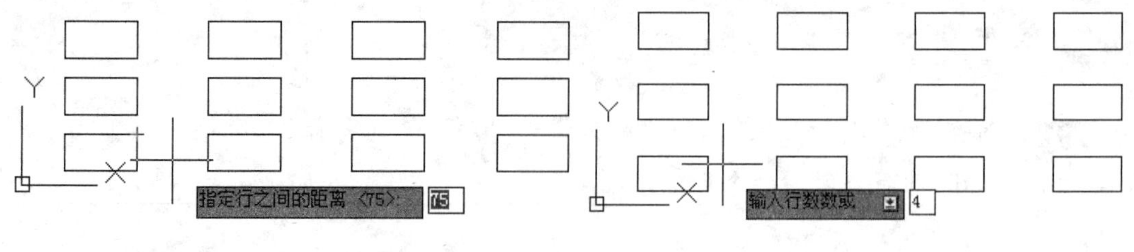

图 4-70　指定行之间的距离　　　　图 4-71　指定行数数

06 输入行数（R）“R”后，左手大拇指按下空格键，命令行提示如下：

```
输入行数数或 [表达式(E)] <3>: 4
```

矩形阵列预览效果如图 4-72 所示。

07 输入指定行数“4”后，左手大拇指按下空格键，命令行提示如下：

```
指定 行数 之间的距离或 [总计(T)/表达式(E)] <100>: 120
```

矩形阵列预览效果如图 4-73 所示。

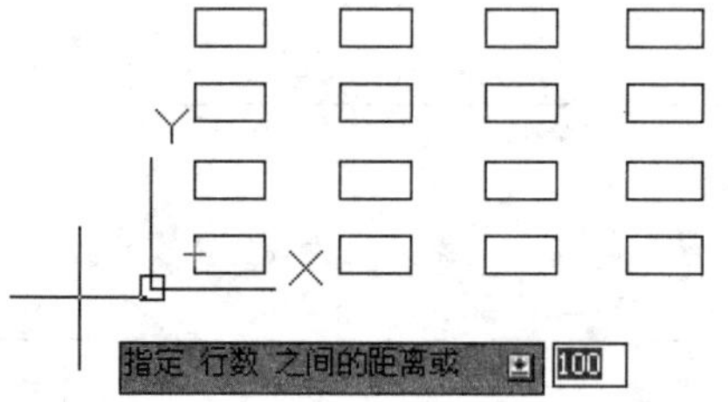

图 4-72　指定行数之间的距离

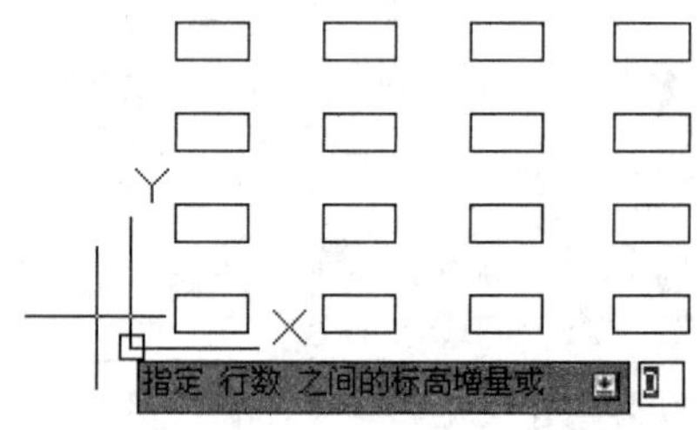

图 4-73　指定行数之间的标高增量

08 输入指定行数之间的距离“120”后，左手大拇指按下空格键，命令行提示如下：

```
指定 行数 之间的标高增量或 [表达式(E)] <0>: 5
```

矩形阵列预览效果如图 4-74 所示。

09 输入指定行数之间的标高增量“5”后，单击鼠标右键，命令行提示如下：

```
选择夹点以编辑阵列或 [关联(AS)/基点(B)/计数(COU)/间距(S)/列数(COL)/行数(R)/层数(L)/退出(X)] <退出>:
自动保存到 C:\Documents and Settings\Administrator\local settings\temp\Drawing1_1_1_2962.sv$ ...
```

所得矩形阵列效果如图 4-75 所示。

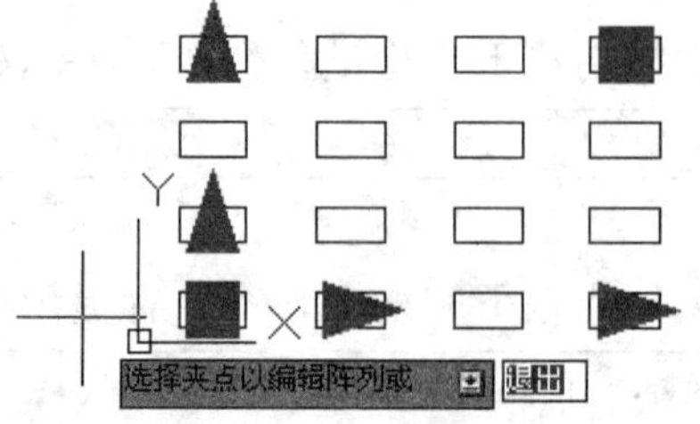

图 4-74　矩形阵列预览效果

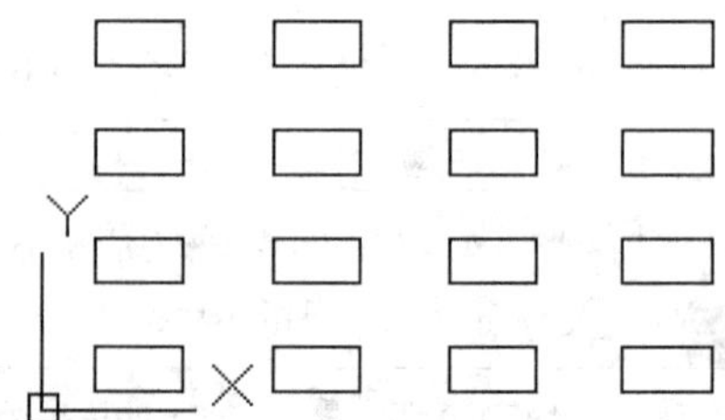

图 4-75　完成的矩形阵列效果

专家提示：矩形阵列也可以通过夹点来编辑行数之间的距离、列之间的距离、行数之间的标高增量等参数。

2．路径阵列

路径阵列是沿路径或部分路径均匀创建对象副本。在 AutoCAD 中路径阵列对象的方法采用下列的操作方法。首先绘制一个ϕ200 的圆，如图 4-76 所示。

操作步骤

01 左手输入键盘命令：spl（SPL）。

02 左手大拇指按下空格键，然后在绘图区绘制如图 4-77 所示的样条曲线。

绘制样条曲线详见第 22 例。

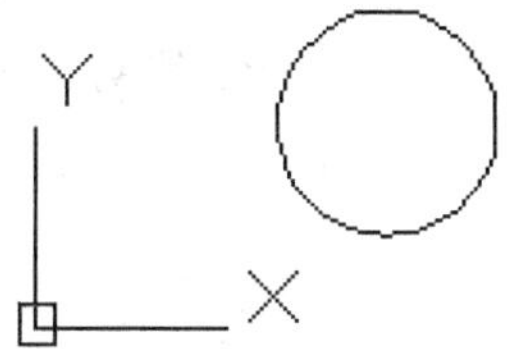

图 4-76 绘制的圆

图 4-77 绘制的样条曲线

03 选择菜单栏中的“修改”→“阵列”→“路径阵列”命令。

04 执行路径阵列命令后，单击所绘制的圆，命令行提示如下：

```
命令:ARRAYPATH
选择对象: 找到 1 个
```

此时绘图区的效果如图 4-78 所示。

05 单击鼠标右键，命令行提示如下：

```
选择对象:
类型 = 路径  关联 = 是
选择路径曲线:
```

此时绘图区提示选择路径曲线，如图 4-79 所示。

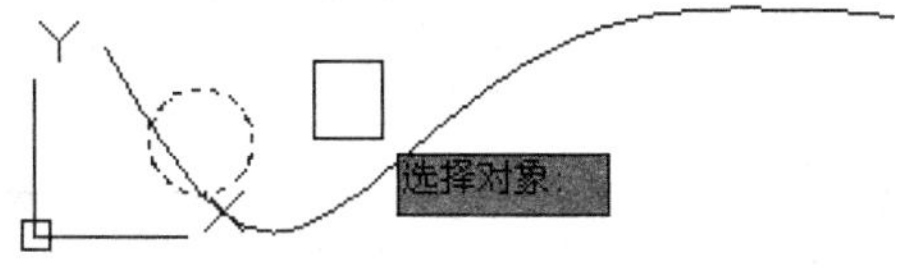

图 4-78 选择的路径阵列对象

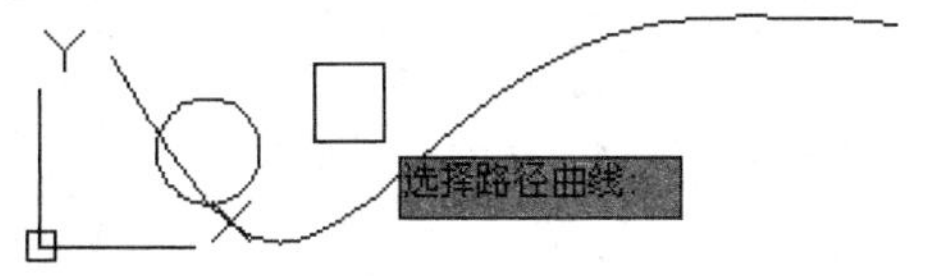

图 4-79 选择路径曲线

06 单击绘制的样条曲线，命令行提示如下：

```
选择夹点以编辑阵列或 [关联(AS)/方法(M)/基点(B)/切向(T)/项目(I)/行(R)/层(L)/对齐
```

```
项目(A)/Z 方向(Z)/退出(X)] <退出>:
```

此时路径阵列预览如图 4-80 所示。

07 单击鼠标右键，命令行提示如下：

```
自动保存到 C:\Documents and Settings\Administrator\local settings\temp\
Drawing1_1_1_2962.sv$ ...
```

此时生成的路径阵列如图 4-81 所示。

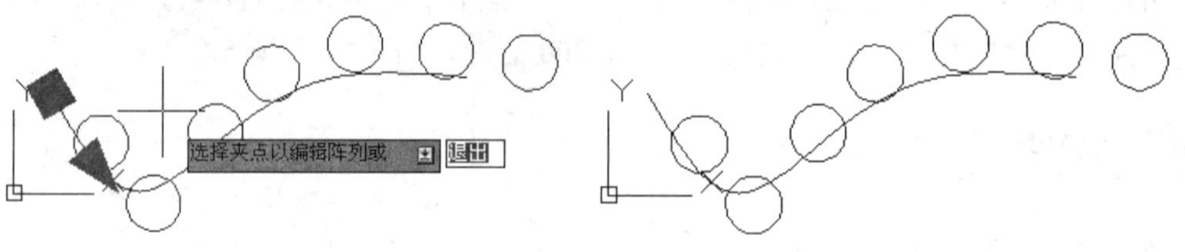

图 4-80　路径阵列预览　　　图 4-81　生成的路径阵列

3．环形阵列

环形阵列是通过指定环形阵列的中心点、阵列数量和填充角度等来创建对象副本。AutoCAD 中环形阵列对象采用下列的操作方法。首先绘制一个 300×100 的矩形，如图 4-82 所示。

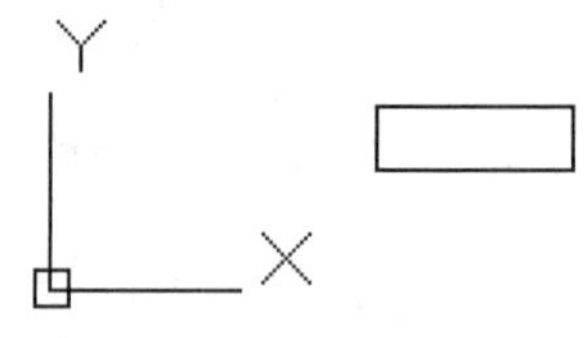

图 4-82　绘制的矩形

操作步骤

01 选择菜单栏中的"修改"→"阵列"→"环形阵列"命令。

02 执行命令后，单击鼠标左键选择矩形，命令行提示如下：

```
命令: _arraypolar
选择对象: 找到 1 个
```

绘图区效果如图 4-83 所示。

03 单击鼠标右键，命令行提示如下：

```
选择对象:
类型 = 极轴  关联 = 是
指定阵列的中心点或 [基点(B)/旋转轴(A)]:
```

绘图区提示指定阵列的中心点，如图 4-84 所示。

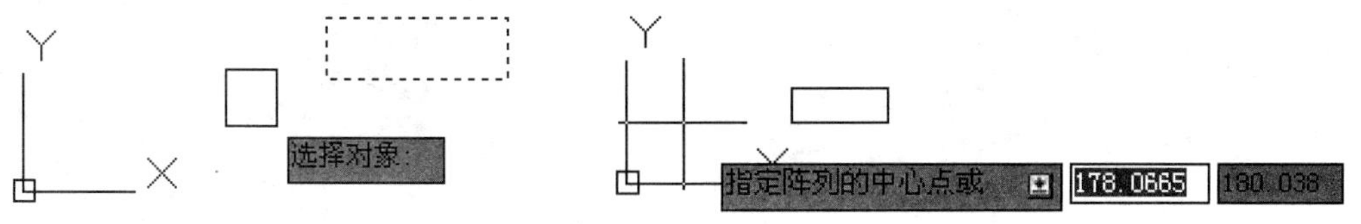

图 4-83　选择环形阵列对象　　　　图 4-84　指定阵列的中心点

04 单击图中的一点，即指定阵列的中心点，命令行提示如下：

```
选择夹点以编辑阵列或 [关联(AS)/基点(B)/项目(I)/项目间角度(A)/填充角度(F)/行(ROW)/层(L)/旋转项目(ROT)/退出(X)] <退出>: i
```

环形阵列预览如图 4-85 所示。

05 输入阵列中的项目（I）“I”，并输入阵列中的项目数“8”后，左手按空格键，命令行提示如下：

```
输入阵列中的项目数或 [表达式(E)] <6>: 8
```

环形阵列预览如图 4-86 所示。

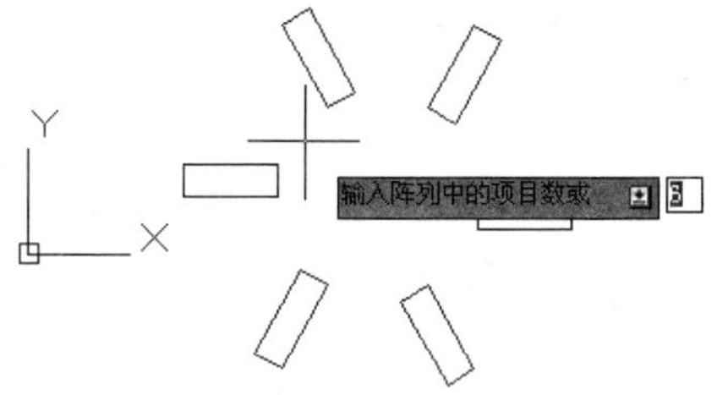

图 4-85　输入阵列中的项目数

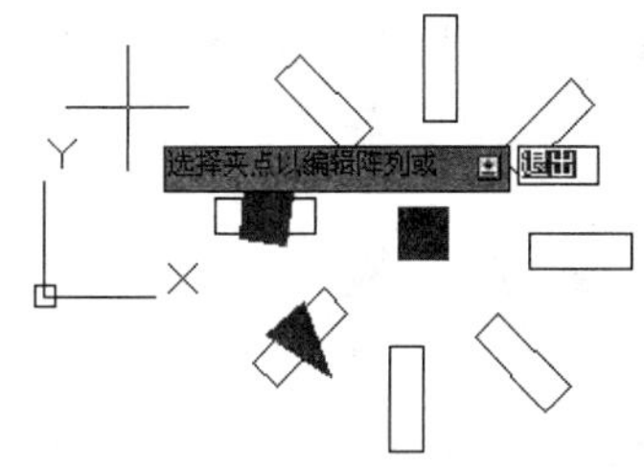

图 4-86　环形阵列预览

06 输入阵列中的项目数“8”后，单击鼠标右键，命令行提示如下：

```
选择夹点以编辑阵列或 [关联(AS)/基点(B)/项目(I)/项目间角度(A)/填充角度(F)/行(ROW)/层(L)/旋转项目(ROT)/退出(X)] <退出>:
自动保存到 C:\Documents and Settings\Administrator\local settings\temp\Drawing1_1_1_2962.sv$ ...
```

所得环形阵列效果如图 4-87 所示。

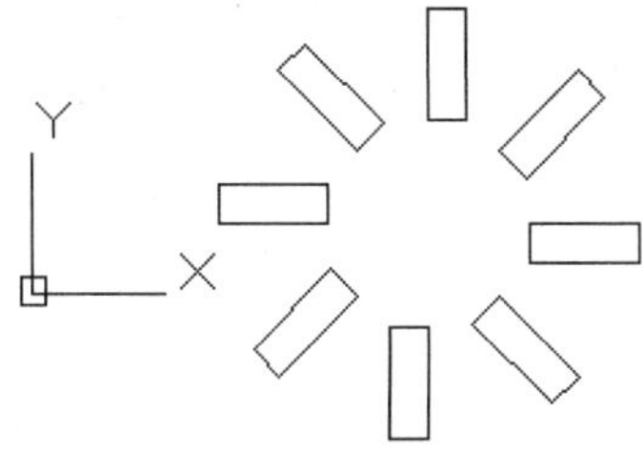

图 4-87　生成的环形阵列

第 34 例　掌握改变图形对象位置的方法

必学技能

改变图形对象位置的方法包括移动和旋转这两种方法，在实际的绘图过程中经常用到这两种方法。

本例主要讲述如何利用“移动”和“旋转”编辑命令来编辑图形，具体介绍如下。

1. 移动命令

移动对象是指对象位置的移动，而方向和大小不改变。

回到初始状态，其方法输入“U”，然后空格，直到回到实例前的状态。

操作步骤

01 左手食指输入键盘命令：m（M）。

02 左手大拇指按下空格键。

执行**移动**命令后，命令行提示如下：

```
命令:M
MOVE
选择对象: 指定对角点: 找到 4 个
```

选择对象之后，绘图区如图 4-88 所示（选择对象的方法见删除命令所述）。

03 选择移动对象后，单击鼠标右键，命令行提示如下：

```
选择对象:
当前设置:  复制模式 = 多个
指定基点或 [位移(D)/模式(O)] <位移>:
```

此时绘图区如图 4-89 所示。

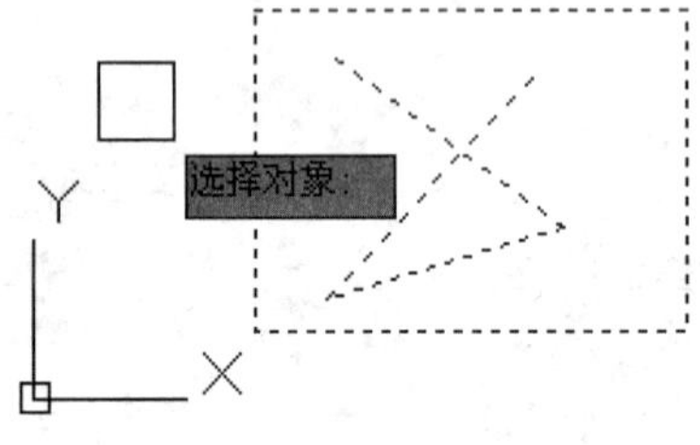

图 4-88　选择移动对象

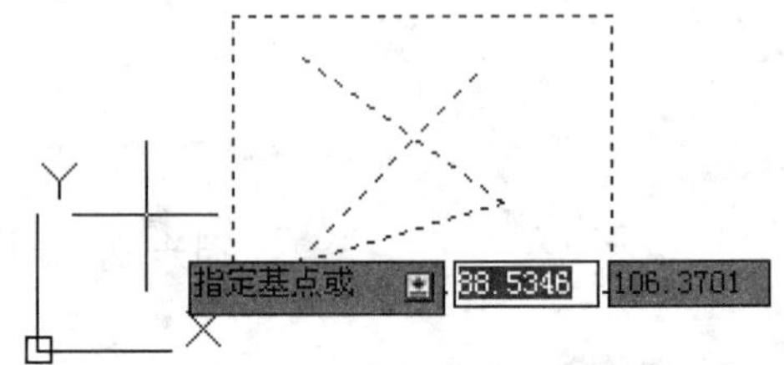

图 4-89　提示指定基点

04 单击鼠标左键选择绘图区中的一点作为指定基点，命令行提示如下：

```
指定第二个点或 <使用第一个点作为位移>:
```

选择指定基点后，绘图区域如图 4-90 所示。

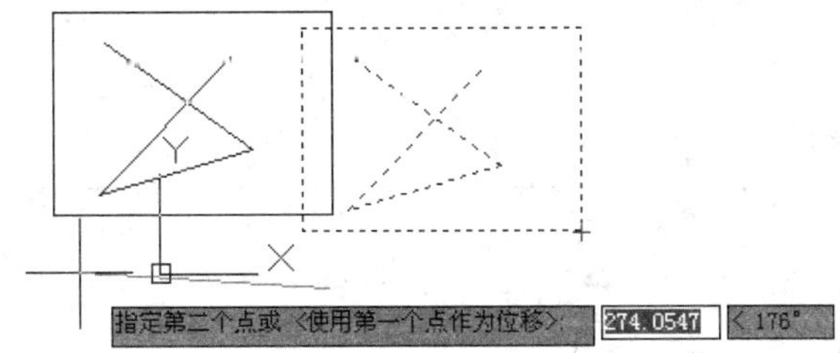

图 4-90　选择指定基点

05 移动鼠标至合适的位置后，单击鼠标左键，命令行提示如下：

```
命令:
自动保存到 C:\Documents and Settings\Administrator\local settings\temp\
Drawing1_1_1_8195.sv$ ...
```

完成移动命令操作后，绘图区如图 4-91 所示。

06 指定移动基点与指定移动第二点之间的连线，表示位移矢量，如图 4-92 所示。

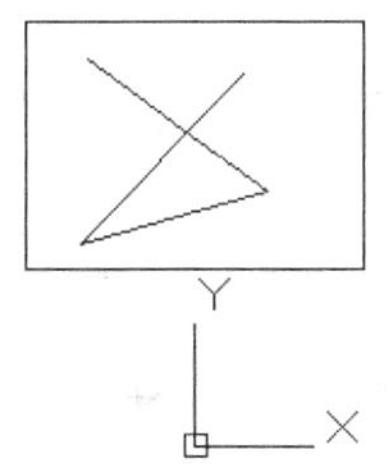

图 4-91　完成移动命令操作

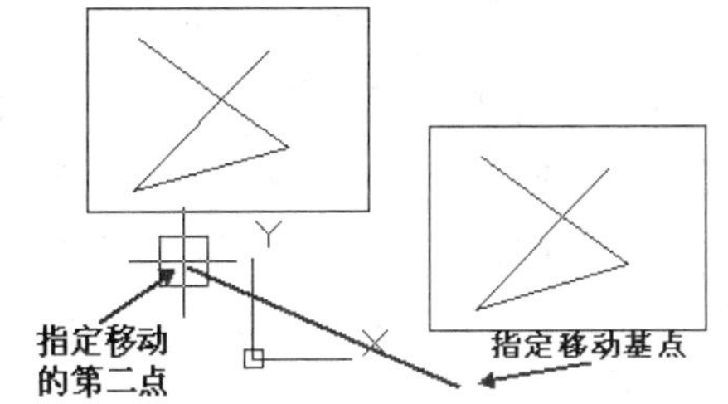

图 4-92　选择指定基点

2. 旋转命令

旋转对象是指对象绕基点旋转指定的角度。

回到初始状态，其方法输入“U”，然后空格，直到回到实例前的状态。

操作步骤

01 左手输入键盘命令：ro（RO）。

02 左手大拇指按下空格键。

执行旋转命令后，命令行提示如下：

```
命令: RO
ROTATE
UCS 当前的正角方向: ANGDIR=逆时针  ANGBASE=0
选择对象: 指定对角点: 找到 4 个
```

选择对象后，绘图区如图 4-93 所示（选择对象的方法见删除命令所述）。

03 选择旋转对象后，单击鼠标右键，命令行提示如下：

```
选择对象:
指定基点:
```

此时绘图区如图 4-94 所示。

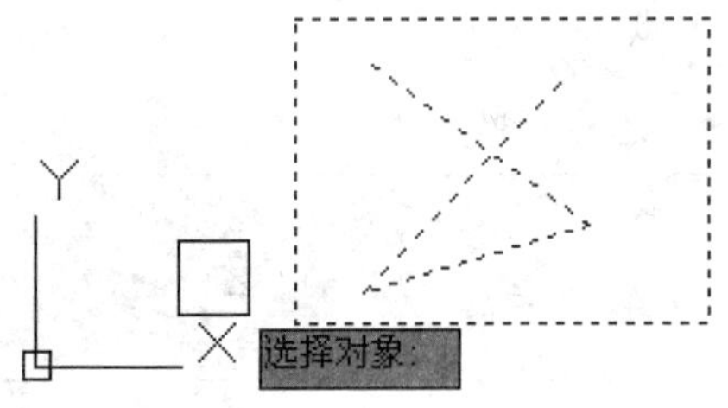

图 4-93　选择对象

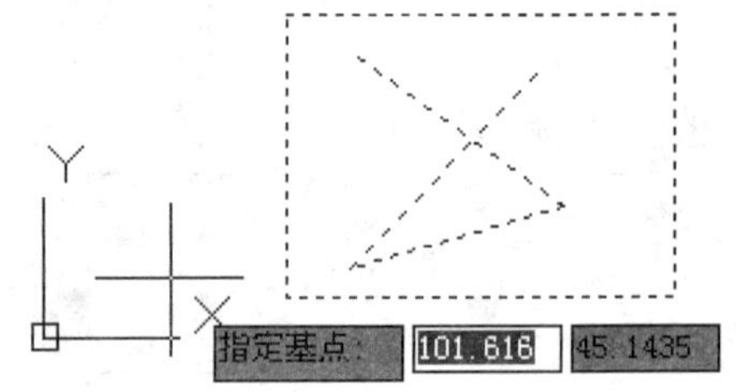

图 4-94　提示选择指定基点

04 单击鼠标左键选择绘图区中的一点作为指定基点，命令行提示如下：

```
指定旋转角度, 或 [复制(C)/参照(R)] <0>:
```

选择指定基点后，绘图区域如图 4-95 所示。

05 输入旋转角度“30”后，单击空格键，此时绘图区域如图 4-96 所示，即完成旋转命令操作。

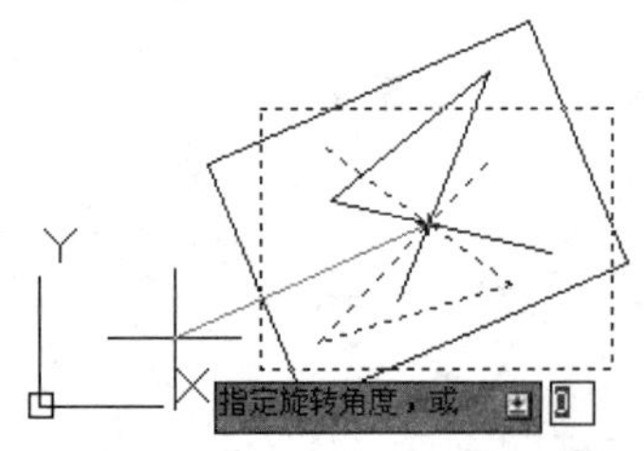

图 4-95　提示指定旋转角度

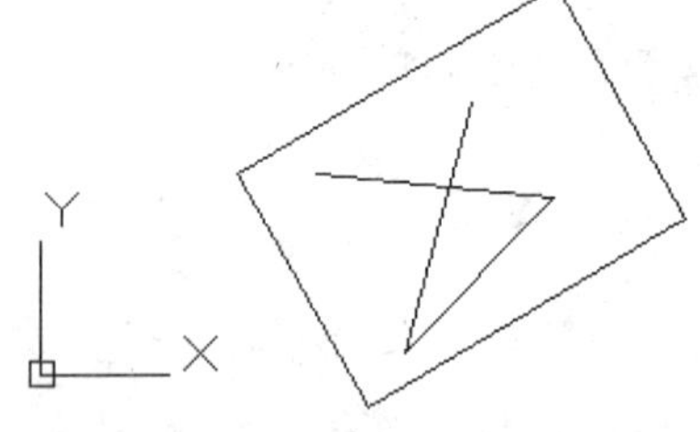

图 4-96　完成旋转命令操作

专家提示：第 5 步骤中命令提示行中其他选项的功能如下：

- 复制（C）：用于创建要旋转对象的副本，旋转后原对象不会被删除；
- 参照（R）：用于将对象从指定的角度旋转到新的绝对角度。

第 35 例　掌握改变图形大小的方法

必学技能

改变图形大小的方法包括缩放和拉伸这两种方法，在实际的绘图过程中经常用到这两种方法。

本例主要讲述如何利用“缩放”和“拉伸”编辑命令来编辑图形，具体介绍如下。

1. 缩放命令

在前面已经介绍了使用夹点进行比例缩放，这一例将介绍使用快捷键的“缩放”命令对对象进行缩放操作。

回到初始状态，其方法输入“U”，然后空格，直到回到实例前的状态。

操作步骤

01 左手输入键盘命令：sc（SC）。

02 左手大拇指按下空格键。

执行缩放命令后，命令行提示如下：

```
命令：
命令：SC
SCALE
选择对象：指定对角点：找到 4 个
```

选择对象之后，绘图区如图 4-97 所示（选择对象的方法见删除命令所述）。

03 选择缩放对象后，单击鼠标右键，命令行提示如下：

```
选择对象：
指定基点：
```

此时绘图区如图 4-98 所示。

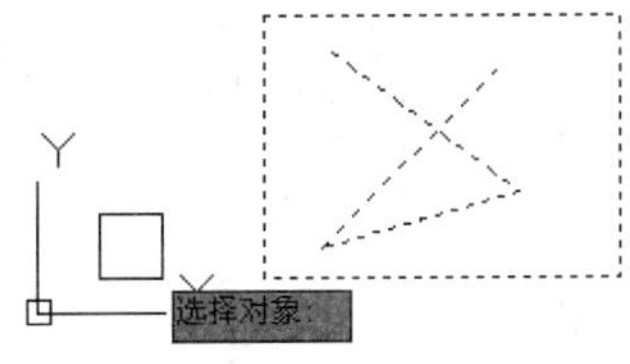

图 4-97　选择对象

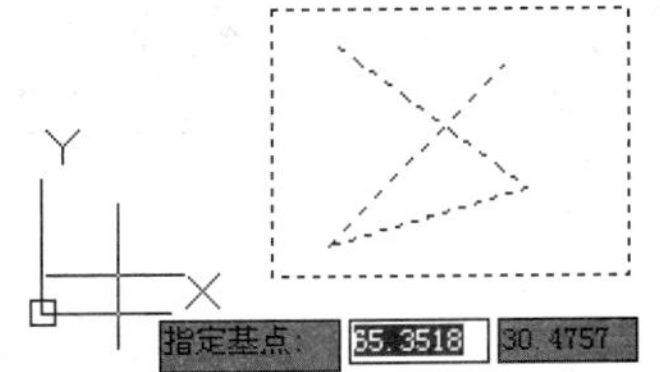

图 4-98　提示指定基点

04 单击鼠标左键选择绘图区中的一点作为指定基点，命令行提示如下：

```
指定比例因子或 [复制(C)/参照(R)] <0>:
```

选择指定基点后，绘图区域如图 4-99 所示。

05 输入比例因子“2”后，左手大拇指按下空格键，绘图区域如图 4-100 所示，即完成缩放命令操作。

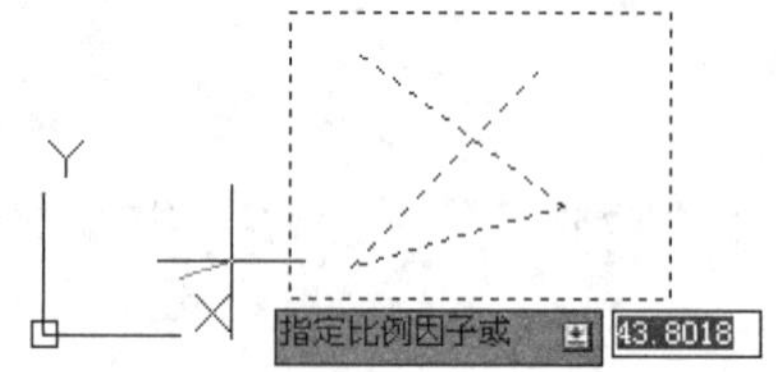

图 4-99　选择指定比例因子

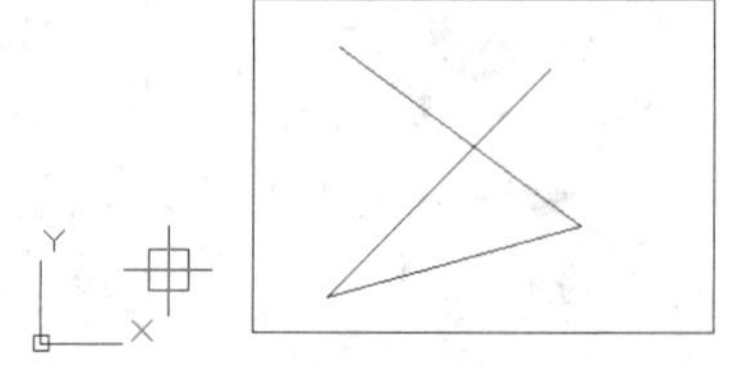

图 4-100　完成缩放命令

专家提示： 指定比例因子，大于 1 表示放大，0～1 之间表示缩小。

- 输入比例因子后左手大拇指按空格键，即完成比例缩放操作；
- 选择“复制（C）”选项，表示对象缩放后不删除原始对象，将创建要缩放的选定对象的副本；
- 选择“参照（R）”选项，表示按参照长度和指定的新长度缩放所选对象。

2. 拉伸命令

拉伸操作根据对象在选择窗口内状态的不同而进行不同的操作：被交叉窗口部分包围的对象将进行拉伸操作，对完全包含在交叉窗口中的对象或单独选定的对象将进行移动操作而不是拉伸。

回到初始状态，其方法输入“U”，然后空格，直到回到实例前的状态。

操作步骤

01 选择菜单栏中的“修改”→“拉伸”命令。

执行**拉伸**命令后，命令行提示如下：

```
命令:
命令: _stretch
以交叉窗口或交叉多边形选择要拉伸的对象...
选择对象: 指定对角点: 找到 3 个
```

选择对象后，绘图区如图 4-101 所示（选择对象的方法见删除命令所述）。

02 选择拉伸对象后，单击鼠标右键，命令行提示如下：

```
选择对象:
指定基点或 [位移(D)] <位移>:
```

此时绘图区如图 4-102 所示。

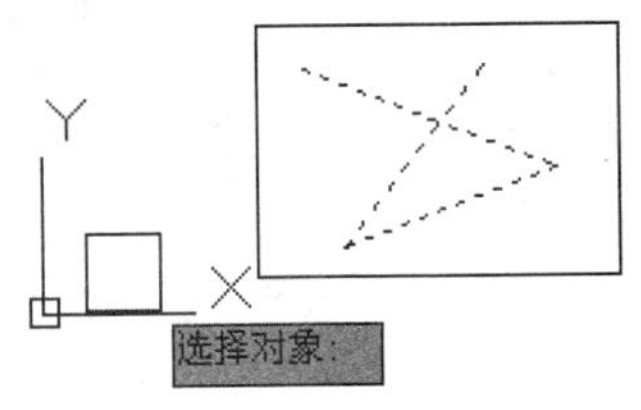

图 4-101　选择对象

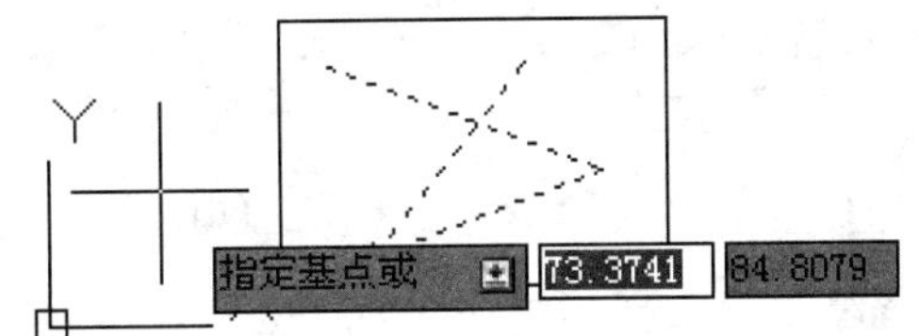

图 4-102　提示指定基点

03 单击鼠标左键选择绘图区中的一点作为指定基点，绘图区如图 4-103 所示，命令行提示如下：

```
指定第二个点或 <使用第一个点作为位移>:
自动保存到 C:\Documents and Settings\Administrator\local settings\temp\Drawing1_1_1_1728.sv$ ...
```

单击鼠标左键选择指定第二个点后，绘图区域如图 4-104 所示。

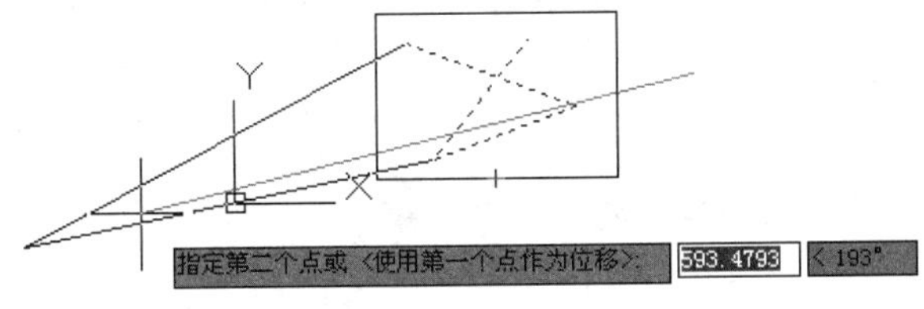

图 4-103　指定第二个点

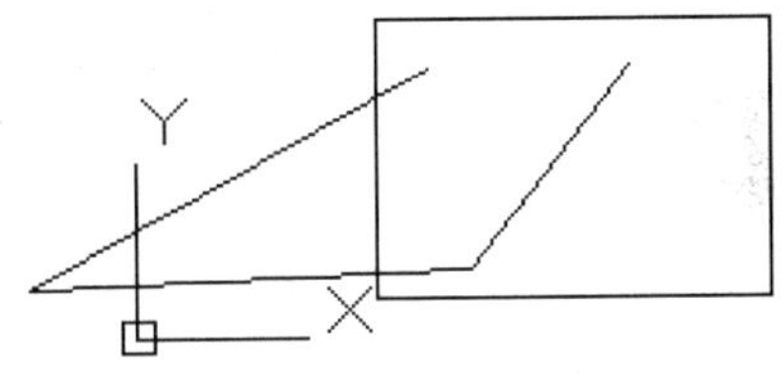

图 4-104　完成拉伸操作

专家提示：拉伸仅移动位于交叉选择内的顶点和端点，不更改那些位于交叉选择外的顶点和端点。

第 36 例　掌握返回命令的方法

必学技能

掌握返回命令的方法，包括返回操作和在绘图编辑中返回操作。

本例主要讲述如何利用“返回”命令来绘制图形，具体介绍如下。

在前面已经介绍了返回命令的操作方法，这一例将具体介绍使用快捷键的“返回”命令的操作方法。

1．返回操作

对于第 35 例拉伸命令的操作状态，下面将讲述回到实例前的状态。

操作步骤

01 左手输入键盘命令：u（U）。

02 左手大拇指按下空格键。

执行**返回**命令后，命令行提示如下：

```
命令：U
INTELLIPAN INTELLIPAN
命令：U
拉伸 GROUP
```

绘图区如图 4-105 所示。

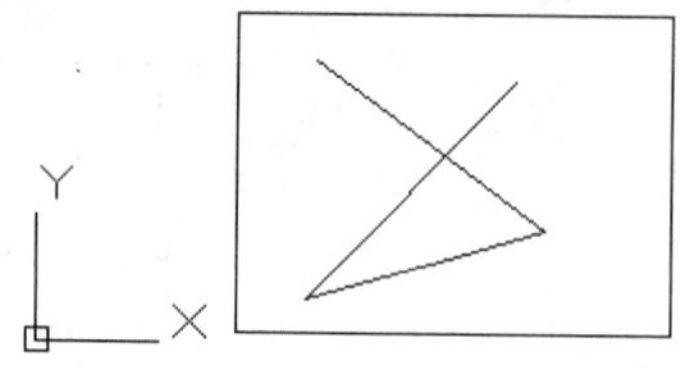

图 4-105　返回到实例前状态

2．绘图编辑中返回操作

下面将讲述在绘图编辑过程中使用返回命令的方法。

操作步骤

01 左手输入键盘命令：co（CO）。

02 左手大拇指按下空格键。

执行复制命令后，命令行提示如下：

```
命令：CO COPY
选择对象：指定对角点：找到 3 个
```

选择对象之后，绘图区如图 4-106 所示。

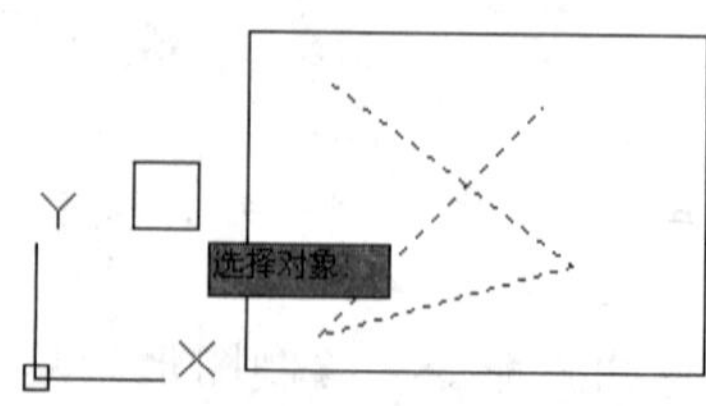

图 4-106　选择复制对象

03 选择复制对象后，命令行提示如下：

```
选择对象：
当前设置：　复制模式 = 多个
指定基点或 [位移(D)/模式(O)] <位移>:
```

指定基点后，移动对象后，绘图区如图 4-107 所示。

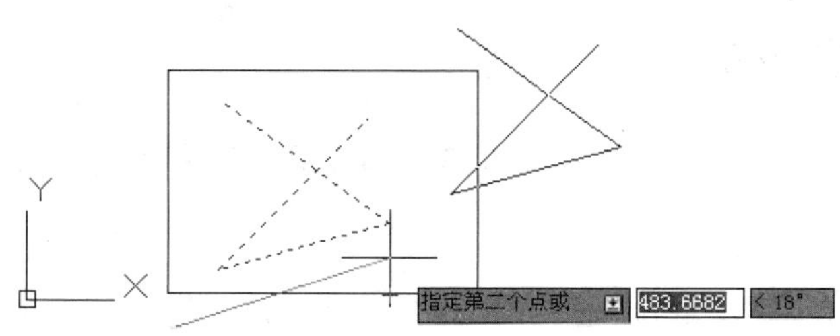

图 4-107　指定基点

04 移动至适当位置，单击鼠标左键，命令行提示如下：

```
指定第二个点或 [阵列(A)] <使用第一个点作为位移>:
```

指定基点后，复制对象后，绘图区如图 4-108 所示。

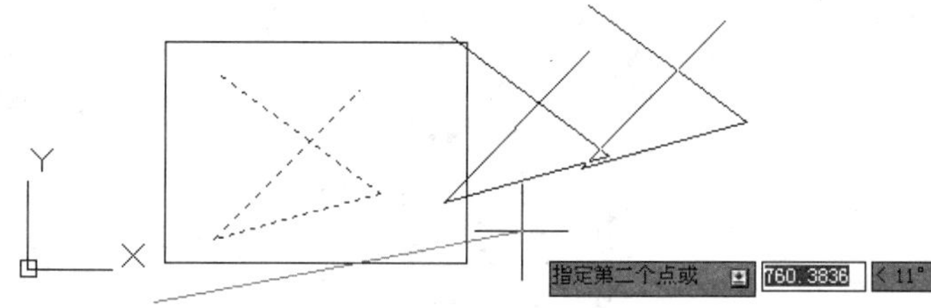

图 4-108　复制对象预览

05 输入“U”后，按下空格键，命令行提示如下：

```
指定第二个点或 [阵列(A)/退出(E)/放弃(U)] <退出>: u
命令已完全放弃
```

执行返回操作后，绘图区如图 4-109 所示。

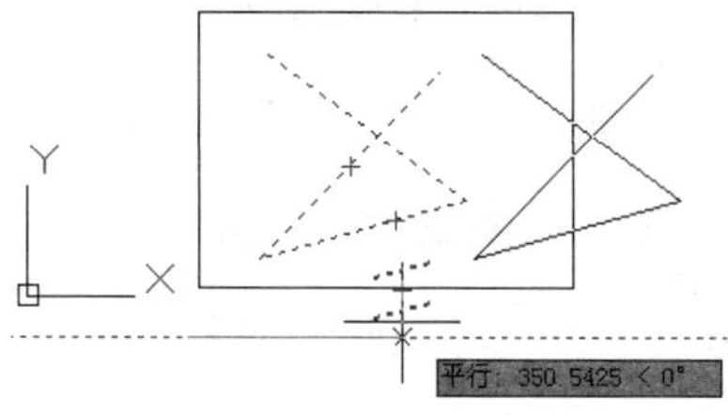

图 4-109　返回操作

专家提示：在执行诸如修剪、延伸、复制、偏移命令时，在执行过程中会用到返回命令，使其绘图更有效率。

第 37 例　掌握编辑对象特性的方法

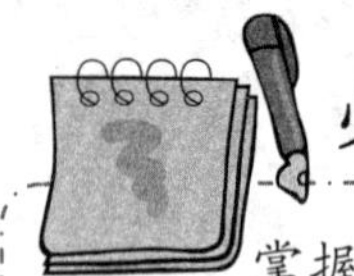

必学技能

掌握编辑对象特性的方法，在修改图形属性有重要的应用，希望读者能够掌握。

AutoCAD 中的每个图形对象均有其特有的属性，一般包括颜色、线型和线宽等，特殊的属性包括圆的圆心、直线的端点等。

1. “特性”选项板

AutoCAD 中所有对象的特性均可以通过打开“特性”选项板来查看并编辑，如图 4-110 所示为选择对象情况不同时，所显示不同的“特性”选项板。

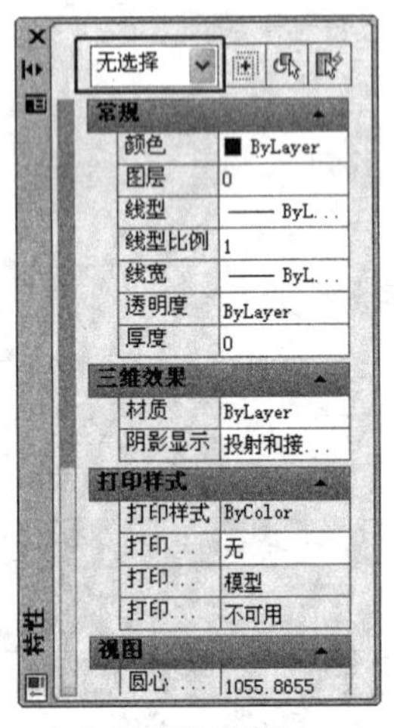

（a）没有选择对象

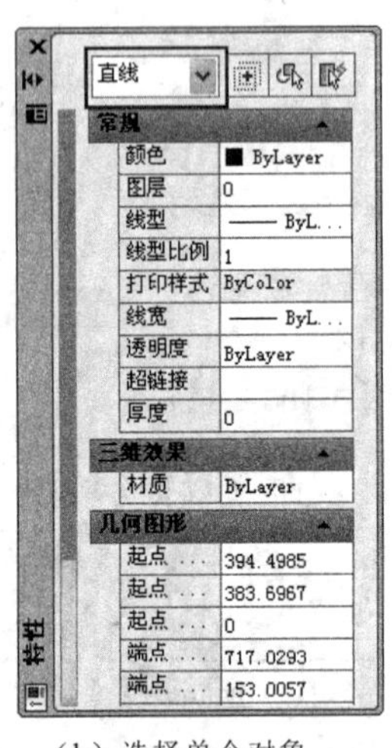

（b）选择单个对象

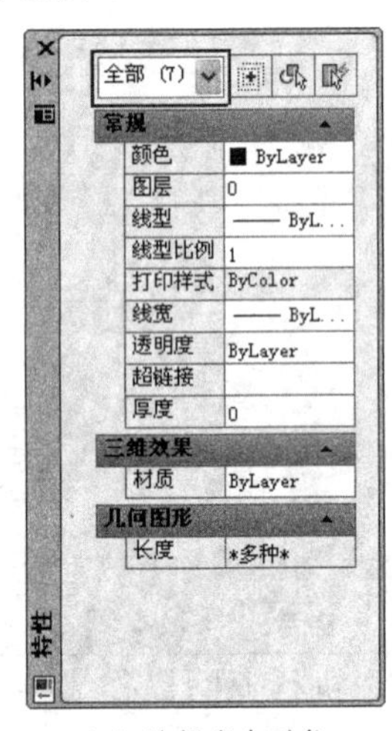

（c）选择多个对象

图 4-110　“特性”选项板

下面将讲述使用“特性”选项板修改图形对象的方法。首先绘制一个ϕ200 的圆，如图 4-111 所示。

操作步骤

01 单击“标准”工具栏的“特性”按钮。

02 系统弹出“特性”选项板，如图 4-110 所示，单击所绘制的圆，绘图区如图 4-112 所示。

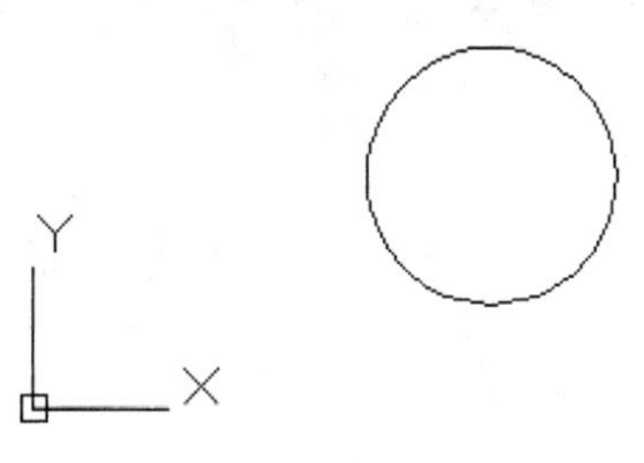

图 4-111　绘制的圆

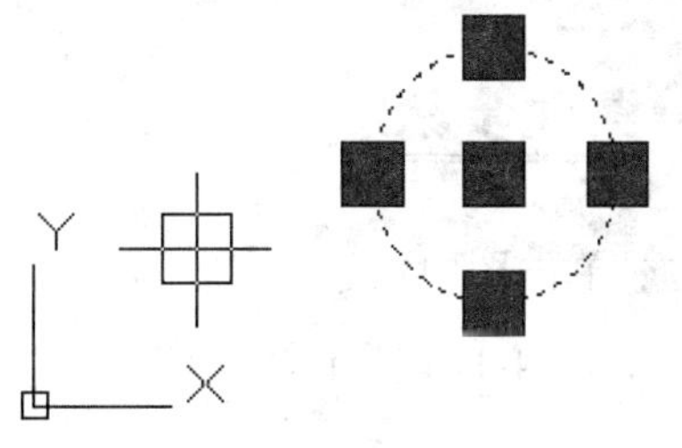

图 4-112　选择圆

03 此时“特性”选项板，单击“特性”选项板中的“几何图形”选项下的“半径”选项，将其修改为“200”，如图 4-113 所示。

（a）没有选择对象

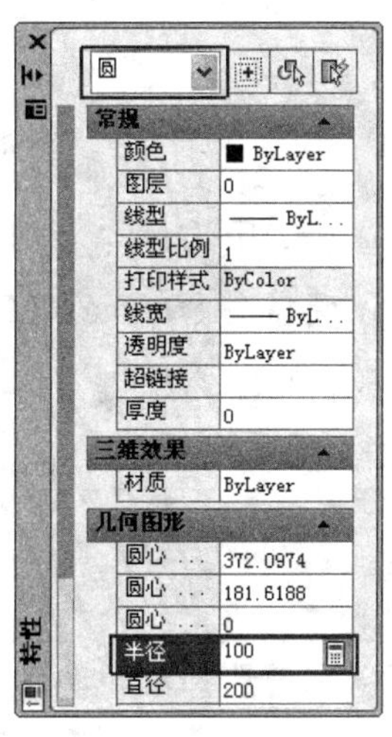

（b）修改单个对象

图 4-113　“特性”选项板效果

04 修改前、后绘图区的变化效果如图 4-114 所示。

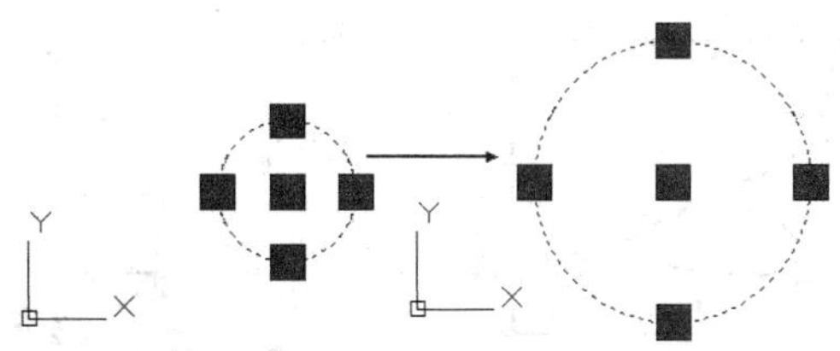

图 4-114　修改前、后的变化效果

2．特性匹配

AutoCAD 提供特性匹配工具来复制特性，特性匹配可将选定对象的特性应用到其他对象。回到初始状态，其方法输入“U”，然后空格，直到回到实例前的状态。

操作步骤

01 单击图中一条直线，弹出“选项”对话框，选择“选项”下的“颜色”下的“红”选项，如图 4-115 所示。

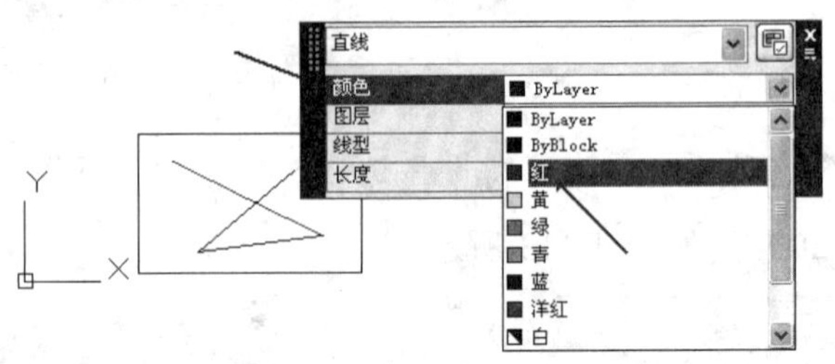

图 4-115　修改直线颜色

02 修改后，左手中指按下 Esc 键退出，修改后的效果如图 4-116 所示。

03 左手输入键盘命令：ma（MA）。

04 左手大拇指按下空格键。

执行特性匹配命令后，命令行提示如下：

```
命令：MA
MATCHPROP
选择源对象：
```

05 单击鼠标左键选择红色直线作为选择源对象，绘图区效果如图 4-117 所示，命令行提示如下：

```
当前活动设置： 颜色 图层 线型 线型比例 线宽 透明度 厚度 打印样式 标注 文字 图案填充 多段线 视口 表格 材质 阴影显示 多重引线
选择目标对象或 [设置(S)]：
```

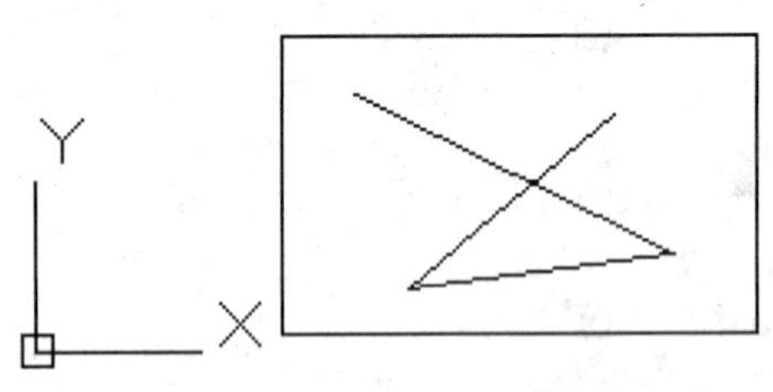

图 4-116　修改后的直线颜色

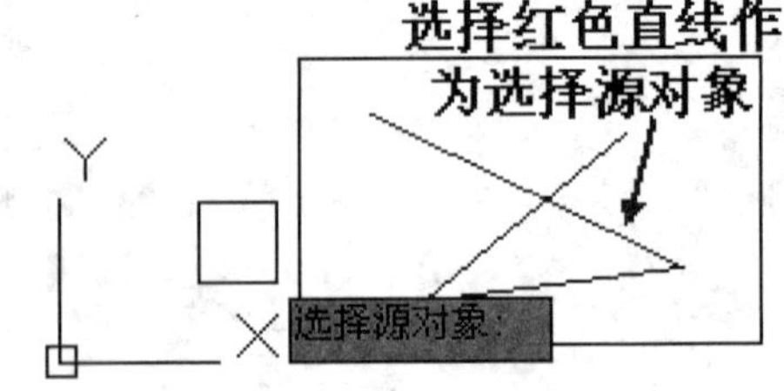

图 4-117　选择源对象

此时绘图区如图 4-118 所示。

06 单击鼠标左键选择矩形作为选择目标对象，绘图区效果如图 4-119 所示，命令行提示如下：

```
选择目标对象或 [设置(S)]：
```

继续选择目标，将目标对象修改成红色。

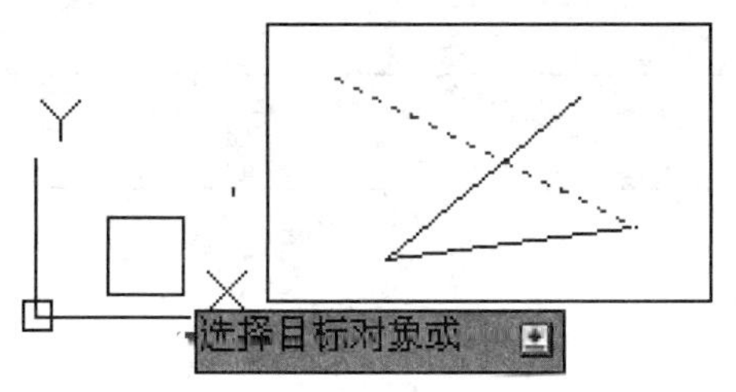

图 4-118　提示选择目标对象

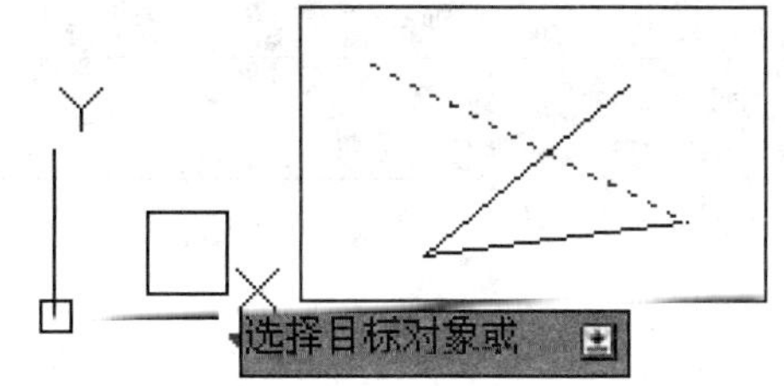

图 4-119　修改后的效果图

07 单击鼠标右键，完成特性匹配的操作，修改前、后的效果如图 4-120 所示。

专家提示：特性匹配的命令通俗名称又称格式刷，在实际的使用中比较广泛，希望读者能够掌握！

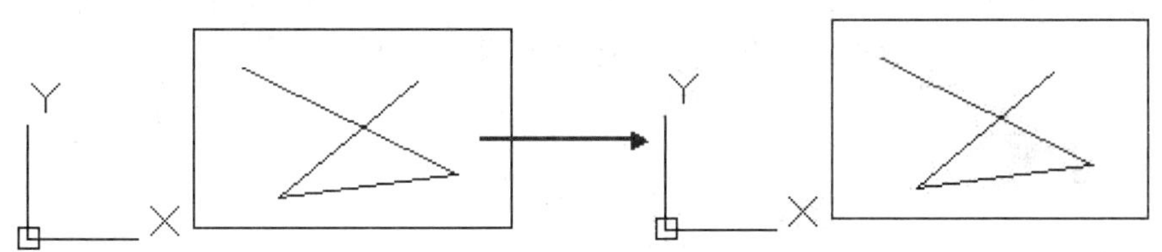

图 4-120　修改前、后的变化效果

第 38 例　掌握修改图形圆效果的方法

必学技能

掌握修改图形圆效果的方法，在绘制图形中经常碰到这样的问题，希望读者能够掌握。

经常作图的人，尤其是要几个作图软件相互转换时，经常出现所画的圆都不圆了。对于如图 4-121 所示的图形圆效果，下面将介绍相关的修改方法。

操作步骤

01 左手输入键盘命令：re（RE）。

02 左手大拇指按下空格键。

执行重生成模型命令后，命令行提示如下：

```
命令：RE
REGEN 正在重生成模型
```

绘图区如图 4-122 所示。

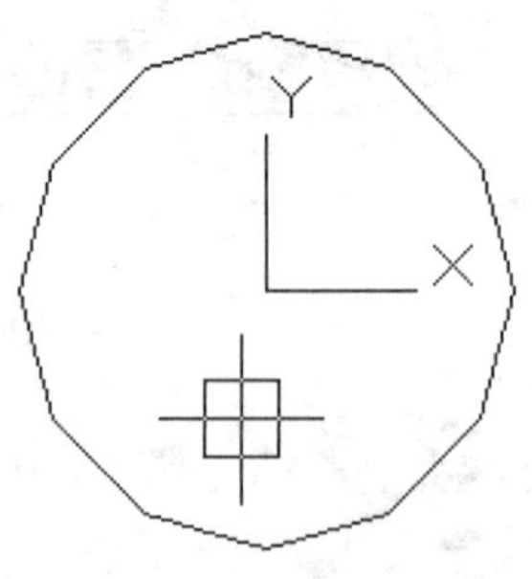

图 4-121　图形圆效果

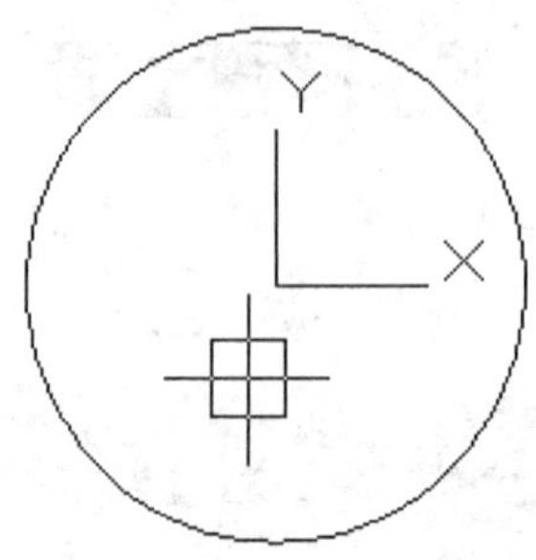

图 4-122　重新生成后的图形圆效果

如果还是不行，则通过下面的方法对显示效果做相应的修改。

操作步骤

01 左手输入键盘命令：op（OP）。

02 左手大拇指按下空格键。

03 系统弹出“选项”对话框，选择“显示”选项卡，如图 4-123 所示。

04 将“显示”选项卡中的“显示精度”选项下的“圆弧和圆的平滑度”修改大一些，绘图区效果如图 4-124 所示。

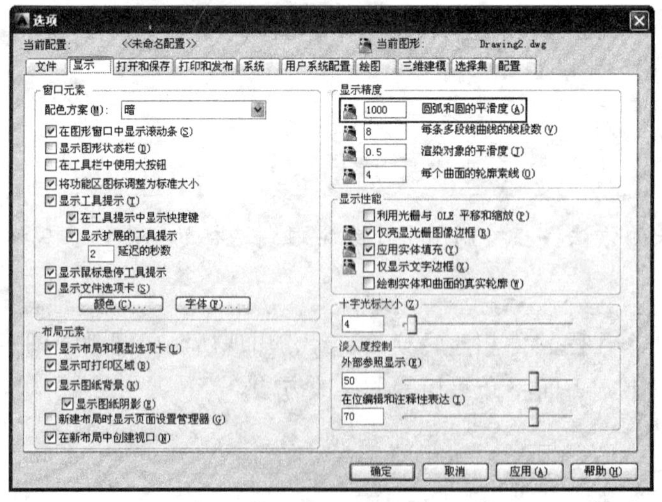

图 4-123　“显示”选项卡

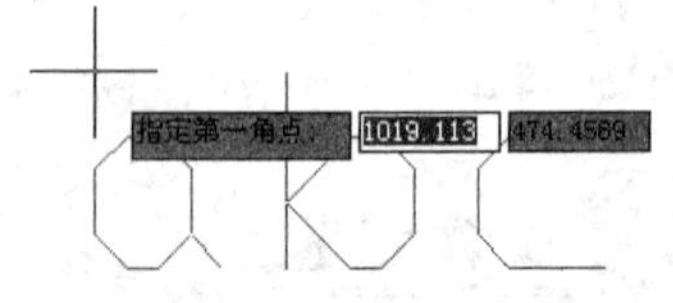

图 4-124　绘图区效果

第 39 例　掌握特殊文字输入的方法

必学技能

掌握特殊文字输入的方法，在绘图中有重要的应用，希望读者能够掌握。

下面将介绍一些特殊文字输入的方法。

操作步骤

01 左手输入键盘命令：t（T）。

02 左手大拇指按下空格键。

执行**文字**命令后，命令行提示如下：

```
命令: T
MTEXT
当前文字样式: "Standard"  文字高度: 2.5  注释性: 否
指定第一角点:
```

绘图区效果如图 4-124 所示。

03 鼠标左键指定第一角点后，命令行提示如下：

```
指定对角点或 [高度(H)/对正(J)/行距(L)/旋转(R)/样式(S)/宽度(W)/栏(C)]:
```

此时绘图区提示指定对角点，如图 4-125 所示。

04 鼠标左键指定对角点后，绘图区如图 4-126 所示；

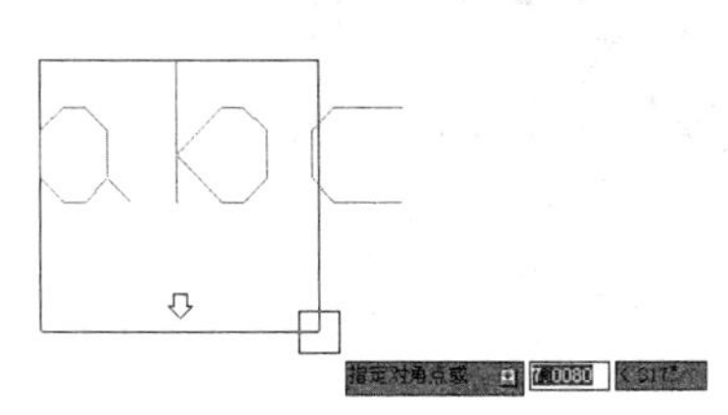

图 4-125　提示指定对角点

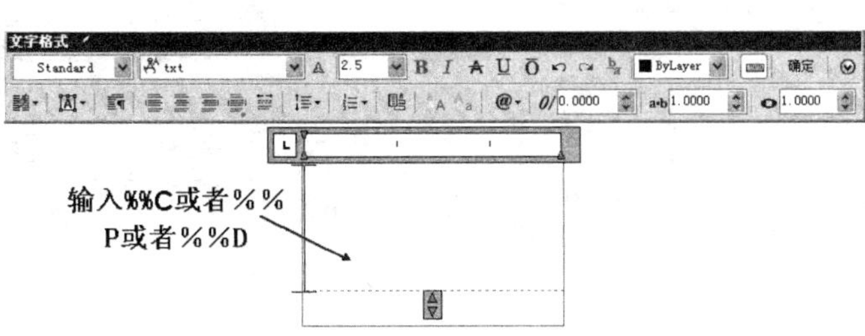

图 4-126　输特殊入字符符号

05 按照图 4-126 中的提示说明，输入特殊字符的符号，即%%C 表示直径“Φ”、%%P 表示地平面的“±”、%%D 表示标注度符号“°”。

第 40 例　掌握平方输入的方法

必学技能

掌握平方输入的方法，在修改图形属性中有重要的应用，希望读者能够掌握。

下面将介绍平方输入的方法。

操作步骤

01 左手输入键盘命令：t（T）。

02 左手大拇指按下空格键。

执行文字命令后，命令行提示如下：

```
命令：T
MTEXT
当前文字样式："Standard"  文字高度：2.5  注释性：否
指定第一角点：
```

此时绘图区效果如图 4-124 所示。

03 鼠标左键指定第一角点后，命令行提示如下：

```
指定对角点或 [高度(H)/对正(J)/行距(L)/旋转(R)/样式(S)/宽度(W)/栏(C)]:
```

此时绘图区提示指定对角点，如图 4-125 所示。

04 鼠标左键指定对角点后，绘图区如图 4-127 所示。

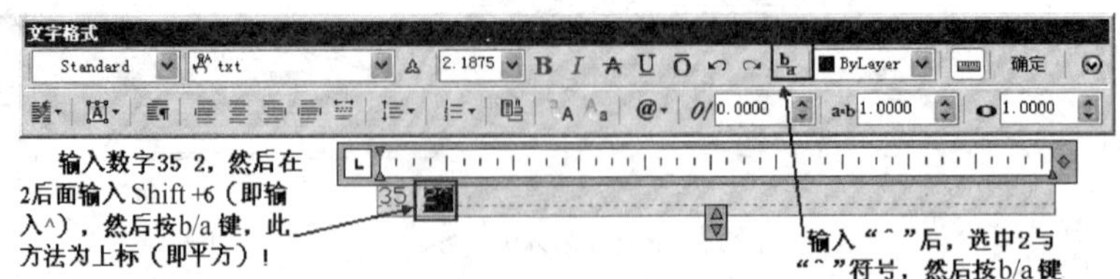

图 4-127　平方输入的方法

05 按照图 4-127 中的提示说明，输入平方特殊字符的符号，在 2 后面输入 Shift+6（^），然后选中 2 与^符号，接着按 b/a 键，此方法为上标（即平方）；在 2 前面输入 Shift+6（^），然后选中 2 与^符号，接着按 b/a 键，此方法为下标。

第 41 例　掌握其他符号输入的方法

必学技能

掌握其他符号输入的方法，在绘制图形属性中有重要的应用，希望读者能够掌握。

下面将介绍其他符号输入的方法。

操作步骤

01 左手输入键盘命令：t（T）。

02 左手大拇指按下空格键。

执行**文字**命令后，命令行提示如下：

```
命令：T
MTEXT
当前文字样式："Standard"  文字高度：  2.5  注释性：  否
指定第一角点：
```

此时绘图区效果如图 4-124 所示。

03 鼠标左键指定第一角点后，命令行提示如下：

```
指定对角点或 [高度(H)/对正(J)/行距(L)/旋转(R)/样式(S)/宽度(W)/栏(C)]:
```

此时绘图区提示指定对角点，如图 4-125 所示。

04 鼠标左键指定对角点后，绘图区如图 4-128 所示，按照图 4-128 中的提示说明，即可按照需求输入其他符号。

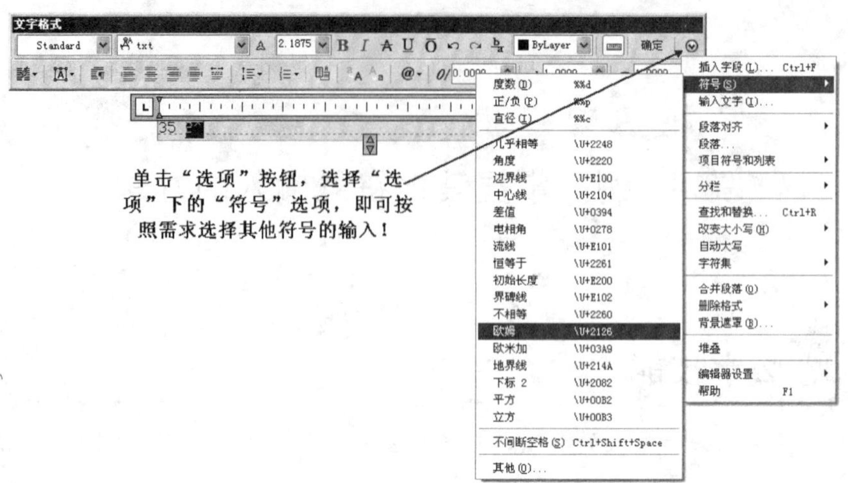

图 4-128　其他符号输入的方法

专家提示：单击“选项”按钮，选择“选项”中的“符号”选项，即可按照需求选择其他符号的输入，其中前面的特殊符号，以及平方符号的输入都可以在这里面选择，另外其他比较特殊的符号也可以在这里面选择输入！

第 42 例　掌握将 CAD 图插入 Word 的方法

必学技能

掌握将 CAD 图插入 Word 的方法，在 Word 文档制作中有重要的应用，希望读者能够掌握。

如何将 CAD 图插入 Word 文档中。

Word 文档制作中，往往需要各种插图，Word 绘图功能有限，特别是复杂的图形，该缺点更加明显；AutoCAD 是专业绘图软件，功能强大，很适合绘制比较复杂的图形，用 AutoCAD 绘制好图形，然后采用 QQ 截图是个比较好的方法，然后插入 Word 文档，也可以先将 AutoCAD 图形复制到剪贴板，再在 Word 文档中粘贴。

需要注意的是，由于 AutoCAD 默认背景颜色为黑色，而 Word 背景颜色为白色，首

先应将 AutoCAD 图形背景颜色改成白色。另外，AutoCAD 图形插入 Word 文档后，往往空边过大，效果不理想。利用 Word 图片工具栏上的裁剪功能进行修整，空边过大问题即可解决。

另外，在作图时，一般都是用一个 BetterWMF 软件，来完成图形的插入，本书的光盘中提供了这个软件，个人感觉很好用，希望读者能够使用。

下面将介绍 AutoCAD 的背景颜色从黑色修改为白色的方法。

操作步骤

01 左手输入键盘命令：op（OP）。

02 左手大拇指按下空格键。

03 系统打开“选项”对话框，如图 4-129 所示。

04 单击“显示”选项卡中的“颜色”按钮，系统打开“图形窗口颜色”对话框，在“颜色”选项中选择“白”选项，如图 4-130 所示。

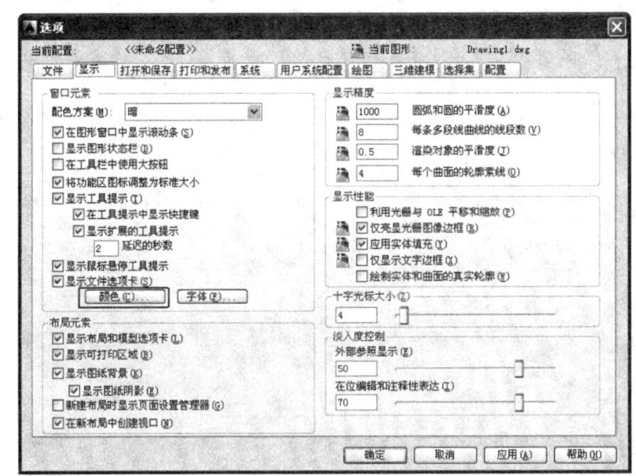

图 4-129　“选项”对话框

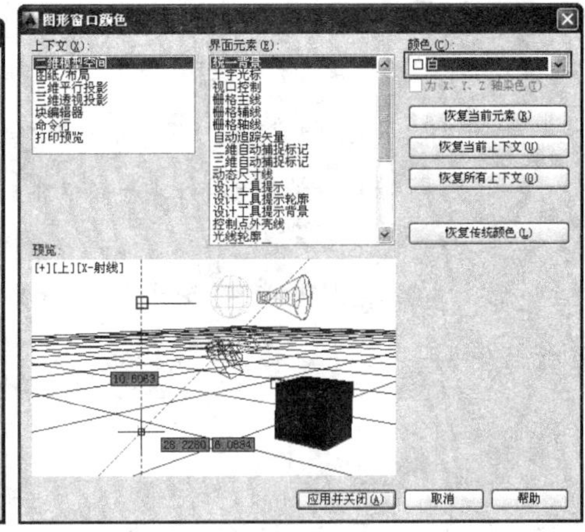

图 4-130　“图形窗口颜色”对话框

05 单击“图形窗口颜色”对话框中的“应用并关闭”按钮后，单击“显示”选项卡中“确定”按钮，完成对背景颜色从黑色修改为白色的修改。

本章小结

为了帮助读者尽快地、更好地理解和应用 AutoCAD 2014，本章主要讲解 AutoCAD 2014 选择图形对象方法，修改图形对象的方法，快速制作多个图形的方法，改变图形对象位置的方法，改变图形大小的方法，另外还提供了特殊文字输入方法的一些技巧。

第5章 利用辅助功能绘图

本章内容导读

AutoCAD 2014 的精确绘图工具可以让大部分的坐标输入工作转移到单击鼠标上来。虽然精确绘图工具不能直接绘制图形，但是通过这些工具，不但可以精确地定位所绘制实体之间的位置和连接关系，还可以显著地提高绘图效率。

AutoCAD 2014 的精确绘图工具主要包括捕捉、栅格和正交、对象捕捉和对象追踪、极轴追踪及动态输入等，用户可通过状态栏的按钮来使用这些工具。下面将介绍辅助绘制图形的技巧。

这里的必学技能主要是采用操作方法来讲述每个命令的功能，这与以往图书所介绍的完全不一样，希望读者能够掌握其操作方法。

本章必学技能要点

- 掌握捕捉与栅格的方法
- 掌握正交模式与极轴追踪的方法
- 掌握对象捕捉与追踪的方法
- 掌握动态输入的方法
- 掌握查询图形对象信息的方法

第 43 例　掌握捕捉与栅格的方法

必学技能

掌握捕捉与栅格的方法，是提高绘图速度和效率必备的技能，这里主要掌握使用和设置捕捉与栅格的方法。

在使用 AutoCAD 2014 绘图的过程中，要提高绘图的速度和效率，可以显示并捕捉矩形栅格，还可以定义其间距、角度和对齐。

下面将具体讲解使用和设置捕捉与栅格的方法。

1．捕捉与栅格的使用方法

1）使用捕捉模式

要打开或关闭捕捉模式，可使用下面的方法：单击“状态栏”中的“捕捉模式”按钮；

此时捕捉模式打开，命令行提示如下：

```
命令： <捕捉 开>
```

例如，在绘制直线的过程中，也可以单击“状态栏”中的“捕捉模式”按钮；

此时捕捉模式打开，命令行提示如下：

```
命令：L
LINE
指定第一个点：
指定下一点或 [放弃(U)]： <捕捉 关>
```

当然，还可以按 F9 键打开捕捉模式。

2）使用栅格模式

要打开或关闭栅格模式，可使用下面的方法：单击“状态栏”的“栅格显示”按钮；

此时栅格模式打开，命令行提示如下：

```
命令：
命令： <栅格 开>
```

即打开如图 5-1 所示的“线栅格”模式。

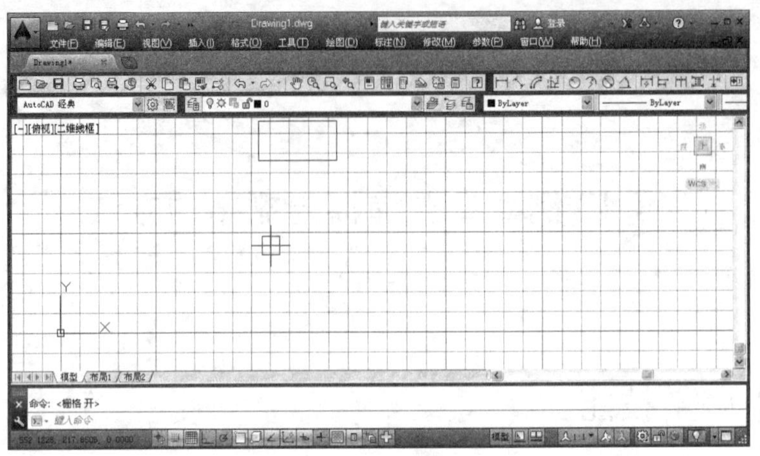

图 5-1　打开“线栅格”模式

2. 设置捕捉与栅格

对栅格和捕捉的设置可以通过“草图设置”对话框的“捕捉和栅格”选项卡来实现，在 AutoCAD 中，打开“草图设置”对话框的方法：选择菜单栏中的“工具”→“绘图设置”命令，系统打开如图 5-2 所示的“草图设置”对话框。

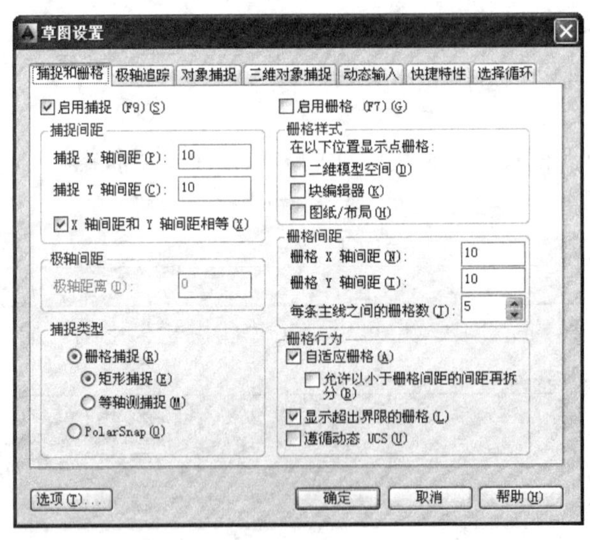

图 5-2　“草图设置”对话框

“启用捕捉”和“启用栅格”复选框分别用于打开和关闭捕捉模式和栅格模式，括号内的 F9 和 F7 分别代表它们的快捷键。由图 5-2 可知，“草图设置”对话框主要分为两个部分，左侧用于捕捉设置，右侧用于栅格设置。

1）捕捉设置

“草图设置”对话框左侧的捕捉设置部分主要包括“捕捉间距”、“极轴间距”和“捕捉类型”3 个选项组，其各个选项组的设置方法比较简单，这里就不再详细叙述。

2）栅格设置

“草图设置”对话框右侧的栅格设置部分主要包括“栅格样式”、“栅格间距”和“栅格行为”3 个选项组，其各个选项组的设置方法比较简单，这里也不再详细叙述。

第 44 例　掌握正交模式与极轴追踪的方法

必学技能

掌握正交模式与极轴追踪的方法，是绘图必备的技能，这里主要掌握使用正交模式、极轴追踪和设置极轴追踪的方法。

下面将分别介绍使用正交模式，并利用正交模式绘制图形，接着讲解使用极轴追踪的方法，然后利用极轴追踪绘制图形，最后讲述了设置极轴追踪的方法。

1．使用正交模式

打开或关闭正交模式，一般左手按 F8 键，这样便于在绘图中形成一个良好的习惯。下面将介绍正交的使用方法。

操作步骤

01 左手输入键盘命令：l（L）。

02 大拇指按下空格键。

执行**绘制直线**命令后，命令行提示如下：

```
LINE 指定第一个点:
```

03 鼠标左键指定直线绘制的起点。指定第一个点后，绘图区如图 5-3 所示，输入第一个点之后，命令行提示如下：

```
指定下一点或 [放弃(U)]:
```

04 左手按下 F8 键后，绘图区如图 5-4 所示，命令行提示如下：

```
指定下一点或 [放弃(U)]: <正交 开>
```

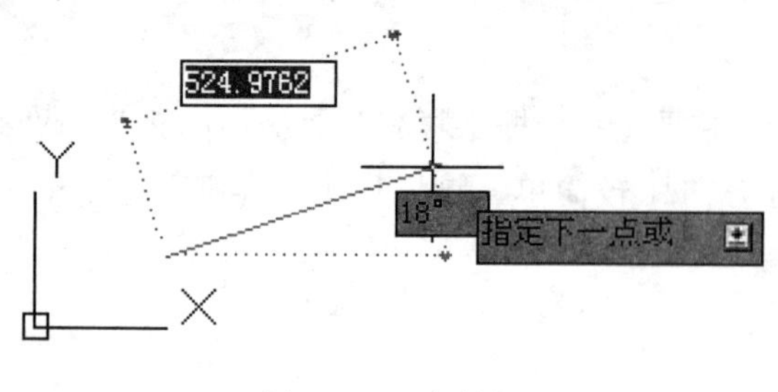

图 5-3 正交关闭

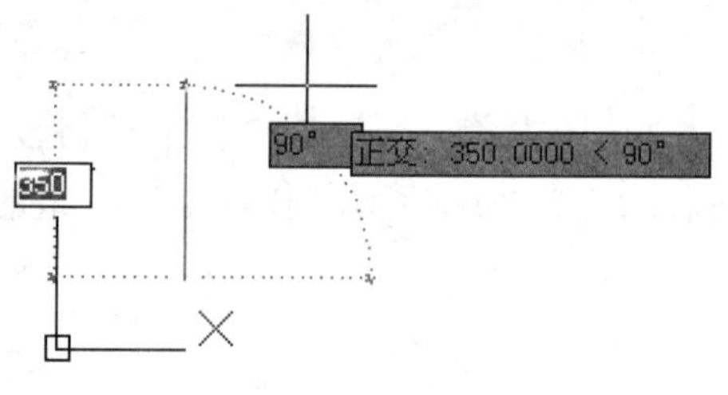

图 5-4 正交打开

2. 使用极轴追踪

要打开或关闭极轴追踪，一般熟练的绘图者都是单击“状态栏”中的“极轴追踪”按钮。下面将介绍极轴追踪绘制图形实例，通过实例掌握极轴追踪的方法。

操作步骤

01 打开极轴追踪，单击“状态栏”中的“极轴追踪”按钮，使其处于按下状态。

02 设置极轴追踪，在“状态栏”上的“极轴追踪”按钮上单击鼠标右键，从弹出的快捷菜单中选择“设置”选项，如图 5-5 所示，打开“草图设置”对话框。

03 默认显示的是“极轴追踪”选项卡，单击“增量角”下拉列表框，选择“**30**”，如图 5-6 所示，单击“确定”按钮，完成极轴追踪的设置。

提示

因为在步骤 3 中设置的增量角为 30°，所以在 30 的倍数角度方向均可显示极轴的橡皮筋线，包括 0° 方向和 360° 方向。

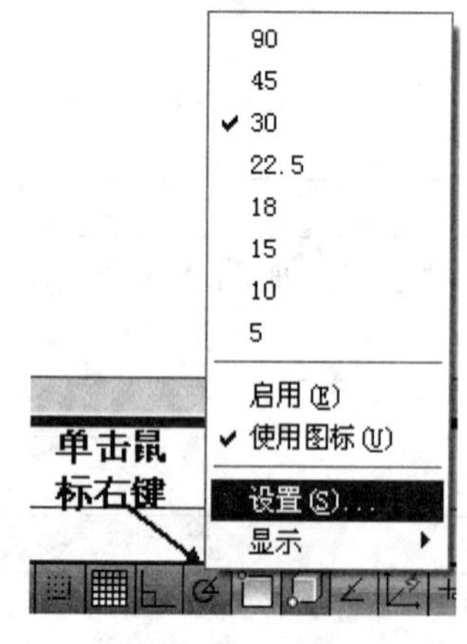

图 5-5 选择“设置”选项

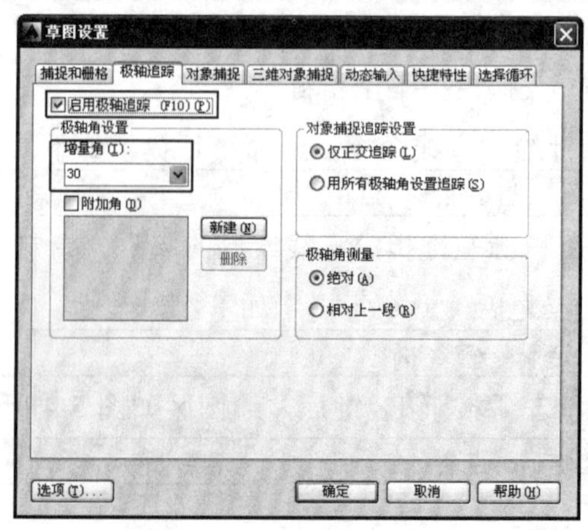

图 5-6 “极轴追踪”选项卡

04 绘制直线 AB。

绘制直线详见第 13 例。

执行绘制直线命令后，命令行提示如下：

```
命令：L
LINE
指定第一个点：
```

05 鼠标左键指定直线绘制的起点，即指定 A 点，如图 5-7 所示，输入第一个点后，命令行提示如下：

```
指定下一点或 [放弃(U)]：
```

06 将光标移动到 A 点的 0° 方向，将显示该橡皮筋线的方向及在该方向上的距离，如图 5-8 所示。

07 输入“100”后，单击鼠标右键，然后单击鼠标右键退出直线命令，完成后效果如图 5-9 所示。

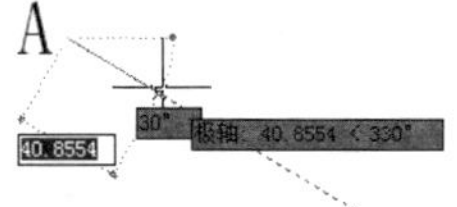

图 5-7　指定直线起点

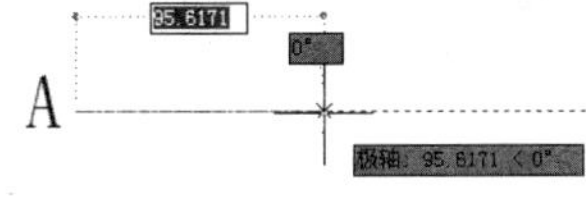

图 5-8　绘图区效果图

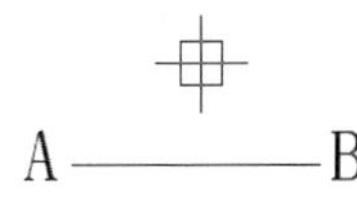

图 5-9　绘制的直线 AB

08 绘制直线 AC。

绘制直线详见第 13 例。

单击鼠标右键（重复上一绘制直线的命令），执行绘制直线命令后，命令行提示如下：

```
命令：L
LINE
指定第一个点：
```

对象捕捉抓住 A 点，即指定 A 点为直线的起点。

09 指定 A 点为直线的起点后，命令行提示如下：

```
指定下一点或 [放弃 (U) ]：
```

10 将光标移动到 A 点的 60° 方向，将显示该橡皮筋线的方向及在该方向上的距离，如图 5-10 所示。

11 输入“100”后，单击鼠标右键，然后单击鼠标右键退出直线命令，完成后效果如图 5-11 所示。

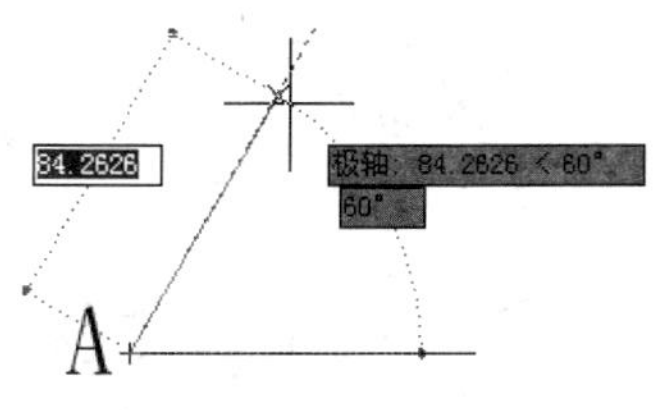

图 5-10　绘图区效果图

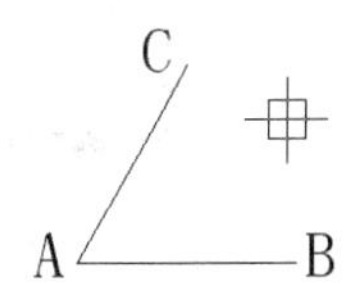

图 5-11　绘制的直线 AC

3. 设置极轴追踪

极轴追踪也是在“草图设置”对话框里设置，在打开的“草图设置”对话框中的“极轴追踪”选项卡，可设置极轴追踪的选项，如图 5-8 所示。

（1）在“极轴角设置”选项组，可设置极轴追踪的增量角与附加角。

注意：附加角设置的是绝对角度，即如果设置 5°，那么除了在增量角的整数倍数方向上显示对齐路径外，还将在 5° 方向显示，如图 5-12 所示。

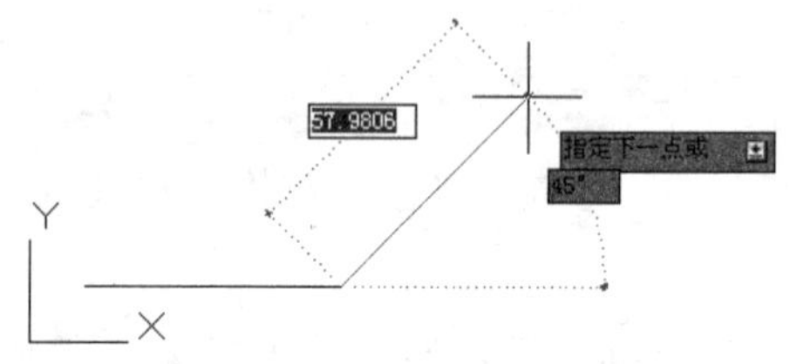

图 5-12　设置附加角

（2）在“对象捕捉追踪设置”选项组，可设置对象捕捉和追踪的相关选项。

第 45 例　掌握对象捕捉与追踪的方法

必学技能

掌握对象捕捉与追踪的方法，是绘图必备的技能，这里主要掌握使用对象捕捉和追踪的方法，以及设置对象捕捉和追踪的方法。

使用对象捕捉和追踪可以快速而准确地捕捉到对象上的一些特征点，或捕捉到根据特征点偏移出来的一系列点。

1. 使用对象捕捉

要打开或关闭对象捕捉，采用的方法：单击“状态栏”中的“对象捕捉”按钮□或者按 F3 键。如图 5-13 所示分别为捕捉到直线的端点和椭圆的圆心。

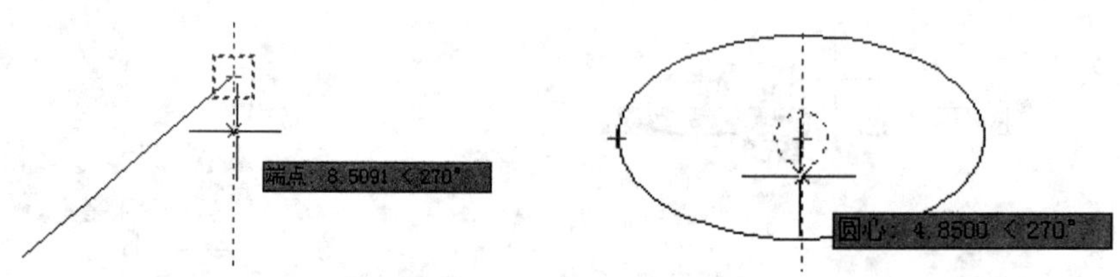

图 5-13　使用对象捕捉

AutoCAD 2014 还专门提供“对象捕捉”工具栏和“对象捕捉”快捷菜单，以方便绘图过程中使用，分别如图 5-14 和图 5-15 所示。

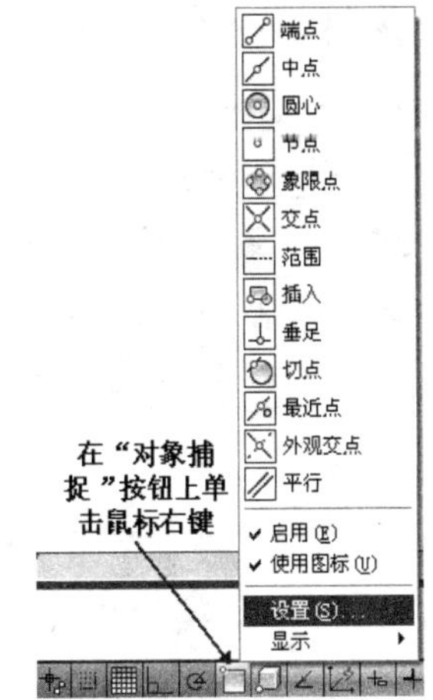

图 5-14　“对象捕捉”工具栏　　图 5-15　“对象捕捉”快捷菜单

下面将介绍具体的实例来讲述对象捕捉。

对图 5-16 中的一条直线 AB，如果要在其基础上绘制另一条直线 BD，D 点位置在 B 点的水平方向 30 个单位，垂直位置 60 个单位。

操作步骤

01 左手输入键盘命令：l（L）。

02 大拇指按下空格键。

执行绘制直线命令后，命令行提示如下：

```
命令：L
LINE
指定第一个点：
```

03 鼠标左键指定直线绘制的起点。指定第一个点后，绘图区如图 5-17 所示，输入第一个点后，命令行提示如下：

```
指定下一点或 [放弃(U)]:100
```

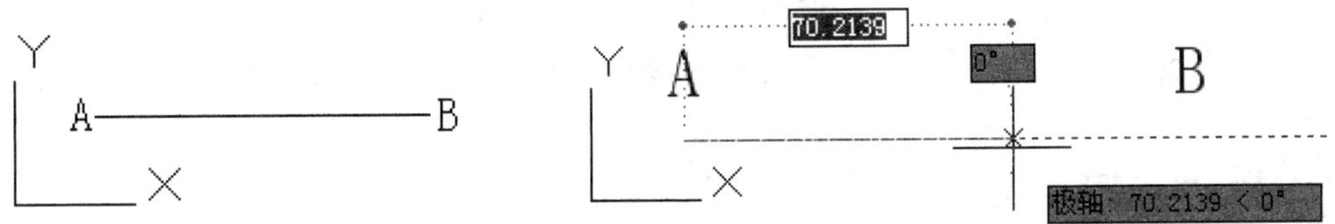

图 5-16　指定第一点　　图 5-17　指定第一点

鼠标左键指定第二点，即 B 点后，绘图区如图 5-18 所示。

04 输入“B”点后，命令行提示如下：

```
指定下一点或 [放弃（U）]:
```

05 此时先不指定第三个点，单击“对象捕捉”工具栏的“临时追踪点”按钮⊷，命令行提示如下：

```
_tt 指定临时对象追踪点:
```

06 用对象追踪的方法指定 D 点为临时追踪点，如图 5-19 所示，显示为一个小加号“+”，指定完临时追踪点后，命令行提示如下：

```
指定下一点或 [放弃（U）]:67.08
```

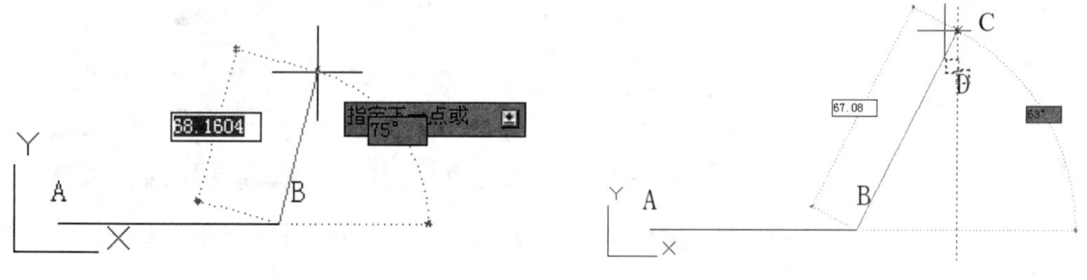

图 5-18　指定 B 点　　　图 5-19　使用“临时追踪点”

07 此时可在使用 D 点作为临时的追踪点，指定其垂直方向上的 C 点为直线的第二点。

08 单击鼠标右键结束命令，所得的图形如图 5-20 所示。

2. 使用对象追踪实例

过一点绘制到一条直线的垂线，如图 5-21 所示。

下面将介绍具体的实例来讲述对象捕捉。

如图 5-22 所示，已知直线 a 和直线外一点 A，要求过 A 点绘制一条直线垂直于直线 a，垂足为 B 点。可按以下步骤绘制。

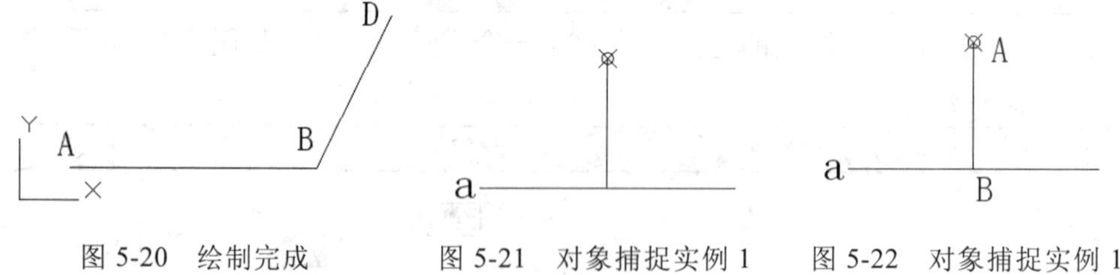

图 5-20　绘制完成　　　图 5-21　对象捕捉实例 1　　　图 5-22　对象捕捉实例 1

操作步骤

01 左手输入键盘命令：l（L）。

02 大拇指按下空格键。

执行绘制直线命令后，命令行提示如下：

```
命令：L
LINE
指定第一个点：
```

03 此时先不指定点。在“状态栏”中的“对象捕捉”按钮上面，单击鼠标右键选择“设置”选项，如图 5-23 所示。

04 单击“对象捕捉”选项卡中的“全部选择”按钮，如图 5-24 所示，然后单击“确定”按钮，即完成“对象捕捉模式”的选择。

图 5-23　选择“设置”选项

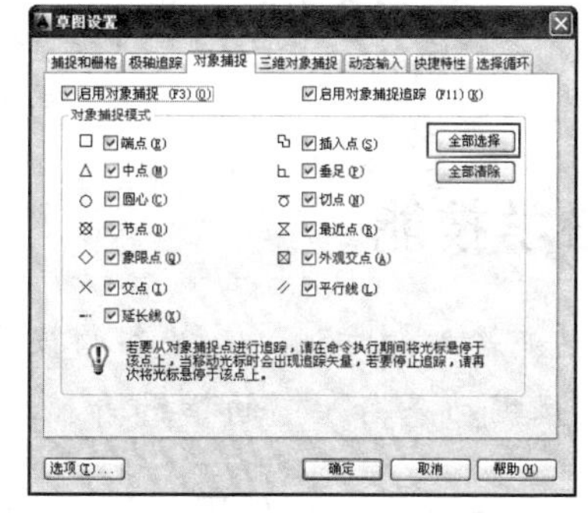

图 5-24　“对象捕捉”选项卡

05 将光标移至 A 点附近，此时单击 A 点指定其为直线的第一点，如图 5-25 所示。

06 输入第一个点后，命令行提示如下：

```
指定下一点或 [放弃(U)]:
```

07 将光标移至直线 a 附近，光标自动磁吸并显示对象捕捉标记，此时单击鼠标即可指定 B 点（即显示为⊾的地方）为直线的第二点，如图 5-26 所示，单击鼠标右键完成垂线绘制，命令行提示如下：

```
指定下一点或 [放弃(U)]:
自动保存到 C:\Documents and Settings\Administrator\local settings\temp\
Drawing1_1_1_9379.sv$ ...
```

绘制结果如图 5-27 所示。

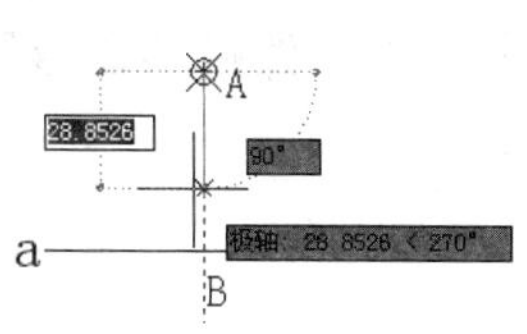

图 5-25　指定第一个点

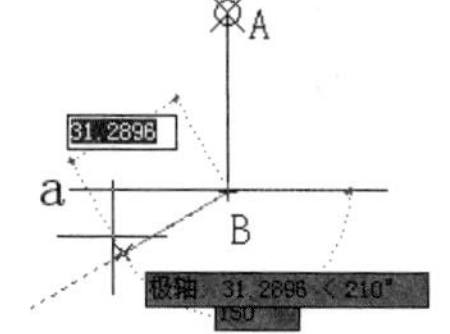

图 5-26　指定第二个点

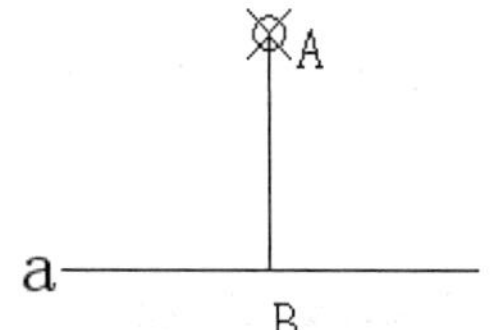

图 5-27　指定第一个点

3．设置对象捕捉和追踪

对象捕捉和追踪的设置也可以在“草图设置”对话框的“对象捕捉”选项卡中设置，如图 5-24 所示。

“启用对象捕捉”和“启用对象捕捉追踪”复选框分别用于打开和关闭对象捕捉与对象追踪功能。

根据需要选择“对象捕捉模式”，其选择的方法就是单击“捕捉点”前的复选框，方框内勾选表示选中。

第 46 例　掌握动态输入的方法

必学技能

掌握动态输入的方法，是必备的技能，这里主要掌握打开或关闭动态输入的方法，以及根据动态输入中的指针输入、标注输入和动态提示 3 个组件。

要打开或关闭动态输入，可使用下面的方法：单击“状态栏”上的“动态输入”按钮。

动态输入有 3 个组件：指针输入、标注输入和动态提示，如图 5-28 所示是绘制圆的过程中显示的动态输入信息。

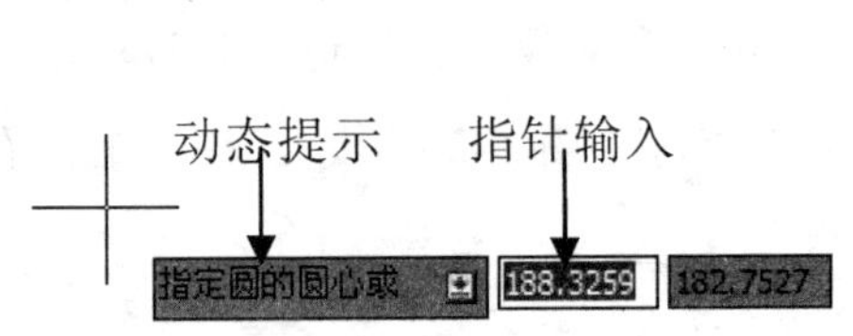

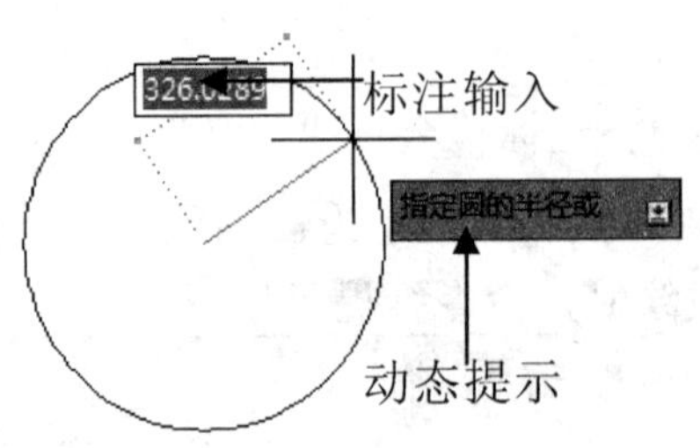

图 5-28　动态输入时的 3 个组件

下面将介绍具体的实例来讲述动态输入。

利用动态输入绘制一个圆，其圆心为（0，0），半径为 50 个单位，然后绘制该圆的外切正六边形。

操作步骤

01 左手输入键盘命令：c（C）。

02 大拇指按下空格键。

在执行绘制圆命令后，命令行提示如下：

```
指定圆的圆心或 [三点（3P）/两点（2P）/相切、相切、半径（T）]:
```

03 可见到光标处显示“动态提示”和“指针输入”，如图 5-29 所示，此时可直接输入“**0**”。

04 输入圆心坐标“0”后，命令行提示如下：

```
指定圆的半径或 [直径（D）]:
```

05 在光标处显示“动态提示”和“标注输入”，如图 5-30 所示，此时可直接输入“**50**”。

图 5-29 指定圆心

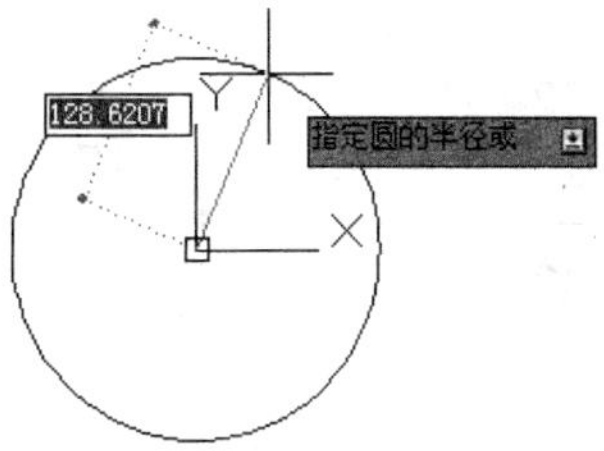

图 5-30 指定半径

06 输入圆的半径“50”后，左手大拇指按下空格键，最后的效果如图 5-31 所示。

07 选择菜单栏中的“绘图”→“多边形”命令。

选择命令后，命令行提示如下：

```
命令: _polygon 输入侧面数 <4>:
```

08 光标处显示提示信息，如图 5-32 所示，此时输入多边形的边数“6”，然后左手大拇指按下空格键，指定多边形的边数。

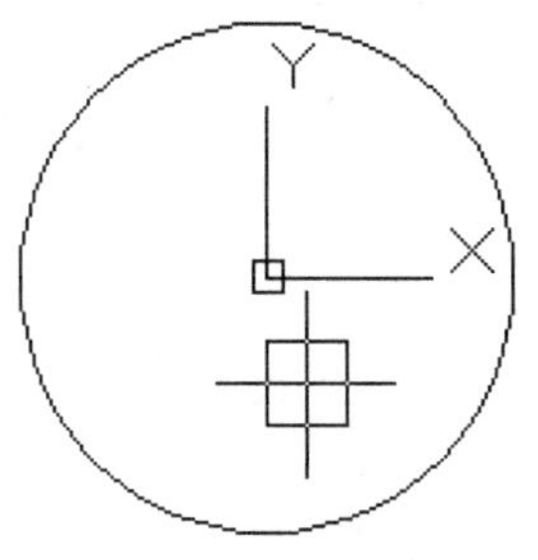

图 5-31 绘制的圆

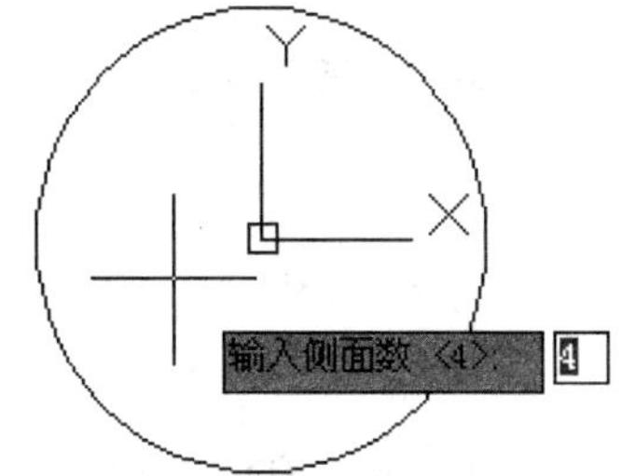

图 5-32 输入边数

指定多边形的边数后，命令行提示如下：

```
指定正多边形的中心点或 [边(E)]:
```

09 光标处显示动态提示与指针输入，如图 5-33 所示，此时可参照步骤 3 的操作指定其中心点坐标为（0，0），命令行提示如下：

```
指定正多边形的中心点或 [边(E)]: 0
需要点或选项关键字
指定正多边形的中心点或 [边(E)]: 0
```

10 指定中心点坐标后，命令行提示如下：

```
输入选项 [内接于圆(I)/外切于圆(C)] <I>:
```

11 光标处显示动态提示，此时可用鼠标单击“外切于圆”，如图 5-34 所示。

图 5-33　指定中心点坐标

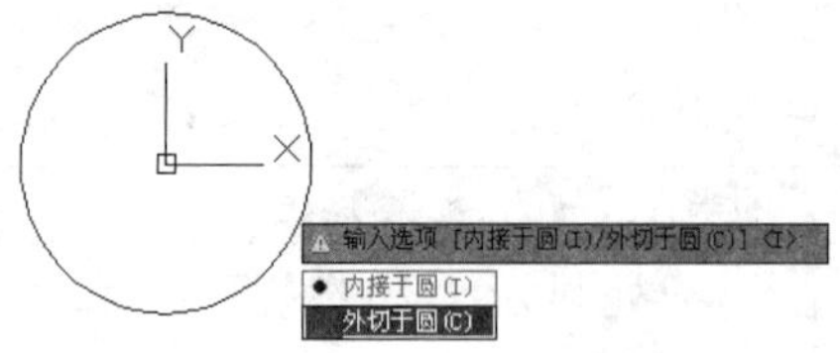

图 5-34　选择正多边形类型

12 指定正多边形类型为“外切于圆（C）”后，命令行提示如下：

```
指定圆的半径:
```

13 光标处显示动态提示与标注输入，如图 5-35 所示，此时可直接输入外接圆的半径“50”。

14 输入外接圆的半径“50”后，左手大拇指按下空格键，绘制的图形如图 5-36 所示。

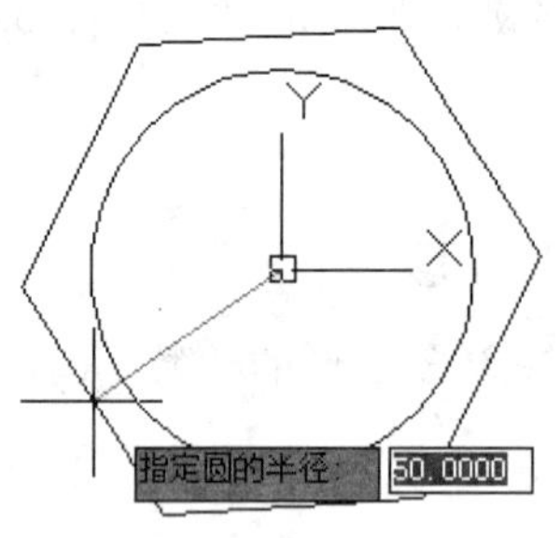

图 5-35　指定半径

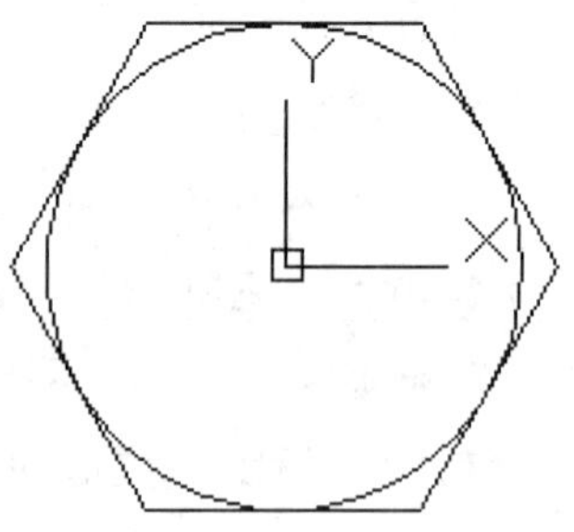

图 5-36　绘制结果

第 47 例　掌握查询图形对象信息的方法

必学技能

掌握查询图形对象信息的方法，是必备的技能，这里主要掌握查询对象面积和周长、查询两点间的距离这两种查询的方法。

通过“工具”菜单下的“查询”子菜单（图 5-37）和“查询”工具栏（图 5-38）可提取一些图形对象的相关信息，包括两点之间的距离、对象的面积等。

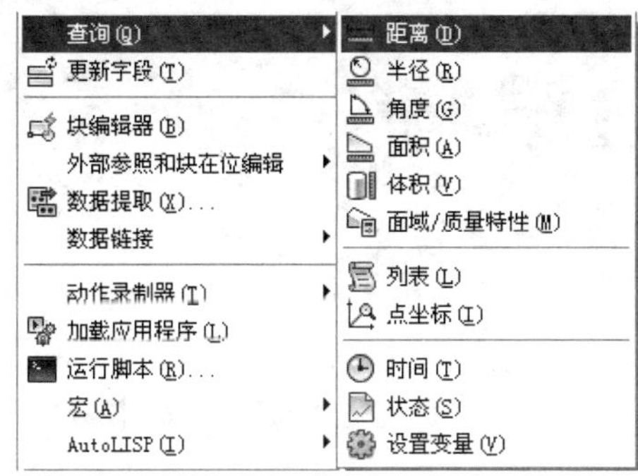

图 5-37　“工具”菜单下的“查询”子菜单

图 5-38　“查询”工具栏

下面将介绍查询对象面积和周长、查询两点间的距离的方法。

1. 查询对象面积和周长

一般通过下面的方法查询面积：选择菜单栏中的“工具”→“查询”→“面积”命令。

执行查询命令后，命令行提示如下：

```
命令: _MEASUREGEOM
输入选项 [距离(D)/半径(R)/角度(A)/面积(AR)/体积(V)] <距离>: _area
```

下面将介绍查询面积和周长的使用方法。如图 5-39 所示，将计算这个图形所构成的区域的面积和周长。

操作步骤

01 选择菜单栏中的“工具”→“查询”→“面积”命令。

执行查询面积命令后，命令行提示如下：

```
命令:
命令: _MEASUREGEOM
输入选项 [距离(D)/半径(R)/角度(A)/面积(AR)/体积(V)] <距离>: _area
指定第一个角点或 [对象(O)/增加面积(A)/减少面积(S)/退出(X)] <对象(O)>:
```

02 指定第一个点，绘图区如图 5-40 所示，命令行提示如下：

```
指定下一个点或 [圆弧(A)/长度(L)/放弃(U)]:
```

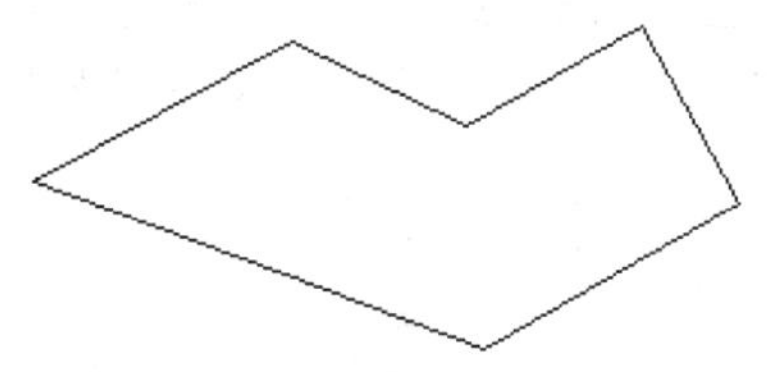

图 5-39　查询对象

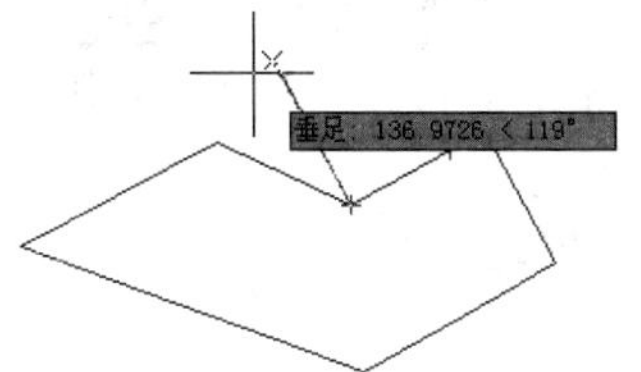

图 5-40　指定第一点

03 指定第二个点，绘图区如图 5-41 所示，命令行提示如下：

```
指定下一个点或 [圆弧(A)/长度(L)/放弃(U)]:
指定下一个点或 [圆弧(A)/长度(L)/放弃(U)/总计(T)] <总计>:
指定下一个点或 [圆弧(A)/长度(L)/放弃(U)/总计(T)] <总计>:
指定下一个点或 [圆弧(A)/长度(L)/放弃(U)/总计(T)] <总计>:
指定下一个点或 [圆弧(A)/长度(L)/放弃(U)/总计(T)] <总计>:
指定下一个点或 [圆弧(A)/长度(L)/放弃(U)/总计(T)] <总计>:
```

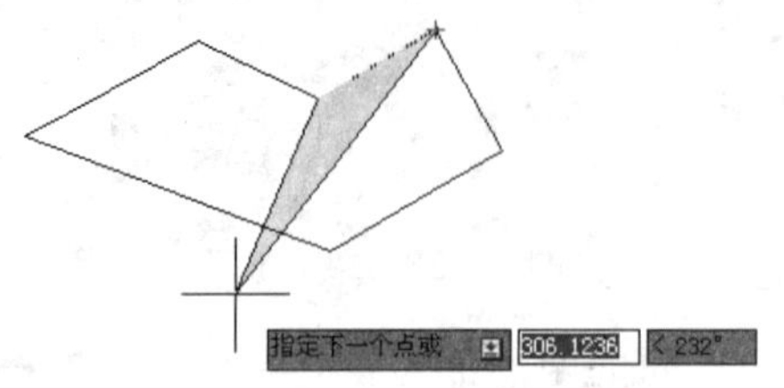

图 5-41　指定第二点

指定下一个点或　119.8336　< 134°

图 5-42　指定最后一点

04 按照图样的操作方法指定其他点，绘图区如图 5-42 所示，命令行提示如下：

05 单击鼠标右键，绘图区如图 5-43 所示，命令行提示如下：

```
区域 = 49043.0854，周长 = 1067.0151
```

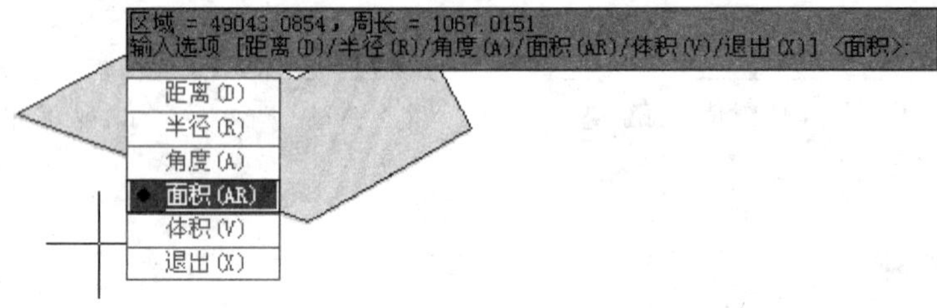

图 5-43　计算指定区域的面积和周长

2. 查询两点间的距离

可通过下面的操作方法执行查询距离：选择菜单栏中的“工具”菜单→“查询”→“距离”命令。

执行查询距离命令后，命令行提示如下：

```
命令:
命令: _MEASUREGEOM
输入选项 [距离(D)/半径(R)/角度(A)/面积(AR)/体积(V)] <距离>: _distance
```

下面将介绍查询距离的使用方法。如图 5-44 所示，将计算这个图形上两点的距离。

操作步骤

01 选择菜单栏中的“工具”→“查询”→“距离”命令。

执行查询距离命令后，命令行提示如下：

```
命令:
```

```
命令: _MEASUREGEOM
输入选项 [距离(D)/半径(R)/角度(A)/面积(AR)/体积(V)] <距离>: _distance
指定第一点:
```

02 指定第一个点，绘图区如图 5-45 所示，命令行提示如下：

```
指定第二个点或 [多个点(M)]:
```

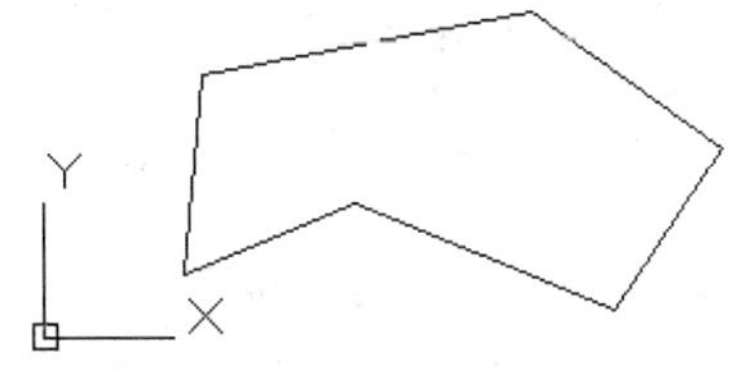

图 5-44　查询对象

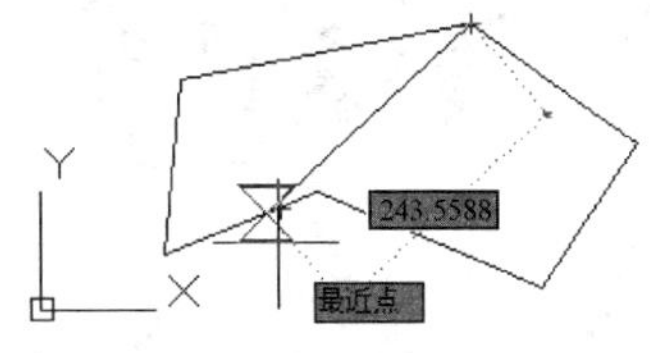

图 5-45　指定第一点

03 指定第二个点，绘图区如图 5-46 所示，命令行提示如下：

```
距离 = 179.8157, XY 平面中的倾角 = 325,   与 XY 平面的夹角 = 0
X 增量 = 147.7592,   Y 增量 = -102.4739,    Z 增量 = 0.0000
```

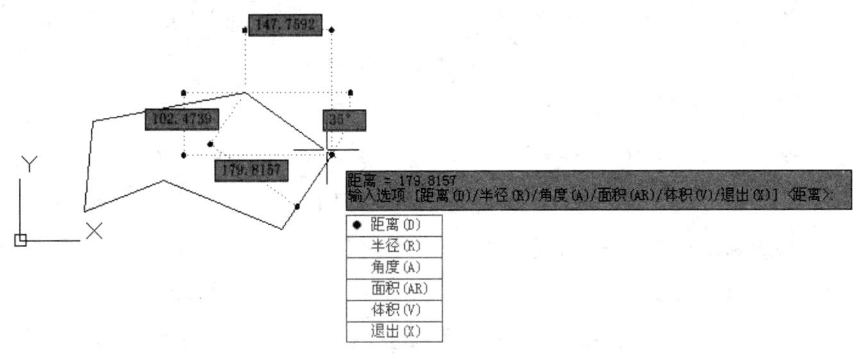

图 5-46　计算指定直线的距离

04 单击鼠标右键，即结束指定直线的距离的查询，命令行提示如下：

```
输入选项 [距离(D)/半径(R)/角度(A)/面积(AR)/体积(V)/退出(X)] <距离>: D
```

本章小结

本章主要讲解利用辅助功能绘图的方法，首先认识利用辅助功能绘图，包括利用正交方式绘图和利用栅格、捕捉功能绘图、利用对象捕捉功能绘图、极轴追踪功能和对象捕捉与追踪功能，另外讲解了查询图形对象的方法包括查询对象面积和周长、查询两点间的距离。

第6章 图层的管理与设置

本章内容导读

图层相当于一组透明的重叠图纸，可以使用图层将图形对象按功能编组，对每组可方便地设置相同的线型、颜色、线宽等其他标准。

在 AutoCAD 2014 中，任何对象都必须存在于一个图层上，使用图层是组织图形的有效手段，可提高绘图的灵活性、可控性，并提高绘图效率。

例如，在绘制建筑用图时，可以将墙归为一层，电气归为一层，家具归为一层等；在绘制机械制图时，可以将轮廓线、中心线、文字、标注和标题栏等置于不同的图层，然后可以方便地控制颜色、线型、线宽、是否打印等。

这里的必学技能主要是采用操作方法来讲述每个命令的功能，这与以往图书所介绍的完全不一样，希望读者能够掌握其操作方法。

本章必学技能要点

- 认识 AutoCAD 2014 图层
- 掌握 AutoCAD 2014 创建图层的方法
- 掌握 AutoCAD 2014 图层管理的方法
- 掌握图层设置的方法

第 48 例　认识图层

必学技能

认识图层，是创建和管理图层的前提条件，这里主要熟悉图层工具栏和图层特性管理器这两种图层特性。

下面将分别介绍图层工具栏和图层特性管理器，使用图层工具栏添加图层，利用图层特性管理器规划与管理图层。

1. 图层工具栏

AutoCAD 2014 主要采用的是“图层”工具栏，如图 6-1 所示。

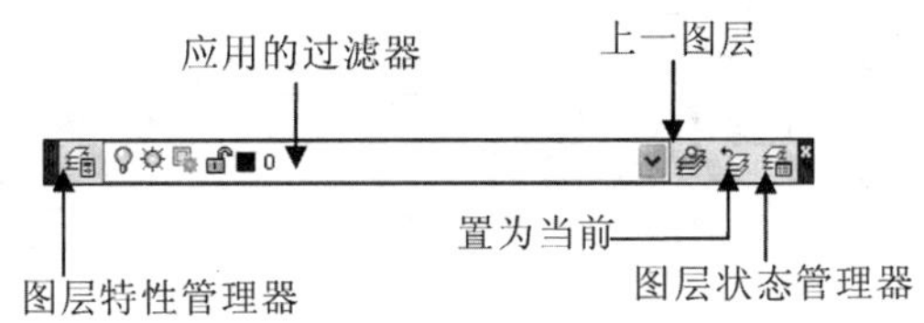

图 6-1　“图层”工具栏

“图层”工具栏用于图层的一般性操作，包括打开“图层特性管理器”、“将图层置为当前”等。

2. 图层特性管理器

单击“图层”工具栏中的“图层特性管理器”按钮，弹出“图层特性管理器”对话框，如图 6-2 所示，其对话框包括“新特性过滤器”按钮、“新建图层”按钮等 7 个功能按钮。

提示

图层“0”是 AutoCAD 2014 系统保留图层，每个图形都包括名为“0”的图层，该图层不能删除或重命名。该图层的作用如下：

- 确保每个图形至少包括一个图层；
- 提供与块中的控制颜色相关的特殊图层；
- 0 层上是不可以用来画图的，它是用来定义块的。定义块时，先将所有图元均设置为 0 层（有特殊时除外），然后再定义块，这样，在插入块时，插入时是哪个层，块就是哪个层了。

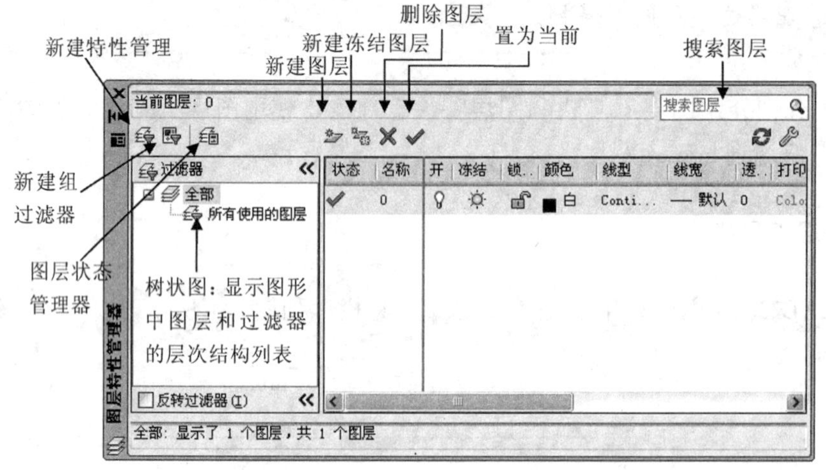

图 6-2 “图层特性管理器”对话框

第 49 例 掌握创建图层的方法

必学技能

创建图层的方法，是绘制图形前必备的掌握技能，这里主要掌握新建图层，然后设置图层的名称、颜色、线型、线宽等创建的方法。

下面将具体讲解创建图层的方法，包括新建图层，然后设置图层的名称、颜色、线型和线宽的方法。

1. 新建图层

操作步骤

01 单击“图层”菜单栏中的“图层特性管理器”按钮，弹出“图层特性管理器”对话框，如图 6-2 所示。

02 单击“图层特性管理器”对话框中的“新建图层”按钮，将在列表视图窗格显示新建的图层，默认的名称为“图层 1”，如图 6-3 所示。

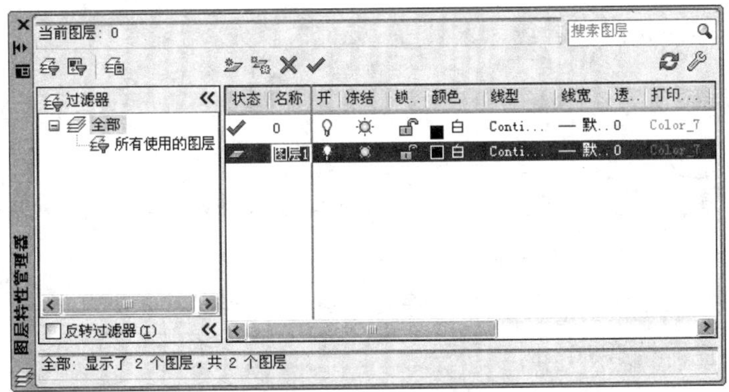

图 6-3　创建图层

专家提示：创建的“图层 1”，其他的图层特性与上一个图层相同，“图层 1”除了名称，其余的特性如颜色、线型、线宽等均与上一个图层——“图层 0”相同。

下面将具体的介绍设置图层的名称、颜色、线型和线宽这几个图层的最基本特性。

2. 设置图层名称

下面将介绍设置图层名称的方法。

操作步骤

01 单击“图层特性管理器”中的“名称”列下的图标，新建图层的名称变为可写，如图 6-4 所示。

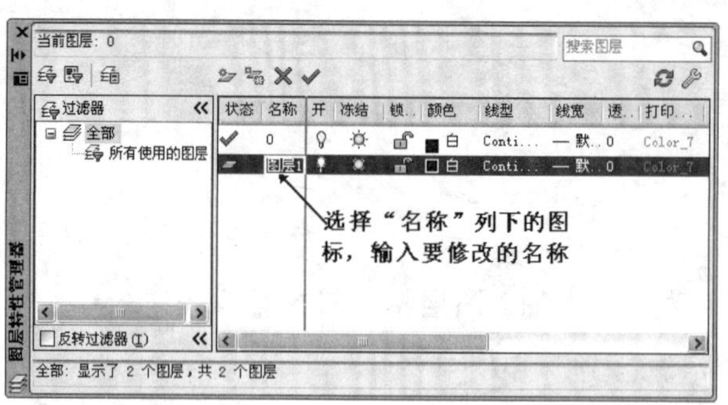

图 6-4 修改名称

02 根据实际情况，如建筑专业的图纸，就平面图而言，可以分为柱、墙、轴线、尺寸标注、一般标注、门窗看线、家具等。

3. 设置图层颜色

图层的颜色定义要注意两点：

- 第一点是，不同的图层一般来说要用不同的颜色。这样做，我们在画图时，才能够在颜色上就很明显的进行区分。
- 第二点是，颜色的选择应该根据打印时线宽的粗细来选择。

打印样式设置详见第 100 例。

下面将介绍设置图层颜色的方法。

单击“图层特性管理器”中的“颜色”列下的图标，将弹出“选择颜色”对话框，如图 6-5 所示，通过它可设置新建图层的颜色。

图 6-5 “选择颜色”对话框中的“索引颜色”选项卡

“选择颜色”对话框有 3 个选项卡，分别提供“索引颜色”、“真彩色”和“配色系统”3 种途径设置图层的颜色。每个选项卡都有颜色选择的预览。

- “索引颜色”选项卡：可使用 255 种 AutoCAD 颜色索引（ACI）颜色指定颜色设置；
- “真彩色”选项卡：可使用 HSL 颜色模式或者 RGB 颜色模式来设置图层的

颜色，如图 6-6 所示；

◆ “配色系统”选项卡：可使用第三方配色系统(例如，DIC COLOR GUIDE（R）)或用户定义的配色系统指定颜色，如图 6-7 所示。

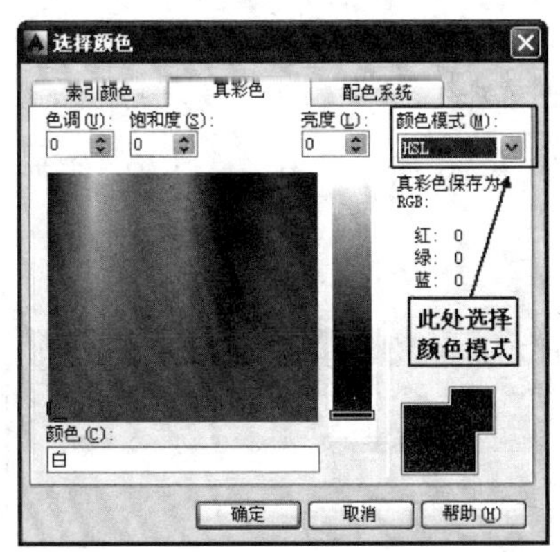

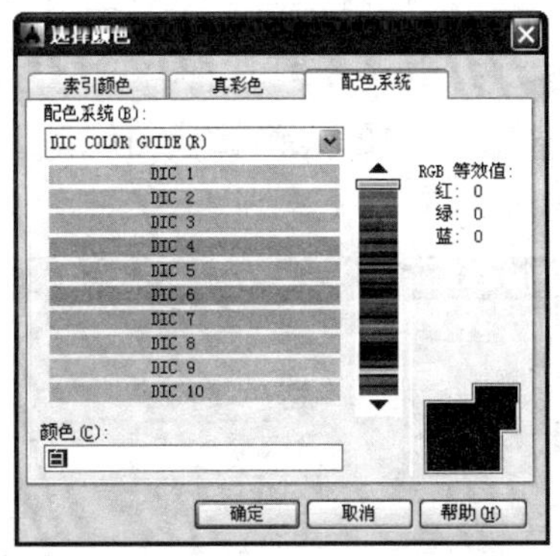

图 6-6　“选择颜色”对话框中的“真彩色”选项卡　图 6-7　“选择颜色”对话框中的“配色系统”选项卡

4. 设置图层线型

在图层线型设置前，先提到 LTSCALE 这个命令。一般来说，LTSCALE 的设置值均应设为 1，这样在进行图纸交流时，才不会乱套。常用的线形有以下 3 种：

◆ 一是 Continous 连续线；

◆ 二是 ACAD_IS002W100 点画线；

◆ 三是 ACAD_IS004W100 虚线。

像以前 14 版 CAD 时用到的 hidden、dot 等，不建议大家使用。

下面将介绍图层线型设置的方法。

操作步骤

01 单击“图层特性管理器”中的“线型”列下的图标，将弹出“选择线型”对话框，如图 6-8 所示。

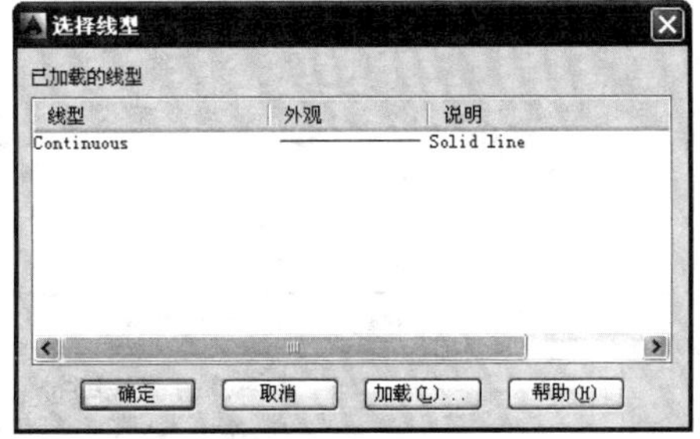

图 6-8　“选择线型”对话框

注意：系统默认只加载了 Continuous 一种线型。如要将图层线型设置为其他的线型，需先将其他线型加载到“已加载的线型”列表框。

02 单击“加载”按钮，弹出“加载或重载线型”对话框，如图 6-9 所示，在其“可用线型”列表框内列出了所有的可用线型。

03 从中单击选择要加载的线型，然后单击“确定”按钮，则该线型加载到“选择线型”对话框中的“已加载的线型”列表框，如图 6-10 所示，“CENTER”线型加载到“选择线型”对话框中。

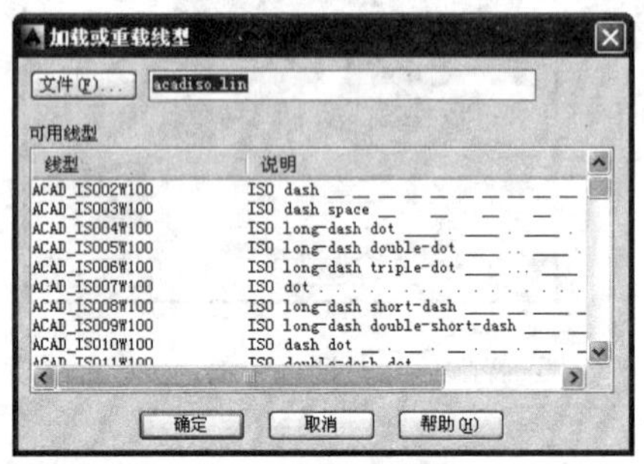

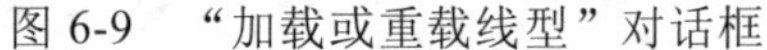
图 6-9 “加载或重载线型”对话框

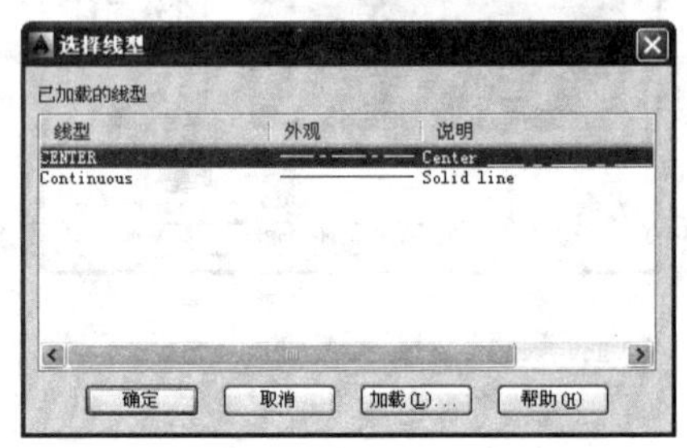

图 6-10 “线宽”对话框

另外，还有下面两种方法可以加载线型，下面将具体介绍：

- 方法 1：选择菜单栏中的“格式”→“线型”命令，系统打开“线型管理器”对话框，如图 6-11 所示，也可将线型加载到“已加载的线型”列表框中；
- 方法 2：选择“特性”菜单中的“线型控制”按钮下的“其他…”选项，如图 6-12 所示，系统打开“线型管理器”对话框，也可将线型加载到“已加载的线型”列表框中。

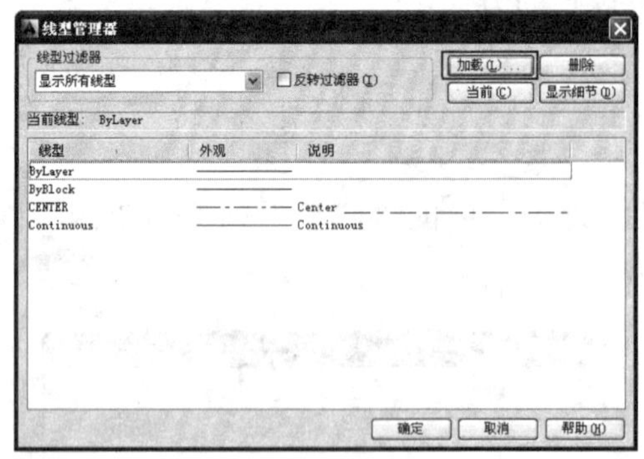

图 6-11 “线型管理器”对话框

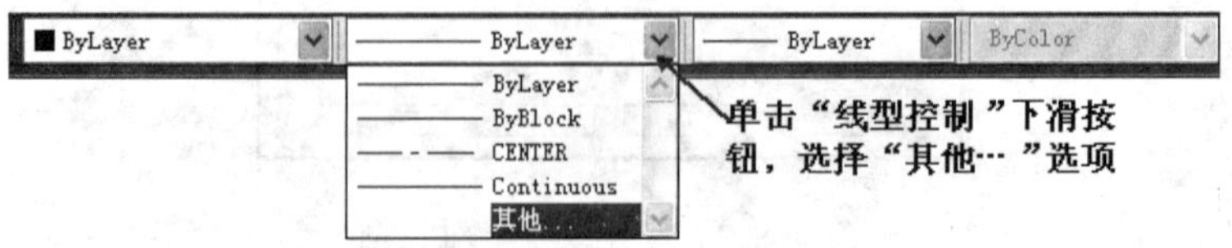

图 6-12 “特性”菜单中的“线型”选项

5．设置图层线宽

打印出来的图纸，一眼看上去，也就能够根据线的粗细来区分不同类型的图元，什么地方是墙，什么地方是门窗，什么地方是标注。因此，我们在线宽设置时，一定要将粗细明确。

下面将介绍线宽的设置方法。

操作步骤

01 单击“图层特性管理器”中的“线宽”列下的图标，将弹出“线宽”对话框，如图 6-13 所示。

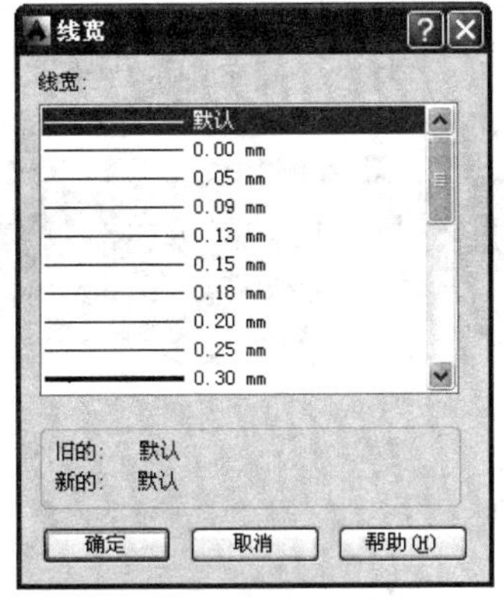

图 6-13　“线宽”对话框

02 系统提供 0～2.11mm 的 20 多种规格的线宽，单击“线宽”列表框内的某一种线宽然后单击“确定”按钮，可为图层设置线宽。

另外，还有下面两种方法可以设置线宽，下面将具体介绍：

◆ 方法 1：选择菜单栏中的“格式”→“线宽”命令，系统打开“线宽设置”对话框，如图 6-14 所示，也可设置“线宽”；

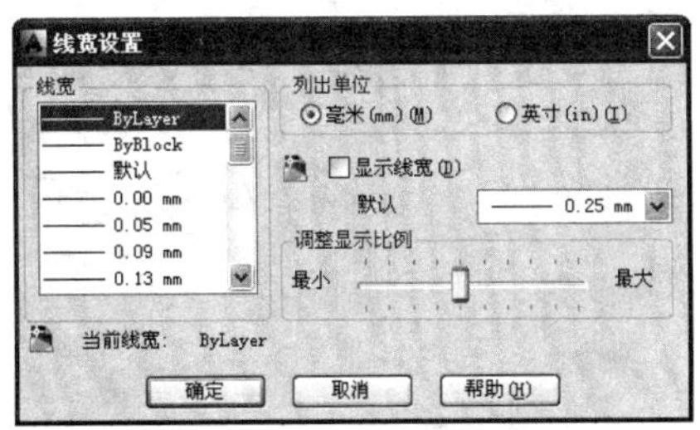

图 6-14　“线宽设置”对话框

◆ 方法 2：选择“特性”菜单中的“线宽控制”按钮，如图 6-15 所示，也可设置需要的线宽。

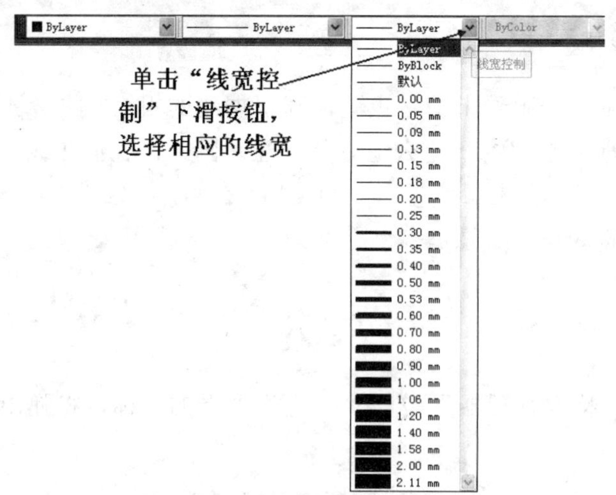

图 6-15　“特性”菜单中的“线宽”选项

专家提示：设置了图层线宽以后，可单击状态栏上的“显示线宽”按钮 + ，控制是否显示线宽。

第 50 例　掌握图层管理的方法

必学技能

图层管理的方法包括设置当前图层，打开、关闭图层，冻结、解冻图层，锁定、解锁图层，删除多余图层这几种方法，绘图者应该掌握这些图层管理的方法。

如图 6-2 所示的“图层特性管理器”中的右侧列表窗格的各列，通过单击图层对应列上的图标可设置图层的特性。各个特性的含义如下所述。

1. 设置当前图层

在绘制图形时，所有对象的创建都是在当前图层上完成的。通过将不同图层指定为当前图层，绘图时可从一个图层切换到另一图层。

下面将介绍设置当前图层的方法。

操作步骤

01 选择“图层”工具栏的图层下拉列表中指定一个图层，该图层即为当前图层，如图 6-16 所示。

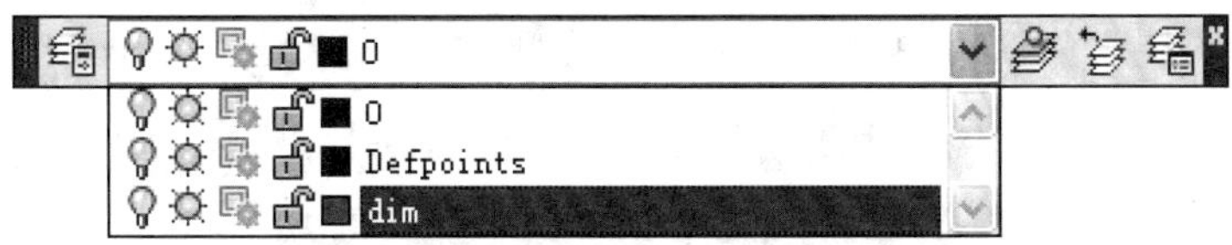

图 6-16　通过“图层”工具栏指定图层

02 用户还可以单击“图层”工具栏中的“图层特性管理器”按钮，弹出“图层特性管理器”对话框，如图 6-2 所示。

03 在“图层特性管理器”的图层列表中选择一个图层，然后单击“置为当前”按钮，或者在该图层名称上双击。

04 或者在该图层名称上右击，从弹出的快捷菜单中选择“置为当前”选项，如图 6-17 所示。

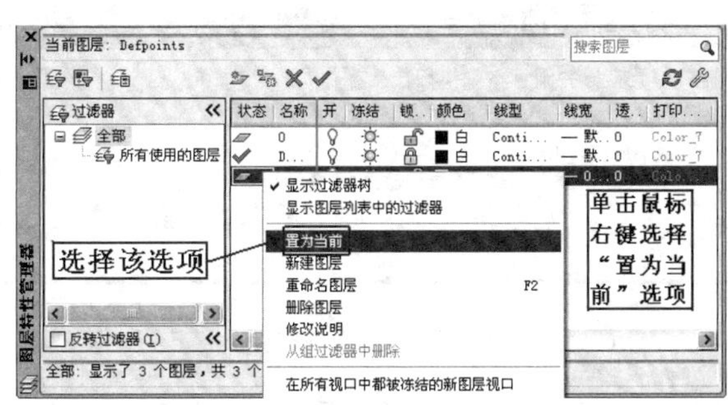

图 6-17　选择“置为当前”选项

05 如果将某个对象所在图层指定为当前图层，在绘图区域先选择该对象，然后在“图层”工具栏上单击“将对象的图层置为当前”按钮即可。

06 或者先单击“将对象的图层置为当前”按钮，然后再选择一个对象来改变当前图层。

提示

被冻结的图层或依赖外部参照的图层不可被指定为当前图层，并且在绘图中的当前图层只能有一个。

2. 打开、关闭图层

下面将介绍打开、关闭图层的方法。

操作步骤

01 单击“图层”菜单栏中的“图层特性管理器”按钮，弹出“图层特性管理器”对话框，在“图层特性管理器”的图层列表中，如图 6-18 所示。

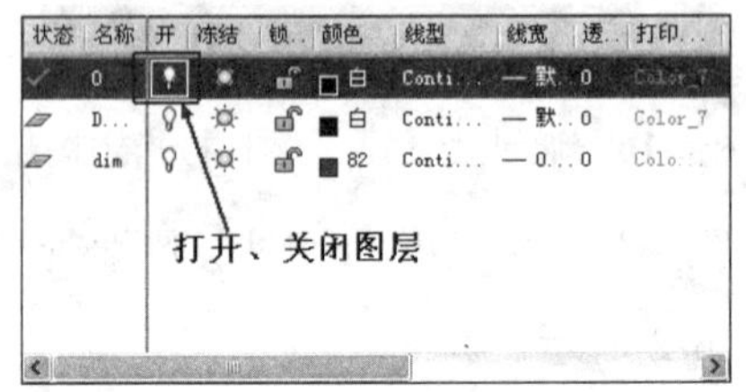

图 6-18 “打开、关闭图层”选项

02 单击“关闭”图层按钮，接着弹出“图层□关闭当前图层”对话框，如图 6-19 所示。

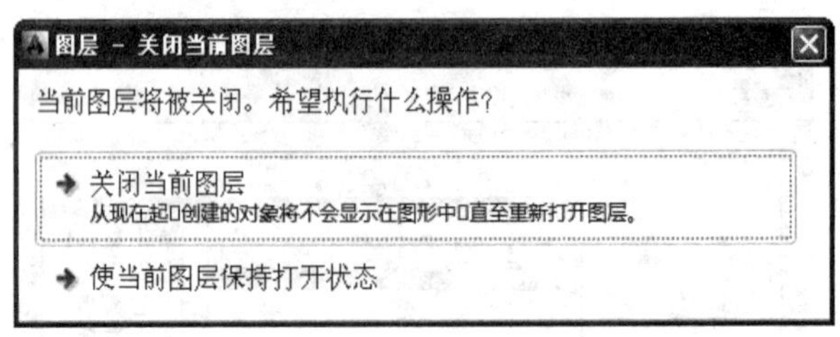

图 6-19 “图层—关闭当前图层”对话框

03 单击“关闭当前图层”选项，此时图层即关闭了，这时图层开关按钮的颜色变为灰色按钮。

专家提示：如果用户需要频繁切换图层的可见性，可以选择将图层关闭而不是冻结。

3. 冻结、解冻图层

下面将介绍冻结、解冻图层的方法。

操作步骤

01 单击“图层”菜单栏中的“图层特性管理器”按钮，弹出“图层特性管理器”对话框。

02 在"图层特性管理器"的图层列表中，当图标显示为黄色的太阳状时，所选图层处于解冻状态，否则，所选图层处于冻结状态，如图 6-20 所示。

03 单击"0"号图层上的"冻结"图层按钮，接着弹出"图层—无法冻结"选项，如图 6-21 所示。

图 6-20　"冻结、解冻图层"选项

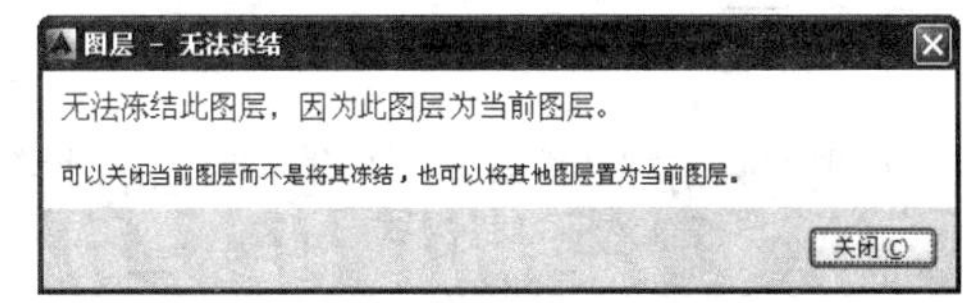

图 6-21　"图层 — 无法冻结"对话框

04 单击"关闭"按钮，选择第二个"冻结"图层按钮，这时图层冻结按钮的颜色变为灰色按钮，此时的图层已经冻结。

提示

在 AutoCAD 中不能冻结当前图层。

4．锁定、解锁图层

下面将介绍冻结、解冻图层的方法。

操作步骤

01 单击"图层"菜单栏中的"图层特性管理器"按钮，弹出"图层特性管理器"对话框。

02 单击开锁图标，该图层即被锁定，锁定图层上的对象不可以进行任何修改，直到该图层被解锁，如图 6-22 所示为图层的锁定和解锁状态。

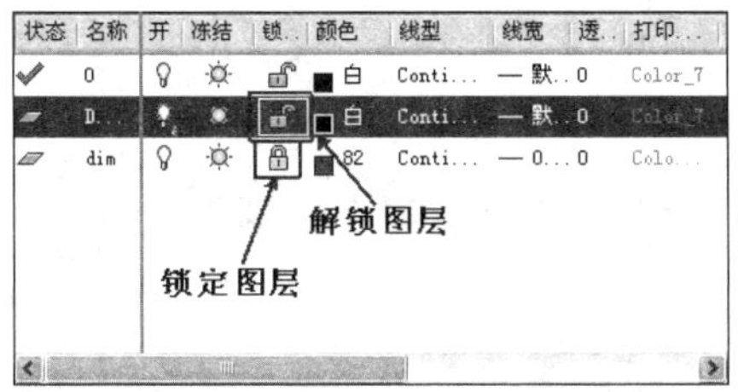

图 6-22　解锁、锁定图层

专家提示：将图层锁定，可减小对象被意外修改的误操作，可以执行其他的不会修改对象的操作，并能将对象捕捉应用于锁定图层上的对象。

5．删除多余图层

对于绘图中存在的多余图层，可以将其删除以压缩文件的大小。下面将介绍删除多余图层的方法。

操作步骤

01 单击“图层”菜单栏中的“图层特性管理器”按钮，弹出“图层特性管理器”对话框。

02 在“图层特性管理器”的图层列表中选择要删除的图层，单击“删除图层”按钮，这时图层前的状态图标将变为状态，单击“应用”按钮即可将其删除。

03 如果用户选择了参照图层，并执行删除操作，系统将弹出一个“图层—未删除”对话框，如图 6-23 所示，提醒用户选择图层是不能被删除的。

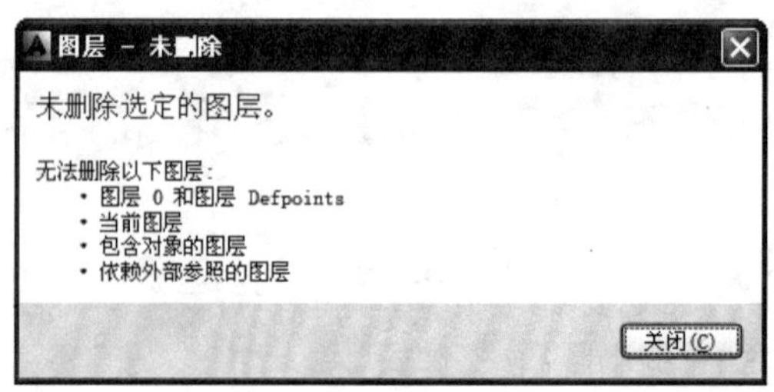

图 6-23 “图层—未删除”对话框

不包含对象（包括块定义中的对象）的图层、非当前图层和不依赖外部参照的图层都可以用“清理”命令删除。

操作步骤

01 左手输入键盘命令：pu（PU）。

02 左手大拇指按下空格键。

03 执行清理命令后，系统打开“清理”对话框，在其中将会显示可清理的命名对象的树状图，如图 6-24 所示。

04 在“图形中未使用的项目”列表中选择“图层”选项，在该选项中选择要清理的块，然后单击“全部清理”按钮，将弹出“清清—确认清理”对话框，如图 6-25 所示。

05 选择“清理所有项目”选项，将所有不需要的图层清理，然后单击“关闭”按钮，完成操作。

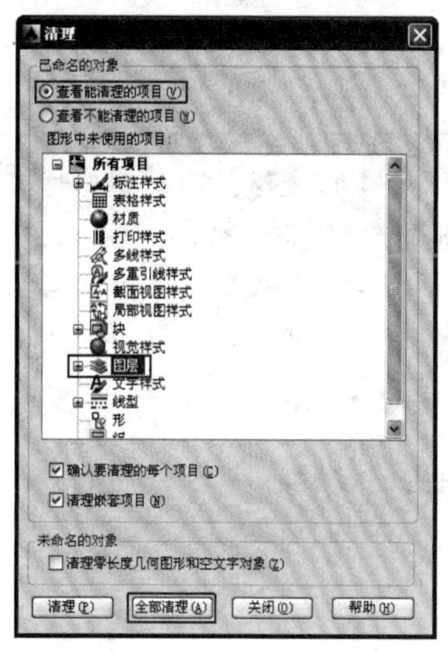

图 6-24　“清理”对话框

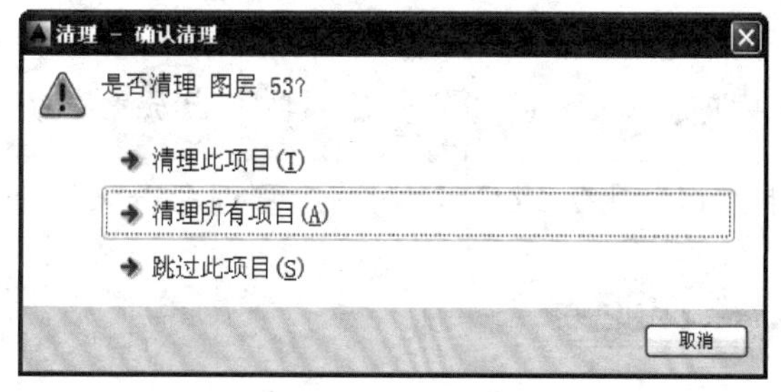

图 6-25　“清理 — 确认清理”对话框

第 51 例　掌握图层设置的方法

必学技能

图层设置的方法包括新建图层，设置图层的名称、颜色、线型和线宽等这几些方法，在绘制图形前应该掌握这些方法。

在进行 AutoCAD 绘图时，一般先建立一系列的图层用以将尺寸标注、轮廓线、虚线、中心线等区别开来，从而使得绘制更加有条理。在新建的每个图层中均有不同的线型、线宽及颜色等设置，用以在绘图界面对不同的特性进行区分，一般图层设置如表 6-1 所示。

表 6-1　图层设置

图层名称	颜色	AutoCAD 线型	线宽
粗实线	黑色	Continuous	b
细实线	蓝色	Continuous	1/3b
剖面线	绿色	Continuous	1/3b
尺寸线	青色	Continuous	1/3b
虚线	红色	Dashed	1/3b
中心线	红色	Center	1/3b
文字标注	品红	Continuous	1/3b

提示

在“图层设置”中，设置相关的颜色，是为了打印时能够按照图层颜色设置打印图纸。打印出来的图纸，一眼看上去，也就能够根据线的粗细来区分不同类型的图元，什么地方是墙，什么地方是门窗，什么地方是标注（在机械图纸里同样按照此方法设置）。在第 13 章中将具体介绍“打印样式表编辑器”对话框中的设置方法。即通过设置的相关颜色来打印出层次分明粗细线的图纸。

下面将利用 AutoCAD 的图层管理命令来进行各图层的设置。

操作步骤

01 单击“图层特性管理器”对话框中的“新建图层”按钮。此时，系统自动新建“图层 1”，颜色、线型等均采用默认状态。单击“图层 1”将新建的图层名称改为“粗实线”，如图 6-26 所示。

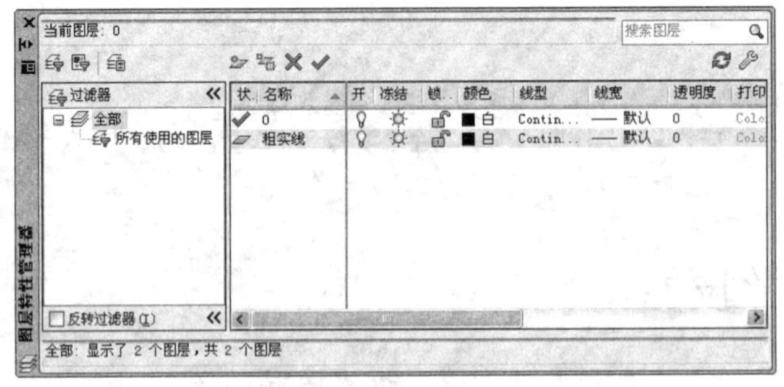

图 6-26　新建粗实线层

02 双击新建图层中的“颜色”选项，弹出如图 6-27 所示的“选择颜色”对话框。在该对话框中，选择颜色为白色，单击“确定”按钮，即可完成粗实线颜色的选取。

03 双击新建图层中的“线宽”选项，弹出如图 6-28 所示的“线宽”对话框。在该对话框中，选择线宽为 0.30mm，单击“确定”按钮完成粗实线线宽的设置。

图 6-27　“选择颜色”对话框

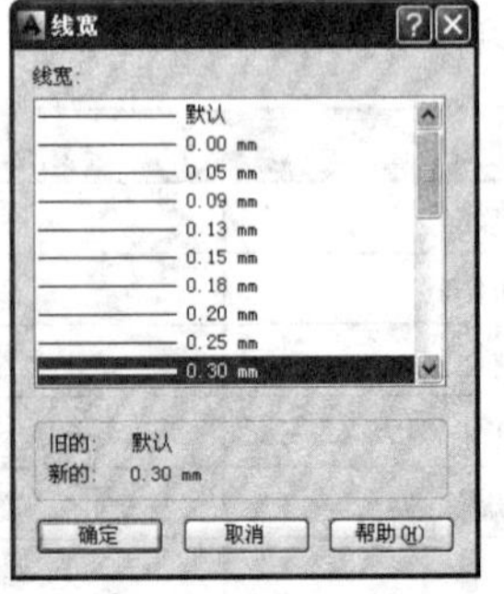

图 6-28　“线宽”对话框

04 双击新建图层中的“线性”选项，弹出如图 6-29 所示的“选择线性”对话框。在该对话框中如果没有合适的线型，可单击“加载”按钮来寻找合适的线型。对于粗实线线型的设置，接受系统默认的线型即可。

在设置中心线层时，需要的线型为点画线，所以要通过加载线型才能满足设置要求。一般单击如图 6-30 对话框中的“加载”按钮，弹出如图 6-30 所示的“加载或重载线型”对话框。

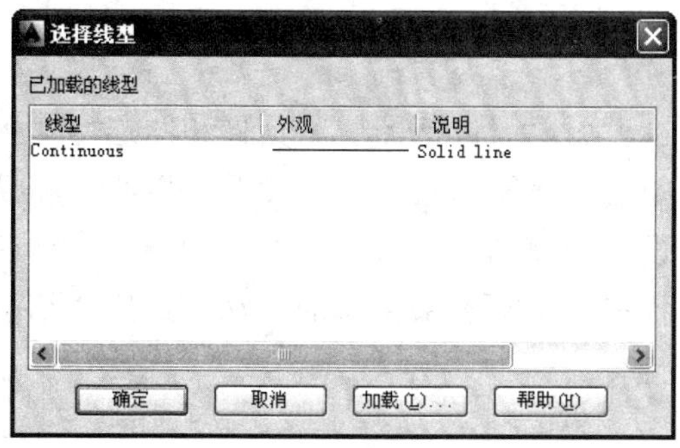

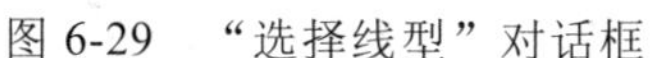

图 6-29　“选择线型”对话框

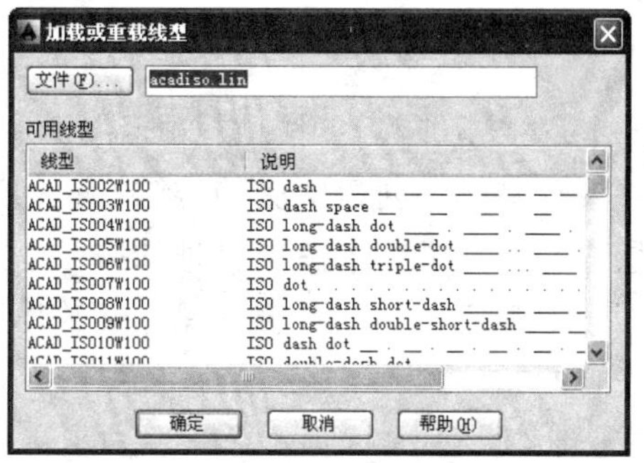

图 6-30　“加载或重载线型”对话框

在该对话框中选择线型为“Center”的选项，然后单击“确定”按钮。此时，“Center”线型出现在“选择线型”对话框中，选择该线型，单击“确定”按钮，即可完成中心线线型的设置。

采用上述步骤可以对其他各图层进行新建设置，最后设置完成的效果如图 6-31 所示。

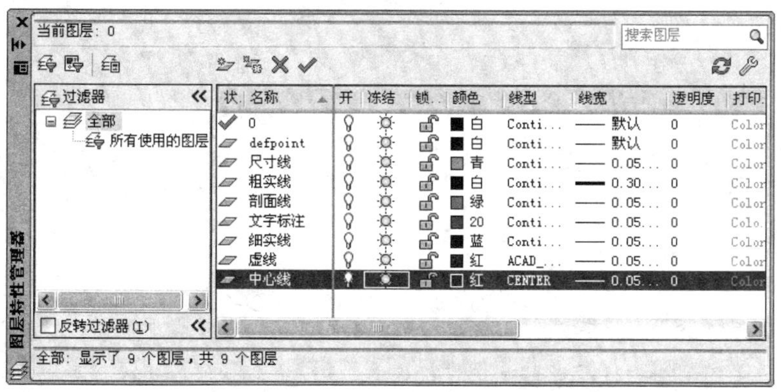

图 6-31　设置的图层效果

专家提示：在画图时，也还有一点要注意，就是所有的图元的各种属性都尽量跟层走。不要这根线是 WA 层的，颜色却是黄色，线形又变成了点画线。尽量保持图元的属性和图层的一致，也就是说尽可能的图元属性都是 Bylayer。这样，有助于我们图面的清晰、准确和效率的提高。

本章小结

本章主要讲解使用图层管理图形，首先认识图层，包括图层工具栏和图层特性管理器，接着讲解了创建图层的方法，包括新建图层、设置图层颜色、设置图层线型和设置图层线宽，并讲解了图层管理的方法，包括设置当前图层，打开、关闭图层，冻结、解冻图层，锁定、解锁图层，保存并输出图层状态，删除多余图层的方法，最后介绍了图层设置的方法。

第7章 工程图块的操作

本章内容导读

块的定义和使用可提高绘制重复图形的效率，大大减少重复工作。例如，要在图形中的不同位置绘制相同的标准件，只需将此标准件定义为图块，然后在不同的位置插入图块即可。当然，使用复制方法也可以在多个位置绘制相同的图形，但是，使用块与使用复制的区别在于，块只需保存一次图形信息，而复制时在多个位置均要保存图形信息。显然，使用图块更加节省资源。

这里的必学技能主要是采用操作方法来讲述每个命令的功能，这与以往图书所介绍的完全不一样，希望读者能够掌握其操作方法。

本章必学技能要点

- 掌握 AutoCAD 2014 创建图块的方法
- 掌握 AutoCAD 2014 插入图块的方法
- 掌握 AutoCAD 2014 图块属性的方法
- 掌握 AutoCAD 2014 编辑图块的方法

第 52 例　掌握创建图块的方法

必学技能

掌握创建图块的方法，是必备的技能，这里主要掌握快捷键创建图块的方法。

一般熟练的绘图者都是采用快捷键创建块的方法，左手输入命令：b（B），然后左手大拇指按下空格键，多在绘图设计中使用得比较多。

操作步骤

01 选择菜单栏中的“文件”→“打开”命令，打开本书 7-1 文件，如图 7-1 所示；下面需要将绘图区域中的图形定义为块。

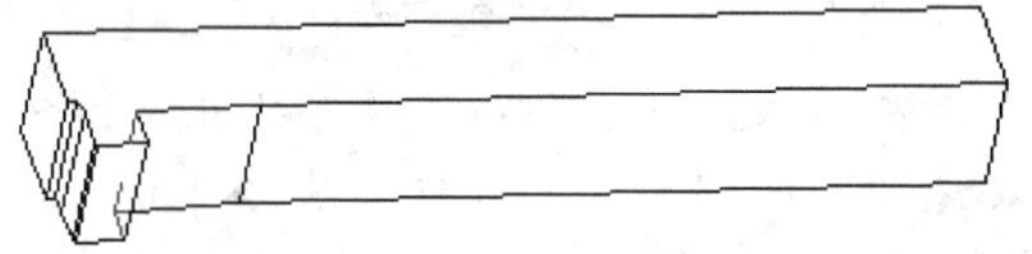

图 7-1　素材文件

02 左手食指输入键盘命令：b（B）。

03 左手大拇指按下空格键；执行块定义命令后，将弹出“块定义”对话框，如图 7-2 所示。

04 在“名称”文本框中输入创建块的名称为“镶件”（块名最长可达 255 个字符，可以包括字母、数字、空格，以及一些特殊字符）。

05 在“对象”选项组中单击“选择对象”按钮，暂时关闭“块定义”对话框，命令行提示如下：

```
命令：B
BLOCK
选择对象：                    //使用窗口选择方式，选择整个镶件图形
选择对象：                    //在绘图区域中单击鼠标右键，结束选择
```

06 返回“块定义”对话框，这时在“对象”选项组中就会显示对象的数目，如图 7-3 所示。

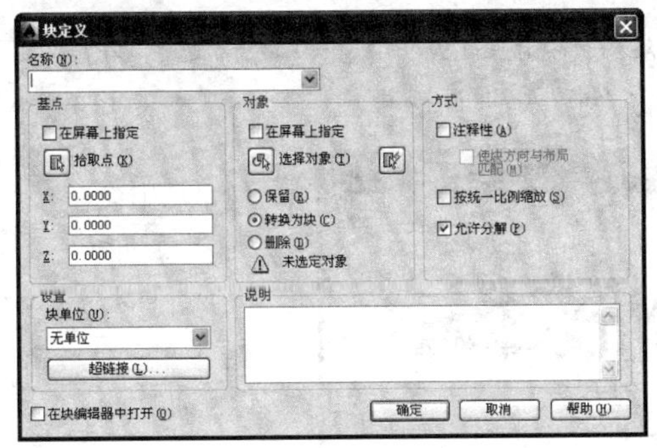

图 7-2　“块定义”对话框

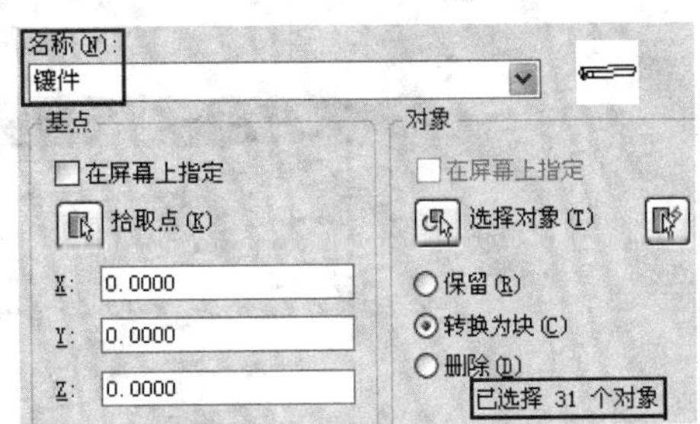

图 7-3　选择对象

07 在“基点”选项组中单击“拾取点”按钮，系统再次将“块定义”对话框关闭，命令行提示如下。

```
指定插入基点:                    //捕捉镶件的右下角点作为块的插入基准点
```

08 指定基准点后，重新返回到“块定义”对话框，在文本框中会显示其坐标值，如图 7-4 所示。

09 在“说明”文本框中输入“长度为 35 的镶件”，单击“确定”按钮关闭对话框，完成块的创建，创建块前、后选择图形的效果如图 7-5 所示（注意夹点的不同）。

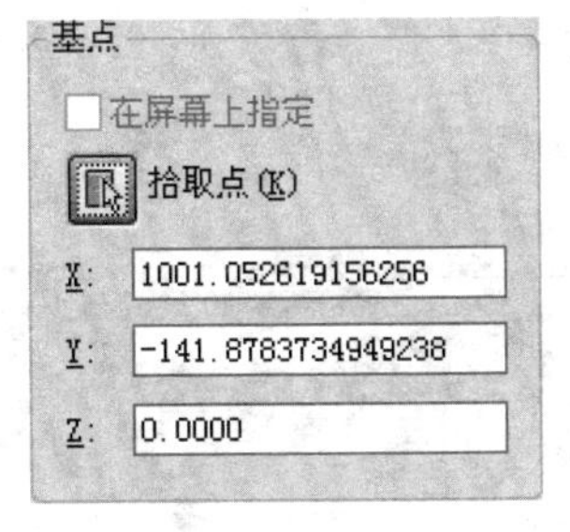

图 7-4　指定插入基准点

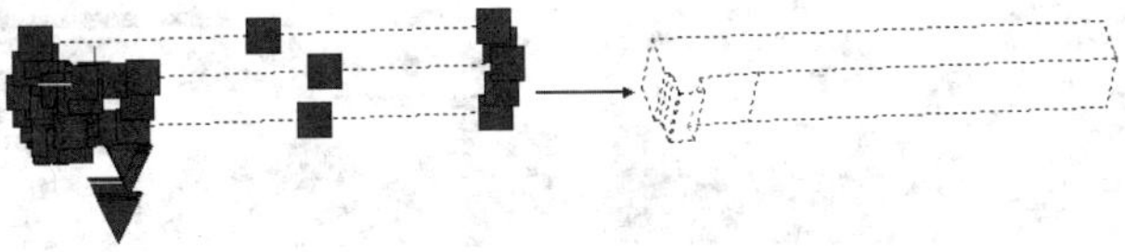

图 7-5　创建块

第 53 例　掌握插入图块的方法

必学技能

掌握插入图块的方法，是必备的技能，这里主要掌握插入图块的方法，以及单击鼠标右键继续执行命令的操作方法。

在上一例中创建了块之后，就可以使用“插入块”命令将创建的块插入到多个位置，达到重复绘图的目的。一般熟练的绘图者都是采用下面的方法插入块：选择菜单栏“插入”→“块”命令，系统打开如图 7-6 所示的“插入”对话框。

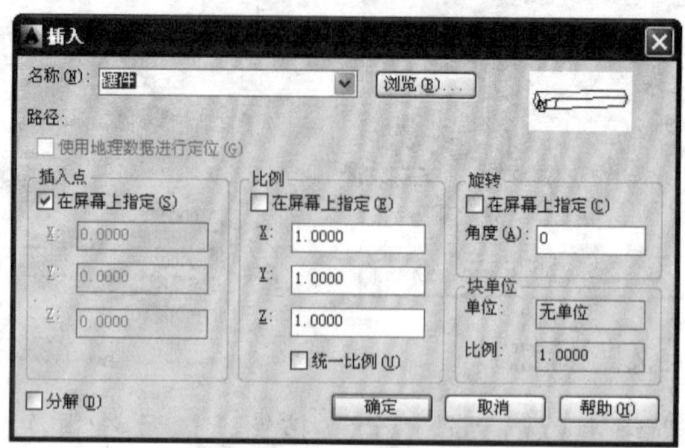

图 7-6 “插入”对话框

通过“插入”对话框，可以对插入块的位置、比例及旋转等特性进行设置。

下面将介绍插入块的具体操作方法。

操作步骤

01 接着第 52 例创建的图块文件，选择菜单栏中的“插入”→“块”命令，然后左手大拇指按下空格键。

02 系统打开“插入”对话框，如图 7-6 所示。

> 专家提示：选择菜单栏中的“插入”→“块”命令，按照需要插入块，需要插入多个块时，单击鼠标右键，继续插入块操作。

03 在“旋转”选项组中的“角度”文本框中输入“90”后，单击“确定”按钮，关闭对话框。

输入角度值后，命令行提示如下：

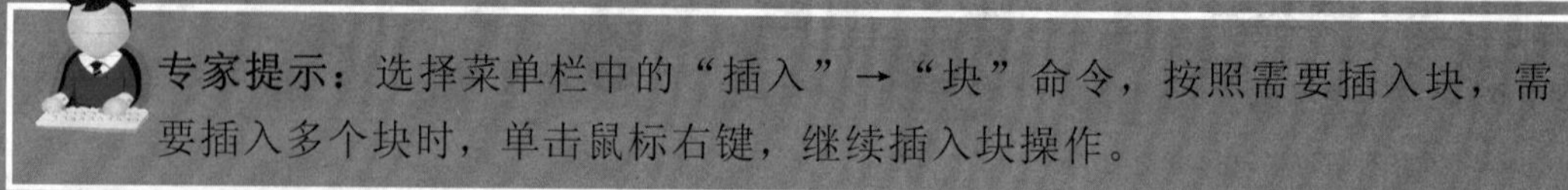

```
命令: _insert
指定插入点或 [基点(B)/比例(S)/X/Y/Z/旋转(R)]:        //捕捉点 A，指定插入点的位置
```

鼠标左键捕捉 A 点后，绘图区如图 7-7 所示。

04 单击鼠标左键，插入块图形，如图 7-8 所示。

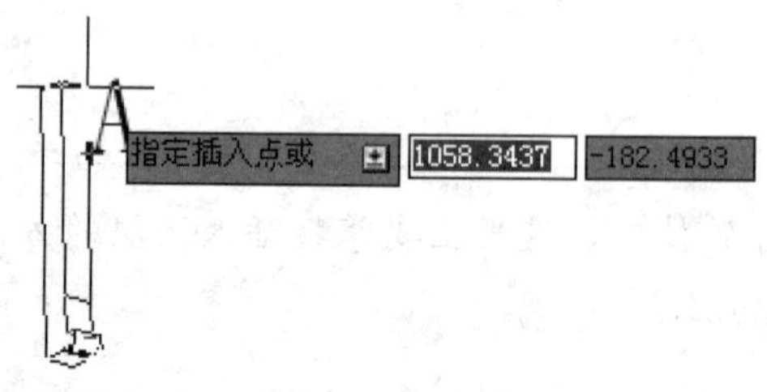

图 7-7 “插入块”预览

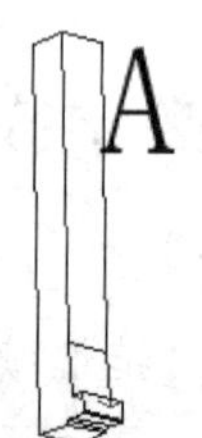

图 7-8 插入块

05 单击鼠标右键，再次打开“插入”对话框，参照图 7-9 所示进行设置。

06 进行设置后，单击“确定”按钮，关闭对话框，命令行提示如下：

```
命令: _insert
指定插入点或 [基点(B)/比例(S)/X/Y/Z/旋转(R)]:          //捕捉点 A，指定插入点的位置
```

在绘图区域中捕捉如图 7-10 所示的端点。

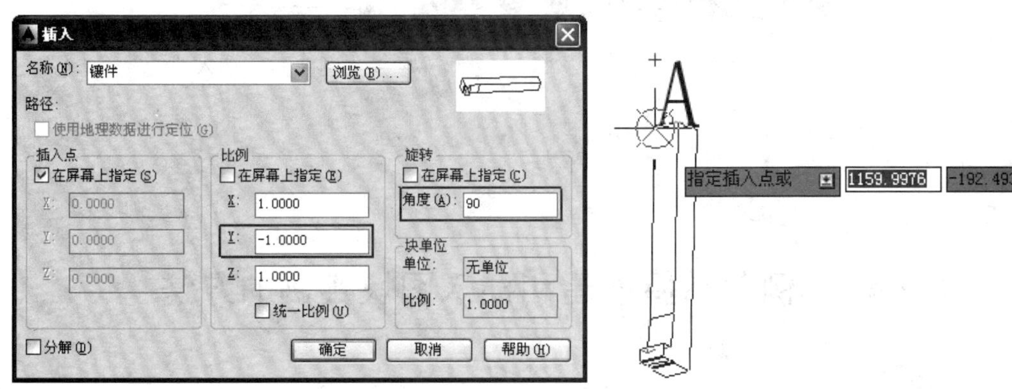

图 7-9　设置“插入”对话框　　　　图 7-10　“插入块”预览

07 单击鼠标左键，插入块图形，如图 7-11 所示，命令行提示如下：

```
自动保存到 C:\Documents and Settings\Administrator\local settings\temp \1_1_1_3405.sv$ ...
```

08 单击鼠标右键，再次打开“插入”对话框，参照图 7-12 所示进行设置。

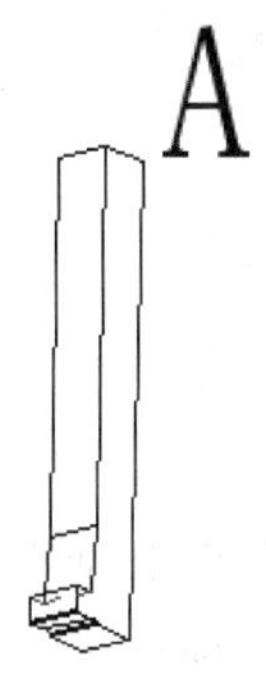

图 7-11　插入块

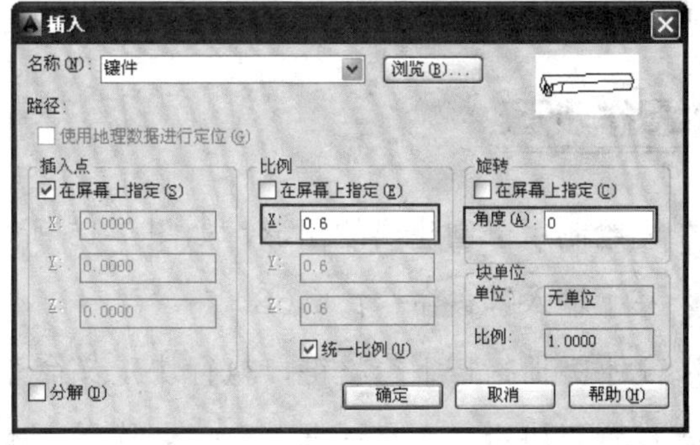

图 7-12　设置“插入”对话框

09 进行设置后，单击“确定”按钮，关闭对话框，命令行提示如下：

```
命令: _insert
指定插入点或 [基点(B)/比例(S)/X/Y/Z/旋转(R)]:          //捕捉端点，指定插入点的位置
```

在绘图区域中捕捉如图 7-13 所示的端点。

10 单击鼠标左键，插入块图形，如图 7-14 所示。

图 7-13 “插入块”预览　　　　图 7-14 插入块

第 54 例 掌握创建和插入图块实例的方法

必学技能

掌握创建和插入图块的方法，是必备的技能，这里主要通过具体的实例来掌握创建和插入图块的操作方法。

上面两个必备技能具体讲述了创建和插入图块的方法，下面将通过一个具体的实例来掌握创建和插入图块的方法。

将螺栓图形创建为块，并插入到不同的位置，操作步骤如下所述。

操作步骤

01 先绘制用于创建块的图形，如图 7-15 所示。

02 左手输入键盘命令：b（B）。

03 左手大拇指按下空格键，执行块定义命令后，将弹出“块定义”对话框。

04 设置“块定义”对话框，在“名称”文本框内输入块的名称“螺栓”。

05 单击“拾取点”按钮，回到绘图区，单击螺栓中心线的端点，如图 7-16 所示。

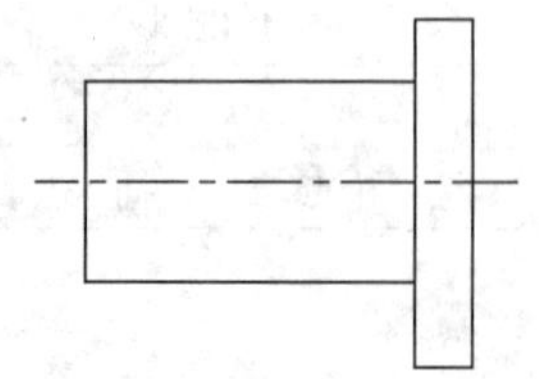

图 7-15 用于创建块的螺栓图形

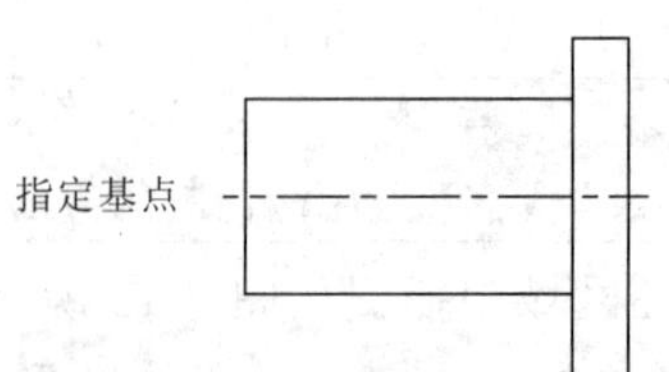

图 7-16 拾取基点

06 单击“选择对象”按钮，回到绘图区，用窗口选择的方法选择整个螺栓，如图 7-17 所示。

07 单击鼠标右键，回到“块定义”对话框，其他选项保持默认，单击“确定”按钮，即完成块的定义，如图 7-18 所示。

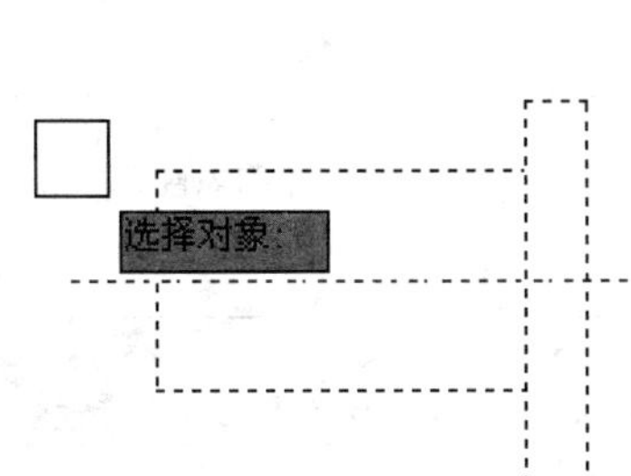

图 7-17　选择对象

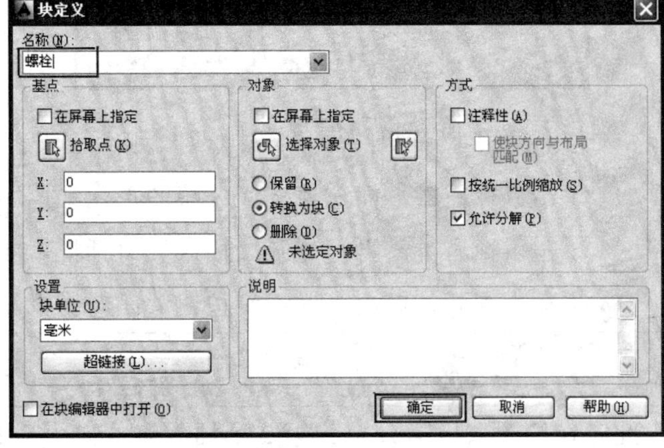

图 7-18　设置“块定义”对话框

提示

由于设置“块定义”对话框时，“对象”选项组选择了默认的“转换为块”创建方式，因此，创建块后，原来的图形文件已经不存在，而是转换为一个单独的整体对象——块。

08 选择菜单栏中的“插入”→“块”命令，然后左手大拇指按下空格键。

09 系统打开“插入”对话框，如图 7-19 所示。

10 设置“插入”对话框，在“名称”下拉列表框选择“螺栓”；在“插入点”选项组选中“在屏幕上指定”复选框；其他选项保持默认值，然后单击“确定”按钮，如图 7-19 所示。

11 指定基点，由于步骤 10 中选中了“插入点”选项组的“在屏幕上指定”复选框，因此，单击“确定”按钮后，命令行提示如下：

```
命令: _insert
指定插入点或 [基点(B)/比例(S)/X/Y/Z/旋转(R)]:        //捕捉点 A，指定插入点的位置
```

此时在绘图区指定 A 点为第 1 个插入点，如图 7-20 所示。

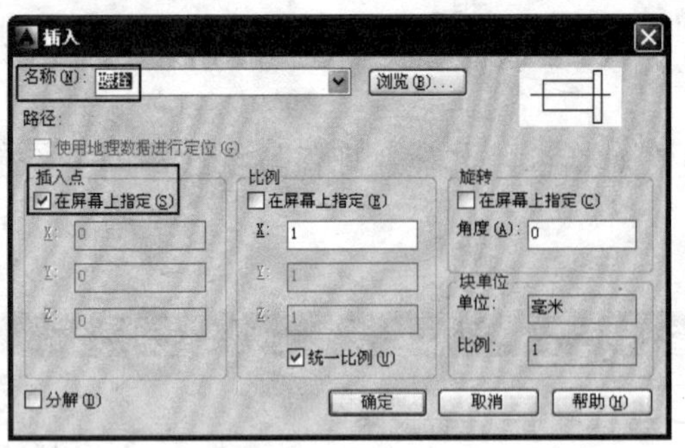

图 7-19　设置“插入”对话框

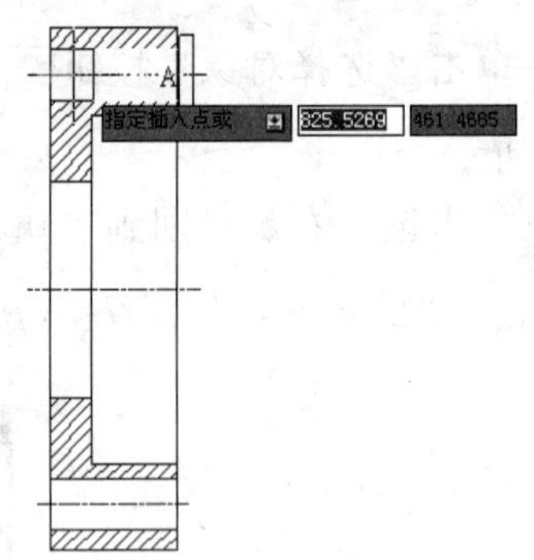

图 7-20　插入 A 点预览

12 单击鼠标左键，插入“螺栓”块图形，如图 7-21 所示。

13 单击鼠标右键，再次打开“插入”对话框，参照图 7-19 所示进行设置。

14 进行设置后，单击“确定”按钮关闭对话框，命令行提示如下：

```
命令: _insert
指定插入点或 [基点(B)/比例(S)/X/Y/Z/旋转(R)]:        //捕捉点 B，指定插入点的位置
```

此时在绘图区指定 B 点为第 2 个插入点，如图 7-22 所示。

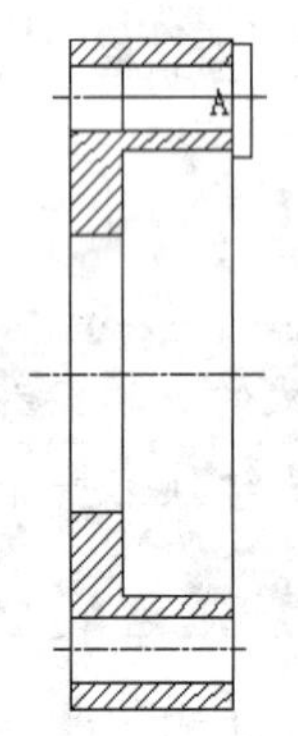

图 7-21　指定第 1 个块的基点

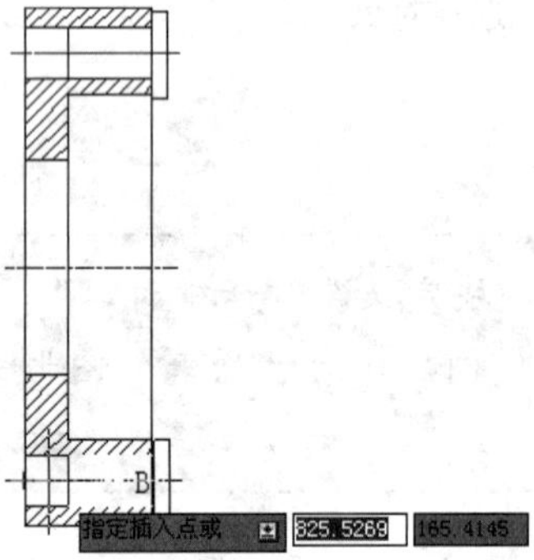

图 7-22　插入 B 点预览

15 单击鼠标左键，插入“螺栓”块图形，如图 7-23 所示，完成在两个不同的位置插入块。

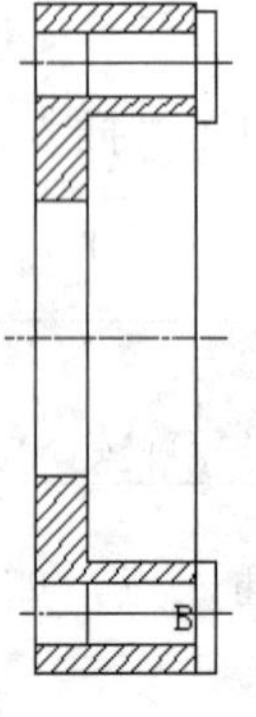

图 7-23　指定第 2 个块的基点

第 55 例　掌握图块属性的方法

必学技能

掌握块属性的方法，是必备的技能，这里主要掌握如何定义属性、创建块属性，以及如何插入块属性的方法。

一般熟练的绘图者都是通过下面方法来定义属性：选择菜单栏“绘图”菜单→“块”→“定义属性”命令，系统将弹出“属性定义”对话框，如图 7-24 所示。

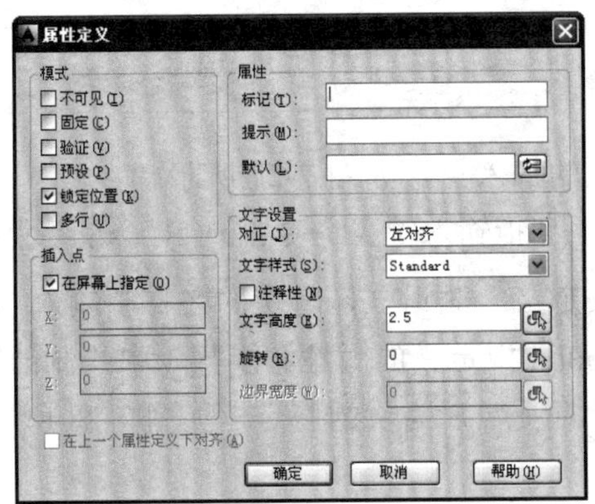

图 7-24　“属性定义”对话框

创建一个粗糙度块属性的操作步骤如下所述。

操作步骤

01 先用绘图工具绘制粗糙度符号，如图 7-25 所示，该图是加工表面的粗糙度符号。

02 定义属性。选择菜单栏中的“绘图”→“块”→“定义属性”命令，弹出“属性定义”对话框。

03 设置属性。将“锁定位置”复选框选上；在“标记”文本框里输入属性的标记“粗糙度”；在“提示”文本框内输入插入块时的提示信息“请输入表面的粗糙度”；在“默认”文本框内输入默认的粗糙度“3.2”；在“文字高度”文本框内输入文字的高度“8”，如图 7-26 所示。

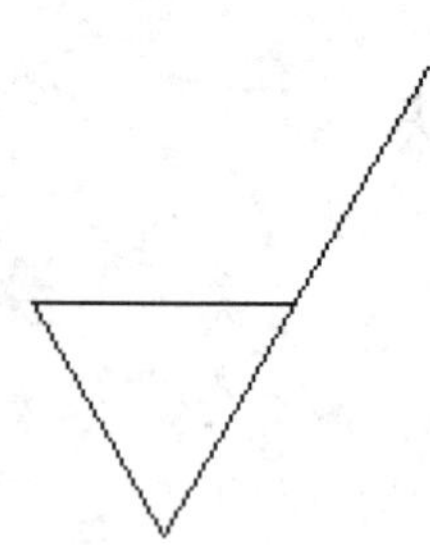

图 7-25 绘制粗糙度符号

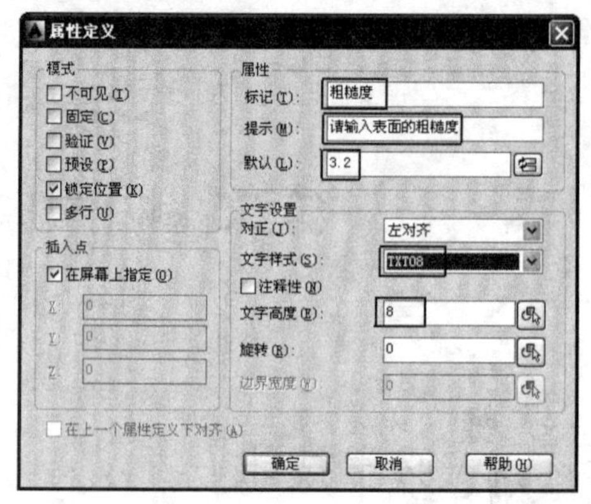

图 7-26 “定义属性”对话框

04 完成属性定义。单击“确定”按钮，退出“属性定义”对话框，由于在步骤 3 中设置时将“插入点”设置区域的“在屏幕上指定”复选框选上了，因此，在退出“属性定义”对话框时，命令行提示如下：

```
命令: _attdef
指定起点:
```

此时指定 A 点为属性的插入点，如图 7-27 所示。

05 定义块属性。左手食指输入键盘命令：b（B）；左手大拇指按下空格键；执行块定义命令后，将弹出“块定义”对话框，将块的名称中输入“粗糙度”，单击“选择对象”按钮，然后将步骤 3 和 4 中定义的属性和步骤 1 中绘制的粗糙度符号选择为组成块的对象；指定粗糙度符号的顶点 B 为块的基点，如图 7-28 所示。

图 7-27 指定 A 点为插入点

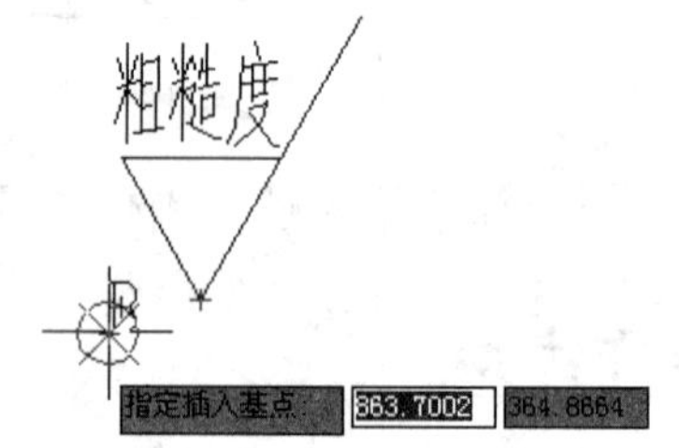

图 7-28 块定义时指定对象和基点

06 单击“确定”按钮，将弹出“属性定义”对话框，如图 7-29 所示，可见在编辑属性对话框内显示了“提示”文本框和“默认文本框”中所输入的文字。

07 完成属性定义。单击“属性定义”对话框的“确定”按钮，即可完成块属性的定义，其结果如图 7-30 所示。

图 7-29　“属性定义”对话框

图 7-30　块属性

08 插入块属性。在步骤 1～7 中完成了名称为“粗糙度”的块属性的定义，在以后的绘图过程中就可以插入粗糙度块。选择菜单栏“插入”→“块”命令，选择插入名称为“粗糙度”的块时，命令行提示如下：

```
命令:
命令: _insert
指定插入点或 [基点(B)/比例(S)/旋转(R)]:
输入属性值
请输入表面的粗糙度 <3.2>: 1.6
```

指定绘图区中的插入点，此时插入块属性预览如图 7-31 所示。

09 如输入“1.6”，那么所插入的块显示为如图 7-32 所示。

图 7-31　插入块属性预览

图 7-32　插入块属性

通过该实例，介绍了如何定义属性，创建块属性，以及如何插入块属性。

第 56 例　掌握编辑图块的方法

必学技能

掌握编辑图块的方法，是必备的技能，这里主要掌握重命名图块、编辑图块属性、分解图块和删除图块这几种编辑图块的方法。

下面将接着第 55 例对块属性进行编辑的方法进行介绍。

1. 重命名图块

一般熟练的绘图者都是使用下面的方法重命名块：选择菜单栏中的“格式”→“重命名”→“弹出对话框”选项，如图 7-33 所示，然后选择要重命名的块就行了。

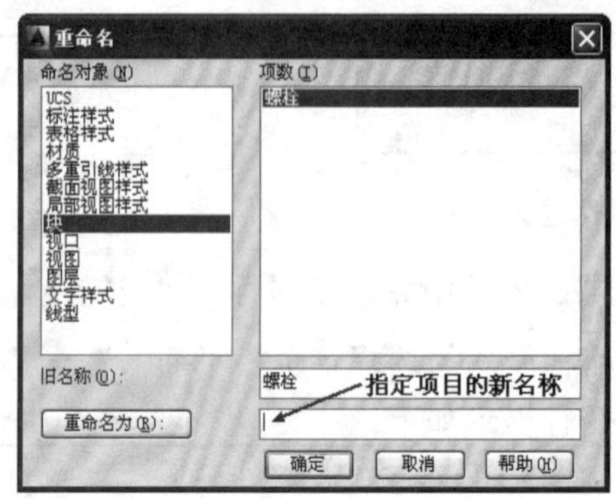

图 7-33 “重命名”对话框

2. 编辑图块属性

编辑图块的属性的方法如下所述。

操作步骤

01 选择菜单栏中的“修改”→“对象”→“属性”→“块属性管理器”命令。

02 系统打开“块属性管理器”对话框，在其中可管理当前图形中块的属性定义，如图 7-34 所示。

03 单击“块属性管理器”对话框中的“编辑”按钮，系统打开“编辑属性”对话框，如图 7-35 所示。

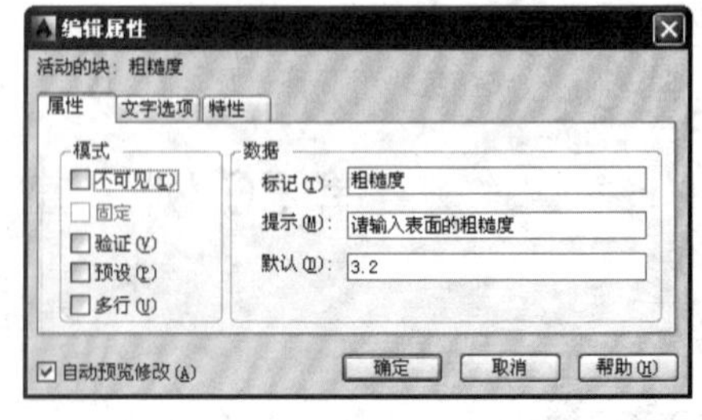

图 7-34 “块属性管理器”对话框

图 7-35 “编辑属性”对话框

04 在“属性”选项卡中可对块属性进行修改，修改完后单击“确定”按钮，关闭对话框。

05 在“块属性管理器”对话框中单击“设置”按钮，可在打开的“块属性设置”对话框中，指定要在列表中显示的属性特性，如图 7-36 所示。

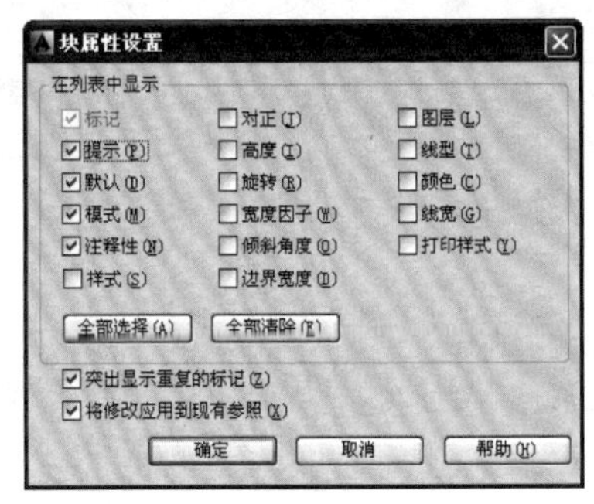

图 7-36 “块属性设置”对话框

06 设置完毕后，单击“确定”按钮，关闭“块属性设置”对话框，在“块属性管理器”对话框中，单击“确定”按钮，关闭该对话框，完成块属性的修改。

3. 分解图块

将回到本章第 55 例所创建的粗糙度实例，效果如图 7-37 所示。

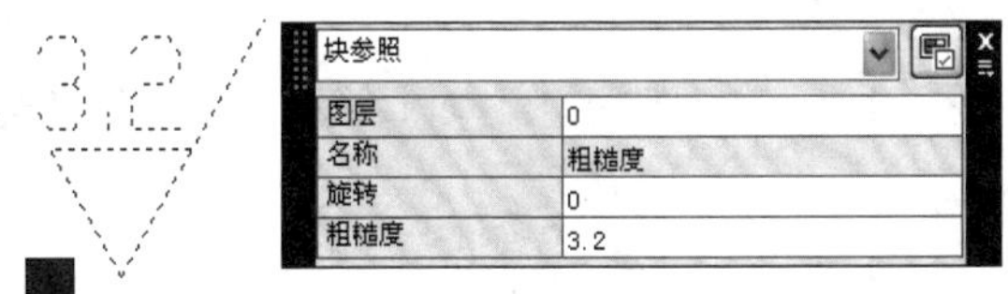

图 7-37　分解块前

操作步骤

01 左手输入键盘命令：x（X）。

02 左手大拇指按下空格键。

执行分解命令后，命令行提示如下：

```
命令: X
EXPLODE
选择对象: 找到 1 个
```

03 此时按住鼠标左键指定选择的对象，绘图区如图 7-38 所示。

04 单击鼠标右键确定，最后的效果如图 7-39 所示（分解矩形之后的效果为单条直线）。

专家提示：将块参照分解为其组成对象后，块定义仍存在于图形中。

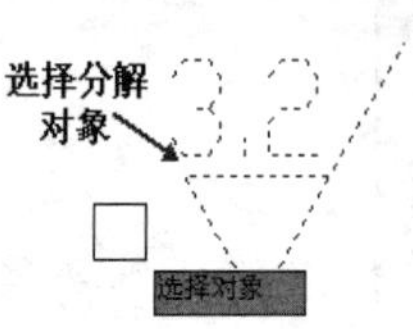

图 7-38　选择分解对象

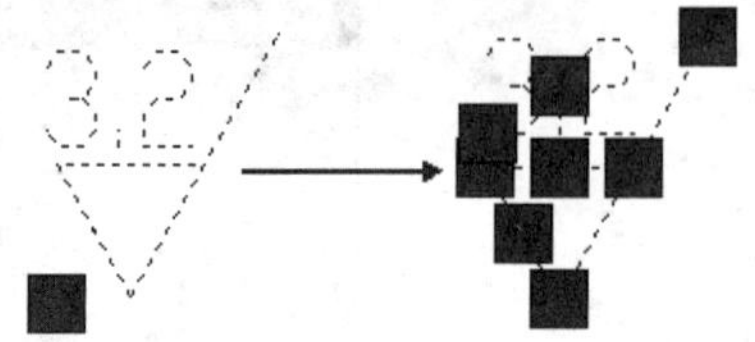

图 7-39　分解块

4．删除图层

一般熟练的绘图者都是使用快捷键 PU 删除图层，在绘制图形过程经常使用，主要是为了删除未使用的块定义并减小图形尺寸。

操作步骤

01 左手输入键盘命令：pu（PU）。

02 左手大拇指按下空格键。

03 执行**清理**命令后，系统打开“清理”对话框，在其中将会显示可清理的命名对象的树状图，如图 7-40 所示。

04 在“图形中未使用的项目”列表中选择“块”选项，在该选项中选择要清理的块，然后单击“全部清理”按钮，将弹出“清理—确认清理”对话框，如图 7-41 所示。

05 选择“清理所有项目”选项，将所有不需要的块清理，然后单击“关闭”按钮，完成操作。

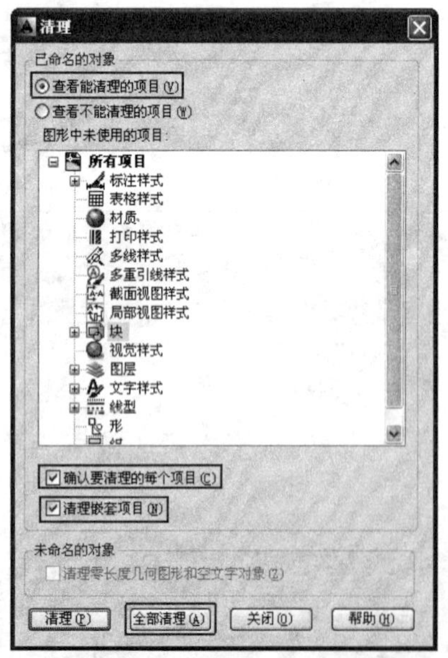

图 7-40　“清理”对话框

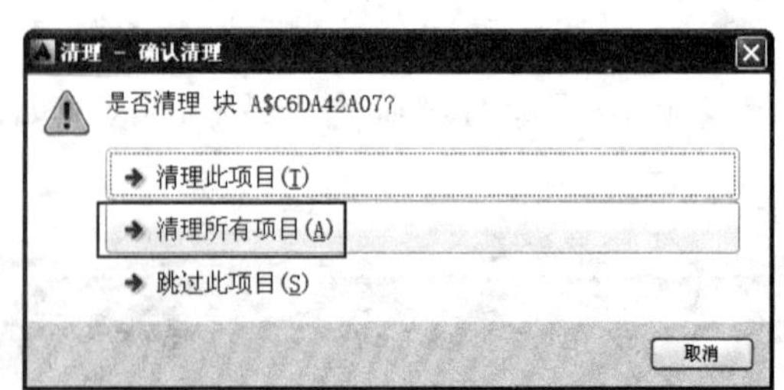

图 7-41　“确定清理”对话框

专家提示：PU 这个命令可以清除图中所有没有用到的设置、图块等信息，这样可以节约存储空间，建议大家多多使用，在每次存盘前都要 PU 一下的。

本章小结

本章主要讲解对图块和样板的使用方法，首先认识创建图块，包括定义块、存储块、插入当前定义块、块属性，接着讲解了使用块编辑器，包括打开块编辑器、创建动态块和定义块属性并将属性附着到块上，并讲解了编辑图块的方法，包括重命名图块、编辑图块属性、分解图块和删除图块。

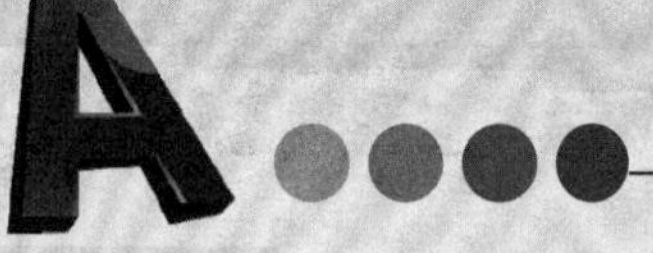

第8章 对图形进行尺寸标注

本章内容导读

标注是图形中不可缺少的一部分，本章主要介绍标注样式、尺寸标注，以及形位公差标注等方面的内容。AutoCAD 尺寸标注的内容很丰富，用户可以轻松创建出各种类型的尺寸，所有类型的尺寸都与尺寸样式相关。通过本章学习，读者要掌握标注样式的设置，以及长度、半径、直径、角度等标注方法，并掌握公差、粗糙度、形位公差等尺寸特征的标注。

这里的必学技能主要是采用操作方法来讲述每个命令的功能，这与以往图书所介绍的完全不一样，希望读者能够掌握其操作方法。

本章必学技能要点

- 认识 AutoCAD 2014 尺寸标注
- 设置 AutoCAD 2014 尺寸标注样式的方法
- 标注 AutoCAD 2014 图形尺寸的方法
- 掌握 AutoCAD 2014 公差标注的方法
- 掌握 AutoCAD 2014 编辑尺寸标注的方法

第 57 例　认识尺寸标注

必学技能

认识尺寸标注，是必备的技能，这里主要掌握尺寸标注基本规则和尺寸标注的组成这两个方面。

本例将介绍尺寸标注，包括尺寸标注基本规则和尺寸标注的组成，下面将对尺寸标注做具体介绍。

1．尺寸标注基本规则

尺寸标注用途广泛，如建筑、机械、场景等，不同的用途有不同的规定，下面是对尺寸标注的一些基本规定的介绍：

尺寸标注需要符合国家的相关规定。图形的真实大小应以图样上标注的文字为依据。图形中标注的尺寸应为图形所表示对象的完工尺寸。最后一点是，避免重复标注，且标注的尺寸应尽量处于清晰的位置上，不要发生重叠现象。

2．尺寸标注的组成

在电气制图或者其他工程制图中，尺寸标注必须采用细实线绘制，一个完整的尺寸标注应该包括以下几个部分，如图 8-1 所示。

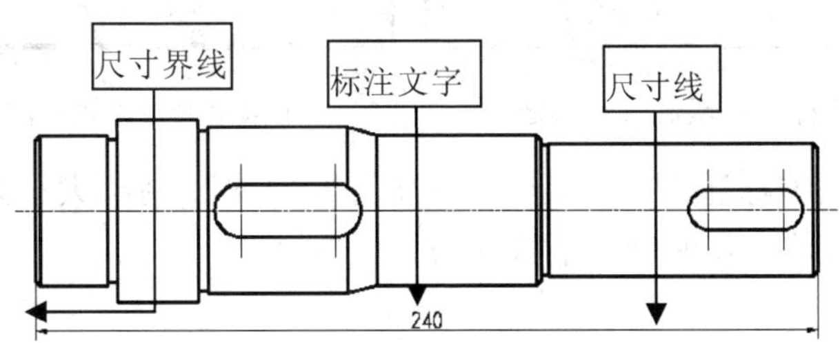

图 8-1　尺寸标注的组成

第 58 例　掌握尺寸标注样式设置的方法

必学技能

掌握尺寸标注样式设置的方法，是必备的技能，这里主要掌握在“新建标注样式”对话框设置各个选项卡的方法。

一般熟练的绘图者都是采用下面的方法：选择菜单栏中的“格式”→“标注样式”命令，系统打开“标注样式管理器”对话框，如图 8-2 所示。

“标注样式管理器”对话框中各个选项包括“置为当前”、“新建”、“修改”、“替代”、“比较”等几个功能，其中单击“比较”按钮，可弹出“比较标注样式”对话框，如图 8-3 所示。

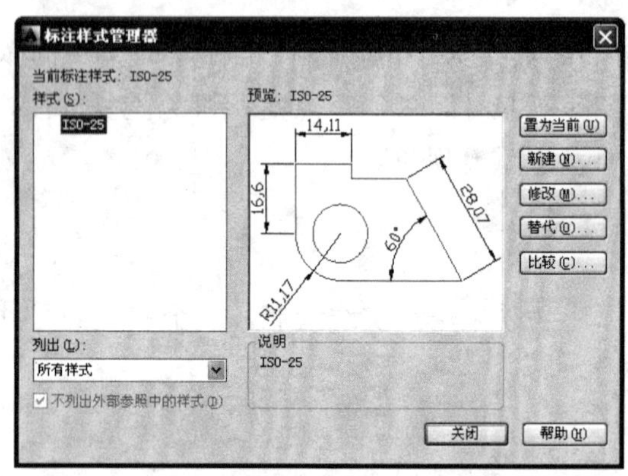

图 8-2　“标注样式管理器”对话框

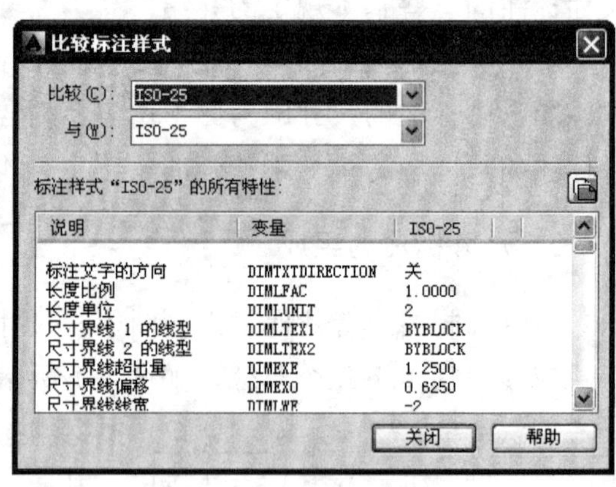

图 8-3　“比较标注样式”对话框

新建一个尺寸公差标注样式：标注文字高度为“0.8”，箭头大小为“1”的对称公差，如图 8-4 所示。下面将介绍其创建的操作方法。

操作步骤

01 选择菜单栏中的“格式”→“标注样式”命令，系统打开“标注样式管理器”对话框，单击“新建”按钮，打开“创建新标注样式”对话框，在“新样式名”文本框中输入“尺寸公制”，其余选项默认，如图 8-5 所示。

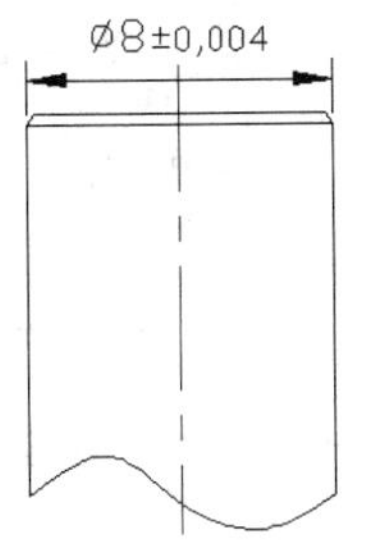

图 8-4　标注样式设置实例

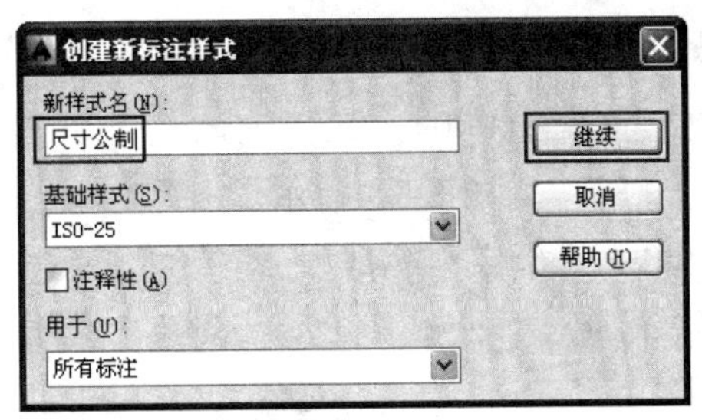

图 8-5　设置“创建新标注样式”对话框

02 单击“继续”按钮，弹出“新建标注样式”对话框，切换到“线”选项卡，在“超出尺寸线”调整框中输入“0.5”，在“起点偏移量”调整框中输入“0.3”，如图 8-6 所示。

03 切换到“符号和箭头”选项卡，在“箭头大小”调整框中输入“1”，如图 8-7 所示。

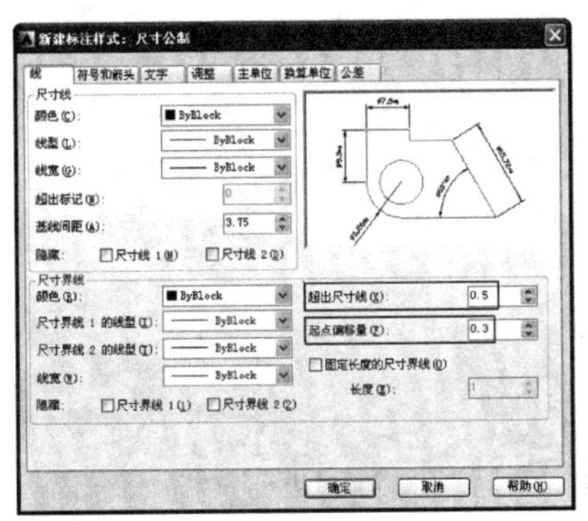

图 8-6　“线”选项卡

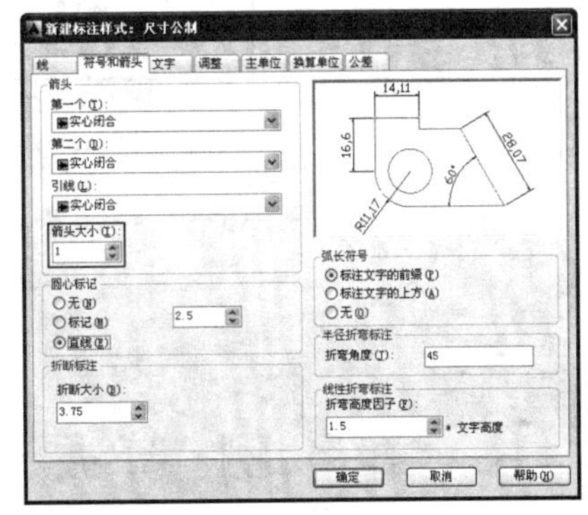

图 8-7　“符号和箭头”选项卡

04 切换到“文字”选项卡，在“文字高度”调整框中输入“0.8”，在“文字对齐”选项组单击“与尺寸线对齐”单选按钮，如图 8-8 所示。

05 切换到“主单位”选项卡，在“前缀”文本框中输入“%%c”表示直径符号 *Φ*，如图 8-9 所示。

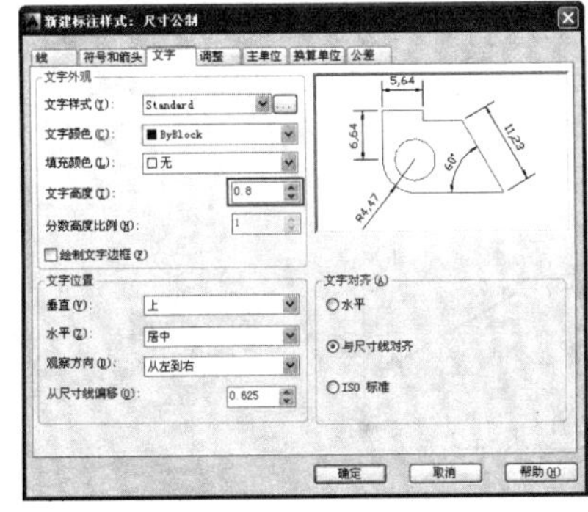

图 8-8　“文字”选项卡

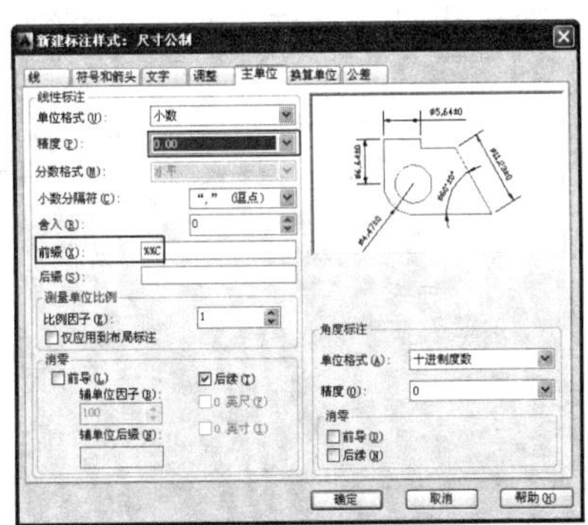

图 8-9　“主单位”选项卡

06 切换到“公差”选项卡，在“方式”下拉列表框中选择“对称”，在“精度”下拉列表框选择“0.000”，在“上偏差”调整框中输入“0.004”，在“高度比例”调整框中输入“0.8”，如图 8-10 所示。

07 单击“确定”完成设置，然后单击“标注样式管理器”对话框中的“置为当前”按钮，单击“标注”工具栏的“线性”标注按钮，标注出来的效果如图 8-4 所示。

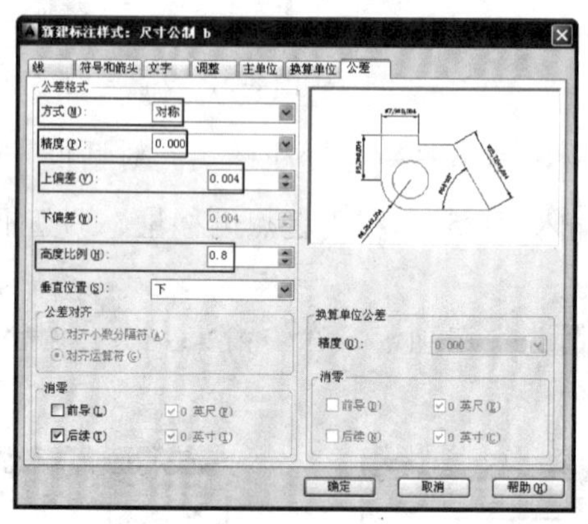

图 8-10　“公差”选项卡

第 59 例　掌握长度型尺寸标注的方法

必学技能

掌握**长度型尺寸标注**的方法，是必备的技能，这里主要**掌握线性标注、对齐标注（单击鼠标右键选择标注对象的方法应该掌握）**长度型尺寸标注的方法。

线性标注和对齐标注的区别和联系如图 8-11 所示。

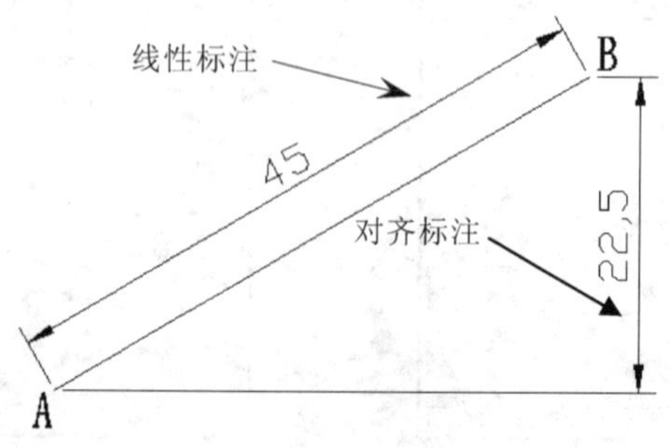

图 8-11　线性标注与对齐标注

1. 线性标注

一般熟练的绘图者都是采用下面的方法标注：单击“标注”工具栏的“线性”标注按钮⊢⊣。

单击面板上相应的按钮执行命令详见第 3 例。

提示

对于尺寸标注，这里就不采用快捷键，直接单击菜单栏中的命令，这样比较实际，希望读者能够掌握这些。

对于如图 8-12 所示的图样，可按以下步骤完成线性标注。

1）方法 1：通过选择尺寸界线原点的方式标注

操作步骤

01 单击“标注”工具栏的“线性标注”按钮⊢⊣。

执行线性标注命令后，命令行提示如下：

```
命令:
命令: _dimlinear
指定第一条尺寸界线原点或 <选择对象>:
```

02 用鼠标指定第一条尺寸界线的原点，即选择图 8-13 中的 A 点。

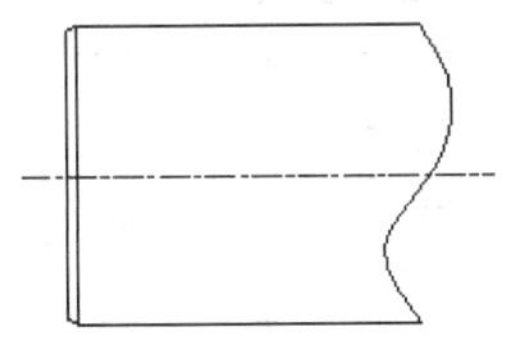

图 8-12　待标注的图形

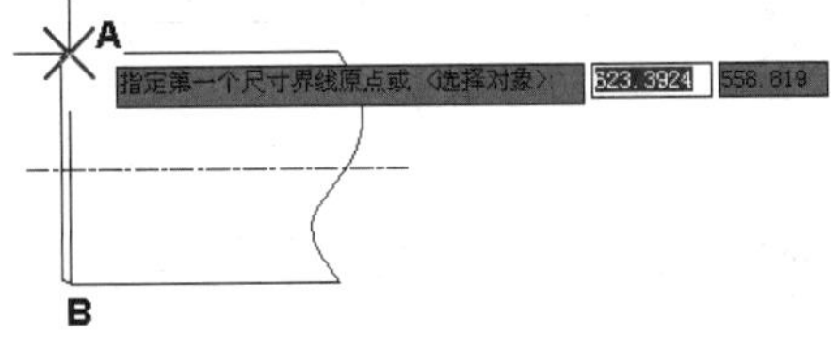

图 8-13　指定第一条尺寸界线原点

03 放开鼠标左键后，绘图区如图 8-14 所示，命令行提示如下：

```
指定第二条尺寸界线的原点:
```

04 用鼠标指定第二条尺寸界线的原点，即选择如图 8-14 中的 B 点，选中后，命令行提示如下：

```
指定尺寸线位置或[多行文字(M)/文字(T)/角度(A)/水平(H)/垂直(V)/旋转(R)]:
```

05 绘图区如图 8-15 所示，移动鼠标至合适位置，单击鼠标左键，命令行提示如下：

```
标注文字 = 32
自动保存到 C:\Documents and Settings\Administrator\local settings\temp\
Drawing1_1_1_1136.sv$ ...
```

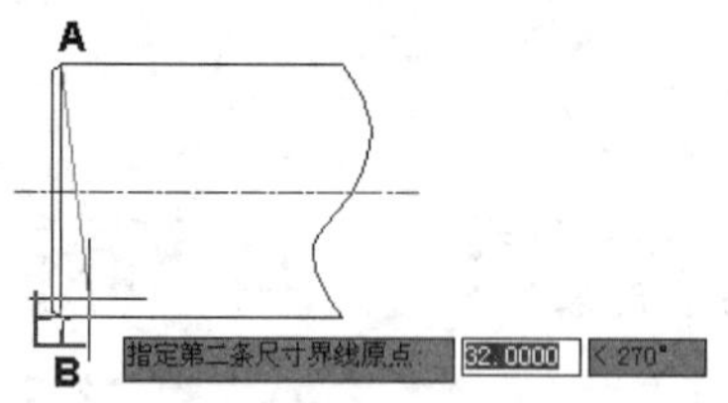

图 8-14　指定第二条尺寸界线原点

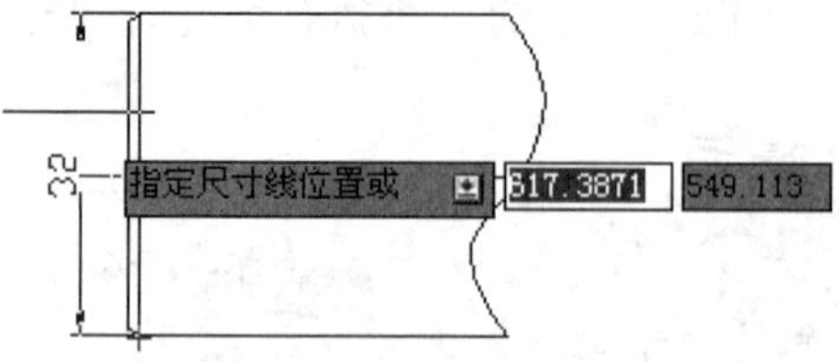

图 8-15　指定尺寸线位置

单击鼠标左键完成线性标注后，绘图区如图 8-16 所示。

2）方法 2：通过单击鼠标右键的方式标注

回到待标注前的实例，其方法输入“U”，然后空格，直到回到实例前的状态。

操作步骤

01 单击“标注”工具栏的“线性”标注按钮。

执行线性标注命令后，命令行提示如下：

```
命令:
命令: _dimlinear
指定第一条尺寸界线原点或 <选择对象>:
```

02 单击鼠标右键，绘图区如图 8-17 所示，命令行提示如下：

```
选择标注对象:
```

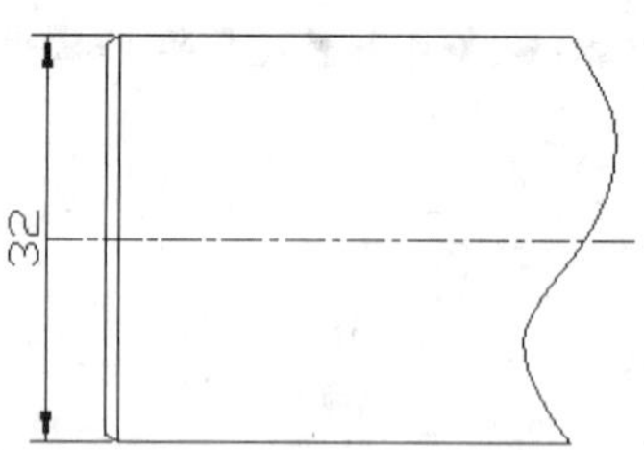

图 8-16　线性标注

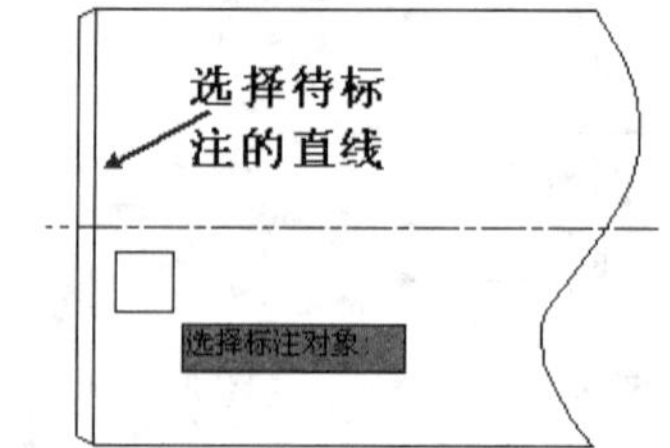

图 8-17　选择待标注的直线

03 选择标注对象后，绘图区如图 8-18 所示，命令行提示如下：

```
指定尺寸线位置或
[多行文字(M)/文字(T)/角度(A)/水平(H)/垂直(V)/旋转(R)]:
```

04 移动鼠标至合适位置，单击鼠标左键，命令行提示如下：

```
标注文字 = 32
自动保存到 C:\Documents and Settings\Administrator\local settings\temp\
Drawing1_1_1_1136.sv$ ...
```

单击鼠标左键完成线性标注后，绘图区如图 8-19 所示。

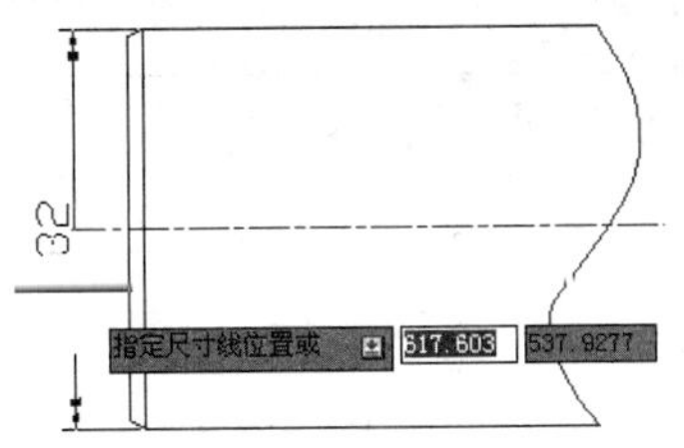

图 8-18　指定尺寸线位置

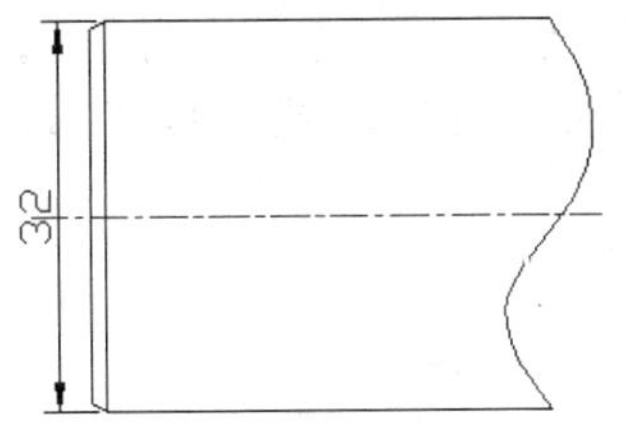

图 8-19　线性标注

专家提示：在尺寸标注过程中，经常选择命令后单击鼠标右键，然后选择要标注的对象，这样的方法对于标注直线、圆、半圆等都会加快其速度，希望读者能够掌握。

2. 对齐标注

一般熟练的绘图者都是采用下面的方法标注：单击“标注”工具栏的“对齐”标注按钮。

回到线性标注待标注前的实例，其方法输入“U”，然后空格，直到回到实例前的状态。

操作步骤

01 单击“标注”工具栏的“对齐线性”标注按钮。

执行对齐标注命令后，命令行提示如下：

```
命令:
命令: _dimaligned
指定第一条尺寸界线原点或 <选择对象>:
```

02 单击鼠标右键，绘图区如图 8-20 所示，命令行提示如下：

```
选择标注对象:
```

03 选择标注对象后，绘图区如图 8-21 所示，命令行提示如下：

```
指定尺寸线位置或
[多行文字(M)/文字(T)/角度(A)]:
```

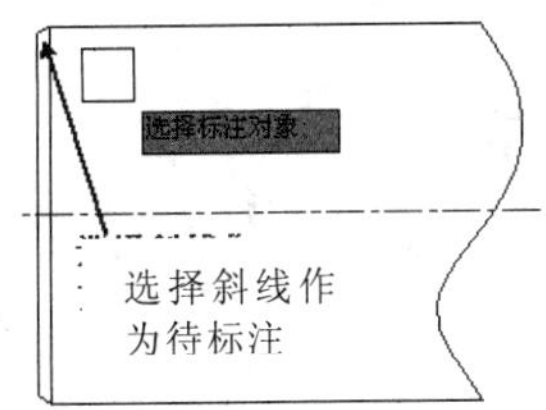

图 8-20　选择待标注的直线

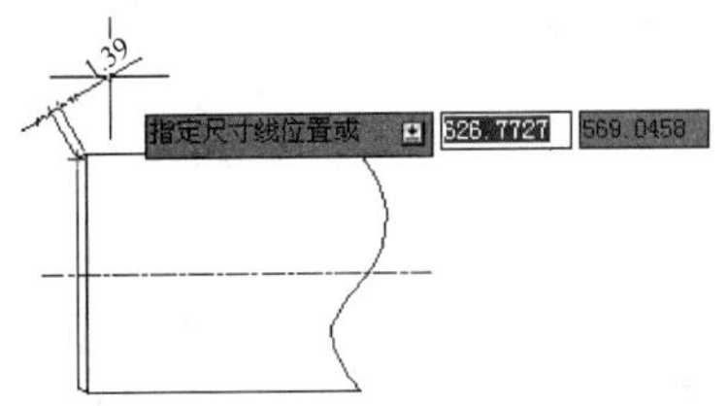

图 8-21　指定尺寸线位置

04 移动鼠标至合适位置，单击鼠标左键，命令行提示如下：

```
标注文字 = 1.39
```

单击鼠标左键完成线性标注后，绘图区如图 8-22 所示。

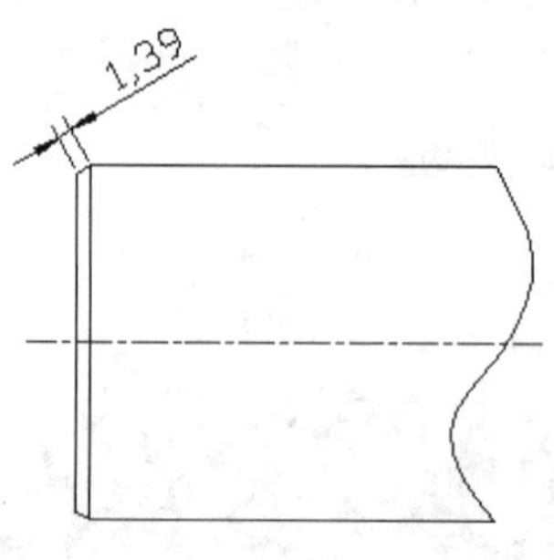

图 8-22　对齐标注

第 60 例　掌握半径和直径标注的方法

必学技能

掌握半径和直径标注的方法，是必备的技能，这里主要掌握半径标注、直径标注的方法，注意其中标注小技巧的应用。

对于圆和圆弧的相关属性，AutoCAD 提供了半径标注、直径标注、圆心标注和弧长标注等几种标注工具，如图 8-23 所示。

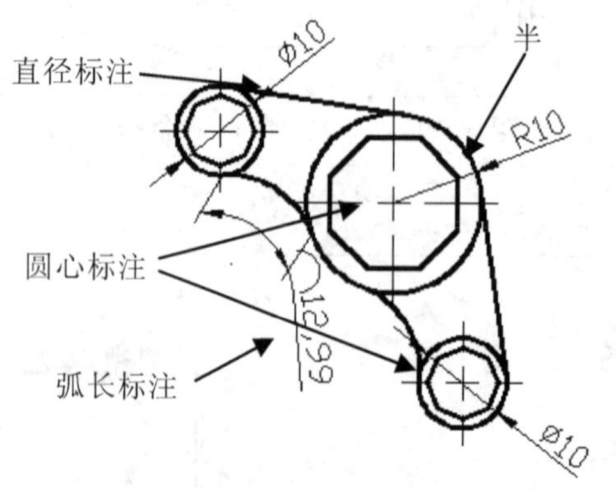

图 8-23　圆和圆弧的相关标注

1. 半径标注

一般熟练的绘图者都是采用下面的方法标注：单击“标注”工具栏的“半径”标注按钮；对于如图 8-24 所示的图样，可按以下步骤完成半径标注。

操作步骤

01 选择“标注”工具栏的“半径线性”标注按钮。

执行半径标注命令后，命令行提示如下：

```
命令: _dimradius
选择圆弧或圆:
```

此时绘图区如图 8-25 所示。

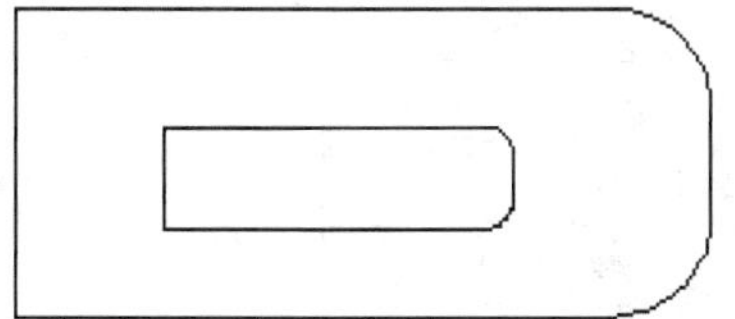

图 8-24　待标注对象

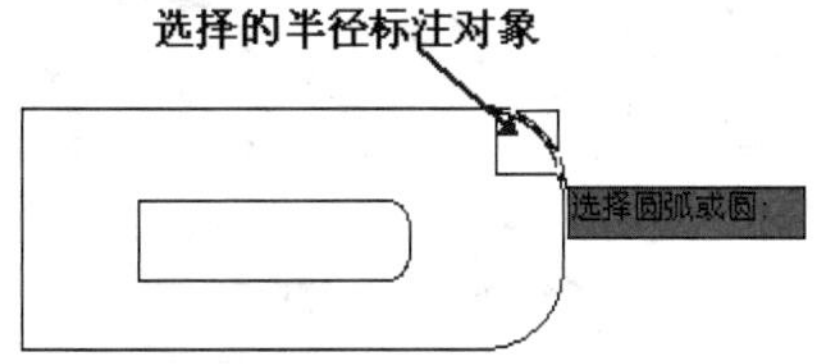

图 8-25　选择的半径标注对象

02 单击鼠标左键，选择标注对象后，此时绘图区如图 8-26 所示，命令行提示如下：

```
标注文字 = 10
指定尺寸线位置或 [多行文字(M)/文字(T)/角度(A)]:
```

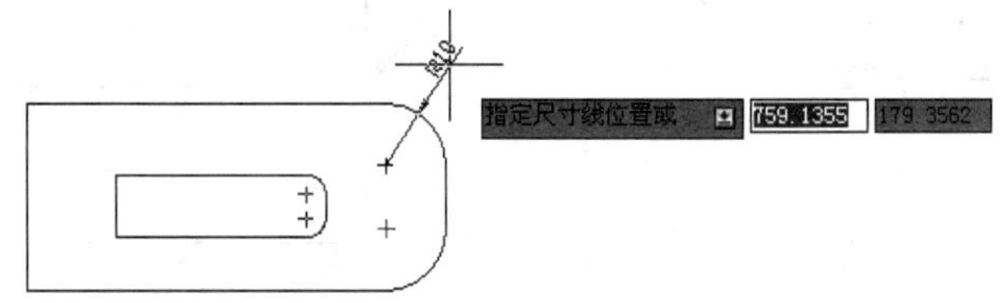

图 8-26　指定尺寸线位置

03 移动鼠标至合适位置，单击鼠标左键完成半径标注后，绘图区如图 8-27 所示。

04 单击鼠标右键，选择继续半径标注，标注其他圆弧半径，完成后的效果如图 8-28 所示。

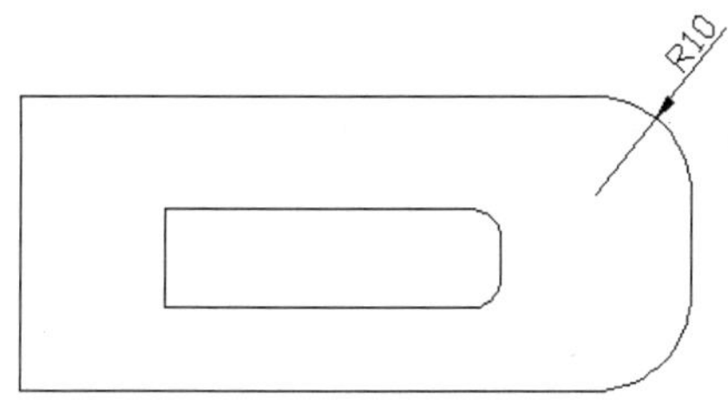

图 8-27　半径标注

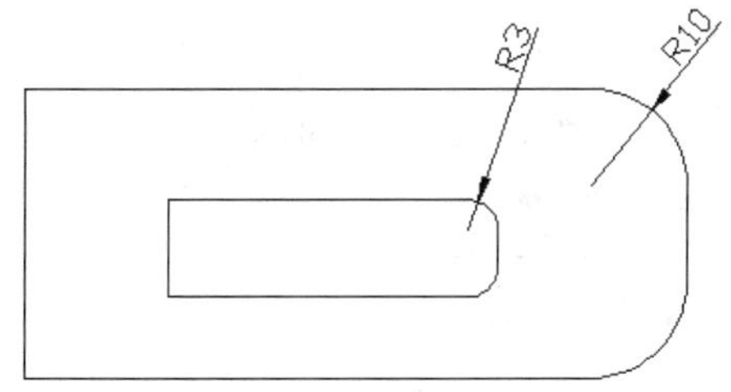

图 8-28　完成的半径标注

下面将介绍修改半径标注的对象，其操作方法如下：

通过“特性”选项板编辑尺寸的方法详见第 37 例。

其“特性”选项板如图 8-29 所示，选择半径标注的对象，绘图区如图 8-30 所示，单击“特性”选项板中的“文字”选项下的“文字替代”选项，将其修改为“2-<>”，如图 8-29 所示，然后按下 Esc 键退出，修改后效果如图 8-31 所示。

（a）修改前

（b）修改后

图 8-29 “特性”选项板

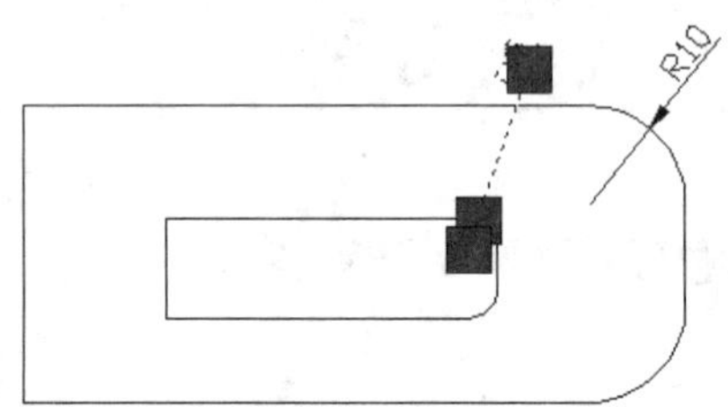

图 8-30 选择标注对象

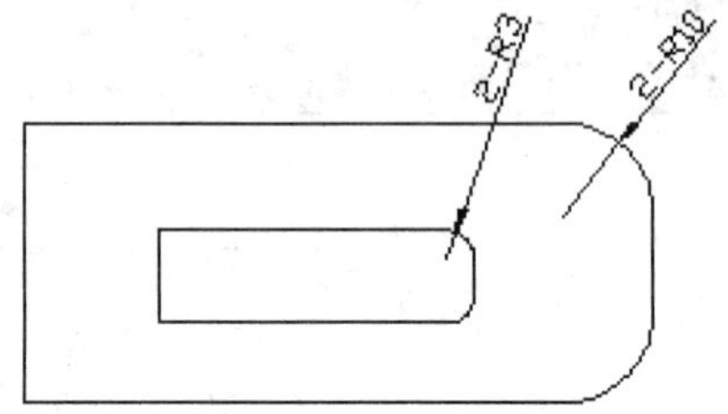

图 8-31 修改后的标注对象

2. 直径标注

直径标注用于标注圆或圆弧的直径，在标注文字前加直径符号Φ表示，如图 8-23 所示。一般熟练的绘图者都是通过下面的方法执行直径标注命令。

1）**方法 1**：单击“标注”工具栏的“直径”标注按钮。

对于如图 8-32 所示的图样，可按以下步骤完成直径标注。

操作步骤

01 单击“标注”工具栏的“直径线性”标注按钮。

执行直径标注命令后，命令行提示如下：

```
命令:
```

```
DIMDIAMETER
选择圆弧或圆:
```

此时绘图区如图 8-33 所示。

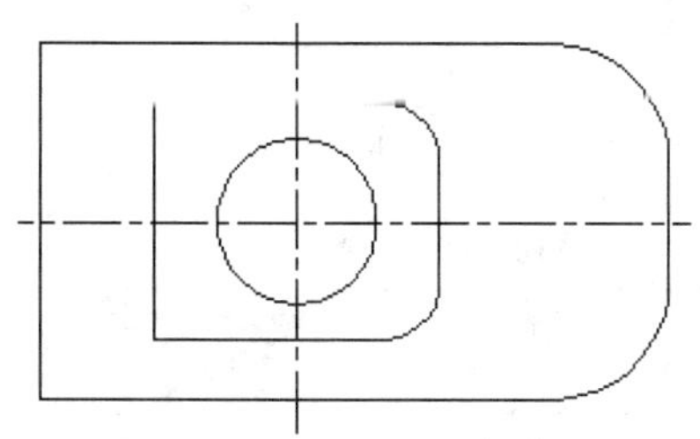

图 8-32　待标注对象

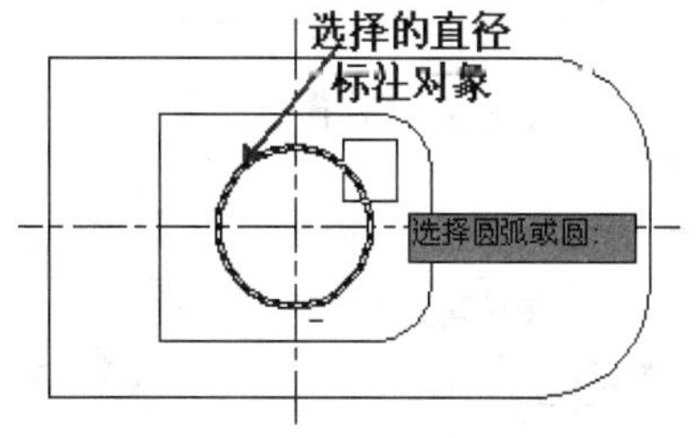

图 8-33　选择的标注对象

02 单击鼠标左键，选择标注对象后，绘图区如图 8-34 所示，命令行提示如下：

```
标注文字 = 14
指定尺寸线位置或 [多行文字(M)/文字(T)/角度(A)]:
```

03 移动鼠标至合适位置，单击鼠标左键完成直径标注后，绘图区如图 8-35 所示。

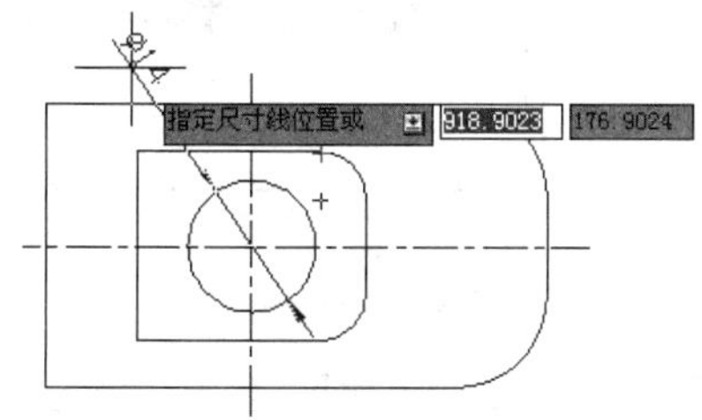

图 8-34　指定尺寸线位置

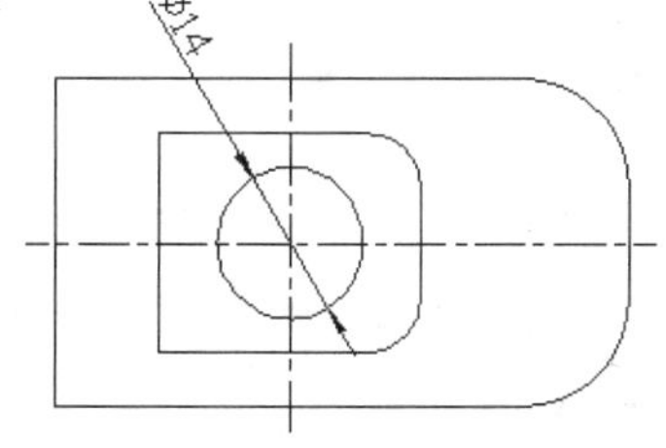

图 8-35　直径标注

下面将介绍一种采用线性标注的方法标注直径，对于如图 8-36 所示的图样，可按以下步骤完成直径标注。

2）方法 2：使用输入尺寸文本标注

操作步骤

01 单击“标注”工具栏的“线性”标注按钮。

执行线性标注命令后，命令行提示如下：

```
命令:
命令: _dimlinear
指定第一条尺寸界线原点或 <选择对象>:
```

02 单击鼠标右键，绘图区如图 8-37 所示，命令行提示如下：

```
选择标注对象:
```

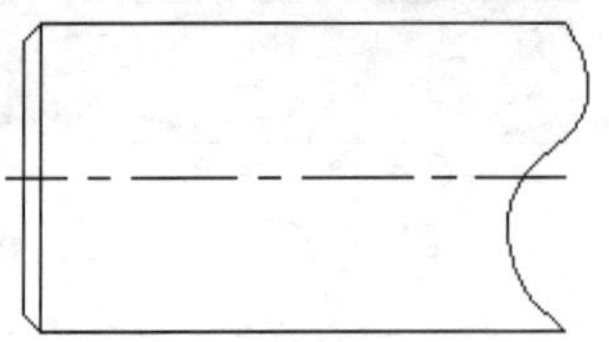

图 8-36　待标注对象

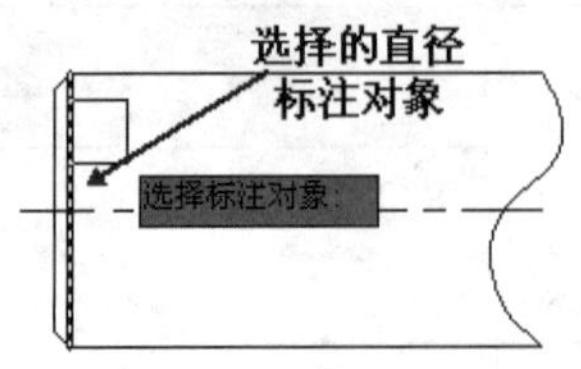

图 8-37　选择的标注对象

03 选择标注对象后，绘图区如图 8-38 所示，命令行提示如下：

```
指定尺寸线位置或
[多行文字(M)/文字(T)/角度(A)/水平(H)/垂直(V)/旋转(R)]: t
```

04 输入文字符号“t”，左手大拇指按下空格键，绘图区如图 8-39 所示，命令行提示如下：

```
输入标注文字 <35>: %%C<>
指定尺寸线位置或
```

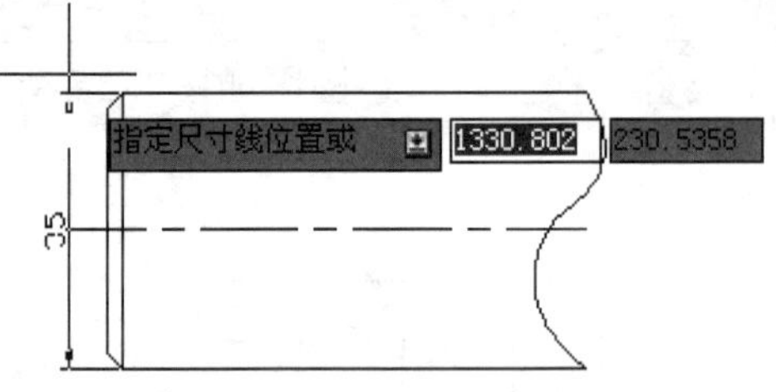

图 8-38　指定尺寸线位置

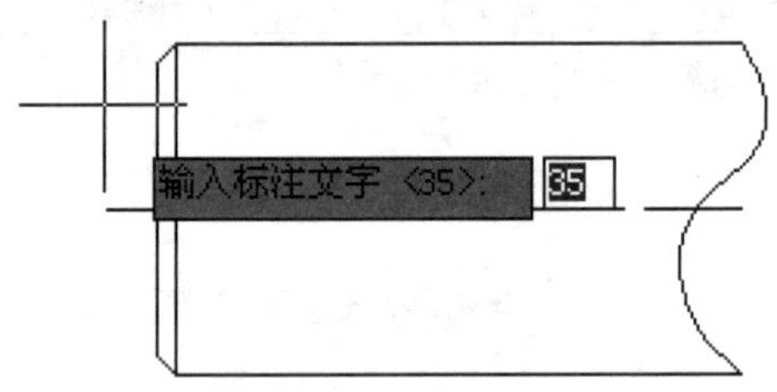

图 8-39　输入标注文字

05 输入文字符号“%%C<>”后，单击鼠标右键，绘图区如图 8-40 所示，命令行提示如下：

```
[多行文字(M)/文字(T)/角度(A)/水平(H)/垂直(V)/旋转(R)]:
```

06 移动鼠标至合适位置，单击鼠标左键，命令行提示如下：

```
标注文字 = 35
```

单击鼠标左键完成标注后，绘图区如图 8-41 所示。

专家提示： 在机械制图中，一般对圆角、圆弧等用半径来标注，而对于完整的圆，一般用直径来标注，这样便于零件的加工。

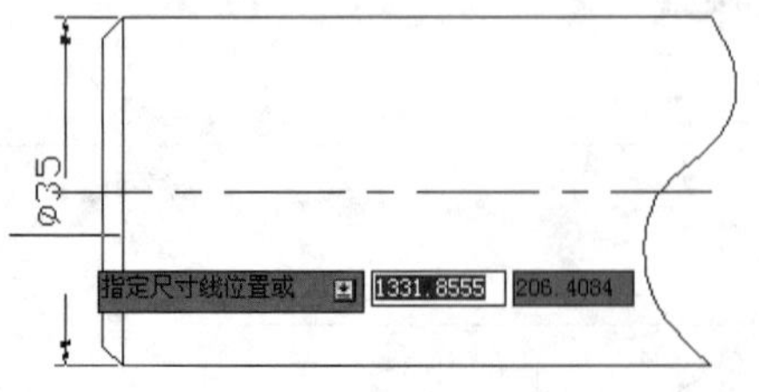

图 8-40　指定尺寸线位置

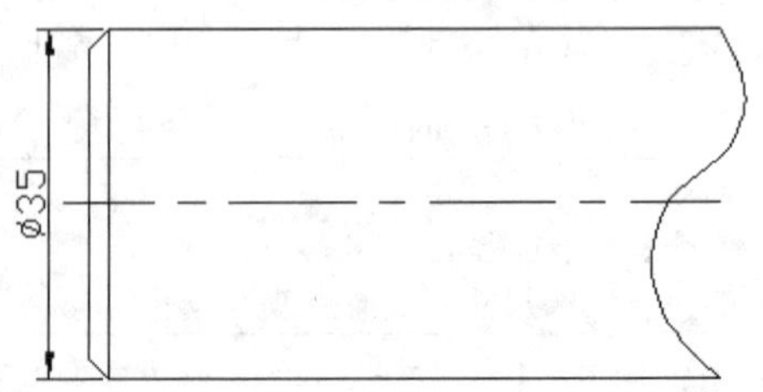

图 8-41　完成标注文字

第 61 例　掌握折弯标注的方法

必学技能

掌握折弯标注的方法，是必备技能，这里主要掌握折弯标注的方法及应用原因。

当圆弧或圆的中心位于布局之外并且无法在其实际位置显示时，使用折弯标注可以创建折弯半径标注，又称“缩放的半径标注”，如图 8-42 所示。

一般熟练的绘图者都是采用下面的方法标注：单击“标注”工具栏的“折弯”标注按钮。

对于如图 8-42 所示的图样，可按以下步骤完成折弯标注。

操作步骤

01 单击“标注”工具栏的“折弯标注”标注按钮。

执行折弯标注命令后，命令行提示如下：

```
命令:
DIMJOGGED
选择圆弧或圆:
```

此时绘图区如图 8-43 所示。

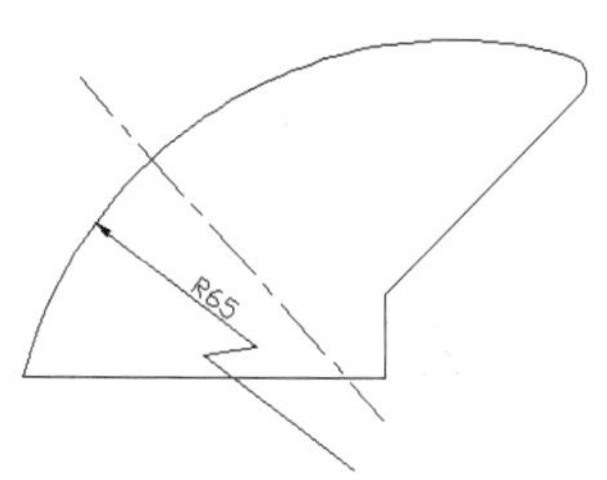

图 8-42　折弯线性标注

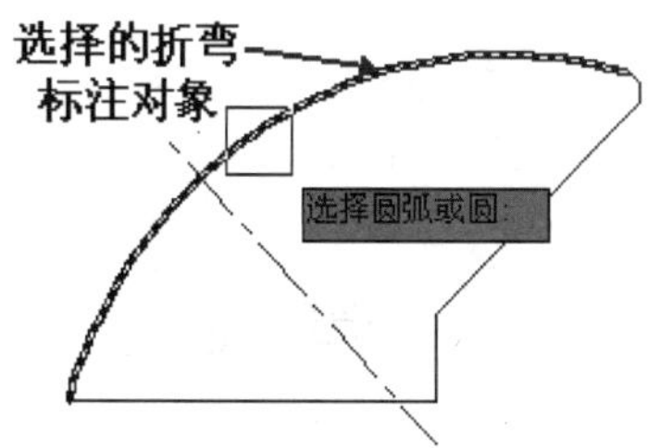

图 8-43　完成标注文字

02 单击鼠标左键，选择标注对象后，命令行提示如下：

```
指定图示中心位置:
```

“中心位置”即折弯标注尺寸线的起点，如图 8-44 中的 A 点。

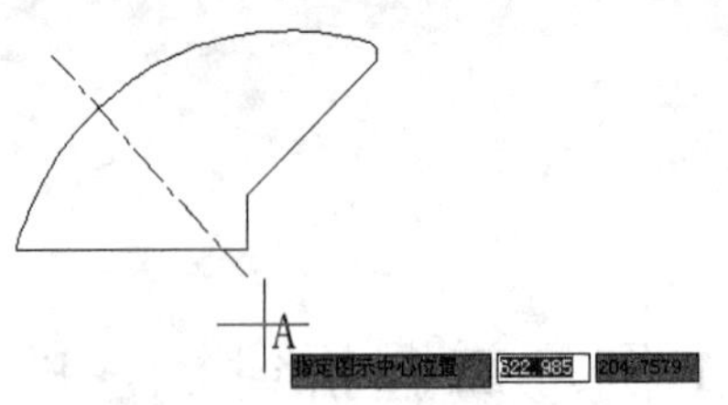

图 8-44　指定图示中心位置

03 单击鼠标左键选择中心位置后，绘图区如图 8-45 所示，命令行提示如下：

```
标注文字 = 65
指定尺寸线位置或 [多行文字(M)/文字(T)/角度(A)]:
```

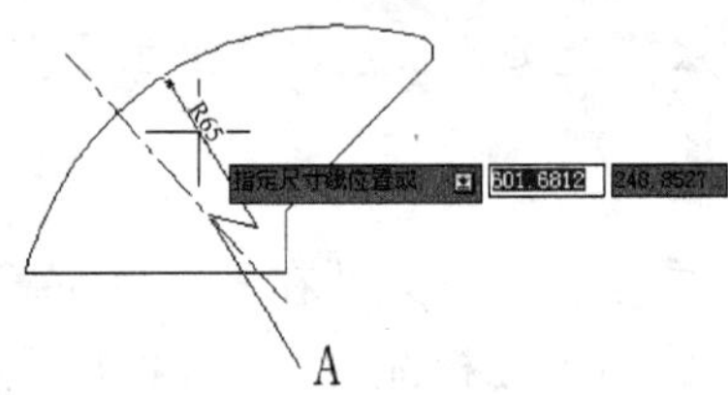

图 8-45　指定尺寸线位置

04 单击鼠标左键，指定尺寸线位置后，命令行提示如下：

```
指定折弯位置:
```

05 单击鼠标左键指定折弯的位置，即图 8-46 中的 B 点，完成后的折弯标注如图 8-47 所示。

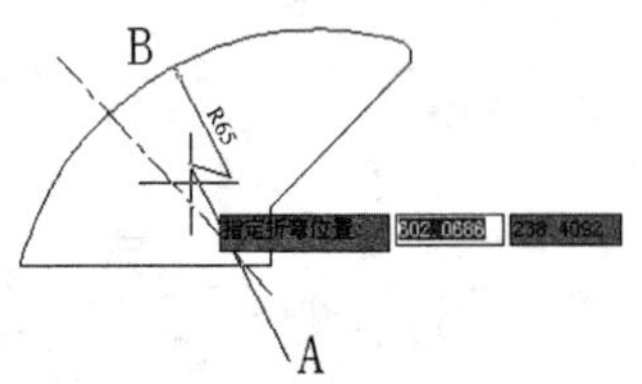

图 8-46　指定折弯位置

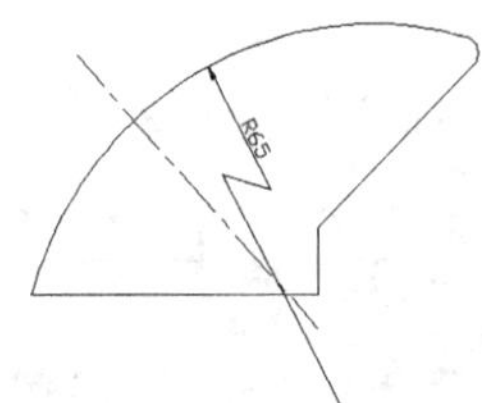

图 8-47　完成的折弯标注

第 62 例　掌握弧长标注的方法

必学技能

掌握弧长标注的方法，弧长标注的方法在实际应用中比较少。

弧长标注用于标注圆弧的长度，在标注文字前方或上方用弧长标记“⌒”表示，如

图 8-48 所示。

一般熟练的绘图者都是采用下面的方法标注：单击“标注”工具栏的“弧长标注”按钮。

对于如图 8-47 所示的图样，可按以下步骤完成弧长标注。

操作步骤

01 单击“标注”工具栏的“弧长标注”标注按钮。

执行弧长标注命令后，命令行提示如下：

```
命令:
命令: _dimarc
选择弧线段或多段线圆弧段:
```

此时绘图区如图 8-49 所示。

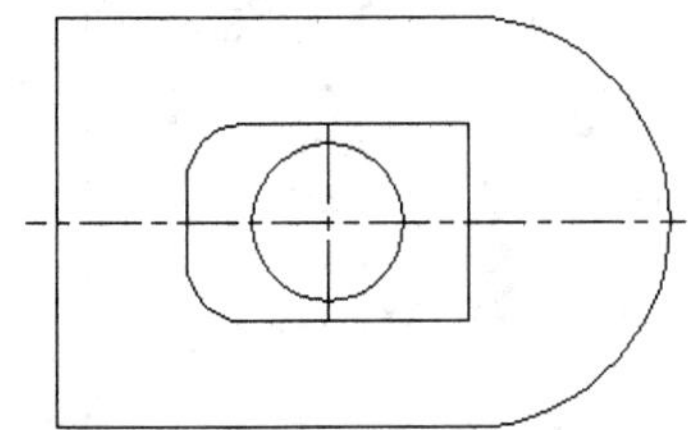

图 8-48　弧长标注

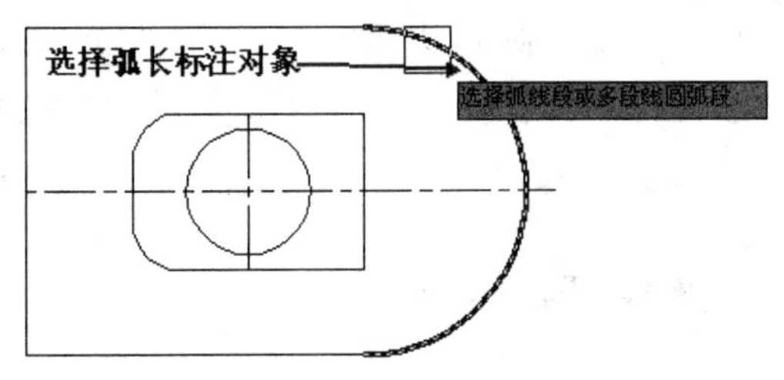

图 8-49　选择弧长标注对象

02 单击鼠标左键，选择标注对象后，绘图区如图 8-50 所示。

03 移动鼠标至合适位置，单击鼠标左键完成弧长标注后，绘图区如图 8-51 所示，命令行提示如下：

```
指定弧长标注位置或 [多行文字(M)/文字(T)/角度(A)/部分(P)/引线(L)]:
标注文字 = 32.69
自动保存到 C:\Documents and Settings\Administrator\local settings\temp\
8-1_1_1_7858.sv$ ...
```

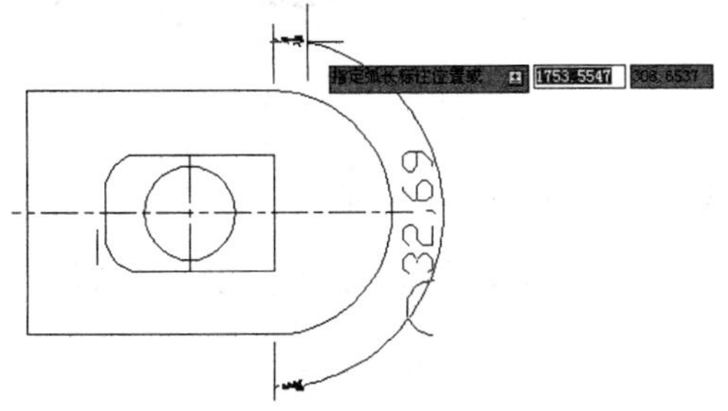

图 8-50　指定弧长标注位置

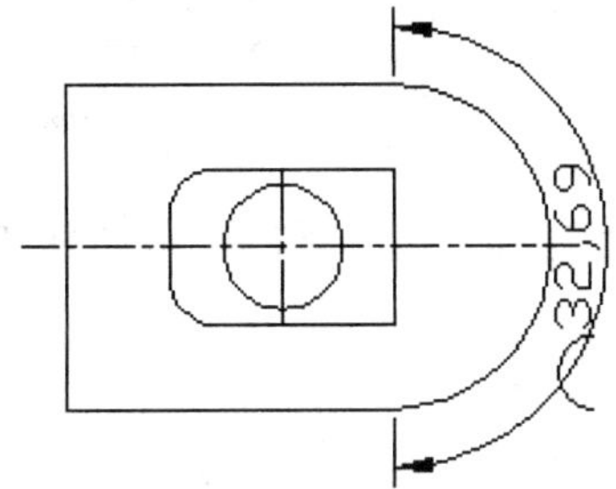

图 8-51　完成弧长标注

第 63 例　掌握圆心标记的方法

必学技能

掌握圆心标记的方法，是必备的技能，这里主要掌握圆心标记、通过夹点修改标记长度、通过“特性”选项板修改线型、通过特性匹配修改线型颜色的方法。

圆心标注用于圆和圆弧的圆心标记，如图 8-23 所示。一般熟练的绘图者都是采用下面的方法标注：单击“标注”工具栏的“圆心标记”按钮⊕。

对于如图 8-52 所示的图样，可按以下步骤完成圆心标记。

操作步骤

01 单击“标注”工具栏的“圆心标记”标注按钮⊕。

执行圆心标记命令后，命令行提示如下：

```
命令: _dimcenter
选择圆弧或圆:
```

此时绘图区如图 8-53 所示。

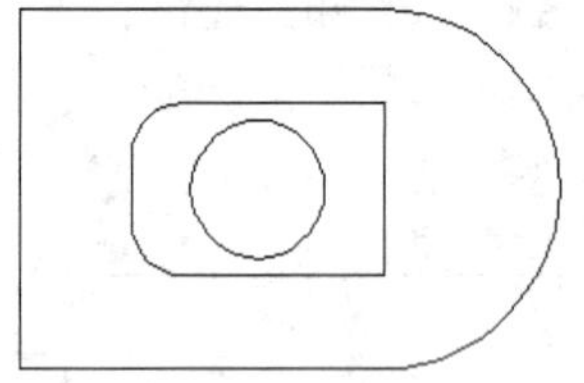

图 8-52　待标注的图样

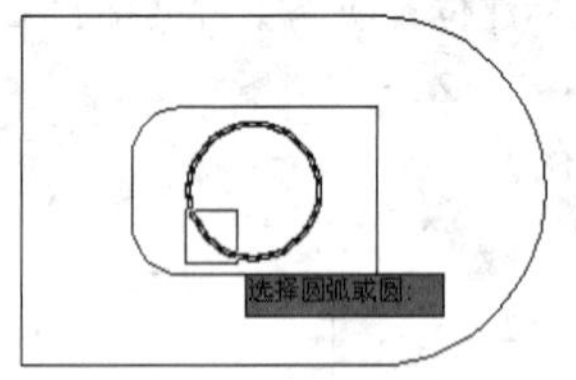

图 8-53　选择圆弧或圆

02 单击鼠标左键，选择标注对象后，绘图区如图 8-54 所示。

圆心标记一般为中心线，且圆心标记一般要超出圆，下面将介绍通过夹点修改标记长度的方法。

通过夹点修改标记长度的方法详见第 24 例。

其夹点作为拉伸基点显示如图 8-55 所示，然后移动拉伸基点至想要位置，如图 8-56 所示，最后的效果如图 8-57 所示。

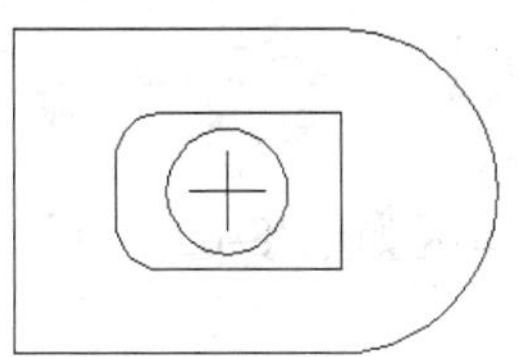

图 8-54　圆心标记

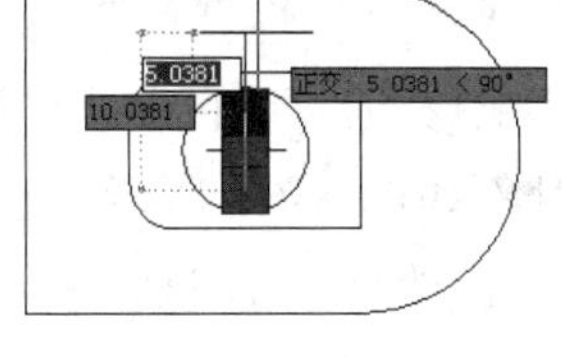

图 8-55　拉伸基点显示（红色夹点为拉伸基点）

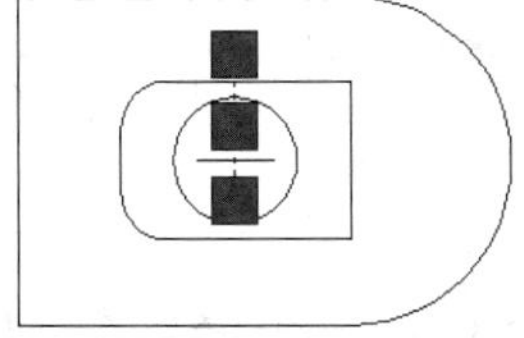

图 8-56　拉伸基点后

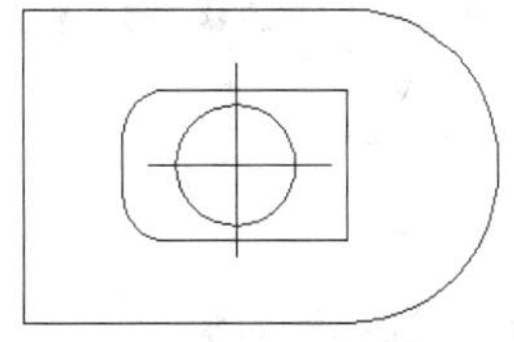

图 8-57　完成夹点编辑

专家提示：在使用夹点编辑模式中，移动拉伸基点至合适位置之后，左手按下 Esc 键，退出夹点编辑模式，接着单击选择对象，继续夹点编辑模式，注意在编辑的过程中，编辑完一个对象后，Esc（退出）键的应用。

下面将介绍通过“特性”选项板修改线型的方法。

通过“特性”选项板修改线型的方法详见第 37 例。

其“特性”选项板如图 8-58 所示，选择圆心标记，绘图区如图 8-59 所示，然后将其修改为“红”，将“线型”选项修改为“CENTER”，将“线型比例”选项修改为“0.1”，然后按下 Esc 键退出，修改后绘图区的变化效果如图 8-60 所示。

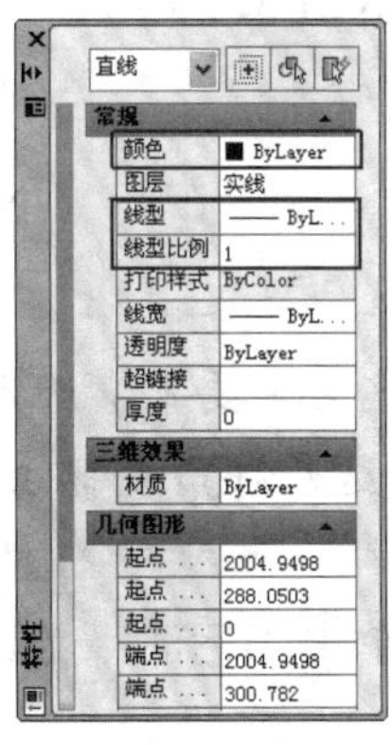

（a）修改前

（b）修改后

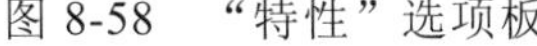

图 8-58　“特性”选项板

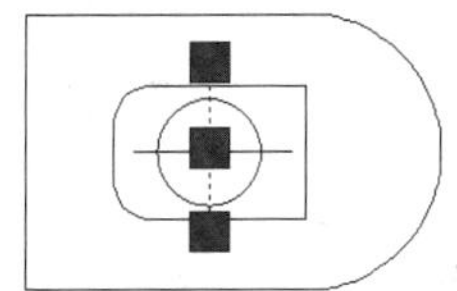

图 8-59　选择修改对象

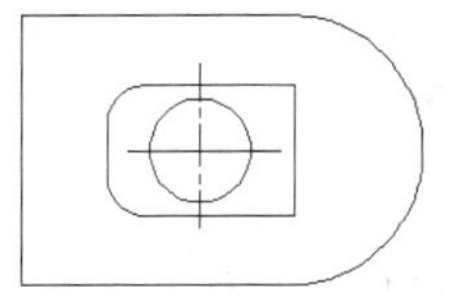

图 8-60　修改后的对象

下面将介绍通过“特性匹配”修改线型颜色的方法。

通过特性匹配修改线型的方法详见第 37 例。

其选择源对象如图 8-61 所示，选择后，此时绘图区如图 8-62 所示，修改后的效果如图 8-63 所示，修改前、后的效果如图 8-64 所示。

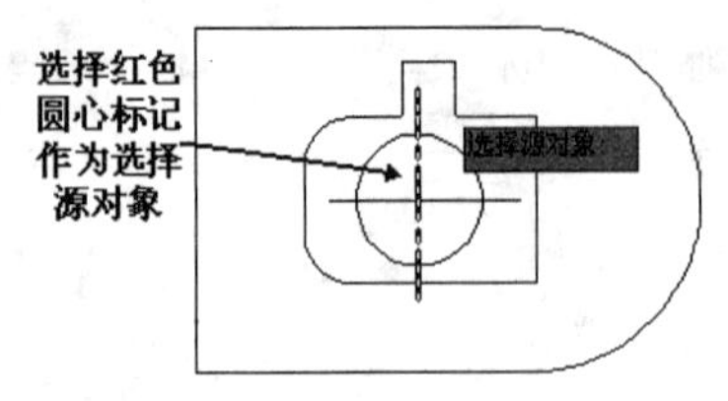

图 8-61　选择源对象

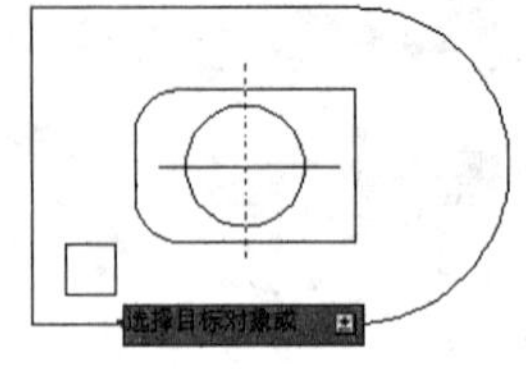

图 8-62　提示选择目标对象

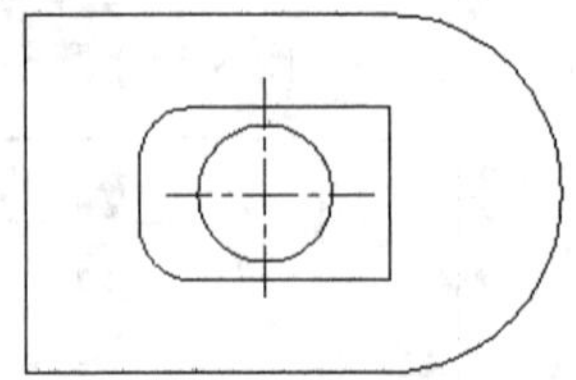

图 8-63　修改后的效果图

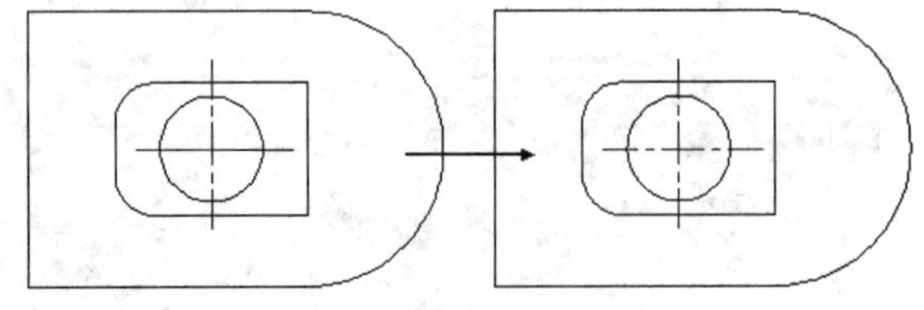

图 8-64　修改前、后的效果

第 64 例　掌握角度标注的方法

必学技能

掌握角度标注的方法，是必备的技能，这里主要掌握选择圆弧、选择圆、选择直线、选择 3 点（单击鼠标右键选择顶点）这几种角度标注的方法。

一般熟练的绘图者都是采用下面的方法标注：单击“标注”工具栏的“角度标注”按钮。下面将具体介绍角度标注的方法。

1. 选择圆弧

操作步骤

01 单击“标注”工具栏的“角度标注”按钮。

执行角度标注命令后，命令行提示如下：

```
命令:
命令: _dimangular
选择圆弧、圆、直线或 <指定顶点>:
```

绘图区如图 8-65 所示。

02 单击鼠标左键，选择标注对象后，绘图区如图 8-66 所示。

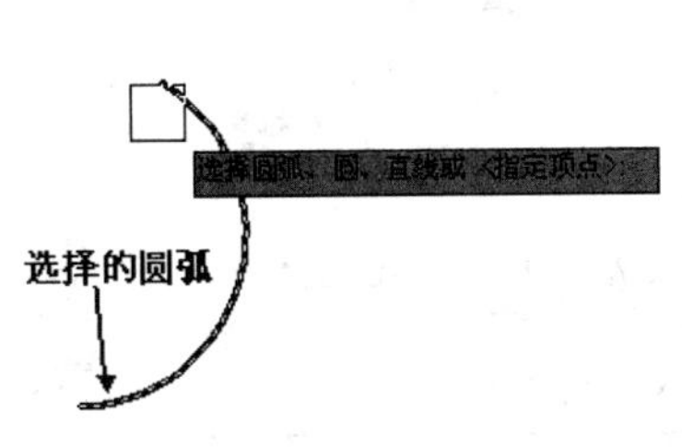

图 8-65　选择的圆弧

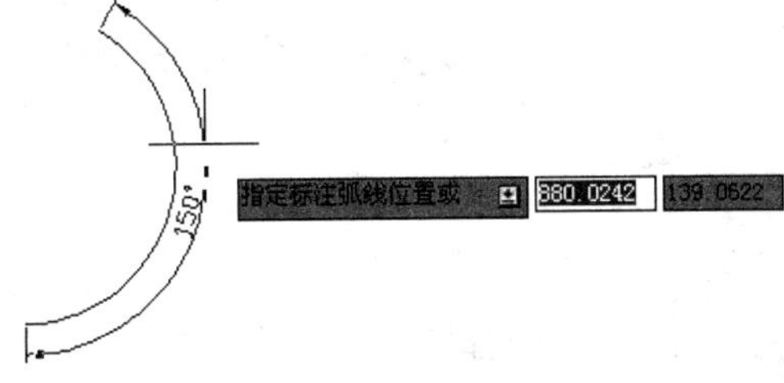

图 8-66　指定标注弧线位置

03 移动鼠标至合适位置，单击鼠标左键完成角度标注后，绘图区如图 8-67 所示，命令行提示如下：

```
指定标注弧线位置或 [多行文字(M)/文字(T)/角度(A)/象限点(Q)]:
标注文字 = 150
```

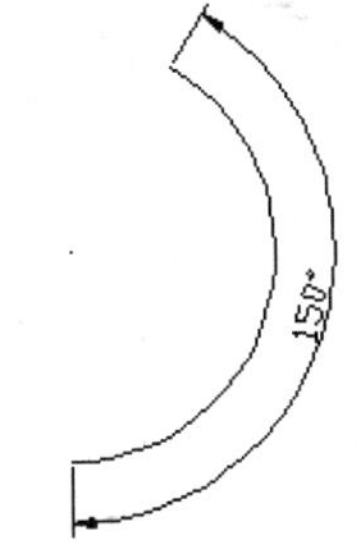

图 8-67　完成角度标注

2. 选择圆

如果鼠标单击的对象是圆，那么角度标注第一条尺寸界线的原点即选择圆时鼠标所单击的那个点，而圆的圆心是角度的顶点。

操作步骤

01 单击“标注”工具栏的“角度标注”按钮。

执行角度标注命令后，命令行提示如下：

```
命令:
命令: _dimangular
选择圆弧、圆、直线或 <指定顶点>:
```

绘图区如图 8-68 所示。

02 单击鼠标左键，选择标注对象后，绘图区如图 8-69 所示，命令行提示如下：

```
指定角的第二个端点:
```

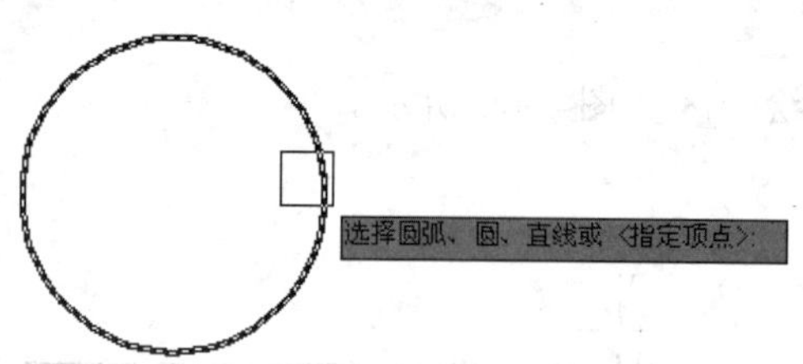

图 8-68　选择的圆

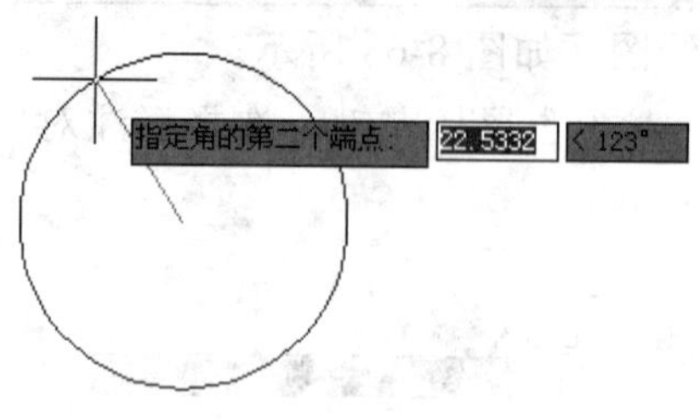

图 8-69　提示指定角的第二个端点

03 单击鼠标选择圆上的另外一点，绘图区如图 8-70 所示，命令行提示如下：

```
指定标注弧线位置或 [多行文字(M)/文字(T)/角度(A)/象限点(Q)]:
```

04 移动鼠标至合适位置，单击鼠标左键完成角度标注后，绘图区如图 8-71 所示，命令行提示如下：

```
标注文字 = 121
```

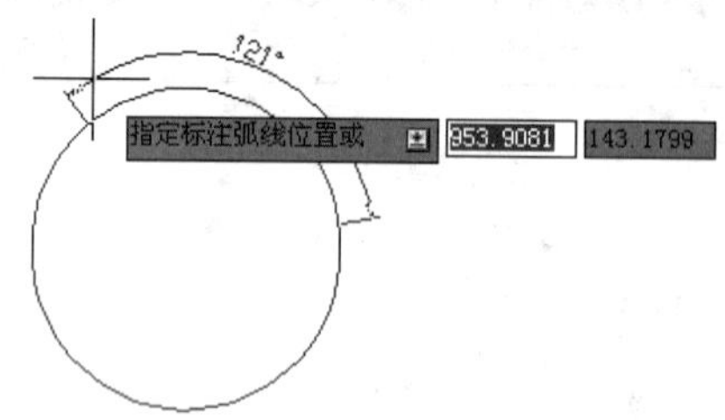

图 8-70　指定标注弧线位置

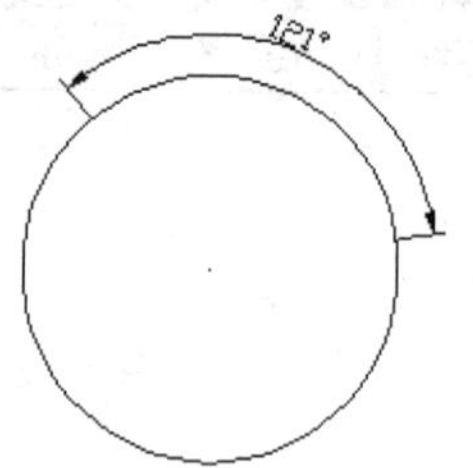

图 8-71　指定角的第二个端点

3. 选择直线

如果鼠标单击的对象是直线，那么将用两条直线定义角度。

操作步骤

01 单击"标注"工具栏的"角度标注"按钮。

执行角度标注命令后，命令行提示如下：

```
命令:
命令: _dimangular
选择圆弧、圆、直线或 <指定顶点>:
```

绘图区如图 8-72 所示。

02 单击鼠标左键，选择第一条直线后，绘图区如图 8-73 所示，命令行提示如下：

```
选择第二条直线:
```

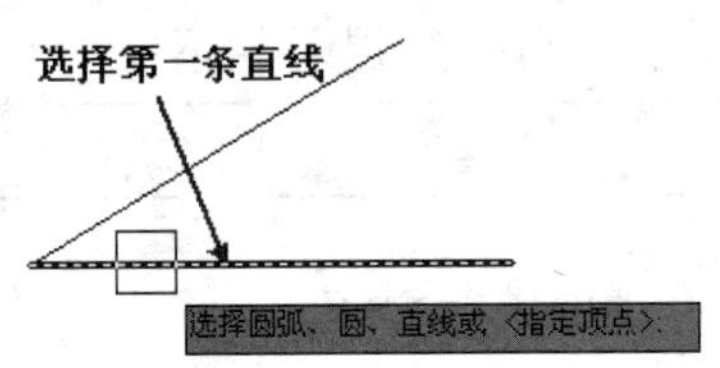

图 8-72　选择第一条直线

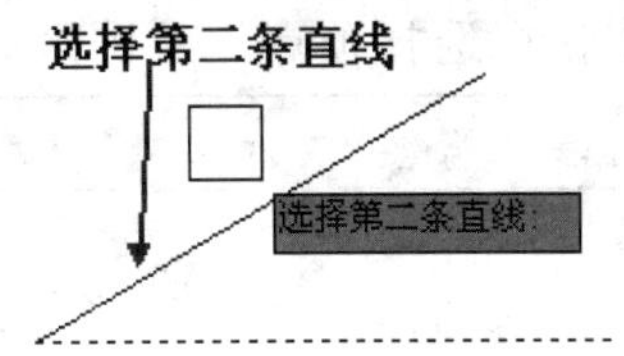

图 8-73　提示选择第一条直线

03 单击鼠标选择第二条直线，绘图区如图 8-74 所示，命令行提示如下：

```
指定标注弧线位置或 [多行文字(M)/文字(T)/角度(A)/象限点(Q)]:
```

04 移动鼠标至合适位置，单击鼠标左键完成角度标注后，绘图区如图 8-75 所示，命令行提示如下：

```
标注文字 = 30
```

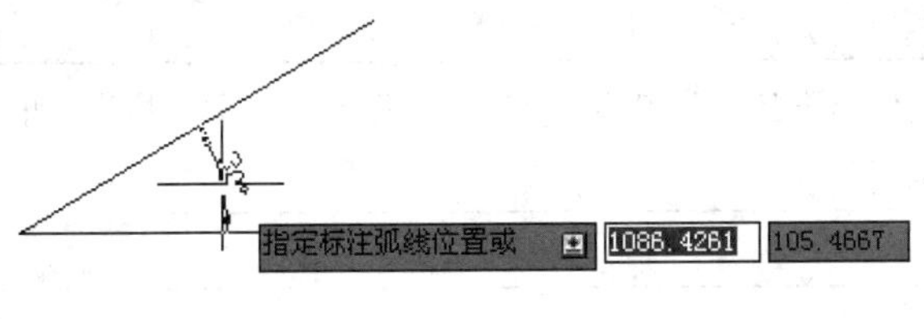

图 8-74　指定标注弧线位置

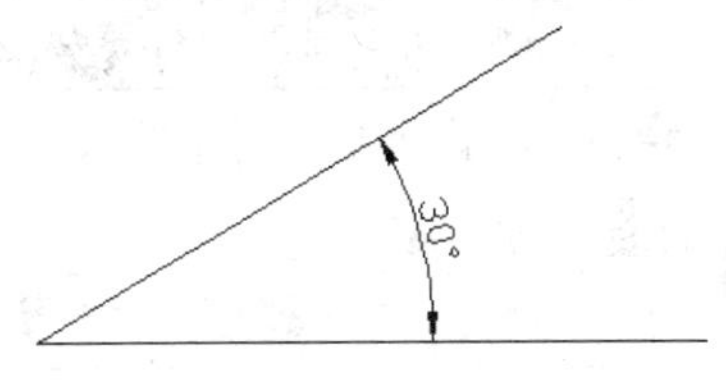

图 8-75　标注直线

4．选择 3 点（单击鼠标右键选择顶点）

如果直接单击鼠标右键，则创建基于指定 3 点的标注。

操作步骤

01 单击“标注”工具栏的“角度标注”按钮。

执行角度标注命令后，命令行提示如下：

```
命令:
命令: _dimangular
选择圆弧、圆、直线或 <指定顶点>:
```

绘图区如图 8-76 所示。

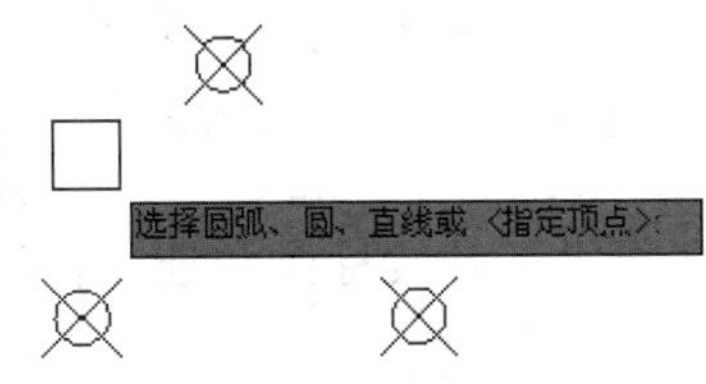

图 8-76　单击鼠标右键

02 单击鼠标右键，绘图区如图 8-77 所示，命令行提示如下：

```
指定角的顶点:
```

03 单击鼠标选择顶点，绘图区如图 8-78 所示，命令行提示如下：

```
指定角的第一个端点:
```

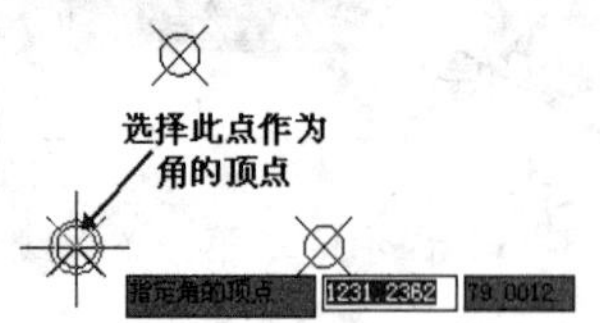

图 8-77　指定顶点

图 8-78　提示指定角的第一个端点

04 单击鼠标选择第一个端点，绘图区如图 8-79 所示，命令行提示如下：

```
指定角的第二个端点:
```

05 单击鼠标选择第二个端点，绘图区如图 8-80 所示，命令行提示如下：

```
指定标注弧线位置或 [多行文字(M)/文字(T)/角度(A)/象限点(Q)]:
```

06 移动鼠标至合适位置，单击鼠标左键完成角度标注后，绘图区如图 8-81 所示，命令行提示如下：

```
标注文字 = 60
```

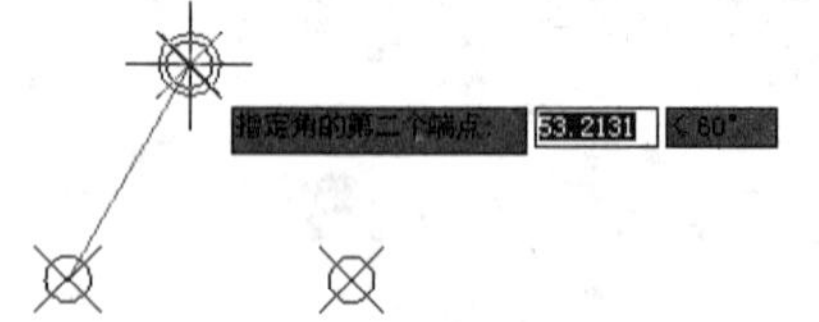

图 8-79　提示指定第二个端点

图 8-80　指定标注弧线位置

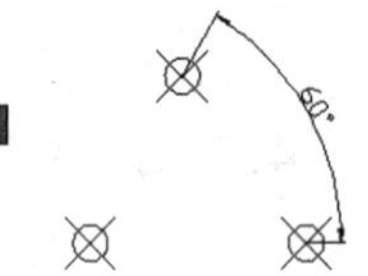

图 8-81　3 点标注

第 65 例　掌握基线标注和连续标注的方法

必学技能

掌握基线标注和连续标注的方法，是必备的技能，这里主要掌握首先标注一个线型标注，然后才能生成基线标注和连续标注。

AutoCAD 2014 为批量标注提供了基线标注和连续标注工具。下面将具体介绍这两种标注的方法。

1. 基线标注

基线标注是指从上一个标注或选定标注的基线处创建线性标注、角度标注或坐标标注。

操作步骤

首先标注一个线型标注，然后才能生成基线标注。

01 单击“标注”工具栏的“线性”标注按钮。

执行线性标注命令后，命令行提示如下：

```
命令:
命令: _dimlinear
指定第一条尺寸界线原点或 <选择对象>:
```

02 单击鼠标右键，绘图区如图 8-82 所示，命令行提示如下：

```
选择标注对象:
```

03 选择标注对象后，绘图区如图 8-83 所示，命令行提示如下：

```
指定尺寸线位置或
[多行文字(M)/文字(T)/角度(A)/水平(H)/垂直(V)/旋转(R)]:
```

04 移动鼠标至合适位置，单击鼠标左键，命令行提示如下：

```
标注文字 = 25
自动保存到 C:\Documents and Settings\Administrator\local settings\temp\Drawing1_1_1_1136.sv$ ...
```

单击鼠标左键完成线性标注后，绘图区如图 8-84 所示。

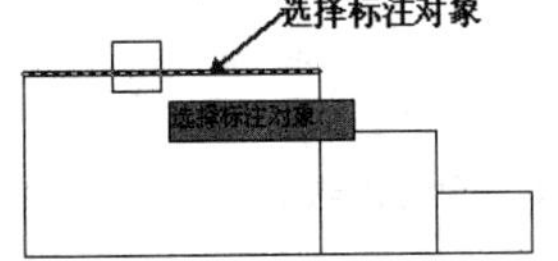

图 8-82　选择待标注的直线

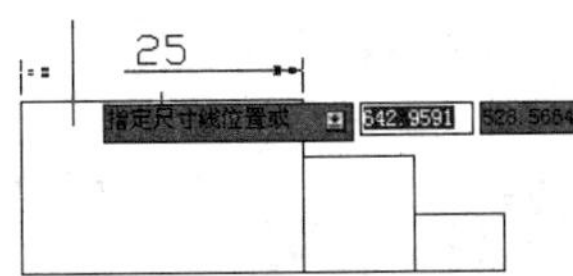

图 8-83　指定尺寸线位置

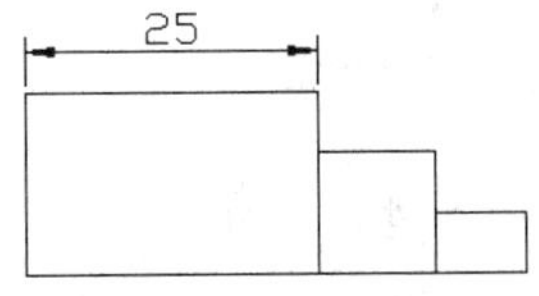

图 8-84　线性标注

创建线性标注之后，才能在此基础上生成基线标注。

05 单击“标注”工具栏的“基线标注”按钮。

执行基线标注命令后，命令行提示如下：

```
命令:
命令: _dimbaseline
指定第二条尺寸界线原点或 [放弃(U)/选择(S)] <选择>:
```

此时系统提示指定第二条尺寸界线原点，绘图区如图 8-85 所示。

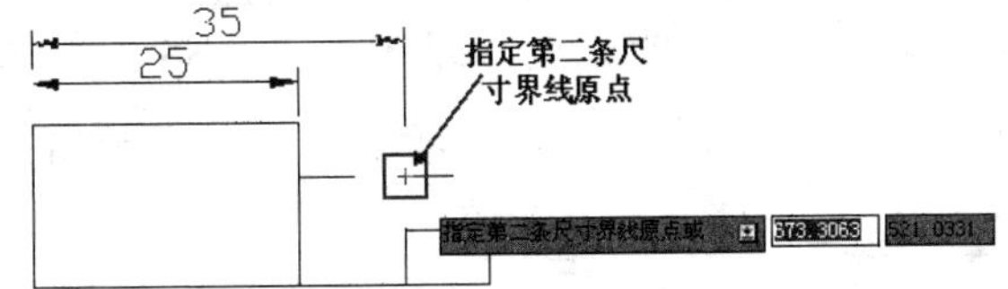

图 8-85　提示指定第二条尺寸界线原点

06 单击鼠标左键选择原点，绘图区如图 8-86 所示，命令行提示如下：

```
标注文字 = 35
```

```
指定第二条尺寸界线原点或 [放弃(U)/选择(S)] <选择>:
```

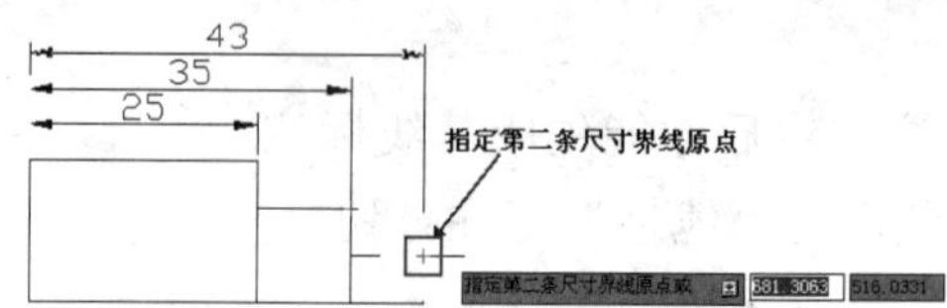

图 8-86　提示指定第二条尺寸界线原点

07 单击鼠标左键选择原点，绘图区如图 8-87 所示，命令行提示如下：

```
标注文字 = 43
指定第二条尺寸界线原点或 [放弃(U)/选择(S)] <选择>:
```

08 单击鼠标右键，结束基线标注，完成后的效果如图 8-88 所示。

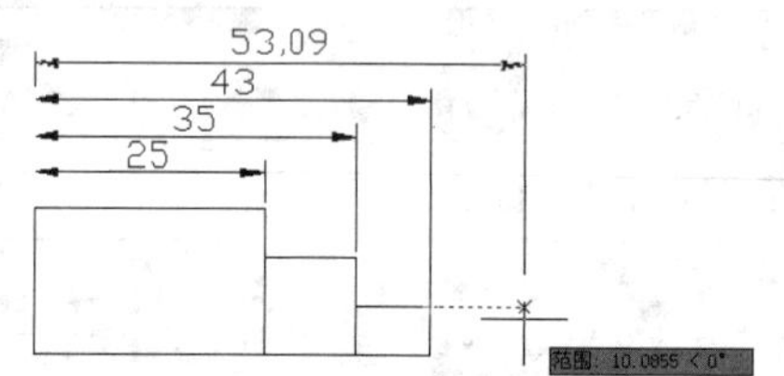

图 8-87　提示指定第二条尺寸界线原点

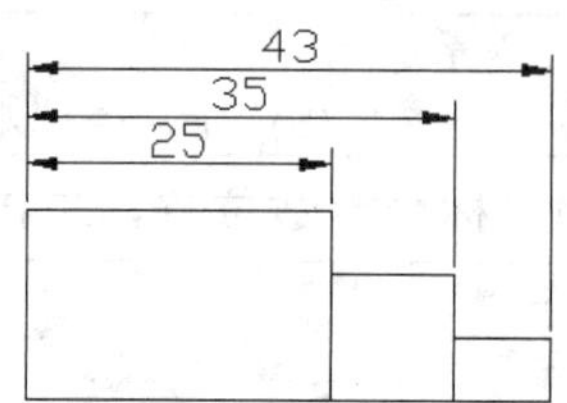

图 8-88　生成的基线标注

2．连续标注

连续标注是指从上一个标注或选定标注的第二条尺寸界线处创建线性标注、角度标注或坐标标注。

操作步骤

首先标注一个线型标注，然后才能生成连续标注。

01 单击“标注”工具栏的“线性”标注按钮⊢⊣。

执行线性标注命令后，命令行提示如下：

```
命令:
命令: _dimlinear
指定第一条尺寸界线原点或 <选择对象>:
```

02 用鼠标指定第一条尺寸界线的原点，即选择图 8-89 中的 A 点。

03 放开鼠标左键后，绘图区如图 8-90 所示，命令行提示如下：

```
指定第二条尺寸界线的原点:
```

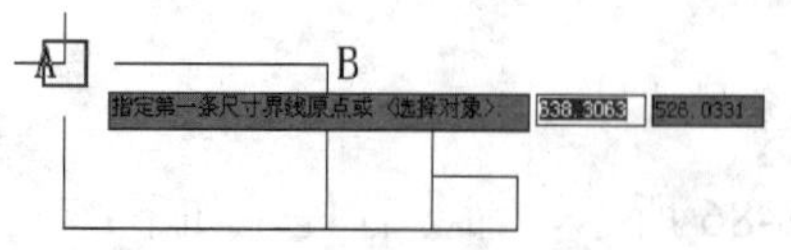

图 8-89　指定第一条尺寸界线原点

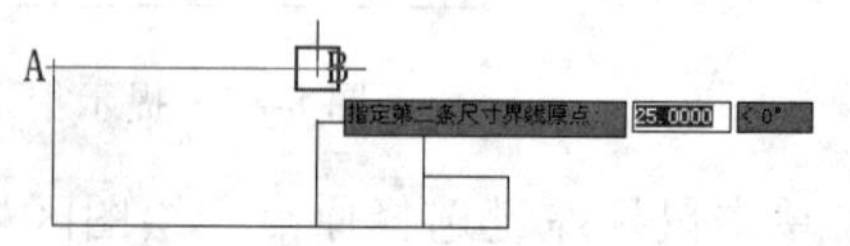

图 8-90　指定第二条尺寸界线原点

04 用鼠标指定第二条尺寸界线的原点，即选择如图 8-90 中的 B 点，选中后，命令行提示如下：

```
指定尺寸线位置或[多行文字（M）/文字（T）/角度（A）/水平（H）/垂直（V）/旋转（R）]:
```

05 绘图区如图 8-91 所示，移动鼠标至合适位置，单击鼠标左键，命令行提示如下：

```
标注文字 = 25
自动保存到 C:\Documents and Settings\Administrator\local settings\temp\Drawing1_1_1_1136.sv$ ...
```

06 单击鼠标左键完成线性标注后，绘图区如图 8-92 所示。

创建线性标注之后，才能在此基础上生成连续标注。

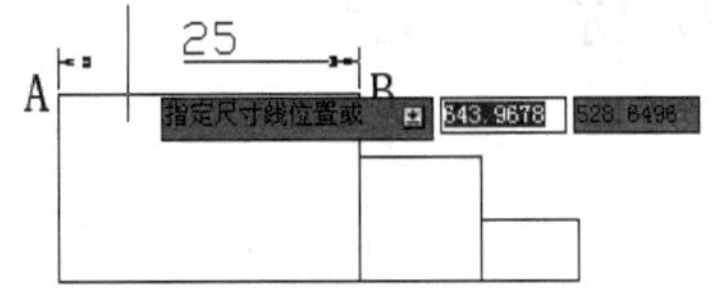

图 8-91　指定尺寸线位置

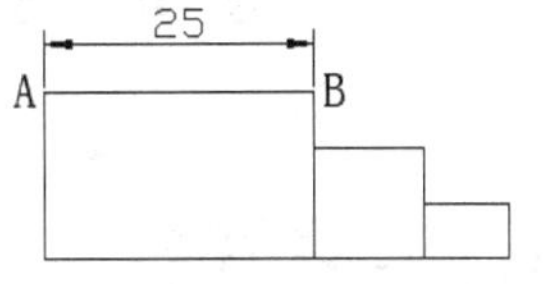

图 8-92　线性标注

07 单击"标注"工具栏的"连续标注"按钮。

执行连续标注命令后，命令行提示如下：

```
命令:
命令: _dimcontinue
指定第二条尺寸界线原点或 [放弃（U）/选择（S）] <选择>:
```

系统提示指定第二条尺寸界线原点，绘图区如图 8-93 所示。

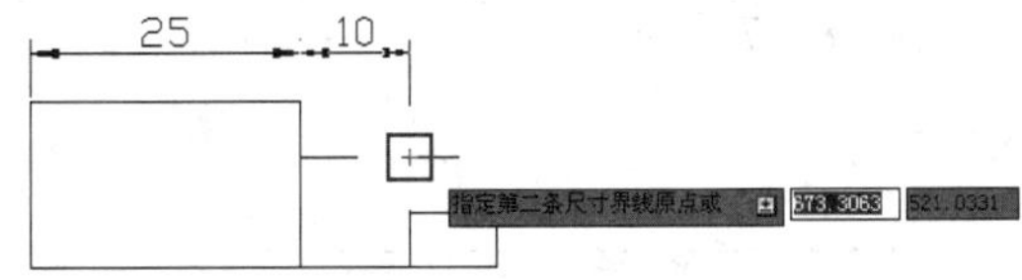

图 8-93　提示指定第二条尺寸界线原点

08 单击鼠标左键选择原点，绘图区如图 8-94 所示，命令行提示如下：

```
标注文字 = 10
指定第二条尺寸界线原点或 [放弃(U)/选择(S)] <选择>:
```

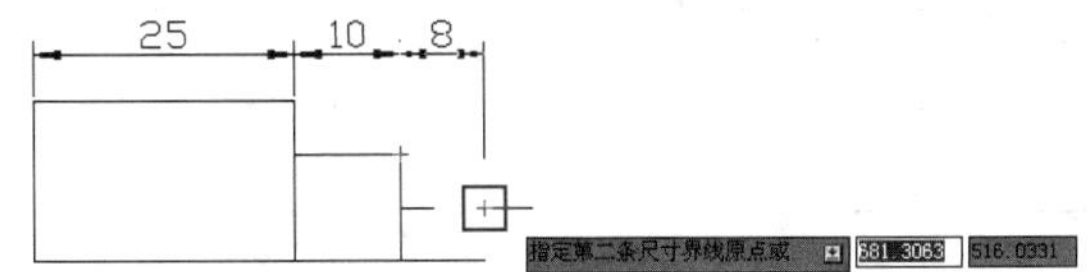

图 8-94　提示指定第二条尺寸界线原点

09 单击鼠标左键选择原点，绘图区如图 8-95 所示，命令行提示如下：

```
标注文字 = 8
指定第二条尺寸界线原点或 [放弃(U)/选择(S)] <选择>:
```

10 单击鼠标右键，结束连续标注，完成后的效果如图 8-96 所示。

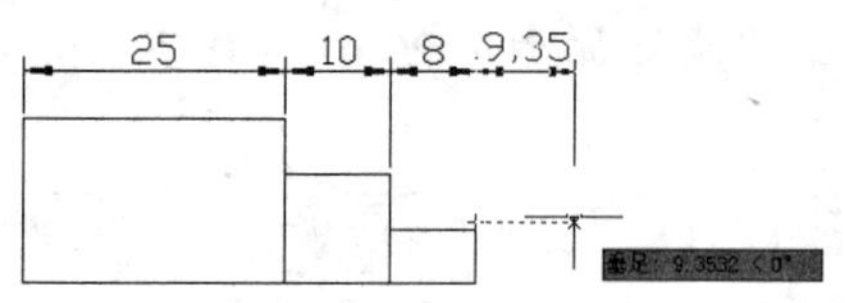

图 8-95　提示指定第二条尺寸界线原点

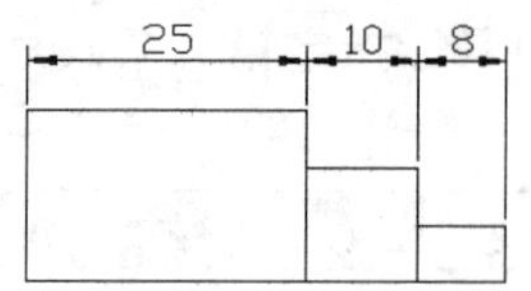

图 8-96　完成的连续标注

第 66 例　掌握坐标标注的方法

必学技能

掌握坐标标注的方法，是必备的技能，这里主要掌握新建坐标的方法、创建原点的方法、拉伸坐标标注的方法、采用绘制直线来规划坐标标注这几种坐标标注过程中采用的方法。

坐标标注由 X 或 Y 值和引线组成，X 基准坐标标注沿 X 轴测量特征点与基准点的距离，尺寸线和标注文字为垂直方向，Y 基准坐标标注沿 Y 轴测量距离，尺寸线和标注文字为水平方向，其示例如图 8-97 所示。

提示

UCS 世界坐标系由原来整个绘图区的左下角移到了此孔中心，成为新的原点。这样以后所标注的尺寸就是相对于此点的相对距离值。

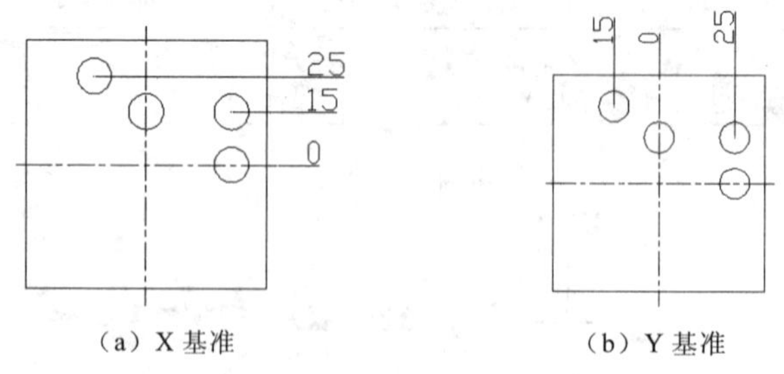

（a）X 基准　　（b）Y 基准

图 8-97　坐标标注示例

一般熟练的绘图者都是通过下面的方法执行坐标标注命令：单击“标注”工具栏的“坐标标注”按钮。

下面将具体介绍坐标标注的方法。

以如图 8-98 所示的线型标注为例，按下面的操作步骤进行坐标标注。

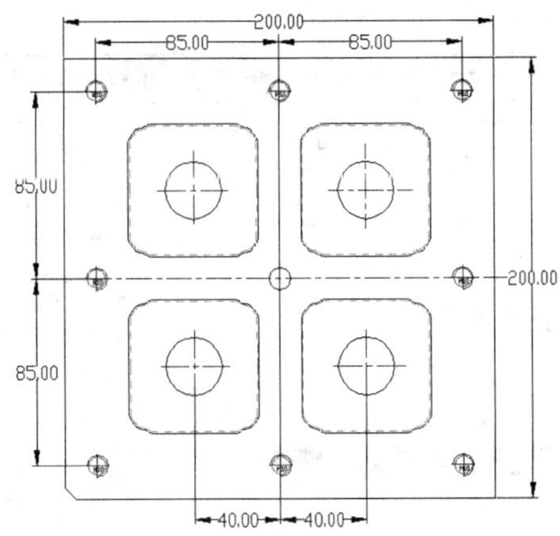

图 8-98　线型标注

操作步骤

1．新建“UCS 的原点”

这个原点自己可以灵活定义，一般可定义在图形的中心点、角点，或者其它的一些基准点，待标注的图形如图 8-99 所示。

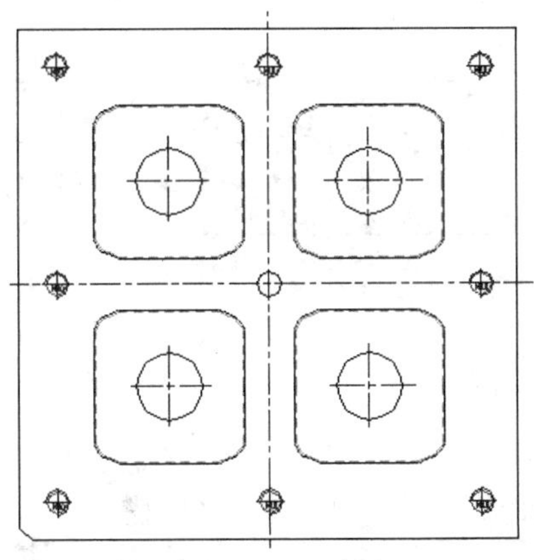

图 8-99　待标注的图形

01 左手输入键盘命令：ucs（UCS）。

02 左手大拇指按下空格键。

执行 UCS（新建坐标）命令后，命令行提示如下：

```
命令: UCS
当前 UCS 名称: *没有名称*
指定 UCS 的原点或 [面(F)/命名(NA)/对象(OB)/上一个(P)/视图(V)/世界(W)/X/Y/Z/Z 轴(ZA)] <世界>: n
```

03 此时输入“n”，即新建“UCS 的原点”，绘图区如图 8-100 所示，命令行提示如下：

```
指定新 UCS 的原点或 [Z 轴(ZA)/三点(3)/对象(OB)/面(F)/视图(V)/X/Y/Z] <0,0,0>:
```

04 单击鼠标左键选择如图 8-101 所示的中心线的交点作为新的“UCS 的原点”。

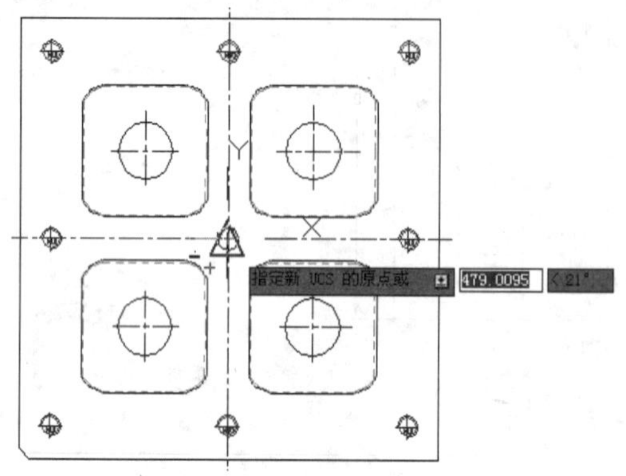

图 8-100　提示指定新的 UCS 的原点

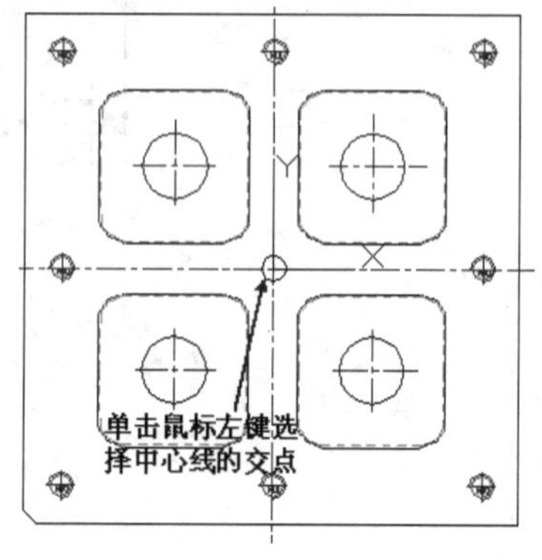

图 8-101　完成新建“UCS 的原点”

2. 坐标标注

在坐标标注之前，应该先绘制两条相互垂直的直线，这样在标注时可以排列整齐，看起来比较整齐。

提示

在绘制直线的过程中，这里正交模式打开，选择按下 F8 键，绘制完第一条直线后，按下 Esc 键退出命令，接着单击鼠标右键继续执行绘制直线命令。

05 绘制直线。

绘制直线的方法详见第 13 例。

最后的效果如图 8-102 所示。

06 单击“标注”工具栏的“坐标标注”按钮。

专家提示：“坐标标注”时，选择刚定义的相对原点，就会出现一个可拖动的标注线，它和一般标注尺寸线不同的，就是可以弯折并调节的。

执行坐标标注命令后，命令行提示如下：

```
命令:
命令: _dimordinate
指定点坐标:
```

07 单击图中的中心线与直线的交点作为指定点，如图 8-103 所示，命令行提示如下：

```
指定引线端点或 [X 基准(X)/Y 基准(Y)/多行文字(M)/文字(T)/角度(A)]:
```

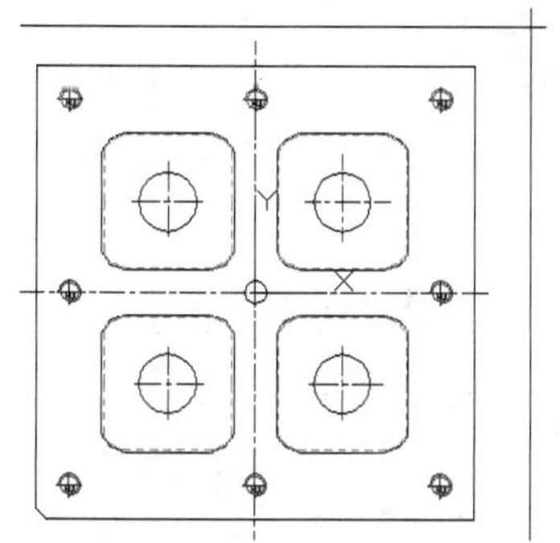

图 8-102　提示指定新的 UCS 的原点

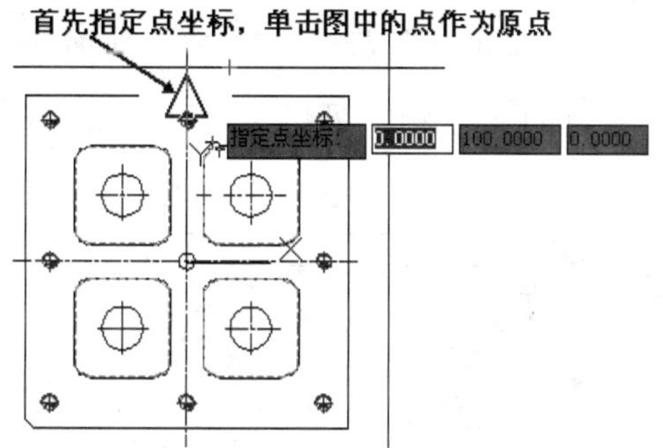

图 8-103　选择中心线与直线的交点作为指定点

08 单击鼠标左键选择直线上的点作为“指定引线端点”，如图 8-104 所示，命令行提示如下：

```
标注文字 = 0.00
自动保存到 C:\Documents and Settings\Administrator\local settings\temp\8-5_1_1_0797.sv$ ...
命令:
```

坐标标注完成后的效果如图 8-105 所示。

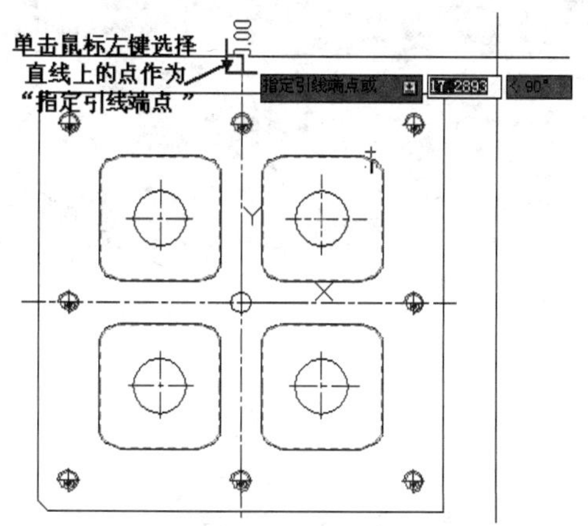

图 8-104　选择绘制直线上的点作为“指定引线端点”

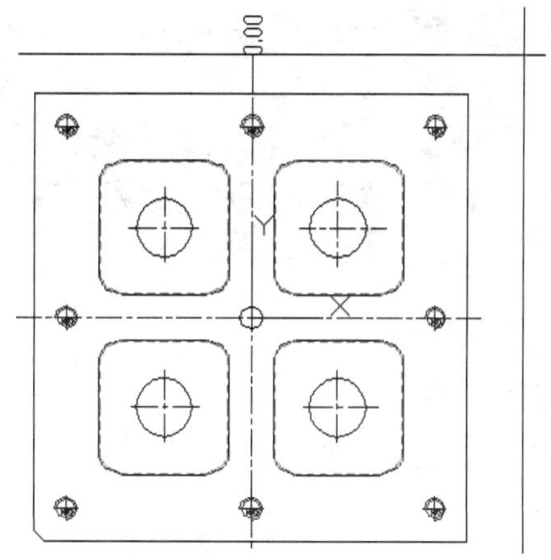

图 8-105　完成的坐标标注

09 按照图样的操作方法，标注 X 方向的原点，完成后的效果如图 8-106 所示。

3. 选择要标注的其他图元进行坐标标注

如各个中心点，沿 X 或 Y 方向拖动，进行 X，Y 方向的标注，此尺寸值即各个相对于标注原点的 X，Y 坐标。

专家提示：在坐标标注的过程中，标注完一个坐标值后，单击鼠标右键继续执行坐标标注，在标注的过程中，注意此方法的应用！

10 X 方向的坐标标注，沿 X 方向拖动，进行 X 方向的标注，此尺寸值即各个相对于标注原点的 X 坐标，最后的效果如图 8-107 所示。

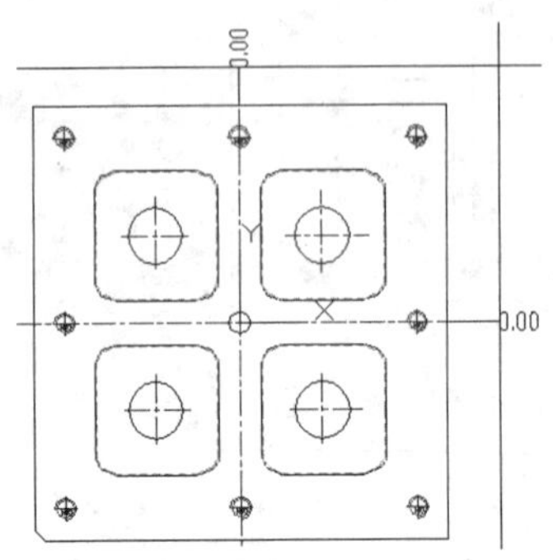

图 8-106　坐标标注 X 方向上的原点

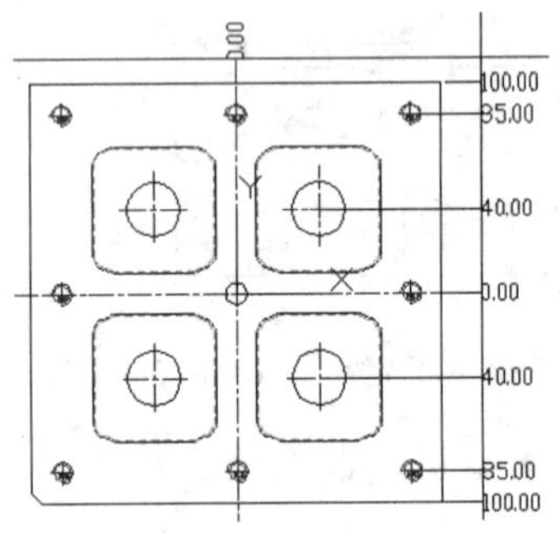

图 8-107　完成的 X 方向的标注

11 Y 方向的标注，沿 Y 方向拖动，进行 Y 方向的标注，此尺寸值即各个相对于标注原点的 Y 坐标，最后的效果如图 8-108 所示。

专家提示：坐标尺寸标注的一些要素和常规的不同，默认情况下没有箭头和中心标记，只是带尺寸数值的直线或折线！另外为避免失误或者疏漏，可以先标注全部 X 坐标（或 Y 坐标）方向的尺寸，再标注另一方向的，然后进行检查有无遗漏。

12 删除参考直线。

删除直线的方法详见第 25 例。

最后的效果如图 8-109 所示。

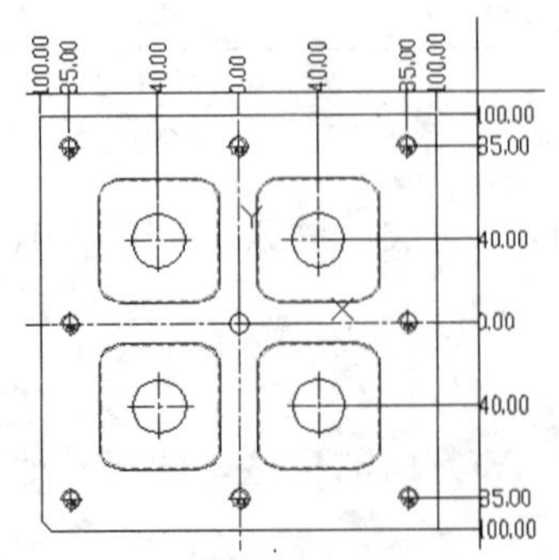

图 8-108　完成的 Y 方向上的标注

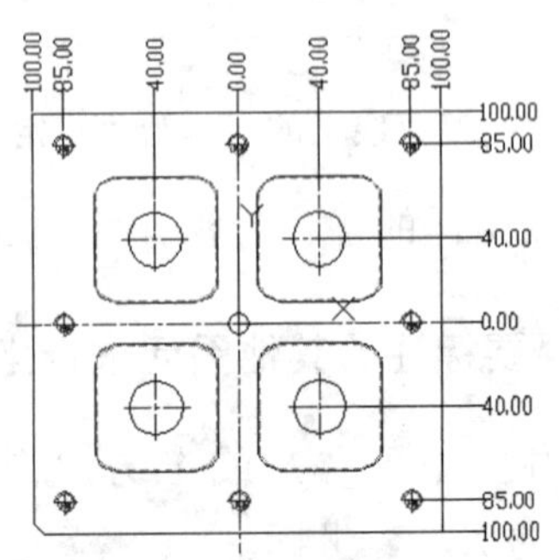

图 8-109　最后标注的效果图

提示

在坐标标注的过程中，也许会发现上面图中的尺寸有些乱，可在标注完毕后进行整理和对齐，让各个尺寸标注变得清晰容易读。

整理的方法很简单，就是选择要整理的尺寸标注，拖动上面的蓝色夹点即可。

第 67 例　掌握多重引线标注的方法

必学技能

掌握多重引线标注的方法，是制图必备的技能，这里主要掌握创建多重引线标注的方法，以及采用夹点的方式拉伸引线的方法。

下面将介绍多重引线标注的标注方法，其示例如图 8-110 所示，具体操作步骤按照下面的方法。

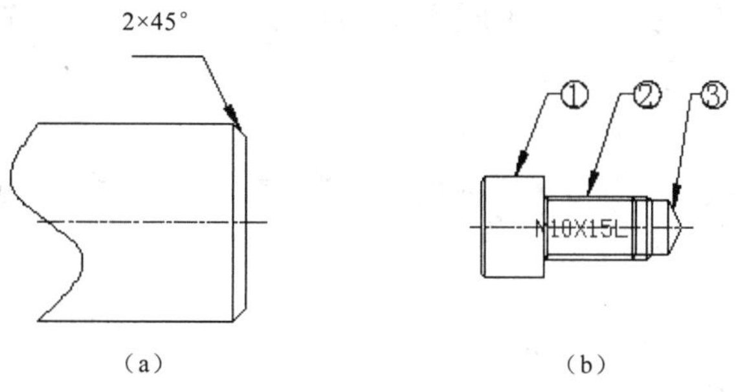

图 8-110　多重引线标注示例

一般熟练的绘图者都是通过下面的方法执行多重引线标注命令：单击“多重引线标注”工具栏的“多重引线标注”按钮。

首先介绍图 8-110（a）所示的多重引线标注的方法。

操作步骤

01 单击“多重引线标注”工具栏的“多重引线标注”按钮。

执行多重引线标注命令后，绘图区域如图 8-111 所示，命令行提示如下：

```
命令:
命令: _mleader
指定引线箭头的位置或 [引线基线优先(L)/内容优先(C)/选项(O)] <选项>:
```

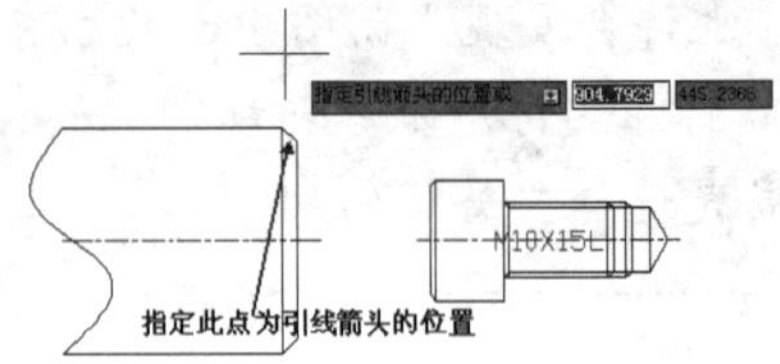

图 8-111　提示指定引线箭头的位置

02 指定引线箭头的位置后，绘图区域如图 8-112 所示，命令行提示如下：

```
指定引线基线的位置: 无法找到 SHELL 程序
自动保存到 C:\Documents and Settings\Administrator\local settings\temp\
8-11_1_1_8255.sv$ ...
```

03 单击鼠标左键，选择绘图中的一点作为引线基线的位置，完成后的效果如图 8-113 所示。

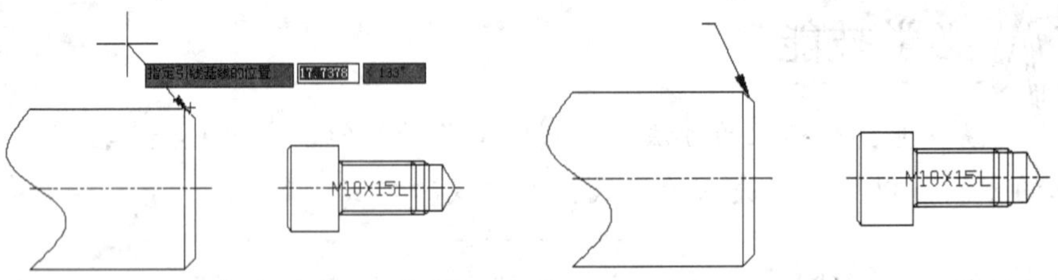

图 8-112　提示指定引线基线的位置　　　　图 8-113　完成的引线

下面将介绍采用夹点拉伸移动的方法修改引线的方法，这种方法在实际的应用中很广泛，希望读者能够掌握！

通过夹点移动引线的方法详见第 24 例。

单击所生成的引线显示如图 8-114 所示，然后拖动至合适的位置，按下 Esc 键退出，最后的效果如图 8-115 所示。

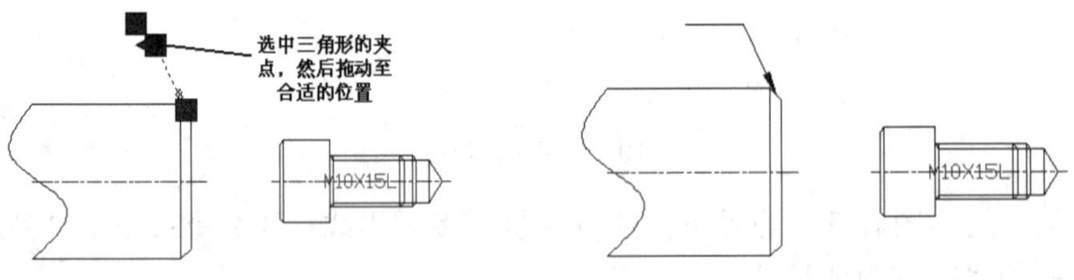

图 8-114　选择的引线　　　　图 8-115　修改后的引线

04 输入文字：左手食指输入键盘命令：t（T），左手大拇指按下空格键，命令行提示如下：

```
命令: T
MTEXT
当前文字样式: "Standard"  文字高度: 2.5  注释性: 否
```

```
指定第一角点:
```

05 指定 A 点作为指定的第一角点，绘图区如图 8-116 所示，命令行提示如下：

```
指定对角点或 [高度(H)/对正(J)/行距(L)/旋转(R)/样式(S)/宽度(W)/栏(C)]:
```

06 指定 B 点作为指定的对角点，绘图区如图 8-117 所示。

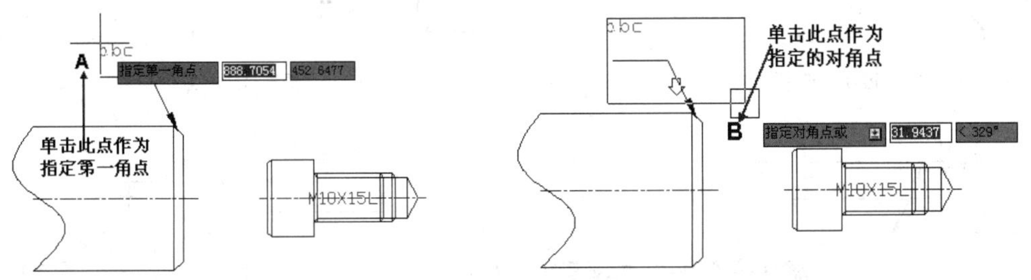

图 8-116　提示指定第一角点　　　　图 8-117　提示指定对角点

07 按照如图 8-118 所示的方式输入数值，分三步输入。

08 在图中的空白区域单击鼠标左键，生成的符号如图 8-119 所示。

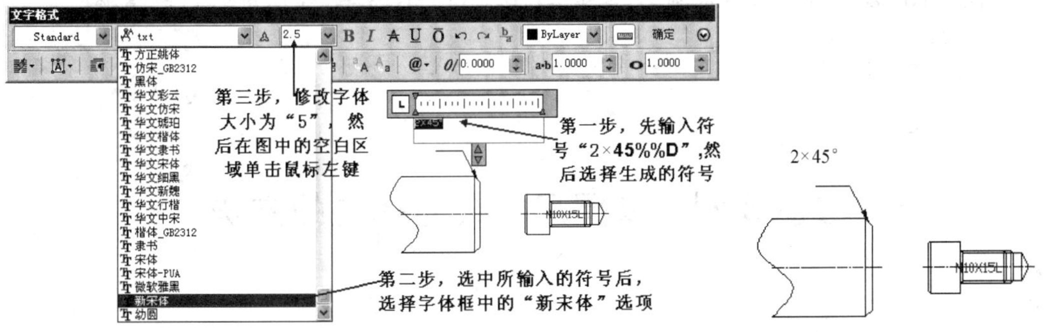

图 8-118　输入符号　　　　图 8-119　提示指定第一角点

下面将介绍采用移动的方法移动符号，这种方法在实际的应用中很广泛，希望读者能够掌握！

09 移动符号：

移动符号详见第 34 例。

选择对象之后，绘图区如图 8-120 所示（选择对象的方法见删除命令所述），提示指定基点时，绘图区如图 8-121 所示。

选择指定基点后，绘图区域如图 8-122 所示，移动符号至合适的位置后，单击鼠标左键，完成移动操作,绘图区如图 8-123 所示。

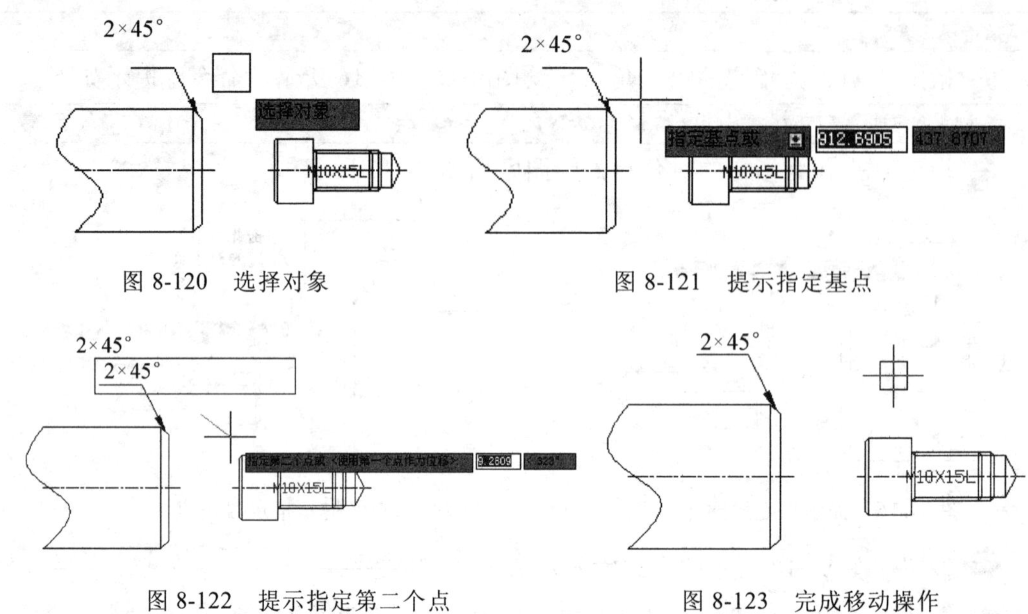

图 8-120 选择对象

图 8-121 提示指定基点

图 8-122 提示指定第二个点

图 8-123 完成移动操作

图 8-110 多重引线标注示例中的图 8-110（b）的标注方法请读者自己掌握。

第 68 例 掌握尺寸公差标注的方法

必学技能

掌握尺寸公差标注的方法，是标注图纸必备的技能，这里主要掌握标注公差带代号和标注极限偏差的方法，其中在“特性”对话框中编辑尺寸的方法最重要。

下面将介绍尺寸公差标注的方法，希望读者能够掌握其操作方法。

1．标注公差带代号

根据尺寸注法（GB/T4458.8—1984 和 GB/T16675.2—1996）利用“标注样式管理器”建立正确尺寸标注样式，在此基础上，可用下列方法之一进行标注。

1）方法 1：使用输入尺寸文本标注

其标注的方法详见第 60 例，最后的效果如图 8-124 所示。

2）方法 2：利用“选项”对话框编辑尺寸

线性标注的方法详见第 59 例。

最后的效果如图 8-125 所示。

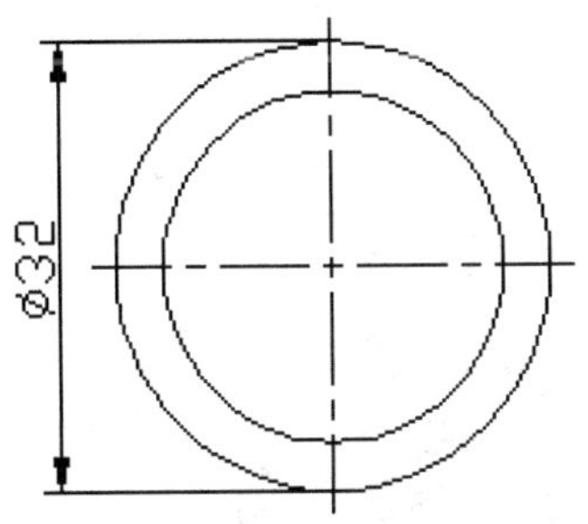

图 8-124　使用输入尺寸文本标注的效果

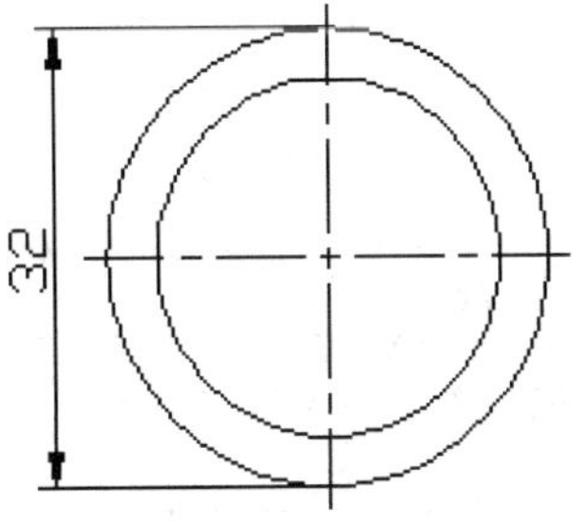

图 8-125　完成线性标注

操作步骤

01 单击所标注的尺寸，弹出“选项”对话框，选择“选项”中的“文字替代”选项，如图 8-126 所示。

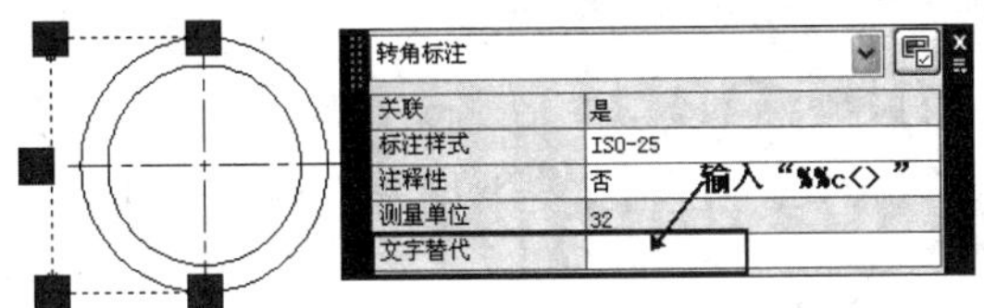

图 8-126　单击线性标注尺寸

02 在“选项”中的“文字替代”下输入“%%c<>”后，按 Enter 键，绘图区如图 8-127 所示。

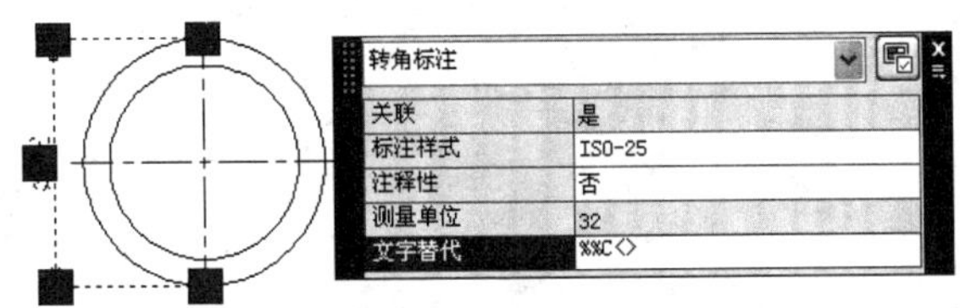

图 8-127　输入文字替代字母

03 修改好后，按下 Esc 键，退出“选项”对话框，修改后的效果如图 8-128 所示。

2. 标注极限偏差

利用线性标注的方法详见第 59 例。
最后的效果如图 8-129 所示。

1）方法 1：利用“特性”选项板编辑尺寸

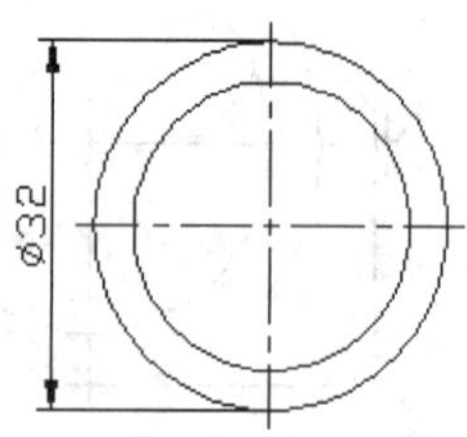

图 8-128 修改后的标注

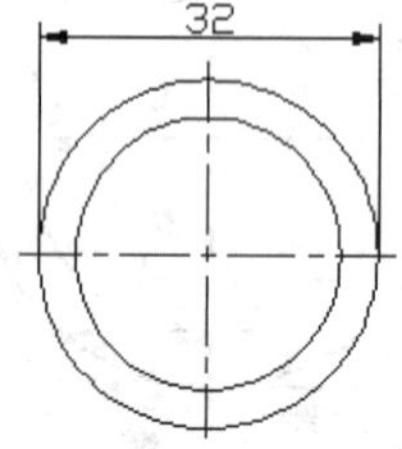

图 8-129 输入文字替代字母

操作步骤

下面将介绍通过“特性”选项板编辑尺寸的方法。
通过“特性”选项板编辑尺寸的方法详见第 37 例。

01 其“特性”选项板如图 8-130（a）所示，选择所标注的尺寸，此时绘图区如图 8-131 所示。

02 此时“特性”选项板，单击“文字”选项板下的“文字替代”中输入“%%C<>”，如图 8-130（b）所示；然后单击“公差”选项板下的“显示公差”中选择“极限偏差”，在“公差上偏差”输入“0.04”，在“公差下偏差”输入“0.02”，在“水平放置公差”选择“中”，在“公差文字高度”选择“0.8”，如图 8-130（c）所示。

（a）没有选择对象

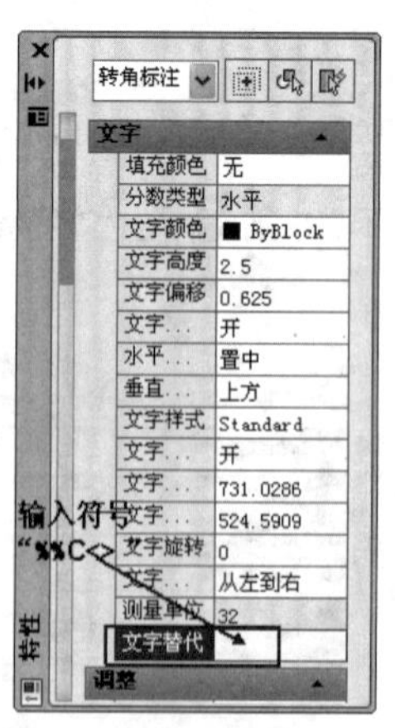

（b）输入文字符号

（c）修改“公差”选项

图 8-130 “特性”选项板

03 修改好后，按下 Esc 键，退出“特性”对话框，修改后的效果如图 8-132 所示。

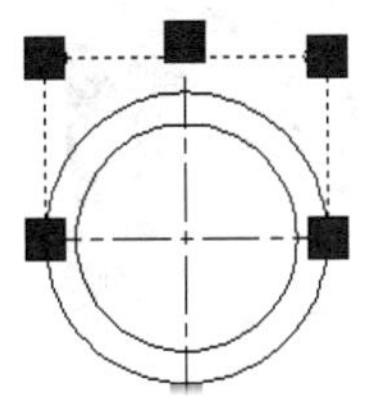

图 8-131　选择标注的尺寸

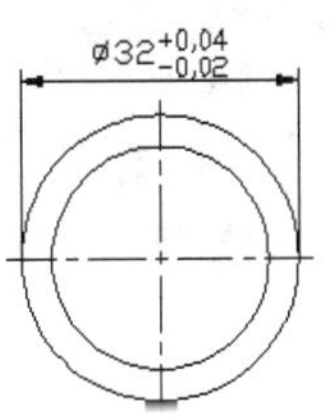

图 8-132　输入文字替代字母

2）方法 2：利用“替代当前样式”标注

尺寸标注样式设置的方法详见第 58 例。

操作步骤

01 选择菜单栏中的“格式”→“标注样式”命令，系统打开“标注样式管理器”对话框，单击“替代”按钮，打开“替代当前样式”对话框，如图 8-133 所示。

02 切换到“公差”选项卡，在“方式”下拉列表框中选择“极限偏差”，在“精度”下拉列表框选择“0.00”，在“上偏差”调整框中输入“0.04”，在“下偏差”调整框中输入“0.02”，在“高度比例”调整框中输入“0.8”，在“垂直位置”调整框中选择“中”，如图 8-134 所示。

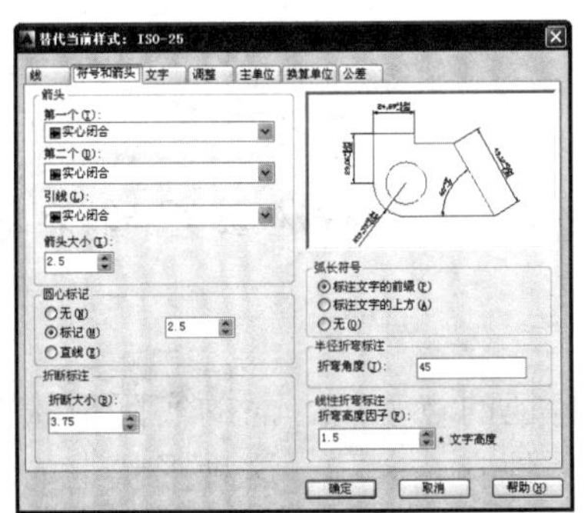

图 8-133　“替代当前样式”对话框

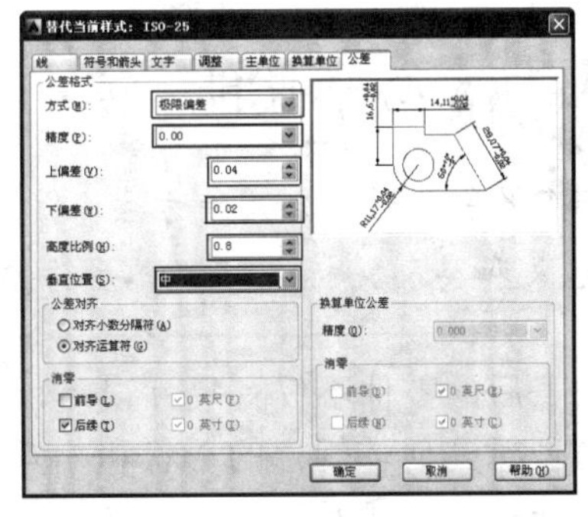

图 8-134　“公差”选项

03 单击“确定”完成设置，然后单击“标注样式管理器”对话框中的“置为当前”按钮，单击“标注”工具栏的“线性”标注按钮，标注出来的效果如图 8-135 所示。

04 按照本例中标注公差带代号中的方法二——利用“选项”对话框编辑尺寸，选择标注的线性标注，如图 8-136 所示；然后在“文字替代”选项卡中输入“%%C<>”，然后单击 Enter 键，此时绘图区如图 8-137 所示。

图 8-135　修改的极限偏差

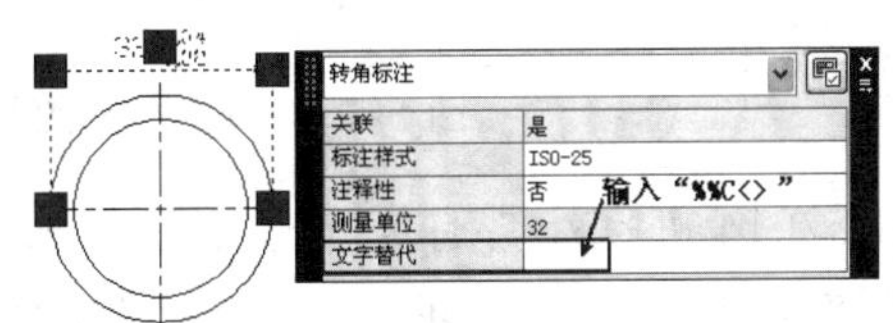

图 8-136　单击线性标注尺寸

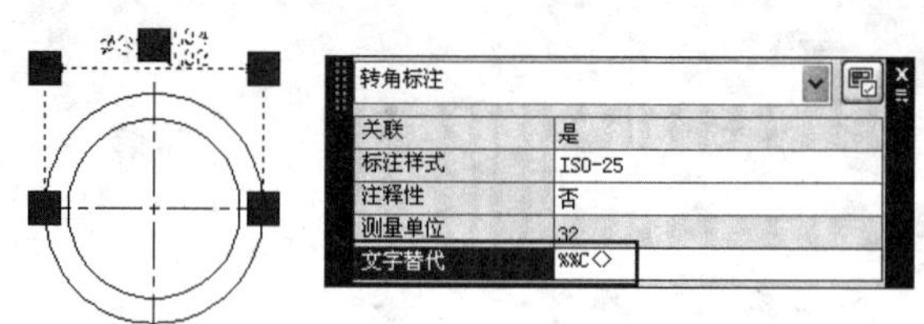

图 8-137 输入文字替代字母

05 修改好后，按下 Esc 键退出“选项”对话框，修改后的效果如图 8-135 所示。

专家提示：在通常情况下，利用“特性”对话框编辑尺寸的方法比较多，尤其是对于修改几个不多的尺寸标注采用得比较多，这种修改方法比较常用，希望读者能够掌握！

第 69 例 掌握形位公差的方法

必学技能

掌握形位公差的方法，是必备的技能，这里主要掌握形位公差的特征符号的意义和类别、标注形位公差的方法。

加工后的零件不仅有尺寸误差，构成零件几何特征的点、线、面的实际形状或相互位置与理想几何体规定的形状和相互位置还不可避免地存在差异，这种形状上的差异就是形状误差，而相互位置的差异就是位置误差，统称为形位误差。

图 8-138 中的形位公差一共标注了 3 个基准参照。

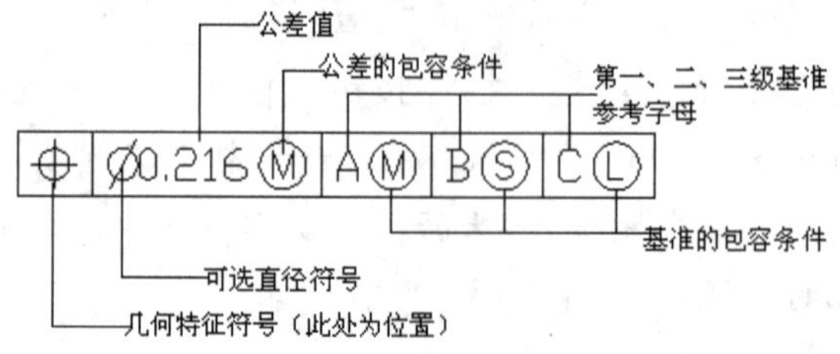

图 8-138 形位公差的组成

在 AutoCAD 2014 可标注带有或不带引线的形位公差。可通过下面的方式执行形位公差标注：单击“标注”工具栏的“公差标注”按钮，系统可打开“形位公差”对话框，如图 8-139 所示。

通过“形位公差”对话框，可添加特征控制框里的各个符号及公差值等。各个区域的意义如下：

- “符号”区域：单击“■”按钮，将弹出“特征符号”对话框，如图 8-140 所示，选择表示位置、方向、形状、轮廓和跳动的特征符号；
- 公差的符号、值及基准等参数设置完成之后，单击“确定”按钮，并在视图中单击，确定公差的位置，各个符号的意义和类型如表 8-1 所示，单击“□”按钮表示清空已填入的符号。

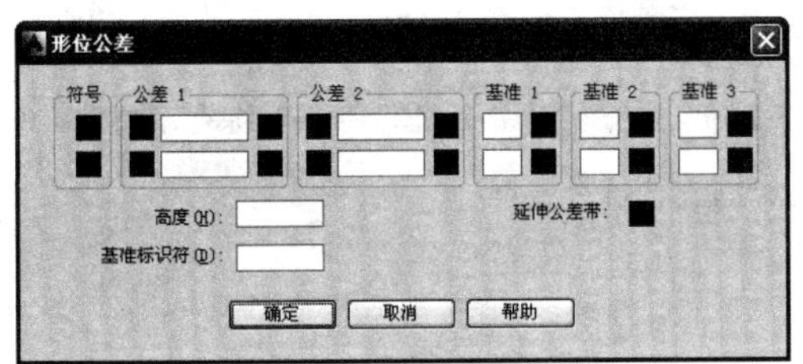

图 8-139　“形位公差”对话框

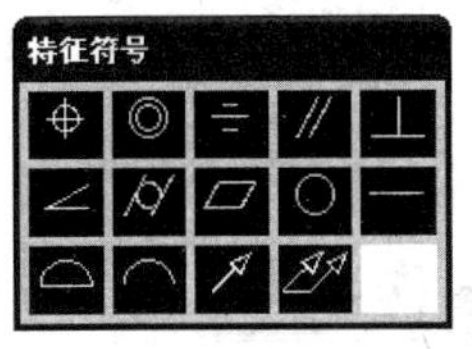

图 8-140　“特征符号”对话框

表 8-1　特征符号的意义和类别

公差		特征项目	符号	有或无基准要求
形状	形状	直线度	—	无
		平面度	▱	无
		圆度	○	无
		圆柱度	⌭	无
位置或形状	轮廓	线轮廓度	⌒	有或无
		面轮廓度	⌓	有或无
位置	定向	平行度	//	有
		垂直度	⊥	有
		倾斜度	∠	有
	定位	位置度	⌖	有或无
		同轴（同心）度	◎	有
		对称度	⌯	有
	跳动	圆跳动	↗	有
		全跳动	⌰	有

“公差 1”和“公差 2”区域：每个“公差”区域包含 3 个框。

- 第 1 个为“■”框，单击插入直径符号；
- 第 2 个为文本框，可在框中输入公差值；
- 第 3 个框也是“■”框，单击弹出“附加符号”对话框，用来插入公差的包容条件。

“附加符号”对话框如图 8-141 所示。

下面将介绍形位公差标注的操作方法，希望读者能够掌握其操作方法。

形位公差的标注示例如图 8-142 和图 8-143 所示。

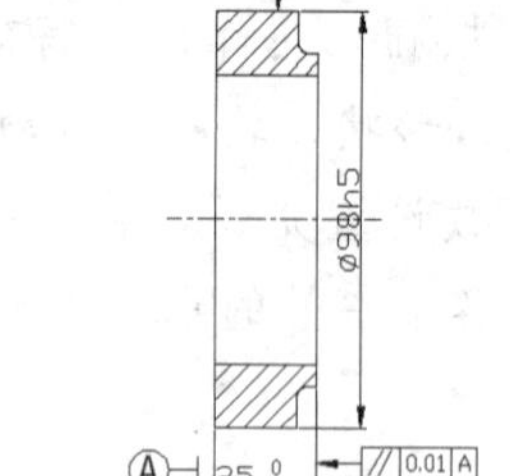

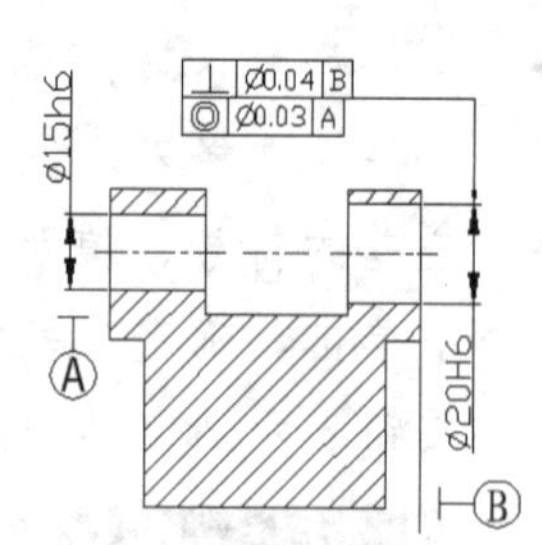

图 8-141 “附加符号”对话框　图 8-142 综合形位公差标注 1　图 8-143 综合形位公差标注 2

首先介绍图 8-142 所示的综合形位公差标注的方法。

操作步骤

1. 标注圆度公差

01 单击“标注”工具栏的“公差标注”按钮。

02 执行公差标注命令后，可打开“形位公差”对话框，如图 8-144 所示。

03 单击“符号”区域中的“■”按钮，将弹出“特征符号”对话框，如图 8-145 所示，选择“圆度”符号◯。

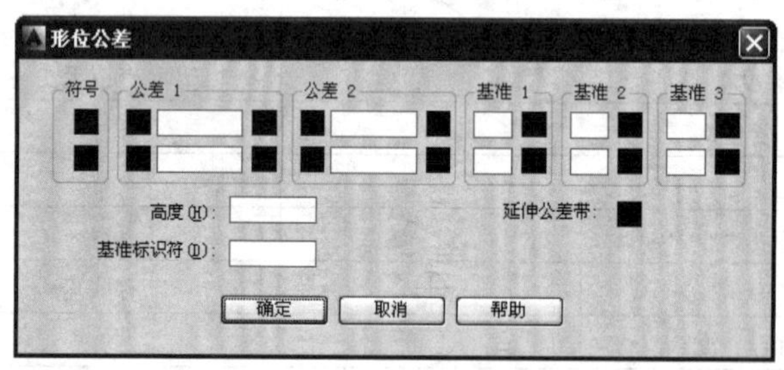

图 8-144 “形位公差”对话框

图 8-145 “特征符号”对话框

04 在“公差 1”选项中输入数值“0.05”，此时“形位公差”对话框的设置如图 8-146 所示。

05 多重引线标注。单击“多重引线标注”工具栏的“多重引线标注”按钮，执行多重引线标注命令后，在视图中标注。命令行提示如下：

```
命令:
命令: _mleader
指定引线箭头的位置或 [引线基线优先(L)/内容优先(C)/选项(O)] <选项>:
```

06 指定引线箭头的位置后，绘图区域如图 8-147 所示，命令行提示如下：

```
指定引线基线的位置：无法找到 SHELL 程序
自动保存到 C:\Documents and Settings\Administrator\local settings\temp\
8-11_1_1_8255.sv$ ...
```

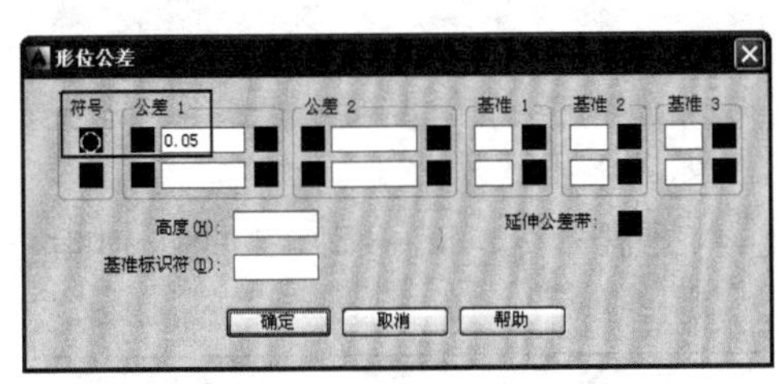

图 8-146　“形位公差”对话框

图 8-147　指定引线位置

07 单击鼠标左键，选择绘图中的一点作为引线基线的位置，完成后的效果如图 8-148 所示。

注意：在“多重引线标注”时，十字形“⊹”光标的方向，当十字形光标向右时，如图 8-149 所示，引线方向向右时，生成的引线才会在右边，如图 8-150 所示；当十字形光标向左时，如图 8-151 所示，引线方向向左时，生成的引线才会在左边，如图 8-152 所示。

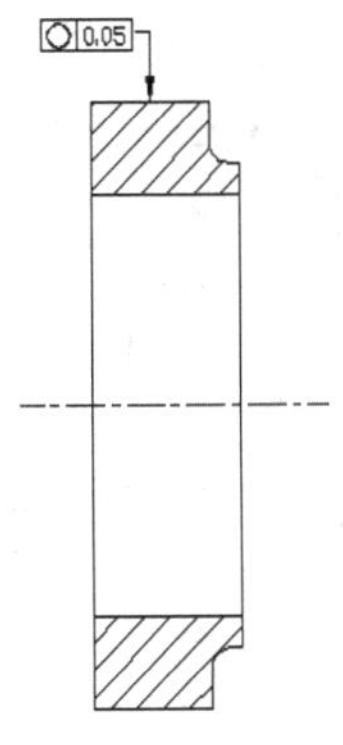

图 8-148　完成的引线

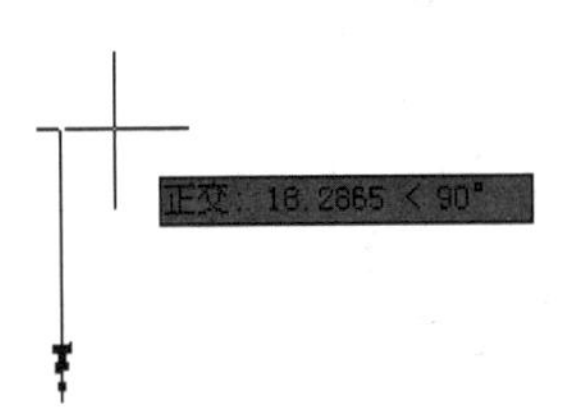

图 8-149　十字光标位置

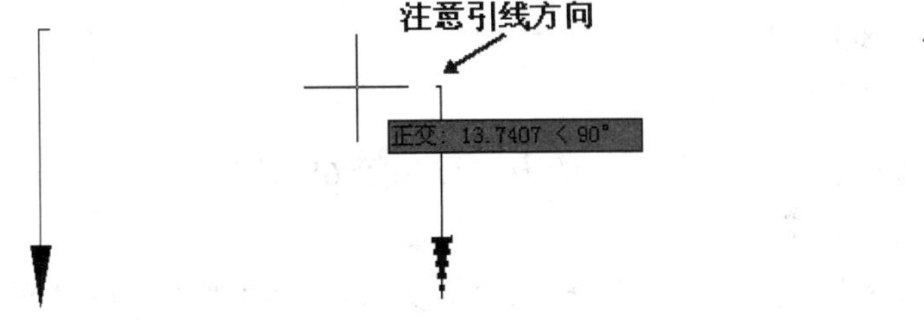

图 8-150　完成的引线　　图 8-151　引线方向　　图 8-152　完成的引线

08 移动公差标注符号。左手食指输入键盘命令：m（M），左手大拇指按下空格键，执行移动命令后，命令行提示如下：

```
命令:M
MOVE
选择对象: 指定对角点: 找到 1 个
选择对象:
当前设置:  复制模式 = 一个
指定基点或 [位移(D)/模式(O)] <位移>:
指定第二个点或 <使用第一个点作为位移>:
```

完成公差标注符号的移动后，绘图区如图 8-153 所示。

09 放大公差标注符号。左手食指输入键盘命令：sc（SC），左手大拇指按下空格键，执行缩放命令后，命令行提示如下：

```
命令:
命令: SC
SCALE
选择对象: 指定对角点: 找到 1 个
选择对象:
指定基点:
指定比例因子或 [复制(C)/参照(R)] <0>: 1.5
```

10 输入比例因子“1.5”后，左手大拇指按下空格键，此时绘图区域如图 8-154 所示，即完成缩放命令操作。

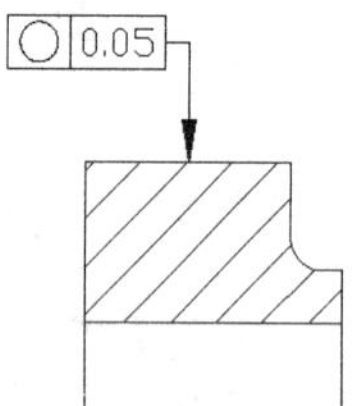

图 8-153　完成公差标注符号的移动

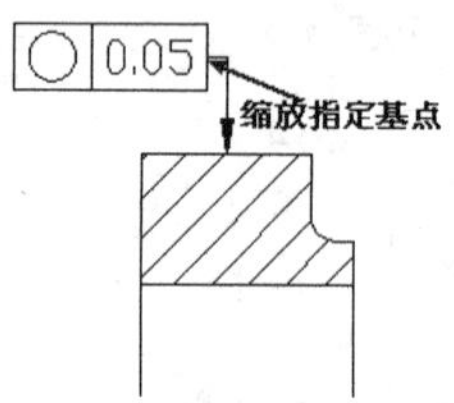

图 8-154　完成缩放命令

2. 标注极限公差

11 线性标注尺寸。

线性标注的方法详见第 59 例。

最后的效果如图 8-155 所示。

12 修改线性标注尺寸。

通过“特性”选项板标注极限偏差的方法详见第 68 例。

最后的效果如图 8-156 所示。

注意：在“直线和箭头”选项卡中输入“箭头大小”为“5”；在“文字”选项卡中输入“文字高度”为“5.00”；在“公差”选项卡中输入“显示公差”为“极限偏差”，在“公差下偏差”中输入“0.04”，在“公差上偏差”中输入“0”，在“水平放置公差”中选择“中”，在“公差精度”中选择“0.00”，在“公差文字高度”中选择“0.7”。

专家提示：在每次修改“特性”完之后，按下 Esc 键退出“特性”修改；或者在其他执行命令过程中也这样使用！

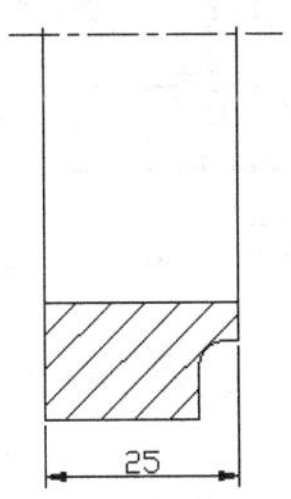

图 8-155　完成线性标注

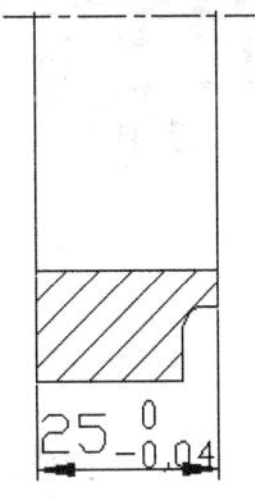

图 8-156　修改的极限偏差

3．标注轴公差

13 线性标注尺寸。

线性标注的方法详见第 59 例。

最后的效果如图 8-157 所示。

14 修改线性标注尺寸。

通过“特性”选项板标注极限偏差的方法详见第 68 例。

最后的效果如图 8-158 所示。

注意：在“直线和箭头”选项卡中输入“箭头大小”为“5”；在“文字”选项卡中输入“文字高度”为“5.00”，在“公差替代”中输入“%%C98h5”。

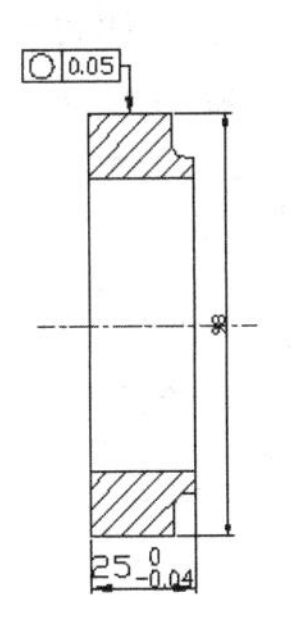

图 8-157　完成线性标注

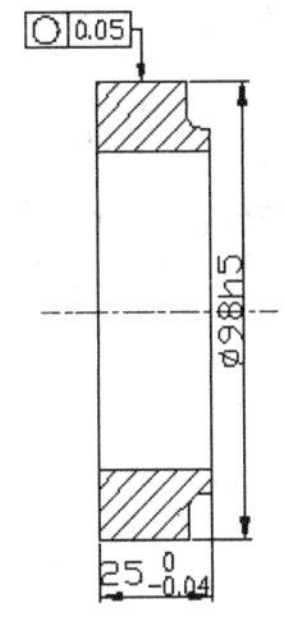

图 8-158　修改的轴公差

4．标注平行度公差

15 线性标注尺寸。按照前面的标注圆度公差的方法，在打开的“形位公差”对话框中，单击“符号”区域中的“■”按钮，将弹出“特征符号”对话框，选择“平行度”符号//，如图 8-159 所示；在“公差 1”选项中输入数值“0.01”，在“基准 1”中输入“A”，此时“形位公差”对话框的设置如图 8-160 所示。

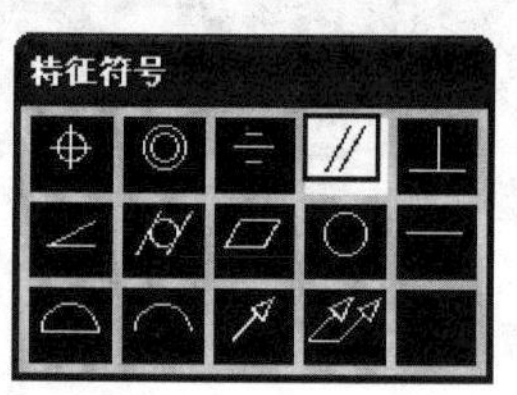

图 8-159 “特征符号”对话框

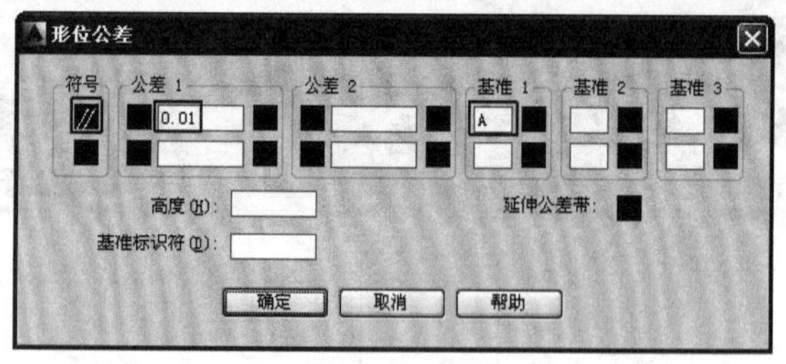

图 8-160 “形位公差”对话框

16 完成后将标注平行度公差插入到图 8-161 中，如图 8-161 所示。

17 多重引线标注。按照前面的操作方法将多重引线标注插入到图中合适的位置，如图 8-162 所示。

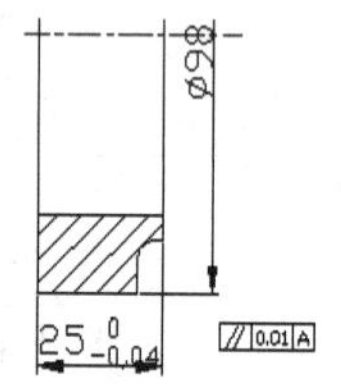

图 8-161 标注平行度公差

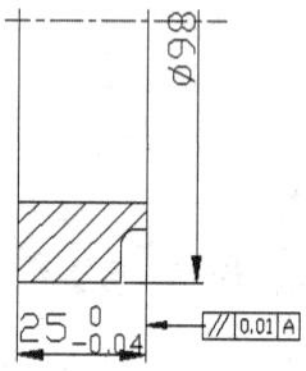

图 8-162 插入多重引线

18 放大平行度公差标注符号。

放大平行度公差标注符号详见第 35 例。

输入比例因子“1.5”后，绘图区域如图 8-163 所示，即完成缩放命令操作。

19 绘制基准代号。符号Ⓐ是基准代号，它由基准符号（粗短线）、圆圈、连线和字母组成。圆圈的直径与框格的高度相同，字母的高度与图样中尺寸数字高度相同。最后的效果如图 8-164 所示。

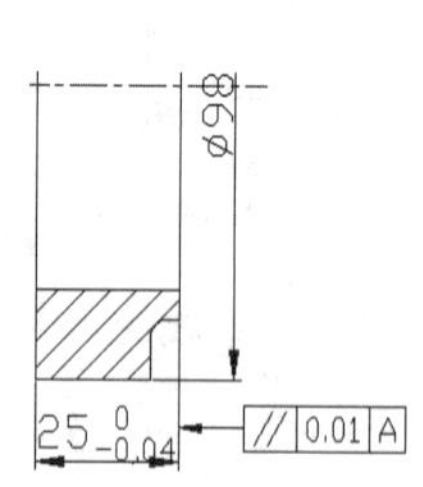

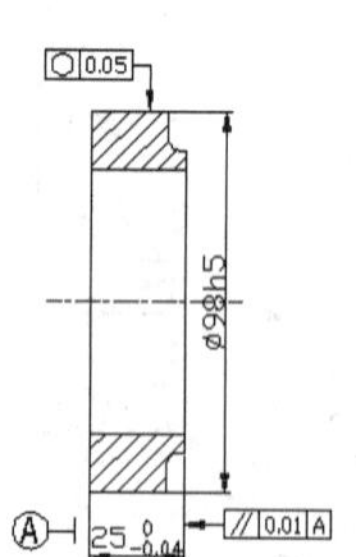

图 8-163 缩放平行度公差符号

图 8-164 完成的综合形位公差标注

另外，综合形位公差标注 2 的标注方法按照综合形位公差标注 1 的方法请读者自行标注！

第 70 例　掌握编辑尺寸标注的方法

必学技能

掌握编辑尺寸标注的方法，是必备的技能，这里主要掌握编辑标注、编辑标注文字、调整标注间距、修改关联标注、修改分解标注这几种方法。

在 AutoCAD 2014 中，对标注对象的编辑一般可通过 3 种方法：

- “标注”工具栏提供的编辑标注工具；
- 通过“特性”选项板修改标注特性；
- 通过右键菜单对标注进行编辑。

本节将详细讲述这 3 种编辑方法的应用（其中通过“特性”对话框修改标注的方法这里就不再叙述，前面有相应的修改实例）。

1. 编辑标注

一般熟练的绘图者都是通过下面的方式执行“编辑标注”命令：单击“标注”工具栏中的“编辑标注”按钮。

2. 编辑标注文字

当创建了标注之后，用户可以随意修改现有标注文字的位置和方向或者替换为新文字。

一般熟练的绘图者都是通过下面方式执行“编辑标注文字”命令：单击“标注”工具栏的“编辑标注文字”按钮。

其标注修改的方法如下：

操作步骤

01 首先选择文件，选择光盘中的“8-14.2”文件，如图 8-165 所示。

02 单击“标注”工具栏的“编辑标注文字”按钮。

执行编辑标注文字命令后，绘图区如图 8-166 所示，命令行提示如下：

```
命令: _dimtedit
选择标注:
```

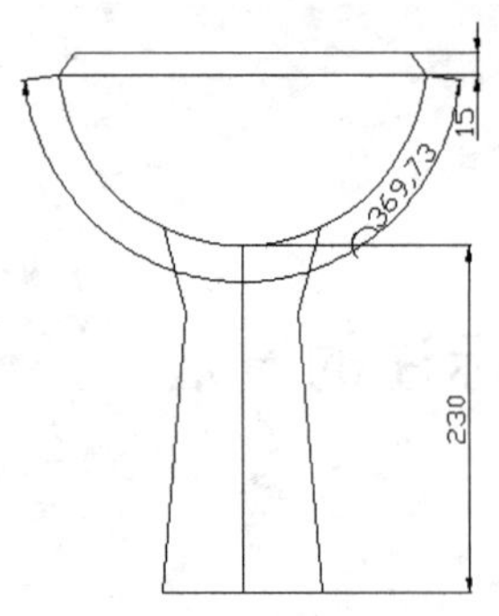

图 8-165　选择标注文件

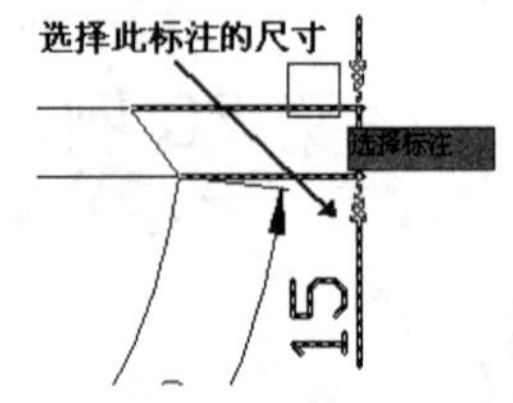

图 8-166　提示选择标注

03 单击鼠标左键指定选择的对象后，绘图区如图 8-167 所示，命令行提示如下：

```
指定标注文字的新位置或 [左(L)/右(R)/中心(C)/默认(H)/角度(A)]: A
```

04 左手输入“A”后，按下空格键，选择“角度”选项，绘图区如图 8-168 所示，命令行提示如下：

```
指定标注文字的角度: -45
```

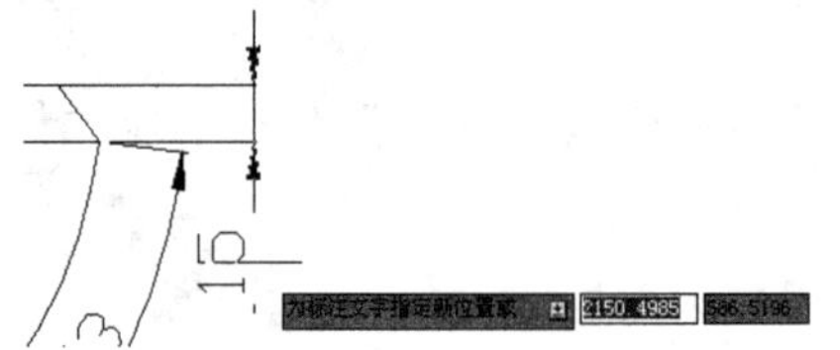

图 8-167　提示为标注文字指定新位置

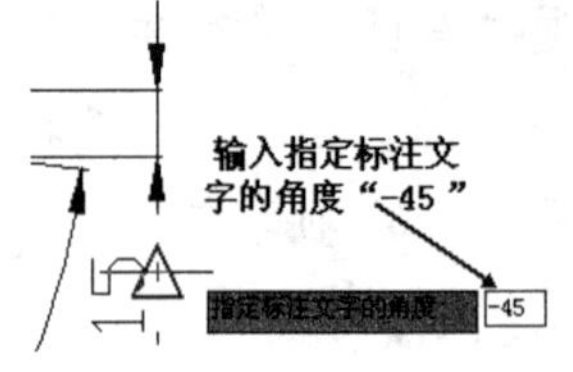

图 8-168　指定标注文字的角度旋转的基点

05 输入“-45”后，单击鼠标右键结束，最后所得的图形如图 8-169 所示。

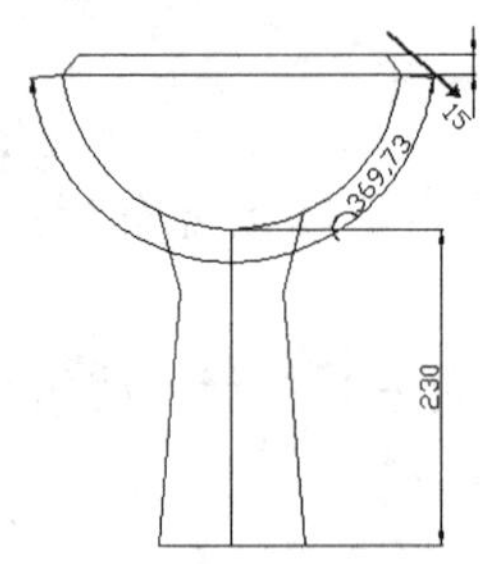

图 8-169　修改标注文字角度

下面将修改弧长标注的文字，也是采用编辑标注文字的方法来修改，也可以通过夹点编辑模式拉伸夹点的方法来修改，这个方法在很多绘图中经常采用，希望读者能够掌握！

1）方法 1：单击“标注”工具栏的“编辑标注文字”按钮

01 单击“标注”工具栏的“编辑标注文字”按钮。

执行编辑标注文字命令后，绘图区如图 8-170 所示，命令行提示如下：

```
命令: _dimtedit
选择标注:
```

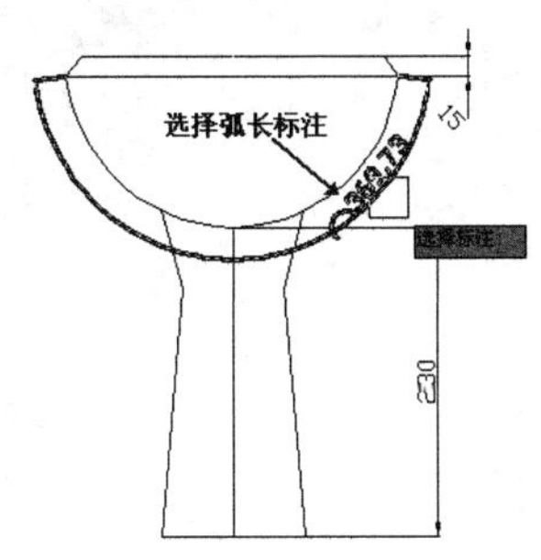

图 8-170　选择弧长标注

02 单击鼠标左键选择弧长标注文字，绘图区如图 8-171 所示，命令行提示如下：

```
为标注文字指定新位置或 [左对齐(L)/右对齐(R)/居中(C)/默认(H)/角度(A)]:
```

03 拖动弧长标注文字至如图 8-171 所示的位置后，单击鼠标左键确定，最后所得的图形如图 8-172 所示。

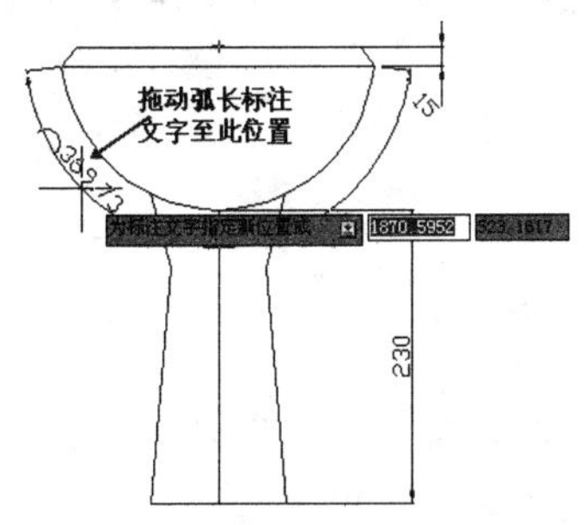

图 8-171　修改标注文字角度

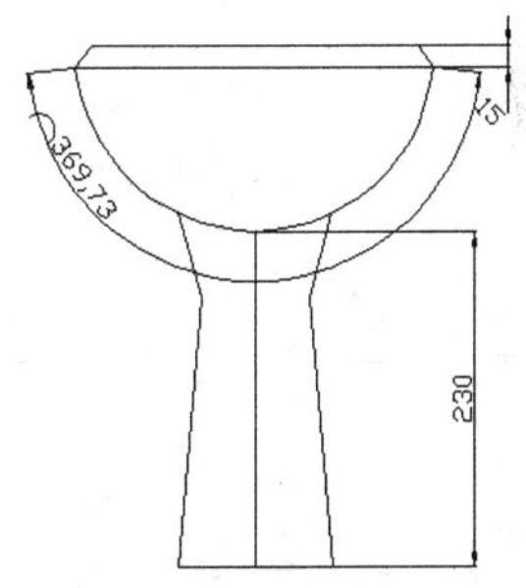

图 8-172　选择弧长标注

2）方法 2：利用夹点编辑的方法

01 单击标注的弧长标注文字，如图 8-173 所示。

02 拉伸标注的弧长文字至图 8-174 所示的位置后，单击鼠标左键确定，所得的效果如图 8-175 所示。

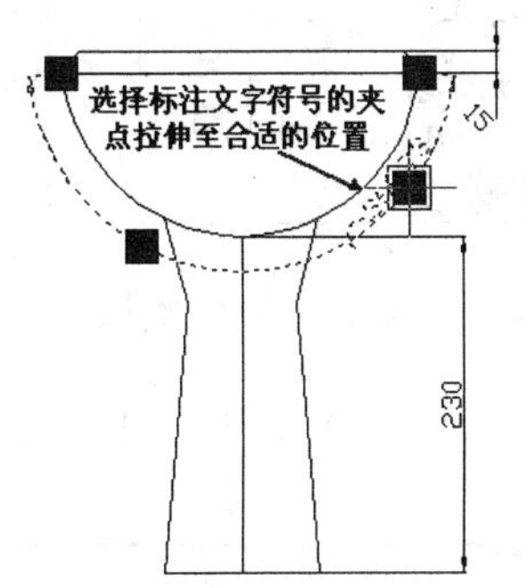

图 8-173　单击标注的弧长标注文字

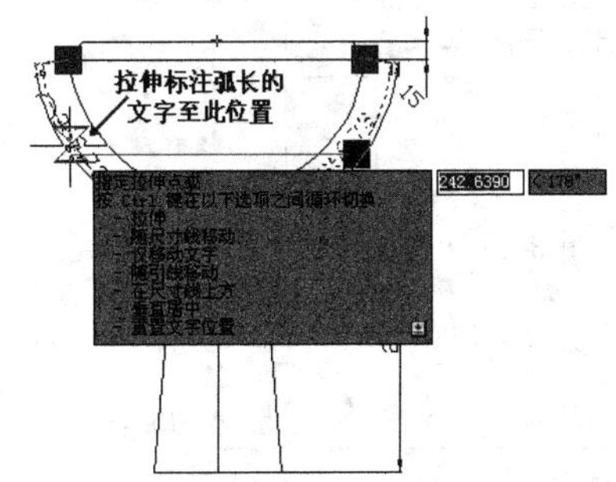

图 8-174　拉伸标注的弧长文字至此位置

03 左手按下 Esc 键退出夹点编辑命令，最后所得的效果如图 8-176 所示。

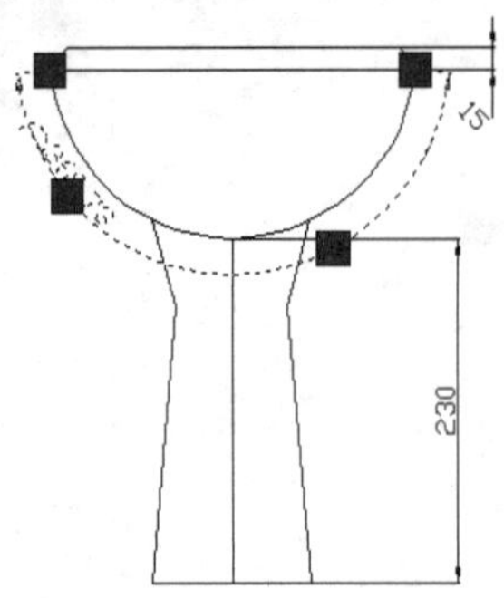

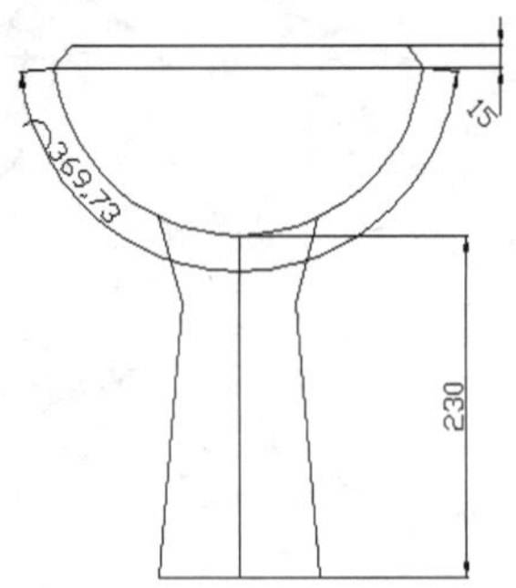

图 8-175　单击标注的弧长标注文字　　　　图 8-176　拉伸标注的弧长文字至此位置

3. 调整标注间距

一般熟练的绘图者都是采用下面的操作方法调整标注间距：单击"标注"工具栏的"等距标注"按钮（这里调整标注间距的方法不经常使用，一般采用单击夹点后移动标注对象来调整标注间距）。

其标注修改的方法如下：

操作步骤

01 首先选择文件，选择光盘中的"8-14.3"文件，如图 8-177 所示。

02 单击"标注"工具栏的"等距标注"按钮。

执行等距标注命令后，绘图区如图 8-178 所示，命令行提示如下：

```
命令:
命令: _DIMSPACE
选择基准标注:
```

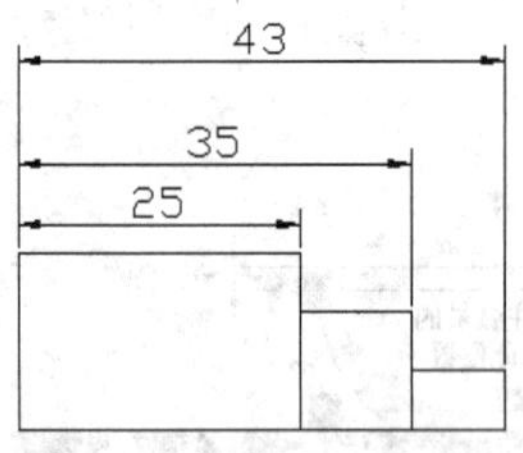

图 8-177　待修改标注

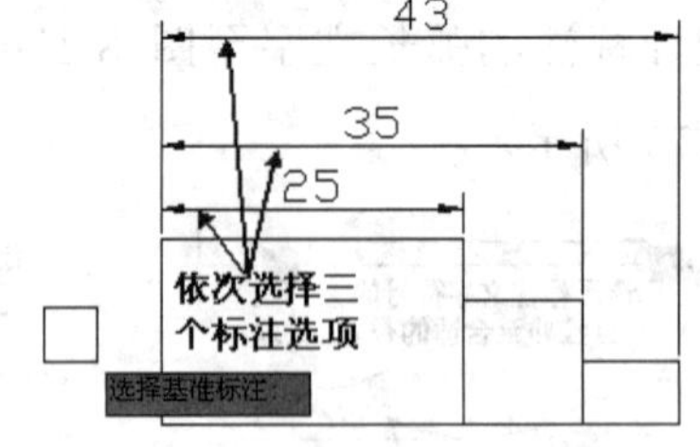

图 8-178　提示选择基准标注

03 依次单击如图 8-178 所示的标注选项（首先单击标注尺寸为 25 的标注），绘图区如图 8-179 所示，命令行提示如下：

```
选择要产生间距的标注:找到 1 个
选择要产生间距的标注:找到 1 个, 总计 2 个
选择要产生间距的标注
```

04 单击鼠标右键后，绘图区如图 8-180 所示，命令行提示如下：

```
输入值或[自动(A)] <自动>:A
```

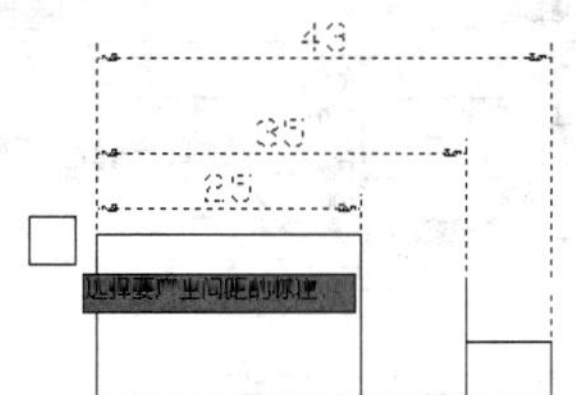

图 8-179　提示选择要产生间距的标注

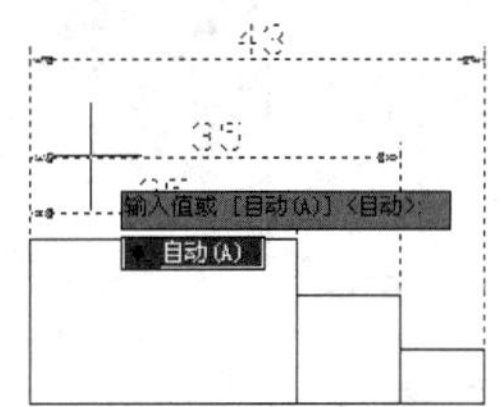

图 8-180　拉伸标注的弧长文字至此位置

05 在命令行中输入“A”，系统将对标注的间距进行调整，修改前、后的效果如图 8-181 所示。

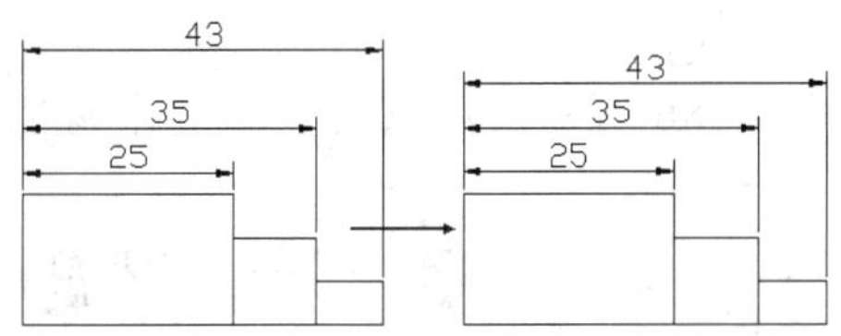

图 8-181　修改前、后的标注变化

4．修改关联标注

对于关联标注，编辑标注对象时必须在选择集中包括相关标注定义点，否则不更新标注。例如，要拉伸标注，必须在选择集中包括相应的定义点。

如图 8-182 所示对关联标注中的标注梯形的大小进行调整，标注会随着标注梯形的大小而改变。

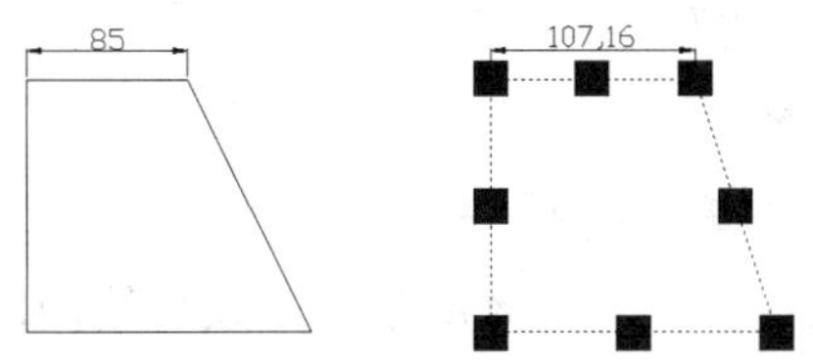

图 8-182　修改关联标注

5．修改并分解标注

用户可以修改并分解标注，分解标注后，其包含以下独立对象的集合：直线、二维实体和文字。

操作步骤

01 对于如图 8-183 所示的图形；单击标注的尺寸标注，弹出“选项”对话框，如图 8-184 所示。

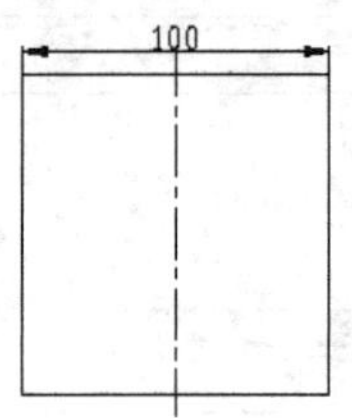

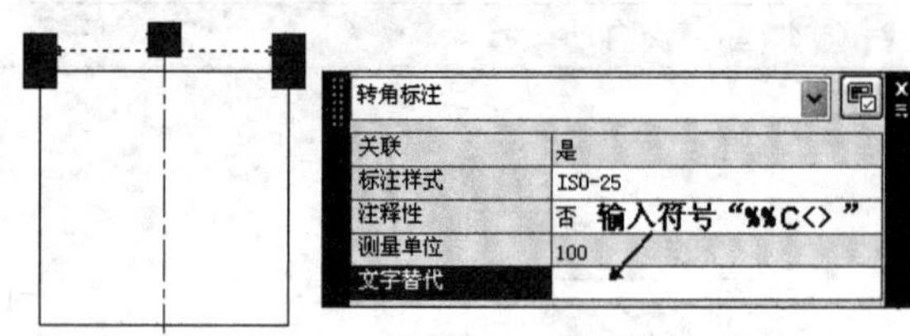

图 8-183　待修改的图形　　　　图 8-184　“选项”对话框

02 在“文字替代”选项下输入“%% C <>”，修改好后，按下 Esc 键退出“选项”对话框，修改后的效果如图 8-185 所示。

03 分解标注对象。

分解标注对象详见第 28 例。

分解前、后的效果如图 8-186 所示（注意夹点的变化）。

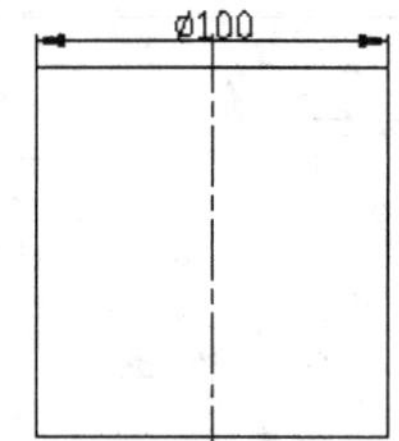

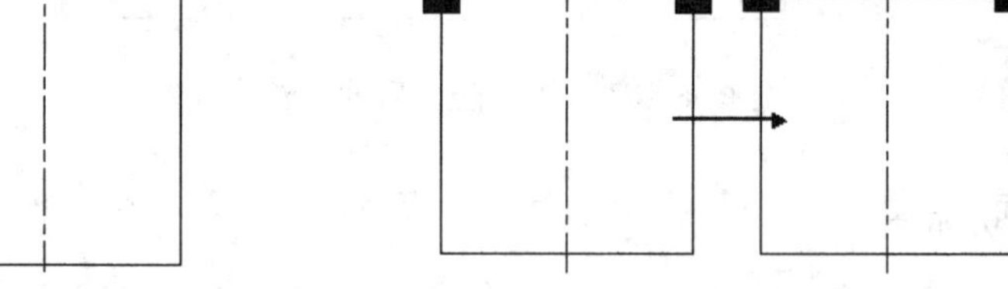

图 8-185　修改后的图形　　　　图 8-186　分解前、后的变化

04 删除对象。

删除对象详见第 25 例。

最后所得的图形如图 8–187 所示。

05 移动分解标注的对象。

移动分解标注的对象详见第 34 例。

选择移动对象后，绘图区如图 8-188 所示，完成后绘图区如图 8-189 所示，修改前、后标注的效果完全不一样，其变化效果如图 8-190 所示，请读者仔细体会！

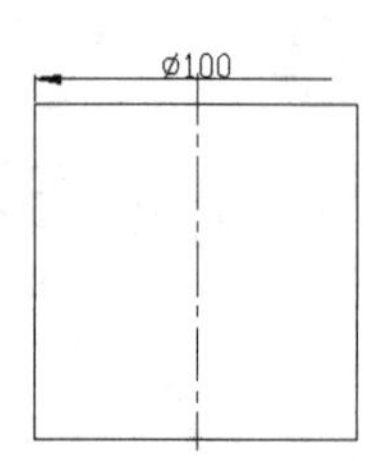

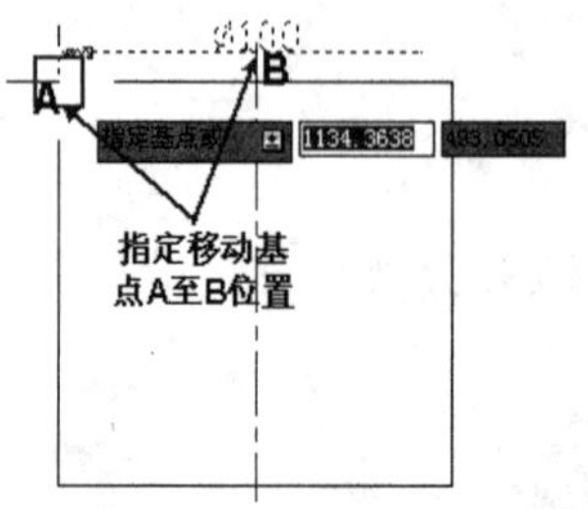

图 8-187　删除后的图形　　　　图 8-188　指定移动位置

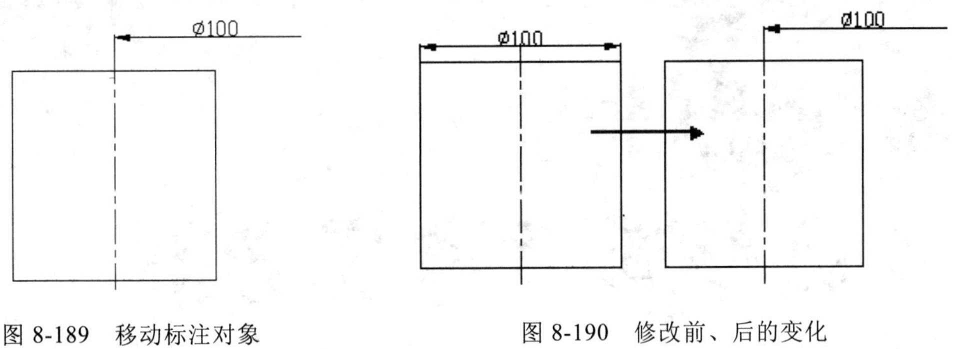

图 8-189　移动标注对象　　　　图 8-190　修改前、后的变化

本章小结

本章主要介绍的是 AutoCAD 2014 的标注功能，包括尺寸标注、形位公差标注、多重引线标注等。此外，还通过实例讲述了怎样创建和编辑各种类型的尺寸。在学习标注图形之前要了解图形标注的基本要素，如什么是尺寸界线、尺寸线等，不然将混淆本章中的一些内容。

标注样式可以控制标注对象的样式，针对不同类型的标注，可以设置不同的标注样式。另外，针对不同行业的图纸，其标注方法往往有国标规定，图形标注应遵照国标正确标注。

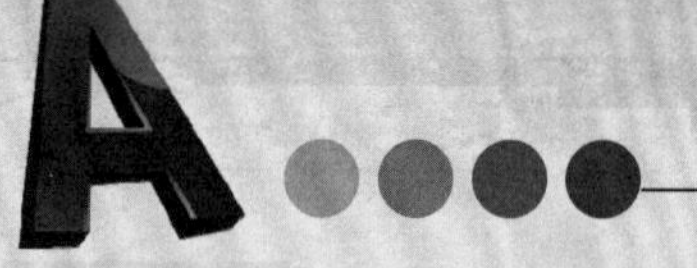

第 9 章

对图形进行文字标注

本章内容导读

图纸的标题栏、技术性说明等注释性文字对象是组成图纸的不可或缺的部分。在 AutoCAD 2014 中，可创建单行文字和多行文字对象，这些文字对象可以表达多种非图形重要信息，既可以是复杂的技术要求、标题栏信息、标签，也可以是图形的一部分。另外，在“绘图”工具栏中也提供了绘制表格的命令，表格是条理化文字数据的重要手段，AutoCAD 2014 支持表格链接至 Microsoft Excel 电子表格中的数据。

AutoCAD 2014 为文字对象提供了“文字”工具栏，可执行添加与编辑文字对象的大多数命令。另外，绘制表格的命令安排在“绘图”菜单和“绘图”工具栏中。

这里的必学技能主要是采用操作方法来讲述每个命令的功能，这与以往图书所介绍的完全不一样，希望读者能够掌握其操作方法。

本章必学技能要点

- 熟悉 AutoCAD 2014 中设置文字样式的方法
- 掌握 AutoCAD 2014 中输入及编辑文字内容的方法
- 掌握 AutoCAD 2014 中编辑文本的方法
- 掌握 AutoCAD 2014 中使用表格绘制图形的方法
- 通过实例掌握 AutoCAD 2014 中文字标注的方法

第 71 例　掌握设置文字样式的方法

必学技能

掌握设置文字样式的方法，是必备的技能，这里主要掌握新建文字样式并修改其名称、删除文字样式、修改文字样式和将文字样式设置为当前文字样式这几种设置文字样式的方法。

一般熟练的绘图者都是采用下面的方法设置文字样式：选择菜单栏"格式"→"文字样式"命令，系统打开如图 9-1 所示的"文字样式"对话框。

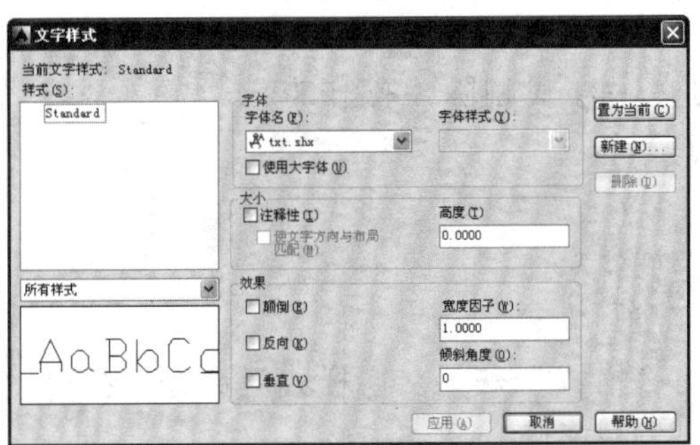

图 9-1　"文字样式"对话框

在"样式"列表框下方是文字样式预览窗口，可对所选择的样式进行预览。"文字样式"对话框主要包括"字体"、"大小"和"效果" 3 个设置区域。

下面将介绍文字样式的一些编辑方法，其方法介绍如下。

1. 新建文字样式并修改其名称

在创建了文字样式后，还需修改创建文字样式的名称。

操作步骤

01 选择菜单栏中的"格式"→"文字样式"命令，打开"文字样式"对话框，如图 9-1 所示。

02 单击"文字样式"对话框中的"新建"按钮，在弹出如图 9-2 所示的"新建文字样式”对话框内输入样式名称后，如图 9-3 所示。

03 单击“确定”按钮，新建的文字样式将显示在“样式”列表框内，并自动置为当前。

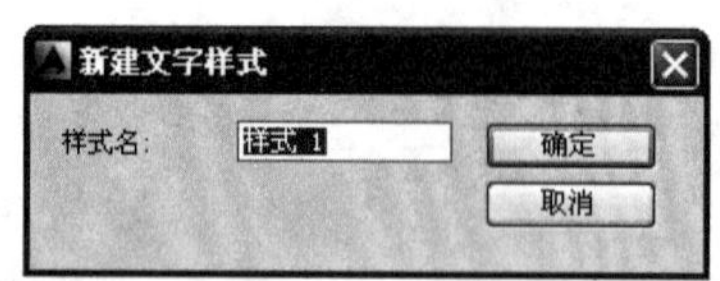

图 9-2 “新建文字样式”对话框

图 9-3 新建的文字样式

04 在“文字样式”对话框中的“样式”列表框中选择要修改其名称的文字样式后，单击鼠标右键，在弹出的菜单中执行“重命名”命令，接着在文本框中输入新的名称即可，如图 9-4 所示。

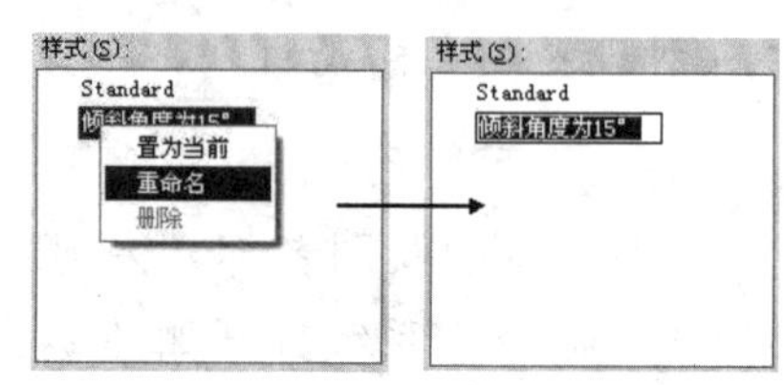

图 9-4 重命名文字样式

2. 删除文字样式

读者也可将多余的文字样式删除，操作方法如下。

操作步骤

01 选择菜单栏中的“格式”→“文字样式”命令，打开“文字样式”对话框，如图 9-1 所示。

02 在“文字样式”对话框中的“样式”列表框中选择要删除的文字样式，然后单击对话框右侧的“删除”按钮。

03 系统将弹出如图 9-5 所示的“acad 警告”对话框，提示读者是否要删除所选图层样式，单击“确定”按钮即可删除。

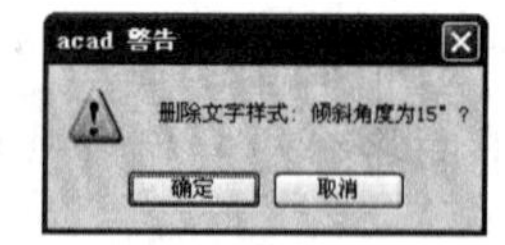

图 9-5 “警告”对话框

注意：Standard 文字样式和正在使用的文字样式不能被删除。

04 单击“文字样式”对话框中的“关闭”按钮，退出“文字样式”对话框，完成删除操作。

3. 修改文字样式

若读者对设置好的文字样式不太满意，可通过以下操作方法对文字样式进行修改。

操作步骤

01 选择菜单栏中的“格式”→“文字样式”命令，打开“文字样式”对话框，如图 9-1 所示。

02 在“文字样式”对话框中的“样式”列表框中选择需要修改的文字样式，根据需要参照与创建文字样式相同的方法重新设置对话框的各个选项。

03 设置完毕后单击“应用”按钮，使设置结果生效。

04 单击“关闭”按钮，关闭“文字样式”对话框，完成对文字样式的修改操作。

4．将文字样式设置为当前文字样式

读者可一次性创建多个文字样式，在需要时将某一个样式设置为当前样式，用来输入文字，设置当前样式的方法如下。

操作步骤

01 选择菜单栏中的“格式”→“文字样式”命令，打开“文字样式”对话框，如图 9-1 所示。

02 从“样式”列表框中选择所需要的样式，然后单击对话框右侧的“置为当前”按钮，将其置为当前样式，如图 9-6 所示。

技巧：用户可在相应的样式名称上双击，将其快速置为当前样式。

03 单击“关闭”按钮，退出“文字样式”对话框，完成当前样式的设置。

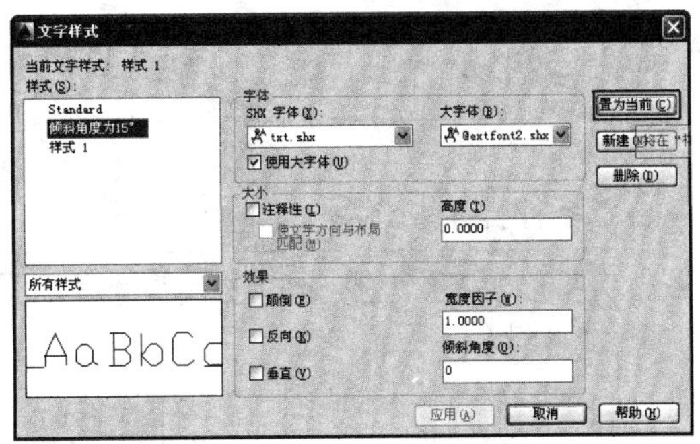

图 9-6　“文字样式”对话框

第 72 例　掌握输入及编辑文字内容的方法

必学技能

掌握输入及编辑文字内容的方法，是必备的技能，这里主要掌握输入文字、输入特殊字符及使用查找和替换功能这 3 种输入及编辑文字内容的方法。

本例介绍输入及编辑文字内容，包括输入文字、输入特殊字符及使用查找和替换功能这 3 种方面的内容。

1. 输入文字

在实际的标注过程中，采用多行文字的占多数。下面将介绍多行文字的输入方法。

操作步骤

01 左手输入键盘命令：t（T）。

02 大拇指按下空格键。

执行创建文字命令后，命令行提示如下：

```
命令: T
MTEXT
当前文字样式: "样式 1"  文字高度:  2.5  注释性:  否
指定第一角点:
```

绘图区如图 9-7 所示。

03 指定第一角点后，命令行提示如下：

```
指定对角点或 [高度(H)/对正(J)/行距(L)/旋转(R)/样式(S)/宽度(W)/栏(C)]:
```

此时指定对角点，绘图区如图 9-8 所示。

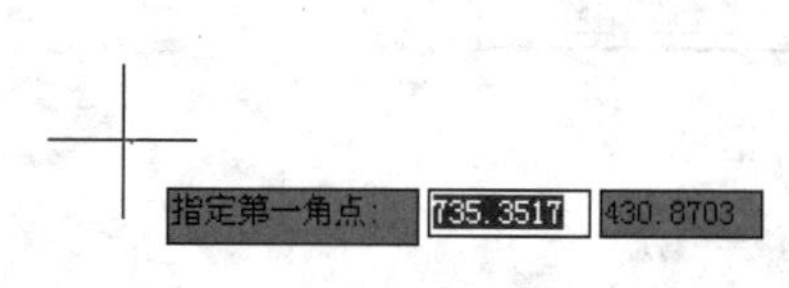

图 9-7　设置“文字格式”

图 9-8　输入文本

04 设置“文字格式”工具栏。指定两个角点后启动文字编辑器，在“文字格式”工具栏，将“字体”下拉列表框选择为“新宋体”，在“文字高度”下拉列表框输入“2.5”，其余选项保持默认，如图 9-9 所示。

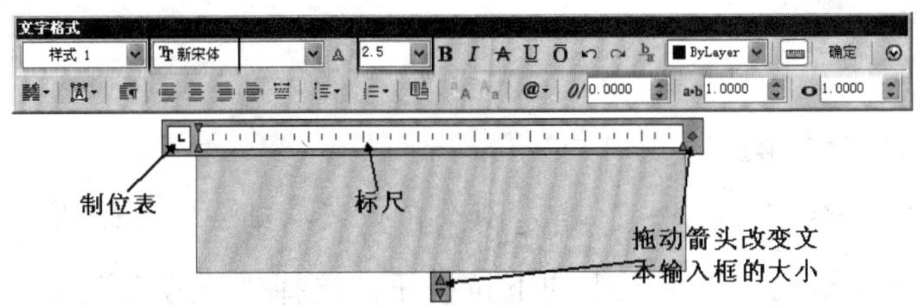

图 9-9　输入文本

05 输入文本。单击文本输入区，然后输入四行文本，按下 Enter 键换行，如图 9-10 所示。

06 设置居中格式。选择第一行文本，然后单击“多行文字”功能区的“段落”面板下的“居中”按钮，如图 9-11 所示。

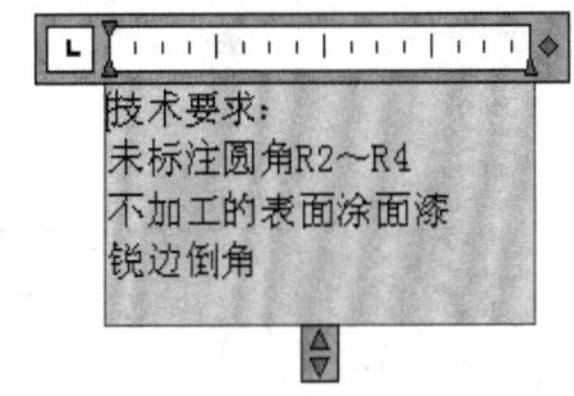

图 9-10　输入文本

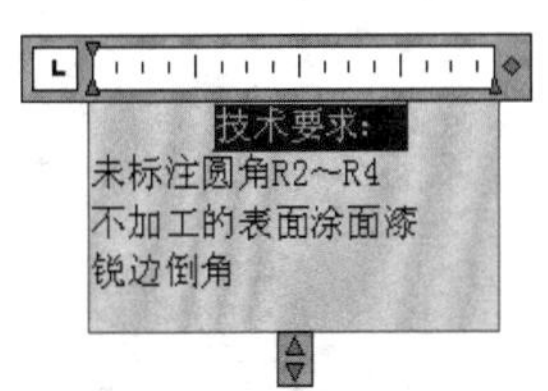

图 9-11　设置居中格式

07 设置项目符号。选择后三行文本，然后单击“多行文字”功能区的“段落”面板下的“编号”按钮，选择“以数字标记”菜单项，如图 9-12 所示。

08 调整多行文字对象大小。由于多行文字对象的宽度设置不够，第二行文字分为了两行，此时可通过拖动标尺的“横向”和“纵向”箭头进行调整，调整后如图 9-13 所示。

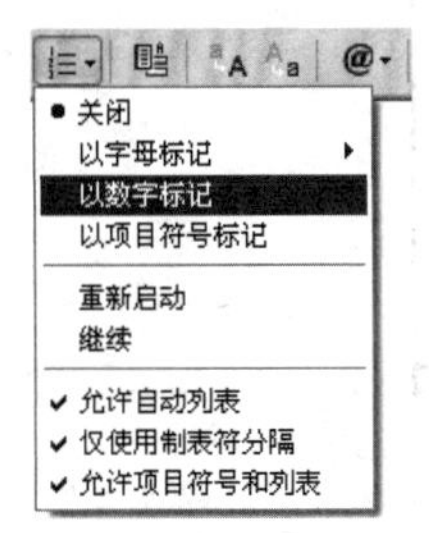

图 9-12　设置编号

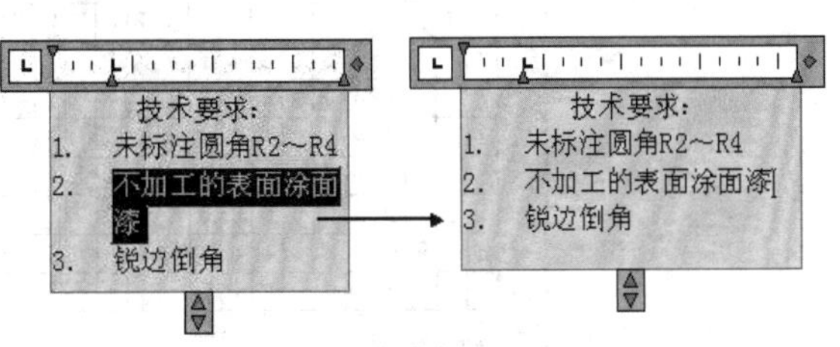

图 9-13　调整大小

09 完成创建多行文字对象。在空白处单击鼠标，即关闭编辑器并保存所做的所有更改。

2. 输入特殊字符

在画图纸时，难免会碰到一些符号打不了，下面将介绍添加特殊字符的方法。

操作步骤

01 按照输入文字的操作步骤 1～3。

02 设置“文字格式”工具栏。指定两个角点后启动文字编辑器，在“文字格式”工具栏，选择“文字格式”工具栏中的下拉按钮，选择“符号”选项，如图 9-14 所示。

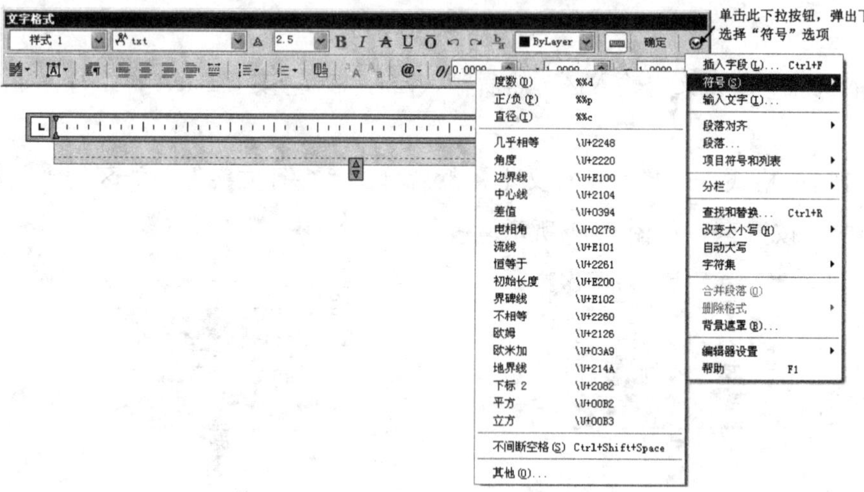

图 9-14　输入文本

03 在“符号”选项中，单击“其他”选项，弹出“字符映射表”对话框，如图 9-15 所示（在此对话框中可以选择需要的字符）。

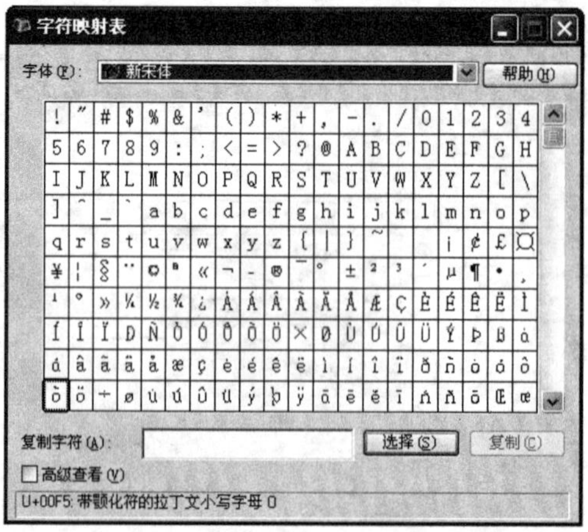

图 9-15　“字符映射表”对话框

3. 使用查找和替换功能

在对文字内容的编辑过程中，经常需要查找某个特定的内容，如果在找到这些内容后还需将其替换成另外的内容，就可以使用 AutoCAD 2014 提供的查找和替换功能，轻松地修改文字内容。下面将介绍使用查找和替换功能的方法。

操作步骤

01 首先选择文件，选择光盘中的“9-1”文件，如图 9-16 所示。

02 在该文档中的几组文字内容中，数字 2014 在图形中重复出现了两次，需要将 2014 全部改为 2015。

03 选择菜单栏中的“编辑”→“查找”命令，打开如图 9-17 所示的“查找和替换”对话框。

AutoCAD 2014
新版的AutoCAD 2014功能较之以前
有所提高，而界面则沿袭了以往版
本一贯具有的简洁风格。

图 9-16　选择文件

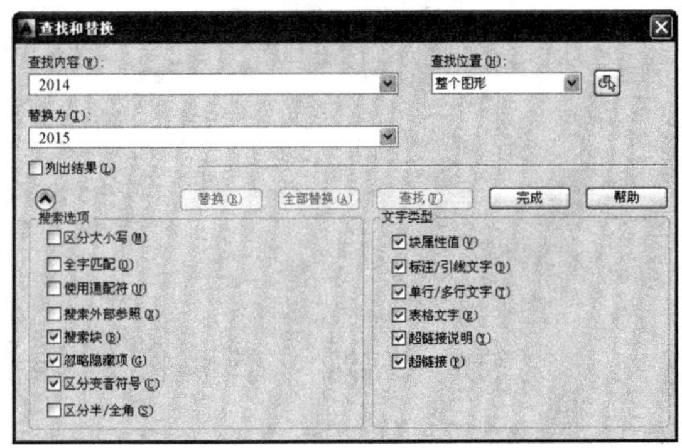

图 9-17　“查找和替换”对话框

04 在“查找内容”文本框中输入文本“2014”，在“替换为”文本框中输入文本“2015”。

05 单击“查找”按钮，系统弹出“查找和替换”搜索对话框，如图 9-18 所示，当“2014”找到这个词时，它与挨着该词的文本 AutoCAD 一起在“上下文”窗口中出现，如图 9-20 所示。

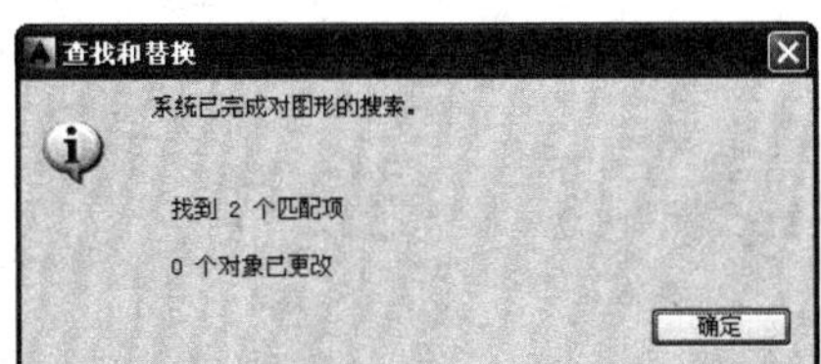

图 9-18　“查找和替换”搜索对话框

06 单击“查找和替换”搜索对话框中的“确定”按钮，然后单击如图 9-17 所示的“查找和替换”对话框的“全部替换”按钮，系统弹出“查找和替换”搜索对话框，如图 9-19 所示。

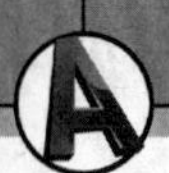

07 单击“查找和替换”搜索对话框中的“确定”按钮，然后单击“查找和替换”对话框的“完成”按钮，如图 9-20 所示。

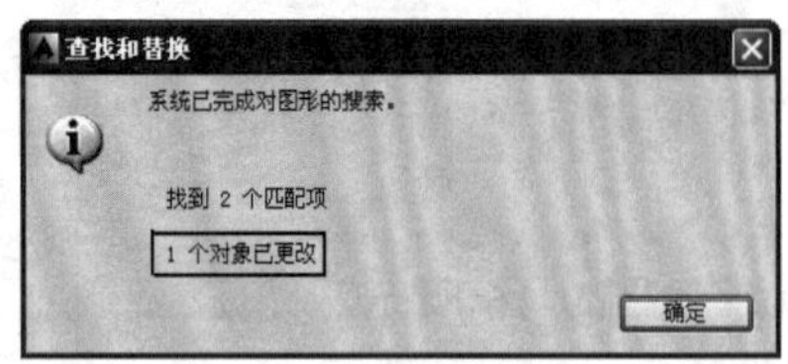

查找和替换
系统已完成对图形的搜索。
找到 2 个匹配项
1 个对象已更改
确定

图 9-19　“查找和替换”对话框

查找和替换
2014
2015
位置
对象类型
文字
模型
多行文字
完成
帮助

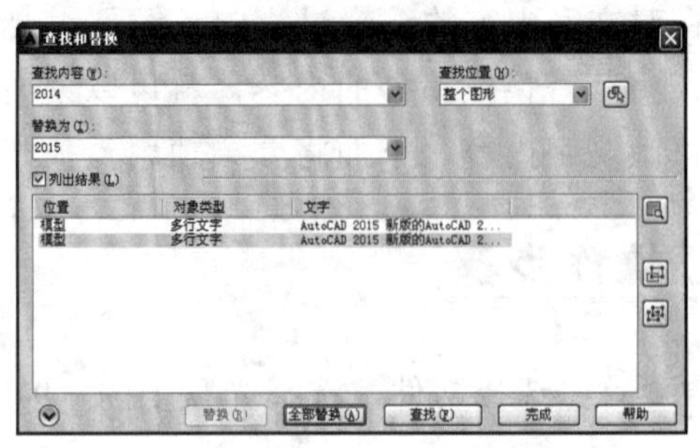

图 9-20　“查找和替换”搜索对话框

08 替换文字前、后的效果如图 9-21 所示。

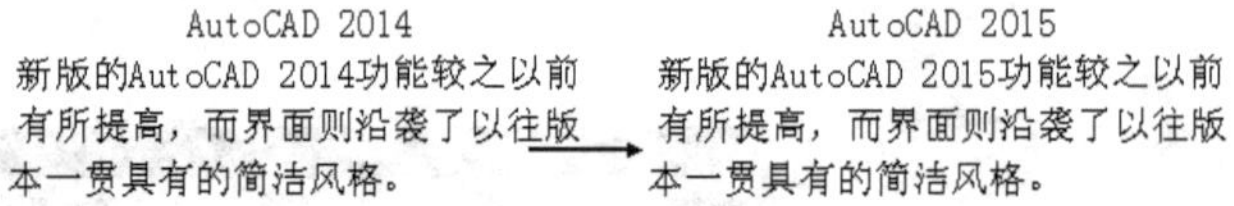

AutoCAD 2014
新版的AutoCAD 2014功能较之以前
有所提高，而界面则沿袭了以往版
本一贯具有的简洁风格。
AutoCAD 2015
新版的AutoCAD 2015功能较之以前
有所提高，而界面则沿袭了以往版
本一贯具有的简洁风格。

图 9-21　替换文字前、后的效果

第 73 例　掌握创建表格样式的方法

必学技能

掌握创建表格样式的方法，是必备的技能，这里主要掌握创建新的表格样式和设置单元样式的方法。

下面将介绍创建表格样式的一个案例，通过这个案例将初步地了解其创建“表格样式”的方法。

创建符合国标的明细栏表格样式操作步骤如下。

操作步骤

01 选择菜单栏中的“格式”→“表格样式”命令，打开“表格样式”对话框，如图 9-22 所示。

02 单击“表格样式”对话框中的“新建”按钮，弹出“创建新的表格样式”对话

框，在“新样式名”文本框中输入样式名称“明细栏”，如图 9-23 所示。

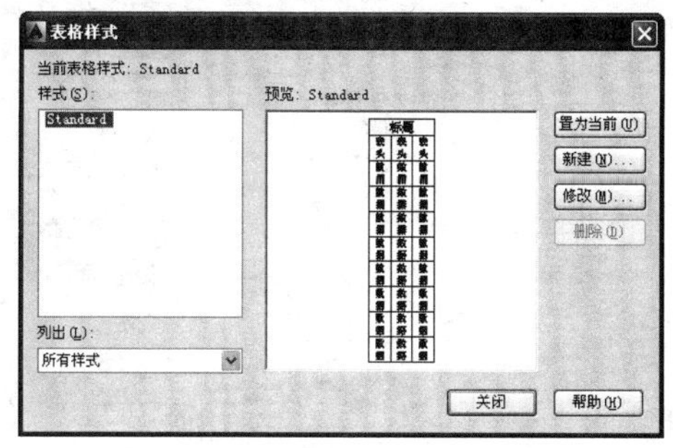

图 9-22　“表格样式”对话框

图 9-23　“创建新的表格样式”对话框

03 选择“基础样式”为“Standard”后，单击“继续”按钮，弹出“新建表格样式：明细栏”对话框，如图 9-24 所示。

04 定义表格方向。在“新建表格样式：明细栏”对话框，选择“表格方向”下拉列表框为“向上”，如图 9-25 所示。

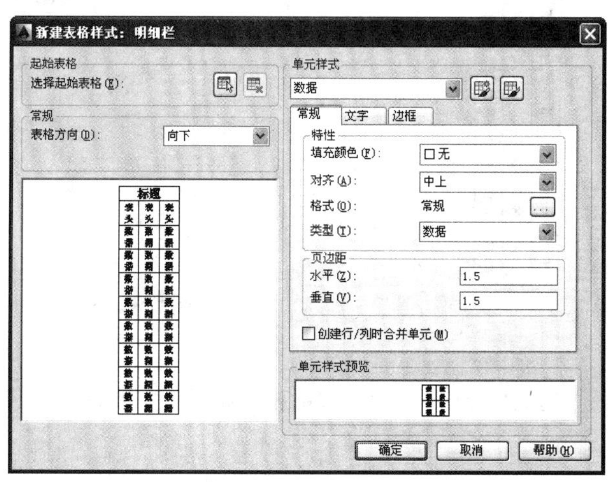

图 9-24　“新建表格样式：明细栏”对话框

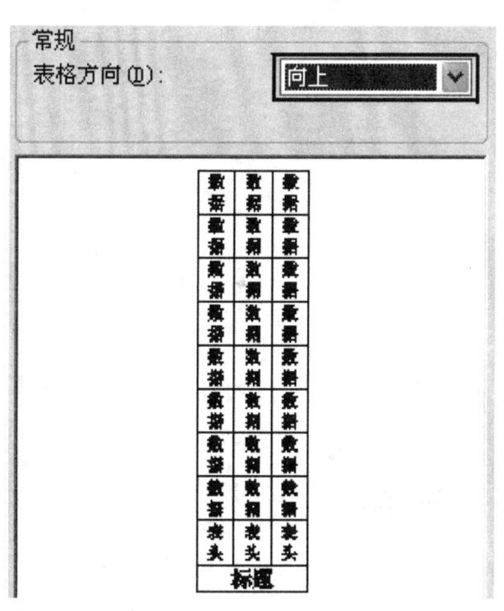

图 9-25　“向上”选项卡

05 定义表格标题样式。选择“单元样式”类型为“标题”，单击“边框”选项卡，将“线宽”下拉列表框设置为“0.5mm”，然后单击“所有边框”按钮 田，如图 9-26（a）所示。

06 定义表格表头样式。选择“单元样式”类型为“表头”，单击“边框”选项卡，将“线宽”下拉列表框设置为“0.5mm”，然后单击“所有边框”按钮 田，如图 9-26（b）所示。

07 定义表格数据样式。选择“单元样式”类型为“数据”，单击“边框”选项卡，将“线宽”下拉列表框设置为“0.5mm”，然后依次单击“左边框”按钮 田 和“右边框”按钮 田，如图 9-26（c）所示。

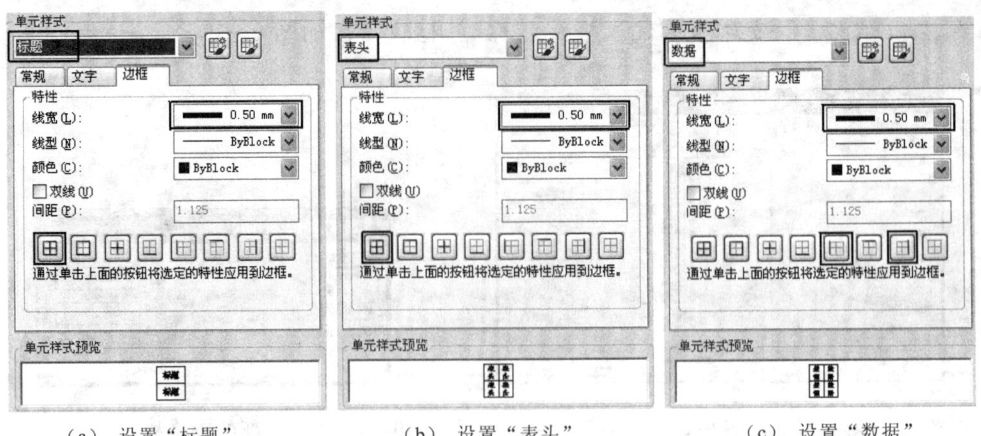

（a） 设置“标题”　　（b） 设置“表头”　　（c） 设置“数据”

图 9-26　设置单元样式

08 完成单元格式设置后可随时在预览窗口预览样式，如图 9-27 所示，可见，表格方向为向上，标题和表头的边框均为粗实线，而只有数据单元的行边框为细实线。

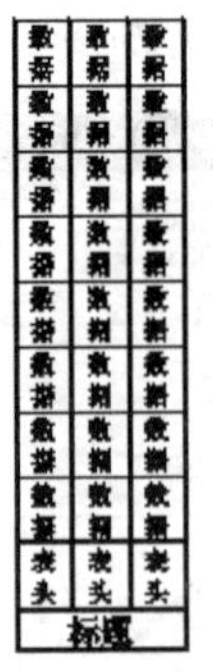

图 9-27　表格样式预览

09 单击“确定”按钮完成设置，回到“表格样式”对话框，可见“明细栏”样式列在了“样式”列表框内，选择“明细栏”样式，然后单击“置为当前”按钮，最后单击“关闭”按钮。

第 74 例　掌握绘制表格的方法

必学技能

掌握绘制表格的方法，是必备的技能，这里主要掌握设置表格的插入格式和选择插入点，以及输入表格数据这两种绘制表格的方法。

本例即介绍如何在图形中插入表格。AutoCAD 2014 中插入表格可通过下面的操作方法。

操作步骤

01 选择菜单栏中的“绘图”→“表格”命令，将弹出“插入表格”对话框，如图 9-28 所示。

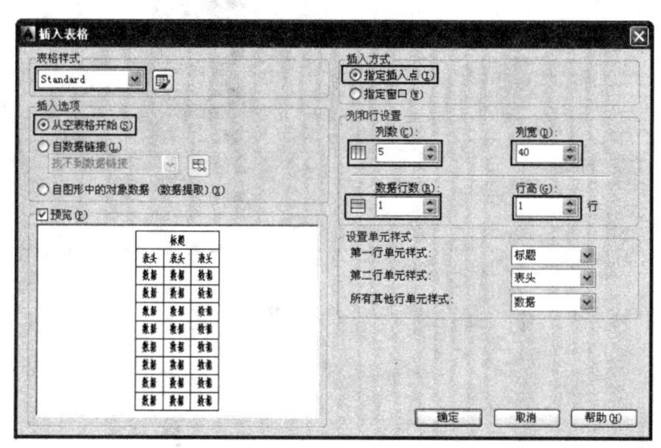

图 9-28　“插入表格”对话框

02 执行设置“插入表格”对话框。由于在“表格样式”对话框中已经把“明细栏”样式置为当前，所以这里默认的即为该样式。

03 选择“插入选项”为“从空表格开始”，选择“插入方式”为“指定插入点”，将列数设置为“5”，将“列宽”调整框设置为“40”，将“数据行数”调整框设置为“1”，将“行高”调整框设置为“1”，设置完后，单击“确定”按钮，如图 9-28 所示。

04 设置完后，单击“确定”按钮，命令行提示如下：

```
指定插入点：
```

此时输入输入点的坐标（0，0）。

05 输入表格文本。指定输入点后，自动弹出多行文字编辑器，此时文本输入点在标题处，可输入表格的标题“明细表”，然后按 Tab 键切换输入点，依次输入表头数据，如图 9-29 所示。

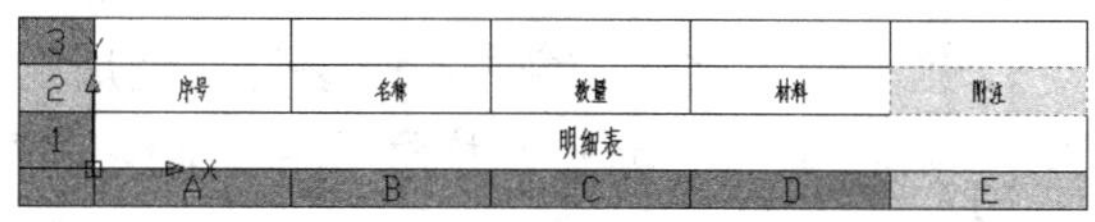

图 9-29　输入表格文本

06 选择列。单击“序号”单元格，按住 Shift 键，然后单击其上方的单元格即可选中该列，如图 9-30 所示。

07 改变列宽。选择“序号”列后，单击鼠标右键，在弹出的快捷菜单中选择“特性”弹出“特性”面板，将“单元宽度”文本框内输入“10”，如图 9-31 所示。

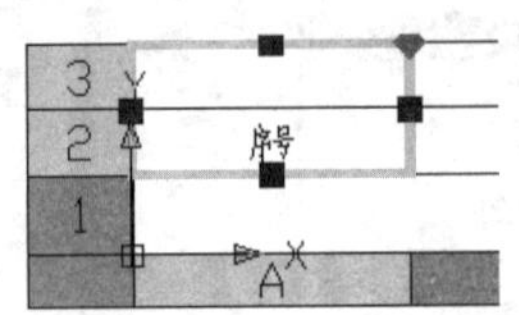

图 9-30　选择列

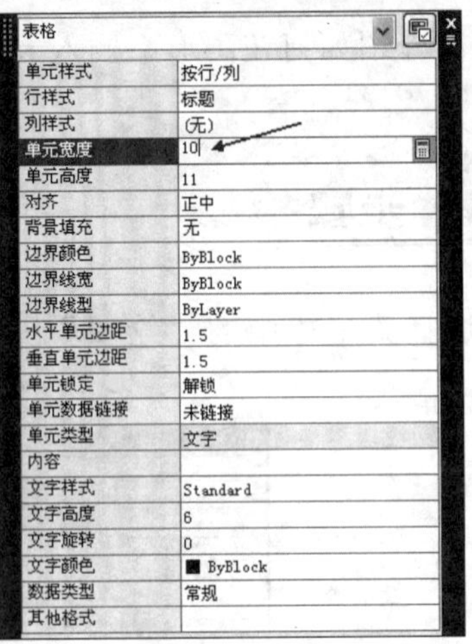

图 9-31　设置列宽

08 参考步骤 6 和步骤 7 的方法将“数量”列的宽度也设置为“10”，完成后的表格，如图 9-32 所示。

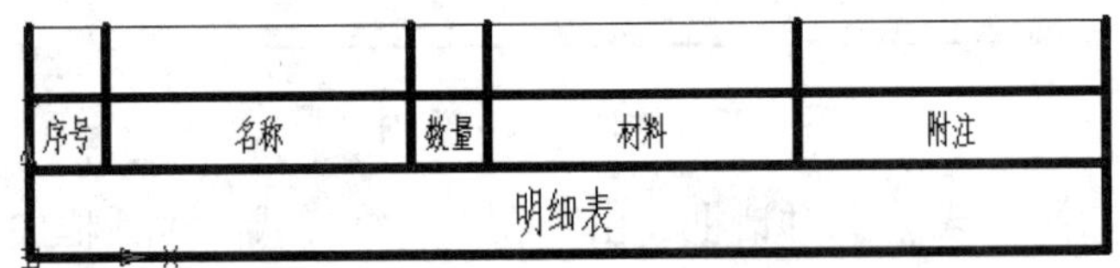

图 9-32　完成表格的插入

本章小结

本章主要讲解对图形进行文字标注的方法，首先认识设置文字样式，接着讲解了输入及编辑文字内容的方法，包括输入文字、输入特殊字符及使用查找和替换功能的方法，并讲解了编辑文本的方法，最后讲解了创建表格样式和绘制表格的方法。

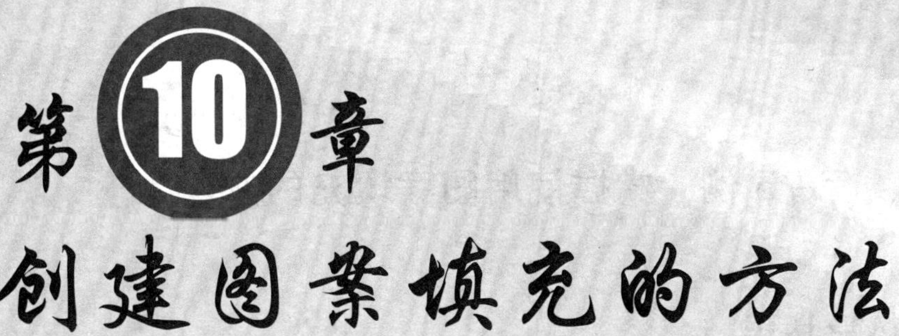

第10章 创建图案填充的方法

本章内容导读

图案填充是指使用预定义图案填充区域，可以使用当前线型定义简单的线图案，也可以创建更复杂的填充图案。图案填充经常用于绘制机械图中的剖面以区分不同的零件，还可用于建筑图或地质图中以区分不同的材料或地层。

另外，还有两种特殊的图案填充。有一种图案类型是实体，它使用实体颜色填充区域；另一种是渐变色填充，它是在一种颜色的不同灰度之间或两种颜色之间使用过渡。渐变色填充能模拟光源反射到对象上的外观，可用于增强演示图形。

这里的必学技能主要是采用操作方法来讲述每个命令的功能，这与以往图书所介绍的完全不一样，希望读者能够掌握其操作方法。

本章必学技能要点

- 掌握编辑图案填充的方法
- 掌握使用图案填充的方法
- 掌握分解图案的方法
- 掌握填充渐变色的方法

第 75 例　掌握使用图案填充的方法

必学技能

掌握使用图案填充的方法，是必备的技能，这里主要掌握孤岛检测选择的方式、“边界保留”选择的方式、填充没有封闭区域的方法这 3 种填充方式。

本例介绍使用图案来填充区域或者闭合对象，这些图案被称为填充图案。一般熟练的绘图者都是采用快捷键，这样能极大地提高绘图效率。

下面将通过几个具体的实例来说明使用图案填充的方法。

1．孤岛检测选择的方式

孤岛是在闭合区域内的另一个闭合区域。在“孤岛”选项组，选择“孤岛检测”复选框后，其下方的 3 个单选按钮变成可用状态，代表了 3 种孤岛检测方式，即普通、外部和忽略。

下面将具体介绍其操作方法。

操作步骤

01 首先选择文件，选择光盘中的“10-1”文件，如图 10-1 所示。

02 左手输入键盘命令：h（H）。

03 左手大拇指按下空格键。

执行图案填充命令后，将弹出“图案填充和渐变色”对话框，如图 10-2 所示。

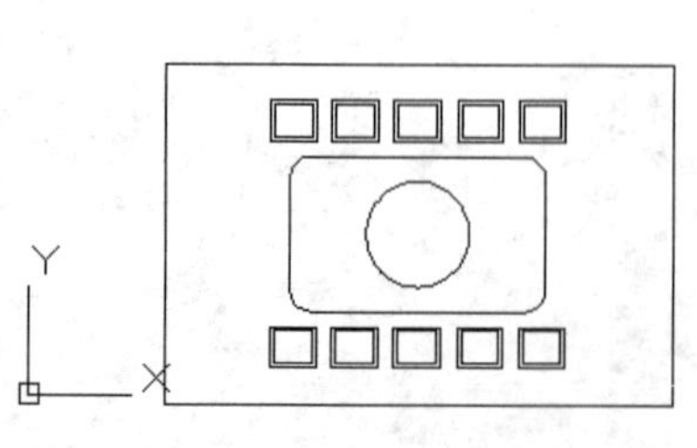

图 10-1　图形文件

图 10-2　“图案填充和渐变色”对话框

04 单击“图案填充和渐变色”对话框中的“添加：拾取点”按钮，绘图区如图 10-3 所示，命令行提示如下：

```
命令:
命令: H
BHATCH
拾取内部点或 [选择对象(S)/删除边界(B)]:
```

05 按照如图 10-4 所示的操作步骤选择拾取的内部点，绘图区如图 10-4 所示，命令行提示如下：

```
拾取内部点或 [选择对象(S)/删除边界(B)]: 正在选择所有对象...
正在选择所有可见对象...
正在分析所选数据...
正在分析内部孤岛...
拾取内部点或 [选择对象(S)/删除边界(B)]:
```

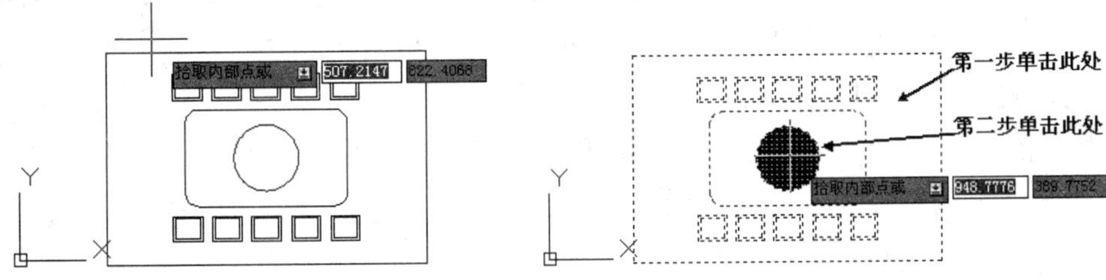

图 10-3　提示拾取内部点　　　图 10-4　按照操作步骤提示拾取内部点

06 单击鼠标右键，确定拾取的内部点后，弹出“图案填充和渐变色”对话框，单击右下角的“更多选项”按钮，对话框将展开显示出其他选项参数，如图 10-5 所示。

注意：这里的孤岛显示样式选择普通样式。

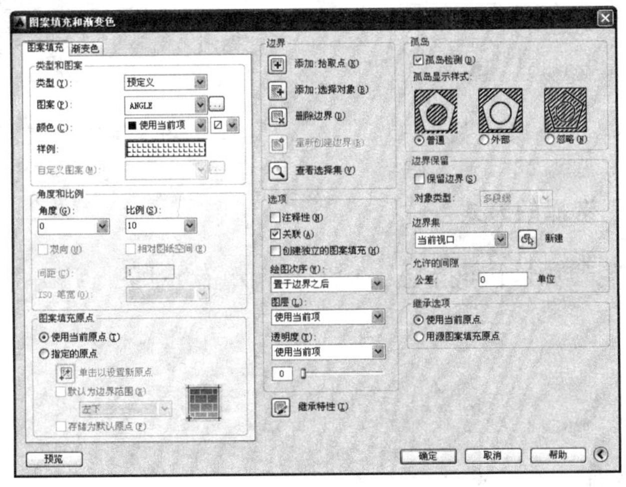

图 10-5　“图案填充和渐变色”对话框

07 启用“孤岛检测”复选框后，将对图形内部闭合边界进行检测，保持“普通”孤岛显示样式的选择状态，然后参照图 10-6 所示对图案填充进行设置。

08 单击“预览”按钮，生成普通孤岛填充样式预览，如图 10-7 所示。

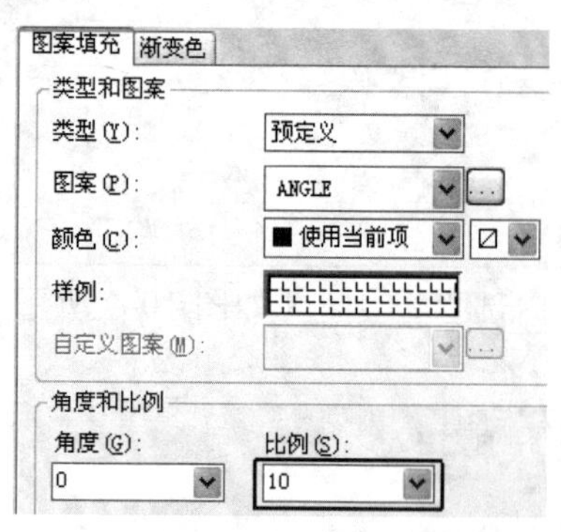

图 10-6 “图案填充”选项卡

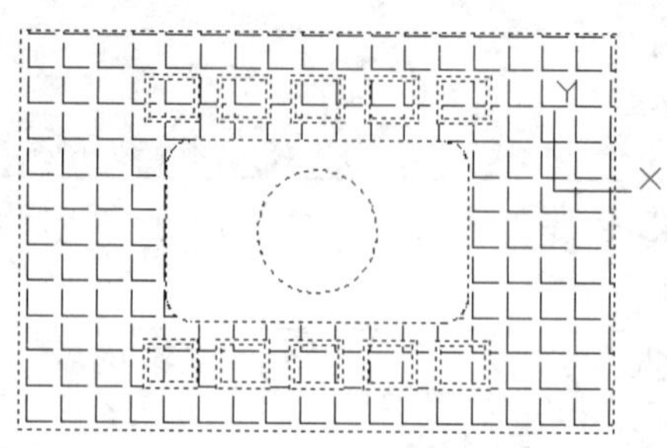

图 10-7 “普通”孤岛填充预览

09 单击鼠标右键，弹出“图案填充和渐变色”对话框，在对话框中的“孤岛”选项组中选择“外部”孤岛样式，参照前面操作方法，单击“预览”按钮，生成“外部”孤岛填充样式预览，如图 10-8 所示。

10 单击鼠标右键，弹出“图案填充和渐变色”对话框，在对话框中的“孤岛”选项组中选择“忽略”孤岛样式，参照前面操作方法，单击“预览”按钮，生成“忽略”孤岛填充样式预览，如图 10-9 所示。

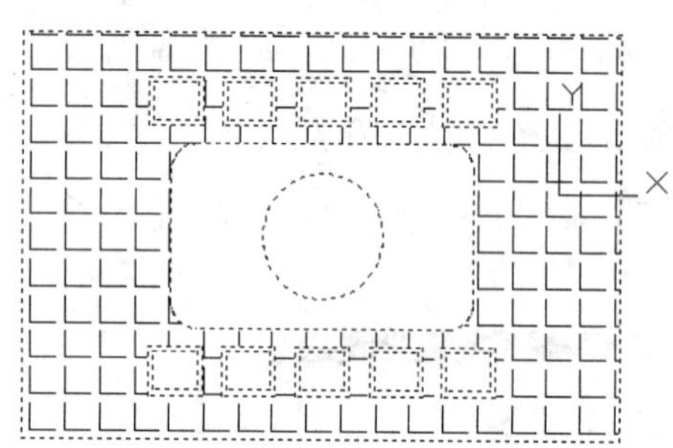

图 10-8 “外部”孤岛填充预览

图 10-9 “忽略”孤岛填充预览

2.“边界保留”选择的方式

在“边界保留”选项组中可指定是否将边界保留为对象，并确定应用于这些对象的对象类型。

操作步骤

01 首先选择文件，选择光盘中的“10-2”文件，如图 10-10 所示。

02 左手食指输入键盘命令：h（H）。

03 左手大拇指按下空格键。

执行图案填充命令后，将弹出“图案填充和渐变色”对话框，如图 10-2 所示。

04 单击“图案填充和渐变色”对话框中的“添加：拾取点”按钮，绘图区如图 10-11 所示，命令行提示如下：

```
命令：
命令：H
BHATCH
拾取内部点或 [选择对象(S)/删除边界(B)]：
```

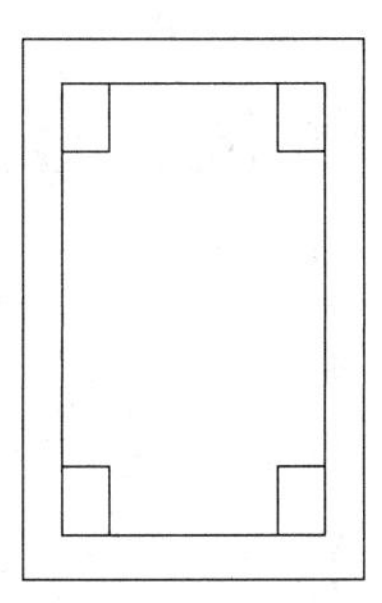

图 10-10　图形文件

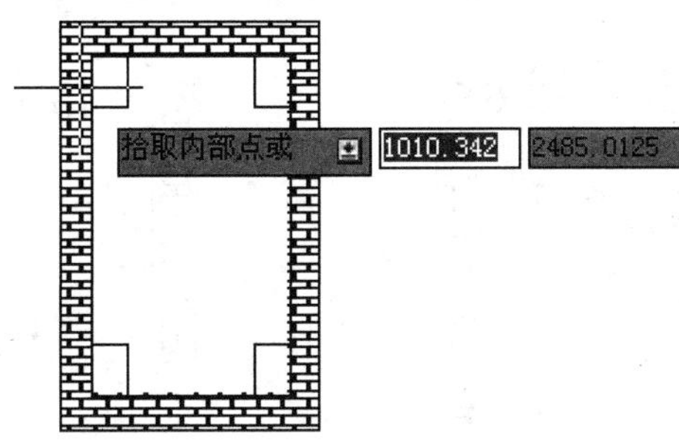

图 10-11　提示拾取内部点

05 按照如图 10-11 所示的方法选择拾取的内部点，绘图区如图 10-11 所示，命令行提示如下：

```
拾取内部点或 [选择对象(S)/删除边界(B)]：正在选择所有对象...
正在选择所有可见对象...
正在分析所选数据...
正在分析内部孤岛...
拾取内部点或 [选择对象(S)/删除边界(B)]：
```

06 单击鼠标右键，确定拾取的内部点后，弹出“图案填充和渐变色”对话框，单击右下角的“更多选项”按钮，对话框将展开显示出其他选项参数。

07 在“图案填充”选项卡中选择“图案”为“BRSTONE”，“角度和比例”选项中输入“比例”为“3”，如图 10-12 所示，在“孤岛”选项中选择“普通”选项，在“边界保留”选项组中选择“保留边界”选项，“对象类型”选择“多线段”选项，如图 10-13 所示。

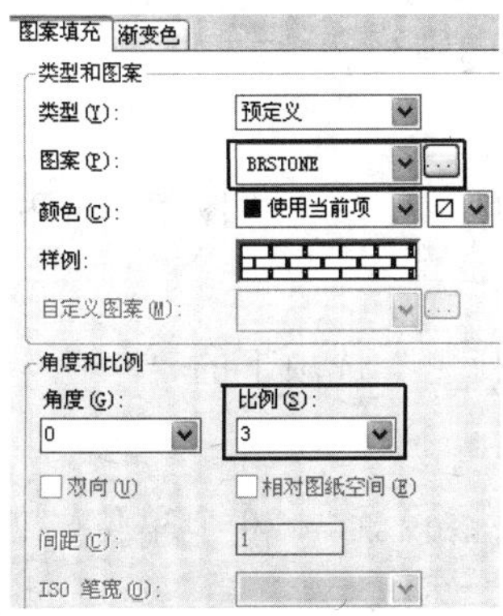

图 10-12　“图案填充”选项卡

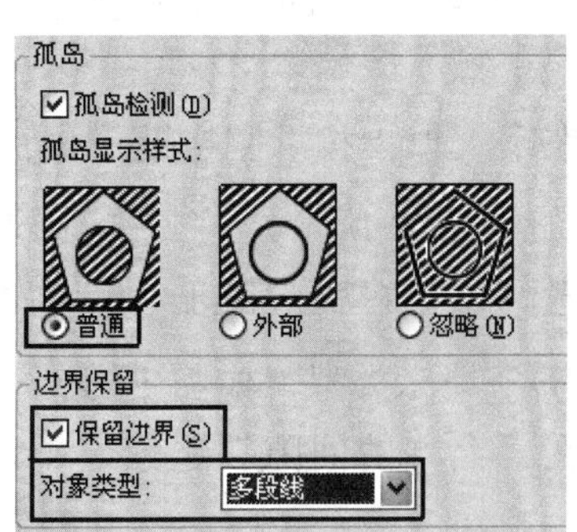

图 10-13　“孤岛”选项卡

08 单击“预览”按钮，单击“确定”按钮对图形进行填充预览，所创建出的边界“对象类型”为“多段线”，如图 10-14 所示。

09 用户可在“图案填充和渐变色”对话框中的“边界保留”选项组中，选择“对象类型”下拉列表中的“面域”选项，创建图案填充时，将生成边界对象为“面域”对象，如图 10-15 所示。

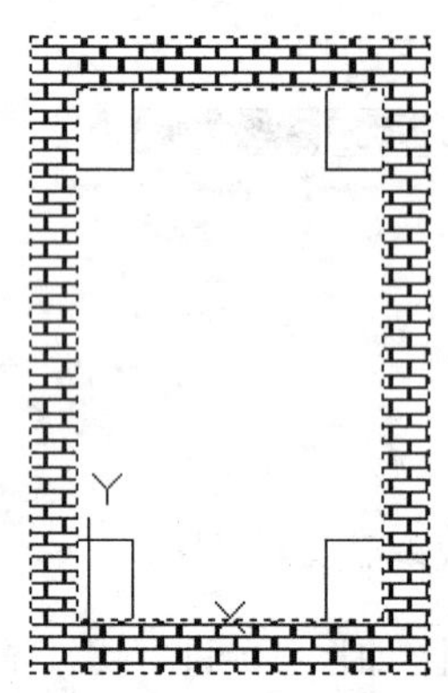

图 10-14 “多段线”填充预览

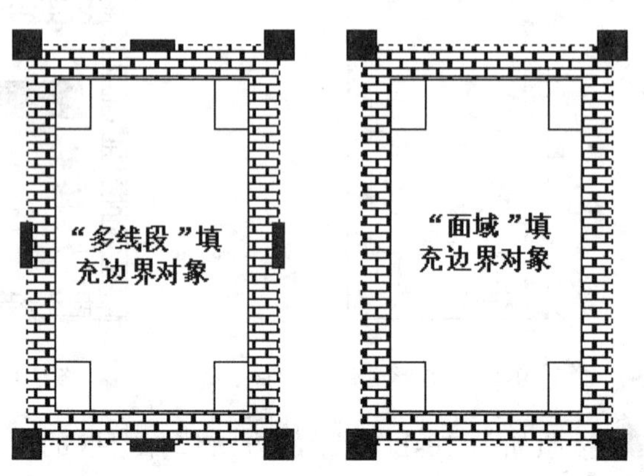

图 10-15 “多段线”与“面域”填充边界效果

3. 填充没有封闭区域的方法

如果要填充没有封闭的区域，可设置“允许的间隙”选项，任何小于等于允许的间距中设置的值的间隙都将被忽略，并将边界视为封闭。

操作步骤

01 首先选择文件，选择光盘中的“10-3”文件，如图 10-16 所示。

02 读者仔细观察会发现平面图中左上角的墙体是断开的，如图 10-16 所示，如果要对墙体内部进行填充的话，就需要使用到“允许的间隙”选项。

03 左手输入键盘命令：h（H）。

04 左手大拇指按下空格键；执行图案填充命令后，将弹出“图案填充和渐变色”对话框，如图 10-2 所示。

05 选择“图案填充和渐变色”对话框中的“渐变色”选项下的“单色”选项，选择“SOLID”填充类型，如图 10-17 所示。

06 在“允许的间隙”选项组中，将“公差”参数设置为 20 个单位，如图 10-18 所示。

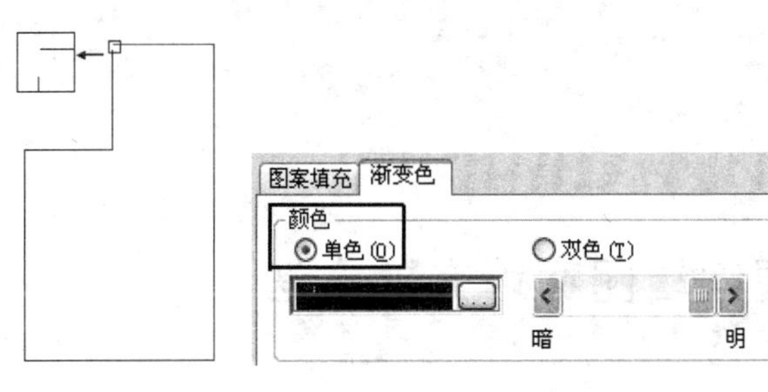

图 10-16　图形文件　　图 10-17　设置填充类型　　图 10-18　设置“公差”参数

07 单击“图案填充和渐变色”对话框中的“添加：拾取点”按钮，绘图区如图 10-19 所示，命令行提示如下：

```
命令:
命令: H
BHATCH
拾取内部点或 [选择对象(S)/删除边界(B)]:
```

08 单击“添加：拾取点”按钮，在绘图区域中的墙体内侧单击，系统将弹出如图 10-20 所示的“图案填充—开放边界警告”对话框，单击“是”按钮，即可按照指定边界进行填充。

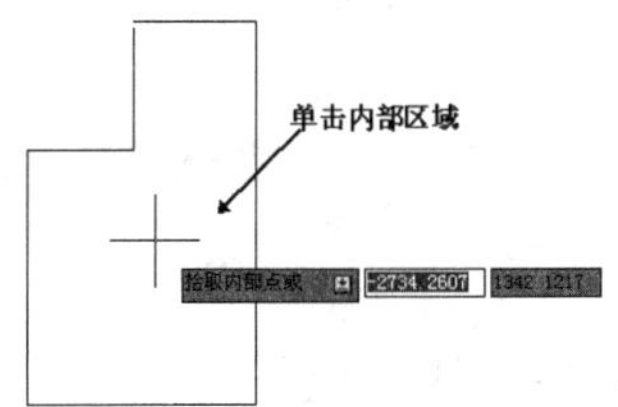

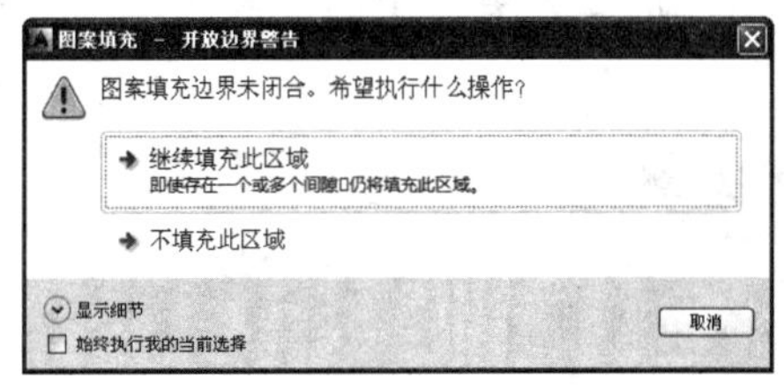

图 10-19　提示拾取内部点　　图 10-20　“图案填充 - 开放边界警告”对话框

09 此时将创建出一个封闭的填充边界，绘图区如图 10-21 所示，命令行提示如下：

```
拾取内部点或 [选择对象(S)/删除边界(B)]: 正在选择所有对象...
正在选择所有可见对象...
正在分析所选数据...
正在分析内部孤岛...
拾取内部点或 [选择对象(S)/删除边界(B)]:
```

10 单击鼠标右键，确定拾取的内部点后，弹出“图案填充和渐变色”对话框，单击“预览”按钮，如图 10-22 所示，然后单击“确定”按钮即完成填充。

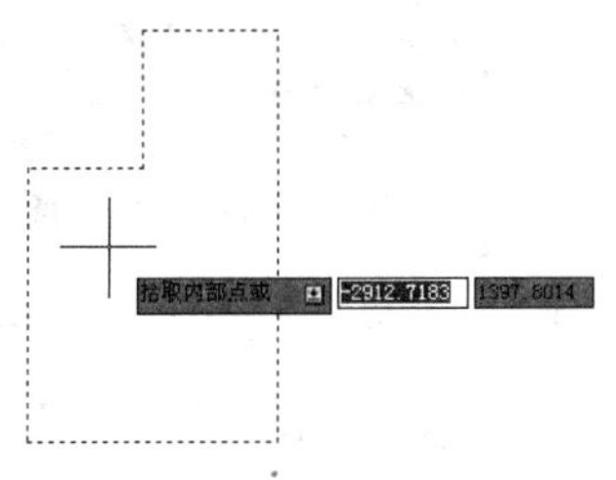

图 10-21　创建封闭边界　　图 10-22　填充颜色效果

第 76 例　掌握编辑图案填充的方法

必学技能

掌握编辑图案填充的方法，是必备的技能，这里主要掌握菜单栏选择命令和“选项”对话框这两种编辑图案填充的方法。

对于绘图中已经存在的图案填充，用户最后可能需要在某些方面进行修改，如图案特性、类型等。

对于如图 10-23 所示的图样，可按以下步骤完成编辑图案填充。

1. 方法 1：选择菜单栏中的“修改”→“对象”→“图案填充”命令

操作步骤

01 选择菜单栏中的“修改”→“对象”→“图案填充”命令。

执行图案填充命令后，命令行提示如下：

```
命令：
命令：_hatchedit
选择图案填充对象：
```

02 在绘图区域中选择要修改的图案填充对象，如图 10-24 所示。

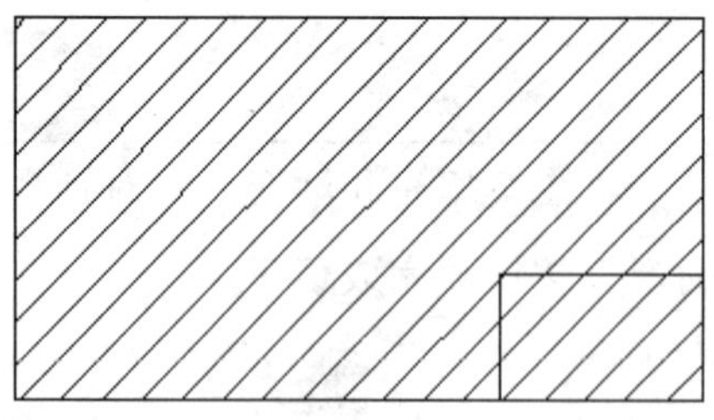

图 10-23　文件图样

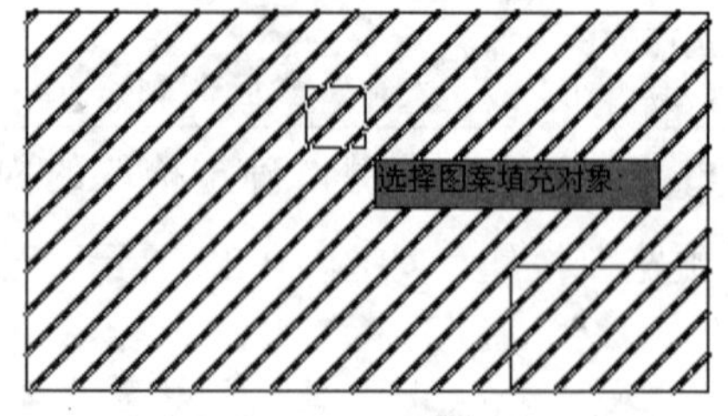

图 10-24　提示选择图案填充对象

03 单击图中填充区域，将打开“图案填充编辑”对话框，如图 10-25 所示。

04 “图案填充编辑”对话框与前面介绍的“图案填充和渐变色”对话框中选项参数完全相同，根据需要对选择的图案填充进行编辑。

05 在“角度和比例”选项中输入“角度”为“90”，“比例”为“2”，如图 10-26 所示，完毕后单击“确定”按钮，完成编辑操作，完成前、后的效果如图 10-27 所示。

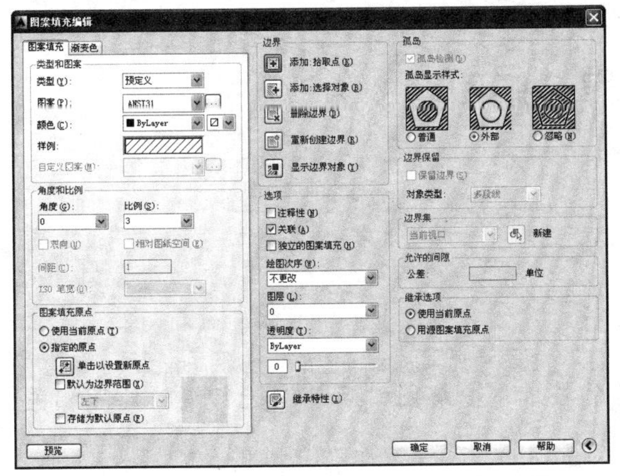

图 10-25 “图案填充编辑”对话框

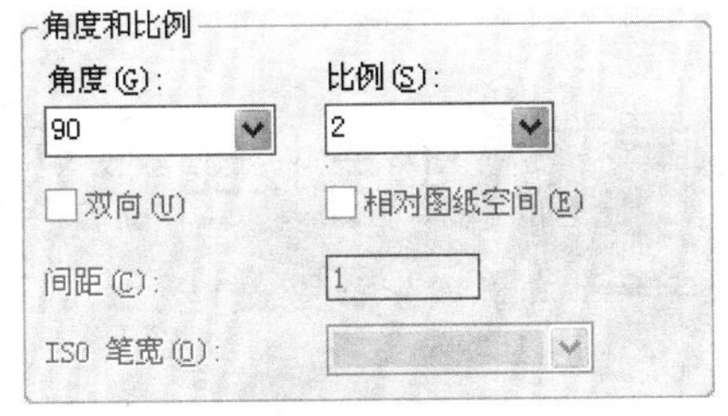

图 10-26 “角度和比例”选项卡

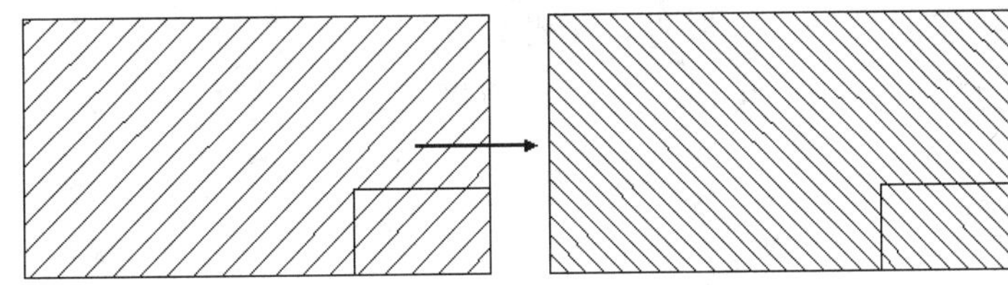

图 10-27 修改前、后效果

2. 方法 2：“选项”对话框修改

操作步骤

01 在如图 10-23 所示的图形中单击填充的图案填充，弹出“选项”对话框，如图 10-28 所示。

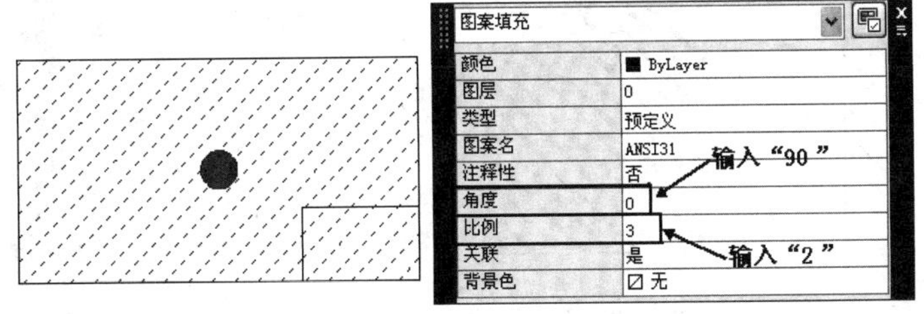

图 10-28 “选项”对话框

02 在“角度”选项下输入“90”，在“比例”选项下输入“2”，修改好后，按下 Esc 键，退出“选项”对话框，修改前、后的效果如图 10-27 所示。

第 77 例 掌握分解图案的方法

必学技能

掌握分解图案的方法，是必备的技能，分解图案后可以进行编辑处理相关的工作。

图案被分解后，它将不再是一个单一对象，而是一组组成图案的线条。同时，分解之后的图案也失去了与图形的关联性，因此，也就不可能对所填充的图案进行编辑。

下面将介绍分解图案的一个实例，通过实例将学会分解图案的方法。

操作步骤

01 首先选择文件，选择光盘中的“10-4”文件，如图 10-29 所示。

02 可以发现，在如图 10-29 所示的图像中，图案填充已经完成。

03 分解标注对象。

分解命令详见第 28 例。

按住鼠标左键指定选择的对象，绘图区如图 10-30 所示，单击鼠标右键确定，分解前、后的效果如图 10-31 所示。

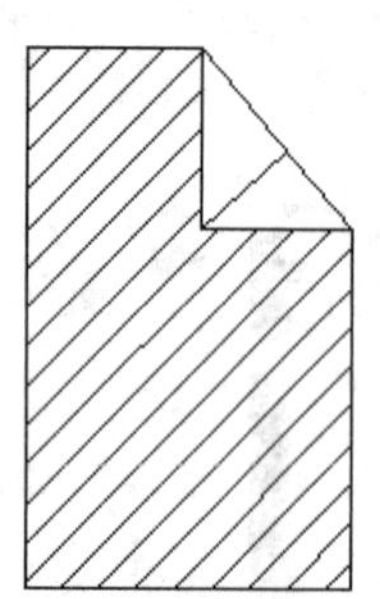

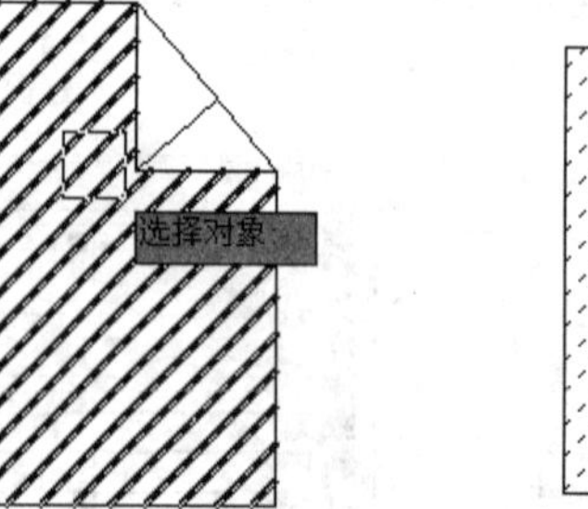

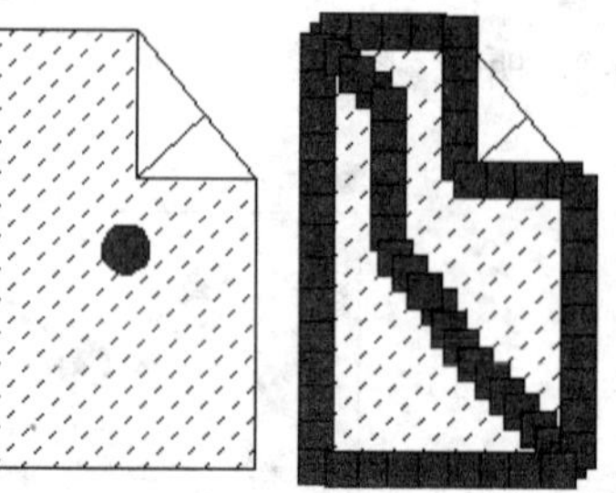

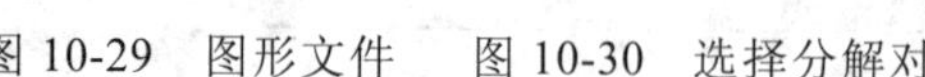
图 10-29 图形文件　图 10-30 选择分解对象

图 10-31 分解前、后的效果

04 延伸分解的直线。

延伸分解的直线详见第 27 例。

单击需要延伸的直线，选择需要被延伸的对象，如图 10-32 所示，最后单击鼠标右

键完成延伸操作，效果如图 10-33 所示。

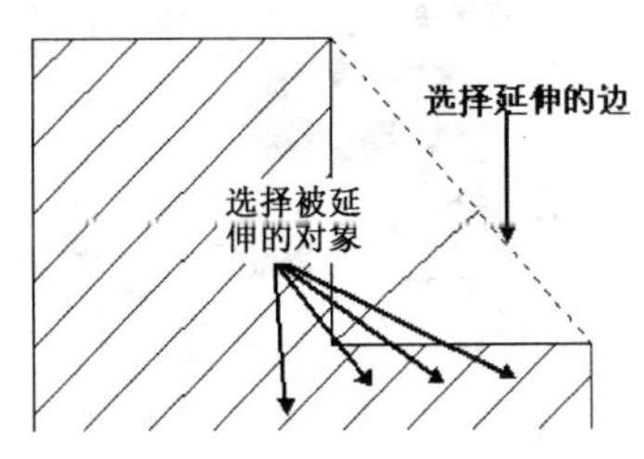

图 10-32　选择延伸边及被延伸对象

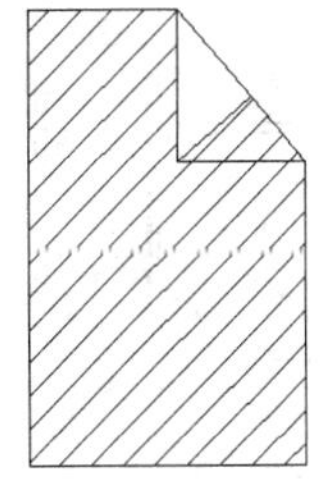

图 10-33　完成延伸

第 78 例　掌握填充渐变色的方法

必学技能

掌握填充渐变色的方法，是必备的技能，这里主要掌握填充渐变色的选择及设置方法。

本例主要介绍使用渐变的颜色来填充。渐变色填充实际上是一种特殊的图案填充，一般用于绘制光源反射到对象上的外观效果，可用于增强演示图形。

下面将介绍填充图案的一个具体的实例，通过实例将会学到具体的方法，希望读者能够掌握。

操作步骤

01 首先选择文件，选择光盘中的“10-5”文件，如图 10-34 所示。

02 左手输入键盘命令：h（H）。

03 左手大拇指按下空格键；执行图案填充命令后，将弹出“图案填充和渐变色”对话框，如图 10-2 所示。

04 选择“图案填充和渐变色”对话框的“渐变色”选项卡，如图 10-35 所示。

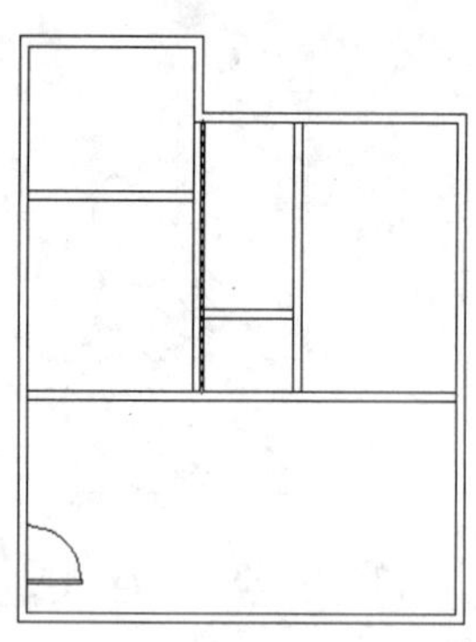

图 10-34　图形文件

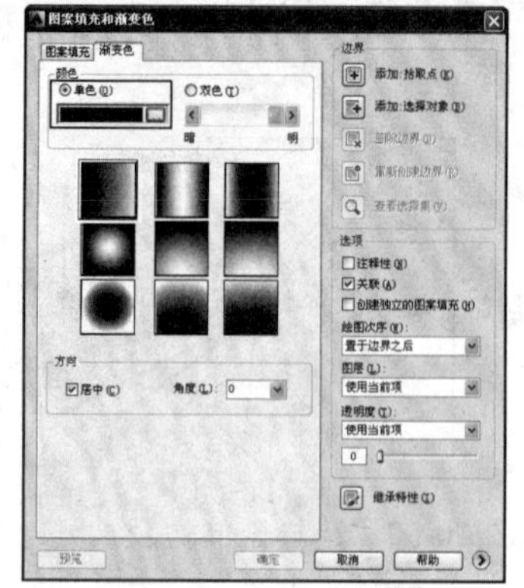

图 10-35　“渐变色”选项卡

05 单击“单色”选项下侧颜色样本右侧的“浏览”按钮[...]，打开“选择颜色”对话框，参照图 10-36 所示对颜色进行设置，完毕后单击“确定”按钮关闭对话框。

06 向左拖动“着色/渐浅”滑块，使颜色过渡缓和，如图 10-37 所示。

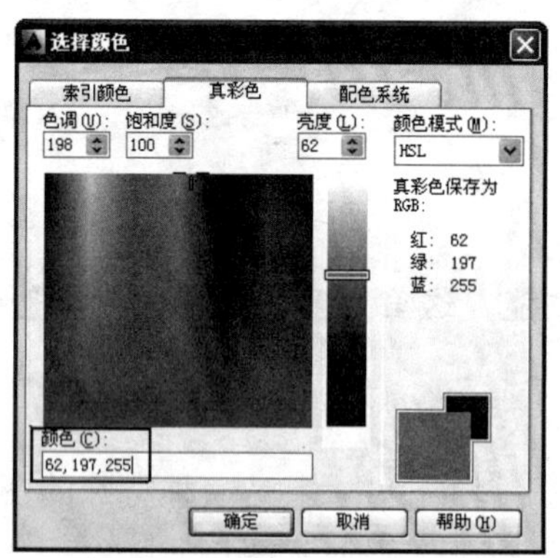

图 10-36　“选择颜色”对话框

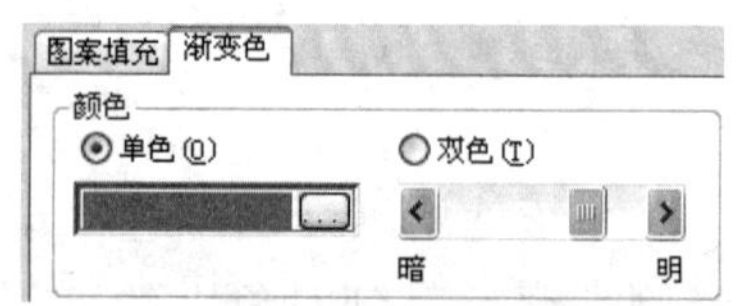

图 10-37　“渐变色”选项卡

07 在“颜色”选项组下方的渐变图案中，选择第 2 种线性固定图案，如图 10-38 所示。

08 在“方向”选项组中保持“居中”复选框的启用状态，指定对称的渐变配置，然后在右侧的“角度”文本框中输入“45”，如图 10-39 所示。

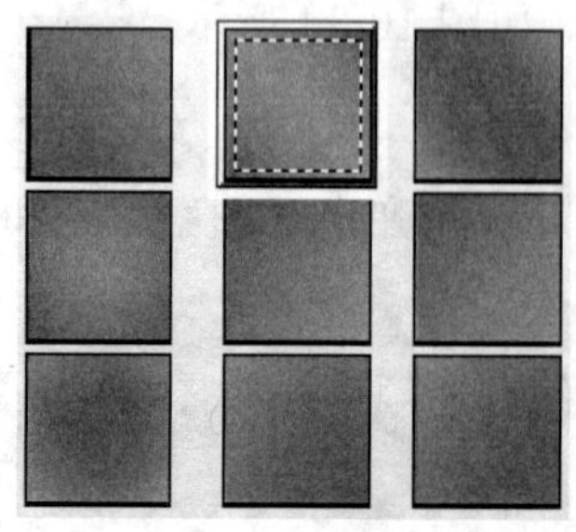

图 10-38　选择线性图案

图 10-39　指定渐变色的角度

09 单击“图案填充和渐变色”对话框中的“添加：拾取点”按钮，在绘图区域中的客厅内部及客厅门的位置处依次单击定义填充边界，绘图区如图 10-40 所示，命令行提示如下：

```
命令:
命令: H
BHATCH
拾取内部点或 [选择对象(S)/删除边界(B)]:
```

10 按照如图 10-40 所示的操作步骤选择拾取的内部点，命令行提示如下：

```
拾取内部点或 [选择对象(S)/删除边界(B)]: 正在选择所有对象...
正在选择所有可见对象...
正在分析所选数据...
正在分析内部孤岛...
拾取内部点或 [选择对象(S)/删除边界(B)]:
```

11 单击鼠标右键，确定拾取内部点后，弹出“图案填充和渐变色”对话框后，单击“确定”按钮关闭对话框，使用从较深着色到较浅色调平滑过渡的单色对客厅进行填充，效果如图 10-41 所示。

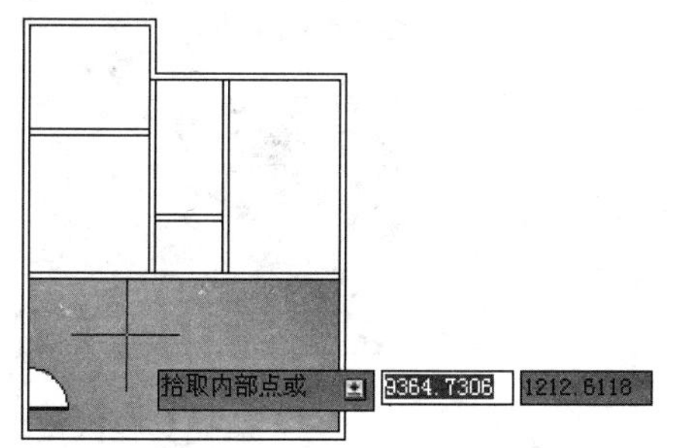

图 10-40　定义填充边界

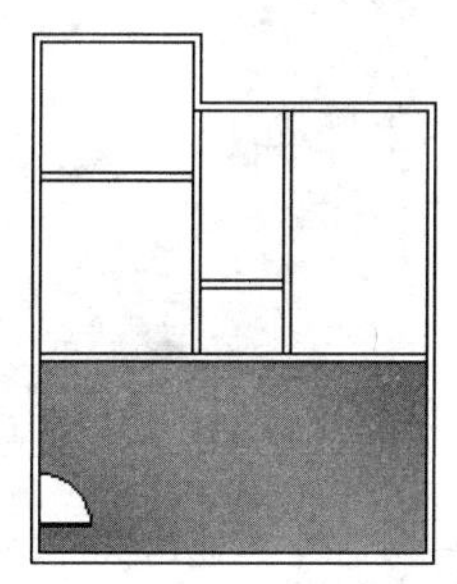

图 10-41　为客厅填充渐变色

12 继续填充图案颜色。单击鼠标右键，打开“图案填充和渐变色”对话框，然后在“颜色”选项组中单击“双色”单选按钮，单击“双色”选项下侧颜色样本右侧的“浏览”按钮，打开“选择颜色”对话框，参照图 10-42 所示对颜色 1 和颜色 2 进行设置。

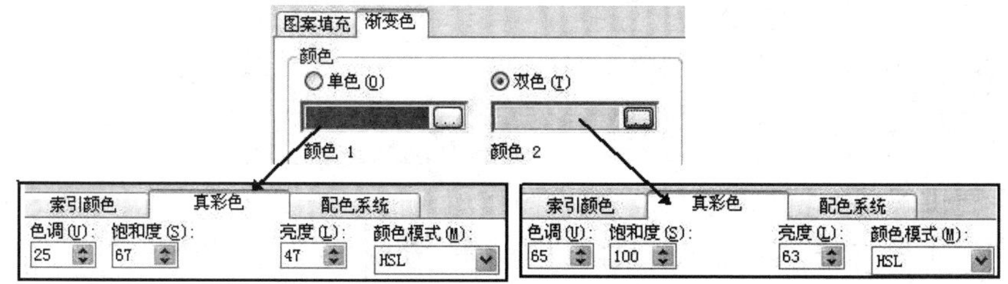

图 10-42　设置颜色

13 选择第 1 种线线性固定图案，然后在“方向”选项组中参照图 10-43 所示对其进行设置。

14 在“边界”选项组中单击“添加：拾取点”按钮，参照图 10-44 所示拾取其

他两个房间的填充边界，单击鼠标右键返回到对话框，单击“确定”按钮进行填充，完成后的效果如图 10-45 所示。

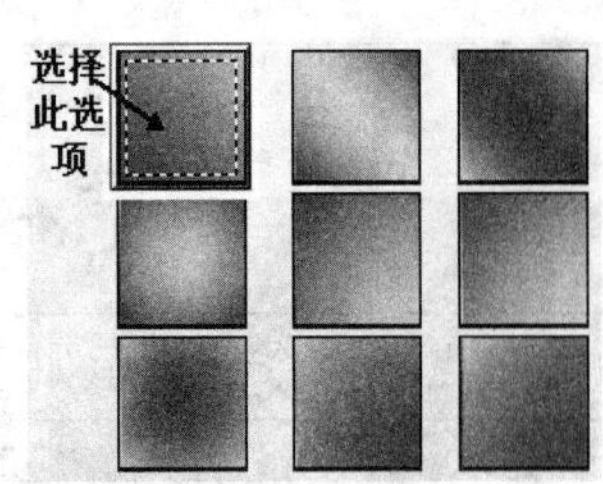

图 10-43　设置渐变角度

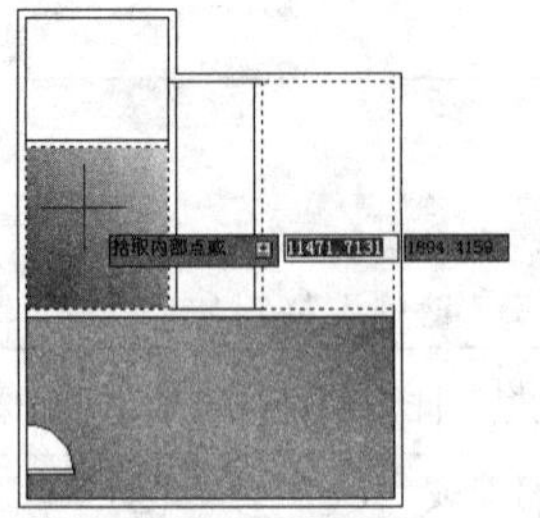

图 10-44　定义填充边界

15 读者可参照前面填充渐变色的方法，选择自己喜欢的颜色对其他区域进行渐变色填充，效果如图 10-46 所示。

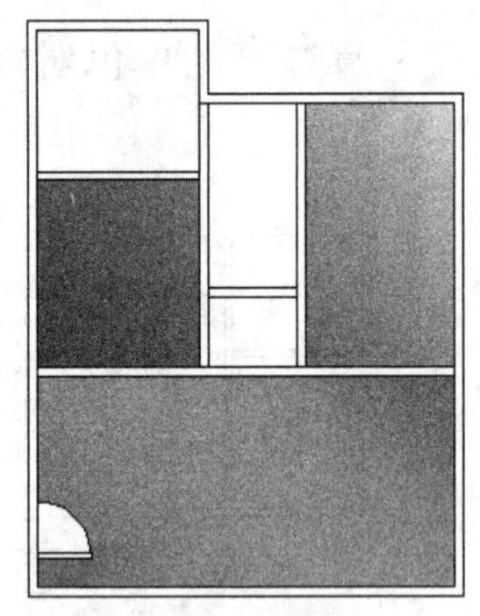

图 10-45　为其他房间填充渐变色

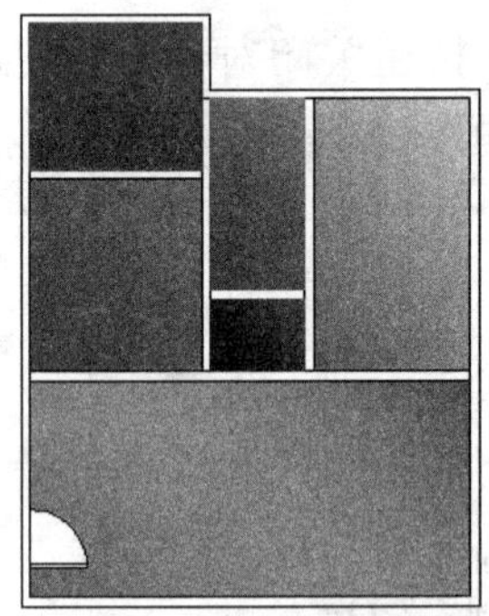

图 10-46　填充其他区域

本章小结

本章主要讲解图案填充的方法，编辑图案填充的方法有下面的几种方法，编辑图案填充、使用图案填充和分解图案，最后讲解了填充渐变色的操作方法。

第 11 章 绘制三维模型

本章内容导读

前述各个章节主要介绍 AutoCAD 2014 在二维绘图领域的应用，实际上，AutoCAD 2014 在三维绘图领域的功能也比较强大。从本章开始及后继一个章节，将介绍如何使用 AutoCAD 2014 绘制和编辑三维图形。

这里的必学技能主要是采用操作方法来讲述每个命令的功能，这与以往图书所介绍的完全不一样，希望读者能够掌握其操作方法。

本章必学技能要点

- 了解三维绘图基础
- 掌握绘制三维实体模型的方法
- 掌握通过拉伸创建实体的方法
- 掌握通过旋转创建实体的方法
- 掌握通过扫掠创建实体的方法

第 79 例　了解三维绘图基础

必学技能

了解三维绘图基础，是绘制三维模型的前提，这里主要了解“建模子菜单、建模工具栏及 3 种三维模型”及“使用预设视图设置视图”这两方面的内容。

AutoCAD 2014 的三维绘图是绘图中的一个重要组成部分，其应用十分广泛。在机械图中，可以用来绘制机械立体图。

1．建模子菜单、建模工具栏及 3 种三维模型

AutoCAD 2014 在“经典模式”下可以切换到“三维建模”的模式，如图 11-1 所示为三维建模的模式。

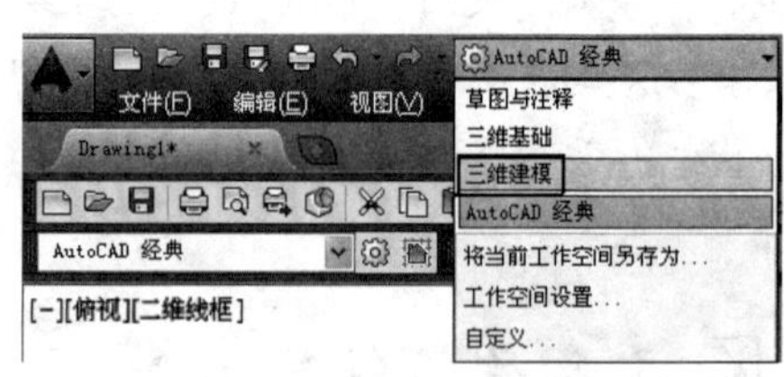

图 11-1　切换到三维建模的模式

另外 AutoCAD 2014 还提供了“建模”子菜单，如图 11-2 所示；并配置了 1 个“建模”工具栏，如图 11-3 所示。通过“建模”子菜单和“建模”工具栏及相对应的命令，可完成三维图形对象的绘制、编辑等操作。

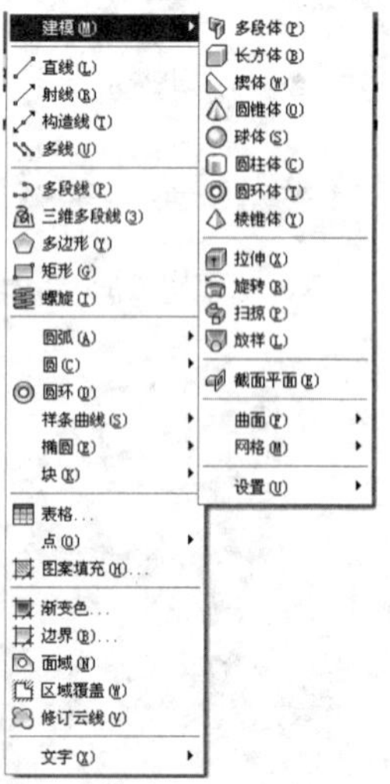

图 11-2　“建模”子菜单

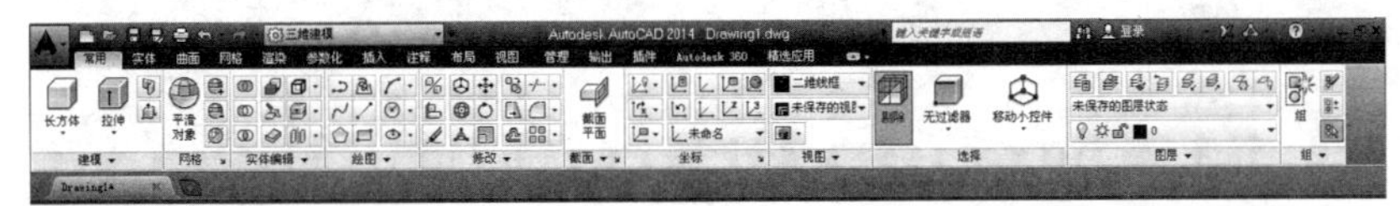

图 11-3　“建模”工具栏（三维建模环境下）

AutoCAD 2014 包括 3 种模型，分别为实体、线框和网格模型。例如，同样是一个长方体形的三维模型，实体、线框和网格模型分别如图 11-4（a）、图 11-4（b）、图 11-4（c）所示。

确切的说，线框模型是一种线的模型，网格模型是一种面的模型，而实体模型是一种实体模型，它们所属的维数不同。

在各类三维建模中，实体的信息最完整，歧义最少。而且，对复杂的三维模型，实体比线框和网格更容易构造和编辑。

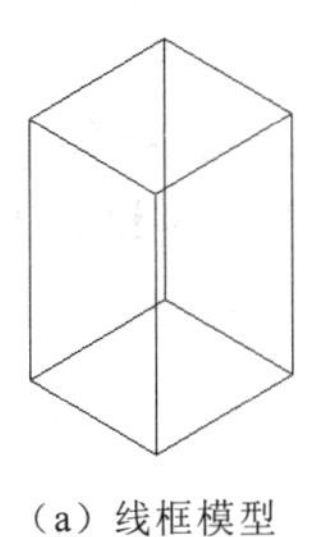

（a）线框模型

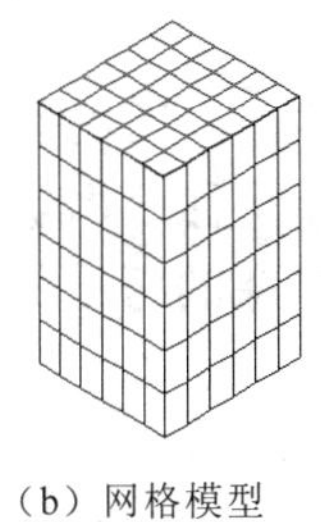

（b）网格模型

（c）实体模型

图 11-4　3 种三维模型

2. 使用预设视图设置视图

用户可根据名称或说明选择预定义的标准正交视图和等轴测视图，这些视图代表常用选项：俯视、仰视、主视、左视、右视和后视。此外，可以从等轴测选项设置视图：SW（西南）等轴测、SE（东南）等轴测、NE（东北）等轴测和 NW（西北）等轴测。

如果用户要使用预置三维视图，一般熟练的绘图者都是通过下面的方法来实现：选择菜单栏中的“视图”→“三维视图”命令，在弹出的子菜单中选择预置视图（俯视、仰视、左视等），如图 11-5 所示。

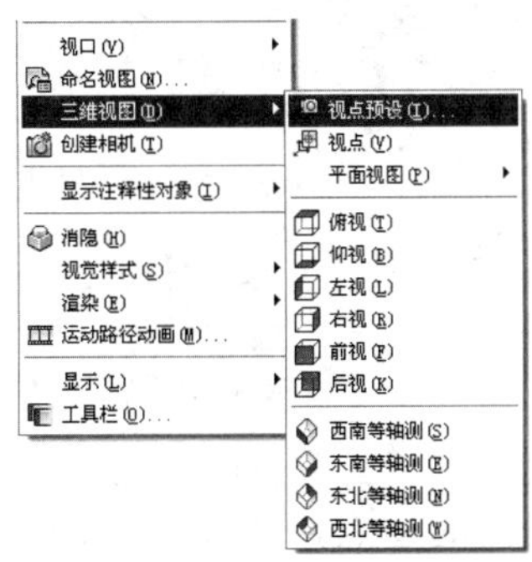

图 11-5　“三维视图”子菜单

第 80 例　掌握绘制三维实体模型的方法

必学技能

掌握绘制三维实体模型的方法，是必备的技能，这里主要掌握绘制多段体、长方体、圆柱体、圆锥体、球体、楔体、圆环体这几种绘制实体模型的方法。

本例将介绍如何创建基本三维实体，包括长方体、圆锥体、圆柱体、球体、圆环体、楔体、棱锥体及多段体，这些三维实体又称基本实体图元。通过对这些基本实体图元的组合、剪切等编辑操作，就能绘制出复杂的三维图形。

1. 绘制多段体

绘制多段体与绘制多段线的方法相同，多段体通常用于绘制建筑图的墙体。一般熟练的绘图者都是使用下面的操作方法绘制多段体。

操作步骤

01 选择菜单栏中的“视图”→“三维视图”命令，在弹出的子菜单中选择“东南等轴侧视图”。

提示

从这个必学技能开始对于三维实体的绘制与编辑将选择“东南等轴侧视图”，希望读者能够理解应用。

02 选择菜单栏中的“绘图”→“建模”→“多段体”命令。

执行多段体命令后，命令行提示如下：

```
命令:
命令: _Polysolid 高度 = 4.0000, 宽度 = 0.2500, 对正 = 居中
指定起点或 [对象(O)/高度(H)/宽度(W)/对正(J)] <对象>:
```

03 在绘图区域中指定多段体的起点，绘图区如图 11-6 所示，命令行提示如下：

```
指定下一个点或 [圆弧(A)/放弃(U)]:
```

04 指定起点后，绘图区如图 11-7 所示，命令行提示如下：

```
指定下一个点或 [圆弧(A)/放弃(U)]:
```

图 11-6　指定多段体的起点

图 11-7　提示指定多段体的下一个点

05 指定下一个点后，绘图区如图 11-8 所示，命令行提示如下：

```
指定下一个点或 [圆弧(A)/闭合(C)/放弃(U)]:
```

06 指定下一个点后，绘图区如图 11-9 所示，命令行提示如下：

```
指定下一个点或 [圆弧(A)/闭合(C)/放弃(U)]:
```

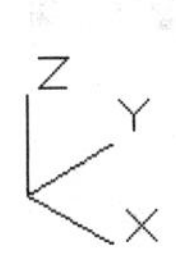

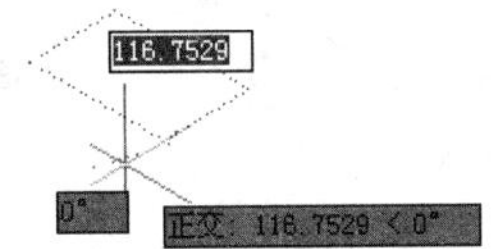

图 11-8　提示指定多段体的下一个点

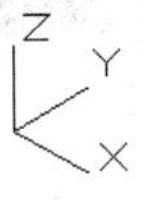

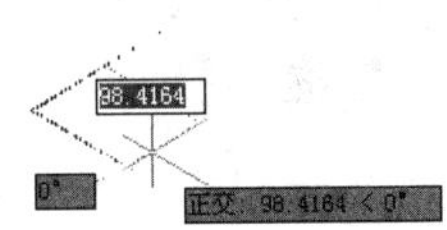

图 11-9　提示指定多段体的下一个点

07 单击鼠标右键，结束多段体的绘制，所得效果如图 11-10 所示。

08 选择菜单栏中的“视觉样式”→“灰度”命令，所得效果如图 11-11 所示。

注意：在“多段体”的设置中，其“高度（H）”选项：指定多段体的高度，如图 11-12 所示；其“宽度（W）”选项：指定实体的宽度，如图 11-12 所示。

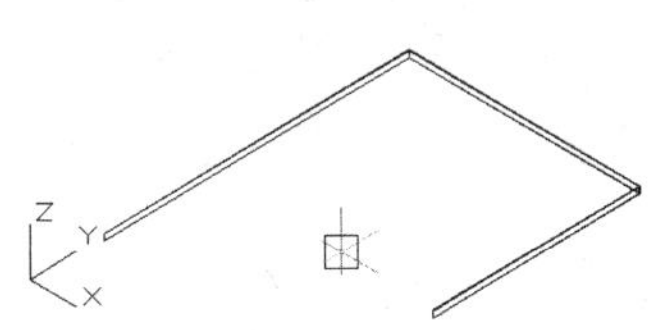

图 11-10　完成多段体的绘制

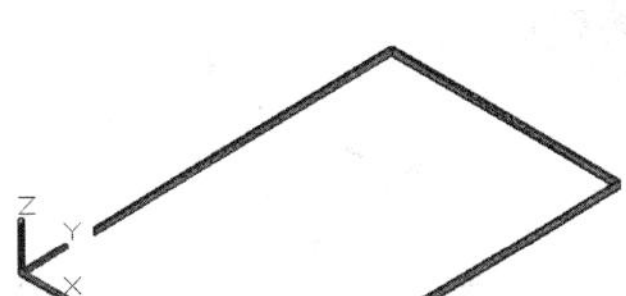

图 11-11　灰度效果

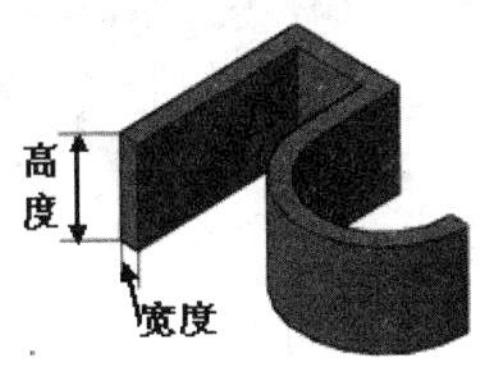

图 11-12　完成多段体的绘制

2. 绘制长方体

AutoCAD 2014 在绘制长方体时可通过指定 3 个顶点，或者指定中心点和其他角点，或者指定长方体的长宽高绘制。可以使用下面的操作方法绘制长方体。

1）方法 1：通过指定第一个角点、另一个角点和高度绘制

操作步骤

01 选择菜单栏中的“绘图”→“建模”→“长方体”命令。

02 选择绘制长方体命令后，绘图区如图 11-13 所示，命令行提示如下：

```
命令：
命令：_box
指定第一个角点或 [中心(C)]:
```

03 单击绘图区中的一点指定长方体的起点，绘图区如图 11-14 所示，命令行提示如下：

```
指定其他角点或 [立方体(C)/长度(L)]:
```

图 11-13 指定长方体的起点

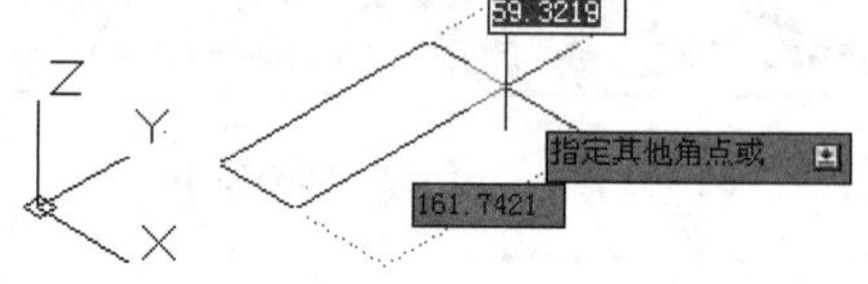

图 11-14 提示指定长方体的其他角点

04 指定其他角点后，绘图区如图 11-15 所示，命令行提示如下：

```
指定高度或 [两点(2P)]:
```

05 单击鼠标左键指定高度后，绘图区如图 11-16 所示，命令行提示如下：

```
自动保存到 C:\Documents and Settings\Administrator\local settings\temp\Drawing1_1_1_4223.sv$ ...
```

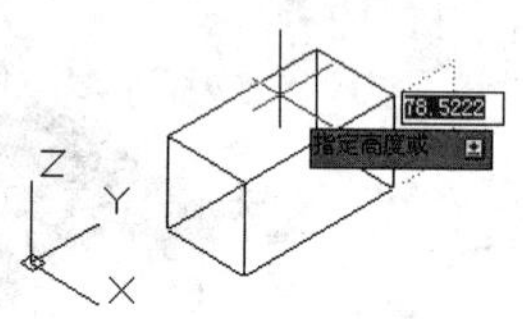

图 11-15 提示指定高度

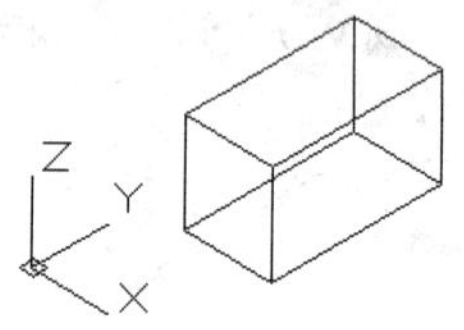

图 11-16 完成的长方体

注意：命令行提示的“第一个角点”和“其他角点”是指的底面的两个对角点，例如，图 11-17 中的 A 点和 B 点，通过这两点确定了底面的大小和位置，然后再输入高度值（即图 11-17 中 BC 两点间的距离）即可绘制出整个长方体。

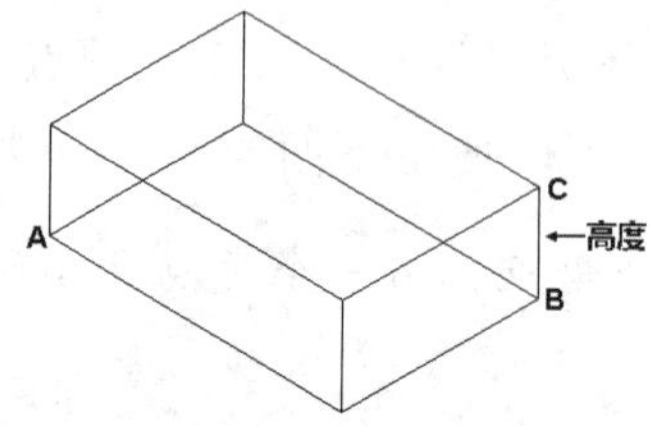

图 11-17 指定第一个角点、另一个角点及高度来绘制长方体

2）方法 2：通过指定中心点、角点和高度绘制

操作步骤

01 选择菜单栏中的“绘图”→“建模”→“长方体”命令。

02 选择绘制长方体命令后，绘图区如图 11-18 所示，命令行提示如下：

```
命令:
命令: _box
指定第一个角点或 [中心(C)]:c
```

图 11-18　提示指定第一个角点

03 输入中心“**c**”，绘图区如图 11-19 所示，命令行提示如下：

```
指定中心:
```

04 单击绘图区中的一点指定长方体的中心，绘图区如图 11-20 所示，命令行提示如下：

```
指定角点或 [立方体(C)/长度(L)]:
```

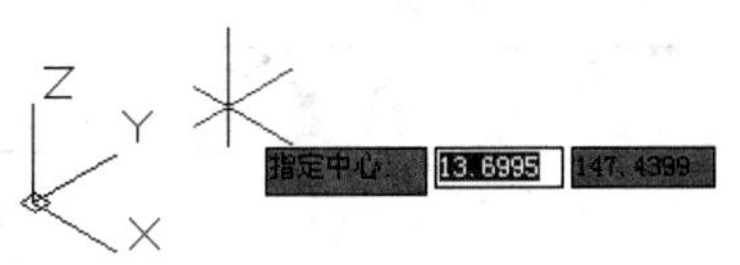

图 11-19　提示指定中心

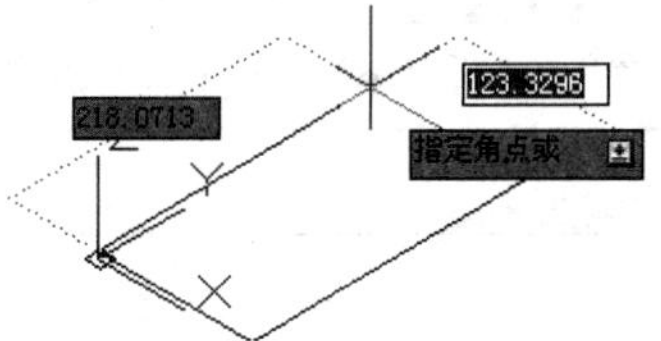

图 11-20　提示指定第一个角点

05 指定长方体的角点，绘图区如图 11-21 所示，命令行提示如下：

```
指定高度或 [两点(2P)] <87.0572>:
```

06 单击鼠标左键指定高度后，绘图区如图 11-22 所示，命令行提示如下：

```
自动保存到 C:\Documents and Settings\Administrator\local settings\temp\
Drawing1_1_1_4223.sv$ ...
```

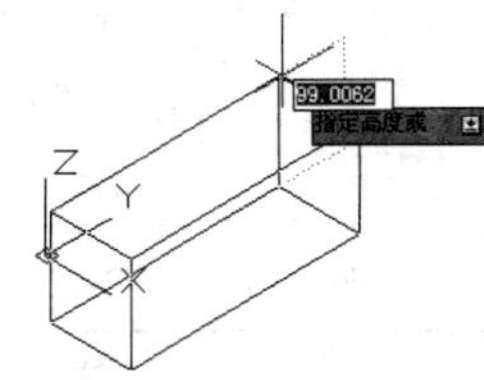

图 11-21　提示指定高度

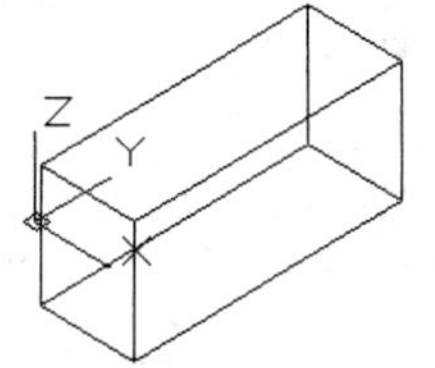

图 11-22　完成的长方体

注意：中心点即长方体中心所在位置，中心点 A 和角点 B 的绘制确定了长方体在高度方向上的截面尺寸。然后通过指定长方体的高度后即可完成长方体的绘制，如图 11-23 所示。

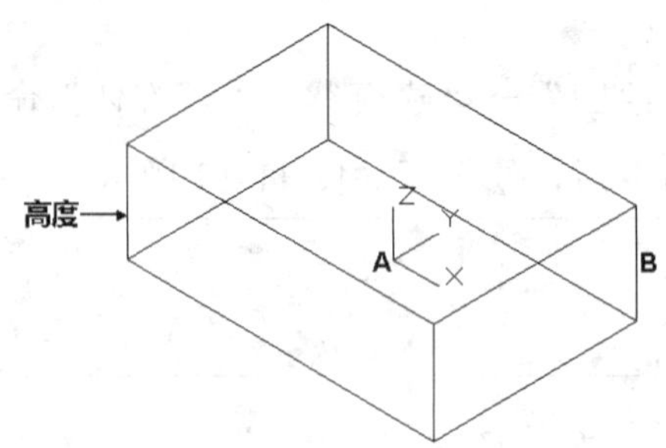

图 11-23　通过指定中心点、角点和高度绘制长方体

3）方法 3：通过指定长方体的长度、宽度和高度绘制

操作步骤

01 选择菜单栏中的“绘图”→“建模”→“长方体”命令。

选择绘制长方体命令后，命令行提示如下：

```
指定第一个角点或 [中心(C)]:
```

02 输入中心“c”，绘图区如图 11-24 所示，命令行提示如下：

```
指定中心:
```

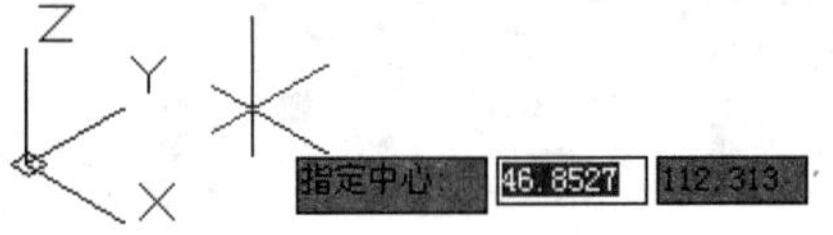

图 11-24　提示指定中心

03 单击绘图区中的一点指定长方体的中心，绘图区如图 11-25 所示，命令行提示如下：

```
指定角点或 [立方体(C)/长度(L)]:l
```

04 输入“l”选择“长度（L）”选项，绘图区如图 11-26 所示，命令行提示如下：

```
指定长度 <0.0000>: 300
```

05 输入指定长度数值“300”后，绘图区如图 11-27 所示，命令行提示如下：

```
指定宽度:
```

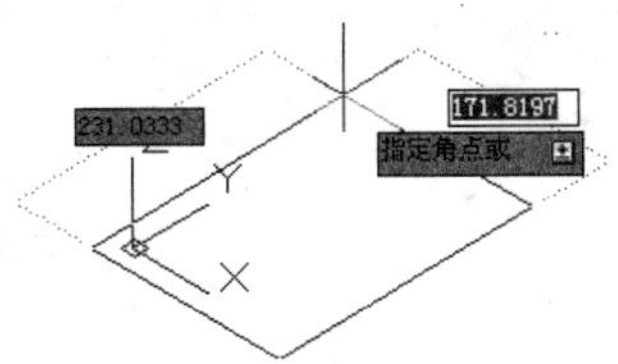

图 11-25　提示指定角点

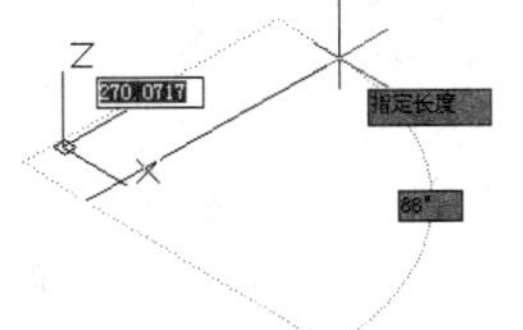

图 11-26　提示指定长度

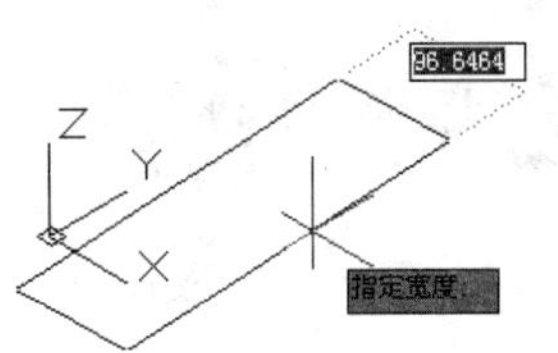

图 11-27　提示指定宽度

06 输入指定宽度数值“200”后，绘图区如图 11-28 所示，命令行提示如下：

```
指定高度或 [两点 (2P)] <0.0000>: 100
```

07 输入指定高度数值“100”后，绘图区如图 11-29 所示。

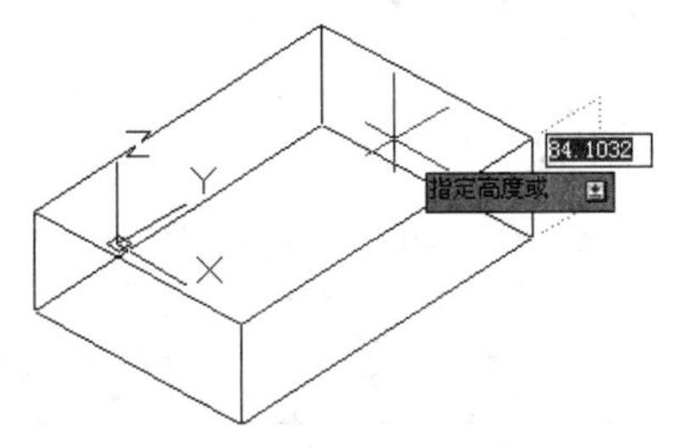

图 11-28　提示指定高度

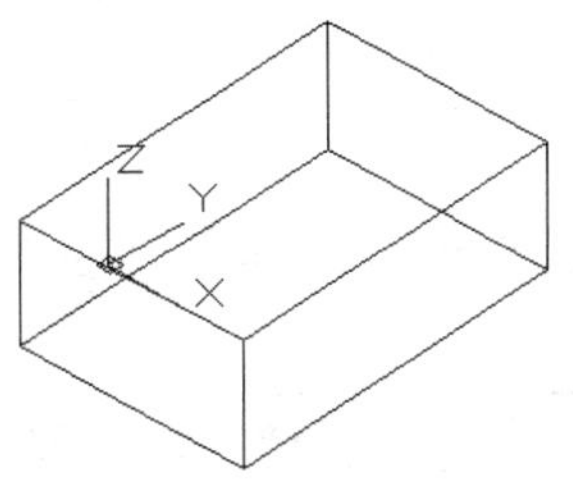

图 11-29　完成的长方体

注意：根据命令行提示分别输入长方体的长度、宽度和高度，再结合角点就可确定长方体的位置和大小，完成长方体的绘制，如图 11-30 所示。

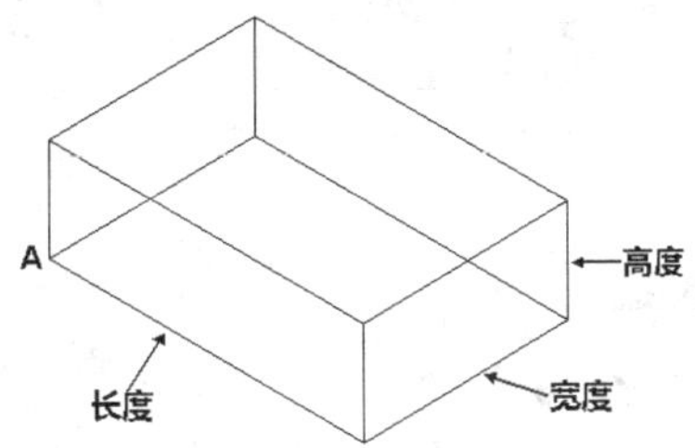

图 11-30　通过指定长方体的长度、宽度和高度绘制

专家提示：AutoCAD 2014 中指定的长度一般指 X 轴方向的距离，宽度一般指 Y 轴方向的距离，高度一般指 Z 轴方向的距离。

3. 绘制圆柱体

AutoCAD 2014 绘制圆柱体是先指定底面圆的大小和位置，再指定圆柱体的高度之后，即可完成圆柱体的绘制。一般熟练的绘图者都是使用下面的操作方法绘制圆柱体。

操作步骤

01 选择菜单栏中的“绘图”→“建模”→“圆柱体”命令。

02 选择绘制圆柱体命令后，绘图区如图 11-31 所示，命令行提示如下：

```
命令:
命令: _cylinder
指定底面的中心点或 [三点(3P)/两点(2P)/切点、切点、半径(T)/椭圆(E)]:
```

图 11-31　提示指定底面的中心点

03 单击绘图区中的一点指定底面的中心后，绘图区如图 11-32 所示，命令行提示如下：

```
指定底面半径或 [直径(D)]: 100
```

04 输入底面半径“100”后，绘图区如图 11-33 所示，命令行提示如下：

```
指定高度或 [两点(2P)/轴端点(A)]: 150
```

05 输入指定高度数值“150”后，绘图区如图 11-34 所示，命令行提示如下：

```
自动保存到 C:\Documents and Settings\Administrator\local settings\temp\Drawing1_1_1_0020.sv$ ...
命令:
```

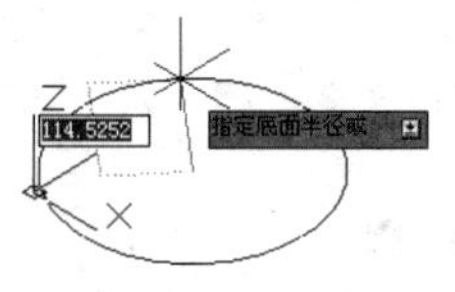

图 11-32　提示底面半径

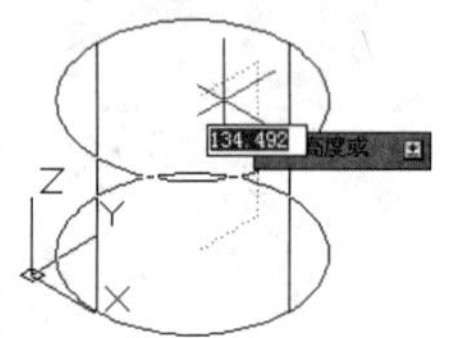

图 11-33　提示指定高度

注意：通过绘制圆柱体的底面，再指定圆柱体的高度即可完成圆柱体的绘制，如图 11-35 所示。

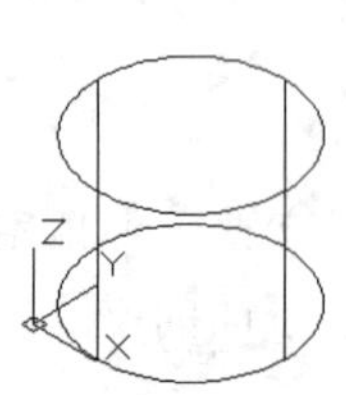

图 11-34　完成的圆柱体

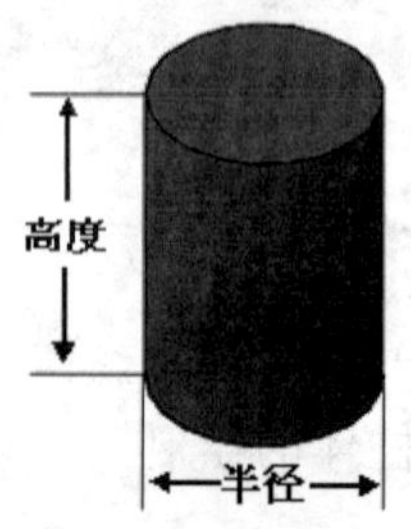

图 11-35　绘制圆柱体

4. 绘制圆锥体

一般熟练的绘图者都是使用下面的操作方法绘制圆锥体。

1）绘制圆锥体

操作步骤

01 选择菜单栏中的“绘图”→“建模”→“圆锥体”命令。

02 选择绘制圆锥体命令后，绘图区如图 11-36 所示，命令行提示如下：

```
命令:
命令: _cone
指定底面的中心点或 [三点(3P)/两点(2P)/切点、切点、半径(T)/椭圆(E)]:
```

图 11-36　提示指定底面的中心点

03 单击绘图区中的一点指定底面的中心后，绘图区如图 11-37 所示，命令行提示如下：

```
指定底面半径或 [直径(D)]: 150
```

04 输入底面半径“150”后，绘图区如图 11-38 所示，命令行提示如下：

```
指定高度或 [两点(2P)/轴端点(A)/顶面半径(T)]: 200
```

05 输入指定高度数值“200”后，绘图区如图 11-39 所示，命令行提示如下：

```
自动保存到 C:\Documents and Settings\Administrator\local settings\temp\
Drawing1_1_1_0020.sv$ ...
命令:
```

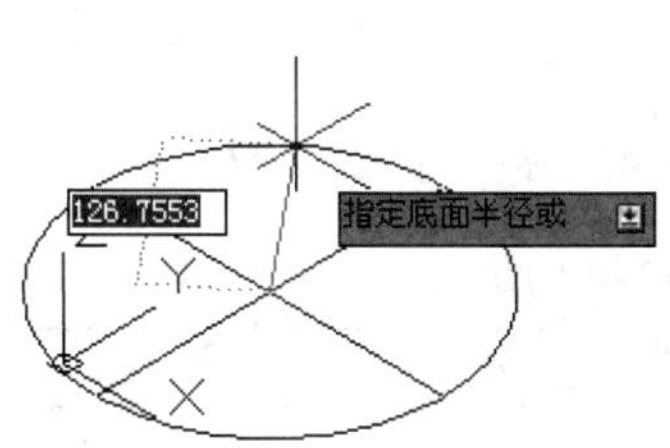

图 11-37　提示底面半径

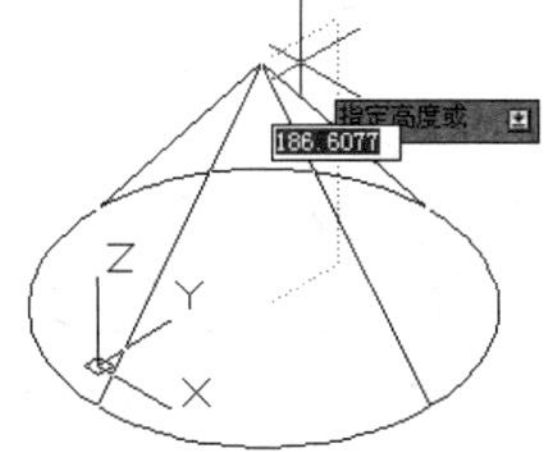

图 11-38　提示指定高度

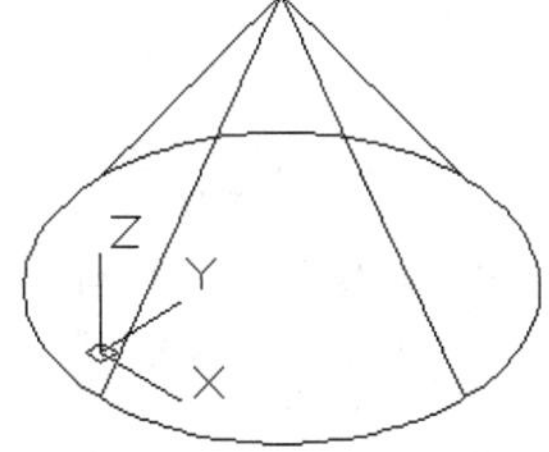

图 11-39　完成的圆锥体

2）绘制圆台

绘制成圆锥体后，可通过“选项”对话框编辑为圆台，操作方法如下。

（1）方法 1：通过“选项”对话框编辑圆台。

操作步骤

01 单击图中的圆锥体，弹出“选项”对话框，选择“选项”下的“顶面半径”选项，将其修改为“50”，如图 11-41 所示。

02 修改后，左手中指按下 Esc 键退出，修改后的效果如图 11-40 所示。

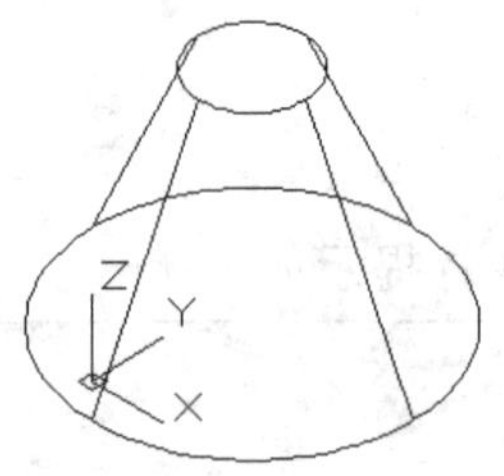

图 11-40　编辑完成的圆台

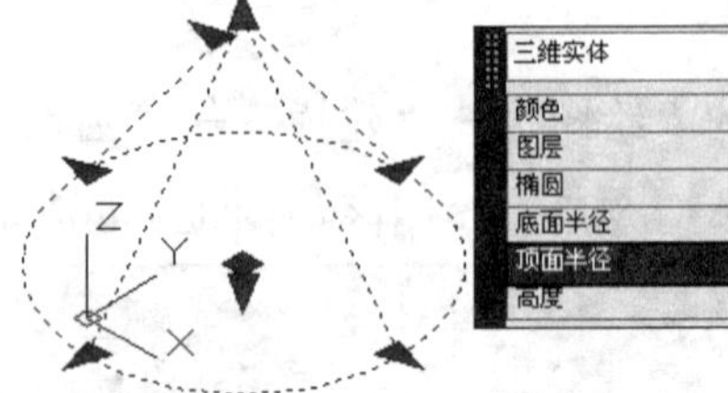

图 11-41　修改顶面半径

（2）方法 2：通过菜单栏改变点的显示方式。

操作步骤

01 按照前面的步骤 1～3 绘制圆锥体，输入底面半径“150”后，绘图区如图 11-42 所示，命令行提示如下：

```
指定高度或 [两点(2P)/轴端点(A)/顶面半径(T)]: t
```

02 输入顶面半径“t”后，绘图区如图 11-43 所示，命令行提示如下：

```
指定顶面半径 <0.0000>: 50
```

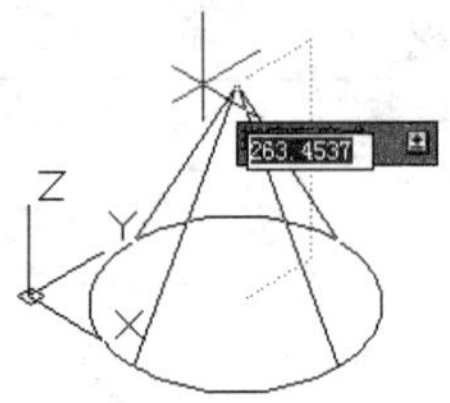

图 11-42　提示高度

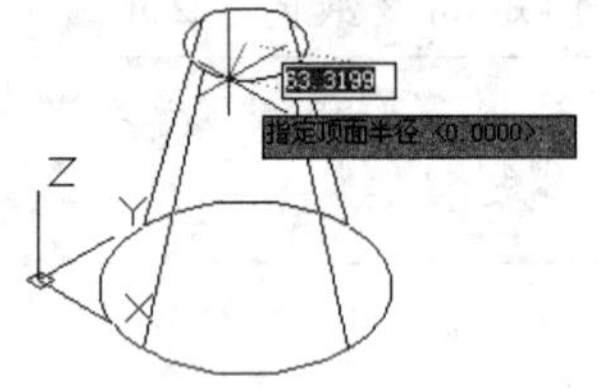

图 11-43　指定顶面半径

03 输入指定顶面半径数值“50”后，绘图区如图 11-44 所示，命令行提示如下：

```
指定高度或 [两点(2P)/轴端点(A)]: 200
```

04 输入指定高度数值“200”后，绘图区如图 11-45 所示，命令行提示如下：

```
命令:
自动保存到 C:\Documents and Settings\Administrator\local settings\temp\Drawing1_1_1_0385.sv$ ...
```

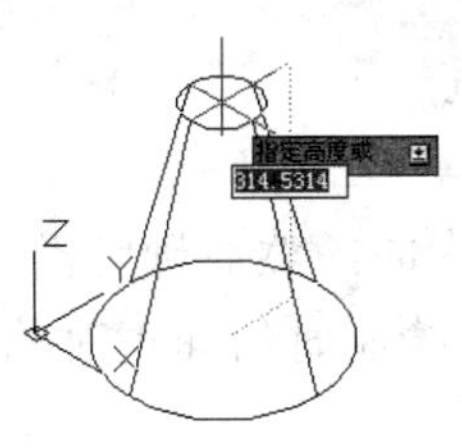

图 11-44　指定高度

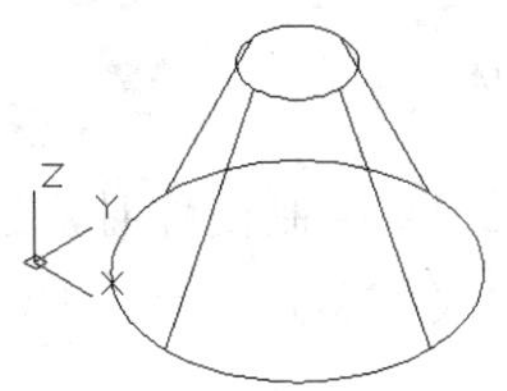

图 11-45　绘制完成的圆台

5. 绘制球体

AutoCAD 2014 中球体的绘制与二维绘图中圆的绘制方法相同，因为只要球体的圆周（是一个二维的圆对象）确定了，那么该球的大小和位置也确定了。

一般熟练的绘图者都是使用下面的操作方法绘制球体。

操作步骤

01 选择菜单栏“绘图”→“建模”→“球体”命令。

02 选择绘制球体命令后，绘图区如图 11-46 所示，命令行提示如下：

```
命令:
命令: _sphere
指定中心点或 [三点(3P)/两点(2P)/切点、切点、半径(T)]:
```

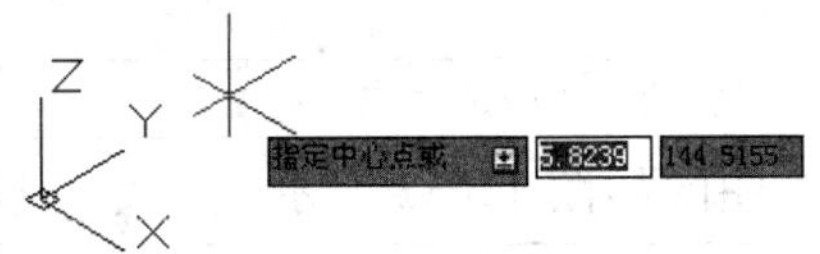

图 11-46　提示指定中心点

03 单击绘图区中的一点指定中心点后，绘图区如图 11-47 所示，命令行提示如下：

```
指定半径或 [直径(D)] <150.0000>: 100
```

04 输入指定半径“100”后，绘图区如图 11-48 所示。

05 选择菜单栏“视图”→“视觉样式”→“真实”选项，绘图区如图 11-49 所示。

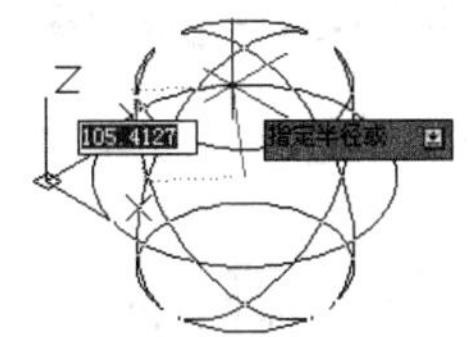

图 11-47　提示指定半径

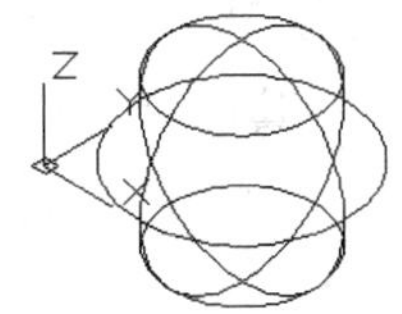

图 11-48　完成的球体

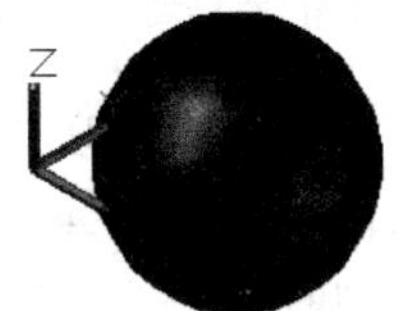

图 11-49　真实效果的球体

6．绘制楔体

AutoCAD 2014 绘制楔体时，通过先确定楔体的底面，然后确定楔体的高度绘制，所绘制的楔体的底面总是与当前UCS的XY平面平行，绘制时斜面正对的为第一个角点，楔体的高度与Z轴平行。

一般熟练的绘图者都是使用下面的操作方法绘制楔体。

操作步骤

01 选择菜单栏中的“绘图”→“建模”→“楔体”命令。

02 选择绘制楔体命令后，绘图区如图 11-50 所示，命令行提示如下：

```
命令:
命令: _wedge
指定第一个角点或 [中心(C)]:
```

图 11-50　提示指定第一个角点

03 单击绘图区中的一点指定第一个角点后，绘图区如图 11-51 所示，命令行提示如下：

```
指定其他角点或 [立方体(C)/长度(L)]:
```

04 指定其他角点后，绘图区如图 11-52 所示，命令行提示如下：

```
指定高度或 [两点(2P)] <200.0000>: 100
```

05 输入指定高度“150”后，绘图区如图 11-53 所示。

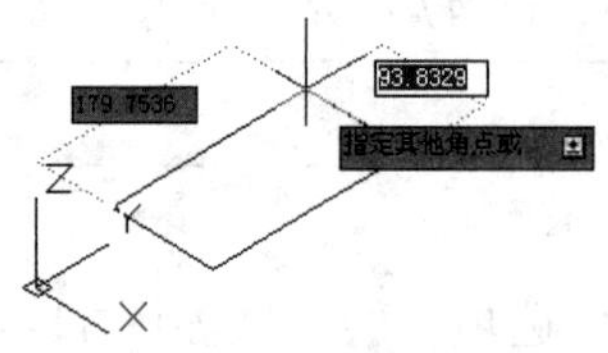

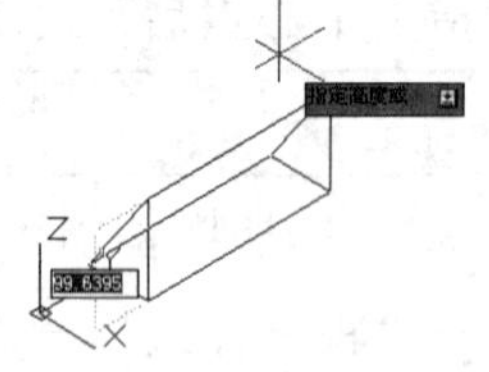

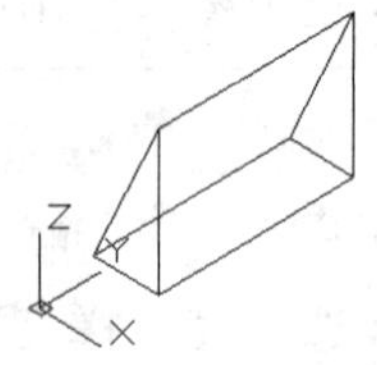

图 11-51　提示指定其他角点　　图 11-52　提示指定高度　　图 11-53　完成的楔体

楔体绘制的操作与长方体的相同，其命令行提示信息也相同，也可以使用 3 种方式来绘制，这里不再重复叙述。

绘制时，命令行提示的“第一个角点”是指斜面正对的那个点，如图 11-60 所示中的 A 点，“其他角点”是指底面的另一个角点，即 B 点，A 点和 B 点即确定了底面的位置和大小，然后再指定高度即可完全整个楔体的绘制，如图 11-54 所示。

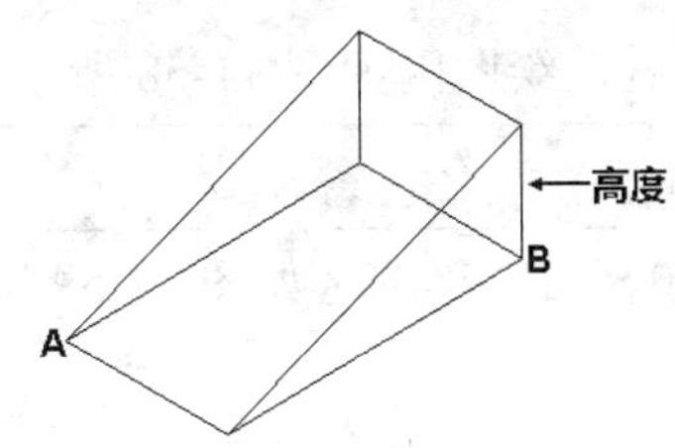

图 11-54 绘制楔体

7. 绘制圆环体

圆环体的形状与轮胎内胎相似。在 AutoCAD 2014 绘图过程中，圆环体由两个半径值定义，一个是圆管半径，另一个是圆环半径，即从圆环体中心到圆管中心的距离，如图 11-55 所示。

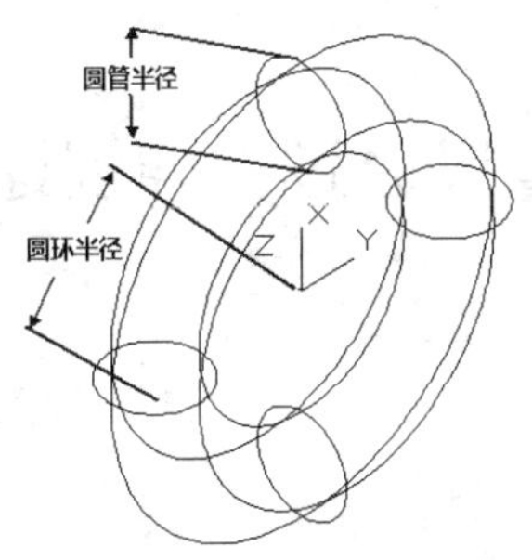

图 11-55 绘制圆环体

一般熟练的绘图者都是使用下面的操作方法绘制圆环体。

操作步骤

01 选择菜单栏中的“绘图”→“建模”→“圆环体”命令。

02 选择绘制圆环体命令后，绘图区如图 11-56 所示，命令行提示如下：

```
命令:
命令: _torus
指定中心点或 [三点(3P)/两点(2P)/切点、切点、半径(T)]:
```

图 11-56 提示指定中心点

03 单击绘图区中的一点指定中心点后，绘图区如图 11-57 所示，命令行提示如下：

```
指定半径或 [直径(D)] <150.0000>: 100
```

04 输入指定半径“100”后，绘图区如图 11-58 所示，命令行提示如下：

```
指定圆管半径或 [两点(2P)/直径(D)]: 30
```

05 输入指定圆管半径“30”后，绘图区如图 11-59 所示。

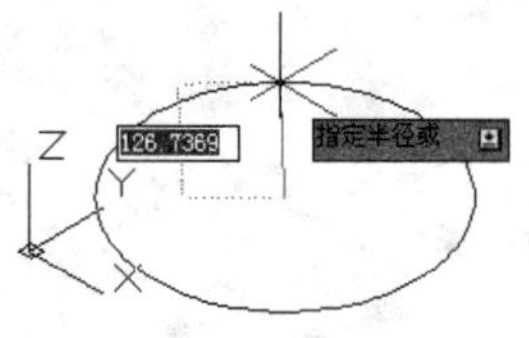

图 11-57　绘制圆环体

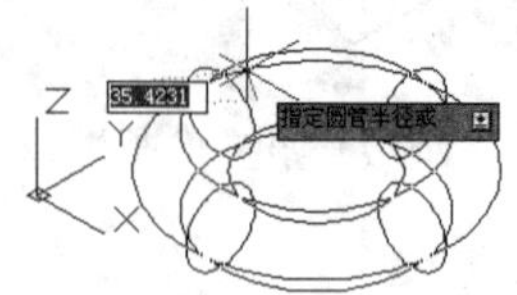

图 11-58　提示指定圆管半径

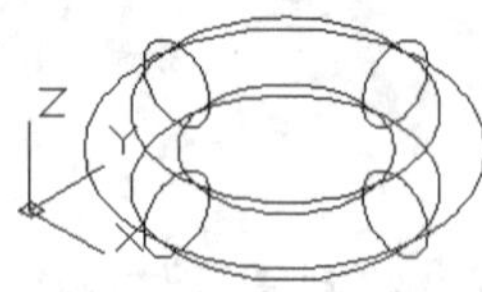

图 11-59　绘制圆环体

第 81 例　掌握通过拉伸创建实体的方法

必学技能

掌握通过拉伸创建实体的方法，是必备的技能，这里主要掌握通过视图的切换来绘制图元的方法。

本例介绍另一种创建实体的方法。拉伸操作即通过沿指定的方向将对象或平面拉伸出指定距离来创建三维实体或曲面。一般的，对开放的曲线，可以拉伸成曲面，对闭合的曲线或者曲面对象，可以拉伸成实体。

一般熟练的绘图者都是使用下面的操作方法拉伸创建实体。

操作步骤

01 选择菜单栏“视图”→“三维视图”，在弹出的子菜单中选择“俯视图”。

02 绘制圆。

绘制圆的方法详见第 16 例。

圆的半径大小为“100”，完成后的效果如图 11-60 所示。

03 选择菜单栏“视图”→“三维视图”，在弹出的子菜单中选择“左视图”，效果如图 11-61 所示。

04 绘制直线。

绘制直线的方法详见第 13 例。

按照此技能绘制的直线，最后的效果如图 11-62 所示。

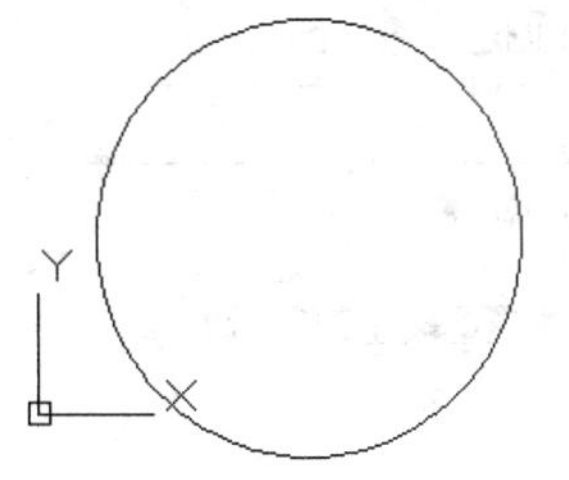

图 11-60　绘制的圆

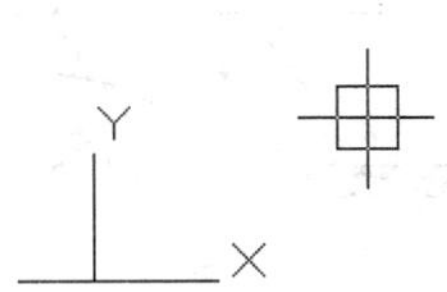

图 11-61　绘制圆环体

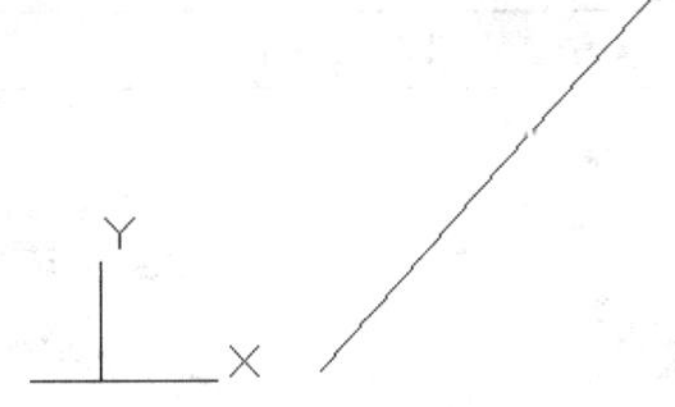

图 11-62　绘制的圆

05 选择菜单栏中的"视图"→"三维视图"，在弹出的子菜单中选择"俯视图"，效果如图 11-63 所示。

06 选择菜单栏"视图"→"三维视图"，在弹出的子菜单中选择"东南等轴侧视图"，效果如图 11-64 所示。

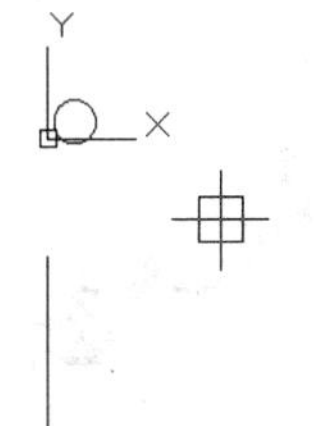

图 11-63　俯视图效果

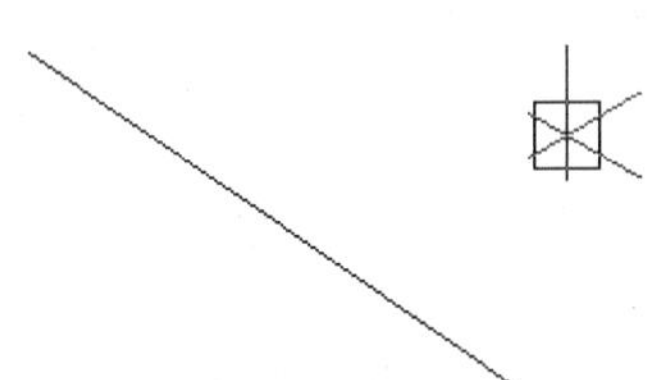

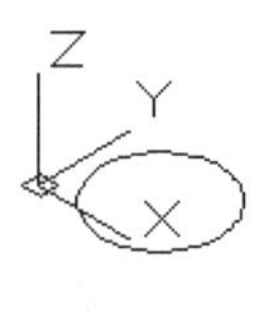

图 11-64　东南等轴侧视图

07 选择菜单栏中的"绘图"→"建模"→"拉伸"命令。

08 选择绘制拉伸命令后，绘图区如图 11-65 所示，命令行提示如下：

```
命令:
EXTRUDE
当前线框密度:  ISOLINES=4, 闭合轮廓创建模式 = 实体
选择要拉伸的对象或 [模式(MO)]: 找到 1 个
```

09 单击鼠标左键选择绘制的圆作为拉伸对象后，单击鼠标右键，绘图区如图 11-66 所示，命令行提示如下：

```
选择要拉伸的对象或 [模式(MO)]:
指定拉伸的高度或 [方向(D)/路径(P)/倾斜角(T)/表达式(E)] <150.0000>:
```

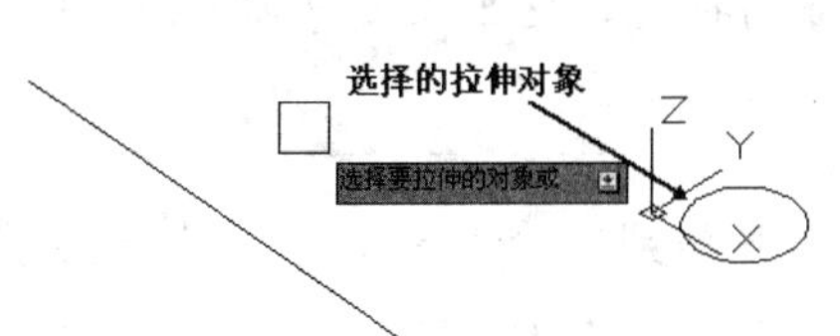

图 11-65　选择的拉伸对象

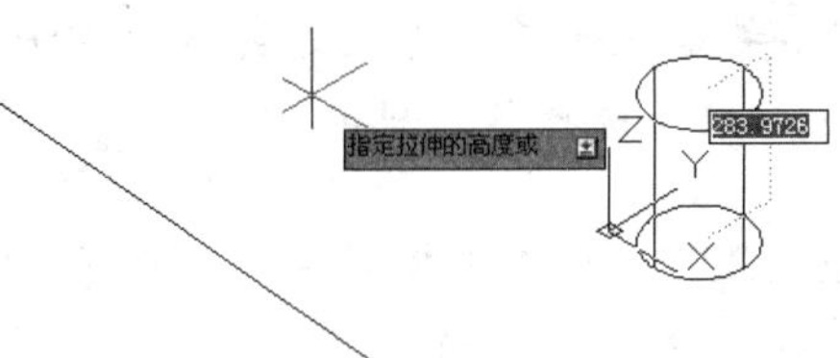

图 11-66　指定拉伸的高度

10 输入指定方向"d"后，绘图区如图 11-67 所示，命令行提示如下：

```
指定方向的起点:
```

11 指定方向的起点后，绘图区如图 11-68 所示，命令行提示如下：

```
指定方向的端点:
```

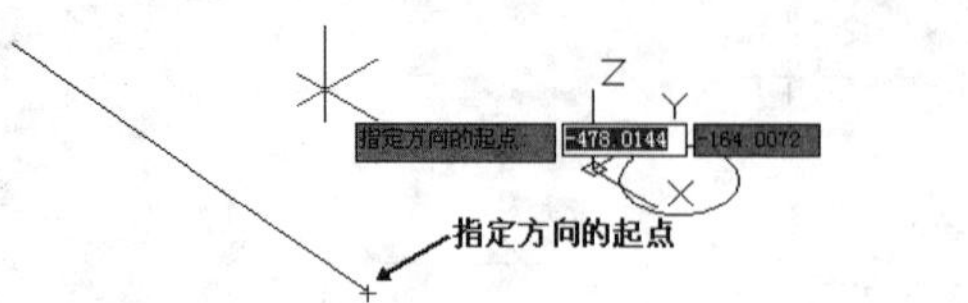

图 11-67　指定方向的起点

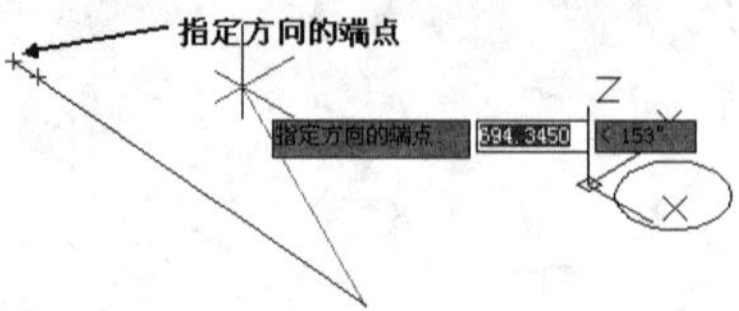

图 11-68　指定方向的端点

12 指定方向的端点后，绘图区如图 11-69 所示，命令行提示如下：

```
自动保存到 C:\Documents and Settings\Administrator\local settings\temp\Drawing1_1_1_0385.sv$ ...
命令:
```

13 选择菜单栏"视图"→"视觉样式"→"真实"选项，绘图区如图 11-70 所示。

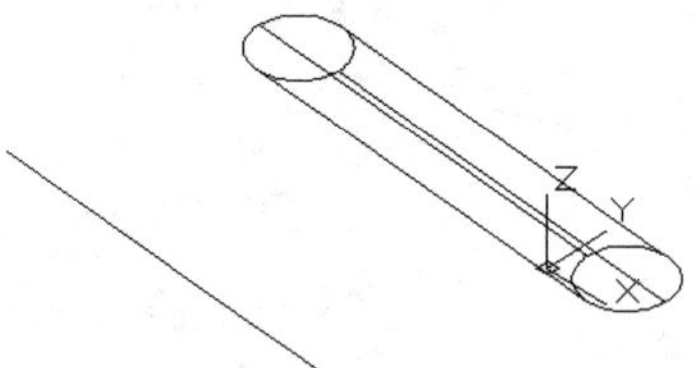

图 11-69　完成的拉伸操作

图 11-70　真实的拉伸效果

第 82 例　掌握通过旋转创建实体的方法

必学技能

掌握通过旋转创建实体的方法，是必备的技能，这里主要掌握视图切换绘制图元以及选择旋转轴的方法。

AutoCAD 2014 的旋转操作可以通过绕轴旋转开放或闭合对象来创建实体或曲面。如果旋转闭合对象，则生成实体；如果旋转开放对象，则生成曲面。

一般熟练的绘图者都是使用下面的操作方法旋转创建实体。

操作步骤

01 选择菜单栏中的“视图”→“三维视图”命令，在弹出的子菜单中选择“俯视图”。

02 绘制连续直线。

绘制连续直线的方法详见第 13 例。

最后的效果如图 11-71 所示。

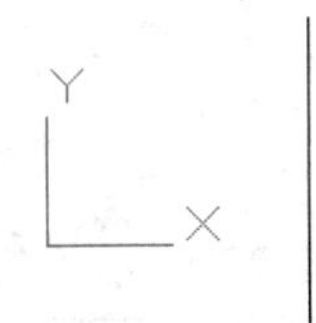

图 11-71　绘制的直线

03 绘制样条曲线。

绘制样条曲线的方法详见第 22 例。

最后的效果如图 11-72 所示。

04 选择菜单栏中的“视图”→“三维视图”命令，在弹出的子菜单中选择“俯视图”，效果如图 11-73 所示。

05 选择菜单栏中的“视图”→“三维视图”命令，在弹出的子菜单中选择“东南等轴侧视图”，效果如图 11-74 所示。

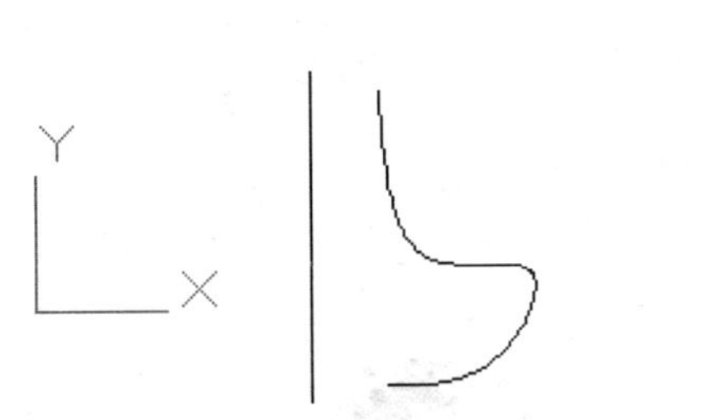

图 11-72　绘制的样条曲线

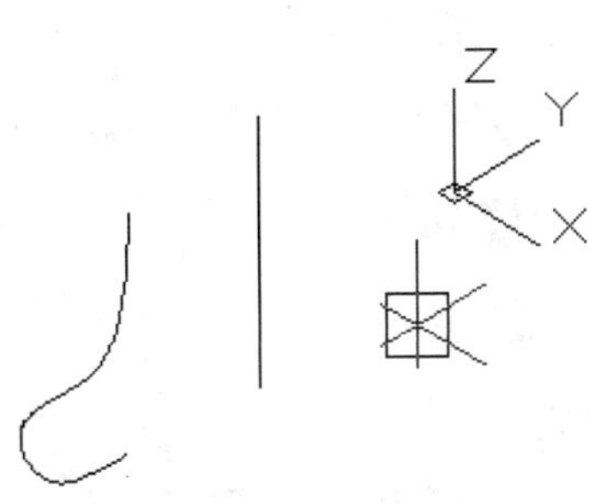

图 11-73　俯视图效果　　图 11-74　东南等轴侧视图

06 选择菜单栏中的“绘图”→“建模”→“旋转”命令。

07 选择绘制旋转命令后，绘图区如图 11-75 所示，命令行提示如下：

```
命令:
命令: _revolve
当前线框密度: ISOLINES=4，闭合轮廓创建模式 = 实体
选择要旋转的对象或 [模式(MO)]: _MO 闭合轮廓创建模式 [实体(SO)/曲面(SU)] <实体>: _SO
选择要旋转的对象或 [模式(MO)]: 找到 1 个
```

08 单击鼠标左键选择绘制的样条曲线作为旋转对象后，单击鼠标右键，绘图区如图 11-76 所示，命令行提示如下：

```
选择要旋转的对象或 [模式(MO)]:
指定轴起点或根据以下选项之一定义轴 [对象(O)/X/Y/Z] <对象>:
```

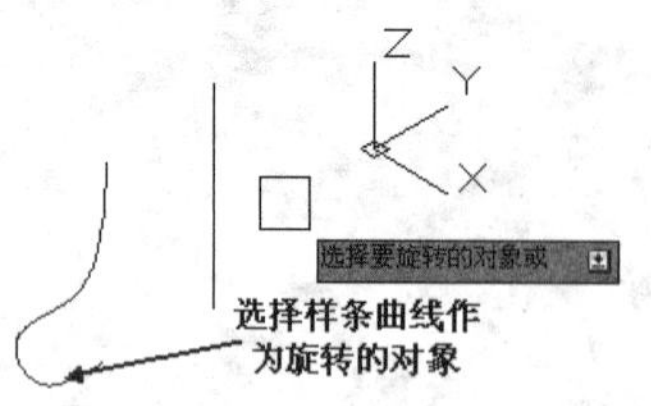

图 11-75　选择的旋转对象

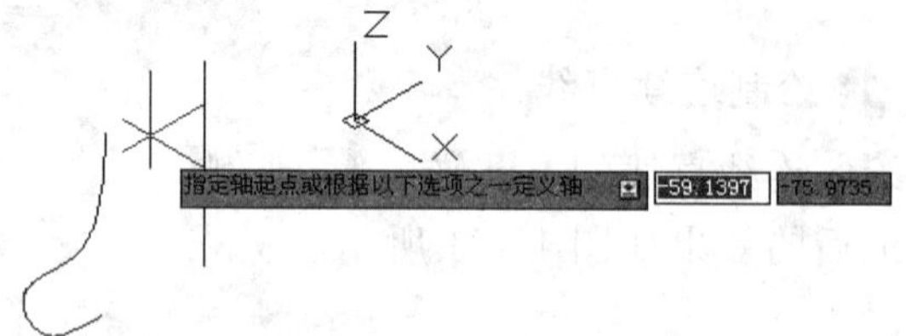

图 11-76　提示指定旋转轴

09 单击鼠标右键，绘图区如图 11-77 所示，命令行提示如下：

```
选择对象:
```

10 选择绘制的直线作为旋转轴，绘图区如图 11-78 所示，命令行提示如下：

```
指定旋转角度或 [起点角度(ST)/反转(R)/表达式(EX)] <360>: 270
```

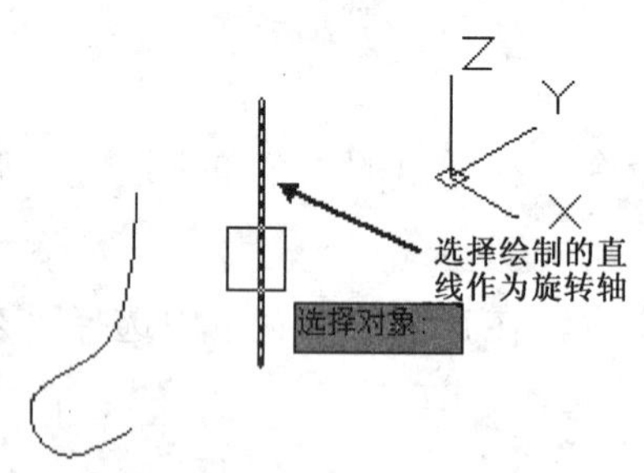

图 11-77　选择绘制的直线作为旋转轴

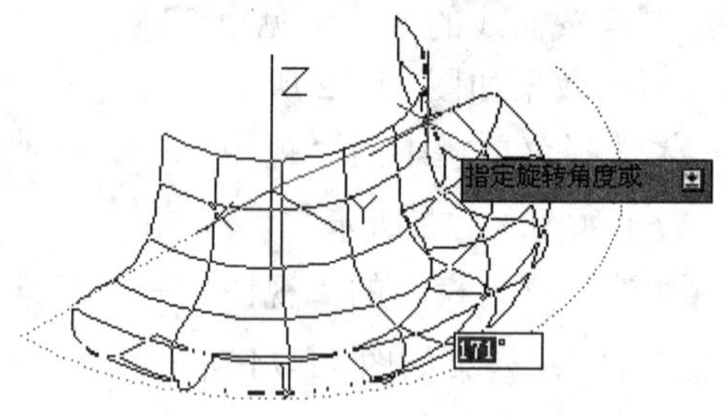

图 11-78　旋转预览

11 输入旋转角度“270”后，绘图区如图 11-79 所示。

12 选择菜单栏“视图”→“视觉样式”→“真实”命令，绘图区如图 11-80 所示。

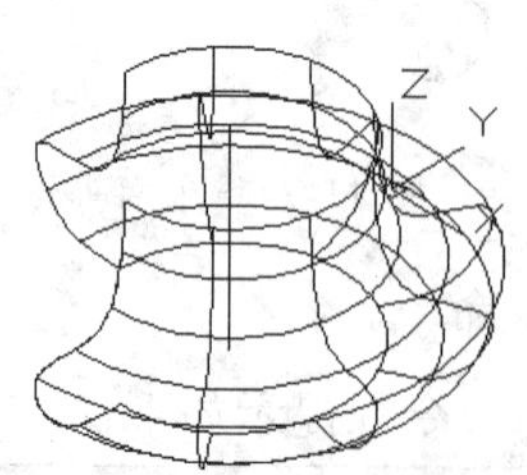

图 11-79　完成的旋转操作

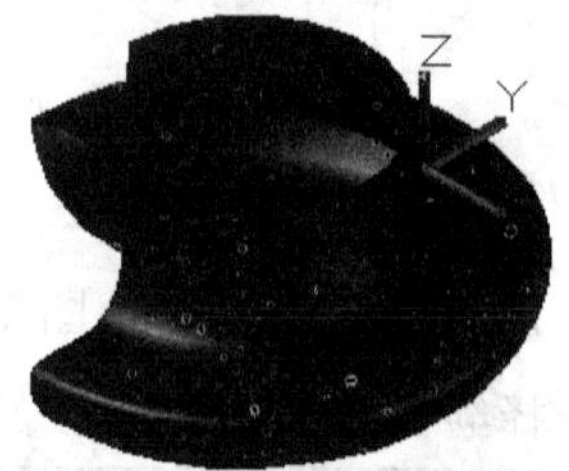

图 11-80　真实的旋转效果

第 83 例 掌握通过扫掠创建实体的方法

必学技能

掌握通过扫掠创建实体的方法，是必备的技能，这里主要掌握扫掠路径的选择方法。

扫掠路径可以是开放或闭合的二维或三维路径；扫掠对象可以是开放或闭合的平面曲线。一般熟练的绘图者都是使用下面的操作方法扫掠创建实体。

操作步骤

01 选择菜单栏“视图”→“三维视图”命令，在弹出的子菜单中选择“东南等轴侧视图”。

02 绘制圆。

绘制圆的方法详见第 16 例。

按照这样的方法绘制的圆，直径大小为“30”，绘制的效果如图 11-81 所示。

03 绘制螺旋线。选择菜单栏“绘图”→“螺旋”命令，绘图区效果如图 11-82 所示，命令行提示如下：

```
命令:
命令: _Helix
圈数 = 3.0000      扭曲=CCW
指定底面的中心点:
```

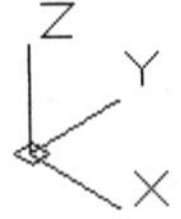

图 11-81 绘制的圆

图 11-82 指定底面的中心点

04 单击绘图区中的一点指定底面的中心点，绘图区如图 11-83 所示，命令行提示如下：

```
指定底面半径或 [直径(D)]: 45            //输入数值“45”后，按下空格键结束命令
```

05 输入数值“45”后，绘图区如图 11-84 所示，命令行提示如下：

```
指定顶面半径或 [直径(D)] <45.0000>: 150   //输入数值“150”后，按下空格键结束命令
```

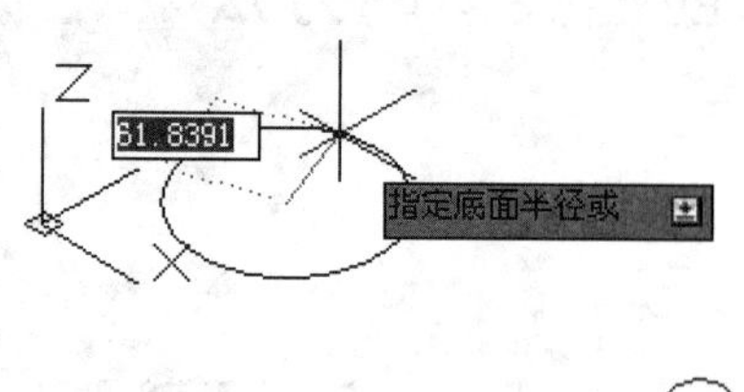

图 11-83　指定底面半径

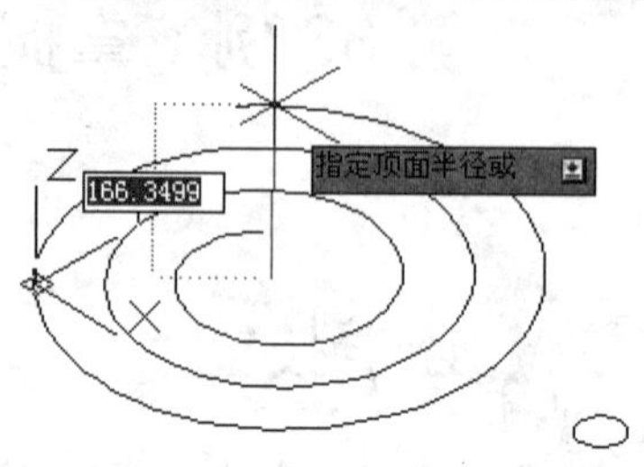

图 11-84　指定顶面半径

06 输入数值“150”后，绘图区如图 11-85 所示，命令行提示如下：

```
指定螺旋高度或 [轴端点(A)/圈数(T)/圈高(H)/扭曲(W)] <422.3270>: 230      //输入数值
“230”后，按下空格键结束命令
```

07 输入数值“230”后，按下空格键结束命令，绘图区如图 11-86 所示。

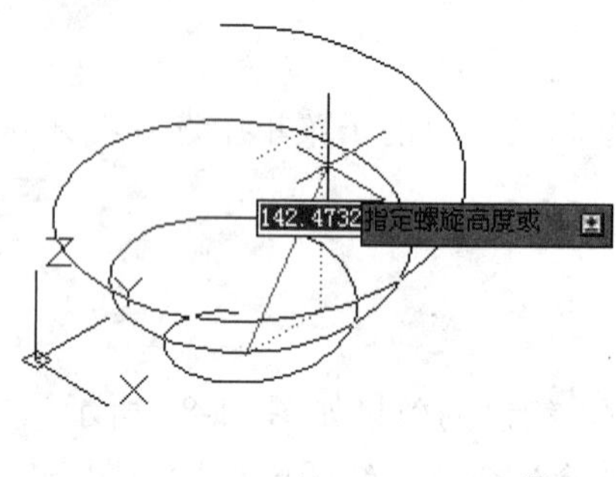

图 11-85　提示指定螺旋高度

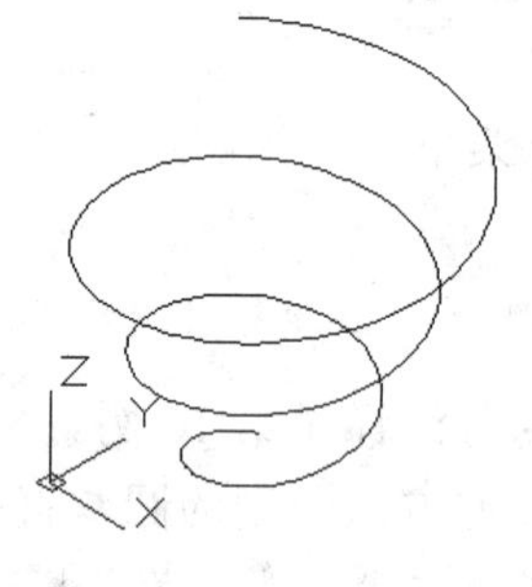

图 11-86　完成的螺旋特征

08 选择菜单栏中的“绘图”→“建模”→“扫掠”命令。

09 选择绘制扫掠命令后，绘图区如图 11-87 所示，命令行提示如下：

```
命令:
SWEEP
当前线框密度: ISOLINES=4，闭合轮廓创建模式 = 实体
选择要扫掠的对象或 [模式(MO)]: _MO 闭合轮廓创建模式 [实体(SO)/曲面(SU)] <实体>: _SO
选择要扫掠的对象或 [模式(MO)]: 找到 1 个
```

10 单击选择绘制的圆作为要扫掠的对象，绘图区如图 11-88 所示，命令行提示如下：

```
选择要扫掠的对象或 [模式(MO)]:
选择扫掠路径或 [对齐(A)/基点(B)/比例(S)/扭曲(T)]:
```

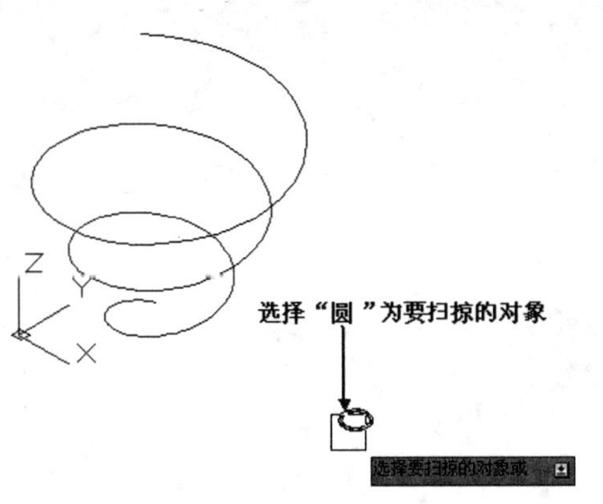

图 11-87　选择要扫掠的对象

图 11-88　选择绘制的螺旋作为扫掠路径

11 单击选择绘制的螺旋作为要扫掠的路径，绘图区如图 11-89 所示，命令行提示如下：

```
自动保存到 C:\Documents and Settings\Administrator\local settings\temp\Drawing1 1 1 0470.sv$ ...
命令:
```

12 选择菜单栏“视图”→“视觉样式”→“真实”命令，绘图区如图 11-90 所示。

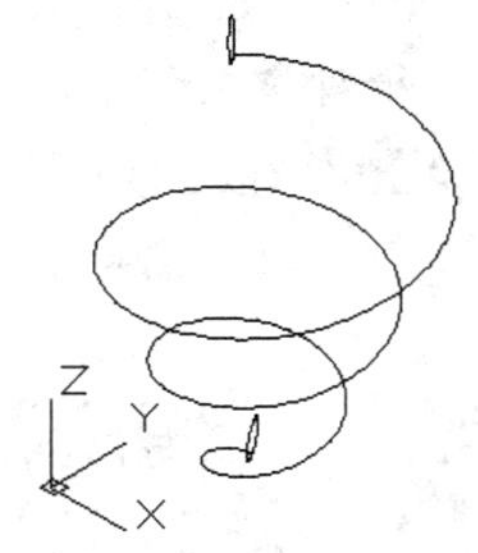

图 11-89　完成的扫掠

图 11-90　真实的扫掠效果

本章小结

本章主要讲解绘制三维图形的方法，首先认识三维绘图基础，接着讲解了绘制三维实体模型的方法，包括绘制长方体、绘制楔体、绘制球体、绘制圆柱体、绘制圆锥体和绘制圆环体的方法，最后讲解了由二维对象创建三维实体的方法，包括通过拉伸创建实体、通过旋转创建实体的方法。

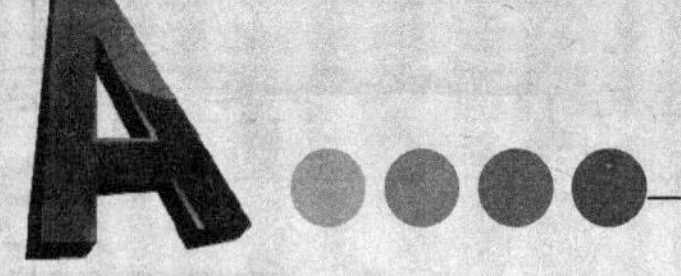

第 12 章 编辑三维模型

本章内容导读

在第 11 章介绍了绘制三维对象的各种方法，可以绘制简单的三维图形。如要绘制复杂的三维图形，还需用到三维图形的编辑工具。创建简单的实体模型后，可以通过多种方式操作实体和曲面来更改实体模型的外观。

在第 11 章介绍的对二维对象的编辑操作也同样适合三维对象，例如，夹点编辑、特性选项卡编辑，以及二维的移动、旋转等，当然，AutoCAD 2014 也专门为三维实体提供了编辑命令，例如，三维实体的逻辑运算。还有三维空间中的编辑命令，例如，三维移动、三维阵列等。

这里的必学技能主要是采用操作方法来讲述每个命令的功能，这与以往图书所介绍的完全不一样，希望读者能够掌握其操作方法。

本章必学技能要点

- 掌握移动和旋转三维模型的方法
- 掌握对齐三维模型的方法
- 掌握镜像三维模型的方法
- 掌握阵列三维模型的方法
- 掌握剖切实体的方法
- 掌握抽壳实体的方法
- 掌握对实体倒直角或圆角的方法
- 掌握编辑三维实体的方法

第 84 例　掌握移动和旋转三维模型的方法

必学技能

掌握移动和旋转三维模型的方法，是必备的技能，这里主要掌握移动三维模型和旋转三维模型分别在三维命令和二维命令中的区别及应用的方法。

本章介绍的编辑命令适用于任何对象（不但是针对三维实体对象）在三维空间中的编辑。三维空间的编辑命令包括三维移动、三维旋转、三维对齐、三维镜像、三维阵列等。

下面将具体讲解移动和旋转三维模型的方法。

1. 移动三维模型

三维移动操作有三维操作命令和二维操作命令，下面将一一介绍其方法的使用。

1）**方法 1**：选择菜单栏中的“修改”→“三维操作”→“三维移动”命令

操作步骤

01 绘制长方体。

绘制长方体的方法详见第 80 例。

绘制完后的效果如图 12-1 所示。

02 选择菜单栏中的“修改”→“三维操作”→“三维移动”命令。

执行三维移动命令后，命令行提示如下：

```
命令：
命令：_3dmove
选择对象：找到 1 个
```

03 绘图区提示指定选择的对象，如图 12-2 所示，单击绘制的长方体，命令行提示如下：

```
选择对象：
```

04 选择移动对象后，绘图区如图 12-3 所示，单击鼠标右键，命令行提示如下：

```
指定基点或 [位移（D）] <位移>：
```

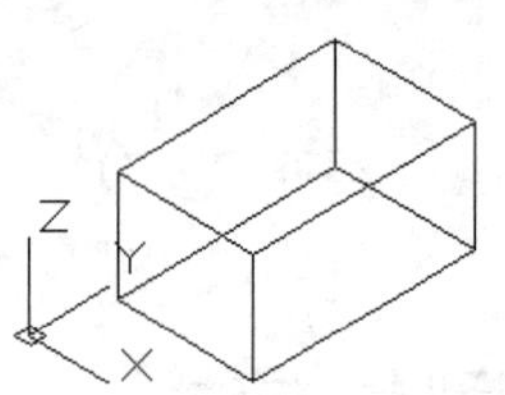

图 12-1　完成的长方体

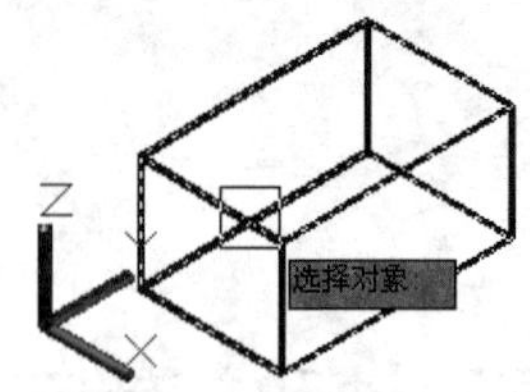

图 12-2　选择对象

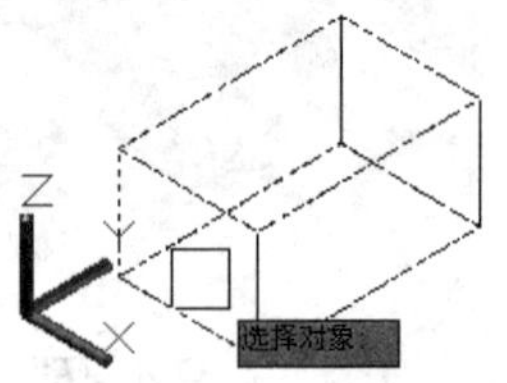

图 12-3　选择长方体

此时绘图区如图 12-4 所示。

05 单击鼠标左键选择绘图区中的一点作为指定基点，命令行提示如下：

```
指定第二个点或 <使用第一个点作为位移>:
```

选择指定基点后，绘图区域如图 12-5 所示。

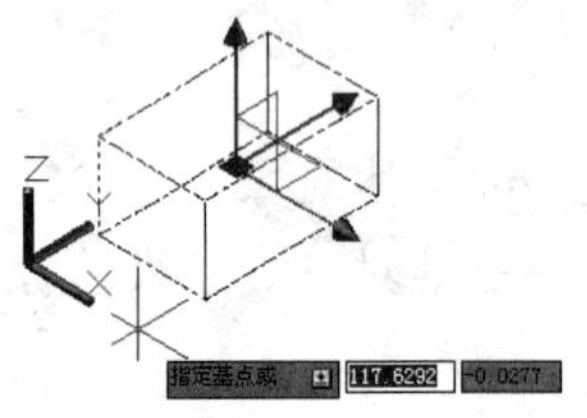

图 12-4　提示指定基点

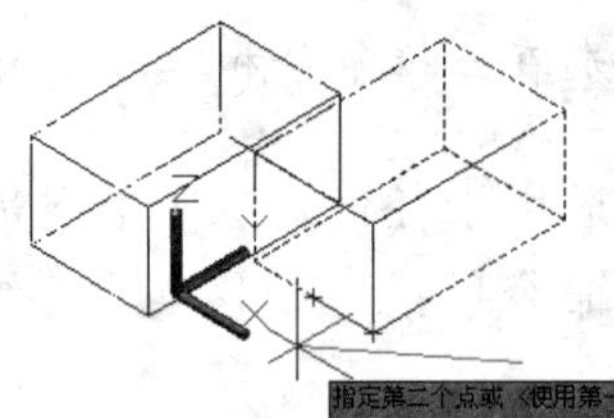

图 12-5　选择指定第二个点

06 移动鼠标至合适的位置后，单击鼠标左键，命令行提示如下：

```
命令:
自动保存到 C:\Documents and Settings\Administrator\local settings\temp\Drawing1_1_1_8195.sv$ ...
```

完成移动命令操作后，绘图区如图 12-6 所示。

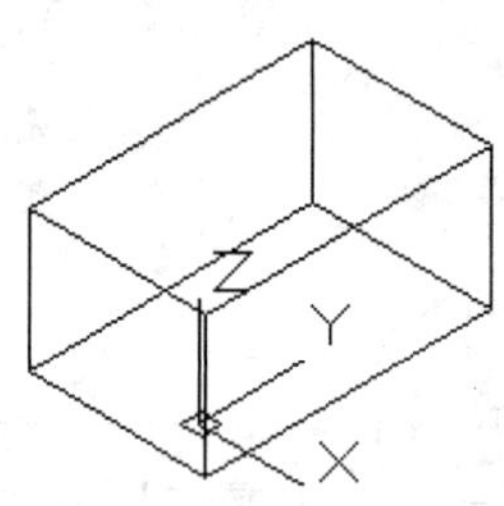

图 12-6　完成移动操作

2）**方法 2：使用二维编辑中的快捷键命令**

操作步骤

01 将回到第 84 例绘制完后的实例，其方法输入“U”，然后空格，直到回到绘制后的状态。

02 选择菜单栏“视图”→“视觉样式”→“真实”命令，绘图区如图 12-7 所示。

03 左手输入键盘命令：m（M）。

04 左手大拇指按下空格键。

执行移动命令后，命令行提示如下：

```
命令:M
MOVE
选择对象: 指定对角点: 找到 1 个
```

选择对象后，绘图区如图 12-8 所示。

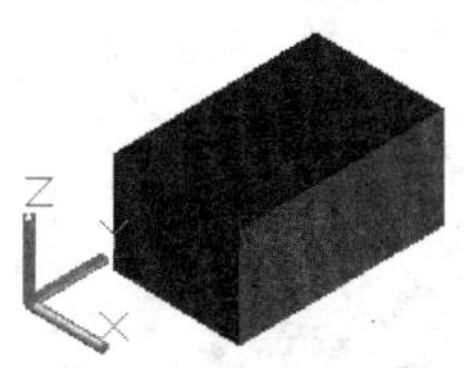

图 12-7　真实效果的球体

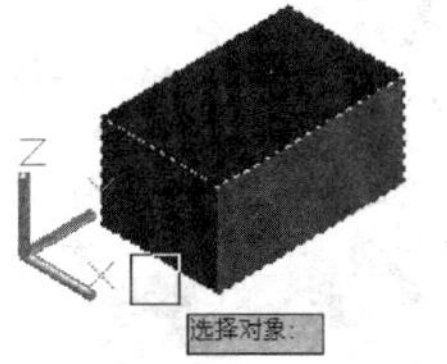

图 12-8　选择移动对象

05 选择移动对象后，单击鼠标右键，命令行提示如下：

```
选择对象:
当前设置: 复制模式 = 多个
指定基点或 [位移(D)/模式(O)] <位移>:
```

此时绘图区如图 12-9 所示。

06 单击鼠标左键选择绘图区中的一点作为指定基点，命令行提示如下：

```
指定第二个点或 <使用第一个点作为位移>:
```

选择指定基点后，绘图区域如图 12-10 所示。

07 移动鼠标至合适的位置后，单击鼠标左键，命令行提示如下：

```
命令:
自动保存到 C:\Documents and Settings\Administrator\local settings\temp\Drawing1_1_1_8195.sv$ ...
```

完成移动命令操作后,绘图区如图 12-11 所示。

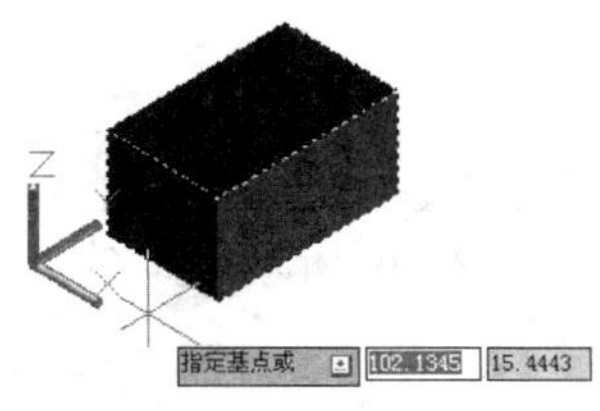

图 12-9　提示指定基点

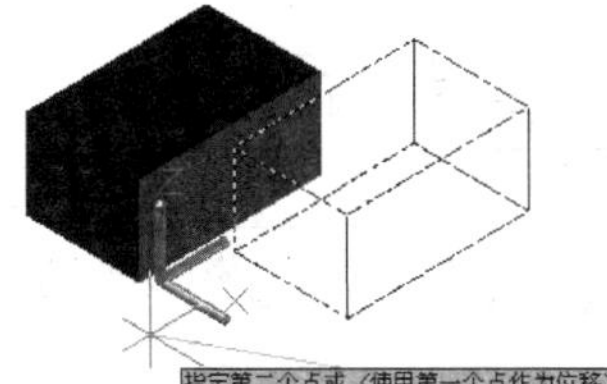

图 12-10　选择指定基点

图 12-11　完成移动操作

2. 旋转三维模型

三维旋转操作可自由旋转指定对象和子对象，并可以将旋转约束到轴。

在前面章节中介绍的对二维对象的编辑操作也同样适合三维对象，下面将一一介绍其方法的使用。

1）**方法 1:** 选择菜单栏中的“修改”→“三维操作”→“三维旋转”命令

操作步骤

01 将回到第 84 例绘制完后的实例，其方法输入“U”，然后空格，直到回到绘制后的状态。

02 选择菜单栏中的“修改”→“三维操作”→“三维旋转”命令。

执行三维旋转命令后，命令行提示如下：

```
命令:
命令: _3drotate
UCS 当前的正角方向: ANGDIR=逆时针 ANGBASE=0
选择对象: 找到 1 个
```

选择对象后，绘图区如图 12-12 所示。

03 选择旋转对象后，单击鼠标右键，绘图区如图 12-13 所示，命令行提示如下：

```
选择对象:
指定基点:
```

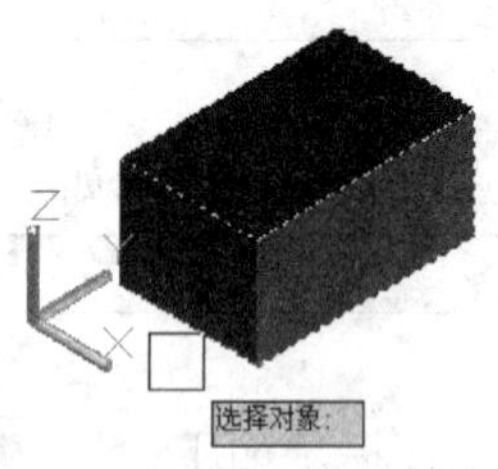

图 12-12 选择对象

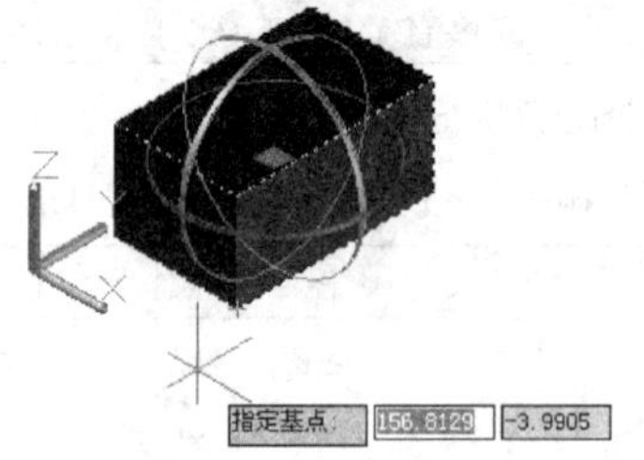

图 12-13 提示选择指定基点

04 单击鼠标左键选择绘图区中的一点作为指定基点，命令行提示如下：

```
拾取旋转轴:
```

选择拾取旋转轴后，绘图区域如图 12-14 所示。

05 选择旋转轴后，绘图区域如图 12-15 所示，命令行提示如下：

```
指定角的起点或键入角度: 90
```

06 输入旋转角度“90”后，单击空格键，此时绘图区域如图 12-16 所示，即完成旋转命令操作。

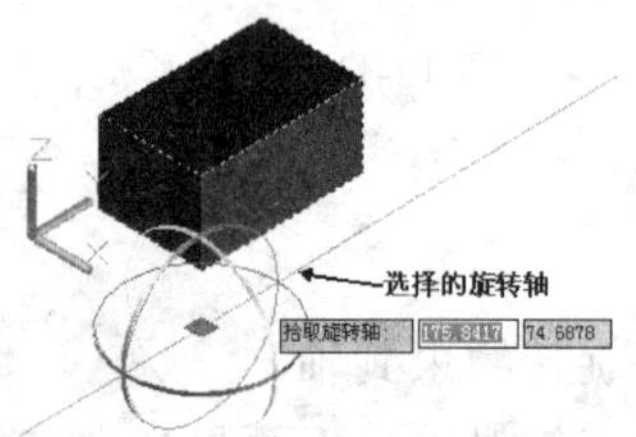

图 12-14 提示拾取旋转轴

图 12-15 提示指定旋转角度

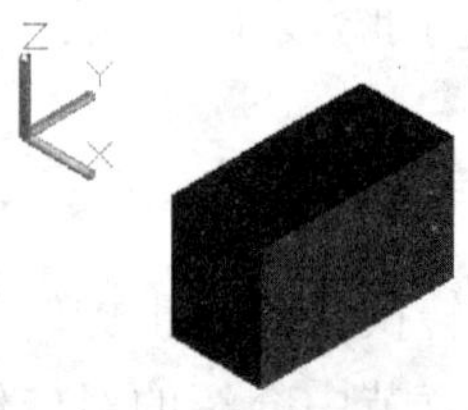

图 12-16 完成旋转操作

2）方法 2：使用二维编辑中的快捷键命令

操作步骤

01 将同到第 84 例绘制完后的实例，其方法输入“U”，然后空格，直到回到绘制后的状态。

02 左手输入键盘命令：ro（RO）。

03 左手大拇指按下空格键。

执行旋转命令后，命令行提示如下：

```
命令: RO
ROTATE
UCS 当前的正角方向:  ANGDIR=逆时针  ANGBASE=0
选择对象: 找到 1 个
```

选择对象后，绘图区如图 12-17 所示。

04 选择旋转对象之后，单击鼠标右键，命令行提示如下：

```
选择对象:
指定基点:
```

此时绘图区如图 12-18 所示。

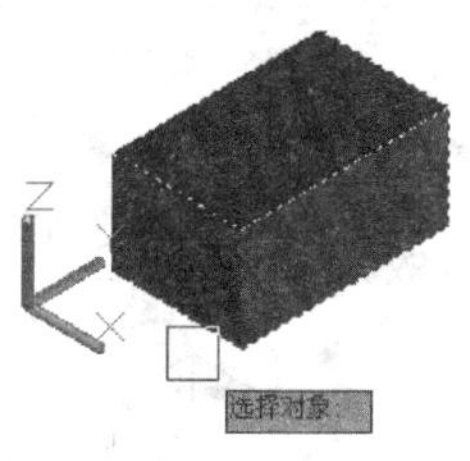

图 12-17　选择对象

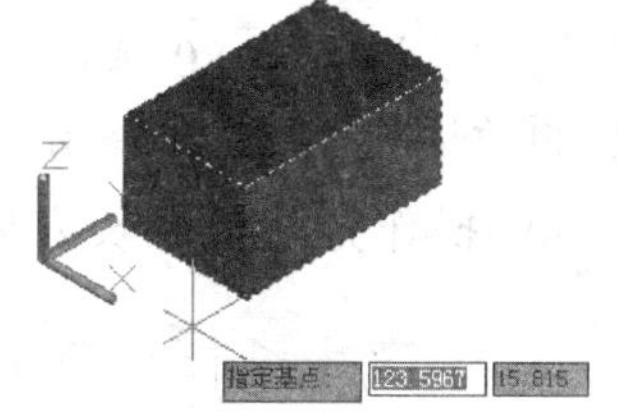

图 12-18　提示选择指定基点

05 单击鼠标左键选择绘图区中的一点作为指定基点，命令行提示如下：

```
指定旋转角度，或 [复制(C)/参照(R)] <0>:
```

选择指定基点后，绘图区域如图 12-19 所示。

06 输入旋转角度“90”后，单击空格键，绘图区域如图 12-20 所示，即完成旋转命令操作。

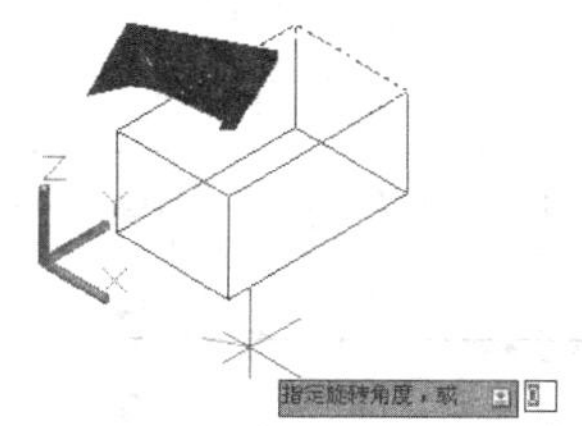

图 12-19　提示指定旋转角度

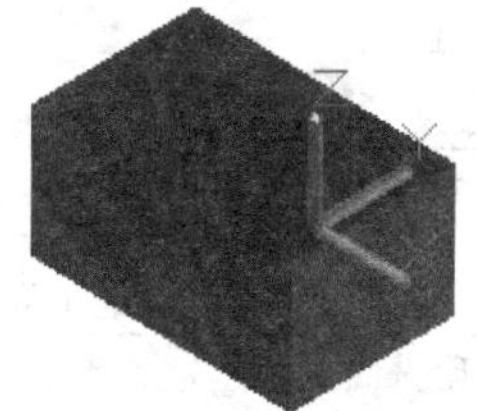

图 12-20　完成旋转命令操作

第 85 例　掌握对齐三维模型的方法

必学技能

掌握对齐三维模型的方法，是必备的技能，这里主要掌握对齐三维模型选择指定基点的方法。

三维对齐操作通过移动、旋转或倾斜对象（源对象）来使该对象与另一个对象（目标对象）在二维和三维空间中对齐。

一般熟练的绘图者都是使用下面的操作方法对齐三维模型。

操作步骤

01 绘制长方体。

绘制长方体的方法详见第 80 例。

绘制完成后的效果如图 12-21 所示。

02 按照图样的操作方法绘制长方体，绘制完后的效果如图 12-22 所示。

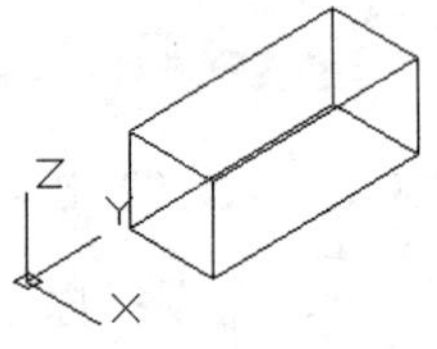

图 12-21　绘制的长方体

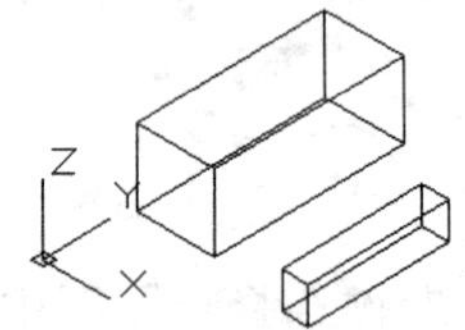

图 12-22　绘制的长方体

03 选择菜单栏中的“修改”→“三维操作”→“三维对齐”命令。

执行三维对齐命令后，绘图区如图 12-23 所示，命令行提示如下：

```
命令:
命令: _3dalign
选择对象:
```

04 单击鼠标左键选择绘制小的长方体作为三维对齐对象后，单击鼠标右键，绘图区如图 12-24 所示，命令行提示如下：

```
指定源平面和方向 ...
指定基点或 [复制(C)]:
```

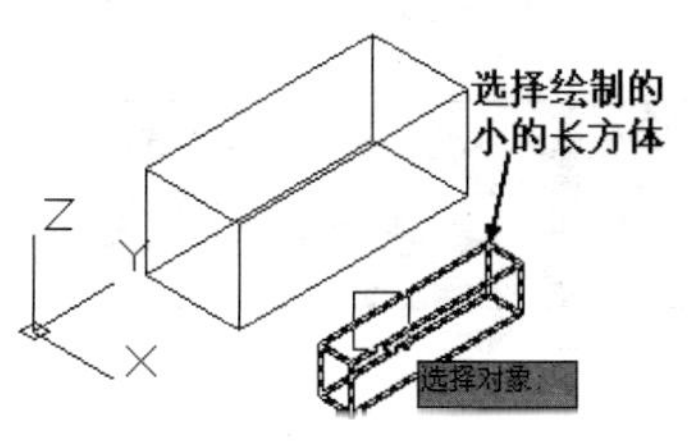

图 12-23　提示选择对象

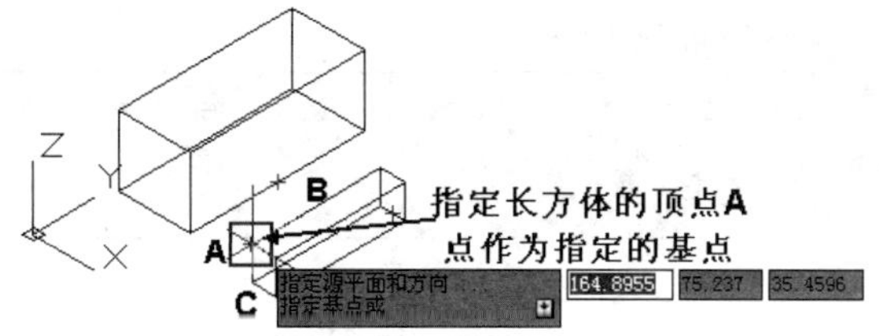

图 12-24　提示指定基点

05 单击鼠标左键选择小长方体的顶点 A 作为指定基点后，绘图区如图 12-25 所示，命令行提示如下：

```
指定第二个点或 [继续（C）] <C>:
```

06 单击鼠标左键选择小长方体的中点 B 作为指定基点后，绘图区如图 12-26 所示，命令行提示如下：

```
指定第三个点或 [继续(C)] <C>:
```

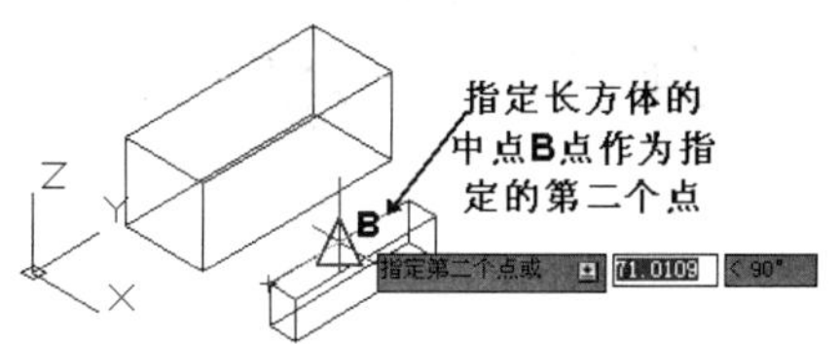

图 12-25　提示指定第二个点

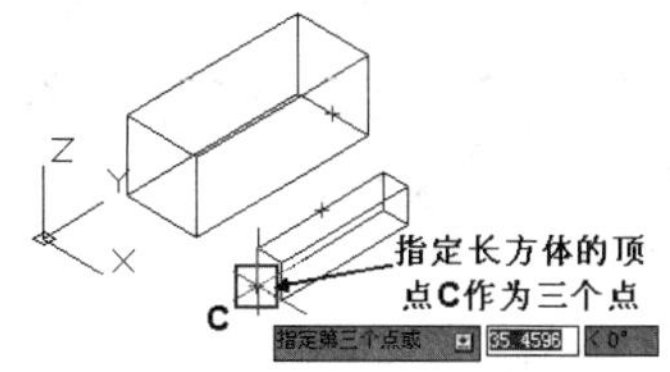

图 12-26　提示指定第三个点

07 单击鼠标左键选择小长方体的端点 C 作为指定基点后，绘图区如图 12-27 所示，命令行提示如下：

```
指定目标平面和方向 ...
指定第一个目标点:
```

08 单击鼠标左键选择大长方体的端点 D 作为指定第一个目标点后，绘图区如图 12-28 所示，命令行提示如下：

```
指定第二个目标点或 [退出（X）] <X>:
```

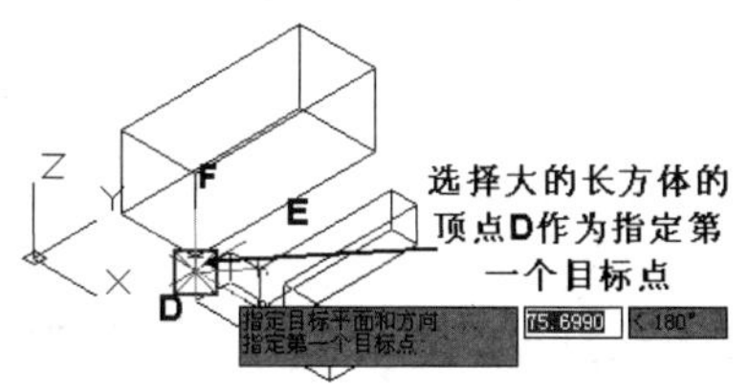

图 12-27　提示指定第一个目标点

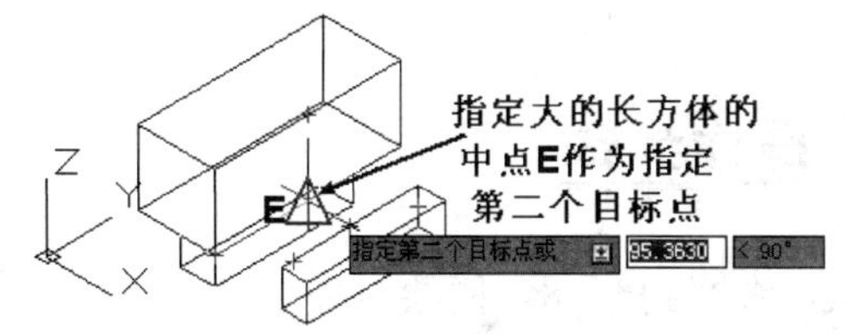

图 12-28　提示指定第二个目标点

09 单击鼠标左键选择大长方体的端点 E 作为指定第二个目标点后，绘图区如图 12-29 所示，命令行提示如下：

```
指定第三个目标点或 [退出(X)] <X>:
```

10 单击鼠标左键选择大长方体的端点 F 作为指定第三个目标点后，绘图区如图 12-30

所示，命令行提示如下：

```
    自动保存到 C:\Documents and Settings\Administrator\local settings\temp\
Drawing1_1_1_5147.sv$ ...
    命令:
```

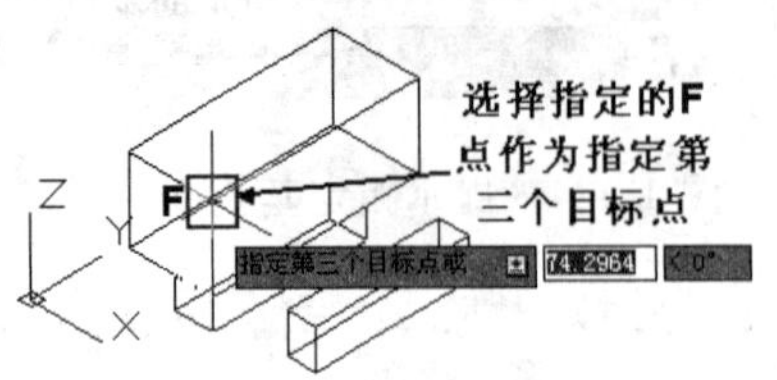

图 12-29 提示指定第三个目标点

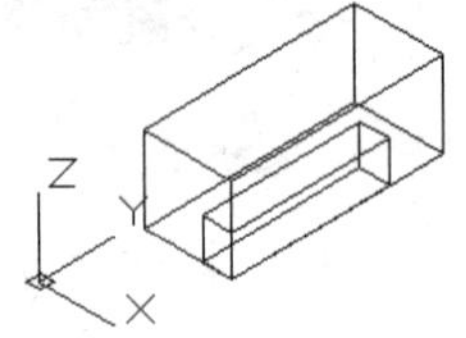

图 12-30 完成三维对齐操作

第 86 例 掌握镜像三维模型的方法

必学技能

掌握镜像三维模型的方法，是必备的技能，这里主要掌握镜像三维模型分别在三维和二维命令中的区别与应用的方法。

镜像平面可以是以下平面：平面对象所在的平面、通过指定点确定一个与当前 UCS 的 XY、YZ 或 XZ 平面平行的平面、由三个指定点定义的平面。

一般熟练的绘图者都是使用下面的操作方法镜像三维模型。

1. 方法一：选择菜单栏“修改”→“三维操作”→“三维镜像”命令

操作步骤

01 将回到第 85 例绘制完后的实例，其方法输入“U”，然后空格，直到回到绘制后的状态。

02 绘制直线。

绘制直线的方法详见第 13 例。

按照提示绘制直线，完成后的绘图区如图 12-31 所示。

03 拉伸曲面。选择菜单栏中的“绘图”→“建模”→“拉伸”命令。

04 选择绘制拉伸命令后，绘图区如图 12-32 所示，命令行提示如下：

```
命令：
EXTRUDE
当前线框密度： ISOLINES=4，闭合轮廓创建模式 = 实体
选择要拉伸的对象或 [模式(MO)]：找到 1 个
```

05 单击鼠标左键选择绘制的直线作为拉伸对象后，单击鼠标右键，绘图区如图 12-33 所示，命令行提示如下：

```
选择要拉伸的对象或 [模式(MO)]：
指定拉伸的高度或 [方向(D)/路径(P)/倾斜角(T)/表达式(E)] <167.4122>: 200
```

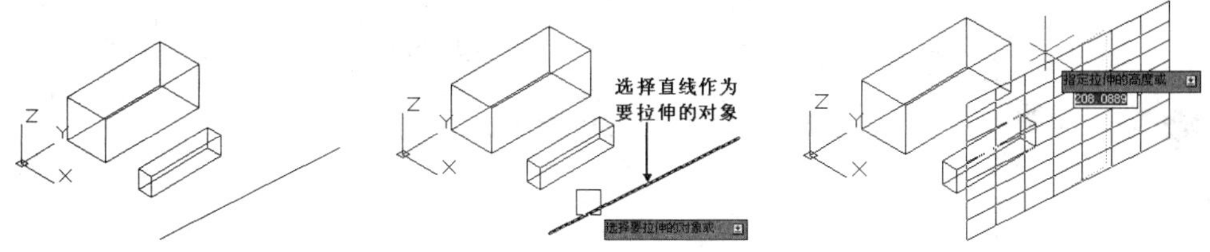

图 12-31 提示指定第一个目标点　　图 12-32 拉伸成曲面　　图 12-33 提示指定第一个目标点

06 输入指定拉伸的高度“200”后，绘图区如图 12-34 所示，即完成直线的拉伸操作。

07 选择菜单栏“修改”→“三维操作”→“三维镜像”命令。

08 执行三维镜像命令后，绘图区如图 12-35 所示，命令行提示如下：

```
命令：
命令：_mirror3d
选择对象：
```

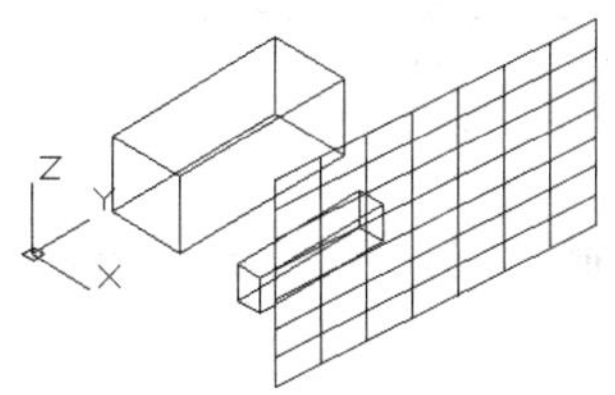

图 12-34 拉伸成曲面

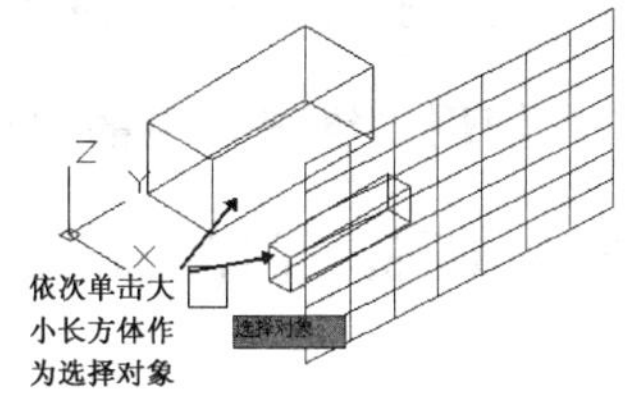

图 12-35 提示选择对象

09 单击绘图区中的大小长方体作为选择对象，绘图区如图 12-36 所示，命令行提示如下：

```
选择对象：找到 1 个
选择对象：找到 1 个，总计 2 个
```

10 选择对象完成后，单击鼠标右键，绘图区如图 12-36 所示，命令行提示如下：

```
指定镜像平面（三点）的第一个点或
[对象（O）/最近的（L）/Z 轴（Z）/视图（V）/XY 平面（XY）/YZ 平面（YZ）/ZX 平面（ZX）
/三点（3）] <三点>:
```

11 依次选择如图 12-37 所示的点作为镜像平面的点，选择完后，绘图区如图 12-38

所示，命令行提示如下：

```
是否删除源对象？[是（Y）/否（N）] <否>:n
```

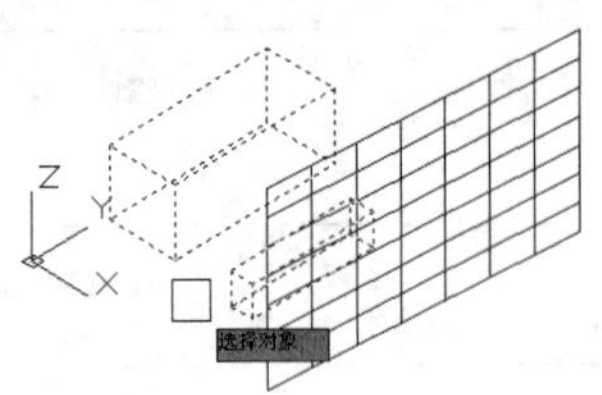

图 12-36　选择完对象

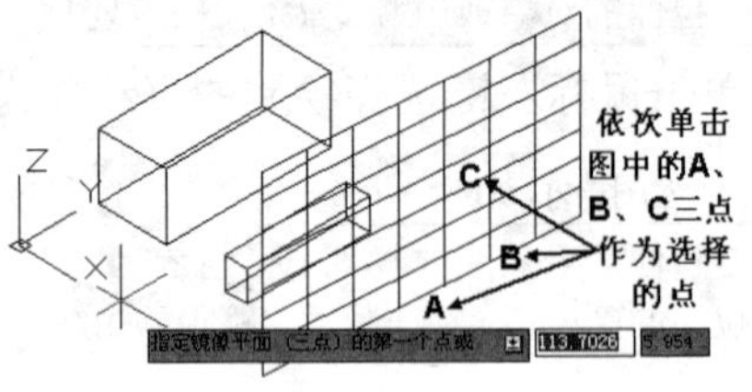

图 12-37　提示选择点

12 输入字母“n”后，绘图区如图 12-39 所示。

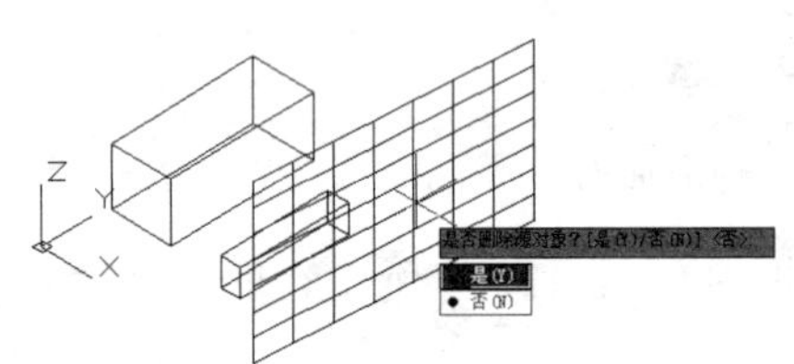

图 12-38　提示是否删除源对象

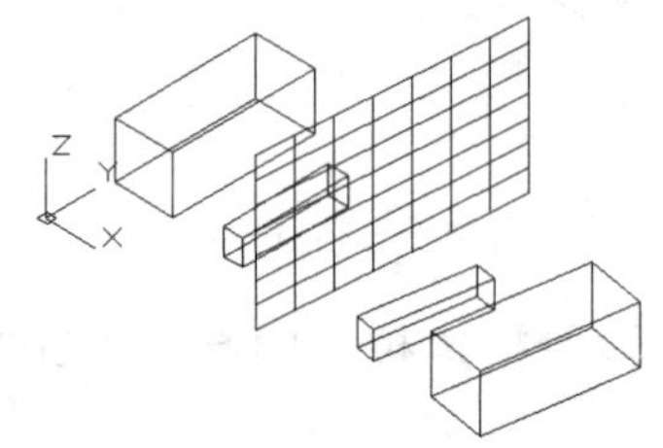

图 12-39　完成的镜像操作

提示

这里所执行的“三维镜像”命令，是在一个平面上镜像，完成后的效果与下面所述的二维平面中的镜像命令不一样，注意其应用！

2. 方法二：使用二维编辑中的快捷键命令

01 将回到第 85 例绘制完后的实例，其方法输入“U”，然后空格，直到回到绘制后状态。

02 镜像对象。左手食指输入键盘命令：mi（MI），左手大拇指按下空格键。

执行镜像命令后，命令行提示如下：

```
命令：MI
命令:MIRROR
选择对象：找到 1 个
选择对象：找到 1 个，总计 2 个
选择对象：
```

选择镜像对象后，绘图区如图 12-40 所示。

03 单击鼠标右键，命令行提示如下：

```
指定镜像线的第一点：指定镜像线的第二点：
```

选择镜像指定第一点后，绘图区如图 12-41 所示。

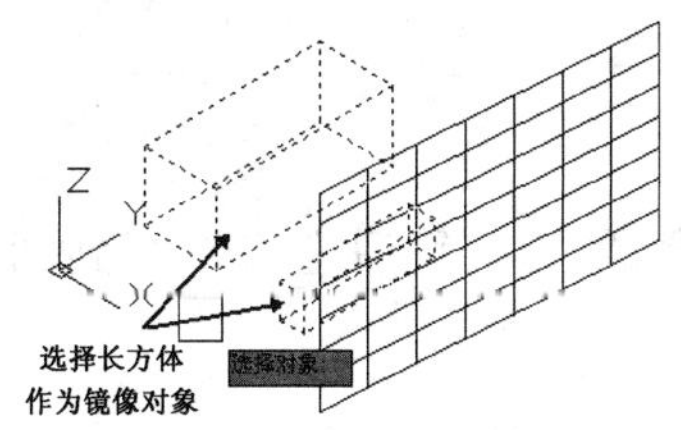

图 12-40　选择镜像对象

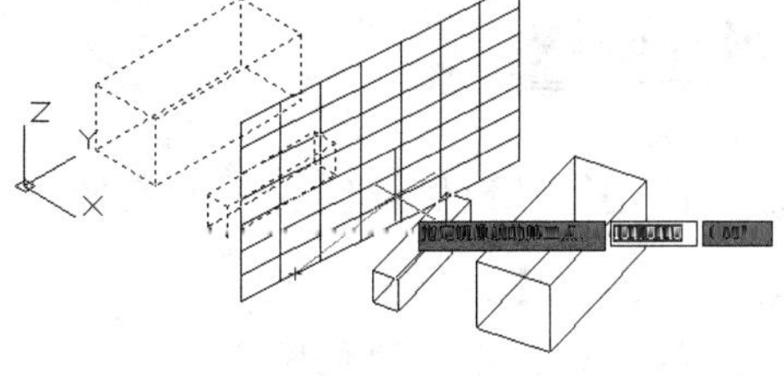

图 12-41　镜像对象预览

04 指定镜像线的第二点后，绘图区如图 12-42 所示，命令行提示如下：

```
要删除源对象吗？[是(Y)/否(N)] <N>: n
```

05 输入“n”之后，单击空格键，完成镜像后，绘图区如图 12-43 所示。

```
自动保存到 C:\Documents and Settings\Administrator\local settings\temp\Drawing1_1_1_9259.sv$ ...
```

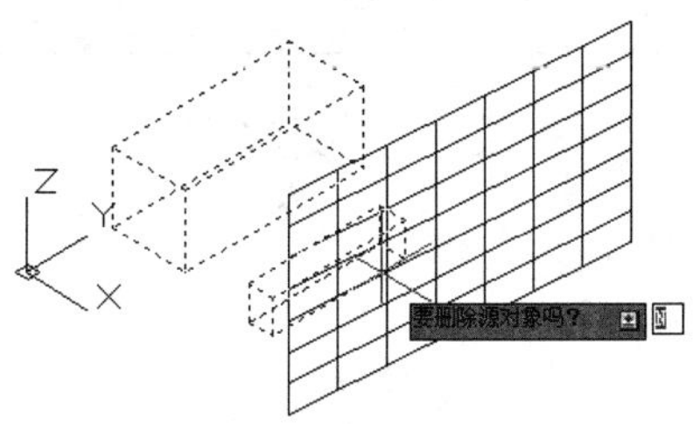

图 12-42　询问对象

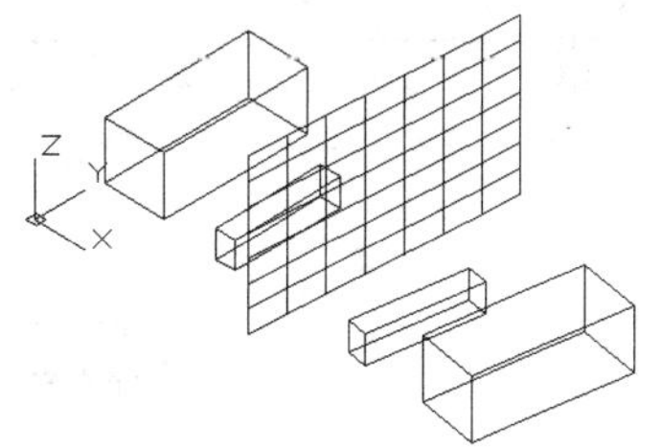

图 12-43　完成镜像

第 87 例　掌握阵列三维模型的方法

必学技能

掌握阵列三维模型的方法，是必备的技能，这里主要掌握矩形阵列和环形阵列这两种阵列的方法，并注意其与二维阵列的区别。

与二维阵列类似，三维阵列也包括矩形阵列和环形阵列，只是三维阵列可以在三维空间中创建对象的矩形阵列或环形阵列，除了指定列数（X 方向）和行数（Y 方向）以外，还要指定层数（Z 方向）。

1．矩形阵列

矩形阵列即在行（X 轴）、列（Y 轴）和层（Z 轴）矩形阵列中复制对象。

一般熟练的绘图者都是使用下面的操作方法创建矩形阵列。

操作步骤

01 将回到第 85 例绘制完后的实例，其方法输入“U”，然后空格，直到回到绘制后的状态。

02 选择菜单栏中的“修改”→“三维操作”→“三维阵列”命令。

03 选择三维阵列命令后，绘图区如图 12-44 所示，命令行提示如下：

```
命令:
命令: _3darray
选择对象:
```

04 单击绘图区中的小长方体后，绘图区如图 12-45 所示，其命令行提示如下：

```
选择对象:
```

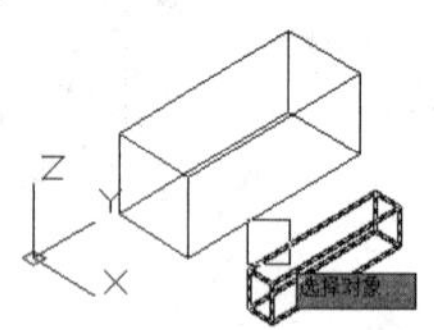

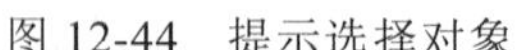

图 12-44　提示选择对象

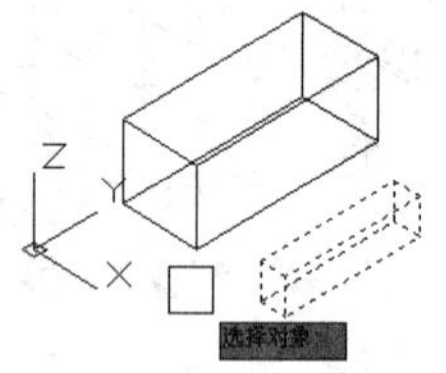

图 12-45　完成选择对象

05 单击鼠标右键，绘图区如图 12-46 所示，命令行提示如下：

```
输入阵列类型 [矩形(R)/环形(P)] <矩形>:R
```

06 输入阵列类型“R”，绘图区如图 12-47 所示，命令行提示如下：

```
输入行数 (---) <1>:2
```

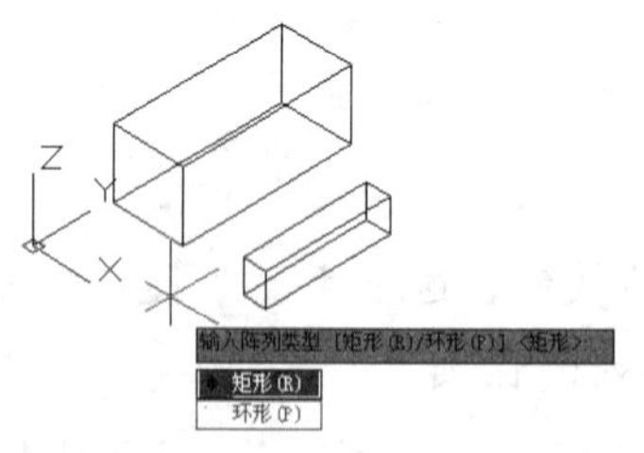

图 12-46　提示输入阵列类型

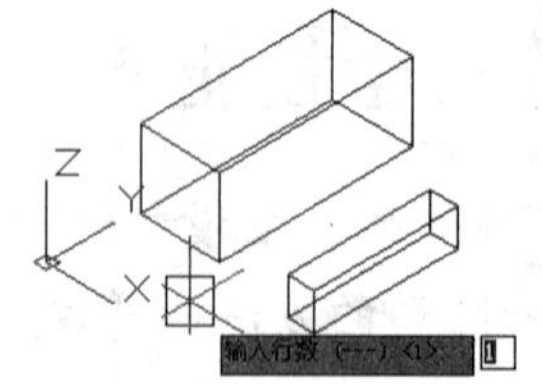

图 12-47　提示输入行数

07 输入行数“2”后，按下空格键，绘图区如图 12-48 所示，命令行提示如下：

```
输入列数 (|||) <1>: 2
```

08 输入列数“2”后，按下空格键，绘图区如图 12-49 所示，命令行提示如下：

```
输入层数 (...) <1>: 2
```

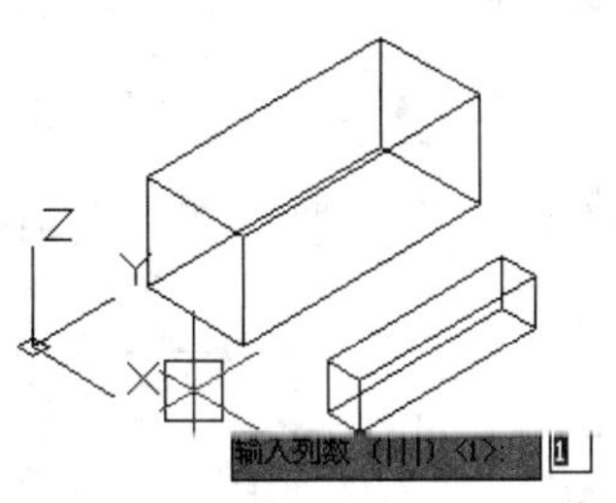

图 12-48　提示输入列数

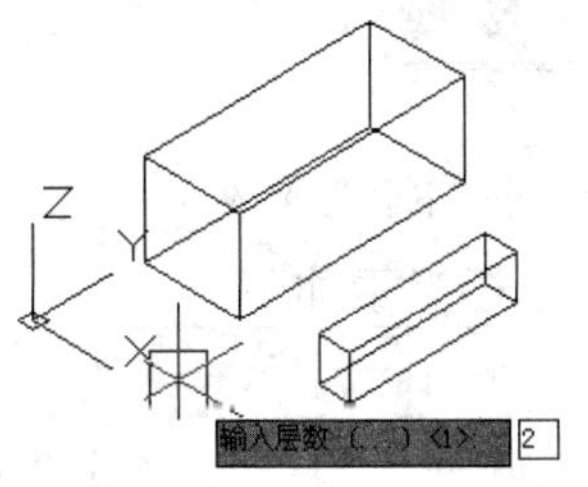

图 12-49　提示输入层数

09 输入层数“2”后，按下空格键，绘图区如图 12-50 所示，命令行提示如下：

```
指定行间距 (---): 300
```

10 输入指定行间距“300”后，按下空格键，绘图区如图 12-51 所示，命令行提示如下：

```
指定列间距 (---): 350
```

11 输入指定列间距“350”后，按下空格键，绘图区如图 12-51 所示，命令行提示如下：

```
指定层间距 (---): 200
```

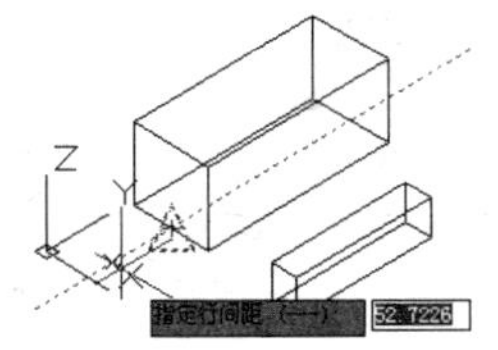

图 12-50　提示指定行间距

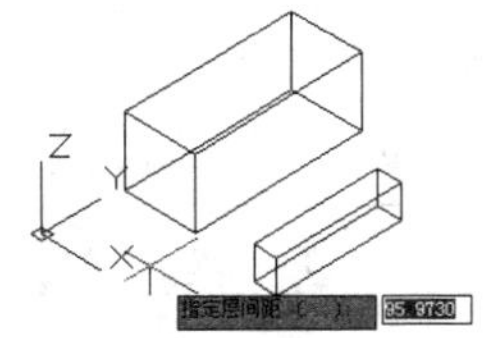

图 12-51　提示指定列间距

12 输入指定列间距“200”后，按下空格键，绘图区如图 12-52 所示，即完成矩形阵列。

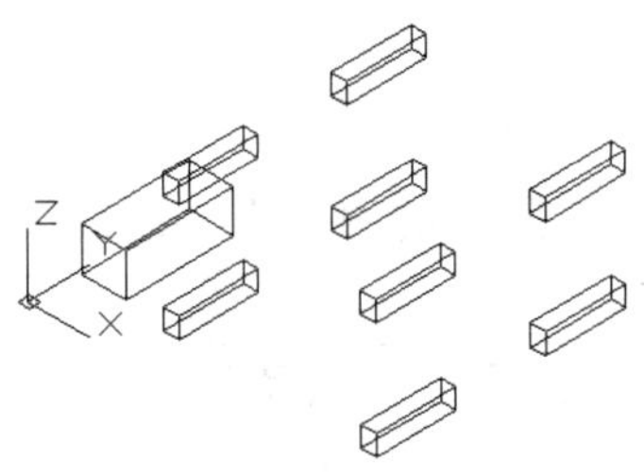

图 12-52　完成的矩形阵列

2. 环形阵列

环形阵列即绕旋转轴复制对象，一般熟练的绘图者都是使用下面的操作方法创建环形阵列。

操作步骤

01 按照前面矩形阵列的操作步骤 1～5，然后输入阵列类型“R”，绘图区如图 12-53 所示，其命令行提示如下：

```
输入阵列中的项目数目:6
```

02 输入阵列中的项目数目“6”后，按下空格键，绘图区如图 12-54 所示，命令行提示如下：

```
指定要填充的角度 (+=逆时针，-=顺时针) <360>:
```

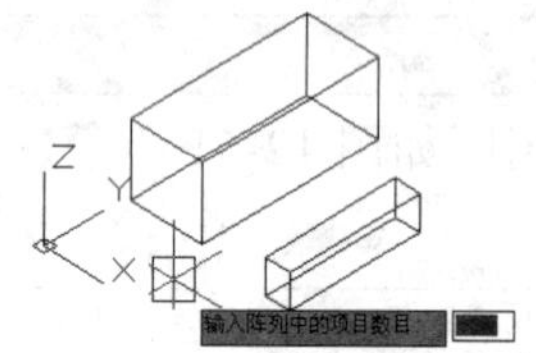

图 12-53 提示输入阵列中的项目数目

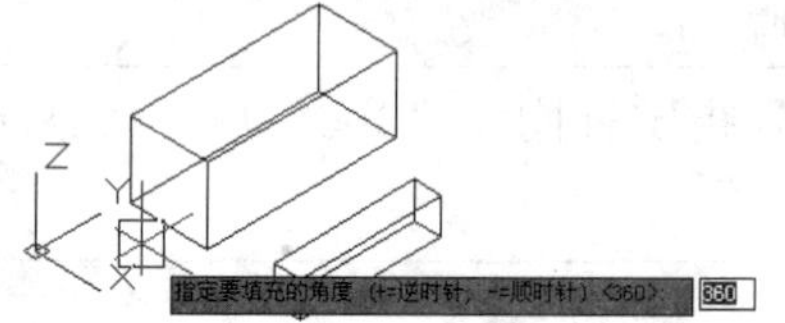

图 12-54 提示指定要填充的角度

03 输入指定要填充的角度“360”后，按下空格键，绘图区如图 12-55 所示，命令行提示如下：

```
是否旋转阵列中的对象? [是(Y)/否(N)] <Y>: N
```

04 输入字母“N”后，按下空格键，绘图区如图 12-56 所示，命令行提示如下：

```
指定阵列的中心点:
```

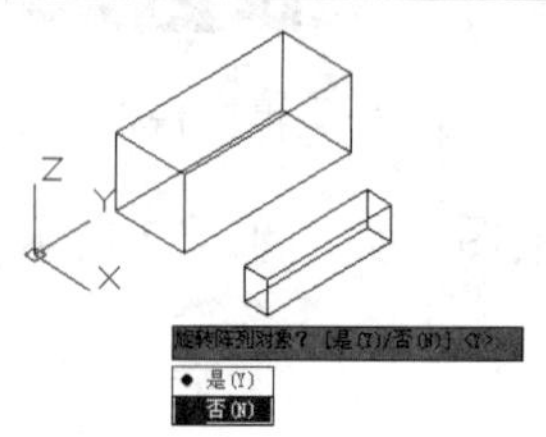

图 12-55 提示是否旋转阵列中的对象

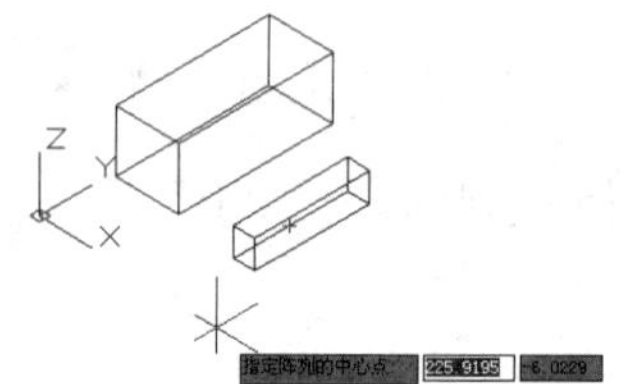

图 12-56 提示指定阵列的中心点

05 单击图中的一点作为指定阵列的中心点，绘图区如图 12-57 所示，命令行提示如下：

```
指定旋转轴上的第二点:
```

06 单击图中的一点作为指定旋转轴上的第二点，绘图区如图 12-58 所示，即完成指定旋转轴的两个点确定旋转轴。

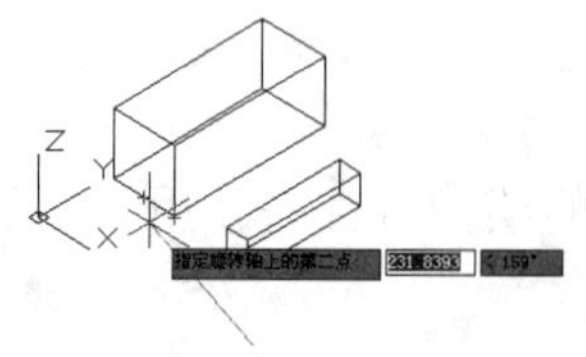

图 12-57 提示指定旋转轴上的第二点

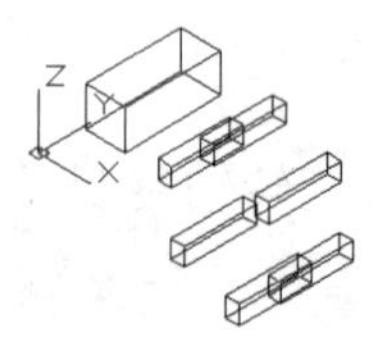

图 12-58 完成的环形阵列

第 88 例　掌握剖切实体的方法

必学技能

掌握剖切实体的方法，是必备的技能，这里主要掌握剖切实体选择平面或曲面的方法。

剖切操作即用平面或曲面来剖切实体，剖切后将产生新实体。一般熟练的绘图者都是使用下面的操作方法创建剖切实体。

操作步骤

01 将回到第 85 例绘制完后的实例，其方法输入“U”，然后空格，直到回到绘制后的状态。

02 单击鼠标选中大的长方体，绘图区如图 12-59 所示。

03 选择菜单栏中的“修改”→“三维操作”→“剖切”命令。

04 执行剖切命令操作后，绘图区如图 12-60 所示，命令行提示如下：

```
命令:
命令: _slice
选择要剖切的对象: 找到 1 个
```

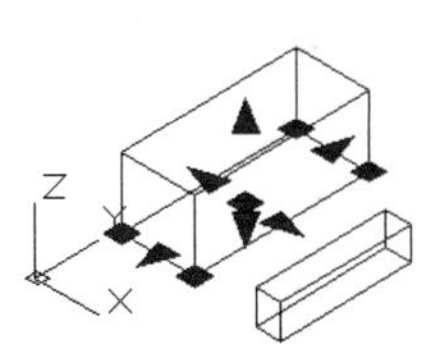

图 12-59　选中的长方体

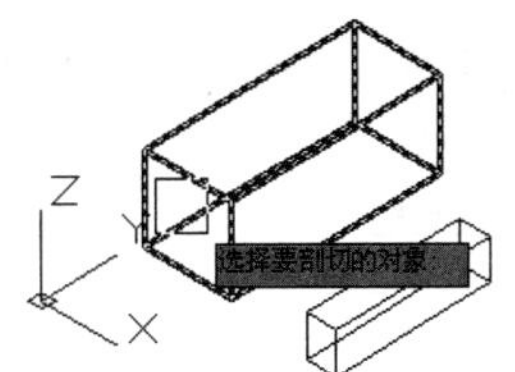

图 12-60　选择要剖切的对象

05 单击绘图区中的大长方体后，绘图区如图 12-61 所示，命令行提示如下：

```
选择对象:
```

06 单击鼠标右键，绘图区如图 12-62 所示，命令行提示如下：

```
指定 切面 的起点或 [平面对象(O)/曲面(S)/Z轴(Z)/视图(V)/XY(XY)/YZ(YZ)/ZX(ZX)/三点(3)] <三点>:
```

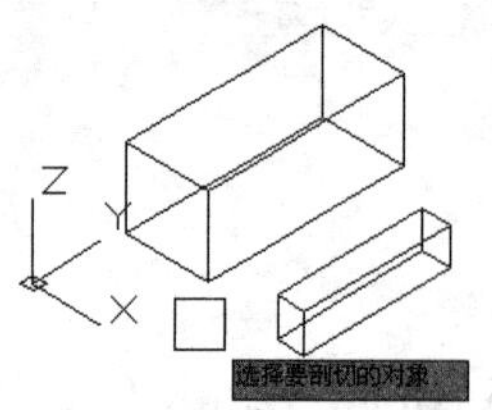

图 12-61　完成剖切对象的选择

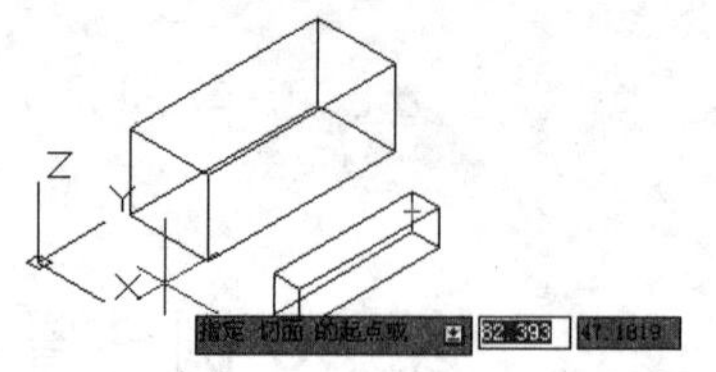

图 12-62　指定切面的起点

07 依次选择如图 12-63 所示的点作为剖切对象选择的点，选择完后，绘图区如图 12-64 所示，命令行提示如下：

```
指定平面上的第二个点：
在所需的侧面上指定点或 [保留两个侧面(B)] <保留两个侧面>：
```

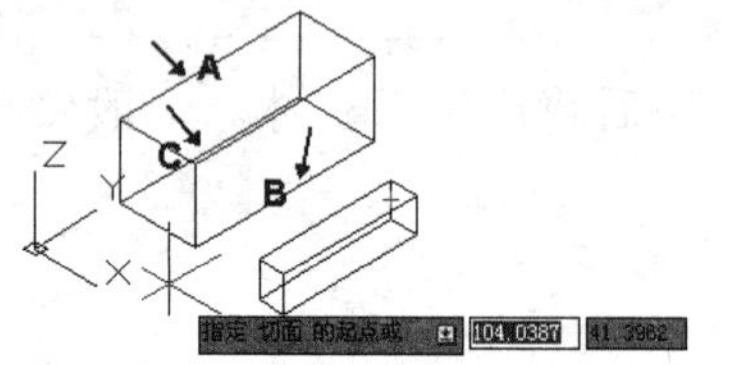

图 12-63　完成剖切对象的选择

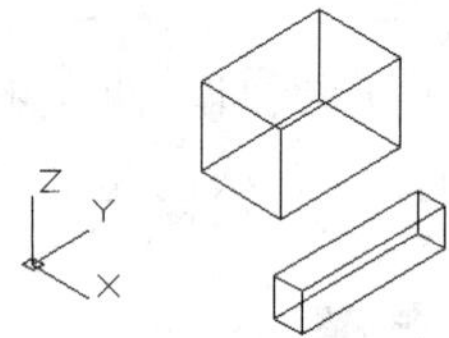

图 12-64　完成的剖切

第 89 例　掌握抽壳实体的方法

必学技能

掌握抽壳实体的方法，是必备的技能，这里主要掌握抽壳实体删除的面的方法。

抽壳是用指定的厚度创建一个空的薄层。AutoCAD 2014 通过将现有面偏移出其原位置来抽壳，只允许一个三维实体创建一个壳。

操作步骤

01 将回到第 85 例绘制完后的实例，其方法输入“U”，然后空格，直到回到绘制后的状态，如图 12-65 所示。

02 选择菜单栏中的“修改”→“实体编辑”→“抽壳”命令。

执行抽壳命令后，命令行提示如下：

```
命令:
命令: _solidedit
实体编辑自动检查:  SOLIDCHECK=1
输入实体编辑选项 [面(F)/边(E)/体(B)/放弃(U)/退出(X)] <退出>: _body
输入体编辑选项
[压印(I)/分割实体(P)/抽壳(S)/清除(L)/检查(C)/放弃(U)/退出(X)] <退出>: _shell
选择三维实体:
```

03 单击鼠标选中大的长方体，绘图区如图 12-66 所示，命令行继续提示如下：

```
删除面或 [放弃(U)/添加(A)/全部(ALL)]:
```

04 可选择不抽壳的面，单击鼠标右键后，绘图区如图 12-67 所示，命令行继续提示如下：

```
输入抽壳偏移距离:10
```

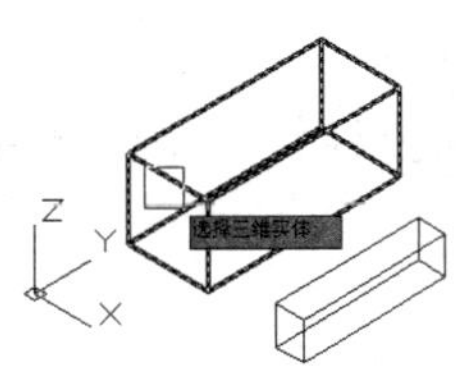

图 12-65　提示选择三维实体

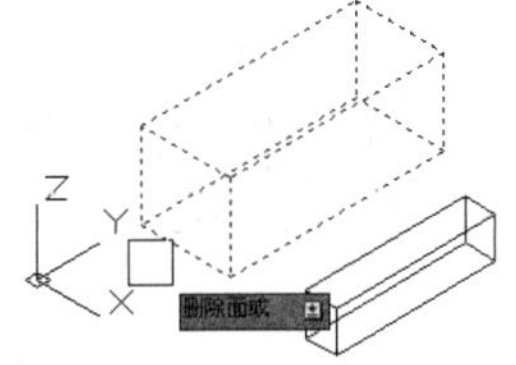

图 12-66　提示选择删除面

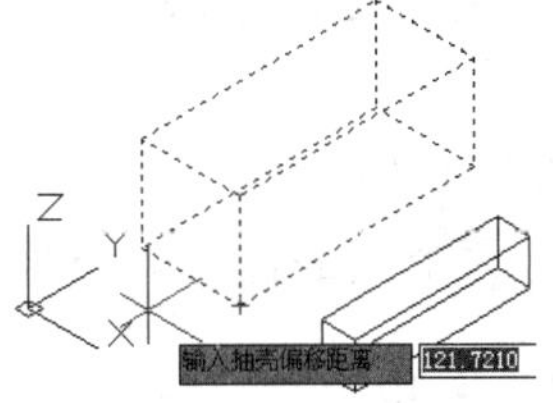

图 12-67　提示输入抽壳偏移距离

05 输入抽壳偏移距离“10”后，按下空格键，绘图区如图 12-68 所示，命令行提示如下：

```
已开始实体校验
已完成实体校验
输入体编辑选项
[压印(I)/分割实体(P)/抽壳(S)/清除(L)/检查(C)/放弃(U)/退出(X)] <退出>: *取消*
```

06 按下 Esc 键，退出“输入体编辑选项”编辑，完成抽壳后的效果如图 12-69 所示。

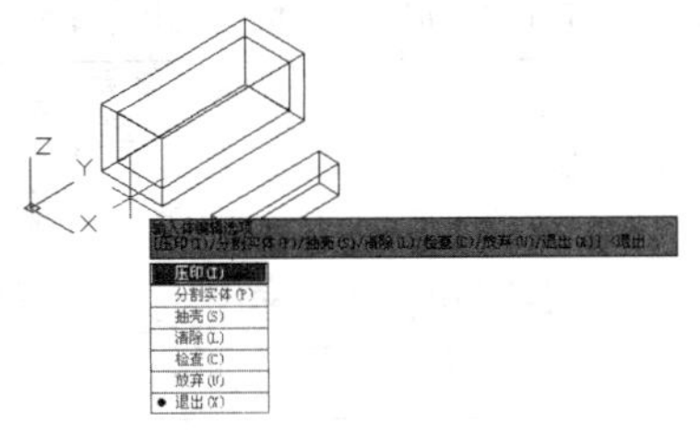

图 12-68　提示输入体编辑选项

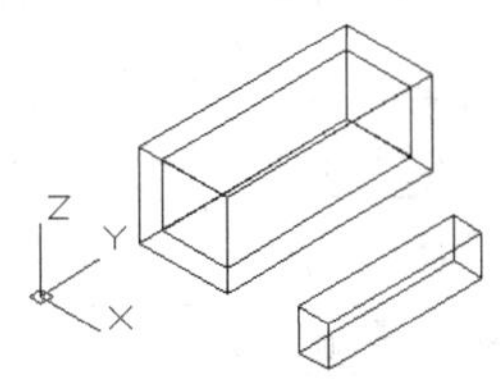

图 12-69　完成的抽壳效果

提示

抽壳是通过将三维实体现有的面来偏移出一定的距离创建其“空的薄层”。如指定正值，则从圆周外开始抽壳；指定负值从圆周内开始抽壳。另外可以根据需要将删除选择的面。

第 90 例　掌握实体倒角边和圆角边的方法

必学技能

掌握实体倒角边和圆角边的方法，是必备的技能，这里主要掌握实体倒角边和圆角边的方法，并注意其与二维命令的区别。

在实体编辑的过程中，经常要用到倒角和圆角命令将图形修改好，三维倒角和圆角是针对两个面的操作。下面将具体介绍其操作方法。

1. 倒角边

一般熟练的绘图者都是使用下面的操作方法创建倒角边。

操作步骤

01 将回到第 85 例绘制完后的实例，其方法输入“U”，然后空格，直到回到绘制后的状态。

02 选择菜单栏中的“修改”→“实体编辑”→“倒角边”命令。

03 选择倒角边命令后，绘图区如图 12-70 所示，命令行提示如下：

```
命令：
命令：_CHAMFEREDGE 距离 1 = 1.0000，距离 2 = 1.0000
选择一条边或 [环(L)/距离(D)]：
```

04 单击绘图区中的一条边后，绘图区如图 12-71 所示，命令行提示如下：

```
选择同一个面上的其他边或 [环(L)/距离(D)]：
```

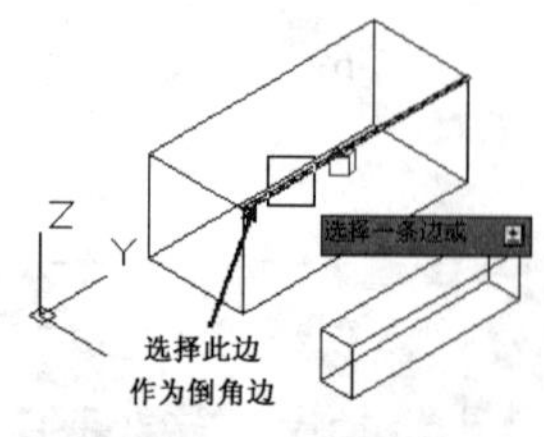

图 12-70　提示选择一条边

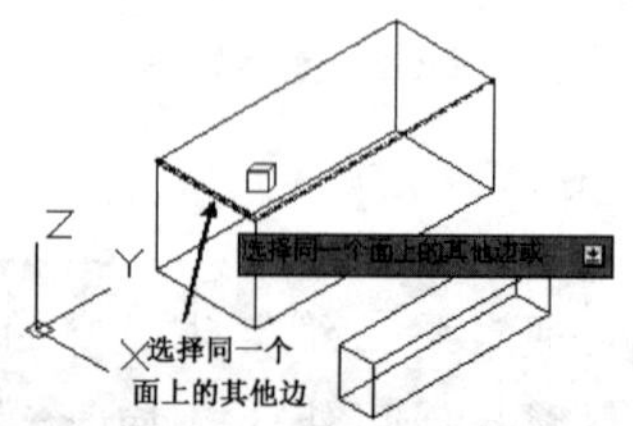

图 12-71　完成的抽壳效果

05 单击绘图区中的第二条边后，绘图区如图 12-72 所示，命令行提示如下：

```
选择同一个面上的其他边或 [环(L)/距离(D)]:
```

06 单击鼠标右键后，绘图区如图 12-73 所示，命令行提示如下：

```
按 Enter 键接受倒角或 [距离(D)]:D
```

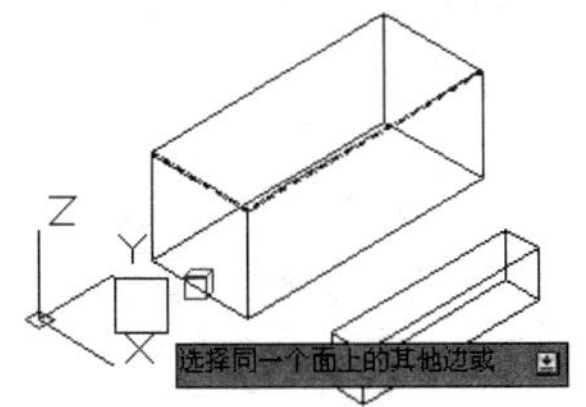

图 12-72　选择完两条边

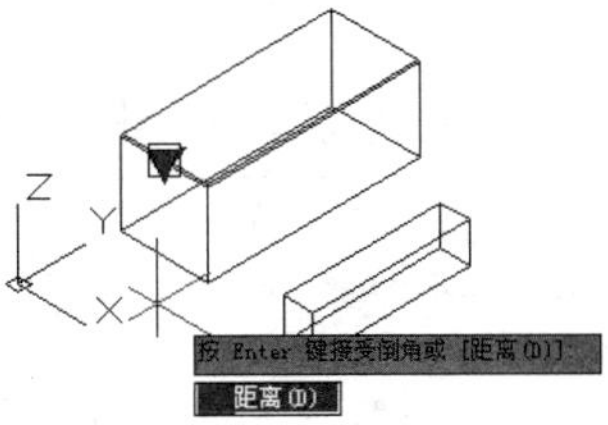

图 12-73　提示选择距离或者是接受倒角

07 输入字母“D”后，按下空格键，绘图区如图 12-74 所示，命令行提示如下：

```
指定基面倒角距离或 [表达式(E)] <1.0000>: 10
```

08 输入指定基面倒角距离“10”后，单击鼠标右键，绘图区如图 12-75 所示，命令行提示如下：

```
指定其他曲面倒角距离或 [表达式(E)] <1.0000>:
```

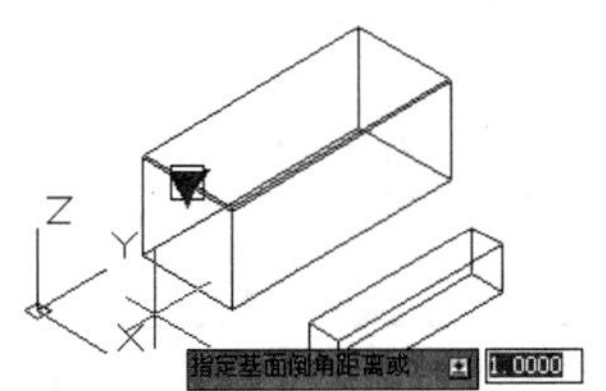

图 12-74　提示指定基面倒角距离

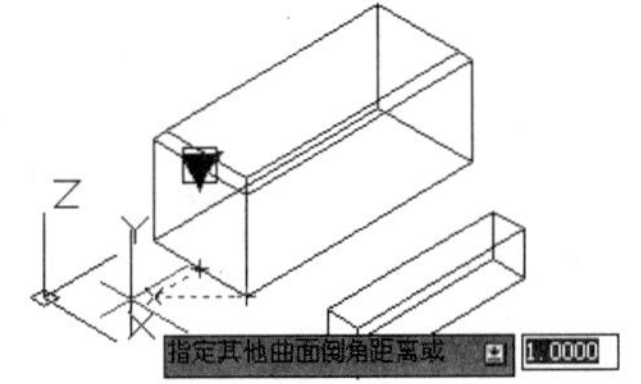

图 12-75　提示选择距离或者是接受倒角

09 两次单击鼠标右键，完成倒角边的创建，绘图区如图 12-76 所示，命令行提示如下：

```
按 Enter 键接受倒角或 [距离(D)]:
自动保存到 C:\Documents and Settings\Administrator\local settings\temp\Drawing1_1_1_7245.sv$ ...
命令:
```

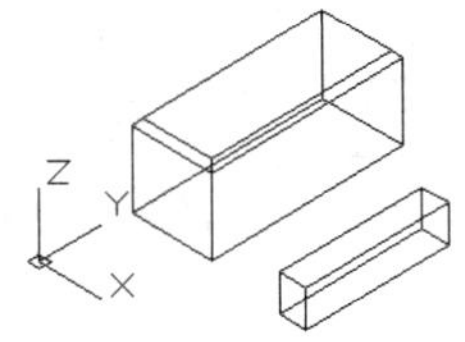

图 12-76　完成的倒角边

2．圆角边

一般熟练的绘图者都是使用下面的操作方法创建圆角边。

操作步骤

01 将回到第 85 例绘制完后的实例，其方法输入“U”，然后空格，直到回到绘制后的状态。

02 选择菜单栏中的“修改”→“实体编辑”→“圆角边”命令。

03 选择圆角边命令后，绘图区如图 12-77 所示，命令行提示如下：

```
命令:
命令: _FILLETEDGE
半径 = 1.0000
选择边或 [链(C)/环(L)/半径(R)]:
```

04 单击绘图区中的一条边后，绘图区如图 12-78 所示，命令行提示如下：

```
选择边或 [链(C)/环(L)/半径(R)]:
```

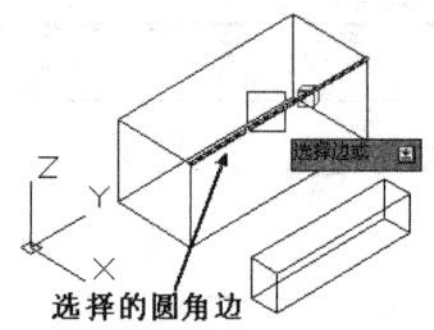

图 12-77　提示选择圆角边

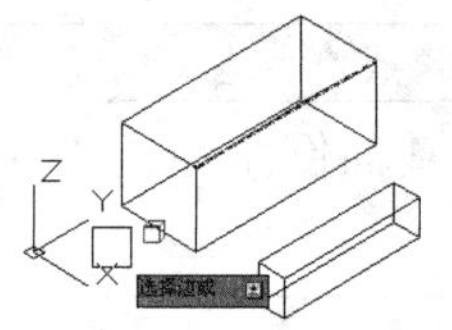

图 12-78　提示选择圆角边

05 单击鼠标右键后，绘图区如图 12-79 所示，命令行提示如下：

```
已选定 1 个边用于圆角
按 Enter 键接受圆角或 [半径(R)]:R
```

06 输入字母“R”后，按下空格键，绘图区如图 12-80 所示，命令行提示如下：

```
指定半径或 [表达式(E)] <1.0000>: 10
```

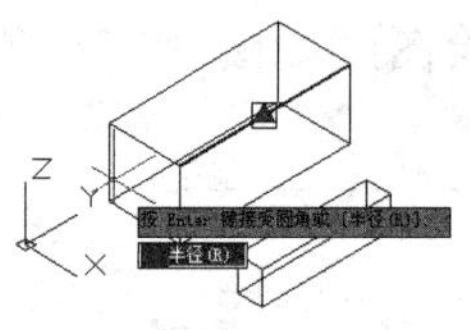
图 12-79　提示选择半径或者是接受圆角

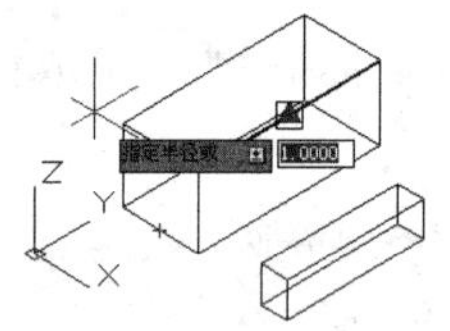

图 12-80　提示指定半径

07 输入字母“10”后，按下空格键，绘图区如图 12-81 所示，命令行提示如下：

```
按 Enter 键接受圆角或 [半径(R)]:
```

08 两次单击鼠标右键，完成圆角边的创建，绘图区如图 12-82 所示。

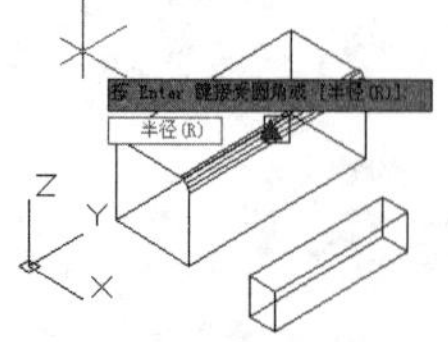
图 12-81　提示选择半径或者是接受圆角

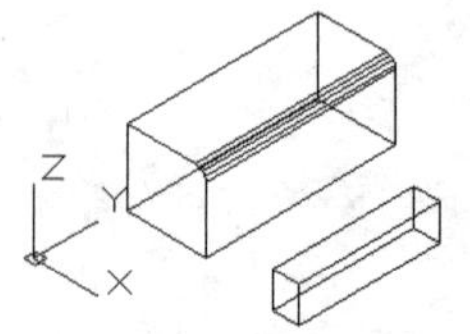
图 12-82　完成的圆角边

第 91 例　掌握夹点编辑三维实体的方法

必学技能

掌握夹点编辑三维实体的方法，是必备的技能，这里主要掌握夹点移动实体、夹点拉伸单个面及双面的方法。

选择了三维对象后，就可以通过夹点、夹点工具和编辑命令（例如，MOVE、ROTATE 和 SCALE）来修改三维实体上的点、边和面。一般熟练的绘图者都是使用下面的操作方法编辑三维实体。

操作步骤

01 将回到第 85 例绘制完后的实例，其方法输入“U”，然后空格，直到回到绘制后的状态，删除小的长方体，绘图区如图 12-83 所示。

02 选择长方体，此时长方体处于夹点编辑状态，绘图区如图 12-84 所示。

03 移动长方体。选择长方体夹点的中心点，此时长方体的中心夹点变为红色，绘图区如图 12-85 所示，命令行提示如下：

```
命令:
** 拉伸 **
指定拉伸点或 [基点(B)/复制(C)/放弃(U)/退出(X)]:
```

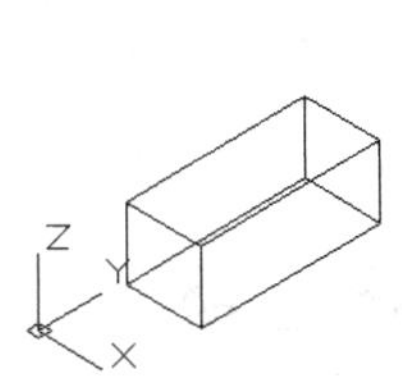

图 12-83　长方体

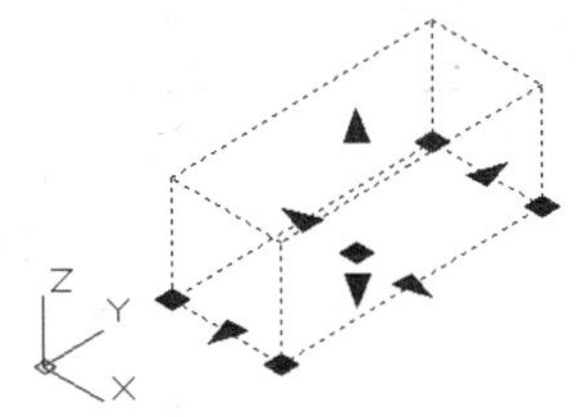

图 12-84　显示对象上的夹点

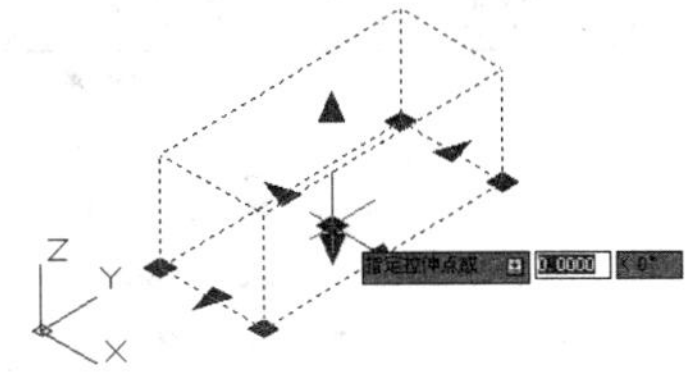

图 12-85　显示对象上的夹点

04 选中中心夹点后移动鼠标，此时绘图区如图 12-86 所示，移至合适位置后，单击鼠标左键确定，此时绘图区如图 12-87 所示。

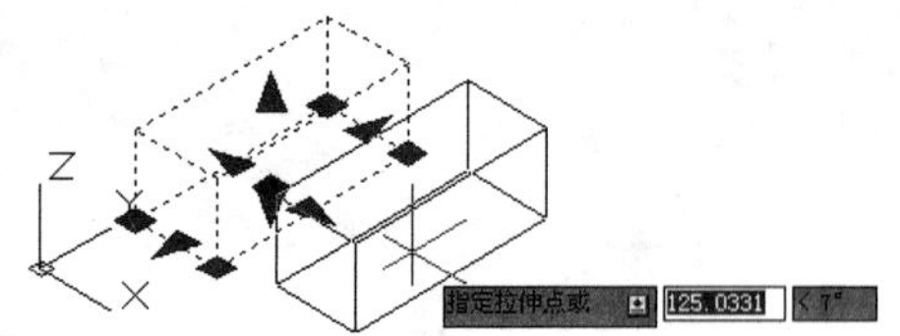

图 12-86　移动长方体的中心夹点

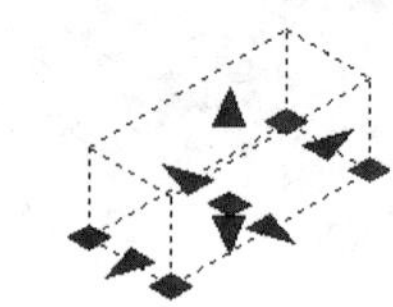

图 12-87　显示对象上的夹点

05 返回到移动前的实例，其方法输入“U”，然后空格，直到回到绘制的长方体状态。

06 拉伸长方体一个面。选择长方体，此时长方体处于夹点编辑状态，选择长方体夹点边上的点，此时长方体的夹点变为红色，绘图区如图 12-88 所示，命令行提示如下：

```
命令:
指定点位置或 [基点(B)/放弃(U)/退出(X)]:
```

07 选中边夹点后移动鼠标，此时绘图区如图 12-89 所示，移至合适位置后，单击鼠标左键确定，此时绘图区如图 12-90 所示。

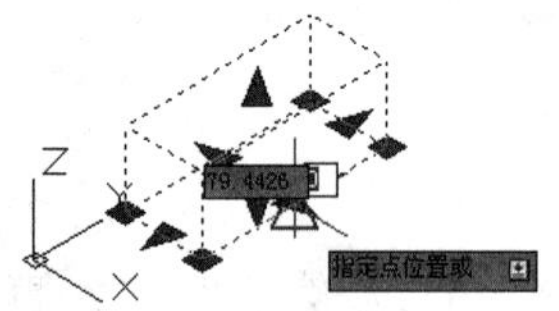

图 12-88　选中长方体的边夹点

图 12-89　移动长方体的边夹点

08 返回到移动前的实例，其方法输入“U”，然后空格，直到回到绘制的长方体状态。

09 拉伸长方体两个面。选择长方体，此时长方体处于夹点编辑状态，选择长方体夹点边上的点，此时长方体的夹点变为红色，绘图区如图 12-91 所示，命令行提示如下：

```
命令:
指定点位置或 [基点(B)/放弃(U)/退出(X)]:
```

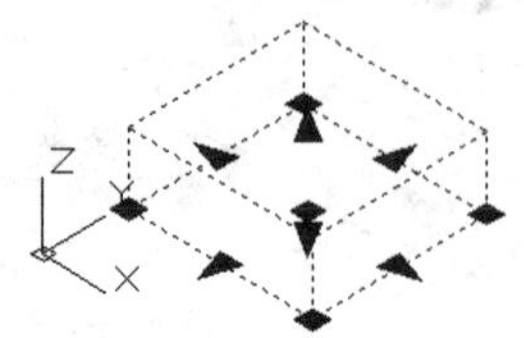

图 12-90　选中长方体的边夹点

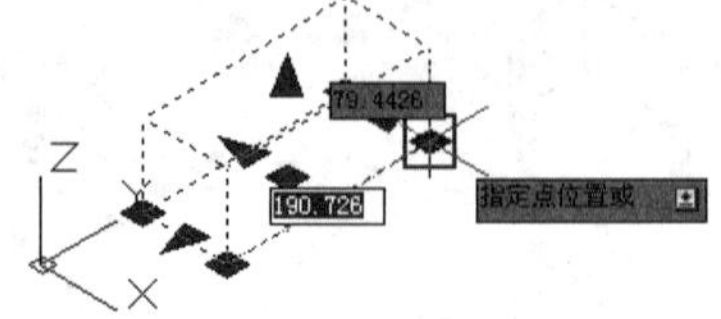

图 12-91　移动长方体的边夹点

10 选中边夹点后移动鼠标，此时绘图区如图 12-92 所示，移至合适位置后，单击鼠标左键确定，此时绘图区如图 12-93 所示。

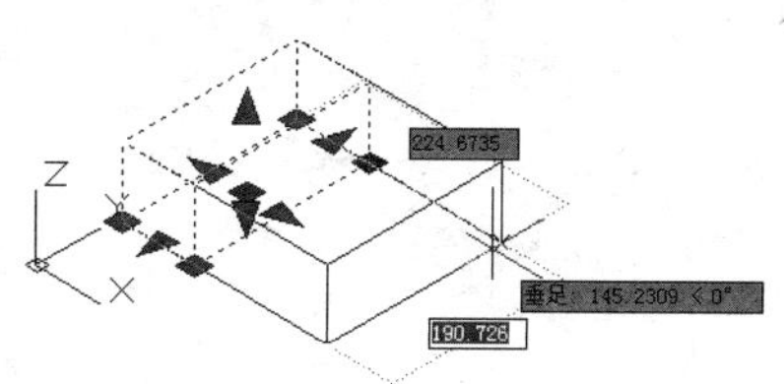

图 12-92　选中长方体的边夹点

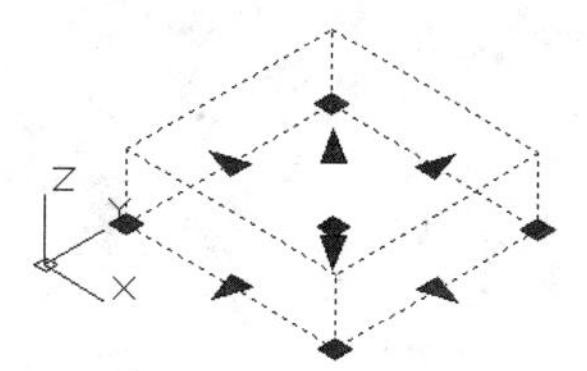

图 12-93　移动长方体的边夹点

第 92 例　掌握编辑三维实体面的方法

必学技能

掌握编辑三维实体面的方法，是必备的技能，这里主要掌握拉伸、移动、偏移、删除、旋转、倾斜和复制等操作方法，以及改变面的颜色。

用户可以对三维实体的选择面进行拉伸、移动、偏移、删除、旋转、倾斜和复制等操作，还可以改变面的颜色，下面将分别对其进行介绍。

1. 拉伸面

拉伸面是指将三维实体的一个或多个面按指定高度和倾斜角度进行拉伸，或沿指定的路径进行拉伸。

操作步骤

01 执行“文件”→“打开”命令，打开本书附带“12-1”文件，该文档中包含了一个长方体和一个圆弧路径，如图 12-94 所示。

02 选择菜单栏中的“修改”→“实体编辑”→“拉伸面”命令。

03 选择拉伸面命令后，绘图区如图 12-95 所示，命令行提示如下：

```
命令：
命令：_solidedit
实体编辑自动检查： SOLIDCHECK=1
输入实体编辑选项 [面(F)/边(E)/体(B)/放弃(U)/退出(X)] <退出>：_face
输入面编辑选项
[拉伸(E)/移动(M)/旋转(R)/偏移(O)/倾斜(T)/删除(D)/复制(C)/颜色(L)/材质(A)/放弃(U)/退出(X)] <退出>：_extrude
选择面或 [放弃(U)/删除(R)]：                    //在长方体的顶面上单击
```

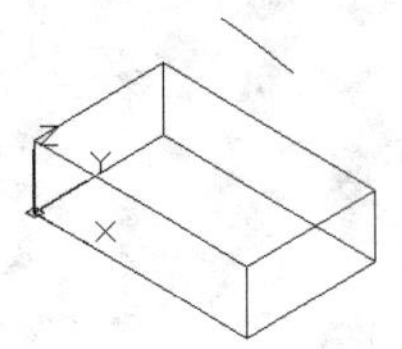

图 12-94　打开素材

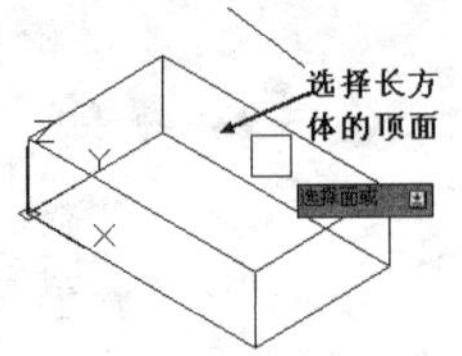

图 12-95　选择长方体的顶面

04 单击长方体的顶面后，绘图区如图 12-96 所示，命令行提示如下：

```
选择面或 [放弃(U)/删除(R)/全部(ALL)]:                //按下空格键，确定选择面
```

05 选择完拉伸长方体的顶面后，按下空格键，绘图区如图 12-97 所示，命令行提示如下：

```
指定拉伸高度或 [路径(P)]: 20                          //输入高度值，按下空格键
```

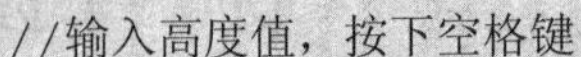

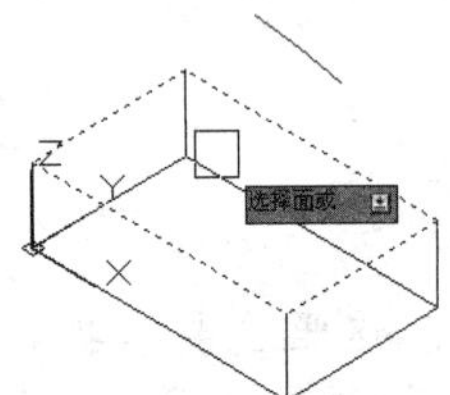

图 12-96　选择长方体顶面

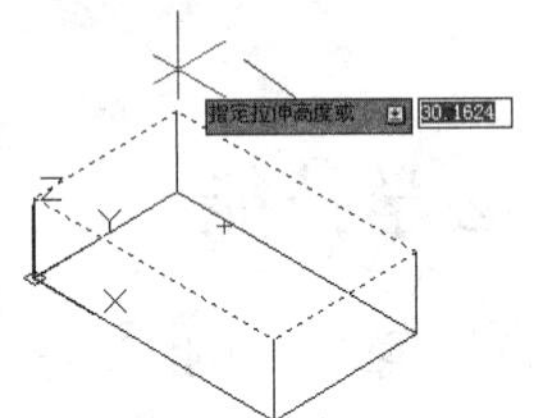

图 12-97　指定拉伸高度

06 输入指定拉伸高度值“20”，按下空格键，绘图区如图 12-98 所示，命令行提示如下：

```
指定拉伸的倾斜角度 <0>: 30                           //输入角度值，按下空格键
```

07 输入拉伸的倾斜角度值“30”，按下空格键，绘图区如图 12-99 所示，命令行提示如下：

```
已开始实体校验
已完成实体校验
输入面编辑选项
[拉伸(E)/移动(M)/旋转(R)/偏移(O)/倾斜(T)/删除(D)/复制(C)/颜色(L)/材质(A)/放弃(U)/退出(X)] <退出>: X
```

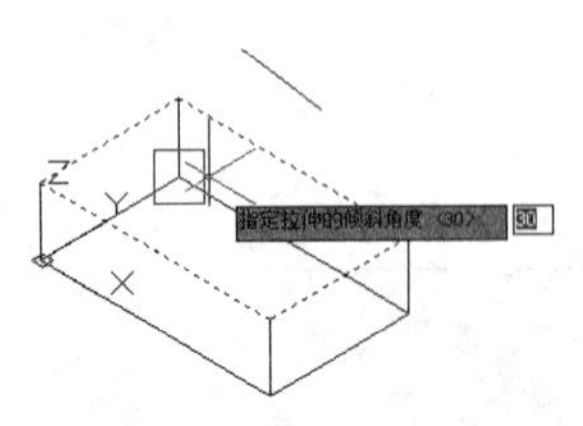

图 12-98　指定拉伸的倾斜角度

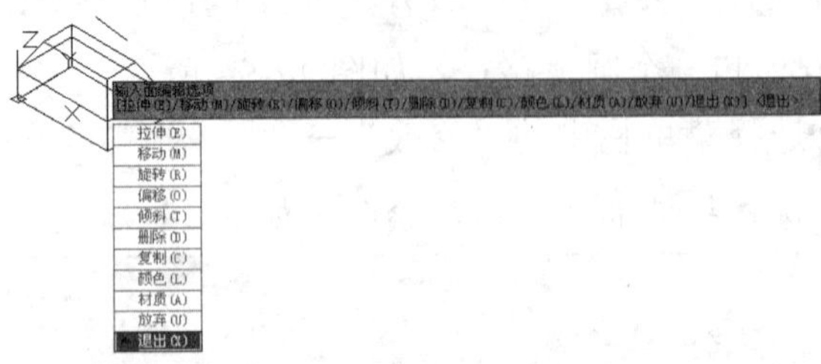

图 12-99　选择“退出”选项

08 选择“退出”选项后，绘图区如图 12-100 所示，命令行提示如下：

```
实体编辑自动检查:  SOLIDCHECK=1
输入实体编辑选项 [面(F)/边(E)/体(B)/放弃(U)/退出(X)] <退出>: X
```

09 选择“退出”选项后，绘图区如图 12-101 所示。

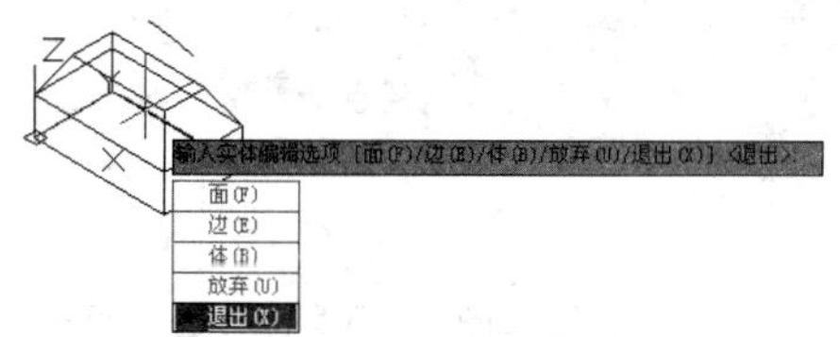

图 12-100　提示输入实体编辑选项

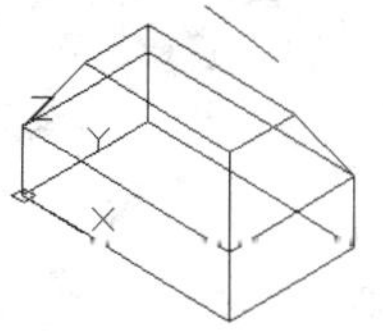

图 12-101　完成的拉伸效果

2. 移动面

移动面是指沿着指定的高度或距离移动三维实体的选定面，用户可一次移动一个或多个面。该操作只是对面的位置进行调整，并不能更改面的方向。

操作步骤

01 选择菜单栏中的“文件”→“打开”命令，打开本书附带“12-2”文件，该文档中包含了两个长方体，如图 12-102 所示。

02 选择菜单栏中的“修改”→“实体编辑”→“移动面”命令。

03 选择移动面命令后，绘图区如图 12-103 所示，命令行提示如下：

```
命令:
命令: _solidedit
实体编辑自动检查: SOLIDCHECK=1
输入实体编辑选项 [面(F)/边(E)/体(B)/放弃(U)/退出(X)] <退出>: _face
输入面编辑选项[拉伸(E)/移动(M)/旋转(R)/偏移(O)/倾斜(T)/删除(D)/复制(C)/颜色(L)/材质(A)/放弃(U)/退出(X)] <退出>: _move
选择面或 [放弃(U)/删除(R)]:                    //在实体的顶面上单击
```

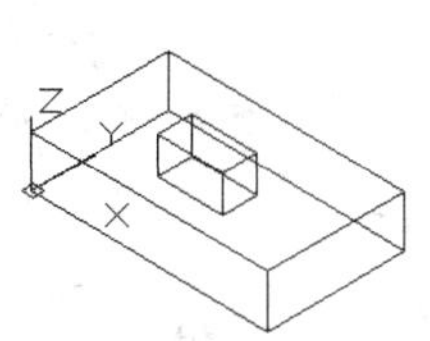

图 12-102　打开素材

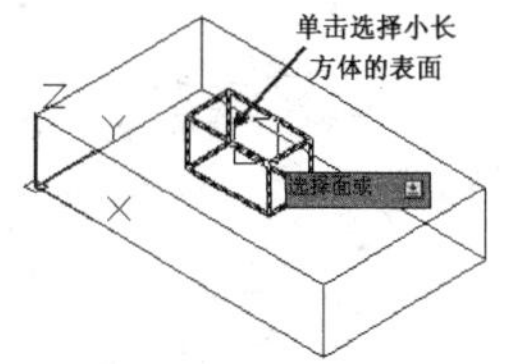

图 12-103　提示选择面

04 单击小长方体的表面后，绘图区如图 12-104 所示，命令行提示如下：

```
选择面或 [放弃(U)/删除(R)/全部(ALL)]:          //按空格键，结束选择面
```

05 单击鼠标右键，结束选择面，绘图区如图 12-105 所示，命令行提示如下：

```
指定基点或位移:                              //在绘图区域的任意位置单击，确定基点A
```

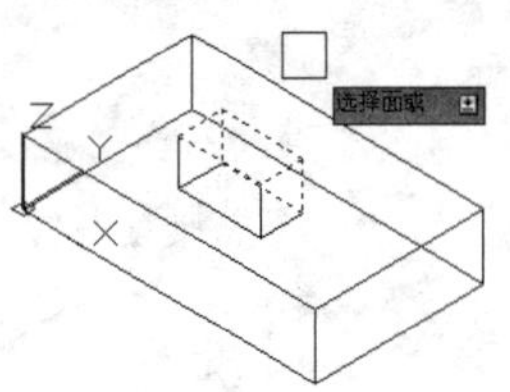

图 12-104 完成选择表面

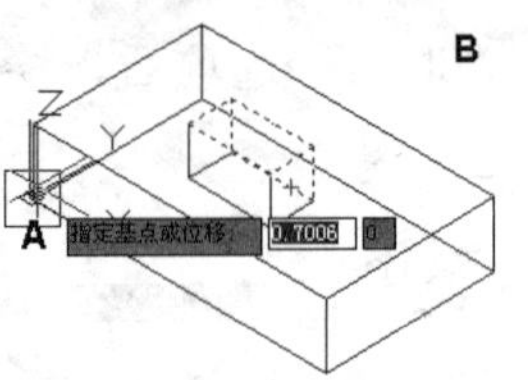

图 12-105 指定基点

06 单击图中的 A 点作为指定基点后，绘图区如图 12-106 所示，命令行提示如下：

```
指定位移的第二点:                    //向上移动光标位置并单击，确定第二点 B
```

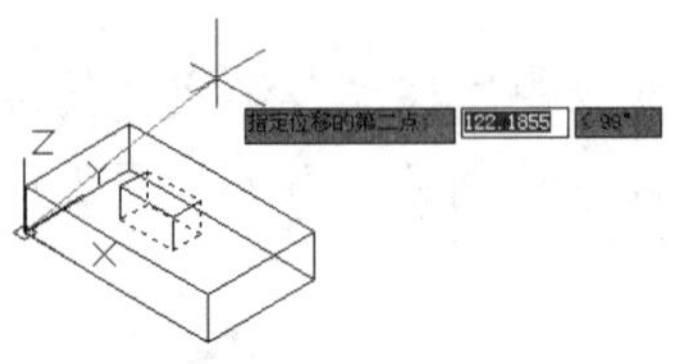

图 12-106 指定位移的第二点

07 单击图中 B 点作为指定基点后，绘图区如图 12-107 所示，命令行提示如下：

```
已开始实体校验
已完成实体校验
输入面编辑选项
[拉伸(E)/移动(M)/旋转(R)/偏移(O)/倾斜(T)/删除(D)/复制(C)/颜色(L)/材质(A)/放弃(U)/退出(X)] <退出>:
```

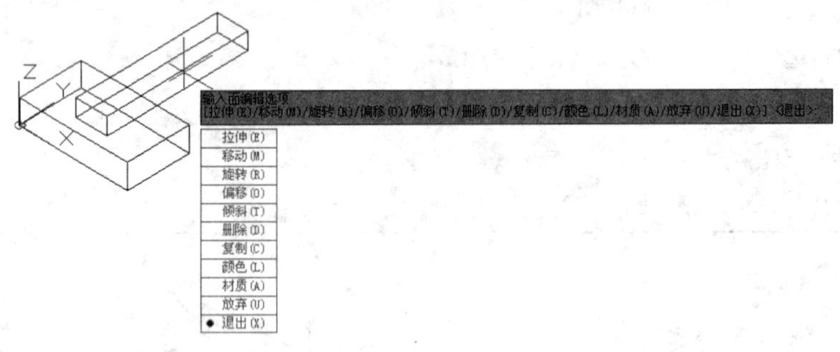

图 12-107 提示输入面编辑选项

08 按下按空格键，绘图区如图 12-108 所示，命令行提示如下：

```
实体编辑自动检查: SOLIDCHECK=1
输入实体编辑选项 [面(F)/边(E)/体(B)/放弃(U)/退出(X)] <退出>:
```

09 按下按空格键，绘图区如图 12-109 所示，命令行提示如下：

```
自动保存到 C:\Documents and Settings\Administrator\local settings\temp\12-2_1_1_9177.sv$ ...
命令:
```

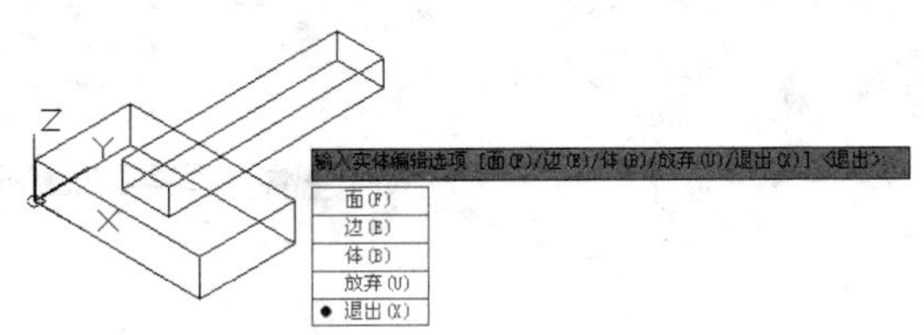

图 12-108　提示输入实体编辑选项

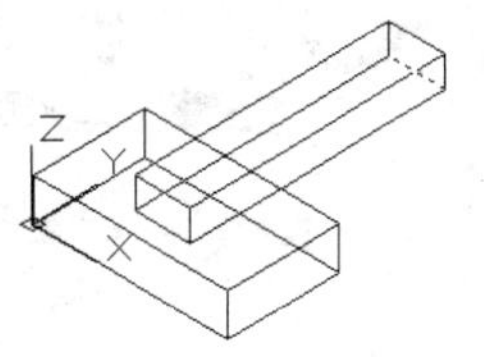

图 12-109　完成移动面

3. 旋转面

旋转面是指按指定轴旋转三维实体的一个或多个面，或者是旋转实体的某些部分。

操作步骤

01 选择菜单栏中的“文件”→“打开”命令，打开本书附带“12-3”文件，该文档中包含了两个长方体，如图 12-110 所示。

02 选择菜单栏中的“修改”→“实体编辑”→“旋转面”命令。

03 选择旋转面命令后，绘图区如图 12-111 所示，命令行提示如下：

```
命令:
命令: _solidedit
实体编辑自动检查:  SOLIDCHECK=1
输入实体编辑选项 [面(F)/边(E)/体(B)/放弃(U)/退出(X)] <退出>: _face
输入面编辑选项
[拉伸(E)/移动(M)/旋转(R)/偏移(O)/倾斜(T)/删除(D)/复制(C)/颜色(L)/材质(A)/放弃(U)/退出(X)] <退出>: _rotate
选择面或 [放弃(U)/删除(R)]:              //在绘图区域中长方体的所有面上单击
```

04 单击小长方体的所有面后，绘图区如图 12-112 所示，命令行提示如下：

```
未发现实体。
选择面或 [放弃(U)/删除(R)]: 找到 2 个面
选择面或 [放弃(U)/删除(R)/全部(ALL)]: 找到 2 个面
选择面或 [放弃(U)/删除(R)/全部(ALL)]: 找到 2 个面
```

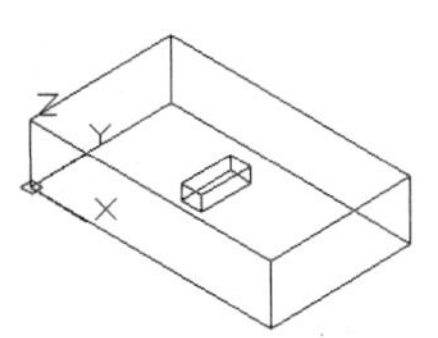

图 12-110　打开素材

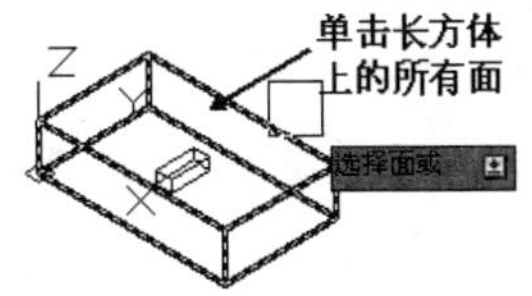

图 12-111　提示选择面

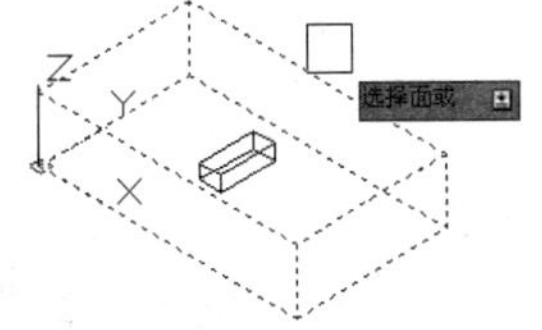

图 12-112　选择面

05 单击鼠标右键，结束选择面，绘图区如图 12-113 所示，命令行提示如下：

```
指定轴点或 [经过对象的轴(A)/视图(V)/X 轴(X)/Y 轴(Y)/Z 轴(Z)] <两点>:
```

06 单击图中的 A 点作为指定基点后，绘图区如图 12-114 所示，命令行提示如下：

```
指定位移的第二点:                    //向上移动光标位置并单击，确定第二点 B
```

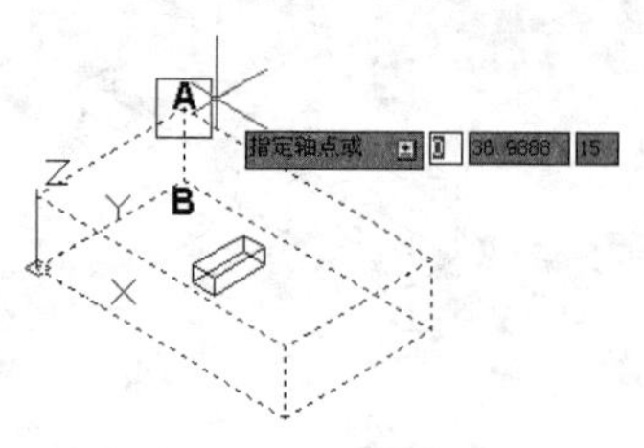

图 12-113 指定基点

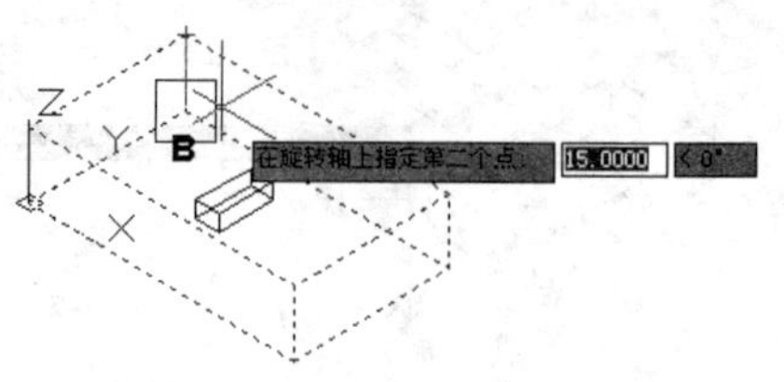

图 12-114 指定位移的第二点

07 单击图中 B 点作为指定基点后，绘图区如图 12-115 所示，命令行提示如下：

```
指定旋转角度或 [参照(R)]: 90            //输入旋转角度，按 Enter 键
```

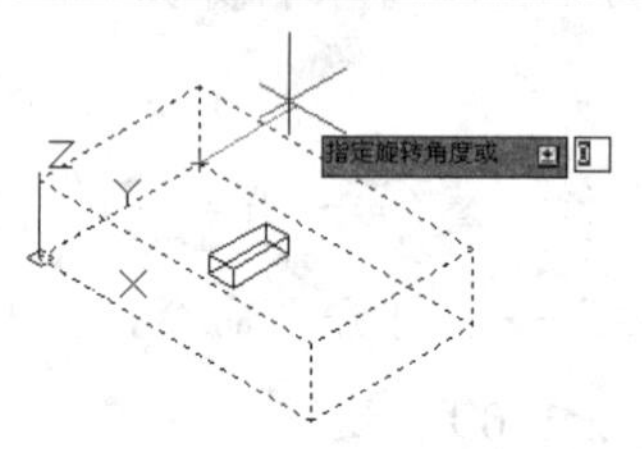

图 12-115 提示指定旋转角度

08 输入指定旋转角度"90"，按 Enter 键后，绘图区如图 12-116 所示，命令行提示如下：

```
已开始实体校验
已完成实体校验
输入面编辑选项
[拉伸(E)/移动(M)/旋转(R)/偏移(O)/倾斜(T)/删除(D)/复制(C)/颜色(L)/材质(A)/放弃(U)/退出(X)] <退出>:
```

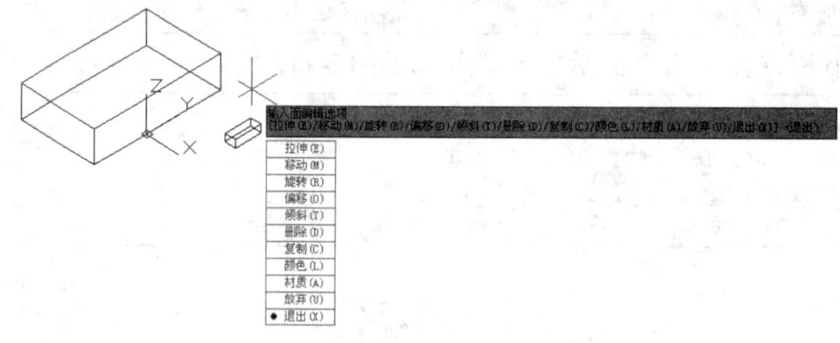

图 12-116 提示输入面编辑选项

09 按下按空格键，绘图区如图 12-117 所示，命令行提示如下：

```
实体编辑自动检查: SOLIDCHECK=1
输入实体编辑选项 [面(F)/边(E)/体(B)/放弃(U)/退出(X)] <退出>:
```

10 按下空格键，绘图区如图 12-118 所示，命令行提示如下：

```
自动保存到 C:\Documents and Settings\Administrator\local settings\temp\12-2_1_1_9177.sv$ ...
命令:
```

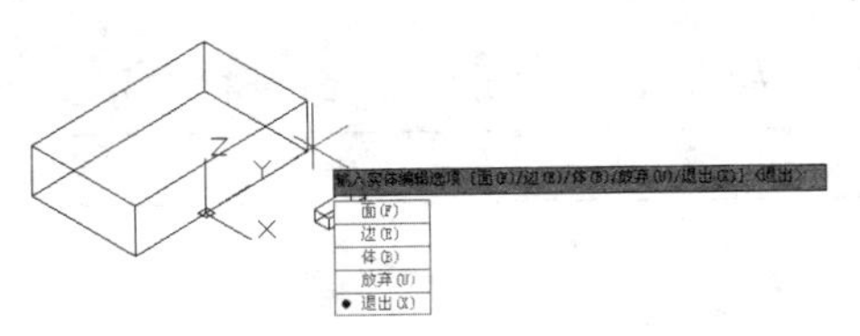

图 12-117　提示输入实体编辑选项

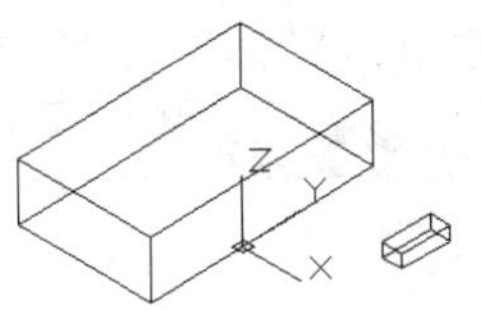

图 12-118　完成移动面

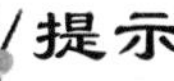

提示

用户还可以通过命令中的其他选项来定义旋转轴，以灵活对选择面进行旋转操作。另外在选择表面时，一定得选择上所有的表面，否则就不能旋转。由于操作方法都比较简单，所以在此就不再具体讲述。

4. 偏移面

偏移面是指按指定的距离或通过指定的点，而将实体的选定面均匀地偏移一定的距离。正值增大实体尺寸或体积，而负值将减小实体尺寸或体积。

操作步骤

01 选择菜单栏中的“文件”→“打开”命令，打开本书附带“12-4”文件，该文档中包含了两个长方体，如图 12-119 所示。

02 选择菜单栏中的“修改”→“实体编辑”→“倾斜面”命令。

03 选择偏移面命令后，绘图区如图 12-120 所示，命令行提示如下：

```
命令:
命令: _solidedit
实体编辑自动检查: SOLIDCHECK=1
输入实体编辑选项 [面(F)/边(E)/体(B)/放弃(U)/退出(X)] <退出>: _face
输入面编辑选项
[拉伸(E)/移动(M)/旋转(R)/偏移(O)/倾斜(T)/删除(D)/复制(C)/颜色(L)/材质(A)/放弃(U)/退出(X)] <退出>: _offset
选择面或 [放弃(U)/删除(R)]:                    //在绘图区域中圆柱体的表面上单击
```

04 单击圆柱体的表面后，绘图区如图 12-121 所示，命令行提示如下：

```
选择面或 [放弃(U)/删除(R)]: 找到 2 个面
选择面或 [放弃(U)/删除(R)/全部(ALL)]:
```

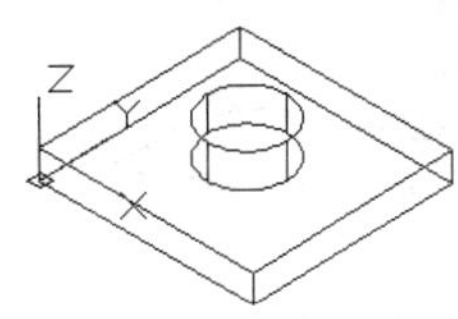

图 12-119　打开素材

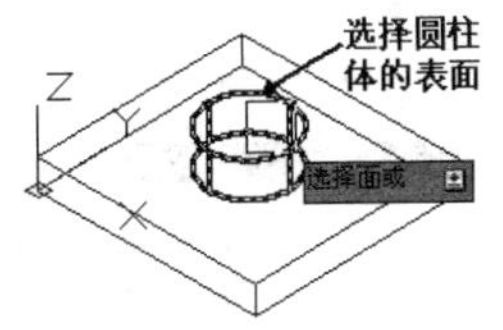

图 12-120　提示选择面

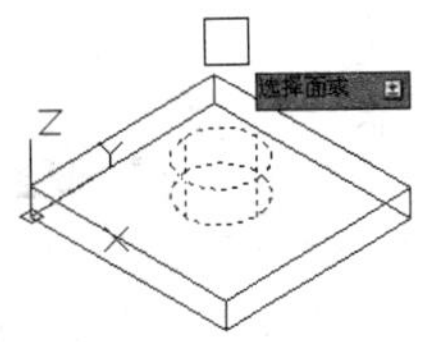

图 12-121　选择面

05 单击鼠标右键，结束选择面，绘图区如图 12-122 所示，命令行提示如下：

```
指定偏移距离：                              //输入偏移距离值，按 Enter 键
```

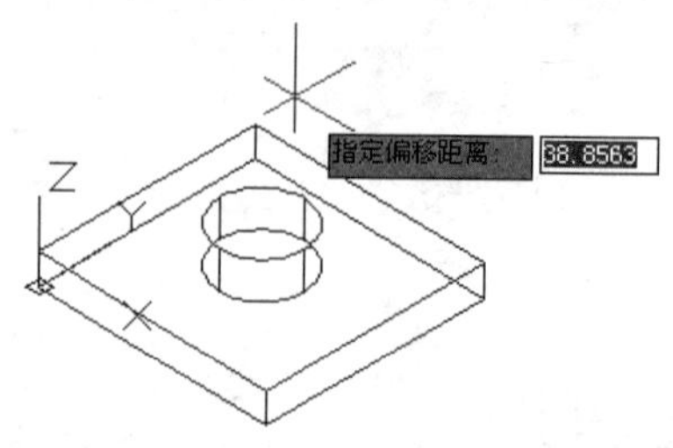

图 12-122 提示指定偏移距离

06 输入指定旋转角度“5”，按 Enter 键后，绘图区如图 12-123 所示，命令行提示如下：

```
已开始实体校验
已完成实体校验
输入面编辑选项
[拉伸(E)/移动(M)/旋转(R)/偏移(O)/倾斜(T)/删除(D)/复制(C)/颜色(L)/材质(A)/放弃(U)/退出(X)] <退出>:
```

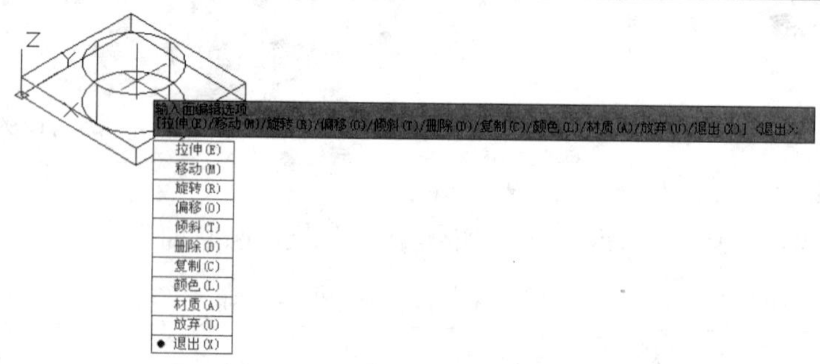

图 12-123 提示输入面编辑选项

07 按下空格键，绘图区如图 12-124 所示，命令行提示如下：

```
实体编辑自动检查： SOLIDCHECK=1
输入实体编辑选项 [面(F)/边(E)/体(B)/放弃(U)/退出(X)] <退出>:
```

08 按下按空格键，绘图区如图 12-125 所示，命令行提示如下：

```
自动保存到 C:\Documents and Settings\Administrator\local settings\temp\12-4_1_1_9460.sv$ ...
命令:
```

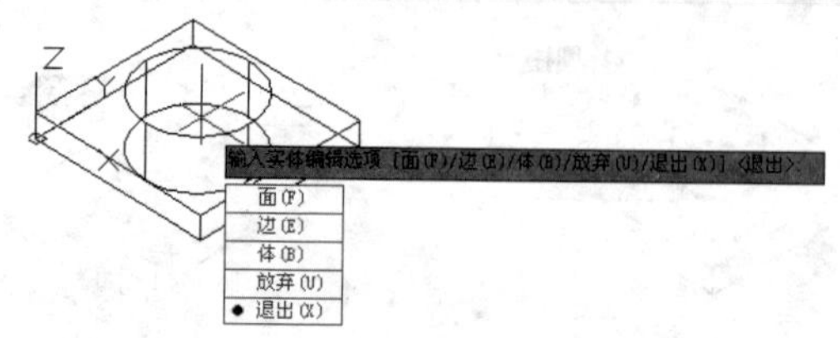

图 12-124 提示输入实体编辑选项

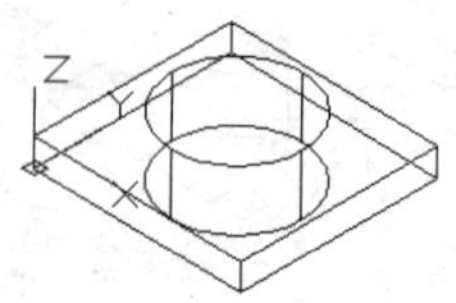

图 12-125 完成移动面

5. 倾斜面

倾斜面是将三维实体的一个或多个面倾斜一定的角度，倾斜角的旋转方向由选择基点和第二点（沿选定矢量）的顺序决定。

操作步骤

01 选择菜单栏中的“文件”→“打开”命令，打开本书附带“12-5”文件，该文档中包含了两个长方体，如图 12-126 所示。

02 选择菜单栏中的“修改”→“实体编辑”→“倾斜面”命令。

03 选择倾斜面命令后，绘图区如图 12-127 所示，命令行提示如下：

```
命令:
命令: _solidedit
实体编辑自动检查: SOLIDCHECK=1
输入实体编辑选项 [面(F)/边(E)/体(B)/放弃(U)/退出(X)] <退出>: face
输入面编辑选项[拉伸(E)/移动(M)/旋转(R)/偏移(O)/倾斜(T)/删除(D)/复制(C)/颜色(L)/材质(A)/放弃(U)/退出(X)] <退出>: taper
选择面或 [放弃(U)/删除(R)]:                  //在实体圆柱体的面上依次单击
```

04 单击圆柱体的表面后，绘图区如图 12-128 所示，命令行提示如下：

```
选择面或 [放弃(U)/删除(R)/全部(ALL)]: 找到一个面
选择面或 [放弃(U)/删除(R)/全部(ALL)]: 找到 2 个面
```

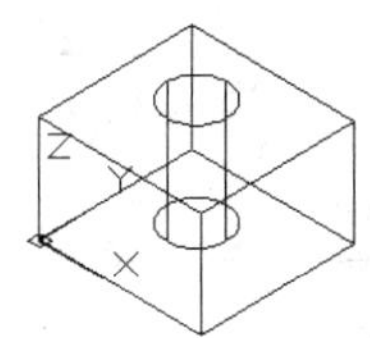

图 12-126　打开素材

图 12-127　提示选择面

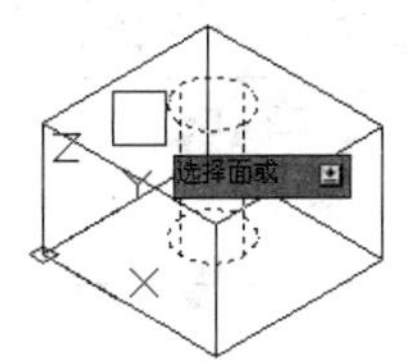

图 12-128　选择面

05 单击鼠标右键，结束选择面，绘图区如图 12-129 所示，命令行提示如下：

```
指定基点:                    //在绘图区域的任意位置单击，确定基点 A
```

06 单击图中的 A 点作为指定基点后，绘图区如图 12-130 所示，命令行提示如下：

```
指定沿倾斜轴的另一个点:          //向上移动光标位置并单击，确定第二点 B
```

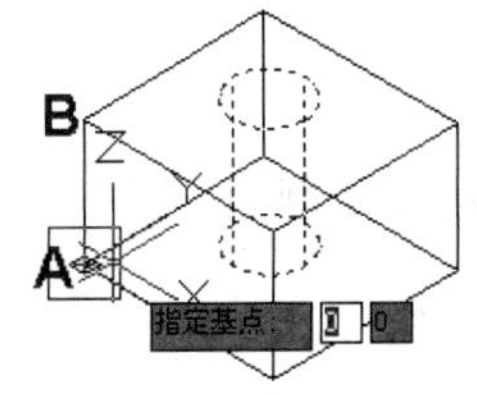

图 12-129　指定基点

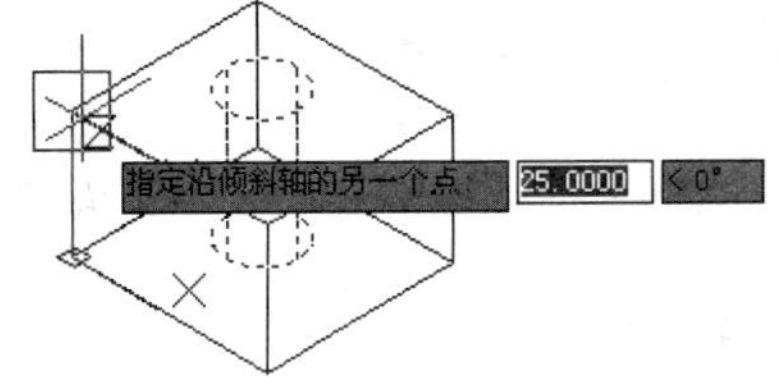

图 12-130　指定位移的第二点

07 单击图中 B 点作为指定基点后，绘图区如图 12-131 所示，命令行提示如下：

```
指定倾斜角度: -20                              //输入倾斜角度值，按 Enter 键
```

08 输入指定倾斜角度“-20”，按 Enter 键后，绘图区如图 12-132 所示，命令行提示如下：

```
已开始实体校验
已完成实体校验
输入面编辑选项
[拉伸(E)/移动(M)/旋转(R)/偏移(O)/倾斜(T)/删除(D)/复制(C)/颜色(L)/材质(A)/放弃(U)/退出(X)] <退出>:
```

图 12-131　提示指定偏移距离

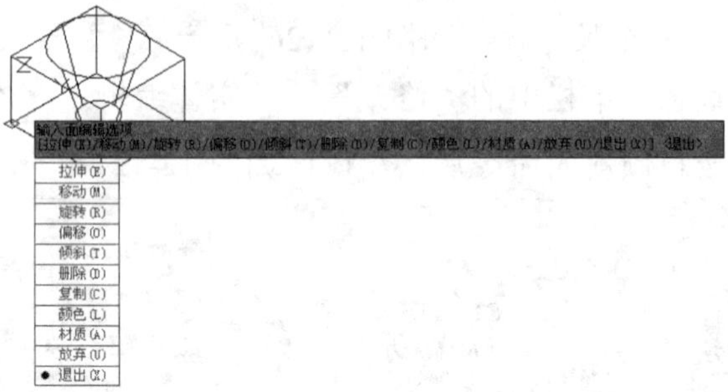

图 12-132　提示输入面编辑选项

09 按下空格键，绘图区如图 12-133 所示，命令行提示如下：

```
实体编辑自动检查:  SOLIDCHECK=1
输入实体编辑选项 [面(F)/边(E)/体(B)/放弃(U)/退出(X)] <退出>:
```

10 按下空格键，绘图区如图 12-134 所示，命令行提示如下：

```
自动保存到 C:\Documents and Settings\Administrator\local settings\temp\12-4_1_1_9460.sv$...
命令:
```

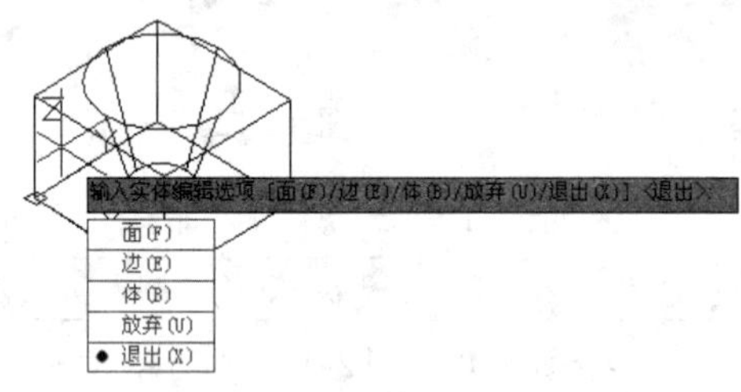

图 12-133　提示输入实体编辑选项

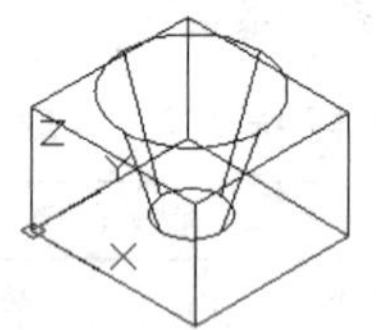

图 12-134　倾斜面

6．删除面

通过“删除面”命令，可以从三维实体上删除面、圆角和倒角。

操作步骤

01 选择菜单栏中的“文件”→“打开”命令，打开本书附带“12-6”文件，该文档中包含了两个长方体，如图 12-135 所示。

02 选择菜单栏中的“修改”→“实体编辑”→“删除面”命令。

03 选择删除面命令后，绘图区如图 12-136 所示，命令行提示如下：

```
命令:
命令: _solidedit
实体编辑自动检查: SOLIDCHECK=1
输入实体编辑选项 [面(F)/边(E)/体(B)/放弃(U)/退出(X)] <退出>: _face
输入面编辑选项
[拉伸(E)/移动(M)/旋转(R)/偏移(O)/倾斜(T)/删除(D)/复制(C)/颜色(L)/材质(A)/放弃(U)/退出(X)] <退出>: _delete
```

04 单击长方体的圆角面后，绘图区如图 12-137 所示，命令行提示如下：

```
选择面或 [放弃(U)/删除(R)/全部(ALL)]: 找到一个面
选择面或 [放弃(U)/删除(R)/全部(ALL)]: 找到一个面
```

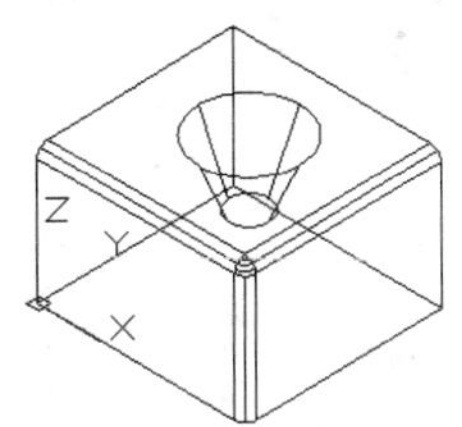

图 12-135　打开素材

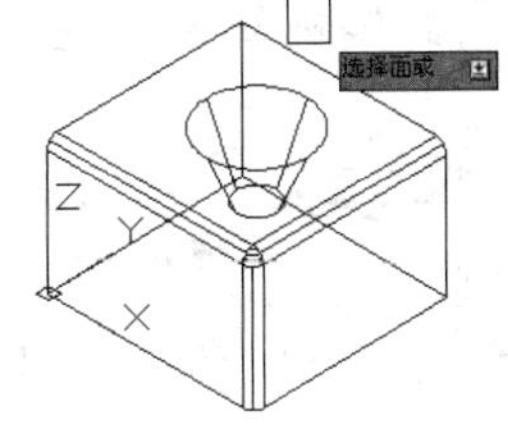

图 12-136　提示选择面

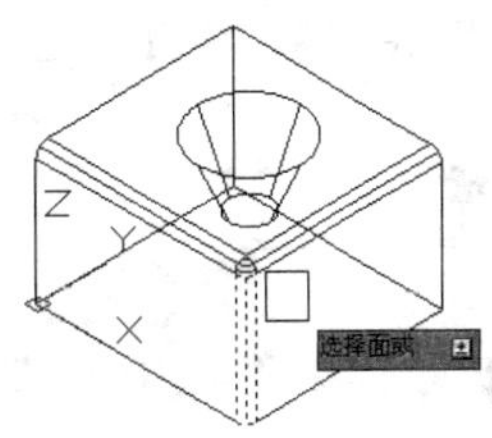

图 12-137　选择面

05 按下空格键，绘图区如图 12-138 所示，命令行提示如下：

```
选择面或 [放弃(U)/删除(R)/全部(ALL)]:
已开始实体校验
已完成实体校验
输入面编辑选项
[拉伸(E)/移动(M)/旋转(R)/偏移(O)/倾斜(T)/删除(D)/复制(C)/颜色(L)/材质(A)/放弃(U)/退出(X)] <退出>:
```

图 12-138　提示输入面编辑选项

06 按下空格键，绘图区如图 12-139 所示，命令行提示如下：

```
实体编辑自动检查: SOLIDCHECK=1
输入实体编辑选项 [面(F)/边(E)/体(B)/放弃(U)/退出(X)] <退出>:
```

07 选择“退出”选项后，绘图区如图 12-140 所示。

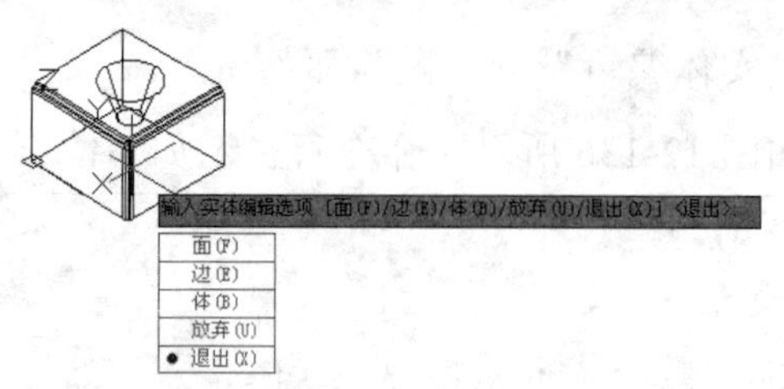

图 12-139　提示输入实体编辑选项

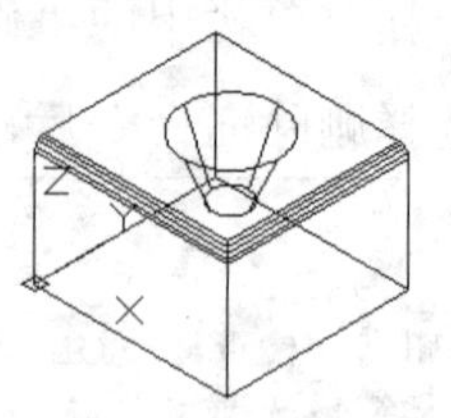

图 12-140　完成删除面

7. 复制面

通过“复制面”命令，可将面复制为面域或体。如果指定两个点，SOLIDEDIT 将使用第一个点作为基点，并相对于基点放置一个副本。如果指定一个点（通常输入为坐标），然后按 Enter 键，SOLIDEDIT 将使用此坐标作为新位置。

操作步骤

01 选择菜单栏中的“文件”→“打开”命令，打开本书附带“12-7”文件，该文档中包含了两个长方体，如图 12-141 所示。

02 选择菜单栏中的“修改”→“实体编辑”→“复制面”命令。

03 选择复制面命令后，绘图区如图 12-142 所示，命令行提示如下：

```
命令:
命令: _solidedit
实体编辑自动检查:  SOLIDCHECK=1
输入实体编辑选项 [面(F)/边(E)/体(B)/放弃(U)/退出(X)] <退出>: _face
输入面编辑选项
[拉伸(E)/移动(M)/旋转(R)/偏移(O)/倾斜(T)/删除(D)/复制(C)/颜色(L)/材质(A)/放弃(U)/退出(X)] <退出>: _copy
选择面或 [放弃(U)/删除(R)]:                    //在实体的顶面和圆角面上依次单击
```

04 单击长方体的表面及圆角后，绘图区如图 12-143 所示，命令行提示如下：

```
选择面或 [放弃(U)/删除(R)]: 找到一个面。
选择面或 [放弃(U)/删除(R)/全部(ALL)]: 找到 2 个面
选择面或 [放弃(U)/删除(R)/全部(ALL)]: 找到 2 个面
```

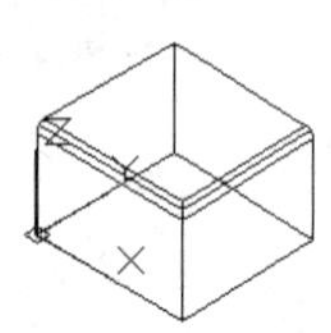

图 12-141　打开素材

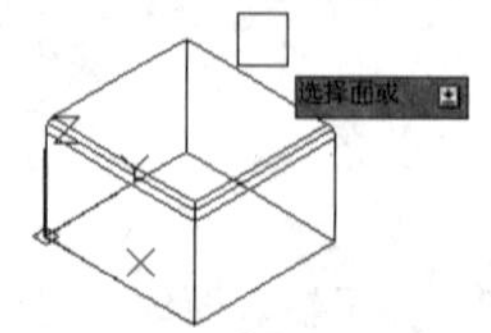

图 12-142　提示选择面

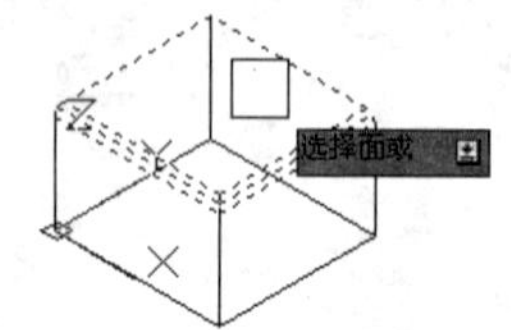

图 12-143　选择面

05 按下按空格键，绘图区如图 12-144 所示，命令行提示如下：

```
选择面或 [放弃(U)/删除(R)/全部(ALL)]:
指定基点或位移:                              //在绘图区域单击，指定基点 A
```

06 单击图中的 A 点作为指定基点后，绘图区如图 12-145 所示，命令行提示如下：

指定位移的第二点：　　　　　　　　　　//向上移动光标位置并单击，确定第二点 B

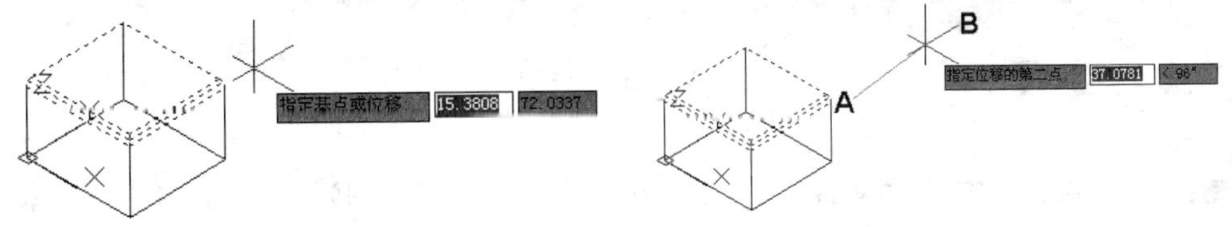

图 12-144　指定基点　　　　　　　　图 12-145　指定位移的第二点

07 单击图中 B 点作为指定基点后，绘图区如图 12-146 所示，命令行提示如下：

已开始实体校验
已完成实体校验
输入面编辑选项
[拉伸(E)/移动(M)/旋转(R)/偏移(O)/倾斜(T)/删除(D)/复制(C)/颜色(L)/材质(A)/放弃(U)/退出(X)] <退出>:

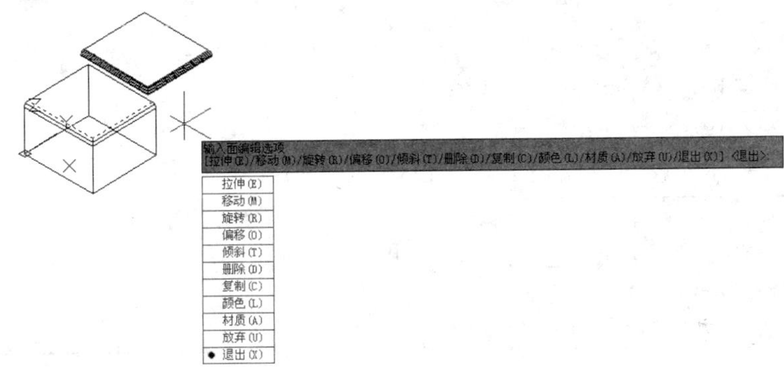

图 12-146　提示输入面编辑选项

08 按下空格键，绘图区如图 12-147 所示，命令行提示如下：

实体编辑自动检查：　SOLIDCHECK=1
输入实体编辑选项 [面(F)/边(E)/体(B)/放弃(U)/退出(X)] <退出>:

09 按下空格键，绘图区如图 12-148 所示，命令行提示如下：

自动保存到 C:\Documents and Settings\Administrator\local settings\temp\12-2_1_1_9177.sv$ ...
命令：

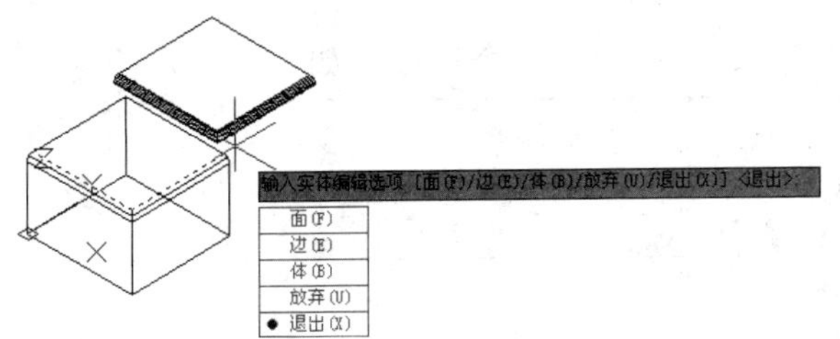

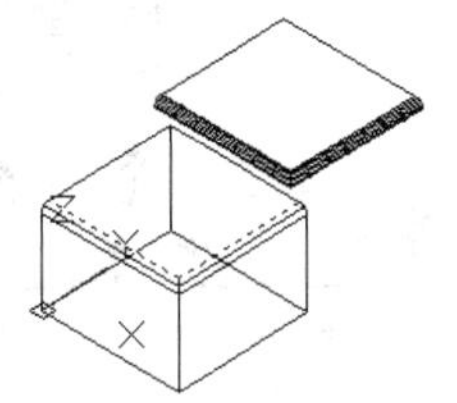

图 12-147　提示输入实体编辑选项　　　　图 12-148　完成复制面

8．着色面

通过“着色面”命令，可以对选择面的颜色进行修改。

操作步骤

01 选择菜单栏中的“文件”→“打开”命令，打开本书附带“12-7”文件，该文档中包含了两个长方体，如图 12-149 所示。

02 选择菜单栏中的“修改”→“实体编辑”→“着色面”命令。

03 选择着色面命令后，绘图区如图 12-150 所示，命令行提示如下：

```
命令:
命令: _solidedit
实体编辑自动检查:  SOLIDCHECK=1
输入实体编辑选项 [面(F)/边(E)/体(B)/放弃(U)/退出(X)] <退出>: _face
输入面编辑选项
[拉伸(E)/移动(M)/旋转(R)/偏移(O)/倾斜(T)/删除(D)/复制(C)/颜色(L)/材质(A)/放弃(U)/退出(X)] <退出>: _color
选择面或 [放弃(U)/删除(R)]:                    //在要更改颜色的面上依次单击
```

04 单击长方体的表面及圆角后，绘图区如图 12-151 所示，命令行提示如下：

```
选择面或 [放弃(U)/删除(R)]: 找到 2 个面。
选择面或 [放弃(U)/删除(R)/全部(ALL)]: 找到 2 个面。
选择面或 [放弃(U)/删除(R)/全部(ALL)]: 找到 2 个面。
选择面或 [放弃(U)/删除(R)/全部(ALL)]:
```

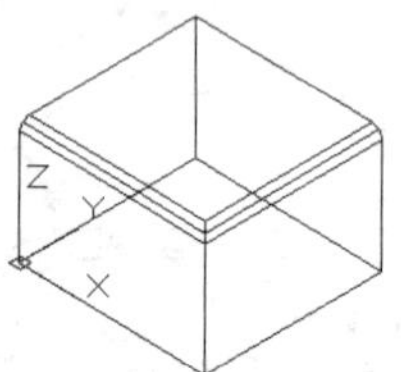

图 12-149　打开素材

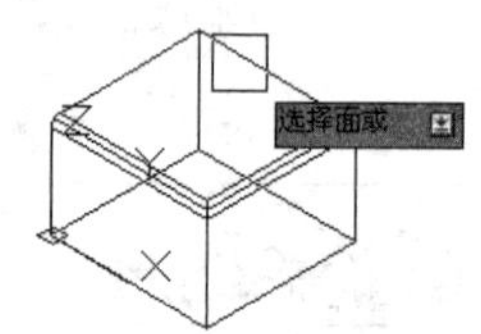

图 12-150　提示选择面

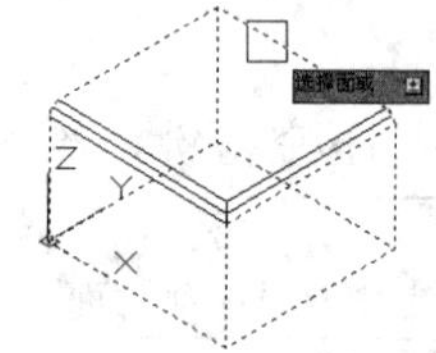

图 12-151　选择面

05 按下空格键后，将弹出如图 12-152 所示的“选择颜色”对话框，在该对话框中选择一种颜色。

06 按下空格键，绘图区如图 12-153 所示，命令行提示如下：

```
输入面编辑选项
[拉伸(E)/移动(M)/旋转(R)/偏移(O)/倾斜(T)/删除(D)/复制(C)/颜色(L)/材质(A)/放弃(U)/退出(X)] <退出>:
```

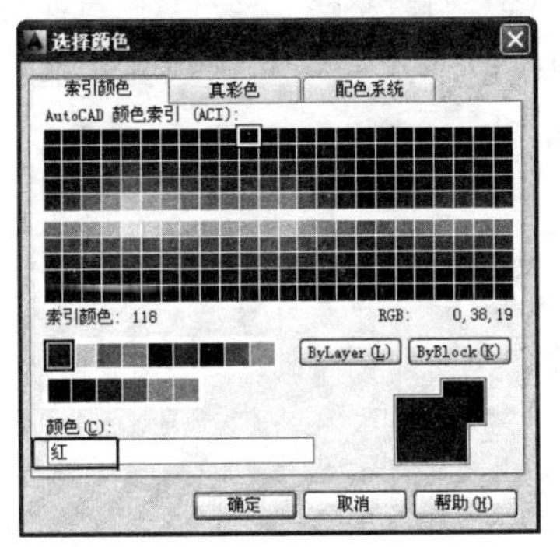

图 12-152　“选择颜色”的话

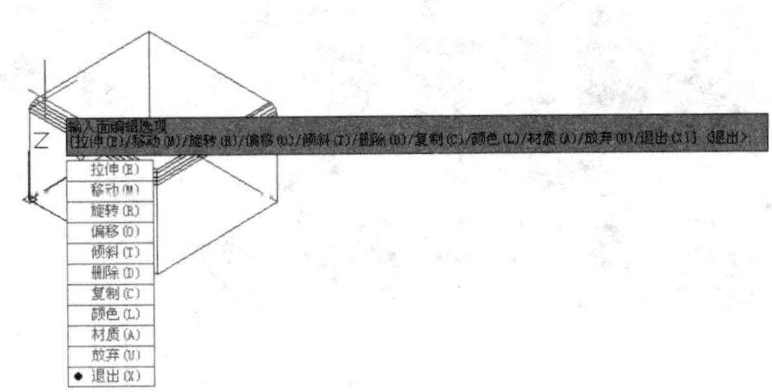

图 12-153　提示输入面编辑选项

07 按下空格键，绘图区如图 12-154 所示，命令行提示如下：

```
实体编辑自动检查:  SOLIDCHECK=1
输入实体编辑选项 [面(F)/边(E)/体(B)/放弃(U)/退出(X)] <退出>:
```

08 按下空格键后，绘图区如图 12-155 所示。

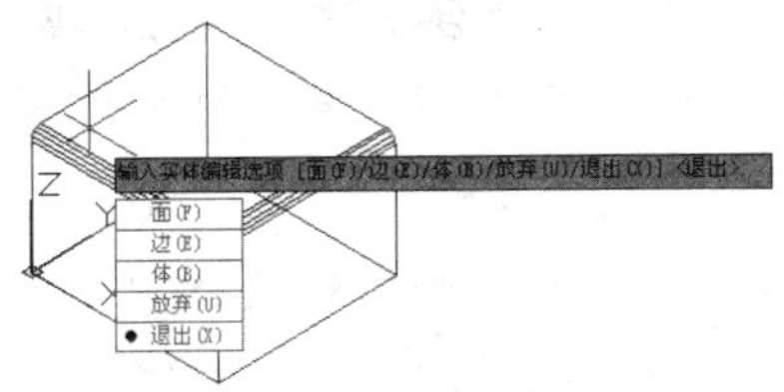

图 12-154　提示输入实体编辑选项

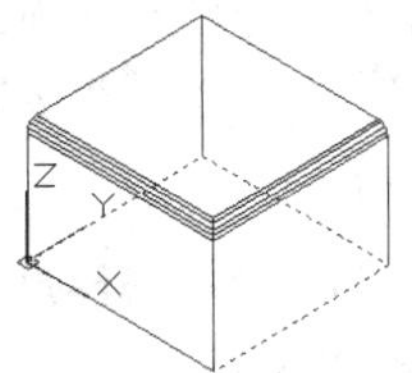

图 12-155　更改面的颜色

本章小结

本章主要讲解编辑三维模型的方法，首先认识编辑三维模型，包括移动三维模型、旋转三维模型、对齐三维模型、镜像三维模型和阵列三维模型，接着讲解了修改三维对象的方法，包括剖切实体、抽壳实体、对实体倒直角或圆角、编辑三维实体边和编辑三维实体面的方法。

第13章 图形的输出

本章内容导读

前面几章主要介绍了如何在 AutoCAD 2014 的平台下建立模型，即存在于计算机内的图形。本章将介绍如何将计算机内的模型通过打印、WEB 发布等方式输出，还将介绍如何在 AutoCAD 2014 中输入其他格式的文件。

通过本章的学习，将对 AutoCAD 2014 的图形的布局组织及打印有一定的了解，并掌握图形输入/输出和模型空间与图形空间之间切换的方法，并能够打印 AutoCAD 图纸。

这里的必学技能主要是采用操作方法来讲述每个命令的功能，这与以往图书所介绍的完全不一样，希望读者能够掌握其操作方法。

本章必学技能要点

- 掌握设置打印样式的方法
- 掌握打印图形页面设置的方法
- 掌握可打印区域修改的方法
- 掌握从模型空间中直接打印输出图像的方法
- 掌握使用布局打印出图的方法
- 掌握布局图形的打印页面设置的方法
- 掌握打印预览设置的方法
- 掌握打印输出及打印戳记的方法

第 93 例　掌握设置打印参数的方法

必学技能

掌握设置打印参数的方法，是必备的技能，这里主要掌握设置颜色相关打印样式、命名打印样式这两种设置打印参数的方法。

使用打印样式可以从多方面控制对象的打印方式，打印样式也属于对象的一种特性，它用于修改打印图形的外观。用户可以设置打印样式来替代其他对象原有的颜色、线型和线宽特性。

1．设置颜色相关打印样式

在 AutoCAD 2014 中，颜色相关打印样式是以对象的颜色为基础，用颜色来控制笔号、线型和线宽等参数。打印样式是由颜色相关打印样式表所定义的，文件扩展名为“.ctb”。

用户若要使用颜色相关打印样式的模式，可通过下面的操作方法来进行设置。

操作步骤

01 选择菜单栏“工具”→“选项”命令，打开“选项”对话框，在该对话框中进入“打印和发布”选项卡，如图 13-1 所示。

02 单击“打印和发布”选项卡中的“打印样式表设置”按钮，打开“打印样式表设置”对话框，如图 13-2 所示。

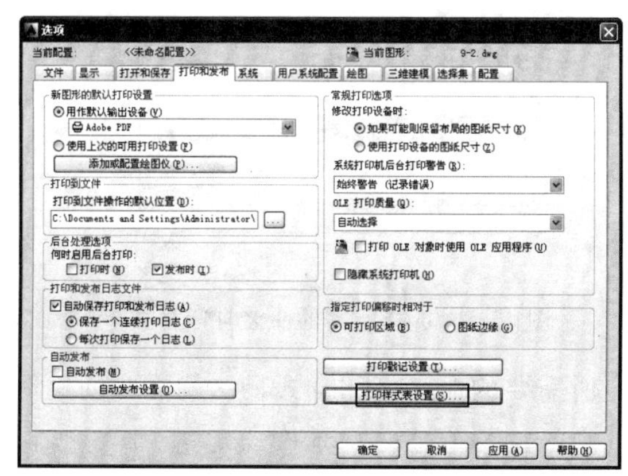

图 13-1　“打印和发布”选项卡

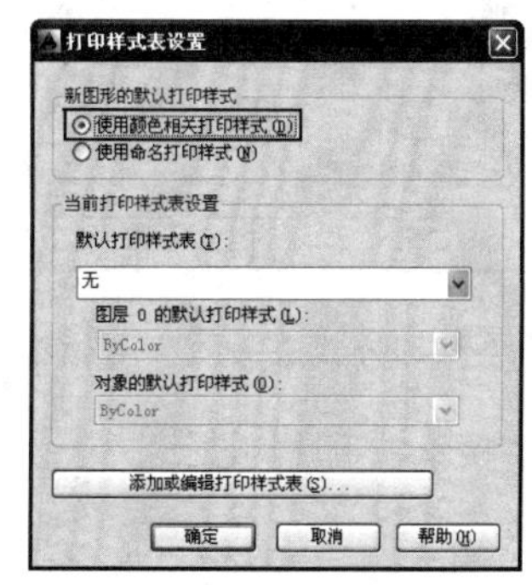

图 13-2　“打印样式表设置”对话框

03 在“新图形的默认打印样式”选项组中选择“使用颜色相关打印样式”单选项，则 AutoCAD 2014 就处于颜色相关打印样式的模式。而已有的颜色相关打印样式和各种模式就存放在其下方的“当前打印样式表设置”选项组中的“默认打印样式表”中，可以在此下拉列表框中选择所需的颜色相关打印样式，如图 13-3 所示。

04 如果在“默认打印样式表”中没有用户所需要的颜色相关打印样式，这就需要来创建颜色相关打印样式表以定义新的颜色相关打印样式。

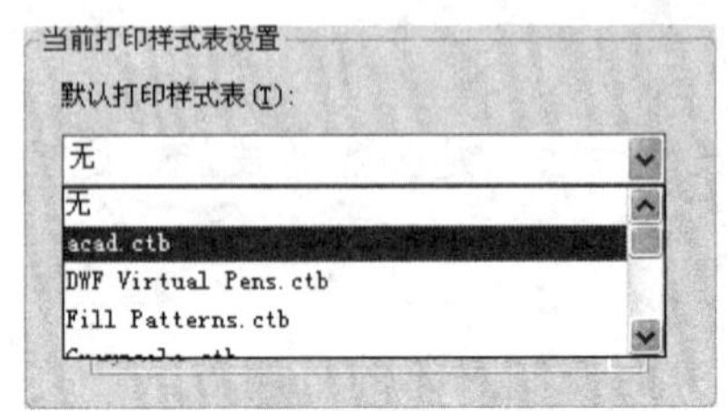

图 13-3　选择所需的颜色相关打印样式

2. 命名打印样式

命名打印样式可以独立于图形对象的颜色使用。用户可在“打印样式表设置”对话框中的“新图形的默认打印样式”选项组中选择“使用命名打印样式”单选项，如图 13-4 所示。

此时，AutoCAD 2014 就处于命名打印样式的模式。而已有的命名打印样式的各种模式就存放在其下侧的“当前打印样式表设置”选项组中的“默认打印样式表”中，如图 13-5 所示，可以在该下拉列表中选择所需的命名打印样式。

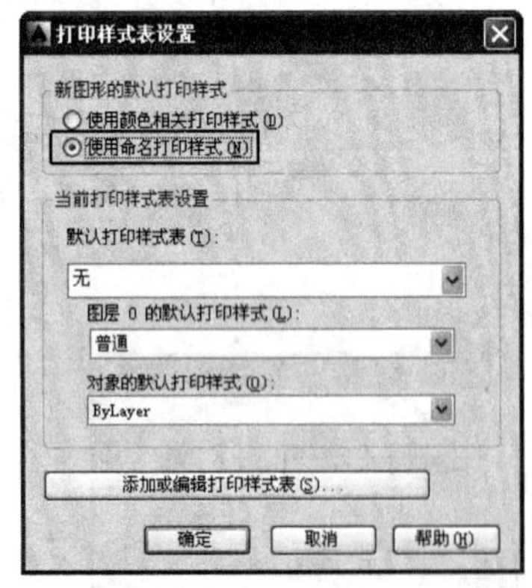

图 13-4　“打印样式表设置”对话框

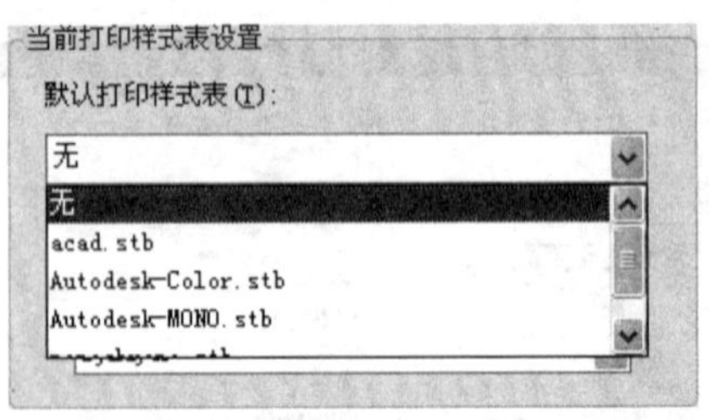

图 13-5　选择所需的命名打印样式

如果在“默认打印样式表”中没有用户所需要的命名打印样式，这就需要创建新的命名打印样式表。

第 94 例　掌握打印图形页面设置的方法

必学技能

掌握打印图形页面设置的方法，是必备的技能，这里主要掌握打印图形页面修改的方法。

打印图形页面设置的方法操作步骤如下所述。

操作步骤

01 打开素材文件后，选择菜单栏“文件”→“页面设置管理器”命令，打开“页面设置管理器”对话框，如图 13-6 所示。

02 在“页面设置管理器”对话框中单击“修改”按钮，打开“页面设置—模型”对话框，如图 13-7 所示。

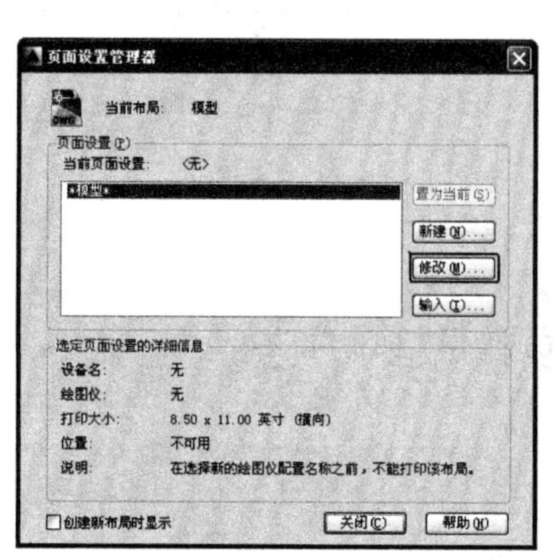

图 13-6　“页面设置管理器”对话框

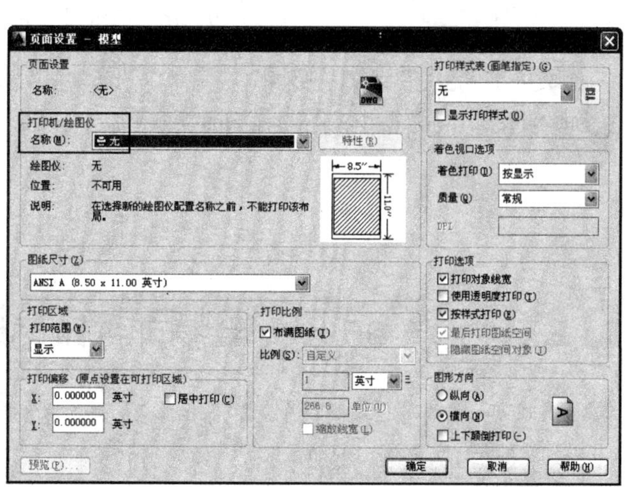

图 13-7　“页面设置—模型”对话框

03 在“打印机/绘图仪”选项组中的“名称”下拉列表中选择一种打印机，如图 13-8 所示。

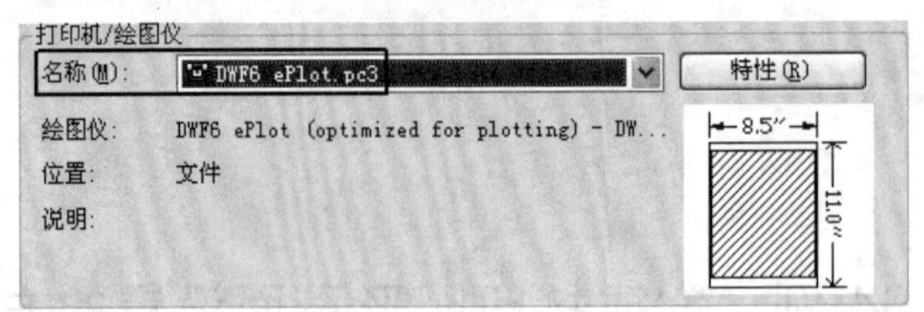

图 13-8　设置打印机

04 在“打印样式表”下拉列表中选择“acad.ctb”打印样式，这时将会弹出“问题”对话框，在对话框中单击“是”按钮即可，如图 13-9 所示。

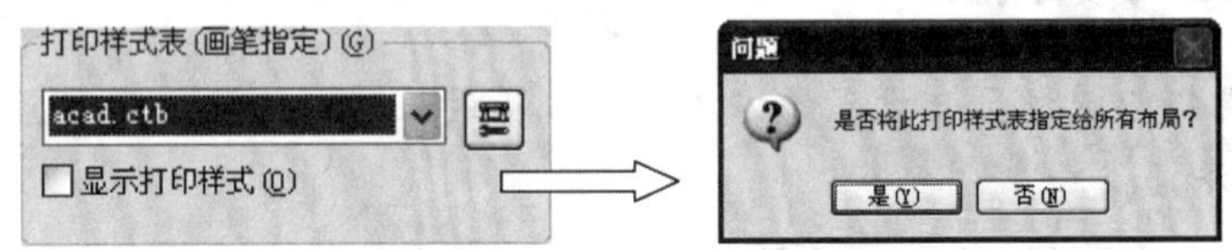

图 13-9　设置打印样式

05 在“图纸尺寸”选项组的下拉列表中选择“ISO A4（297.00×210.00 毫米）”选项，然后在“打印范围”下拉列表中选择“图形界限”选项，如图 13-10 所示。

图 13-10　设置图纸尺寸和打印区域

06 最后单击“确定”按钮，完成模型空间的基本打印页面设置。这样就可以进行从模型空间中开始打印输出二维图形的工作了。

第 95 例　掌握可打印区域修改的方法

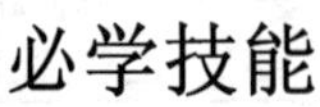

必学技能

掌握可打印区域修改的方法，是必备的技能，这里主要掌握可打印区域设置的操作方法。

打印机在 AutoCAD 2014 默认情况下能够在所选定的图纸范围打印图形，超出该打印区域的图形对象，则打印不出来。实际上，虽然每一种打印机都有其打印页面规定的

默认可打印区域，但该可打印区域是可以进行修改的。

接下来将向读者介绍如何进行打印机可打印区域的修改。

操作步骤

01 接着前面的操作，在“页面设置—模型”对话框中的“打印机/绘图仪”选项组中单击“特性”按钮，打开“绘图仪配置编辑器”对话框，如图 13-11 所示。

02 接着在显示窗中选择“修改标准图纸尺寸（可打印区域）”选项，接着在“修改标准图纸尺寸”选项组中选择一种所要修改的打印图纸，如图 13-12 所示。

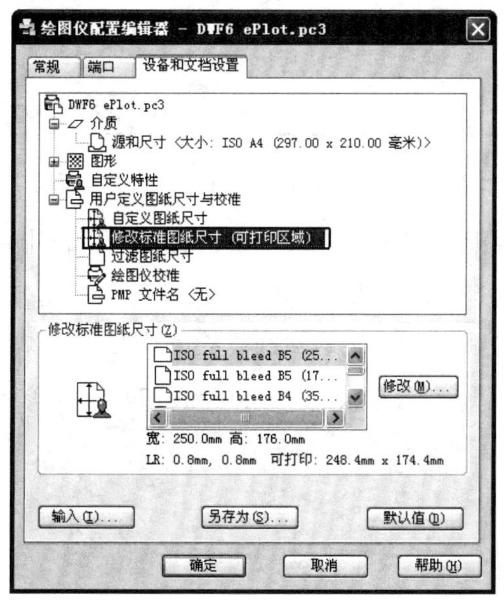

图 13-11　“绘图仪配置编辑器”对话框

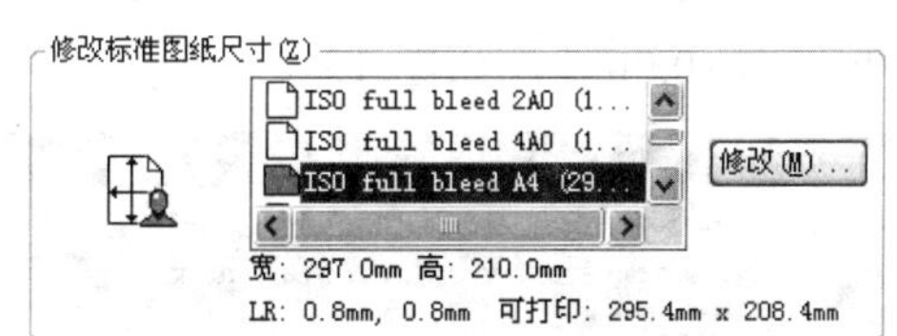

图 13-12　选择要修改的打印图纸

03 单击“修改”按钮，打开“自定义图纸尺寸—可打印区域”对话框，如图 13-13 所示。

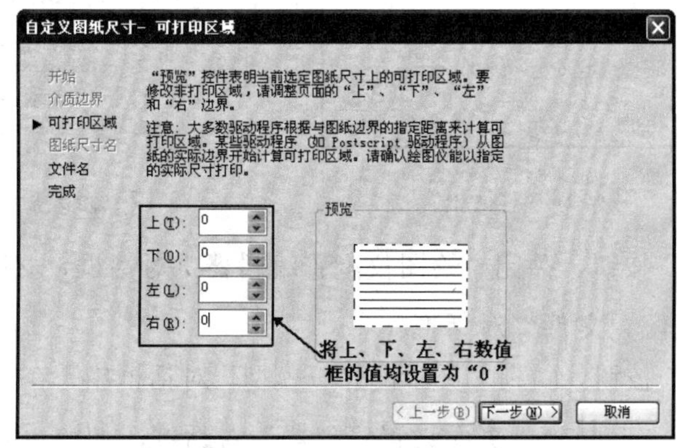

图 13-13　“自定义图纸尺寸—可打印区域”对话框

04 将上、下、左、右数值框的值均设置为“0”，然后单击“下一步”按钮，打开“自定义图纸尺寸—文件名”对话框，如图 13-14 所示。

05 在“PMP 文件名”文本框中输入一个名称，然后单击“下一步”按钮，打开“自定义尺寸—完成”对话框，如图 13-15 所示。

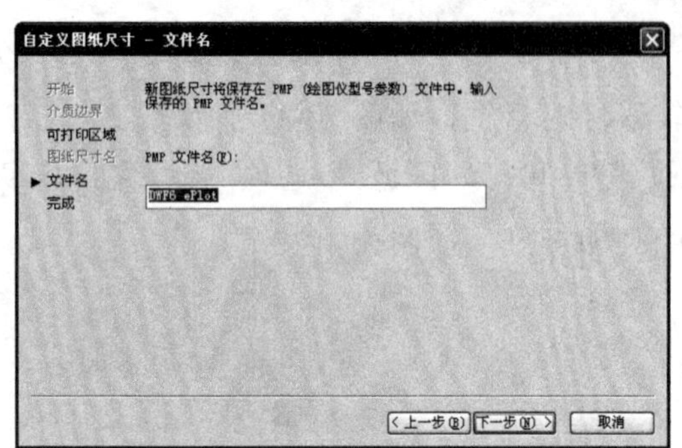

图 13-14 “自定义图纸尺寸—文件名”对话框

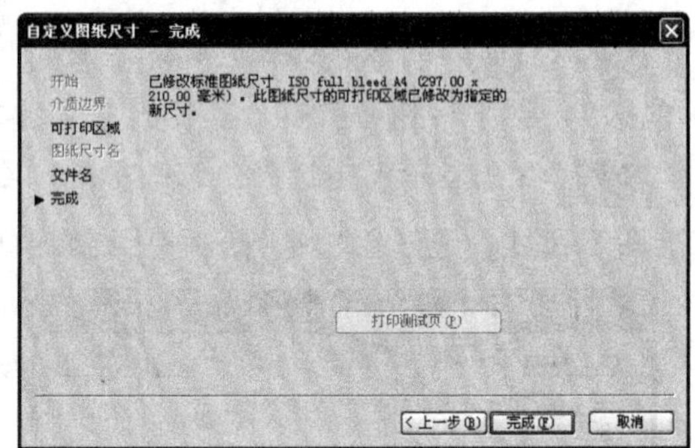

图 13-15 “自定义尺寸—完成”对话框

06 单击“完成”按钮，返回到“绘图仪配置编辑器”对话框。在该对话框中单击“另存为”按钮，打开“另存为”对话框，在该对话框中设置文件名称，如图 13-16 所示。

07 单击“保存”按钮退出“另存为”对话框，再次返回到“绘图仪配置编辑器”对话框，这时打印机 ISO A4 图纸的可打印区域将由原来的 285.4mm×174.4mm 修改为 297.0mm×210.0mm，如图 13-17 所示。

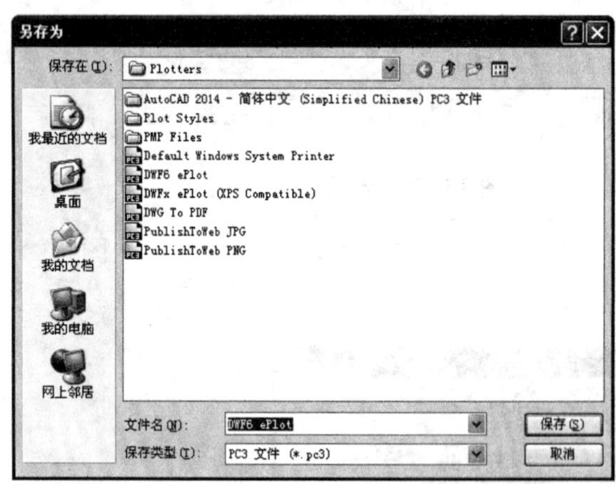

图 13-16 “另存为”对话框

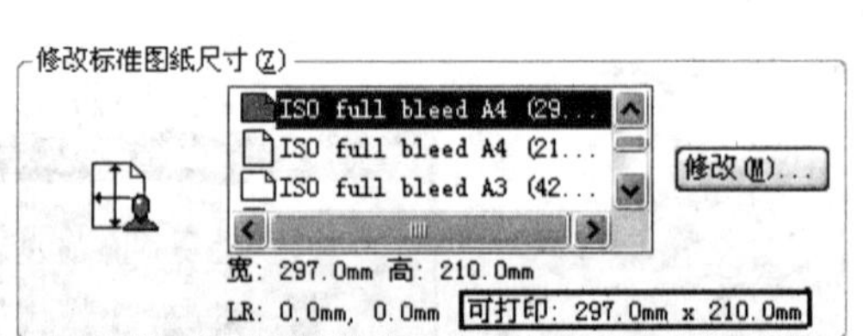

图 13-17 修改后的可打印区域

08 单击“确定”按钮，关闭“绘图仪配置编辑器”对话框，此时将弹出如图 13-18 所示的“修改打印机配置文件”对话框。

09 单击“确定”按钮，回到“页面设置—模型”对话框中，在该对话框中单击“确定”按钮关闭对话框，返回到“页面设置管理器”对话框，如图 13-19 所示。

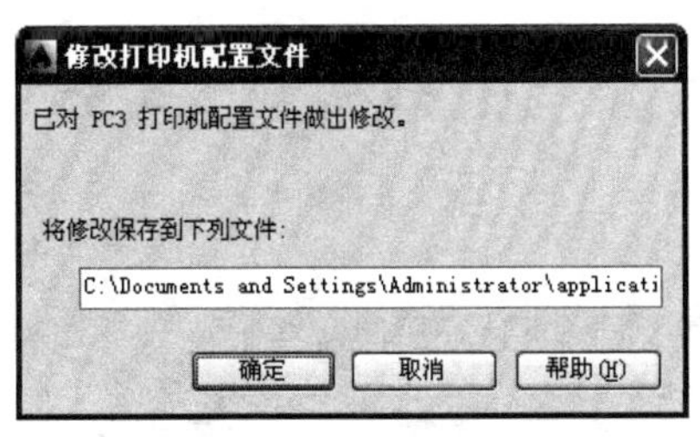

图 13-18　“修改打印机配置文件”对话框

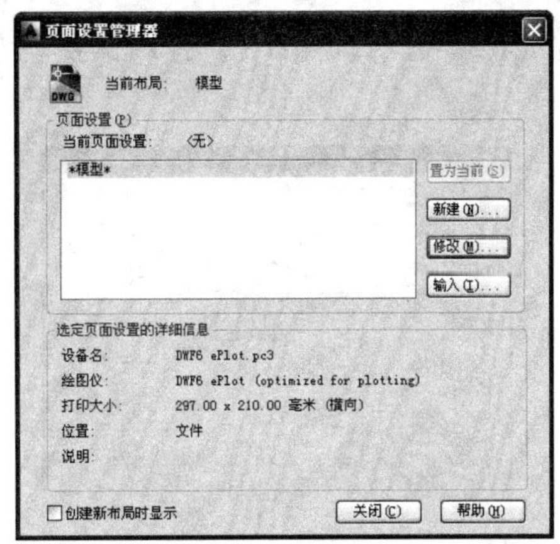

图 13-19　返回到“页面设置管理器”对话框

10 单击“关闭”按钮将“页面设置管理器”对话框关闭，完成模型空间打印输出的页面设置。

专家提示：其他页面设置的方法，如 A3、A2、A1、A0 等页面设置的操作方法和上面的操作步骤一样。

第 96 例　掌握从模型空间中直接打印输出图像的方法

必学技能

掌握从模型空间中直接打印输出图像的方法，是必备的技能，这里主要掌握从模型空间中直接打印输出图像的操作步骤。

当将模型空间打印输出的页面设置完毕后，下面就来完成打印输出图形的过程。

操作步骤

01 选择菜单栏“文件”→“打印”命令，或者在“标准”工具栏中单击“打印”按钮，打开“打印—模型”对话框，如图 13-20 所示。

02 在“打印机/绘图仪”选项组中的“名称”下拉列表中选择前面保存的

“Custom.pc3”选项，然后在“打印偏移”选项组中启用“居中打印”复选框，如图 13-21 所示。

图 13-20 “打印—模型”对话框

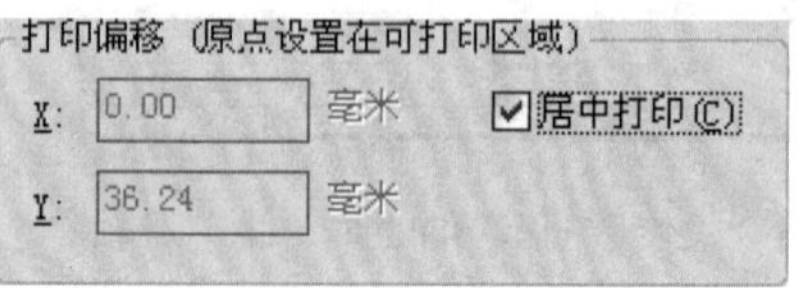

图 13-21 设置打印偏移

03 在“打印区域”选项组中的“打印范围”下拉列表中选择“窗口”选项，对话框将暂时关闭，在绘图区域内移动光标至图框的左下方 A 点处单击，然后拖动光标至图框的右上方 B 点处单击，如图 13-22 所示。

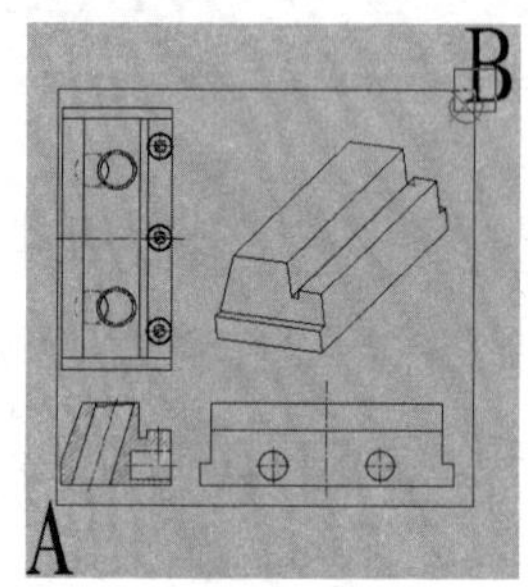

图 13-22 设置打印范围

04 单击对话框左下角的“预览”按钮，此时界面如图 13-23 所示。如果用户的打印机处于开机状态，在打印机上加入 A4 的空白纸，然后单击“确定”按钮可直接打印输出图纸。

05 至此，就完成了在模型空间中直接打印输入图形对象的操作。

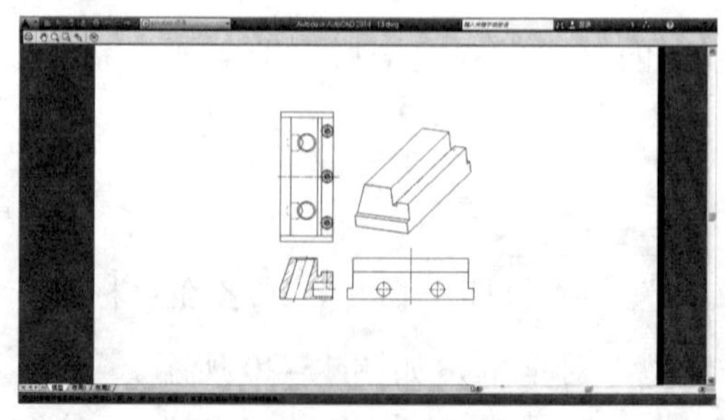

图 13-23 打印预览

第 97 例　掌握使用布局打印出图的方法

必学技能

掌握使用布局打印出图的方法，是必备的技能，这里主要掌握使用布局打印出图的操作步骤。

如果两个布局满足不了用户的需要时，可创建新的布局，并对布局进行编辑。下面向读者介绍创建新布局的方法，以及对布局的一些基本操作。

操作步骤

01 在任意一个布局标签名称上单击鼠标右键，然后在弹出的菜单中选择“新建布局”选项，即可创建出一个新布局，如图 13-24 所示。

02 在多余的布局标签名称上单击鼠标右键，然后在弹出的菜单中选择“删除”选项，如图 13-25 所示。

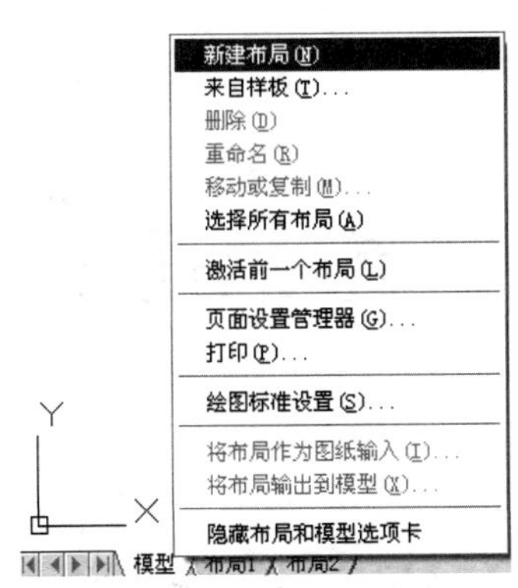

图 13-24　“新建布局”选项

图 13-25　“删除”选项

03 将会打开“AutoCAD”警示对话框，如图 13-26 所示，单击“确定”按钮可将选定的布局删除。

04 用户还可以在布局标签名称上双击，或者右击在弹出的菜单中选择“重命名”选项，对当前布局的名称进行更改。

05 按住 Ctrl 键的同时依次单击各个布局的标签名称，可同时选择多个布局进行操作。如果按住 **Ctrl** 键的同时拖动当前布局标签，光标会变成带有+号的指针，至合适位置后松开鼠标可对当前布局进行复制，如图 13-27 所示。

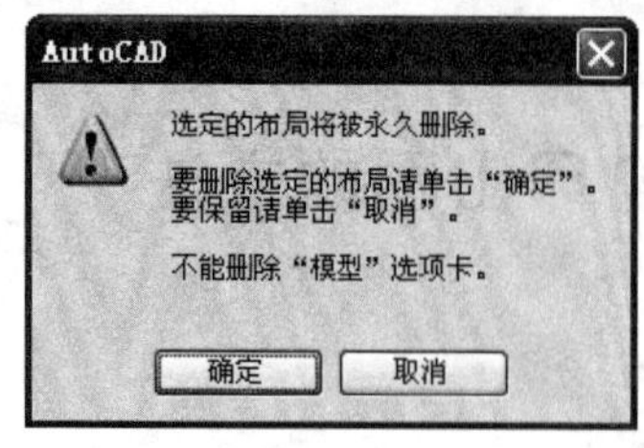

图 13-26 “Auto CAD”警示对话框

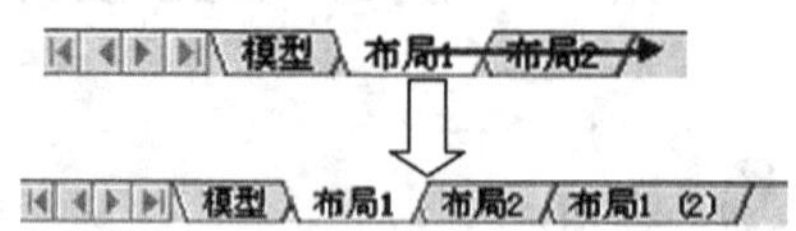

图 13-27 复制布局

06 用户还可通过拖动的方式来调整布局的顺序，也可以通过在布局标签上右击，在弹出的菜单中选择“移动或复制”选项，打开“移动或复制”对话框，如图 13-28 所示。

在该对话框中可对当前布局的顺序进行调整，如果启用“创建副本”复选框，可以创建当前布局的副本。

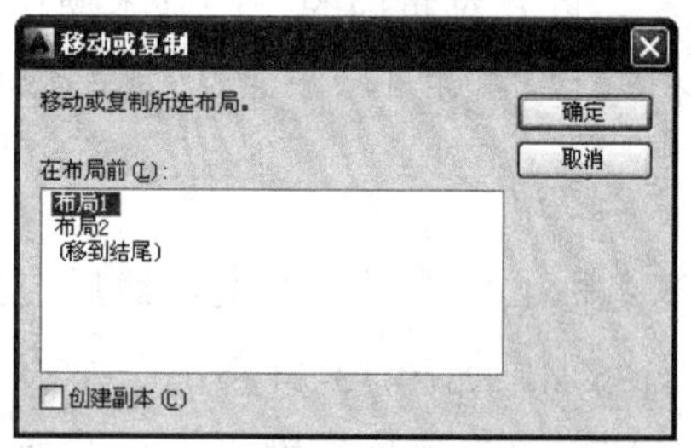

图 13-28 “移动或复制”对话框

第 98 例 掌握布局图形打印页面设置的方法

必学技能

掌握布局图形打印页面设置的方法，是必备的技能，这里主要掌握布局图形打印页面设置的操作步骤。

要想在图形空间中的浮动视口中布置图形对象，首先要在模型空间中将图形对象绘制完成。一旦在模型空间中将图形对象绘制完成，就可以通过单击布局选项卡的标签名称，进入图纸空间的布局中对浮动视口中的图形对象进行布置。接下来的工作就是对打印机进行设置，以及设置图形的打印页面。

操作步骤

01 重新将本书附带光盘中的“13”文件打开，进入图纸空间的“布局 1”选项卡中。

02 选择菜单栏“文件”→“页面设置管理器”命令，打开“页面设置管理器”对话框，如图 13-29 所示。

03 单击“修改”按钮，打开“页面设置—布局 1”对话框，如图 13-30 所示。

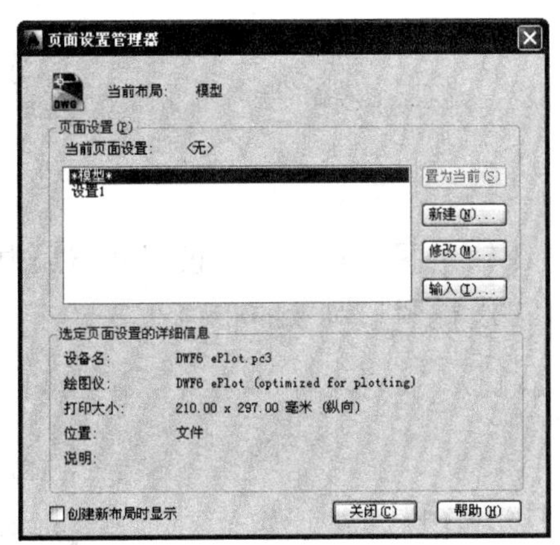

图 13-29　“页面设置管理器”对话框

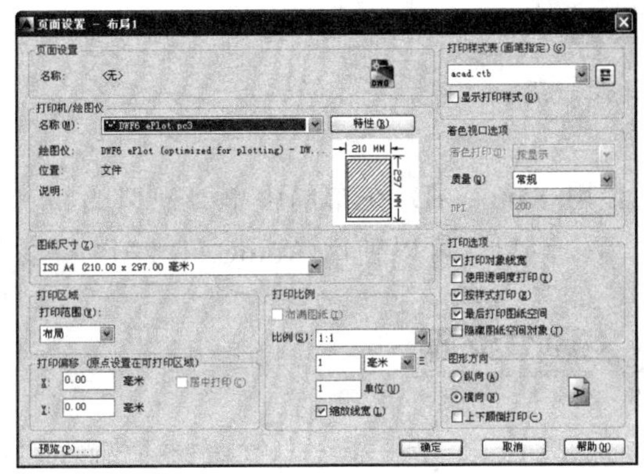

图 13-30　“页面设置—布局 1”对话框

04 参照在模型空间中打印图形对象前对打印机的类型和打印样式进行设置的方法，对在图纸空间中打印对象前对打印机的类型和打印样式进行设置，如图 13-31 所示。

05 设置完毕后单击“确定”按钮，返回“页面设置管理器”对话框，接着单击“关闭”按钮，完成布局的基本打开页面设置，这时布局的页面将呈现出如图 13-32 所示的状态。

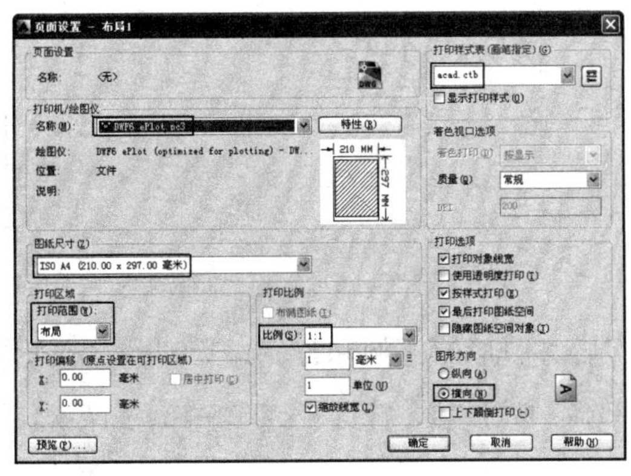

图 13-31　设置打印机和打印样式

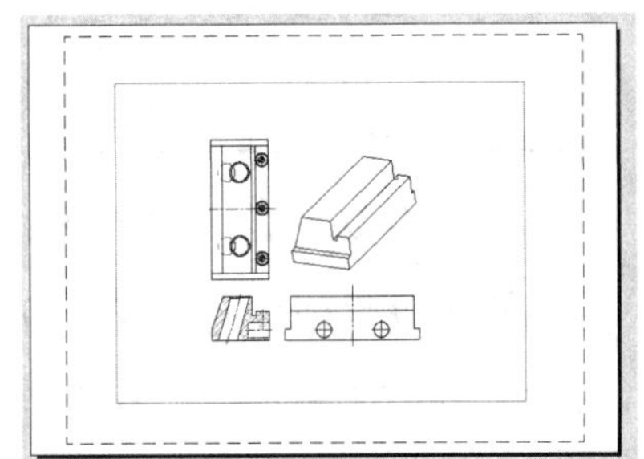

图 13-32　设置打印机和打印样式后的状态

第 99 例　掌握打印预览设置的方法

必学技能

掌握打印预览设置的方法，是必备的技能，这里主要掌握打印预览设置的操作步骤。

使用 AutoCAD 在布局中单一视口的布置与打印输出图形对象，当设置好布局中的页面后，用户就可以使用 AutoCAD 2014 提供的视口进行图形对象的布置。

操作步骤

01 接着上一例的操作，首先参照前面对图形可打印区域进行修改的方法，将图纸可印区域修改为图纸尺寸大小，使其可打印区域的大小为 297mm×210mm，效果如图 13-33 所示。

02 选择菜单栏“视图”→“视口”→“一个视口”命令，在出现的提示下直接单击鼠标右键，使新视口布满整个可打印区域，如图 13-34 所示。

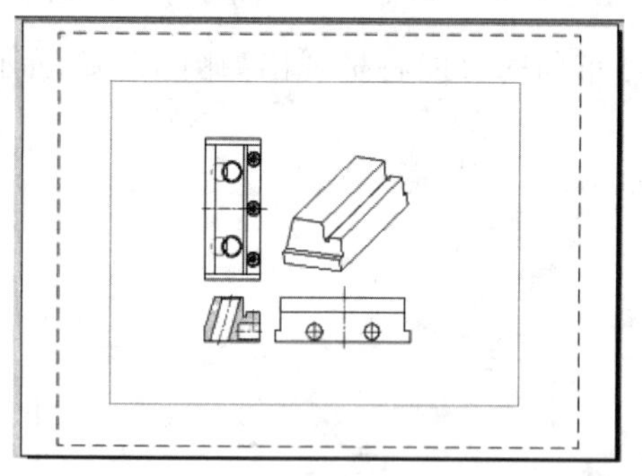

图 13-33　修改可打印区域后的页面

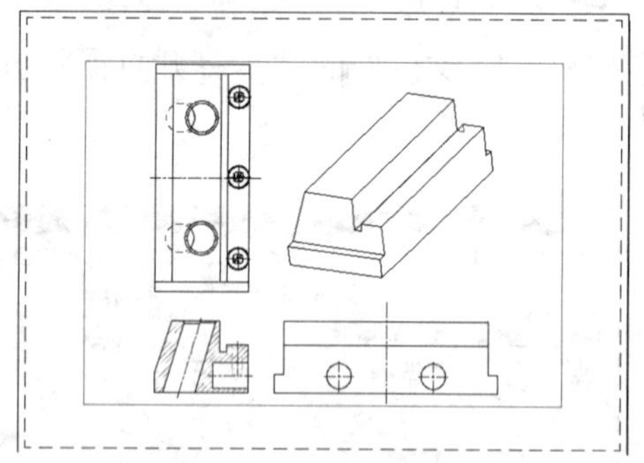

图 13-34　创建矩形视口

03 用户可以将创建的新视口激活，然后对图形的比例和位置进行调整，在此就不必进行调整。单击“标准”工具栏上的“打印”按钮，打开“打印—布局 1”对话框，参照如图 13-35 所示的设置。

04 单击“预览”按钮，此时的界面如图 13-36 所示。如果此时用户的打印机处于开机状态，在打印机上加入 A4 的空白纸，然后单击“打印”按钮，即可直接打印输出图纸。

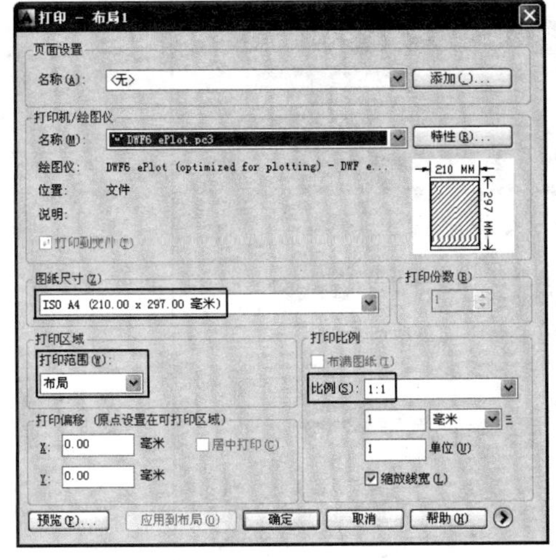

图 13-35　“打印—布局 1”对话框

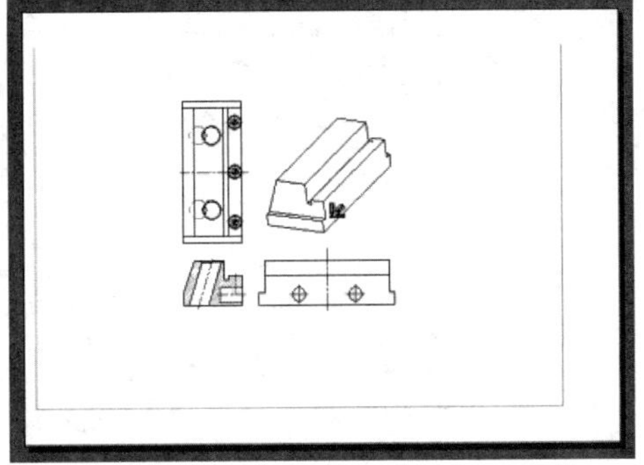

图 13-36　打印预览

第 100 例　掌握打印输出及打印戳记的方法

必学技能

掌握打印输出及打印戳记的方法，是必备的技能，这里主要掌握使用对象线宽设置的方法。

如预览无误后，即可打印图形，并根据相关颜色的设置来打印出层次分明的图纸。AutoCAD 2014 中可通过以下方法打印图形。

操作步骤

01 选择菜单栏“文件”→“打印”命令，执行打印命令后，将弹出“打印—模型”对话框。

02 在“打印—模型”对话框中可以单击“扩展”按钮扩展后的“打印—模型”对话框，如图 13-37 所示。

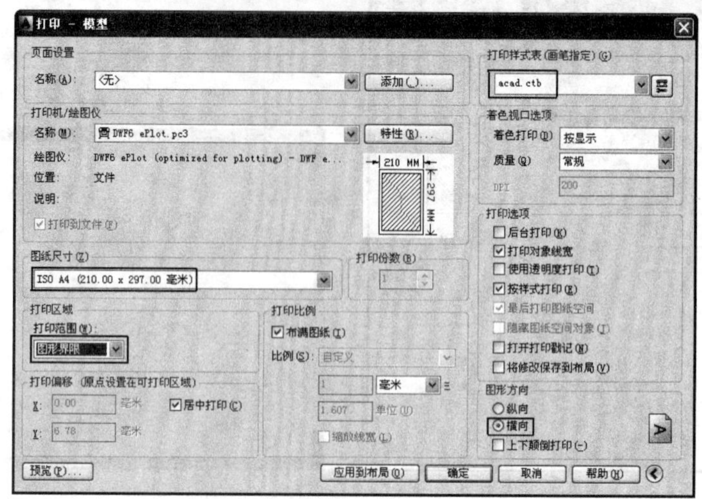

图 13-37 “打印—模型”对话框

03 单击“打印样式表”下的“打印样式表编辑器”按钮，将弹出“打印样式表编辑器”对话框。

04 单击“打印样式表编辑器”对话框中的“表视图”选项卡，如图 13-38 所示。

05 单击“表视图”选项卡中的“线宽”选项，在每个“颜色”选项下单击“使用对象线宽”按钮，选择相关的“使用对象线宽”分别为 0.1、0.2、0.3，这样才能使小图（A3 规格）看上去清晰分明，对于大图（A0 规格）0.13、0.25、0.4 这种粗细规格，然后单击“保存并关闭”按钮。

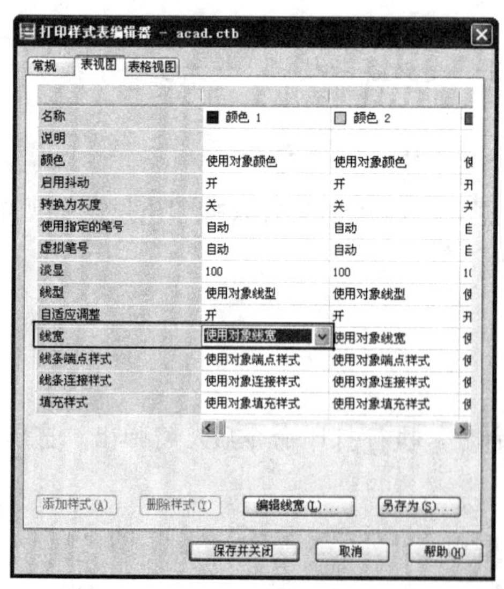

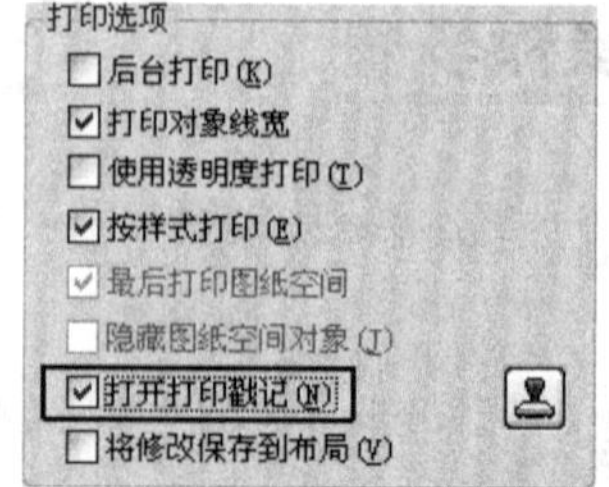

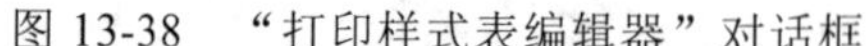
图 13-38 “打印样式表编辑器”对话框

图 13-39 “打印选项”选项卡

06 打印戳记设置。单击“打印选项”选项卡中的“打开打印戳记”选项，如图 13-39 所示。选上“打开打印戳记”复选框后，单击“打印戳记设置”按钮，打开“打印戳

记”对话框，如图 13-40 所示。

07 打印戳记只有在打印预览或打印的图形中才能看到，而不能在模型或布局中看到，如图 13-41 所示。

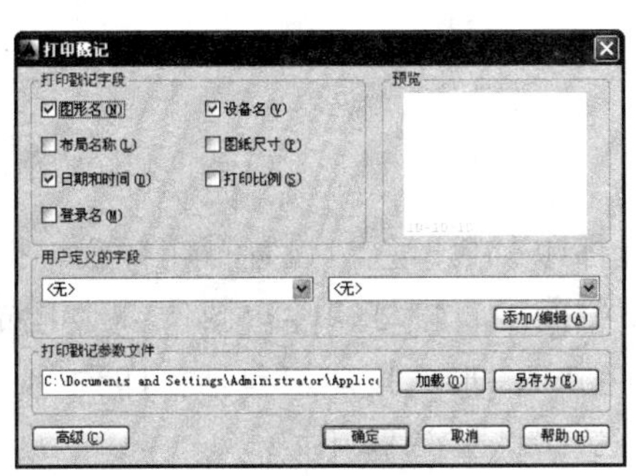

图 13-40　“打印戳记”对话框

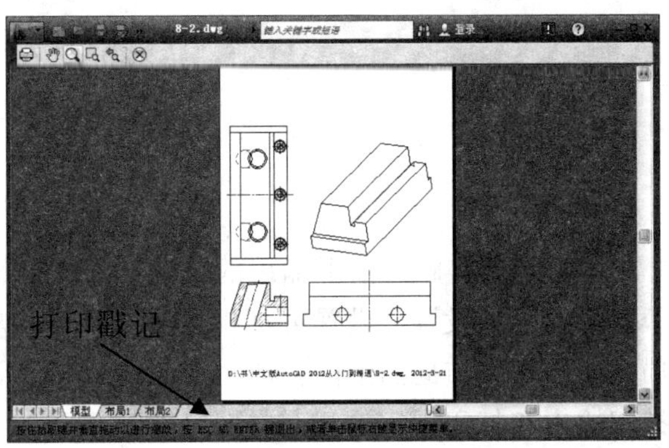

图 13-41　“打印预览”窗口可见打印戳记

提示

如图 13-41 所示，在“打印戳记字段”区域，可通过各个复选框选择打印戳记包含的图形信息，包括图形名、布局名称、日期和时间、登录名、设备名、图纸尺寸、打印比例。

08 单击“打印戳记”对话框中的“高级”按钮可显示“高级选项”对话框，如图 13-42 所示，从中可以设置打印戳记的位置、文字特性和单位，也可以创建日志文件并指定它的位置。

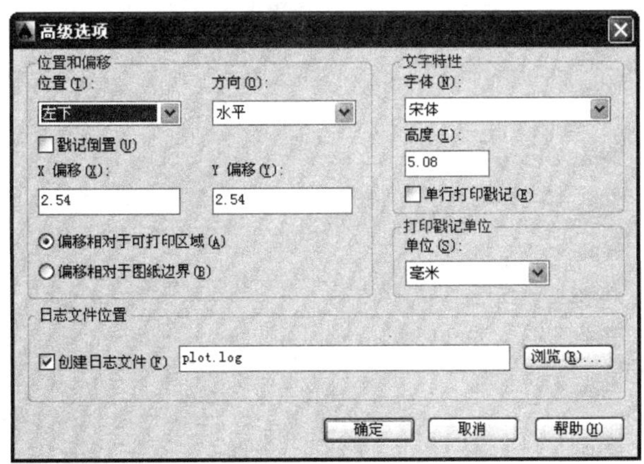

图 13-42　“高级选项”对话框

本章小结

本章主要讲解对图形输出的技能，首先介绍设置打印参数，包括设置打印样式、打印图形的页面设置、设置可打印区域的修改、从模型空间中直接打印输出图像、使用布局打印出图和布局图形的打印页面设置，接着讲解了打印图形的技能，包括打印预览、打印输出和打印戳记这几个方面。通过本章的讲述，读者能够掌握其技能。

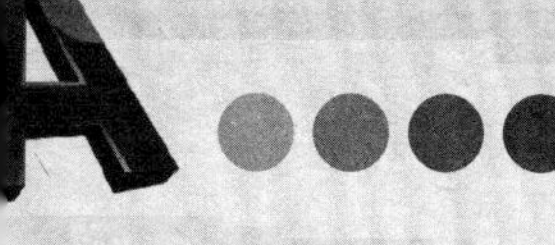

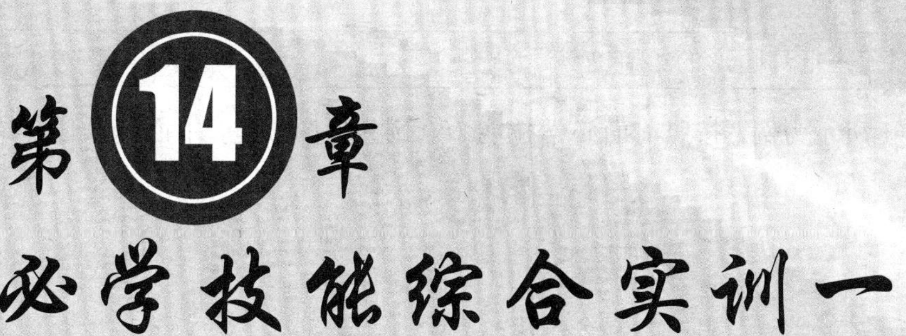

第14章 必学技能综合实训一

本章内容导读

本章主要通过具体的实例来掌握 AutoCAD 绘图的必备技能，通过具体的实训实例，包括电灯图形、支架、花瓶立面图、定位板，通过这几个简单的实例，使读者能够基本地了解和掌握绘图的技能。

本章必学技能要点

- 熟悉 AutoCAD 2014 操作环境
- 掌握新建图形文件的方法
- 掌握图形文件管理的方法
- 掌握操作命令的调用方法
- 掌握相关的快捷键命令
- 掌握基本的绘制图形的方法（第 3 章内容）
- 掌握基本的编辑图形的方法（第 4 章内容）

必学技能实训 1——电灯图形的绘制方法

以如图 14-1 所示为例，按照前面必学技能 100 例为绘图技能，下面将具体介绍其绘制方法。

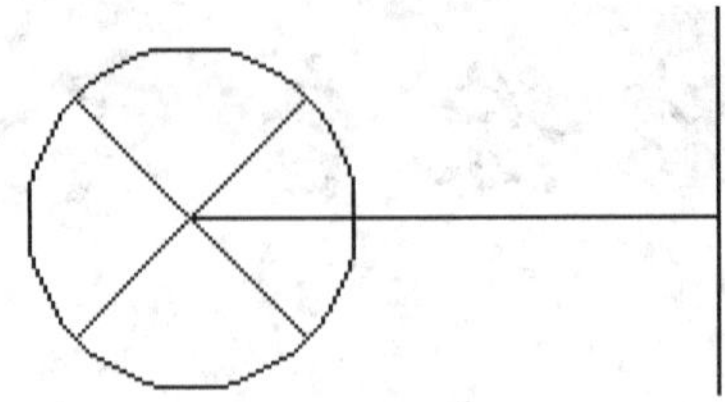

图 14-1　电灯图形

操作步骤

01 启动桌面上的“AutoCAD 2014 - 简体中文 （Simplified Chinese）”程序后的界面如图 1-1 所示，其采用的是“AutoCAD 经典”工作空间。

02 新建文件。

新建文件详见第 2 例。

03 选择“acad”选项后，单击“打开”按钮，即创建新建文件“Drawing2”。

04 保存图形文件。

保存图形文件详见第 2 例。

在“图形另存为”对话框中的“文件名”选项中输入“电灯图形”，“文件类型”选项中选择“AutoCAD 2004”版本的文件类型，如图 14-2 所示。

05 单击“图形另存为”对话框中的“保存”按钮，即创建新建文件“Drawing2”文件变为“电灯图形”，如图 14-3 所示。

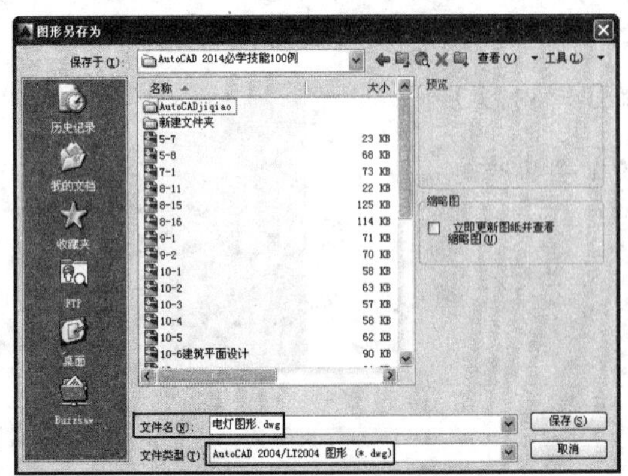

图 14-2　“图形另存为”对话框

图 14-3　“电灯图形”文件

06 绘制圆。

绘制圆详见第 16 例。

圆的半径大小为“5”，最后的效果如图 14-4 所示。

07 绘制直线。

绘制直线详见第 13 例。

最后的效果如图 14-5 所示。

08 旋转直线。

旋转直线详见第 34 例。

选择旋转的指定基点为直线的中心，角度为“45°”，最后的效果如图 14-6 所示。

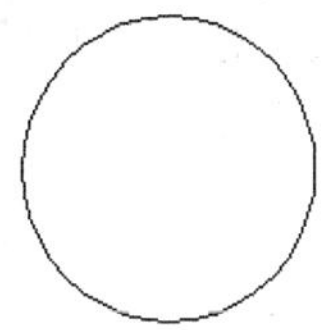

图 14-4　绘制的圆

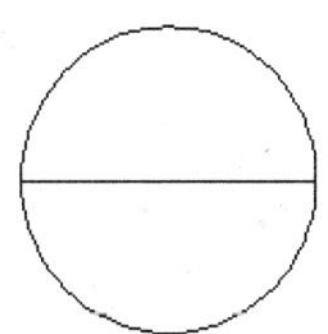

图 14-5　绘制的直线

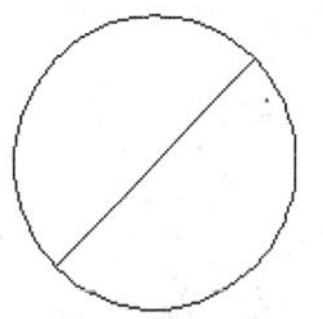

图 14-6　旋转的直线

09 镜像直线。

镜像直线详见第 32 例。

指定镜像两个点分别为圆的上、下两个端点，并选择取消删除源对象，最后的效果如图 14-7 所示。

10 绘制直线。

绘制直线详见第 13 例。

在绘制的过程中，打开正交模式，最后的效果如图 14-8 所示。

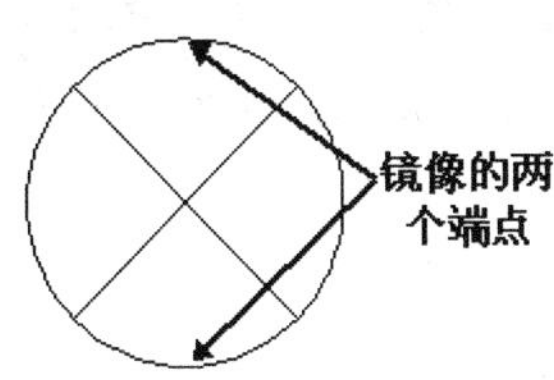

图 14-7　镜像直线

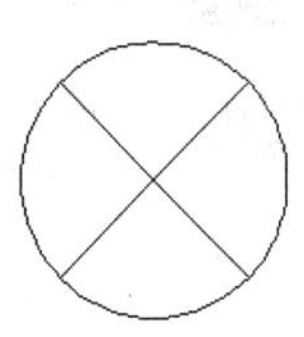

图 14-8　旋转的直线

11 在状态栏上的“对象捕捉”按钮上单击鼠标右键，然后在弹出的菜单中选择“设置”选项，其选择示意图如图 14-9 所示，打开“草图设置”对话框，参照图 14-10 所示“设置”对话框，完毕后单击“确定”按钮关闭对话框。

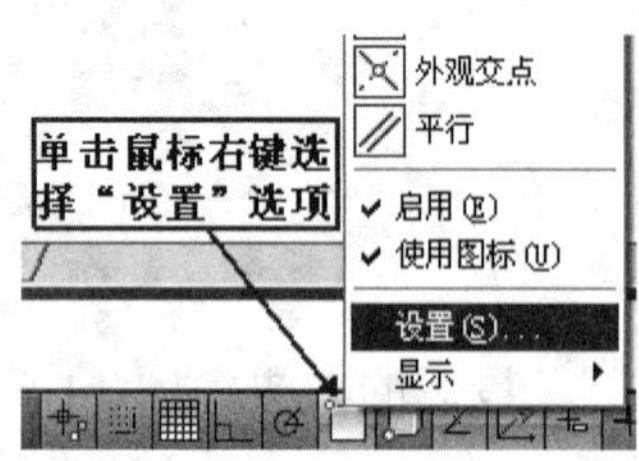

图 14-9 选择“设置”选项

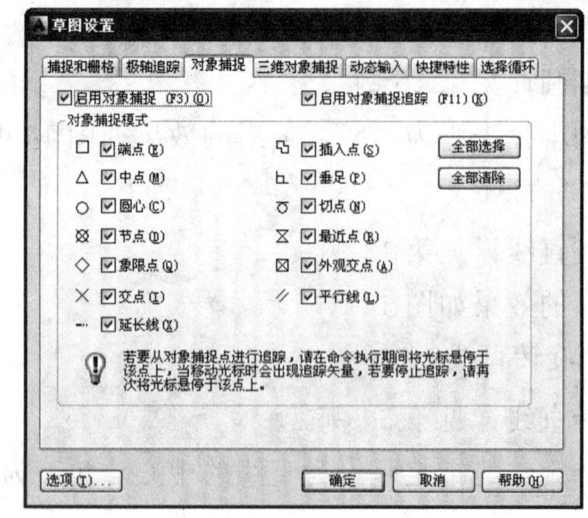

图 14-10 “对象捕捉”对话框

12 绘制直线。

绘制直线详见第 13 例。

在绘制的过程中，打开正交模式，并捕捉相关点，最后的效果如图 14-11 所示。

13 保存图形文件。

保存图形文件详见第 2 例。

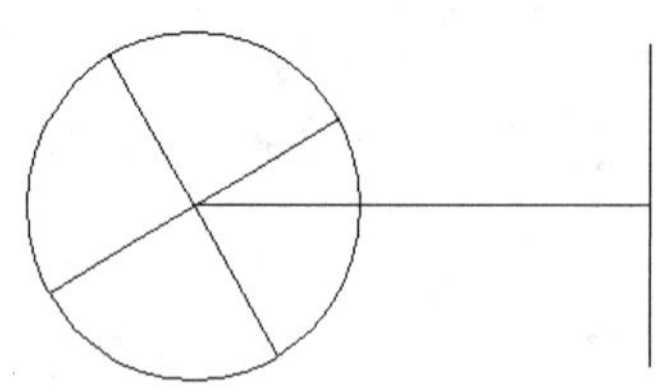

图 14-11 绘制的电灯图形

必学技能实训 2——支架的绘制方法

以如图 14-12 所示为例，按照前面必学技能 100 例为绘图技能，下面将具体介绍其绘制方法。

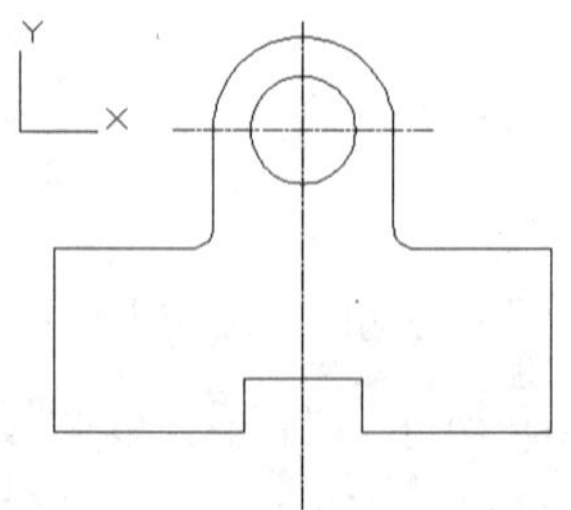

图 14-12 支架

操作步骤

01 启动桌面上的“AutoCAD 2014 - 简体中文　(Simplified Chinese)”程序后的界面如图 1-1 所示，其采用的是“AutoCAD 经典”工作空间。

02 新建文件。

新建文件详见第 2 例。

03 选择“acad”选项后，单击“打开”按钮，即创建新建文件“Drawing2”。

04 保存图形文件。

保存图形文件详见第 2 例。

在“图形另存为”对话框中的“文件名”选项中输入“支架”，“文件类型”选项中选择“AutoCAD 2004”版本的文件类型。

05 单击“图形另存为”对话框中的“保存”按钮，即创建新建文件“**Drawing2**”文件变为“支架”，如图 14-13 所示。

06 建立图层。

建立图层详见第 49 例。

新建“实线”、“点画线”图层，效果如图 14-14 所示。

图 14-13　“支架”文件

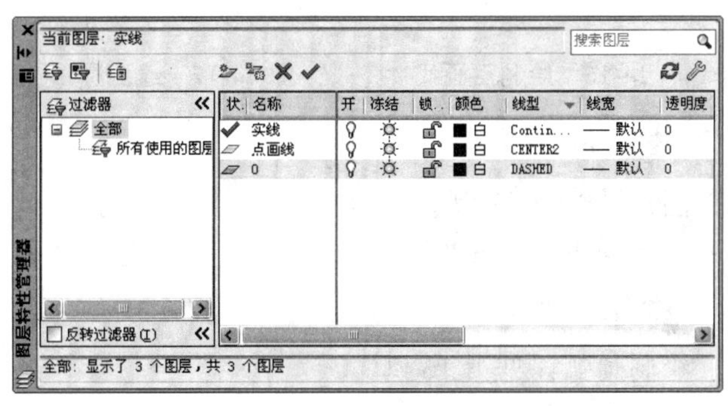

图 14-14　“新建图层”对话框

07 选择图层。在“图层”菜单栏中选择“点画线”图层，如图 14-15 所示。

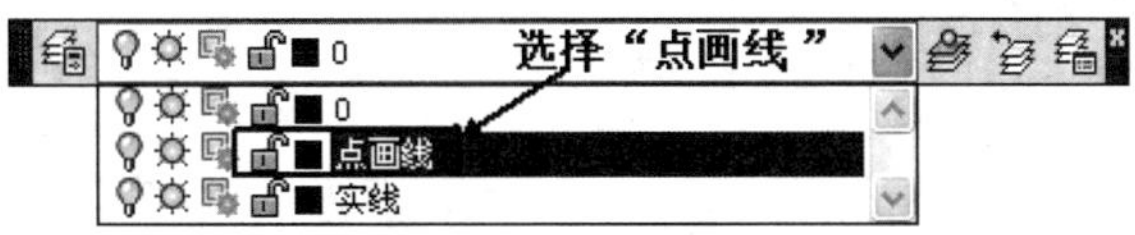

图 14-15　选择“点画线”图层

08 绘制直线。

绘制直线详见第 13 例。

在视图中绘制轴线，最后的效果如图 14-16 所示。

09 选择图层。在“图层”下拉列表栏中选择“实线”图层，将其设置为当前图层。

10 绘制圆。

绘制圆详见第 16 例。

圆的半径大小为“50”，最后的效果如图 14-17 所示。

11 绘制直线。

绘制直线详见第 13 例。

在视图中绘制连续直线，最后的效果如图 14-18 所示。

专家提示：绘制连续直线时，光标放置在线要延伸方向的一边，直接输入数值，然后左手大拇指按下空格键，依次下去（这样可以节省很多时间）。

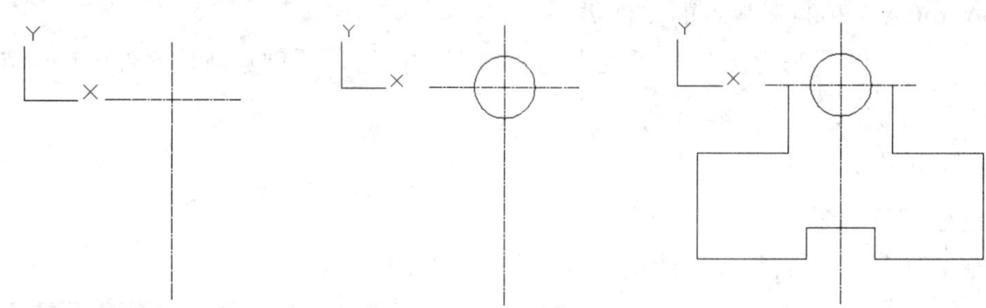

图 14-16　绘制点画线　　图 14-17　绘制圆形　　图 14-18　绘制连续直线

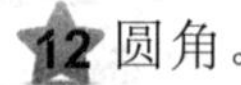12 圆角。

圆角详见第 31 例。

圆角大小为“20”，按照此方法，对另外一个角进行圆角，效果如图 14-19 所示。

13 绘制圆弧。

绘制圆弧详见第 16 例。

最后的效果如图 14-20 所示。

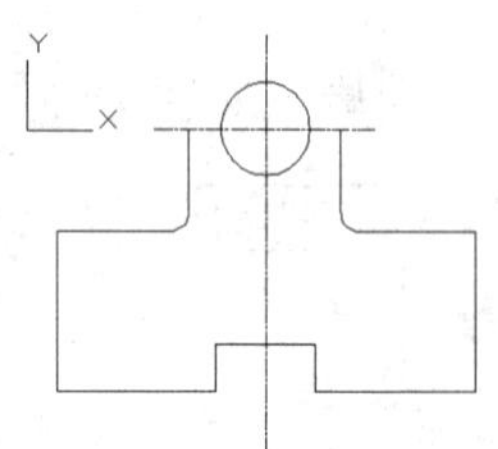

图 14-19　圆角直线

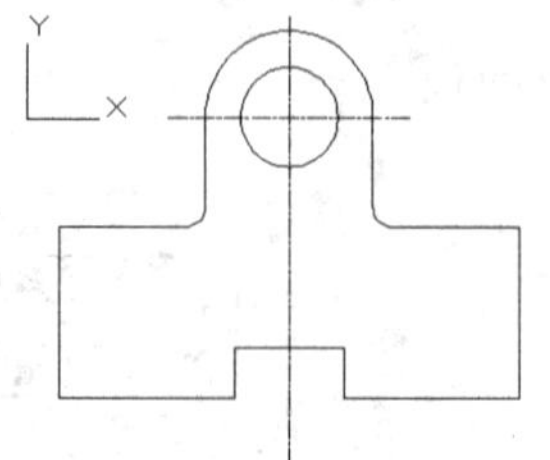

图 14-20　支架

注意：这里选择圆弧的起点为右起点。

14 保存图形文件。

保存图形文件详见第 2 例。

必学技能实训 3——花瓶立面图的绘制方法

以如图 14-21 所示为例，按照前面必学技能 100 例为绘图技能，下面将具体介绍其绘制方法。

图 14-21　花瓶立面图

操作步骤

01 启动桌面上的“AutoCAD 2014 - 简体中文（Simplified Chinese）”程序后的界面如图 1-1 所示，其采用的是“AutoCAD 经典”工作空间。

02 新建文件。

新建文件详见第 2 例。

03 选择“acad”选项后，单击“打开”按钮，即创建新建文件“Drawing2”。

04 保存图形文件。

保存图形文件详见第 2 例。

在“图形另存为”对话框中的“文件名”选项中输入“花瓶立面图”，“文件类型”选项中选择“AutoCAD 2004”版本的文件类型。

05 单击“图形另存为”对话框中的“保存”按钮，即创建新建文件“Drawing2”文件变为“花瓶立面图”，如图 14-22 所示。

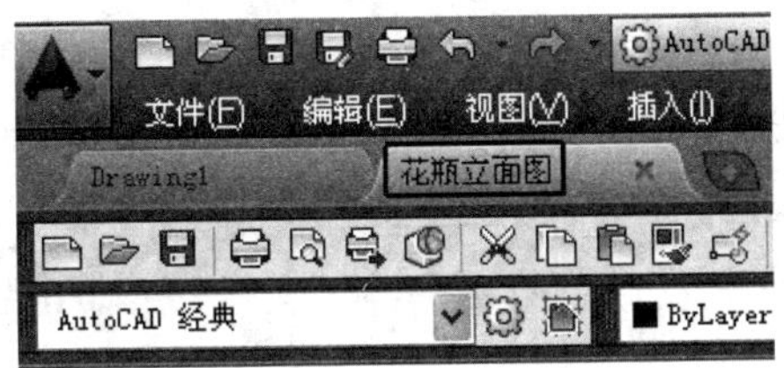

图 14-22　“花瓶立面图”文件

06 绘制矩形。

绘制矩形详见第 18 例。

绘制长为 82，高为 5 的矩形，最后的效果如图 14-23 所示。

07 绘制样条曲线。

绘制样条曲线详见第 22 例。

绘制花瓶的外形曲线，最后的效果如图 14-24 所示。

08 镜像样条曲线。

镜像样条曲线详见第 32 例。

指定镜像两个点分别为矩形的中心点，并选择取消删除源对象，最后的效果如图 14-25 所示。

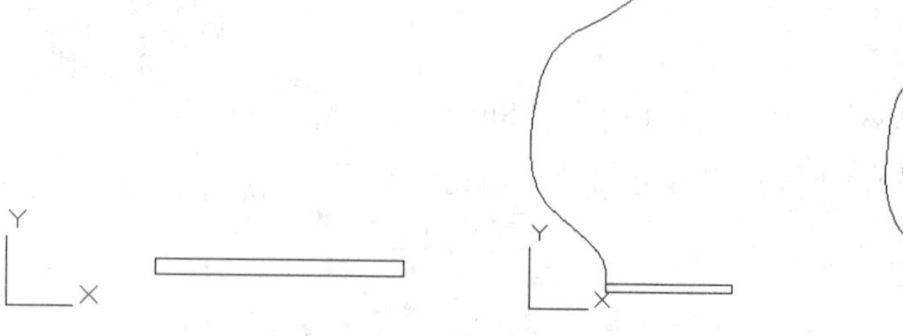

图 14-23　绘制矩形　　图 14-24　绘制样条曲线　　图 14-25　镜像样条曲线

09 绘制直线。

绘制直线的方法详见前面第 13 例。

绘制出花瓶的嘴部，最后的效果如图 14-26 所示。

10 绘制圆弧。

绘制圆弧详见第 16 例。

最后的效果如图 14-27 所示。

11 修剪直线。

修剪直线详见第 26 例。

最后的效果如图 14-28 所示。

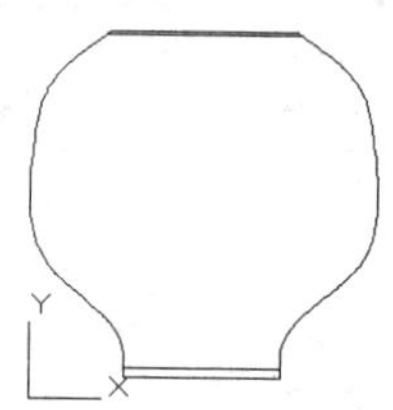

图 14-26　绘制直线

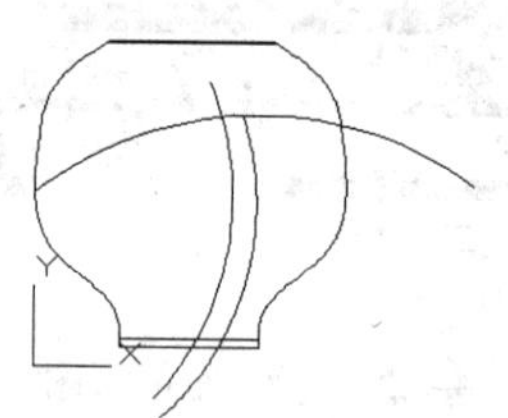

图 14-27　绘制弧线

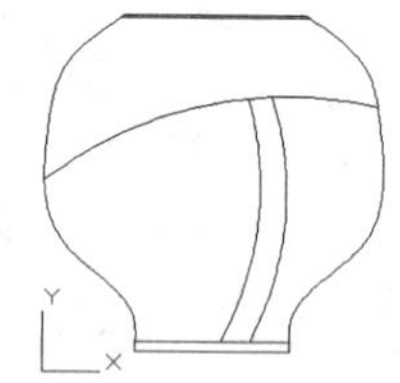

图 14-28　修剪弧线

12 绘制样条曲线。

绘制样条曲线详见第 22 例。

绘制花枝，完成后的效果如图 14-29 所示。

13 绘制样条曲线。

绘制样条曲线详见第 22 例。

按照同样的方法绘制另外的花枝，最后完成的效果如图 14-30 所示。

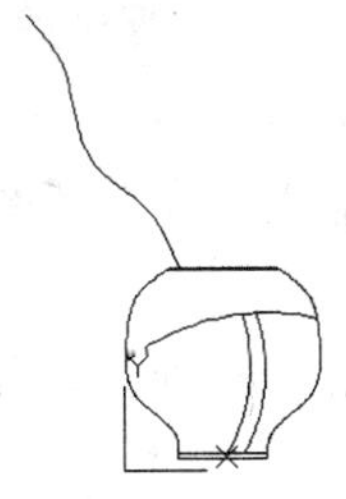

图 14-29　绘制样条曲线

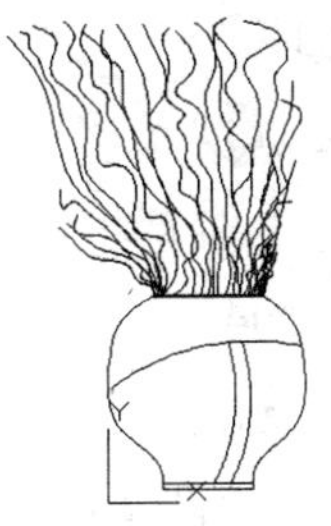

图 14-30　绘制花枝

14 输入文字。

输入文字详见前面第 72 例。

设置文字字体类型为“宋体”，字体大小为“25”，文字内容为“花瓶里面图”，如图 14-31 所示。

15 修订云线。选择菜单栏中的“绘图”→“修订云线”命令，绘制如图 14-32 所示的云线。

16 保存文件。

保存图形文件详见第 2 例。

必学技能实训 4——定位板的绘制方法

以如图 14-33 所示为例，按照前面必学技能 100 例为绘图技能，下面将具体介绍其绘制方法。

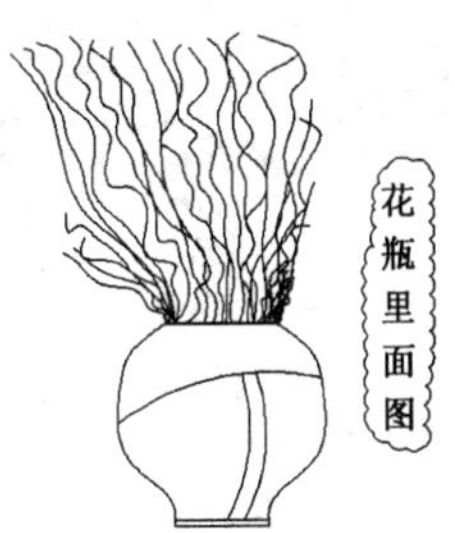

图 14-31　输入文字

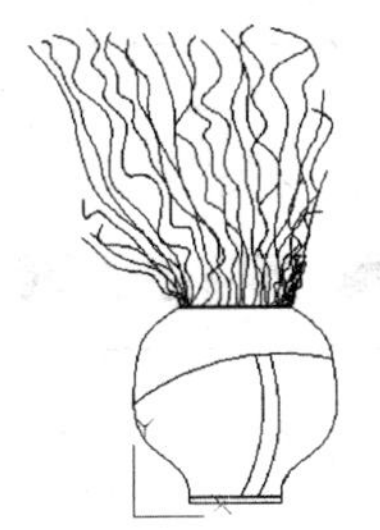

图 14-32　绘制修订云线

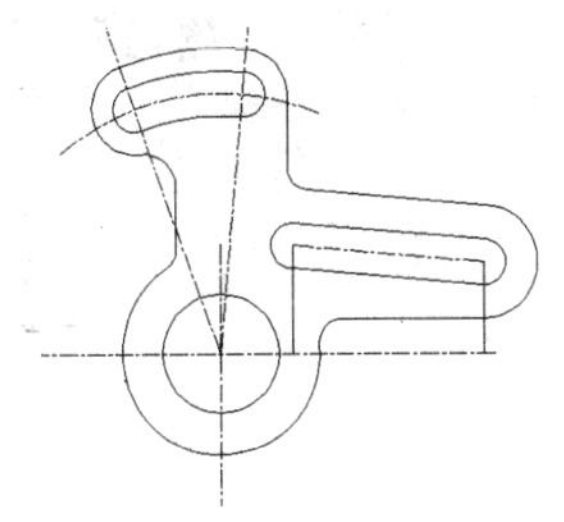

图 14-33　定位板

操作步骤

01 启动桌面上的“AutoCAD 2014 - 简体中文 （Simplified Chinese）”程序后的界面如图 1-1 所示，其采用的是“AutoCAD 经典”工作空间。

02 新建文件。

新建文件详见第 2 例。

03 选择“acad”选项后，单击“打开”按钮，即创建新建文件“Drawing2”。

04 保存图形文件。

保存图形文件详见第 2 例。

在“图形另存为”对话框中的“文件名”选项中输入“定位板”，“文件类型”选项中选择“AutoCAD 2004”版本的文件类型。

05 单击“图形另存为”对话框中的“保存”按钮，即创建新建文件“Drawing2”文件变为“定位板”，如图 14-34 所示。

06 新建图层。

建立图层详见第 49 例。

新建“点画线”、“实线”、“dim”、“Defpoints”图层，效果如图 14-35 所示。

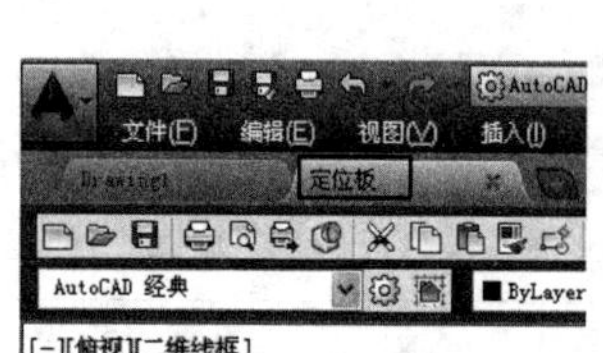

图 14-34 “定位板”文件

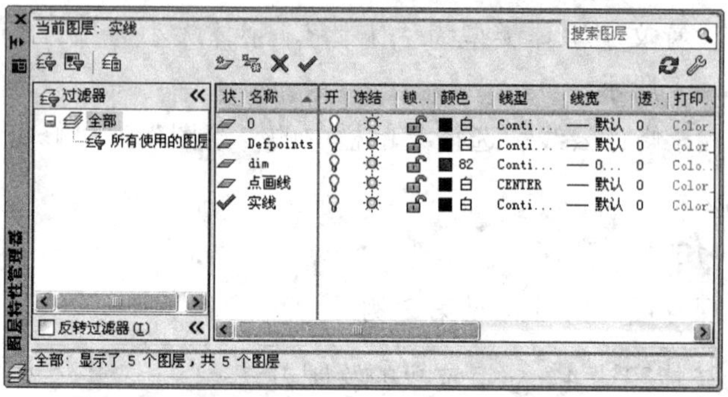

图 14-35 “新建图层”对话框

07 选择图层。在“图层”菜单栏中选择“点画线”图层，如图 14-36 所示。

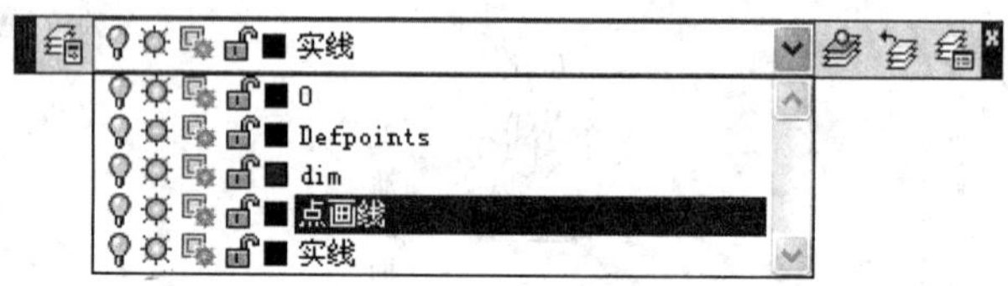

图 14-36 选择“点画线”图层

08 绘制直线。

绘制直线详见第 13 例。

打开正交模式，按照这样的方法绘制另外一条点画线，效果如图 14-37 所示。

09 绘制直线。

绘制直线详见第 13 例。

打开正交模式，按照这样的方法绘制另外一条点画线，效果如图 14-38 所示。

10 绘制直线。

绘制直线详见第 13 例。

打开正交模式，按照这样的方法绘制另外一条点画线，效果如图 14-39 所示。

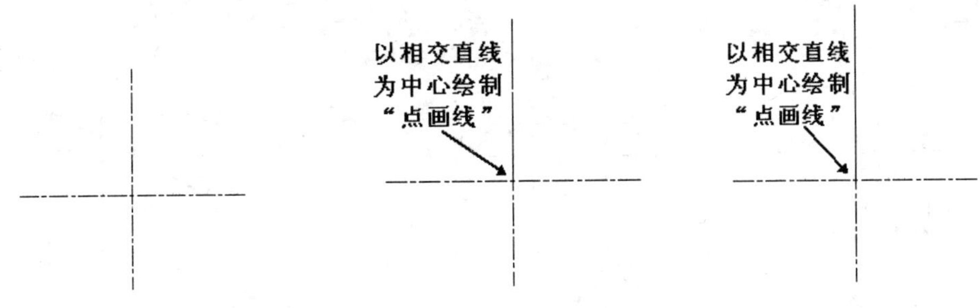

图 14-37　绘制中心线　　图 14-38　绘制点画线　　图 14-39　绘制点画线

11 旋转直线。

旋转直线详见第 34 例。

选择旋转的指定基点为两直线的交点，角度为"20°"，最后的效果如图 14-40 所示。

12 旋转直线。

旋转直线详见第 34 例。

选择旋转的指定基点为两直线的交点，角度为"-5°"，最后的效果如图 14-41 所示。

13 绘制圆。

绘制圆详见第 16 例。

圆的直径大小为"92"，最后的效果如图 14-42 所示。

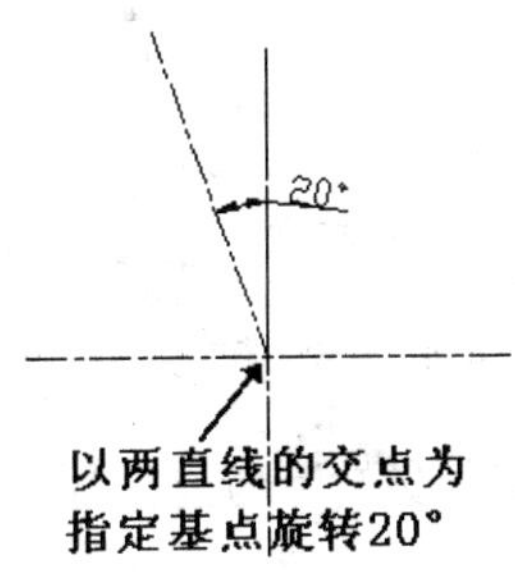

图 14-40　旋转点画线

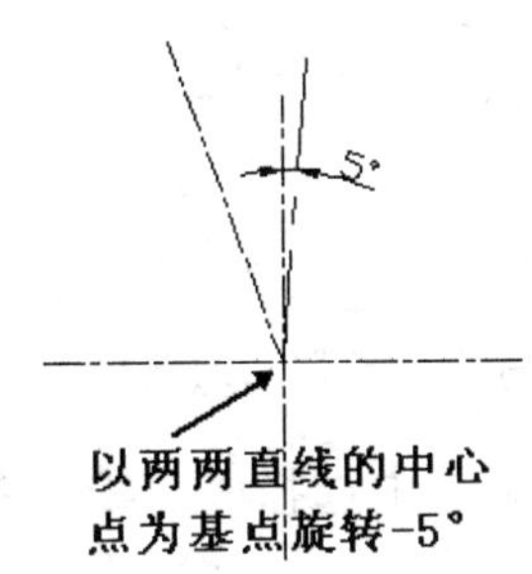

图 14-41　旋转点画线

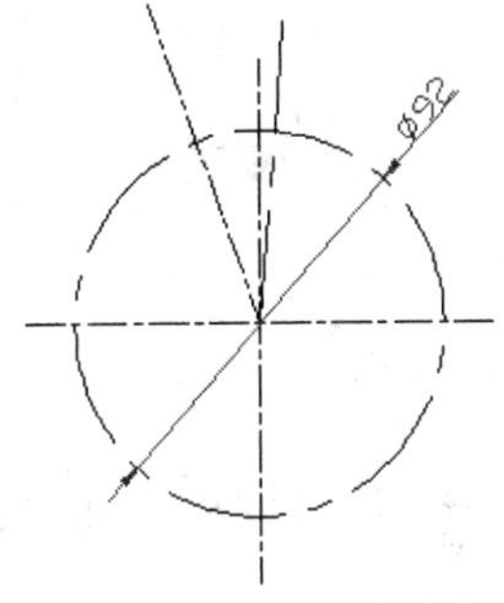

图 14-42　绘制辅助圆

14 偏移直线。

偏移直线详见第 32 例。

偏移的距离为"13"，最后的效果如图 14-43 所示。

15 偏移直线。

偏移直线详见第 32 例。

偏移的距离为"35、16、19"，最后的效果如图 14-44 所示。

16 绘制直线。

绘制直线的方法详见第 13 例。

取消 F8 正交按钮，最后的效果如图 14-45 所示。

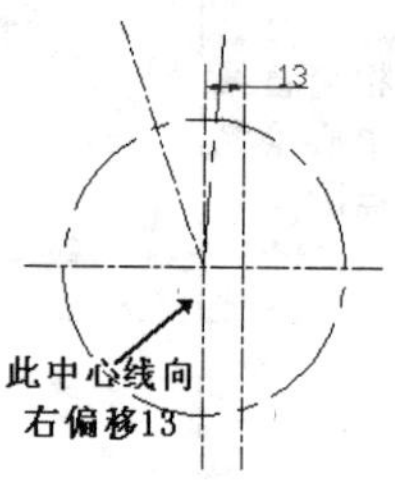

图 14-43　偏移直线

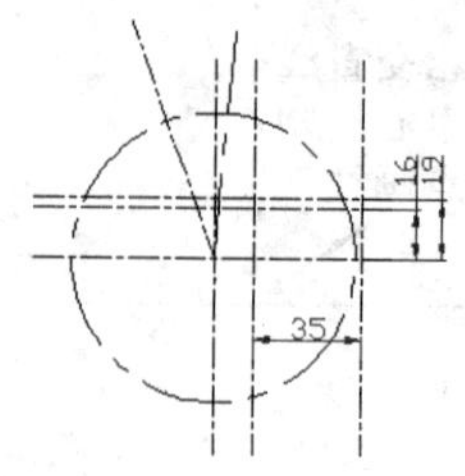

图 14-44　偏移直线

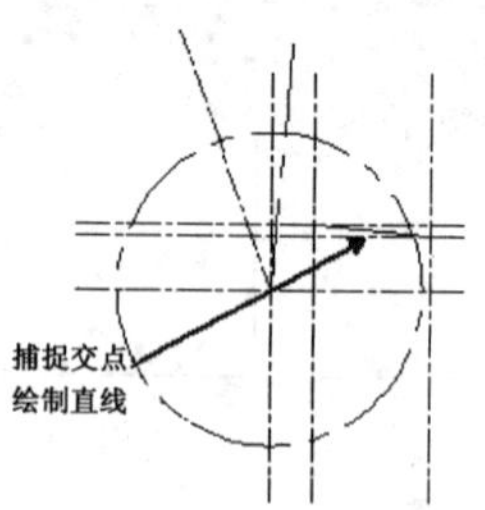

图 14-45　绘制直线

17 删除直线。

删除直线的方法详见第 25 例。

选择的对象如图 14-46 所示，删除后的效果如图 14-47 所示。

18 绘制直线。

绘制直线的方法详见第 13 例。

取消 F8 正交按钮，最后的效果如图 14-48 所示。

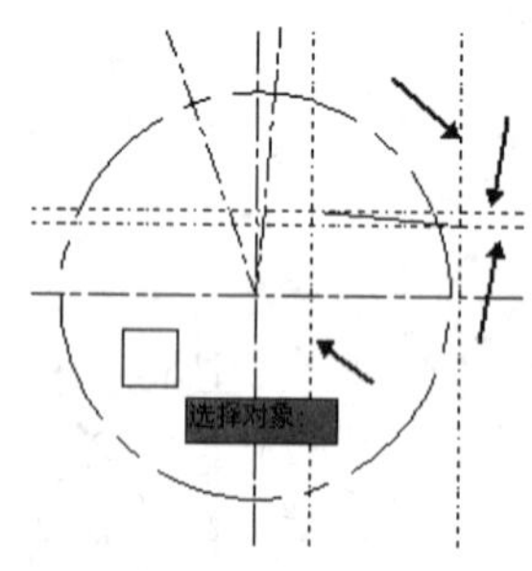

图 14-46　删除直线

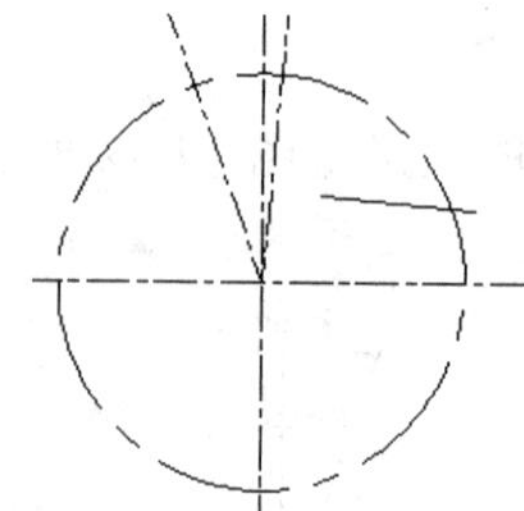

图 14-47　删除后的效果

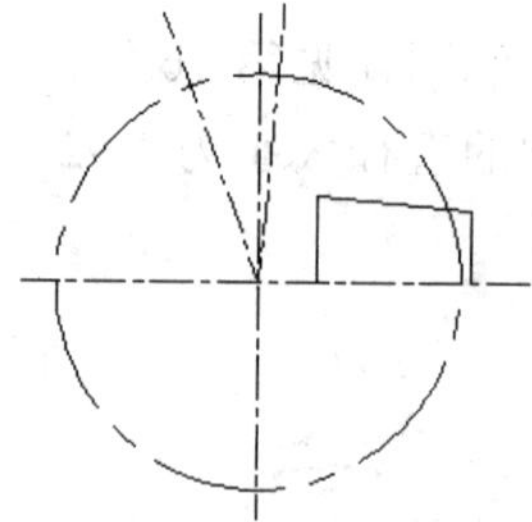

图 14-48　绘制直线

19 选择图层。在“图层”菜单栏中选择“实线”图层，将其设置为当前图层。

20 绘制圆。

绘制圆详见第 16 例。

圆的直径大小为“21”，最后的效果如图 14-49 所示。

21 绘制圆。

绘制圆详见第 16 例。

圆的直径大小为“36、20、16、8”，最后的效果如图 14-50 所示。

22 在“状态栏”中的“对象捕捉”按钮下，单击鼠标右键，弹出“设置”选项，选择“设置”选项，如图 14-51 所示。

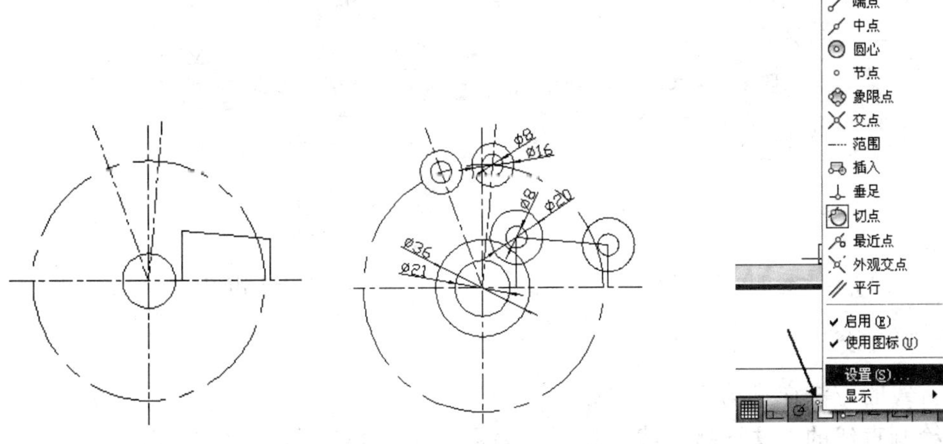

图 14-49　绘制直线　　图 14-50　绘制圆　　图 14-51　选择“设置”选项

23 弹出“草图设置”对话框，选择“切点”选项，然后单击“确定”按钮，如图 14-52 所示。

24 绘制直线。

绘制直线的方法详见第 13 例。

取消 **F8** 正交按钮，最后的效果如图 14-53 所示。

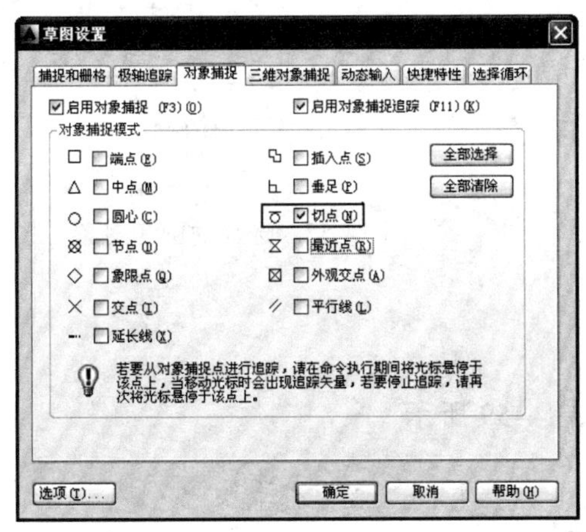

图 14-52　“草图设置”对话框

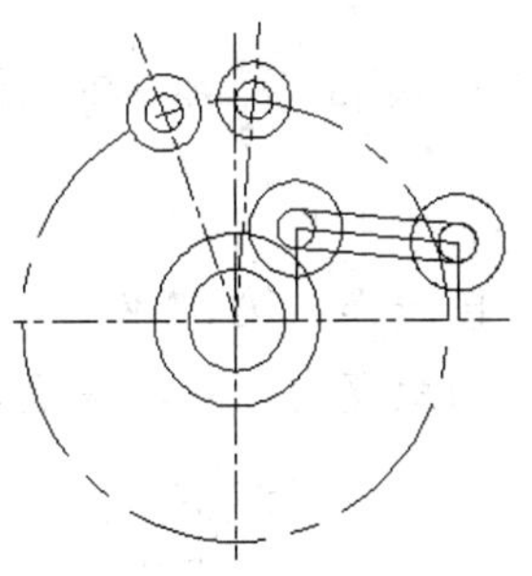

图 14-53　绘制直线

25 绘制圆弧。

绘制圆弧详见第 16 例。

先选择右边圆上面的点，再选择左边的点，最后的效果如图 14-54 所示。

26 绘制圆弧。

绘制圆弧详见第 16 例。

最后得到圆弧效果如图 14-55 所示。

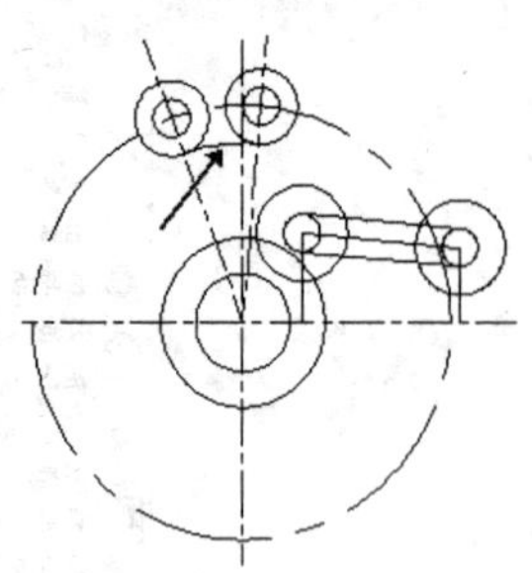
图 14-54　绘制的圆弧

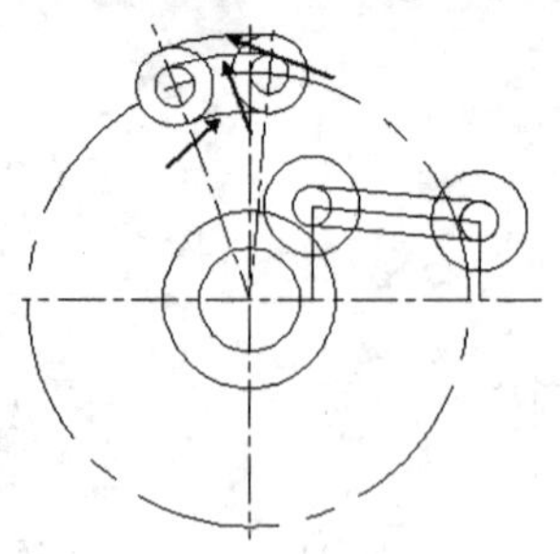
图 14-55　绘制的圆弧

27 绘制直线。

绘制直线的方法详见第 13 例。

按照绘制直线的方法连接直线，最后的效果如图 14-56 所示。

28 圆角直线。

圆角直线详见第 31 例。

选择的圆角对象如图 14-57 所示，圆角大小为“4”，最后的效果如图 14-58 所示。

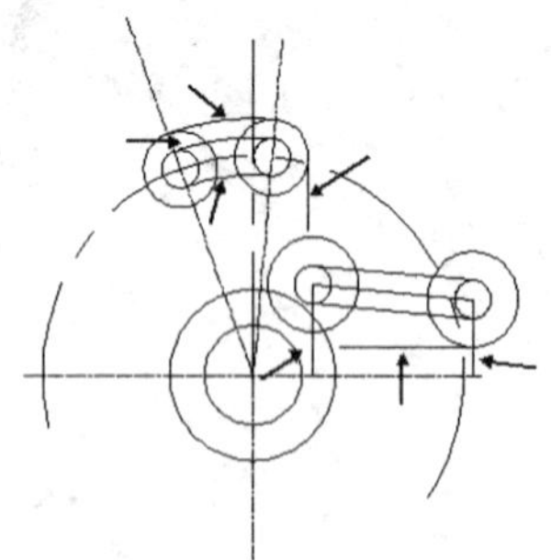
图 14-56　绘制的直线

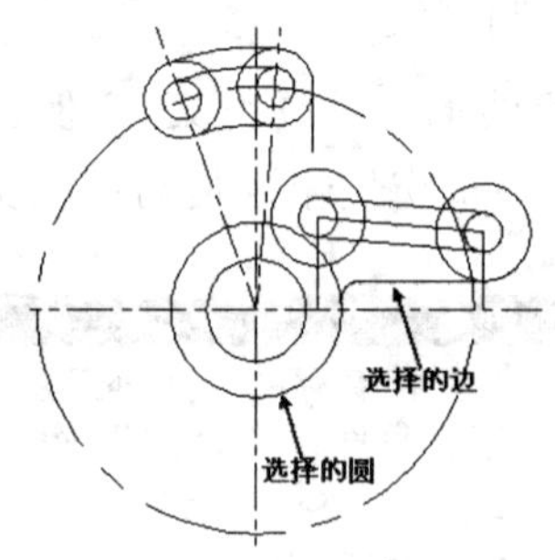

图 14-57　选择的圆角对象

29 偏移直线。

偏移直线详见第 32 例。

偏移的距离为“8”，最后的效果如图 14-59 所示。

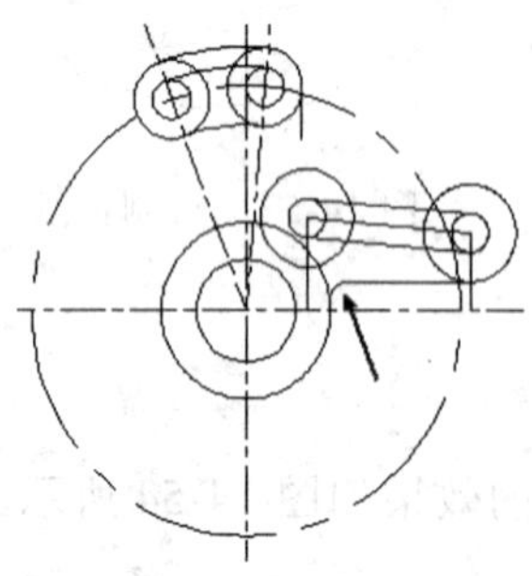
图 14-58　圆角的效果

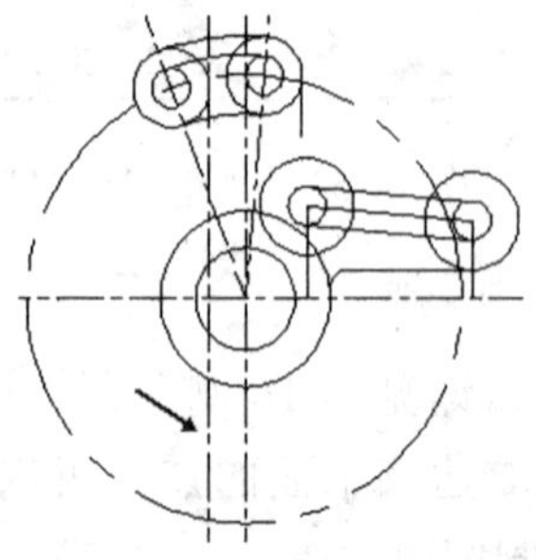
图 14-59　选择的圆角对象

30 绘制直线。

绘制直线的方法详见第 13 例。

按照绘制直线的方法连接直线，最后的效果如图 14-60 所示。

31 圆角直线。

圆角直线详见第 31 例。

选择的圆角对象如图 14-61 所示，尺寸如图 14-61 所示，最后的效果如图 14-62 所示。

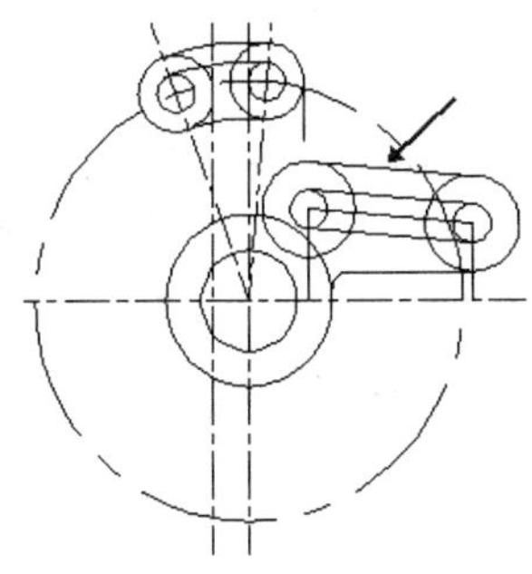

图 14-60　绘制的直线

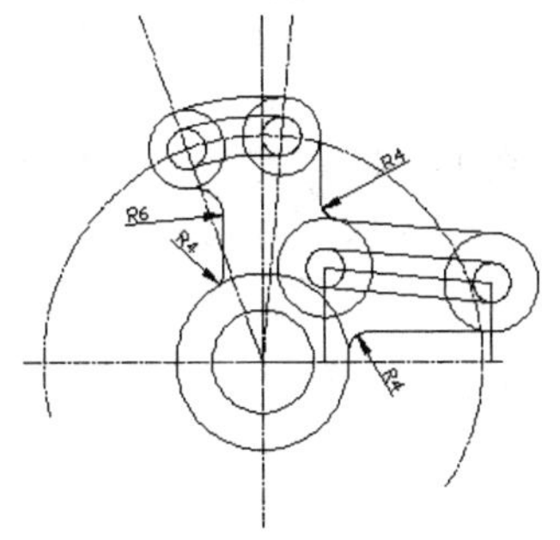

图 14-61　圆角的尺寸

32 修剪直线。

修剪直线详见第 26 例。

最后的效果如图 14-63 所示。

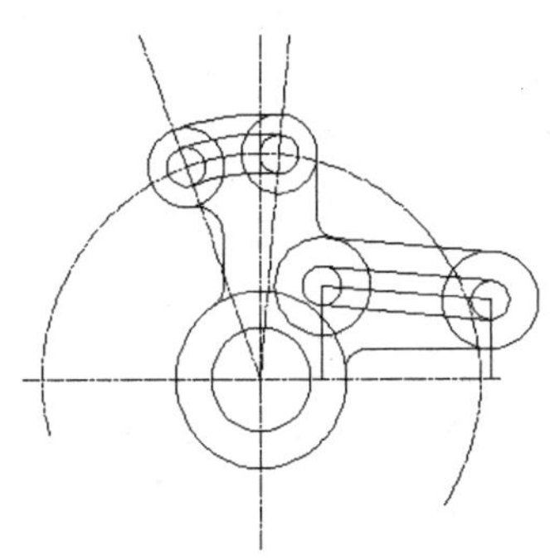

图 14-62　圆角的效果

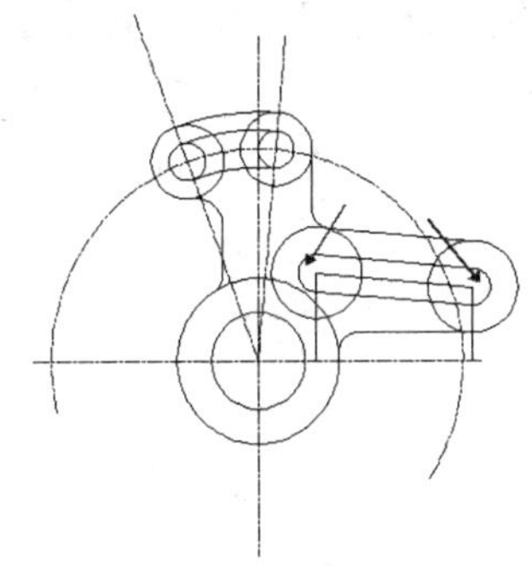

图 14-63　修剪曲线

33 修剪直线。

修剪直线详见第 26 例。

按照此方法修剪其他的曲线，最后的效果如图 14-64 所示。

34 打断直线。

打断直线详见第 29 例。

按照此方法打断曲线，最后的效果如图 14-65 所示。

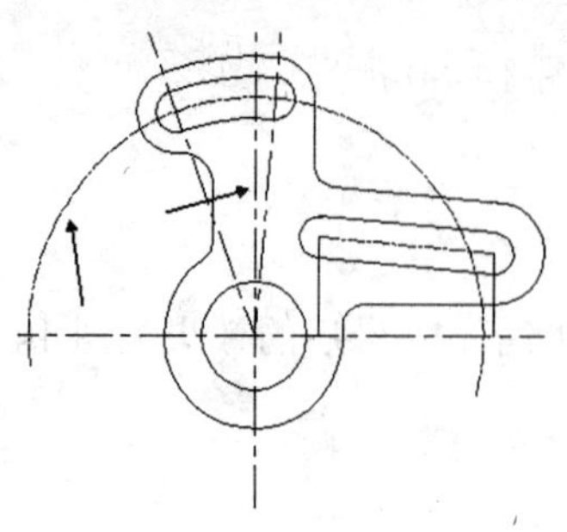

图 14-64　修剪曲线

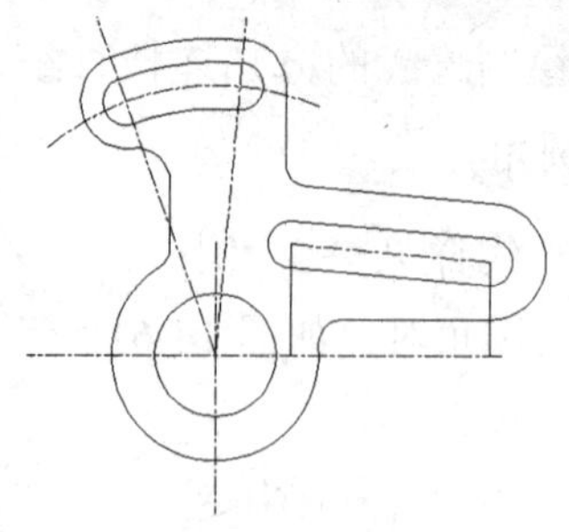

图 14-65　打断直线

本章小结

为了使读者尽快更好地理解和掌握 AutoCAD 的绘图技能，本章通过具体的图纸实例，然后从需要采用哪个必学技能来讲述绘图的方法，使读者能够真正学会从图纸联想到技能，然后从练习中掌握其绘图的必学技能。

第 15 章 必学技能综合实训二

本章内容导读

本章主要通过具体的实例来掌握 AutoCAD 绘图的必学技能，通过具体的实训实例，包括机械零件图尺寸标注、建筑设计、电气布置图绘制、尺寸和文字标注，通过这几个的实例，使读者能够基本地了解和掌握绘图的技能。

本章必学技能要点

- 掌握通过对象捕捉绘制直线的方法
- 掌握机械零件图尺寸标注的方法
- 掌握建筑设计的方法
- 掌握电气布置图绘制、尺寸和文字标注的方法
- 掌握相关的快捷键命令
- 掌握基本的绘制图形的方法（第 3 章内容）
- 掌握基本的编辑图形的方法（第 4 章内容）
- 掌握利用辅助功能绘图的方法（第 5 章内容）
- 掌握图层的管理与设置的方法（第 6 章内容）
- 掌握对图形进行尺寸标注的方法（第 8 章内容）
- 掌握对图形进行文字标注的方法（第 9 章内容）
- 掌握创建图案填充的方法（第 10 章内容）

必学技能实训 1——通过对象捕捉绘制直线的方法

以如图 15-1 所示为例，按照前面必学技能 100 例为绘图技能，下面将具体介绍其绘制方法。

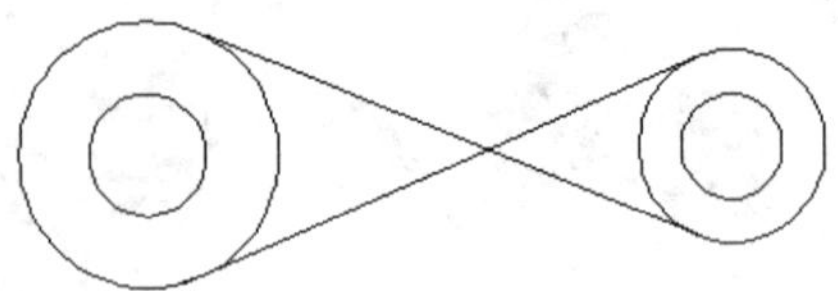

图 15-1　通过对象捕捉绘制直线

操作步骤

01 绘制直线。

绘制直线的方法详见第 13 例。

执行绘制直线命令后，命令行提示如下：

```
命令：L
LINE
指定第一个点：
```

02 此时先不指定点，在“状态栏”中的“对象捕捉”按钮下，单击鼠标右键选择“设置”选项，如图 15-2 所示。

03 单击“对象捕捉”选项卡中的“全部选择”按钮，如图 15-3 所示，然后单击“确定”按钮，即完成“对象捕捉模式”的选择。

图 15-2　选择“设置”选项

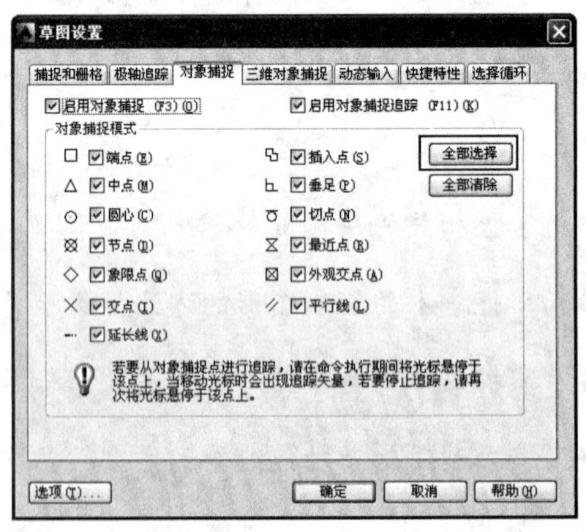

图 15-3　“对象捕捉”选项卡

04 将光标移至圆 a 附近，光标自动磁吸到圆 a 上并显示对象捕捉标记为，此时单击即可指定切点为直线的第一点，如图 15-4 所示。

05 输入第一个点后，命令行提示如下：

```
指定下一点或 [放弃(U)]:
```

06 将光标移至圆 b 附近，光标自动磁吸到圆 b 上并显示对象捕捉标记为，单击即可指定切点为直线的第二点，如图 15-5 所示，单击鼠标右键完成切线绘制，命令行提示如下：

```
指定下一点或 [放弃(U)]:
自动保存到 C:\Documents and Settings\Administrator\local settings\temp\
Drawing1_1_1_9379.sv$ ...
```

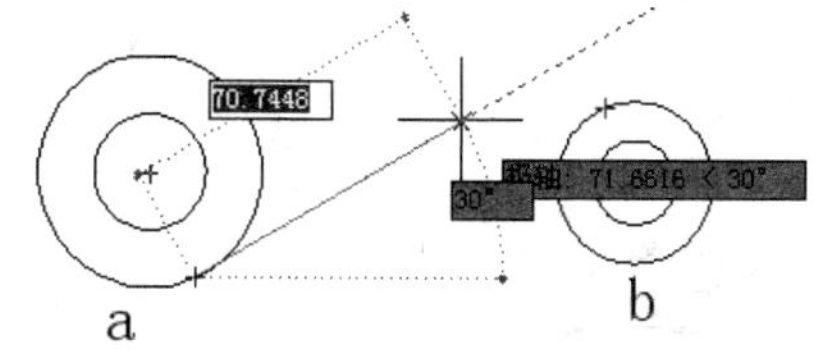

图 15-4　指定第一个点

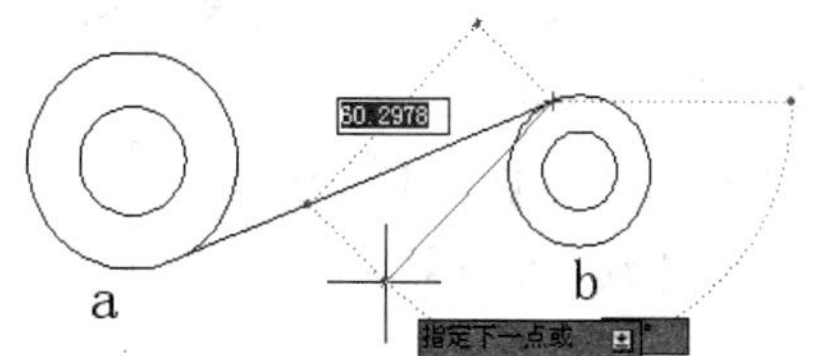

图 15-5　指定第二个点

绘制结果如图 15-6 所示。

07 用同样的方法绘制第二条公切线，绘制结果如图 15-7 所示。

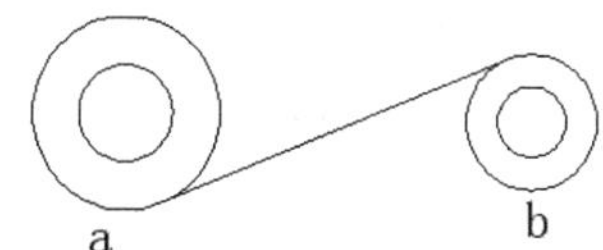

图 15-6　绘制第一条公切线

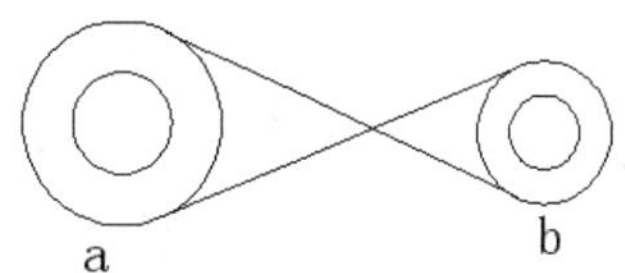

图 15-7　绘制的两条公切线

必学技能实训 2——机械零件图尺寸标注的方法

打开“15-2”文件，以如图 15-8 所示为例，通过对某个机械零件图进行标注的实例，按照前面必学技能 100 例为绘图技能，下面将具体介绍尺寸标注的方法。

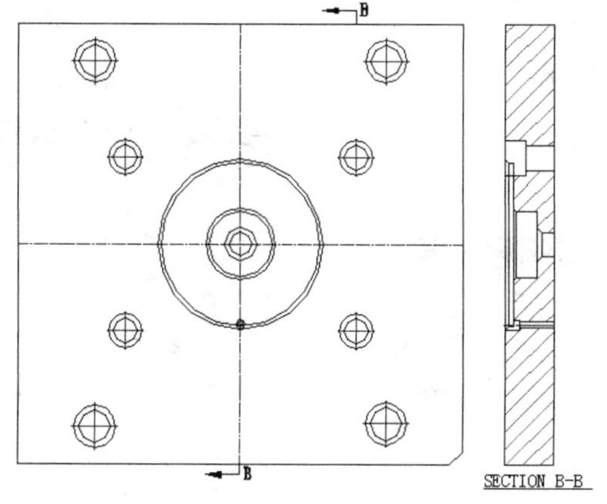

图 15-8　某个零件图

操作步骤

1. 线性标注

01 新建图层。

建立图层详见第 49 例。

新建“尺寸线”图层，效果如图 14-9 所示。

02 设置图层颜色。

设置图层颜色详见第 49 例。

将“尺寸线”图层中的颜色设置为“绿”，效果如图 15-9 所示。

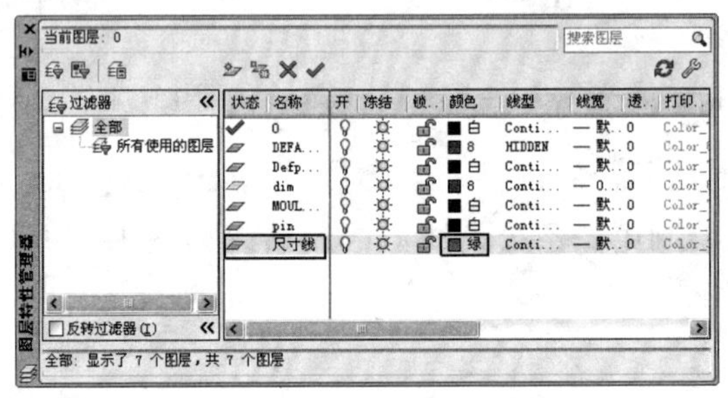

图 15-9　新建“尺寸线”图层

03 设置标注样式。

设置标注样式详见第 58 例。

注意：这里是修改标注样式，与第 58 例中的创建新的标注样式不一样，请读者注意比较！

选择菜单栏中的“格式”→“标注样式”命令，系统打开“标注样式管理器”对话框，如图 15-10 所示。

04 单击“修改”按钮，弹出“修改标注样式”对话框，单击“符号和箭头”选项卡，输入“箭头大小”为“5”，在“文字”选项卡中输入“文字高度”为“7”，如图 15-11 所示。

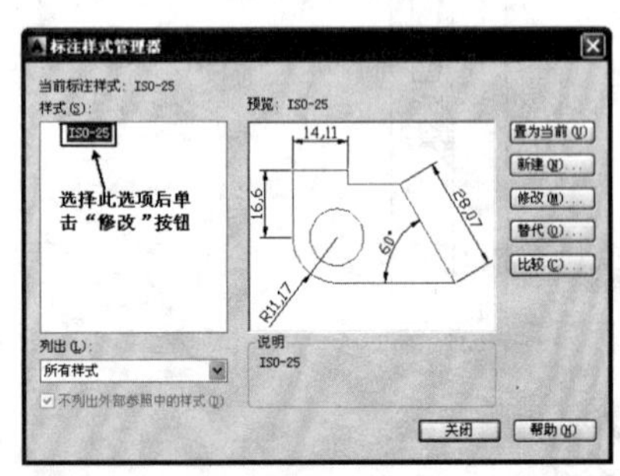

图 15-10　“标注样式管理器”对话框

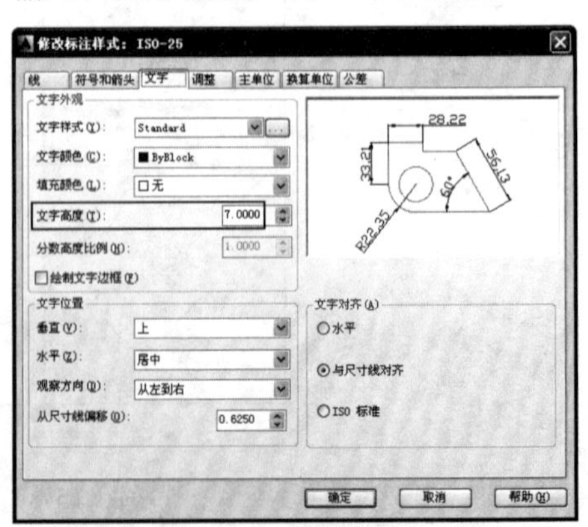

图 15-11　“文字”选项卡

05 在“主单位”选项卡中输入“舍入”为“0.0000”，“测量单位比例”的“比例因子”为“1.0000”，如图 15-12 所示。

06 单击“修改标注样式”对话框中的“确定”按钮后，单击“标注样式管理器”对话框中的“置为当前”按钮，然后单击“关闭”按钮。

07 线性标注。

线性标注详见第 59 例。

标注完成的一个线性标注，如图 15-13 所示。

图 15-12　“主单位”选项卡

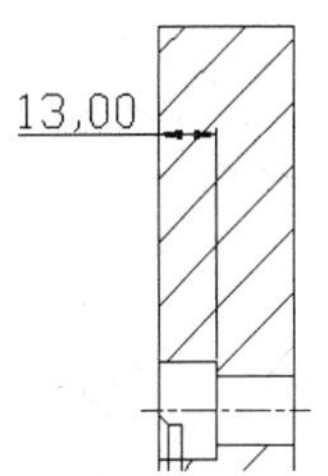

图 15-13　线性标注

08 线性标注。

线性标注详见第 59 例。

最后的效果如图 15-14 所示。

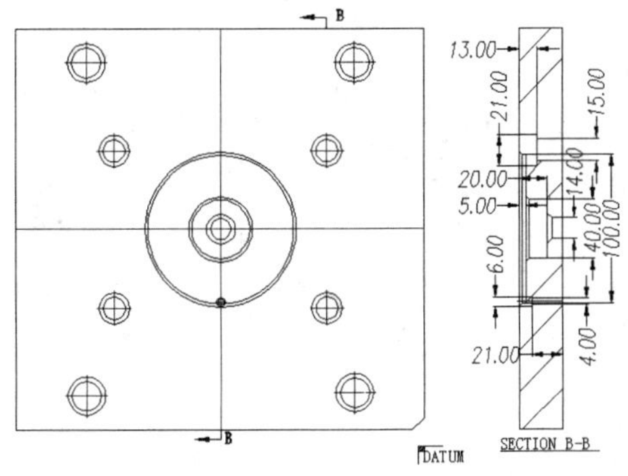

图 15-14　完成的线性标注

2. 直径标注

09 直径标注。

直径标注详见第 60 例。

标注完成的一个直径标注，如图 15-15 所示。

10 直径标注。

直径标注详见第 60 例。

最后的效果如图 15-16 所示。

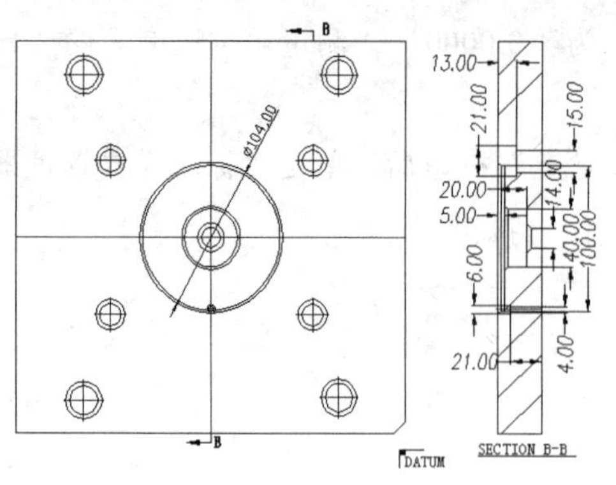

图 15-15　完成的直径标注

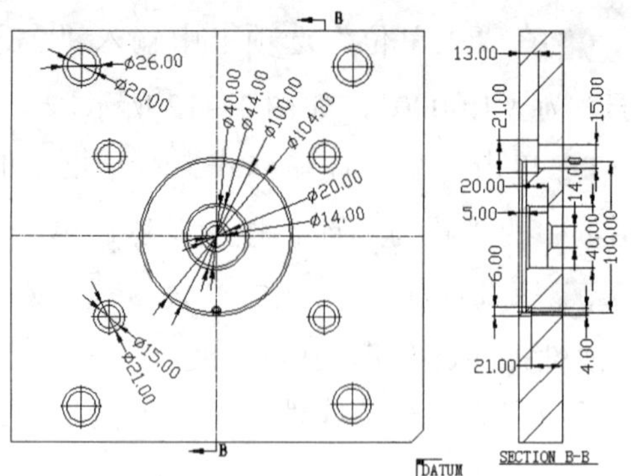

图 15-16　完成的直径标注

11 修改直径标注。

半径标注详见第 60 例。

即修改圆的个数，修改完后的效果如图 15-17 所示。

3．坐标标注

12 定义坐标原点。

定义坐标原点详见第 66 例。

定义中心线的交点为坐标原点，此时绘图区如图 15-18 所示。

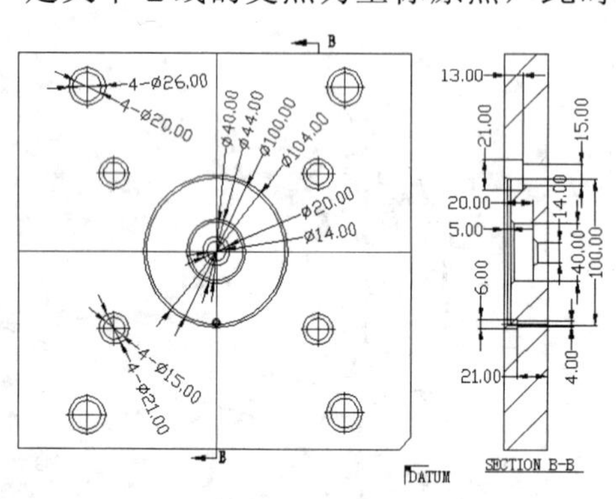

图 15-17　修改的直径标注

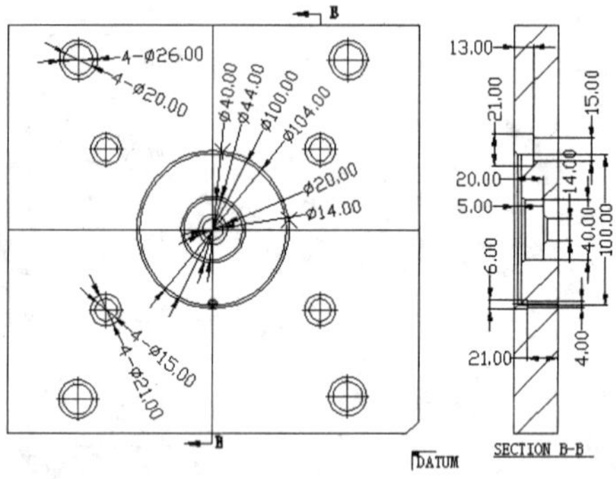

图 15-18　定义坐标原点

13 绘制直线。

绘制直线的方法详见第 13 例。

绘制两条相互垂直的直线，这样在标注时可以排列整齐，看起来比较整齐，绘制完之后的效果如图 15-19 所示。

14 标注坐标原点。

标注坐标原点详见第 66 例。

最后的效果如图 15-20 所示。

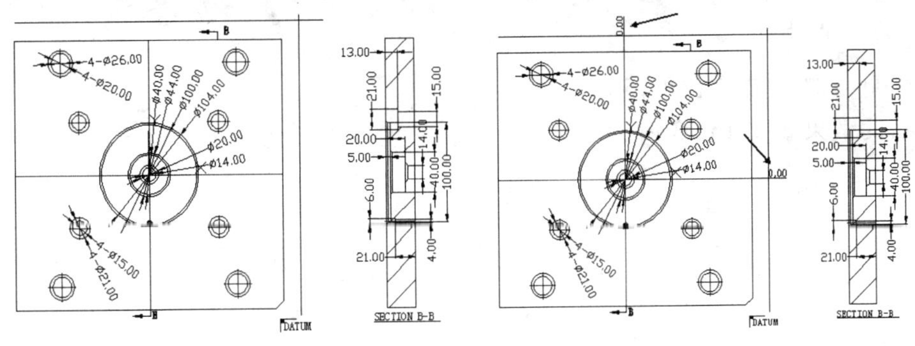

图 15-19　绘制直线　　　　图 15-20　标注坐标原点

15 沿 X 方向进行坐标标注。

标注坐标原点详见第 66 例。

如各个中心点，沿 X 方向拖动，进行 X 方向的标注，此尺寸值即各个相对于标注原点的 X 坐标，如图 15-21 所示。

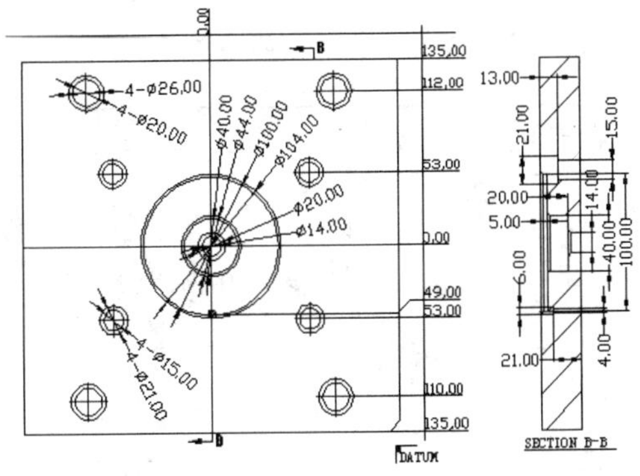

图 15-21　沿 X 方向进行坐标标注

16 沿 Y 方向进行坐标标注。

标注坐标原点详见第 66 例。

如各个中心点，沿 Y 方向拖动，进行 Y 方向的标注，此尺寸值即各个相对于标注原点的 Y 坐标，如图 15-22 所示。

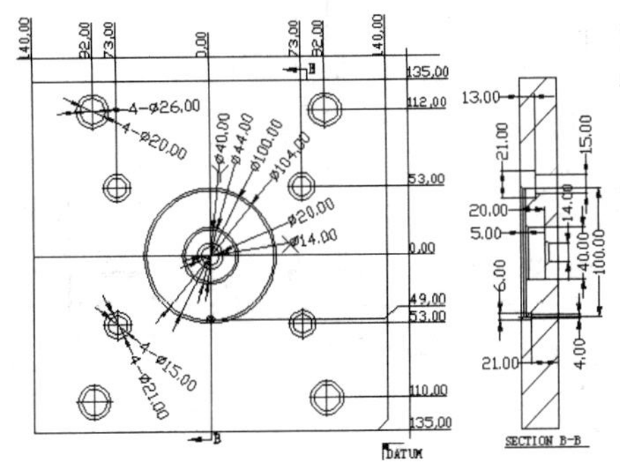

图 15-22　沿 Y 方向进行坐标标注

17 删除直线。

删除直线的方法详见第 25 例。

最后的效果如图 15-23 所示。

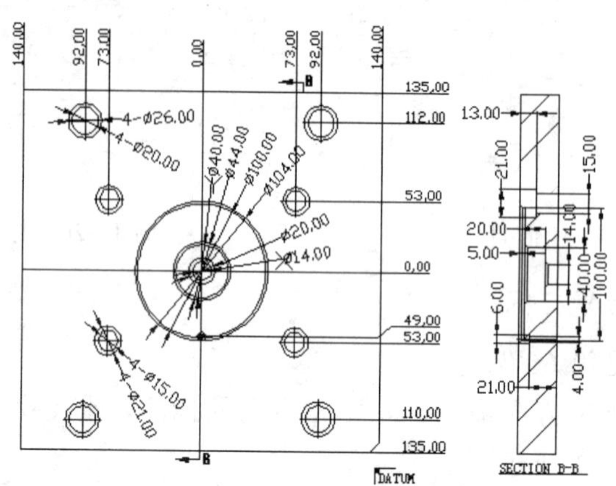

图 15-23 完成的标注效果图

必学技能实训 3——建筑设计的方法

以如图 15-24 所示为例，通过建筑设计，包括新建图层、绘制图形、编辑图形、填充图形及标注图形的方法，按照前面必学技能 100 例为绘图技能，下面将具体介绍其绘制方法。

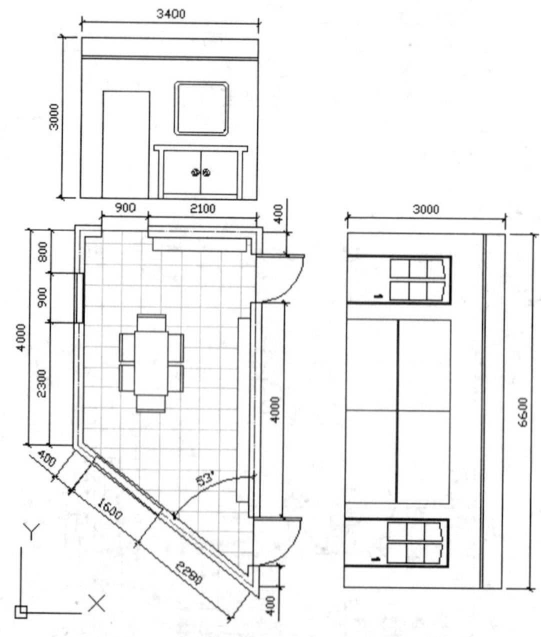

图 15-24 完成的效果图

操作步骤

1. 新建图层

01 启动桌面上的“AutoCAD 2014 - 简体中文（Simplified Chinese）”程序后的界面如图 1-1 所示，其采用的是“AutoCAD 经典”工作空间。

02 新建文件。

新建文件详见第 2 例。

03 选择“acad”选项后，单击“打开”按钮，即创建新建文件“Drawing2”。

04 保存图形文件。

保存图形文件详见第 2 例。

在“图形另存为”对话框中的“文件名”选项中输入“建筑平面设计”，“文件类型”选项中选择“AutoCAD 2004”版本的文件类型。

05 单击“图形另存为”对话框中的“保存”按钮，即创建新建文件“Drawing2”文件变为“建筑平面设计”，如图 14-25 所示。

06 新建图层。

新建图层详见第 49 例。

弹出“图层特性管理器”对话框，如图 15-26 所示。

图 15-25　“定位板”文件

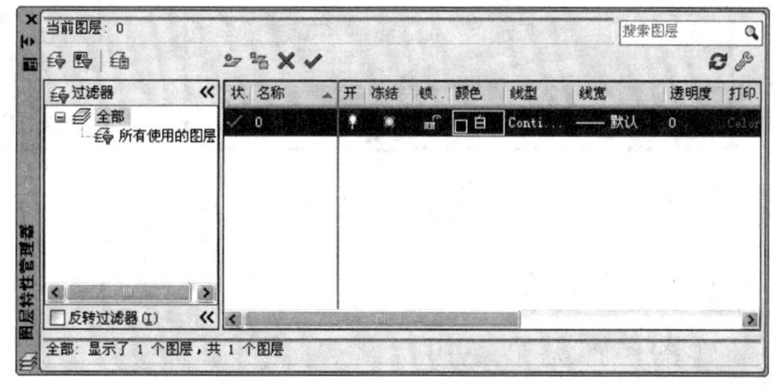

图 15-26　“图层特性管理器”对话框

07 建立“中轴线”图层。在该对话框中单击“新建图层”按钮，此时系统自动新建“图层 1”，命名“图层 1”为“中轴线”。

08 设置图层颜色。

设置图层颜色详见第 49 例。

在“选择颜色”对话框中，选择颜色为“253”号颜色，如图 15-27 所示。

09 设置图层线型。

设置图层线型详见第 49 例。

在如图 15-28 所示的“选择线性”对话框，如果没有合适的线型，可单击“加载”

按钮来寻找合适的线型。

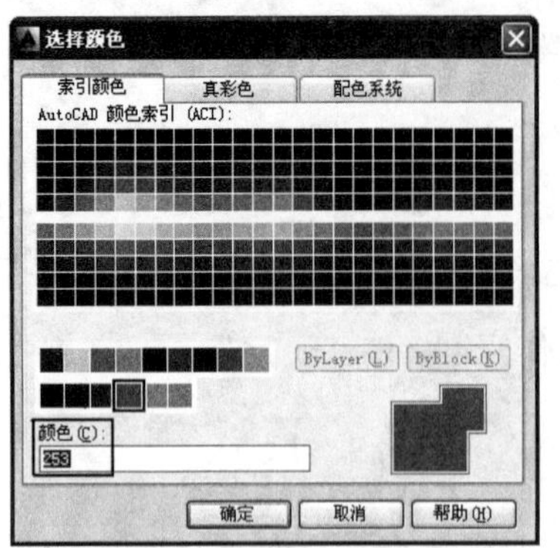

图 15-27 “选择颜色”对话框

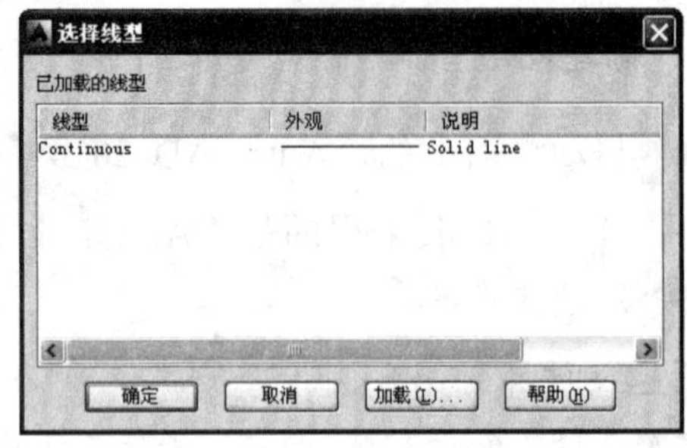

图 15-28 “选择线型”对话框

10 加载线型。

加载线型详见第 49 例。

在如图 15-29 所示的“加载或重载线型”对话框中，选择线型为“ACAD_ISO04W100”的选项后，单击“确定”按钮，如图 15-30 所示。

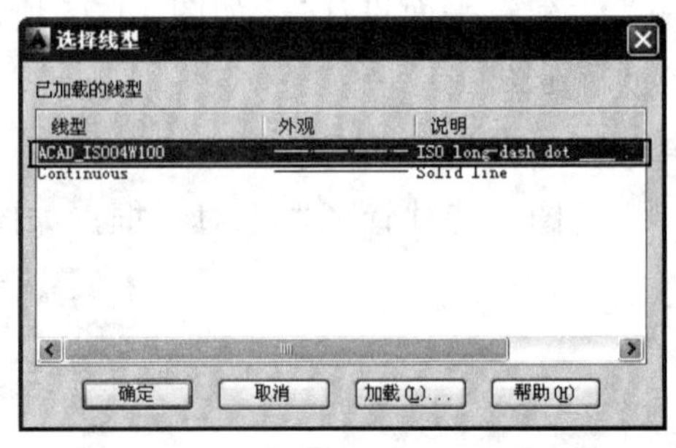

图 15-29 “加载或重载线型”对话框

图 15-30 “选择线型”对话框

11 新建其他图层。

新建图层详见第 49 例。

新建“中轴线”、“标注”、“家具”、“门窗”、“图案填充”、“主墙体”、“Defpoints”图层，后将“中轴线”图层设置为当前图层，效果如图 14-31 所示。

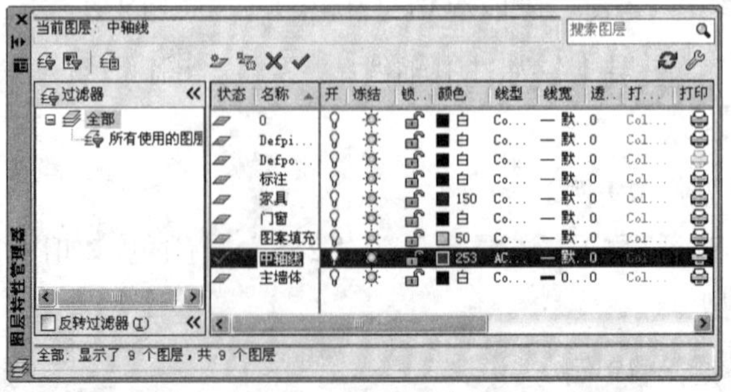

图 15-31 “图层特性管理器”对话框

2. 绘制墙体中轴线

12 选择图层。在前一步骤中，已经选中“中轴线”图层，或者在“图层”菜单栏中选择“中轴线”图层，如图 15-32 所示。

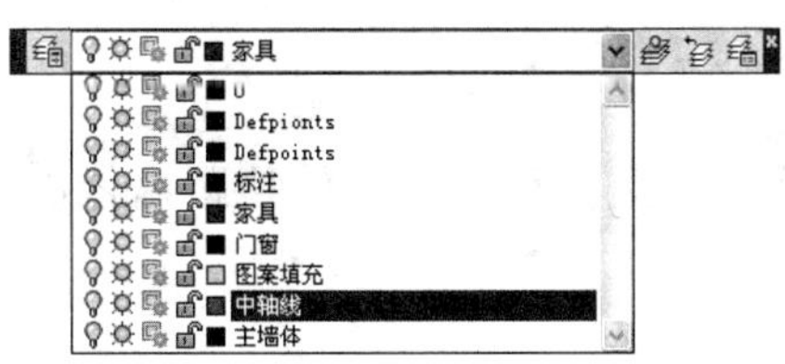

图 15-32　选择“中轴线”图层

13 绘制直线。

绘制直线详见第 13 例。

其命令行提示如下：

```
命令: _line 指定第一点: 4500，500        //输入直线第一点的坐标值，按下空格键
指定下一点或 [放弃(U)]: 6600             //按 F8 键打开正交功能，引导光标沿 Y 轴正方向移动，
                                          输入数值，按下空格键
指定下一点或 [放弃(U)]: 3400             //引导光标沿 X 轴负方向移动，输入数值，按下空格键
指定下一点或 [闭合(C)/放弃(U)]: 4000     //引导光标沿 Y 轴负方向移动，输入数值，按下空格键
指定下一点或 [闭合(C)/放弃(U)]: c        //再次按 F8 键关闭正交，调用“闭合（C）”选项，
                                          单击鼠标右键结束命令
```

根据命令行的提示，在绘图区域创建直线，如图 15-33 所示。

14 偏移直线。

偏移直线详见第 32 例。

在绘图区域中对最顶部的水平直线进行偏移后，将左侧的垂直直线向右偏移“400”个单位，偏移后的图形如图 15-34 所示。

15 偏移直线。

偏移直线详见第 32 例。

在绘图区域中将新偏移的水平和垂直直线分别向下和向右偏移“900”个单位后，再将新偏移的水平直线垂直向上偏移“400”个单位，如图 15-35 所示。

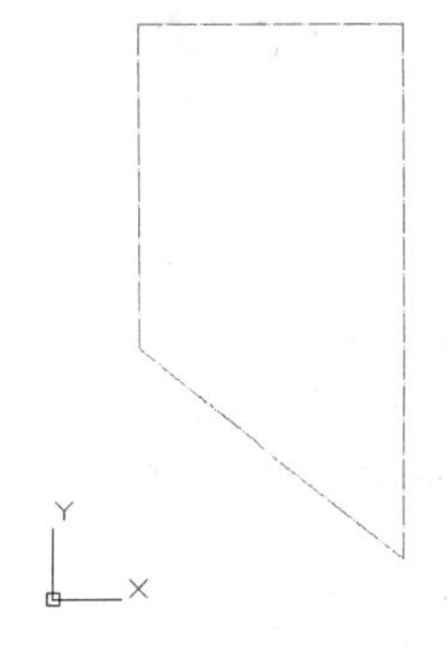

图 15-33　创建直线

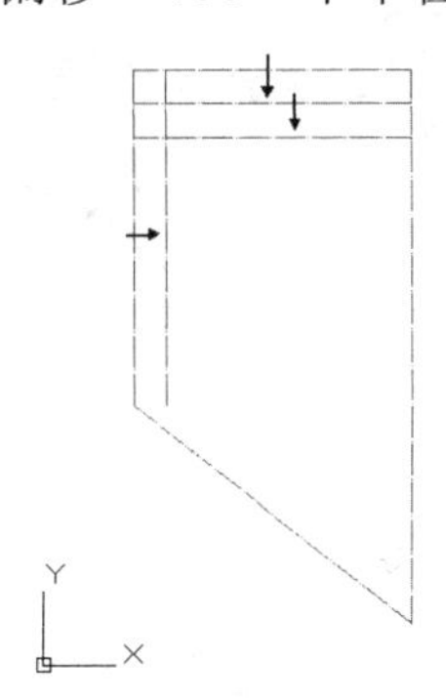

图 15-34　偏移垂直直线

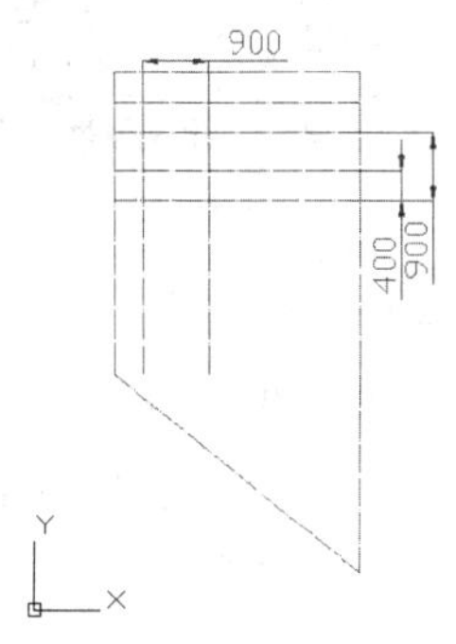

图 15-35　偏移水平直线

16 绘制直线。

绘制直线的方法详见第 13 例。

结合正交和对象捕捉功能，完成后的效果如图 15-36 所示。

17 偏移直线。

偏移直线详见第 32 例。

将新创建的水平直线垂直向上偏移两次，偏移距离依次为“400”个单位和“900”个单位，如图 15-37 所示。

18 绘制圆。

绘制圆详见第 16 例。

圆的半径大小为“400”，最后的效果如图 15-38 所示。

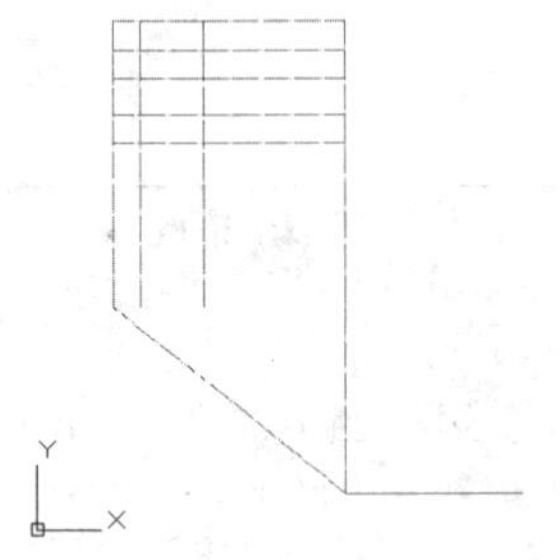

图 15-36　创建直线

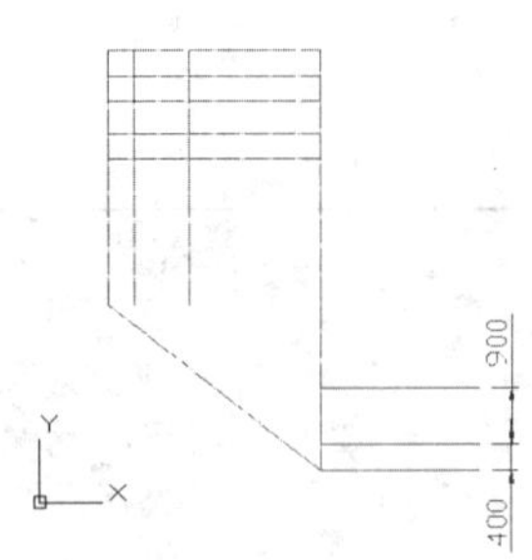

图 15-37　偏移直线

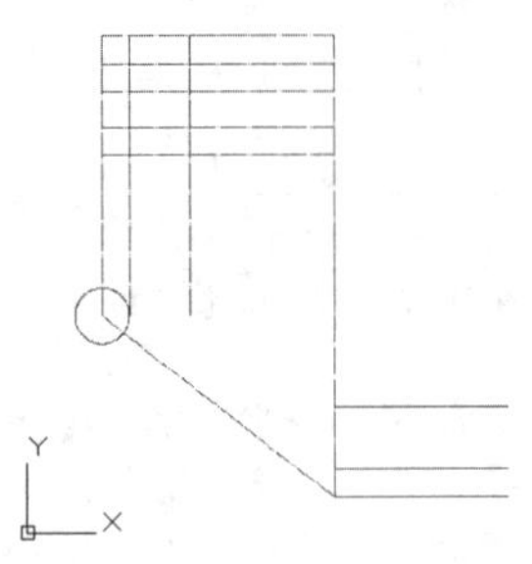

图 15-38　创建圆

19 绘制圆。

绘制圆详见第 16 例。

圆的半径大小为“2280”，最后的如图 15-39 所示。

20 修剪直线。

修剪直线详见第 26 例。

在绘图区域中对创建的中轴线进行修剪，修剪出门窗的位置，如图 15-40 所示。

提示

用户可通过执行“修剪”命令后，选择所有对象作为修剪边，然后在要修剪的边上单击，即可将其修剪。

21 删除直线。

删除直线的方法详见第 25 例。

将创建的用于修剪中轴线的辅助线删除，完成墙体中轴线的创建，如图 15-41 所示。

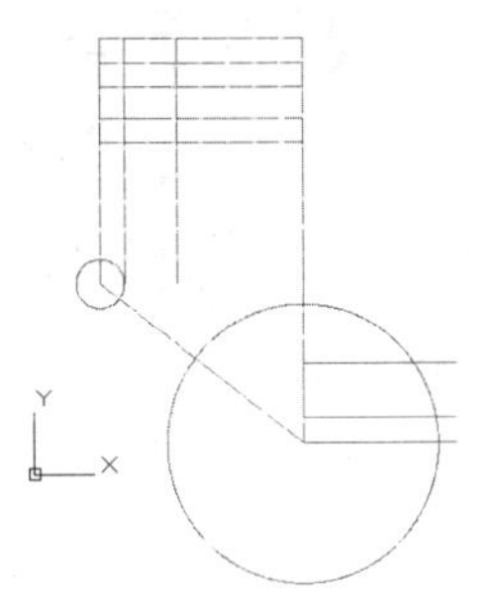

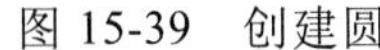

图 15-39　创建圆

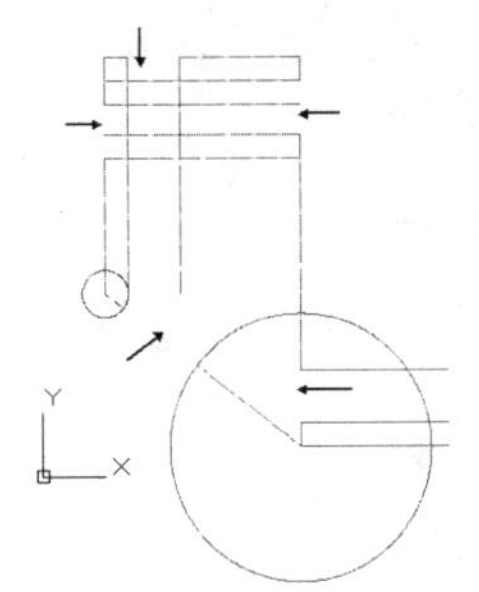

图 15-40　修剪边

图 15-41　绘制出墙体中轴线

3. 绘制墙体

22 偏移直线。

偏移直线详见第 32 例。

将中轴线分别向两侧偏移“100”个单位，效果如图 15-42 所示。

23 修剪直线。

修剪直线详见第 26 例。

对绘图区域中墙体拐角处的相交线段进行修剪，其效果如图 15-43 所示。

24 倒角。

倒角详见第 30 例。

根据命令行的提示，对拐角处未闭合的外墙体线进行闭合，如图 15-44 所示。

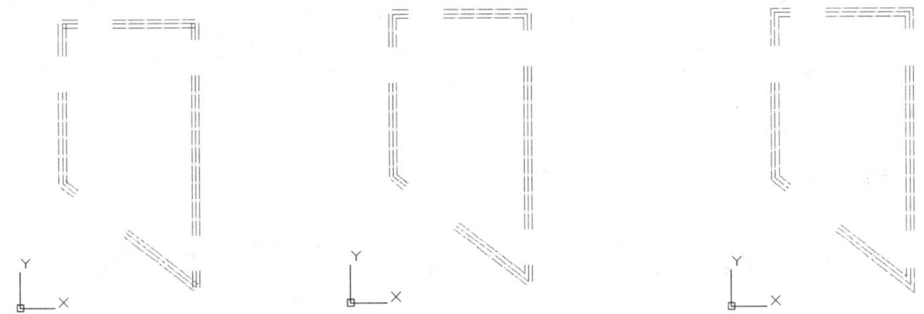

图 15-42　对其他中轴线偏移　　图 15-43　修剪图形　　图 15-44　将拐角处未闭合的外墙体线闭合

25 选择图层。在“图层”菜单栏中选择“主墙体”图层，如图 15-45 所示。

26 绘制直线。

绘制直线的方法详见第 13 例。

结合对象捕捉功能，依次捕捉内外墙体线相对的两个端点绘制直线，封闭主墙体，如图 15-46 所示。

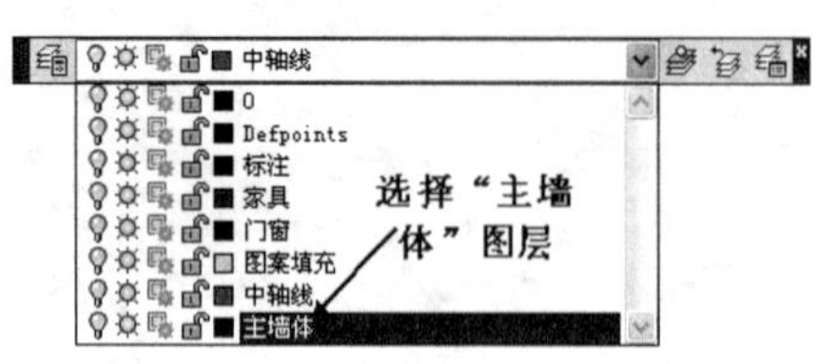

图 15-45　设置图形所在图层

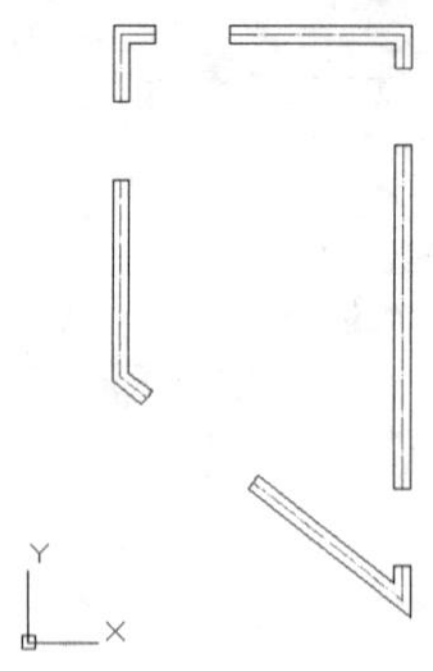

图 15-46　封闭主墙体

4. 绘制门及室内家具

27 选择图层。在“图层”菜单栏中选择“门窗”图层，将其设置为当前图层。

28 绘制直线。

绘制直线详见第 13 例。

结合对象捕捉功能，在平面图右侧墙体上部的门位置两侧的墙体中轴线间绘制直线。

29 绘制矩形。

绘制矩形详见第 18 例。

命令行提示如下：

```
命令: _rectang
指定第一个角点或 [倒角(C)/标高(E)/圆角(F)/厚度(T)/宽度(W)]:  //捕捉端点 A 并单击
指定另一个角点或 [面积(A)/尺寸(D)/旋转(R)]: @900, -50   //输入另一个角点的相对坐标值,
                                                       单击鼠标右键结束命令
```

在绘图区域中绘制矩形，效果如图 15-47 所示。

30 绘制圆弧。

绘制圆弧详见第 16 例。

命令行提示如下：

```
命令: _arc 指定圆弧的起点或 [圆心(C)]: C      //调用“圆心(C)”选项，单击鼠标左键
指定圆弧的圆心:                              //捕捉端点 A 并单击
指定圆弧的起点:                              //捕捉端点 B 并单击
指定圆弧的端点或 [角度(A)/弦长(L)]:           //捕捉端点 C 并单击
```

在绘图区域中绘制圆弧，完成门的绘制，效果如图 15-48 所示。

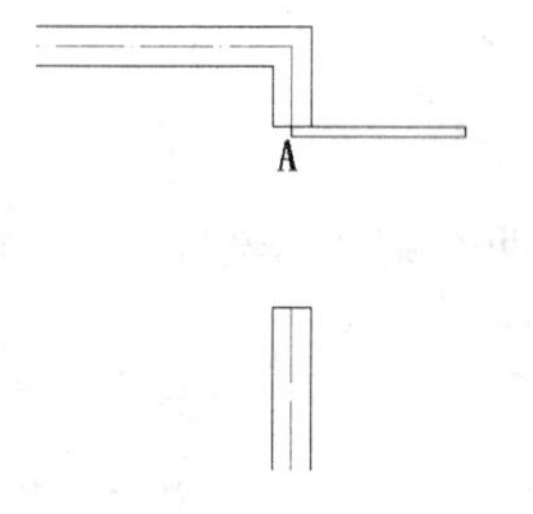

图 15-47　绘制矩形

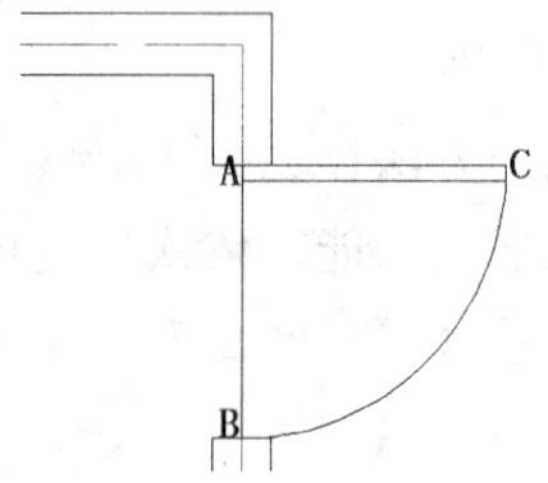

图 15-48　绘制门

31 复制图形。

复制图形详见第 32 例。

命令行提示如下：

```
命令：
命令：_copy
选择对象：                                        //选择组成门的所有图形
当前设置：  复制模式 = 多个
指定基点或 [位移(D)/模式(O)] <位移>:               //捕捉中点 A 并单击
指定第二个点或 <使用第一个点作为位移>:              //捕捉中点 B 并单击，单击鼠标右键结束命令
```

对门进行复制，如图 15-49 所示。

32 选择图层。在“图层”下拉列表栏中选择“家具”图层，将其设置为当前图层。

33 绘制直线。

绘制直线详见第 13 例。

结合正交功能，命令行提示如下：

```
命令：_line 指定第一点：                    //捕捉顶部门右侧墙体的左下角点 A 并单击
指定下一点或 [放弃(U)]: 100                 //沿 X 轴正方向移动光标，输入距离值并按下空格键
指定下一点或 [放弃(U)]: 250                 //沿 Y 轴负方向移动光标，输入距离值并按下空格键
指定下一点或 [闭合(C)/放弃(U)]: 1800 //沿 X 轴正方向移动光标，输入值并按下空格键
指定下一点或 [闭合(C)/放弃(U)]: 250  //沿 Y 轴正方向移动光标，输入数值，按下空格键，
                                      然后单击鼠标右键结束命令
```

在绘图区域中绘制出小壁柜，如图 15-50 所示。

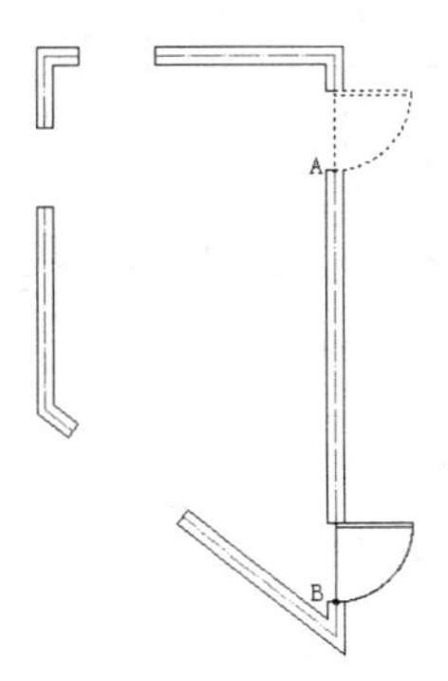

图 15-49　复制对象

图 15-50　绘制直线

34 绘制直线。

绘制直线详见第 13 例。

在绘图区域中绘制一个距离平面图右上角门底端“300”个单位的壁柜图形，该图形的长度为“3400”个单位，宽度为“250”个单位，效果如图 15-51 所示。

35 绘制矩形。

绘制矩形详见第 18 例。

绘制一个长为“1250”个单位，宽为“1200”个单位的矩形，如图 15-52 所示。

36 分解矩形。

分解矩形详见第 28 例。

将绘制的矩形分解成 4 条单独的直线。

37 偏移直线。

偏移直线详见第 32 例。

对分解后的矩形左、右两侧的垂直直线向矩形内部分别偏移“50”个单位，然后再对新偏移的两条垂直直线再次分别向内部偏移两次，第一次为“250”个单位，第二次为“50”个单位，偏移后的图形如图 15-53 所示。

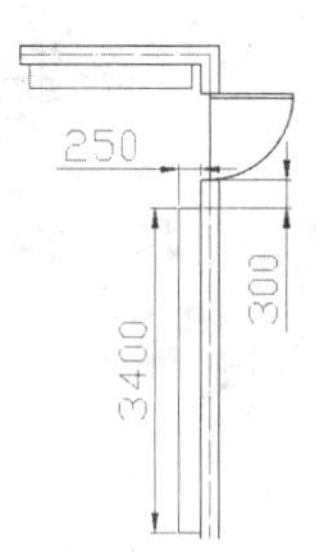

图 15-51　绘制出另一个壁柜

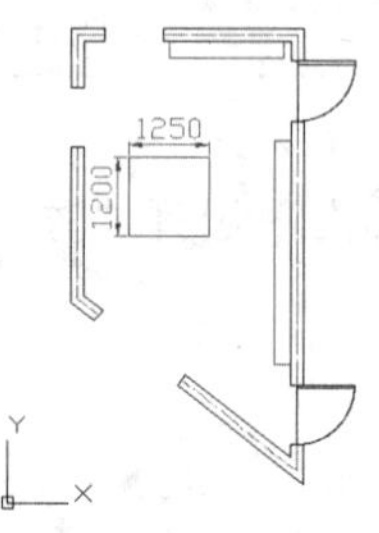

图 15-52　绘制矩形

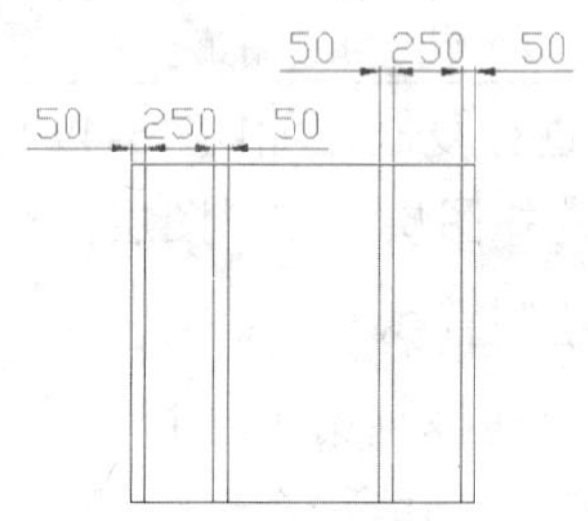

图 15-53　偏移直线

38 偏移直线。

偏移直线详见第 32 例。

将矩形上、下两条水平直线分别向内偏移“66”个单位。然后再将新偏移的两条水平直线向内偏移“500”个单位，如图 15-54 所示。

39 拉伸直线。在菜单栏中选择“修改”→“拉长”命令，命令行提示如下：

```
命令: _lengthen
选择对象或 [增量(DE)/百分数(P)/全部(T)/动态(DY)]: DE
                                     //调用“增量（DE）”选项，单击鼠标右键
输入长度增量或 [角度(A)]: 300          //输入长度增量值，按下空格键
选择要修改的对象或 [放弃(U)]:           //在偏移的四条垂直直线的两端依次单击
选择要修改的对象或 [放弃(U)]:           //单击鼠标右键结束命令
```

对偏移的四条垂直直线分别向上下两个方向拉长，如图 15-55 所示。

40 偏移直线。

偏移直线详见第 32 例。

将矩形的顶端和底端的两条水平直线分别向其上、下两侧偏移“250”个单位，然后再次将新偏移的两条水平直线分别向其外侧偏移“50”个单位，如图 15-56 所示。

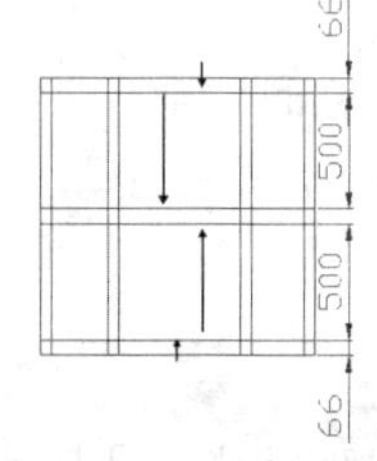

图 15-54　偏移直线

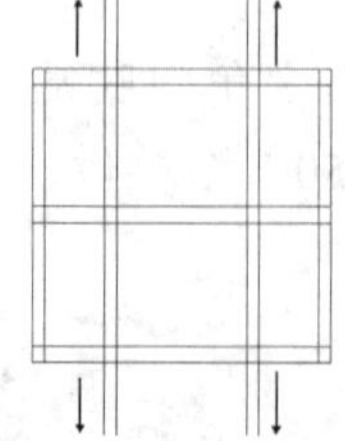
图 15-55　拉长垂直直线

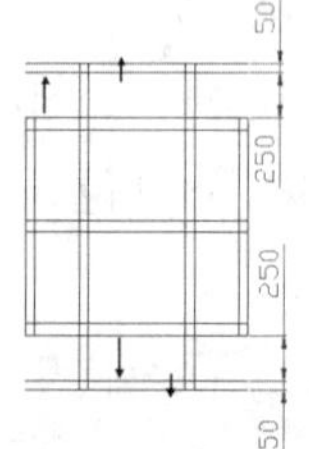

图 15-56　偏移直线

41 修剪直线。

修剪直线详见第 26 例。

修剪直线后，并将修剪图形后孤立的直线段删除，得到如图 15-57 所示的餐桌效果。

42 偏移直线。

偏移直线详见第 32。

参照前面绘制直线，然后对直线进行偏移操作，绘制出平面图中的窗户图形和北侧门处的直线，如图 15-58 所示；

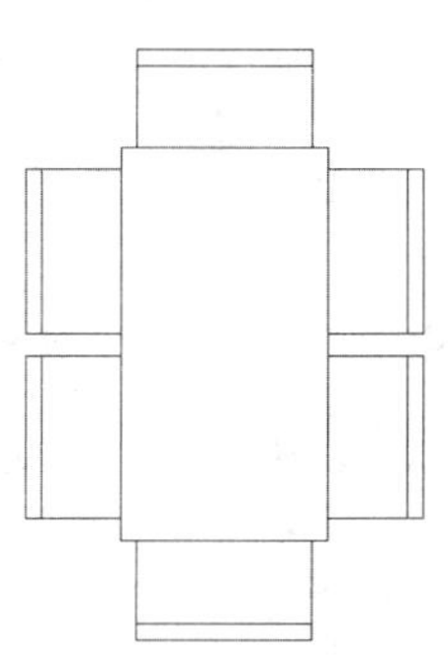

图 15-57　修剪图形

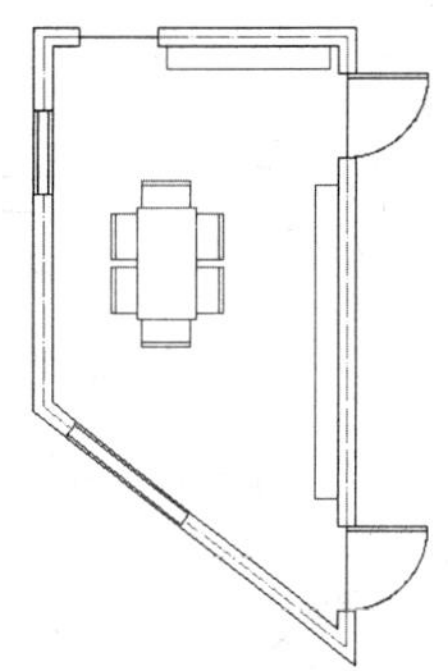

图 15-58　平面图效果

5．绘制餐厅立面图

本小节将在餐厅平面图的基础上绘制该餐厅北部和东部墙体及其家具的立面图，即正视餐厅北部和东部的结构图。

1）绘制餐厅北部立面图

43 选择图层。在“图层”下拉列表栏中选择“主墙体”图层，将其设置为当前图层。

44 绘制直线。

绘制直线详见第 13 例。

结合对象捕捉功能，命令行提示如下：

```
命令: _line 指定第一点:                //启用“对象追踪”功能，追踪平面图中轴线的左上角点 A，
                                          然后向上移动光标，在点 B 处单击
指定下一点或 [放弃(U)]: 3000    //沿 Y 轴正方向移动光标，输入数值并按下空格键
指定下一点或 [放弃(U)]: 3400    //沿 X 轴正方向移动光标，输入数值并按下空格键
指定下一点或 [闭合(C)/放弃(U)]: 3000 //沿 Y 轴负方向移动光标，输入数值并按下空格键
指定下一点或 [闭合(C)/放弃(U)]: C  //调用“闭合（C）”选项，单击鼠标右键结束命令
```

在绘图区域中绘制北部墙体的立面图，如图 15-59 所示。

45 绘制直线。

绘制直线详见第 13 例。

在绘图区域中捕捉追踪平面图顶部门左侧的中轴线端点至刚绘制立面图形底部水

平直线处，捕捉交点并单击指定直线第一点，然后根据提示依次指定点，绘制一个大小为 900×2000 的通道口图形，如图 15-60 所示。

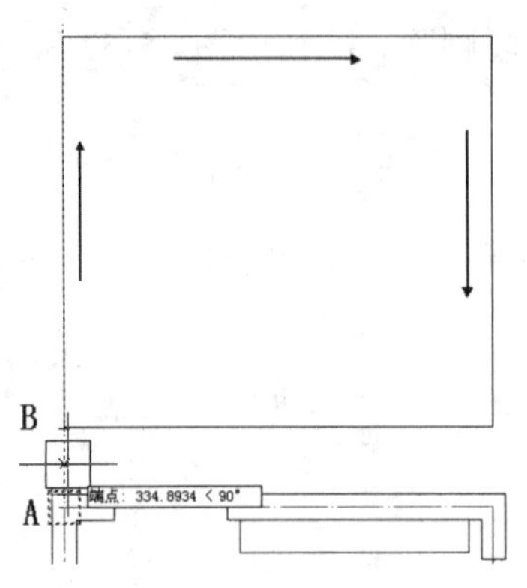

图 15-59　绘制直线

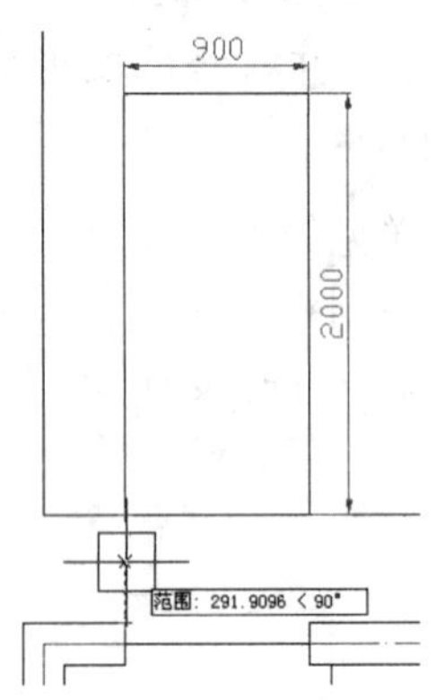

图 15-60　绘制立面图中对应的通道口

46 选择图层。在“图层”下拉列表栏中选择“家具”图层，将其设置为当前图层。

47 绘制直线。

绘制直线详见第 13 例。

结合对象捕捉功能，命令行提示如下：

```
命令: _line 指定第一点:                    //捕捉立面墙体右下角的端点 A 并单击
指定下一点或 [放弃(U)]: 200               //沿 X 轴负方向移动光标，输入数值并按下空格键
指定下一点或 [放弃(U)]: 1000              //沿 Y 轴正方向移动光标，输入数值并按下空格键
指定下一点或 [闭合(C)/放弃(U)]: 1800  //沿 X 轴负方向移动光标，输入数值并按下空格键
指定下一点或 [闭合(C)/放弃(U)]: 1000  //沿 Y 轴负方向移动，输入数值并按下空格键
指定下一点或 [闭合(C)/放弃(U)]: C      //调用“闭合（C）”选项，按下空格键结束命令
```

在绘图区域中绘制柜子，如图 15-61 所示。

48 偏移直线。

偏移直线详见第 32 例。

将刚绘制顶部水平直线向下偏移两次，依次“100”个单位和“800”个单位，将两条垂直直线分别向内偏移两次，平均每次为“100”个单位，完毕后再次将其中新偏移的一条垂直直线向内偏移“700”个单位，效果如图 15-62 所示。

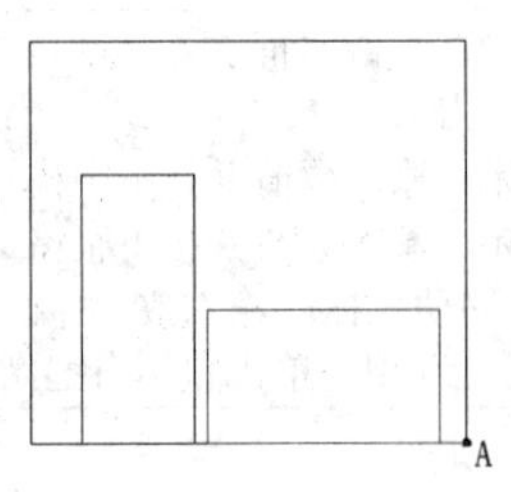

图 15-61　绘制直线

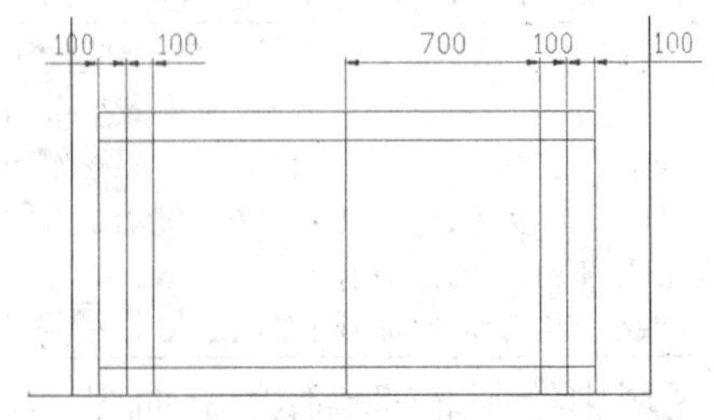

图 15-62　偏移直线

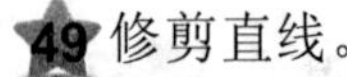
49 修剪直线。

修剪直线详见第 26 例。

通过修剪命令对图形进行修剪，并将修剪图形后孤立的直线段删除，得到如图 15-63 所示的效果。

50 偏移直线。

偏移直线详见第 32 例。

将柜子中间的垂直直线分别向两侧偏移“100”个单位，然后再对柜子底部的水平直线向上偏移“400”个单位，如图 15-64 所示。

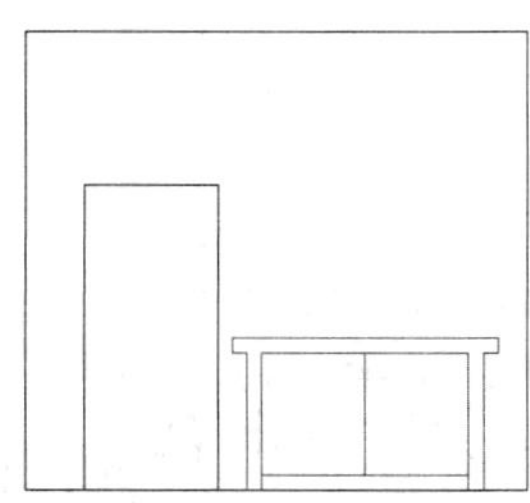

图 15-63　修剪柜子图形

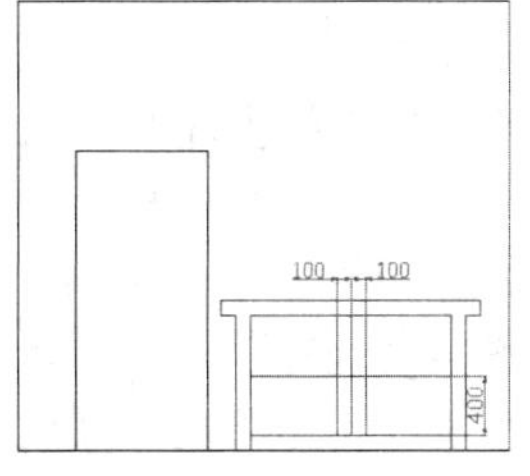

图 15-64　偏移直线

51 绘制圆。

绘制圆详见第 16 例。

圆的半径大小为“30”，最后的效果如图 15-65 所示。

52 绘制圆。

绘制圆详见第 16 例。

以新偏移的垂直与水平直线的交点为圆心，绘制一个半径为“60”个单位的圆，效果如图 15-66 所示。

53 修订云线。选择菜单栏中的“绘图”→“修订云线”命令，命令行提示如下：

```
命令: _revcloud
最小弧长: 100    最大弧长: 200   样式: 普通
指定起点或 [弧长(A)/对象(O)/样式(S)] <对象>:A  //调用“弧长 (A) ”选项，按下空格键
指定最小弧长 : 30                              //输入最小弧长值，按下空格键
指定最大弧长: 30                                //输入最大弧长值，按下空格键
指定起点或 [弧长(A)/对象(O)/样式(S)] <对象>:O  //调用“对象 (O) ”选项，按下空格键
选择对象:                                       //在新创建的较大的圆上单击
反转方向 [是(Y)/否(N)] <否>: N                 //单击鼠标右键结束命令
```

绘制如图 15-67 所示的云线。

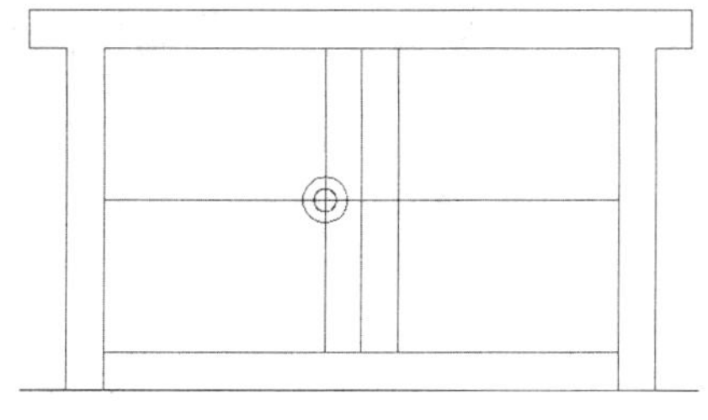

图 15-65　绘制圆

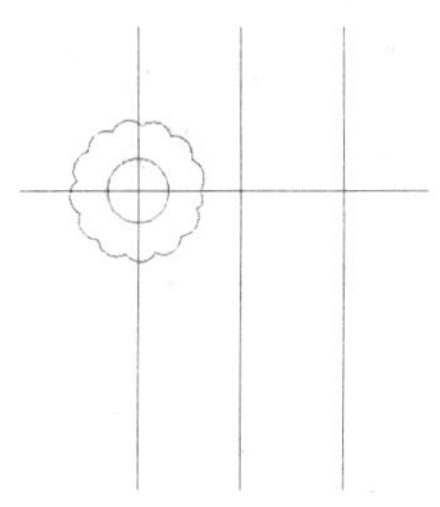

图 15-66　绘制出拉手

54 复制图形。

复制图形详见第 32 例。

对绘制的拉手图形进行复制，制作出柜子另一侧的拉手，如图 15-67 所示。

55 删除直线。

删除直线的方法详见第 25 例。

将作为绘制柜子拉手所创建的参考线删除。

56 绘制正多边形。

绘制正多边形的方法详见第 19 例。

绘制正多边形，命令行提示如下：

```
命令: _polygon
输入边的数目: 4                              //输入边的数目，按下空格键
指定正多边形的中心点或[边(E)]: 800           //将光标锁定在柜子中垂线的上端点 A 上，然后向上
                                             移动光标，当出现追踪虚时输入数值，按下空格键
输入选项 [内接于圆(I)/外切于圆(C)]<C>: C      //调用“外切于圆（C）”选项，按下空格键
指定圆的半径: 500                            //输入圆的半径值，按下空格键结束命令
```

在绘图区域中绘制正多边形，如图 15-68 所示。

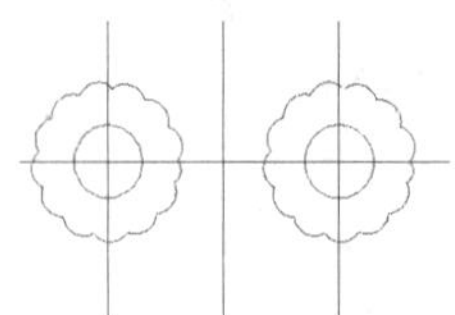

图 15-67 复制图形

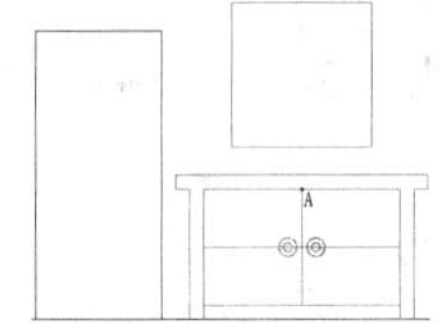

图 15-68 绘制正四边形

57 偏移直线。

偏移直线详见第 32 例。

将新绘制的正四边形向内偏移“50”个单位。

58 圆角。

圆角详见第 31 例。

圆角大小为“60”，对拐角处未闭合的外墙体线进行圆角，效果如图 15-69 所示。

59 偏移直线。

偏移直线详见第 32 例。

将立面图墙体最顶部的水平直线下偏移两次，偏移距离依次为“350”个单位和“50”个单位，效果如图 15-70 所示。

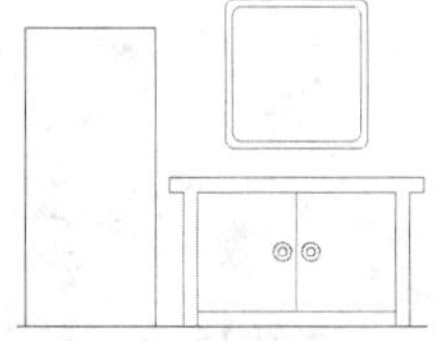

图 15-69 圆角对象

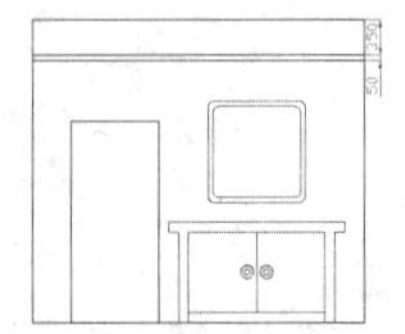

图 15-70 完成立面图的绘制

2）绘制餐厅东部立面图

60 选择图层。在“图层”下拉列表栏中选择“主墙体”图层，将其设置为当前图层。

61 绘制直线。

绘制直线详见第 13 例。

结合正交和捕捉追踪功能，命令行提示如下：

```
命令: _line
指定下一点或 [放弃(U)]:                    //捕捉追踪平面图水平墙体和右侧垂直墙体中轴线的
                                           交点 A，然后向右移动光标至点 B 处单击
指定下一点或 [放弃(U)]: 3000               //向 X 轴正方向移动光标，输入数值并按下空格键
指定下一点或 [闭合(C)/放弃(U)]: 6600  //向 Y 轴负方向移动光标，输入数值并按下空格键
指定下一点或 [闭合(C)/放弃(U)]: 3000  //向 X 轴负方向移动光标，输入数值并按下空格键
指定下一点或 [闭合(C)/放弃(U)]:C       //调用“闭合（C）”选项，单击鼠标右键键结束命令
```

在绘图区域中绘制直线，如图 15-71 所示。

62 偏移直线。

偏移直线详见第 32 例。

将刚绘制的主墙体右侧垂直直线水平向左偏移“350”个单位，然后将新偏移的直线向左偏移“50”个单位，如图 15-72 所示。

63 选择图层。在“图层”下拉列表栏中选择“门窗”图层，将其设置为当前图层。

64 绘制直线。

绘制直线详见第 13 例。

在与平面图右上方门对应的立面图中，绘制一个大小为 900×2000 的门，如图 15-73 所示。

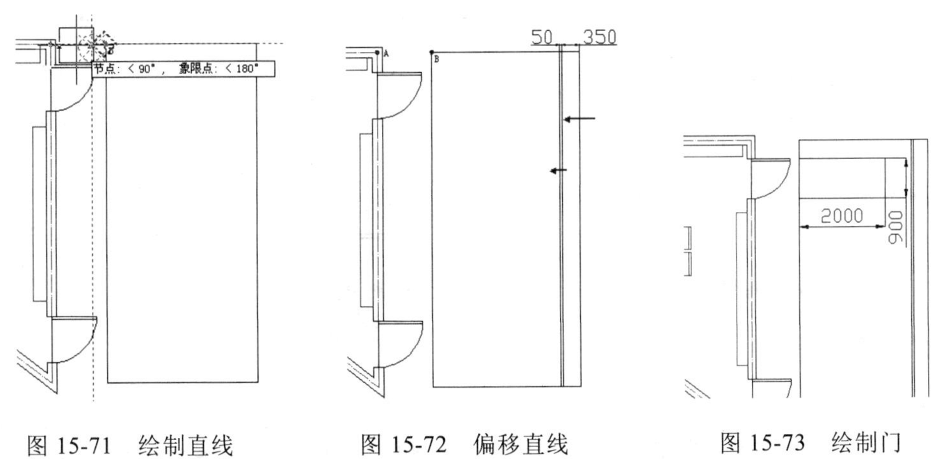

图 15-71　绘制直线　　图 15-72　偏移直线　　图 15-73　绘制门

65 偏移直线。

偏移直线详见第 32 例。

将刚绘制的直线分别向内偏移“20”个单位。

66 修剪直线。

修剪直线详见第 26 例。

对相交的偏移直线进行修剪，效果如图 15-74 所示。

67 偏移直线。

偏移直线详见第 32 例。

将刚偏移的右侧垂直直线水平向左偏移 4 次，依次为 90、350、350 和 350 个单位，如图 15-75 所示。

图 15-74 偏移直线

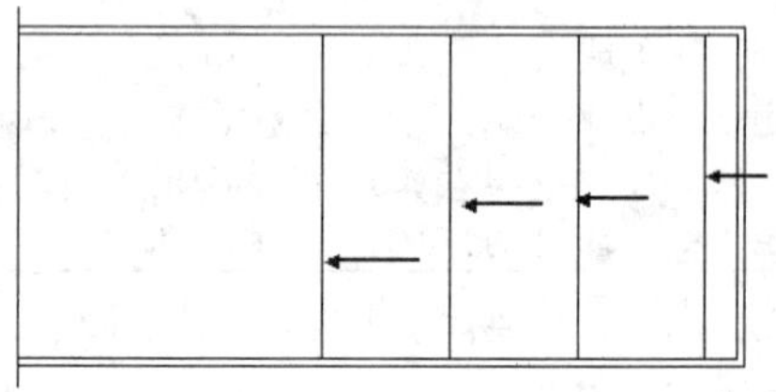

图 15-75 偏移直线

68 偏移直线。

偏移直线详见第 32 例。

将门内部的上、下两条水平直线分别向中间偏移两次，偏移距离依次为“50”个单位和“355”个单位，偏移后的图形如图 15-76 所示。

69 修剪直线。

修剪直线详见第 26 例。

修剪后的效果如图 15-77 所示。

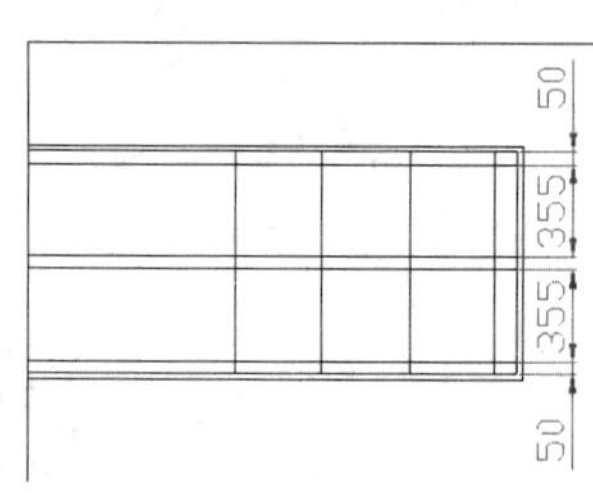

图 15-76 偏移直线

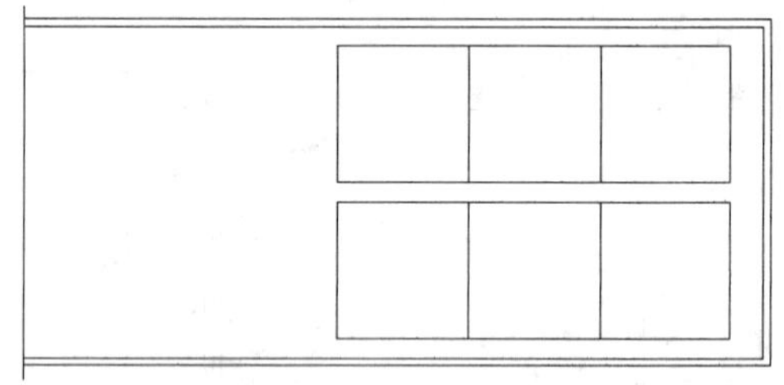

图 15-77 修剪图形

70 偏移直线。

偏移直线详见第 32 例。

将门中间右侧的两条垂直直线分别水平向左偏移“70”个单位。

71 绘制直线。

绘制直线详见第 13 例。

结合对象捕捉功能，在绘图区域中绘制直线，如图 15-78 所示。

72 修剪直线。

修剪直线详见第 26 例。

对偏移后的直线进行修剪，并将新偏移的两条垂直直线删除，效果如图 15-79 所示。

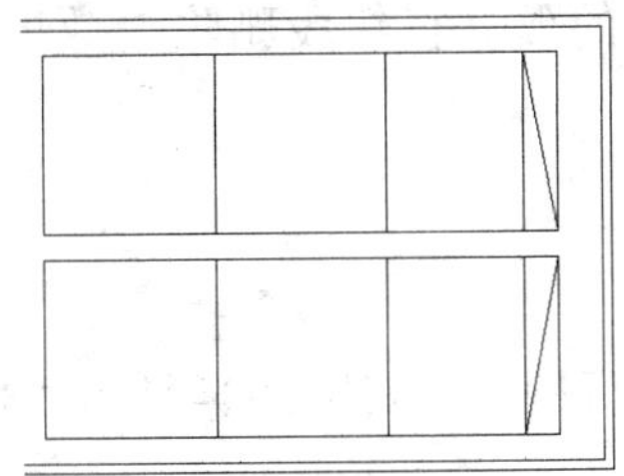

图 15-78　绘制直线

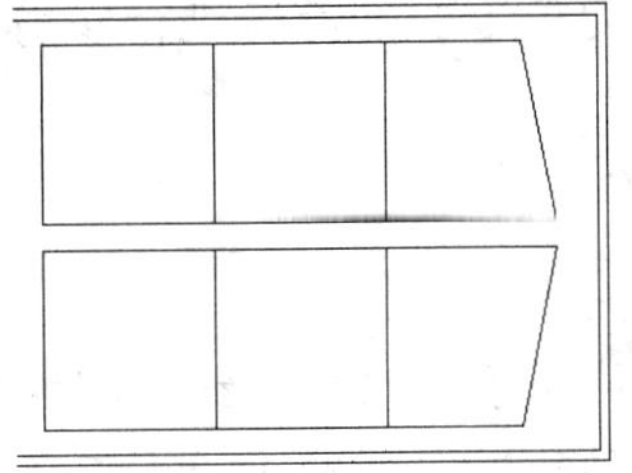

图 15-79　修剪图形

73 圆角。

圆角详见第 31 例。

对斜线与水平直线组成的角进行“30”个单位的圆角，效果如图 15-80 所示。

74 偏移直线。

偏移直线详见第 32 例。

将右墙体立面图左侧的垂直直线水平向右偏移“530”个单位，然后分别对新偏移的垂直直线水平向右和门内侧底部的水平直线垂直向上偏移“120”个单位，然后对新偏移的水平直线分别向其两侧偏移“8”个单位，偏移后的图形如图 15-81 所示。

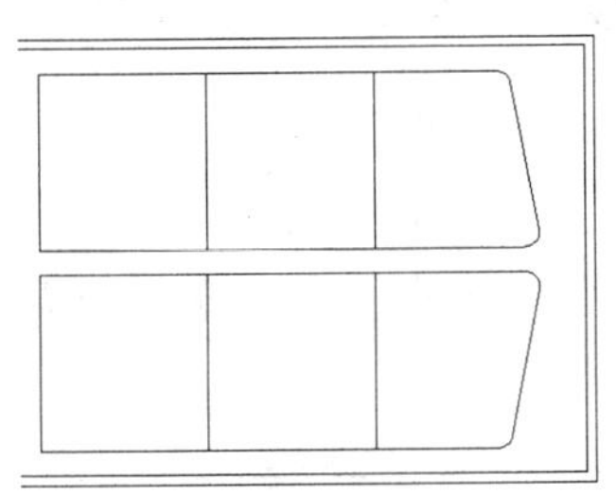

图 15-80　圆角对象

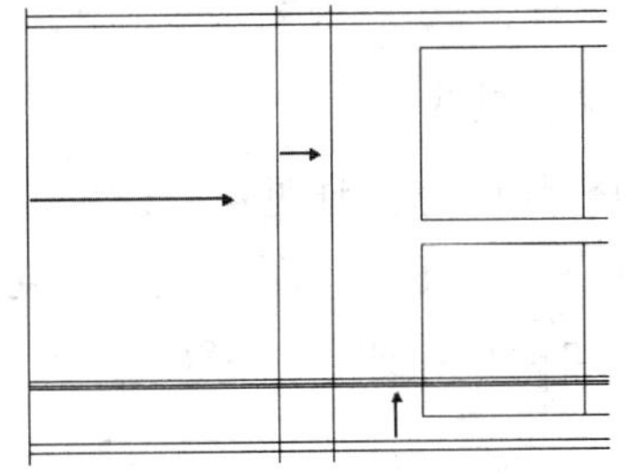

图 15-81　偏移直线

75 绘制圆。

绘制圆详见第 16 例。

圆的半径大小分别为“15”和“30”，最后的效果如图 15-82 所示。

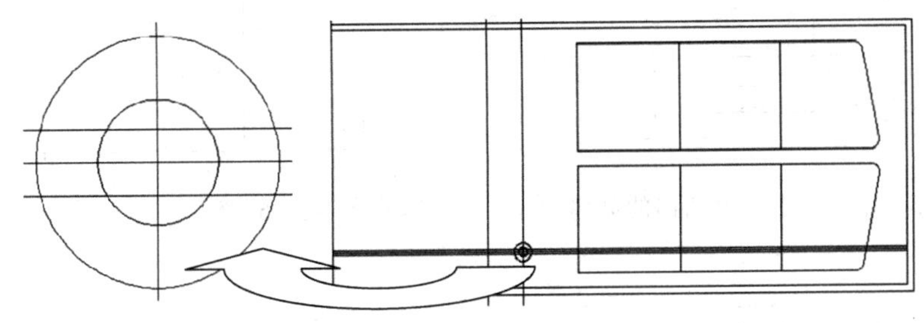

图 15-82　绘制圆

76 修剪直线。

修剪直线详见第 26 例。

对绘制门拉手的参考线进行修剪，并将修剪后的孤立直线段删除，效果如图 15-83 所示。

77 圆角。

圆角详见第 31 例。

分别对门拉手的水平直线和圆弧线组成的角进行圆角，其圆角半径为“30”个单位，完成门拉手的绘制，如图 15-84 所示。

图 15-83　修剪门拉手图形　　　图 15-84　圆角对象

78 复制图形。

复制图形详见第 32 例。

对绘制好的门图形水平向下复制，使复制门图形的位置与平面图右下方的门相对应，效果如图 15-85 所示。

79 选择图层。在“图层”下拉列表栏中选择“家具”图层，将其设置为当前图层。

80 绘制直线。

绘制直线的方法详见第 13 例。

在两个门之间与平面图壁柜相对应的位置创建两条水平直线和一条垂直直线，组成壁柜的立面图形，如图 15-86 所示。

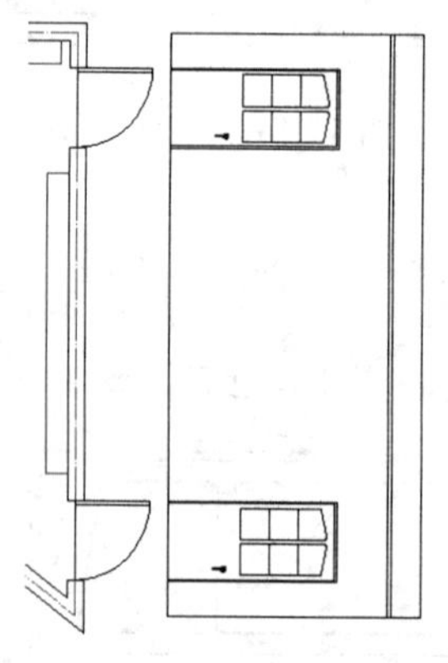

图 15-85　完成立面图上的门的创建

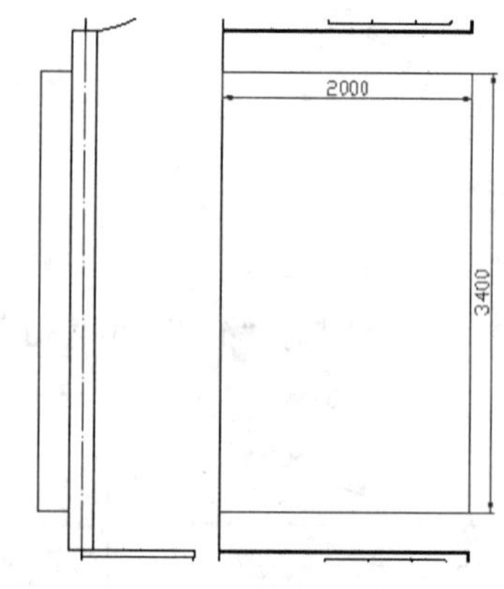

图 15-86　创建立面壁柜

81 偏移直线。

偏移直线详见第 32 例。

将刚绘制的任意一条水平直线向中间偏移“1700”个单位，将新绘制的垂直直线向

左偏移“1000”个单位，然后再将新偏移的垂直直线水平向左偏移“30”个单位，偏移后的图形如图 15-87 所示。

82 修剪直线。

修剪直线详见第 26 例。

将偏移到图形中间的两条垂直直线中间的水平直线修剪掉，效果如图 15-88 所示。

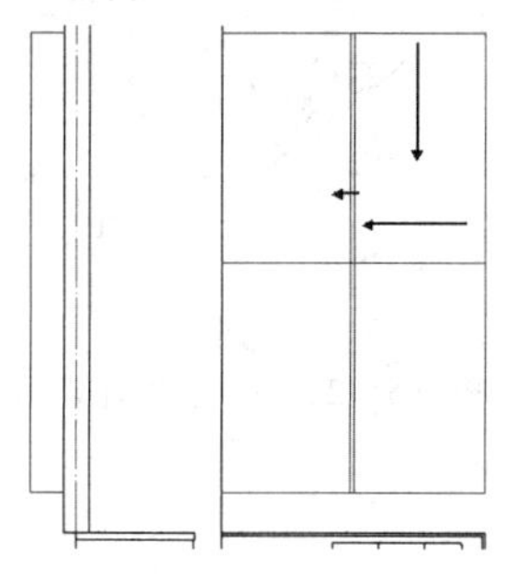

图 15-87　偏移直线

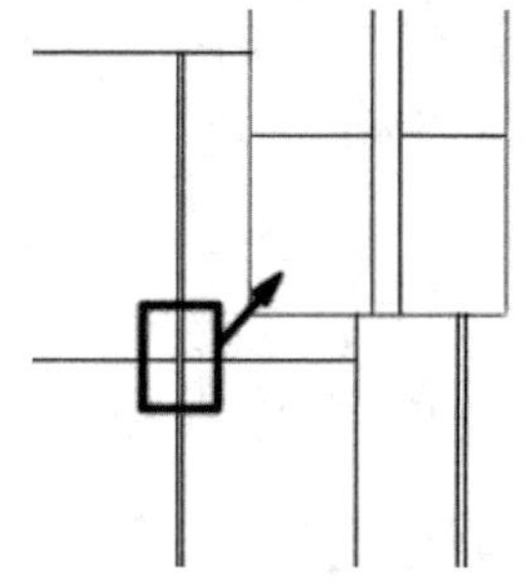

图 15-88　餐厅东部立面图的绘制

3）为地面填充图案

对餐厅平面图的地面进行填充图案，使读者更直观的观察到地板所使用的材质。

83 选择图层。在“图层”下拉列表栏中选择“图案填充”图层，将其设置为当前图层。

84 图案填充。

图案填充详见第 75 例。

单击“图案”选项下右侧的“浏览”按钮[...]，在“填充图案选项板”对话框中选择“图案”为“NET”，如图 15-89 所示。

在“图案填充和渐变色”对话框中的“角度和比例”选项中输入“比例”为“3”，如图 15-90 所示。

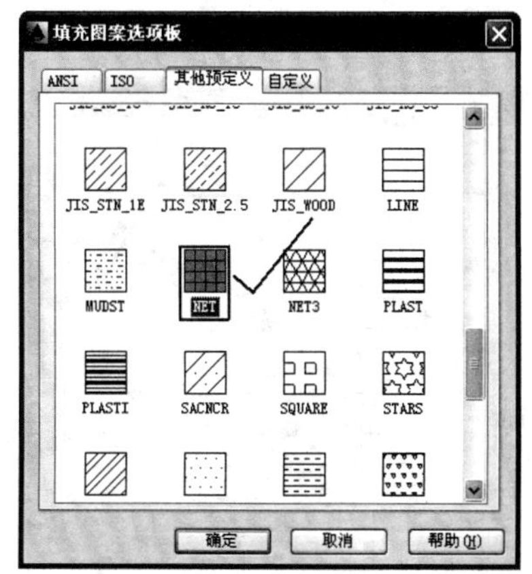

图 15-89　“填充图案选项板”对话框

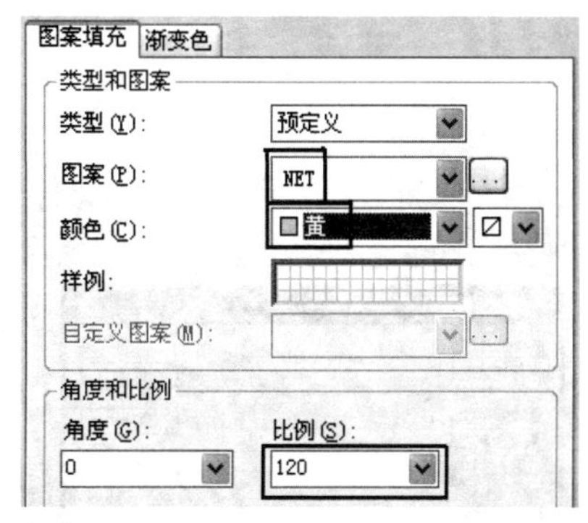

图 15-90　“图案填充”选项卡

按照如图 15-91 所示方法选择拾取的内部点，最后的效果如图 15-92 所示。

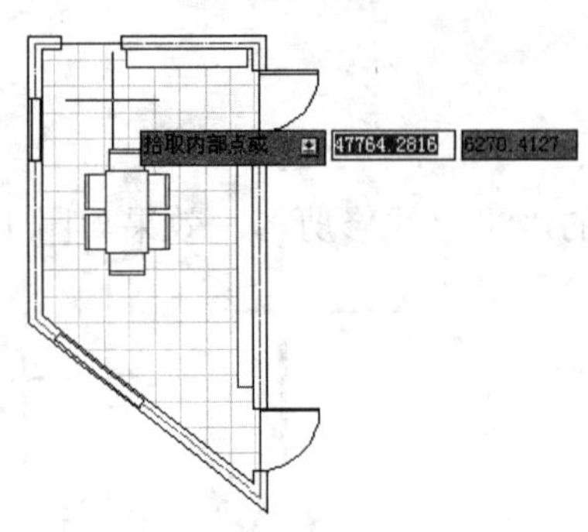

图 15-91　提示拾取内部点

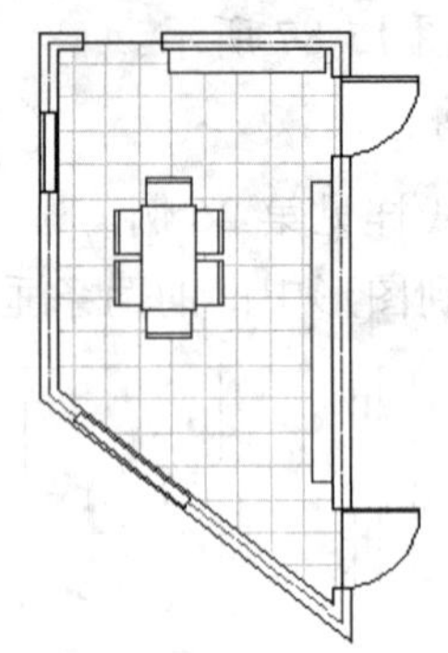

图 15-92　完成的图案填充

4）标注图形

本节将通过创建新的标注样式，来向平面图中添加尺寸标注，以完成整个平面图的绘制工作。

85 选择图层。在“图层”下拉列表栏中选择“标注”图层，将其设置为当前图层。

86 设置标注样式。

设置标注样式详见第 58 例。

在“创建新标注样式”对话框中的“新样式名”中输入“餐厅建筑图形”，如图 15-93 所示。

87 单击“继续”按钮，打开“新建标注样式”对话框，进入“主单位”选项卡，进入“线”选项卡，参照图 15-94 所示对该选项卡中的参数进行设置。

注意：各个选项卡的设置为在“基线间距”中输入“100”，在“超出尺寸线”中输入“100”，在“起点偏移量”中输入“100”，然后在“符号和箭头”选项卡中的“箭头大小”设为“80”，箭头选择为“建筑标记”，然后在“文字”选项卡中的“文字高度”下输入“150”，在“从尺寸偏移”下输入“100”。

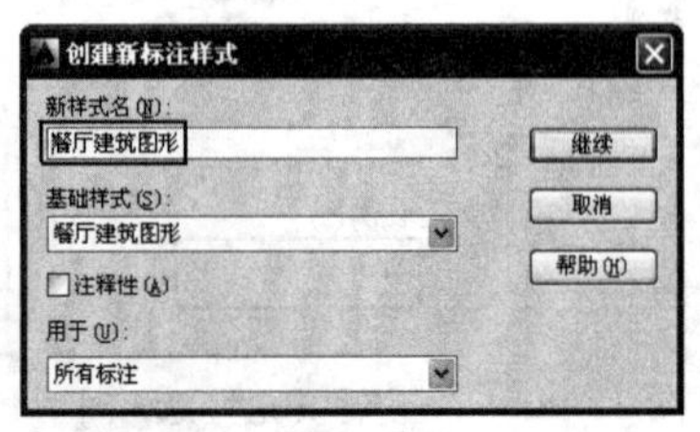

图 15-93　“创建新标注样式”对话框

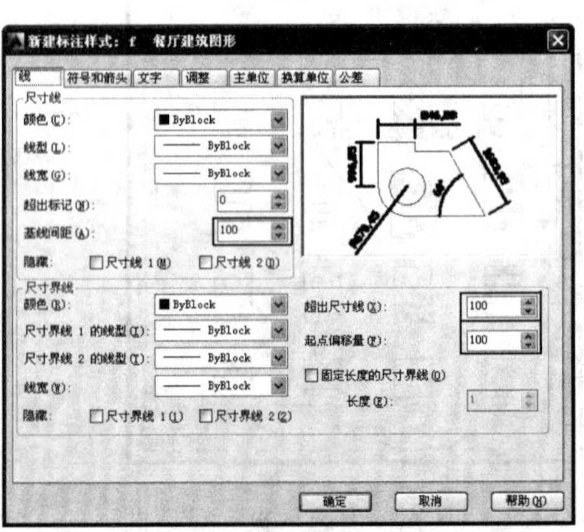

图 15-94　设置“线”选项卡

88 线性标注。

线性标注详见第 59 例。

结合对象捕捉功能，完成的一个线性标注的实例如图 15-95 所示。

89 标注连续标注。

标注连续标注详见第 65 例。

依次拾取左侧墙体中轴线的其他端点进行标注，最后采用线性标注对左侧墙体中轴线的总长度进行标注，如图 15-96 所示。

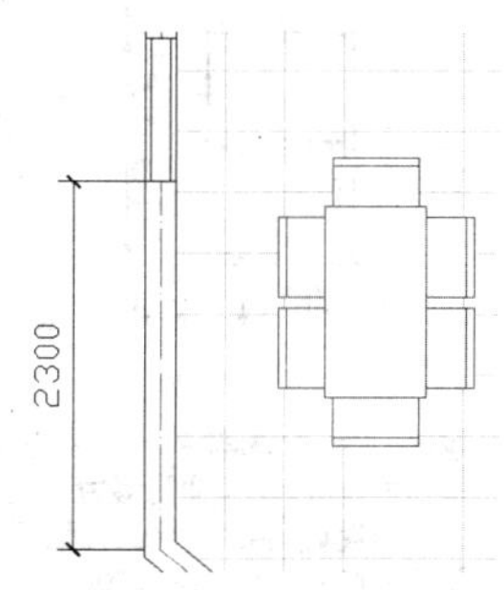

图 15-95　线性标注

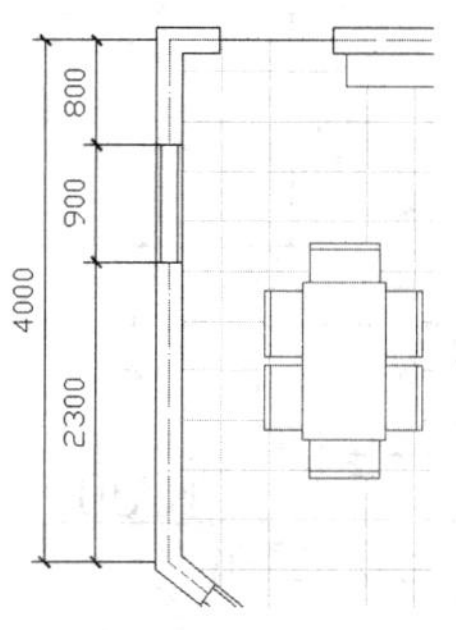

图 15-96　标注左墙体中轴线

90 继续标注。参照以上添加标注的方法，通过相应的尺寸标注命令在图形的其他位置添加标注，完成本实例的制作，效果如图 15-97 所示。读者在绘制的过程中如果遇到什么问题，可以打开本书附带光盘“餐厅平图面.dwg”文件进行查看。

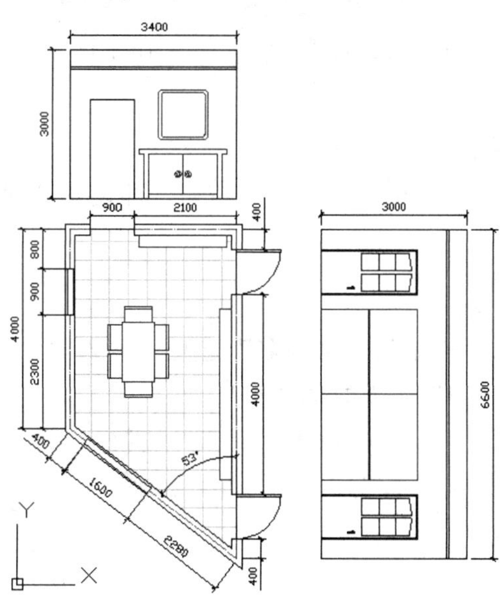

图 15-97　完成的效果图

必学技能实训 4——电气布置图绘制、尺寸和文字标注的方法

以如图 15-98 所示为例，这个实例是对单台变压器终端配电站 6000mm×4000mm 干式变压器电气布置平面图绘制后进行标注。按照前面必学技能 100 例为绘图技能，下面将具体介绍其绘制方法。

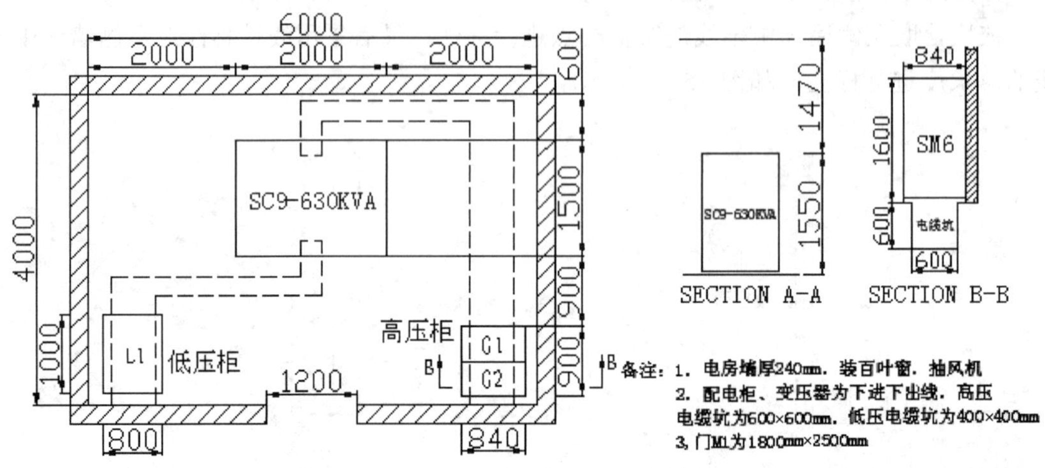

图 15-98　单台变压器终端配电站 6000×4000 干式变压器电气布置图

1. 主视图的绘制

01 启动桌面上的“AutoCAD 2014 - 简体中文 （Simplified Chinese）”程序后的界面如图 1-1 所示，其采用的是“AutoCAD 经典”工作空间。

02 新建文件。

新建文件详见第 2 例。

03 选择“acad”选项后，单击“打开”按钮，即创建新建文件“Drawing2”。

04 保存图形文件。

保存图形文件详见第 2 例。

在“图形另存为”对话框中的“文件名”选项中输入“电气布置图”，“文件类型”选项中选择“AutoCAD 2004”版本的文件类型。

05 单击“图形另存为”对话框中的“保存”按钮，即创建新建文件“Drawing2”文件变为“电气布置图”，如图 15-99 所示。

06 新建图层。

新建图层详见第 49 例。

新建“实线”、“Defpoints”图层，效果如图 15-100 所示。

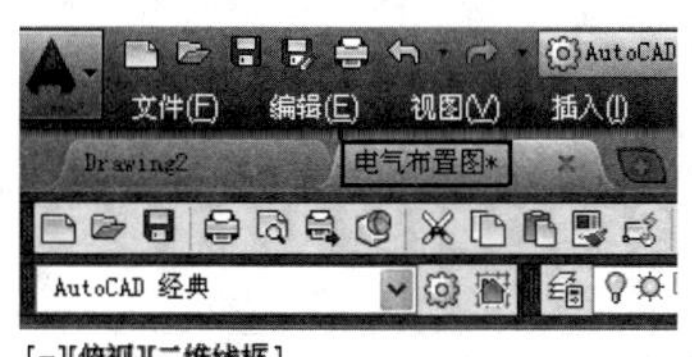

图 15-99　“电气布置图”文件

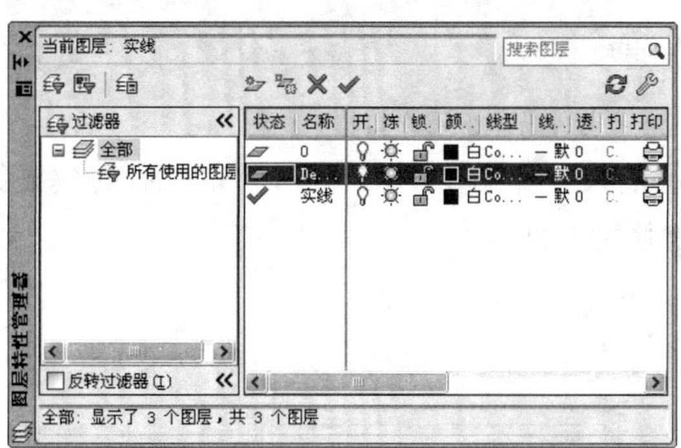

图 15-100　“新建图层”对话框

07 选择图层。在“图层”下拉列表栏中选择“实线”图层，将其设置为当前图层。

08 绘制直线。

绘制直线详见第 13 例。

打开正交模式，在屏幕上绘制 4 条长度分别为 4000，6000 的直线，如图 15-101 所示。

09 偏移直线。

偏移直线详见第 32 例。

选择要偏移的 4 条直线，一一向外偏移的距离为 240，最后的效果如图 15-102 所示。

图 15-101　绘制矩形

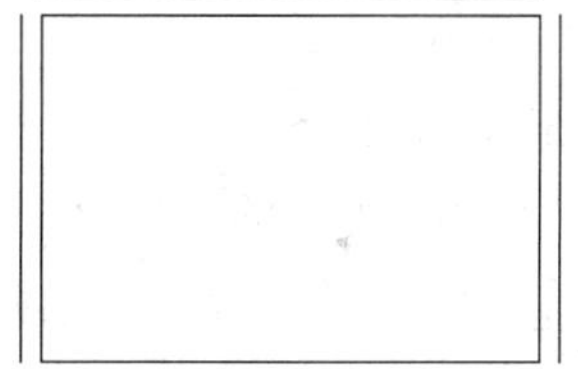

图 15-102　偏移直线

10 圆角。

圆角详见第 31 例。

对偏移的直线进行圆角，其圆角半径为“0”，最后的效果如图 15-103 所示。

11 绘制直线。

绘制直线详见第 13 例。

打开正交模式及对象捕捉模式，抓住直线的中心点，在图上任意绘制如图 15-104 所示的直线。

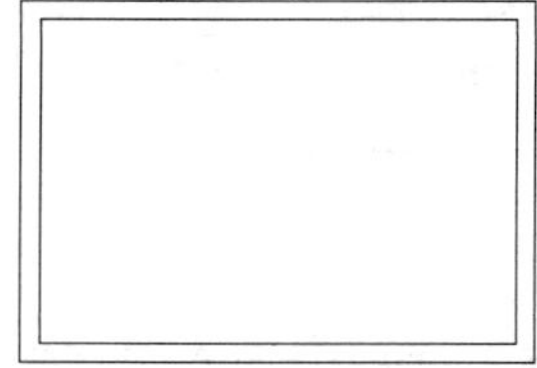

图 15-103　圆角直线

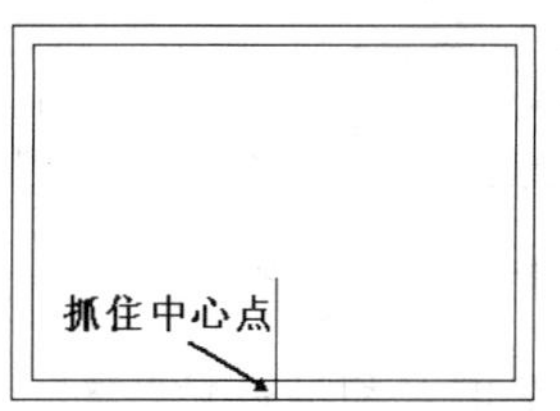

图 15-104　绘制直线

12 偏移直线。

偏移直线详见第 32 例。

偏移的尺寸如图 15-105 所示，完成后的效果如图 15-105 所示。

13 修剪直线。

修剪直线详见第 26 例。

对多余的直线进行修剪，最后的效果如图 15-106 所示。

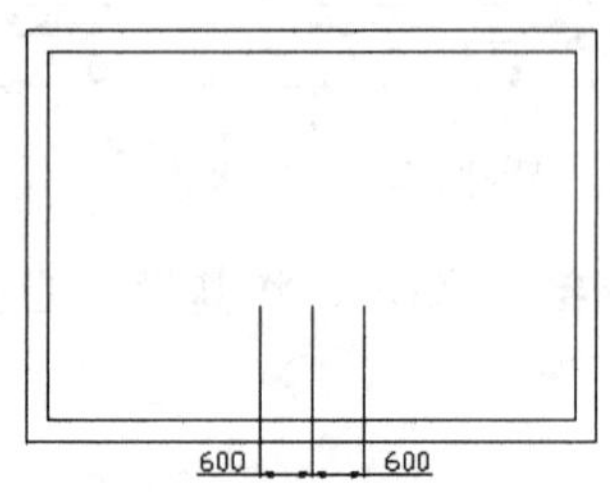

图 15-105　偏移直线

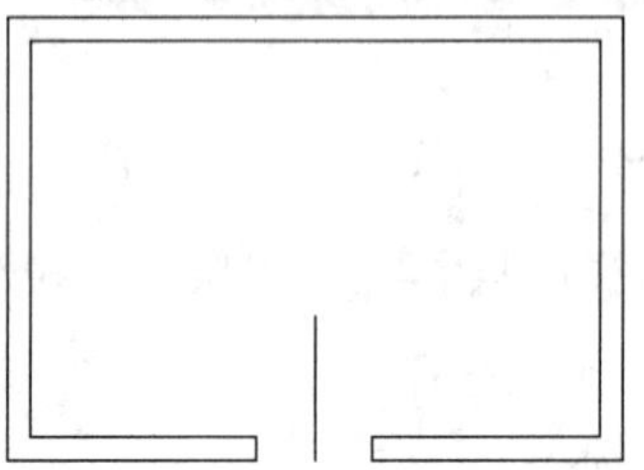

图 15-106　修剪直线

14 删除直线。

删除直线的方法详见第 25 例。

删除步骤 11 绘制的中心线，最后的效果如图 15-107 所示。

15 图案填充。

图案填充详见第 75 例。

在如图 15-108 所示的“图案填充和渐变色”对话框中，单击“图案”选项下右侧的“浏览”按钮[...]，在“填充图案选项板”对话框中选择“图案”为“ANSI31”，如图 15-109 所示。

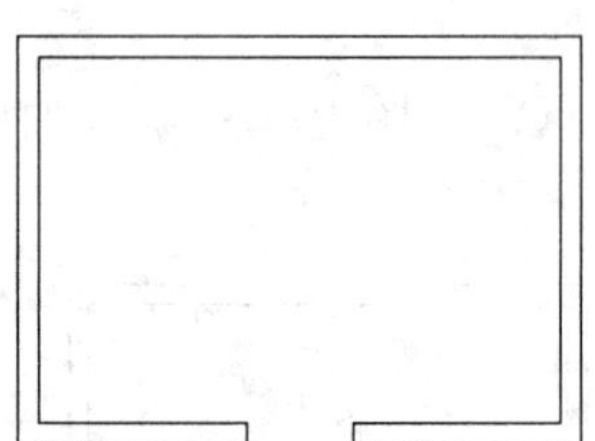

图 15-107　删除直线

图 15-108　“图案填充和渐变色”对话框

在“图案填充和渐变色”对话框中的“角度和比例”选项中输入“比例”为“50”，如图 15-110 所示。

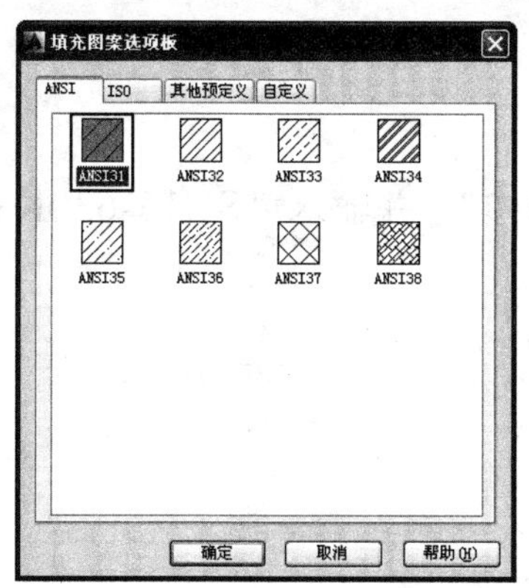

图 15-109　“填充图案选项板”对话框

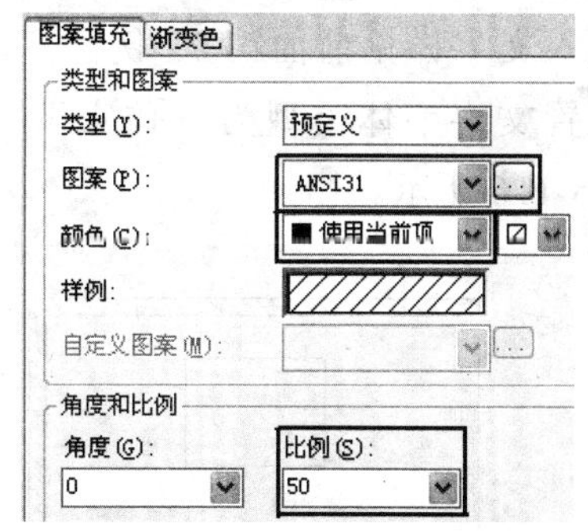

图 15-110　“图案填充”选项卡

按照如图 15-111 所示方法选择拾取的内部点，最后的效果如图 15-112 所示。

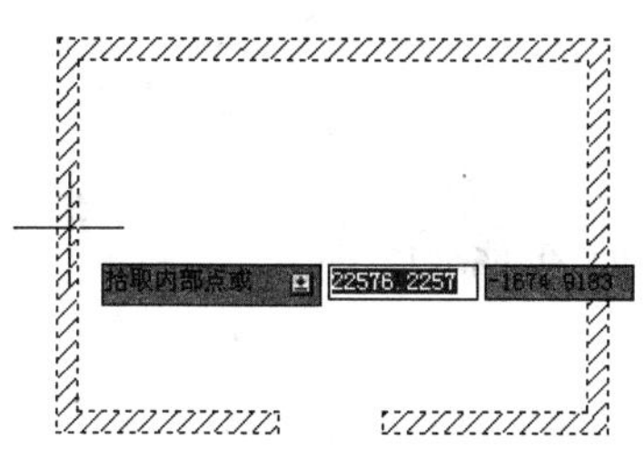

图 15-111　提示拾取内部点

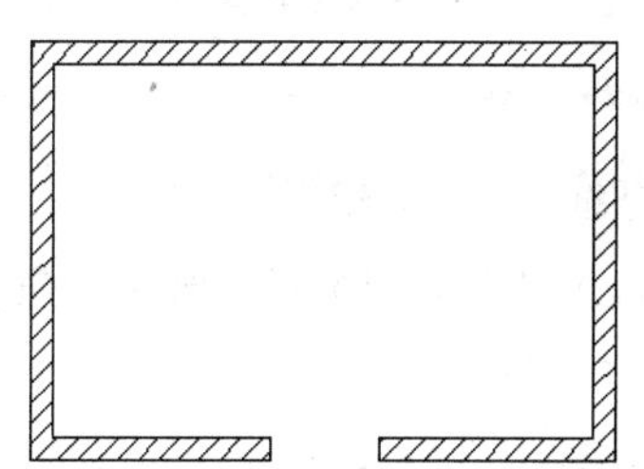

图 15-112　“图案填充”选项卡

16 偏移直线。

偏移直线详见第 32 例。

偏移的尺寸如图 15-113 所示，完成后的效果如图 15-113 所示。

17 偏移直线。

偏移直线详见第 32 例。

偏移的直线为上一步骤偏移直线，偏移的尺寸如图 15-114 所示，最后的效果如图 15-114 所示。

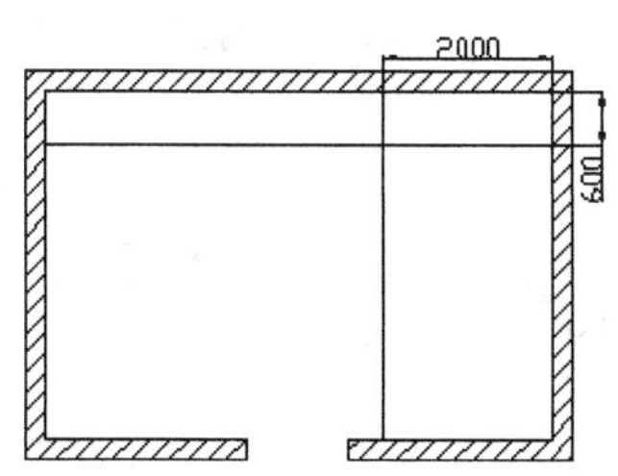

图 15-113　偏移直线

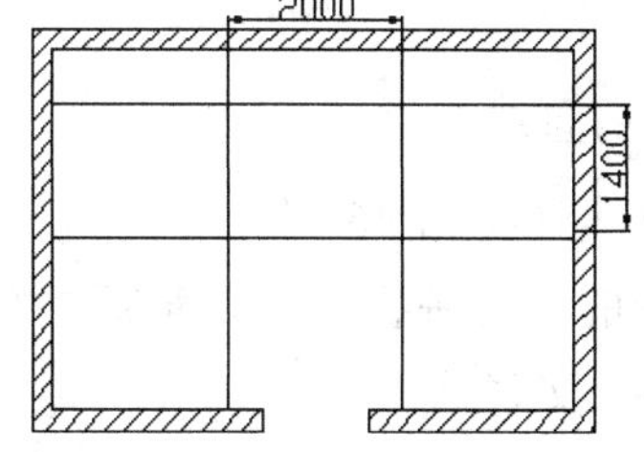

图 15-114　偏移直线

18 修剪直线。

修剪直线详见第 26 例。

对多余的直线进行修剪，最后的效果如图 15-115 所示。

19 添加文字。

输入文字详见前面第 72 例。

设置文字字体类型为“仿宋”，字体大小为“240”，并输入“SC15-630KVA”，如图 15-116 所示。

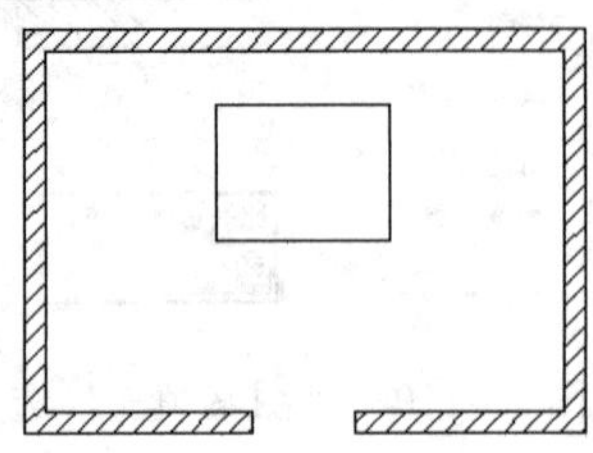

图 15-115　修剪直线

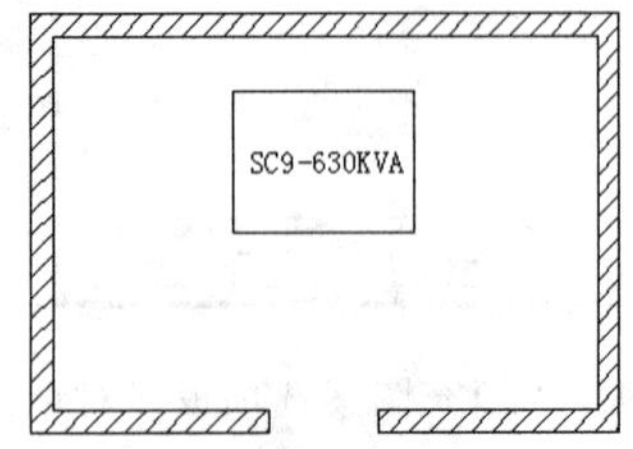

图 15-116　添加文字

20 偏移直线。

偏移直线详见第 32 例。

偏移的尺寸如图 15-117 所示，完成后的效果如图 15-117 所示。

21 偏移直线。

偏移直线详见第 32 例。

偏移的直线为上一步骤偏移直线，偏移的尺寸如图 15-118 所示，完成后的效果如图 15-118 所示。

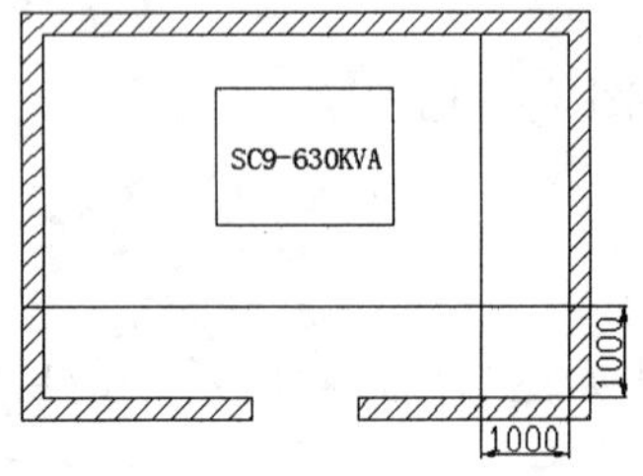

图 15-117　偏移直线

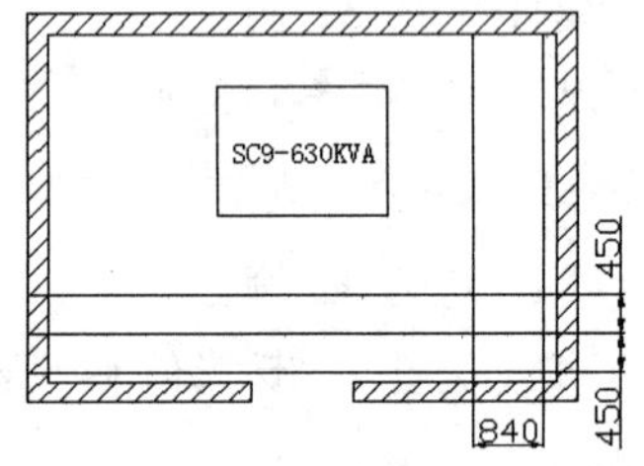

图 15-118　偏移直线

22 修剪直线。

修剪直线详见第 26 例。

对多余的直线进行修剪，最后的效果如图 14-119 所示。

23 添加文字。

输入文字详见前面第 72 例。

设置文字字体类型为“仿宋”，字体大小为“240”，并输入“G1”和“G2”，如图 15-120 所示。

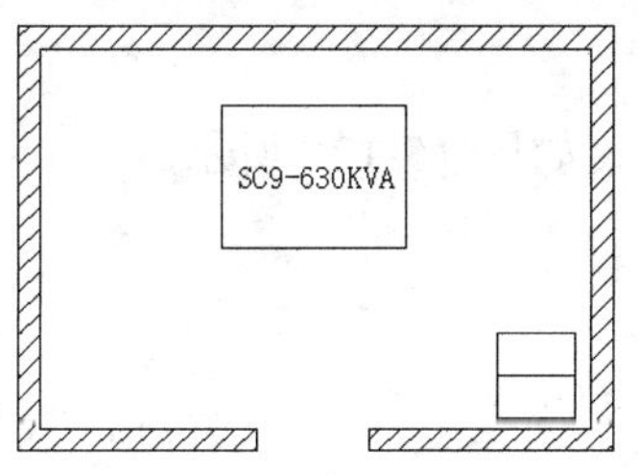

图 15-119　修剪直线

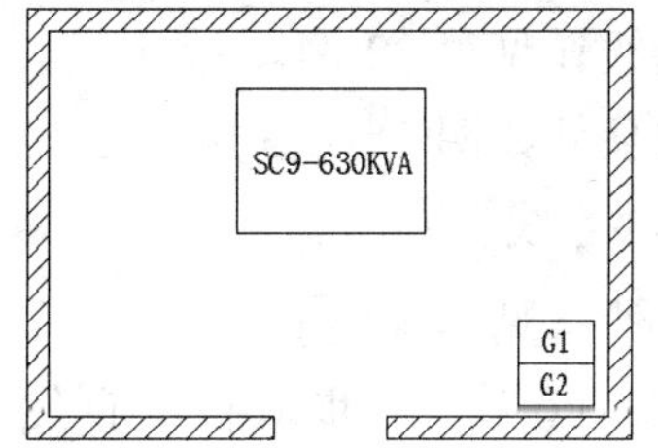

图 15-120　添加文字

24 偏移直线。

偏移直线详见第 32 例。

偏移的尺寸如图 15-121 所示，完成之后的效果如图 15-121 所示。

25 偏移直线。

偏移直线详见第 32 例。

偏移的直线为上一步骤偏移直线，偏移的尺寸如图 15-122 所示，完成后的效果如图 15-122 所示。

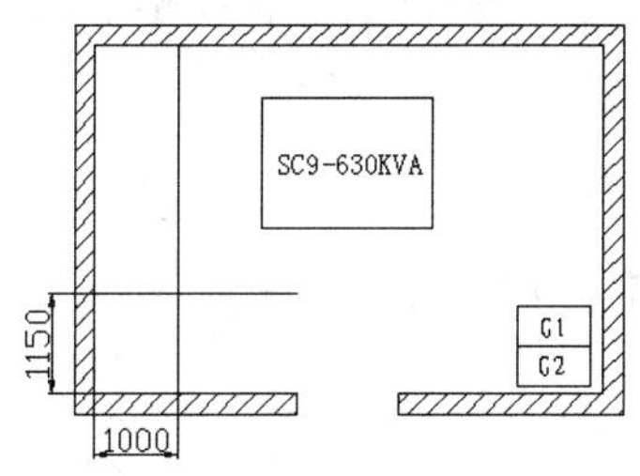

图 15-121　偏移直线

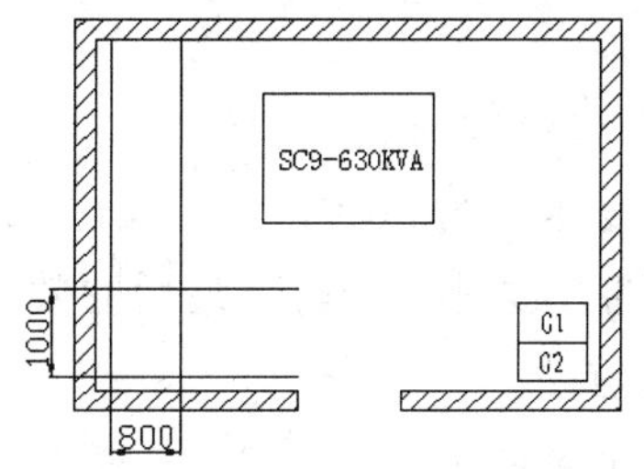

图 15-122　偏移直线

26 修剪直线。

修剪直线详见第 26 例。

对多余的直线进行修剪，最后的效果如图 15-123 所示。

27 添加文字。

输入文字详见前面第 72 例。

设置文字字体类型为“仿宋”，字体大小为“240”，并输入“L1”，如图 15-124 所示。

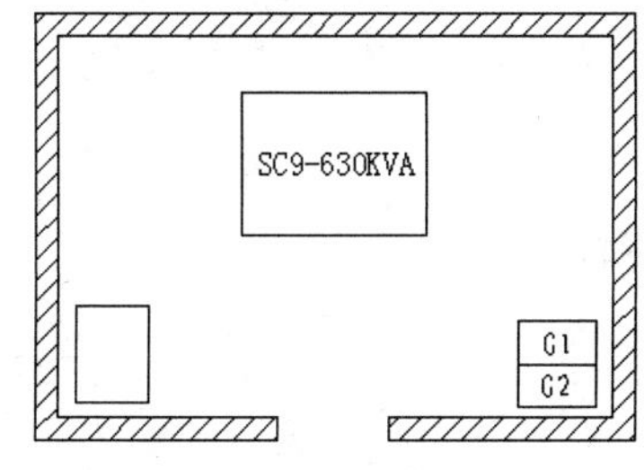

图 15-123　修剪直线

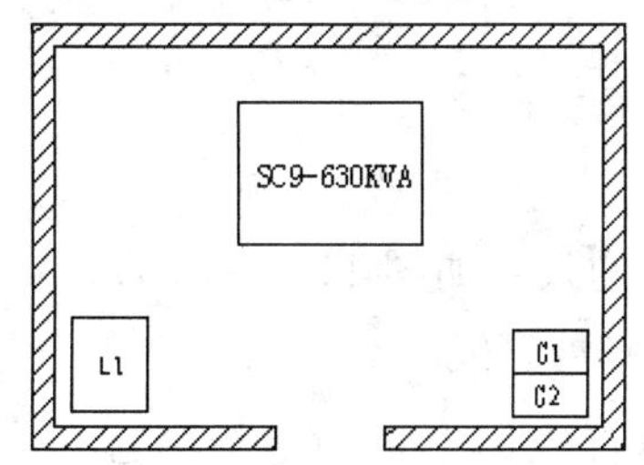

图 15-124　添加文字

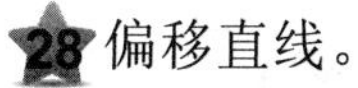
28 偏移直线。

偏移直线详见第 32 例。

偏移的尺寸如图 15-125 所示，完成之后的效果如图 15-125 所示。

29 偏移直线。

偏移直线详见第 32 例。

偏移的直线为上一步骤偏移直线，偏移的尺寸如图 15-126 所示，最后的效果如图 15-126 所示。

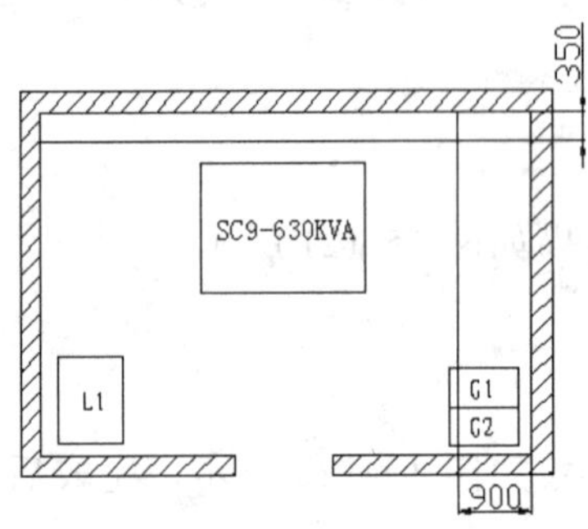

图 15-125 偏移直线

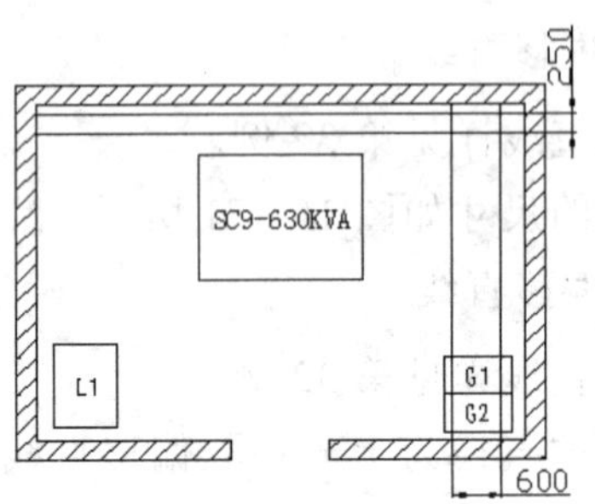

图 15-126 偏移直线

30 修剪直线。

修剪直线详见第 26 例。

对多余的直线进行修剪，最后的效果如图 15-127 所示。

31 偏移直线。

偏移直线详见第 32 例。

偏移的尺寸如图 15-128 所示，完成之后的效果如图 15-128 所示。

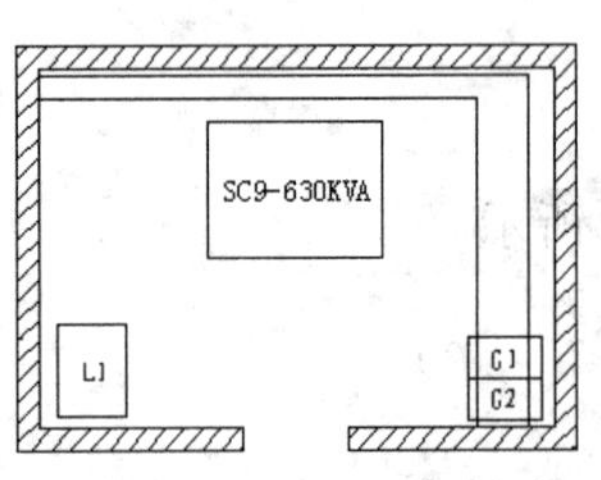

图 15-127 修剪直线

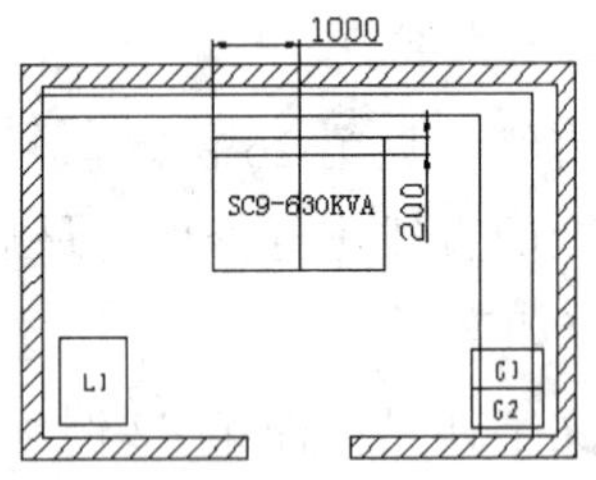

图 15-128 偏移直线

32 偏移直线。

偏移直线详见第 32 例。

偏移的尺寸如图 15-129 所示，完成之后的效果如图 15-129 所示。

33 修剪直线。

修剪直线详见第 26 例。

对多余的直线进行修剪，最后的效果如图 15-130 所示。

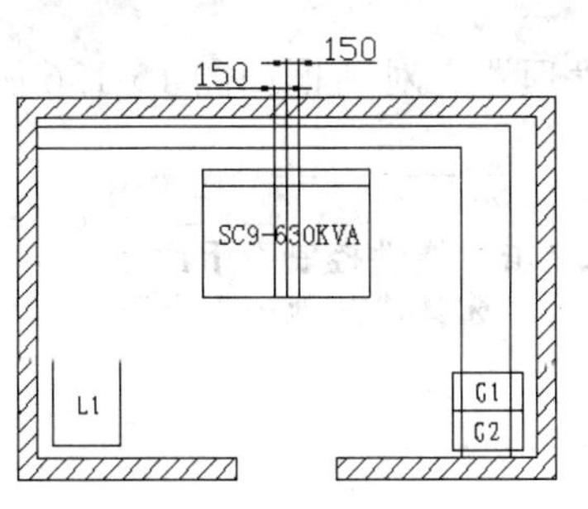

图 15-129　偏移直线

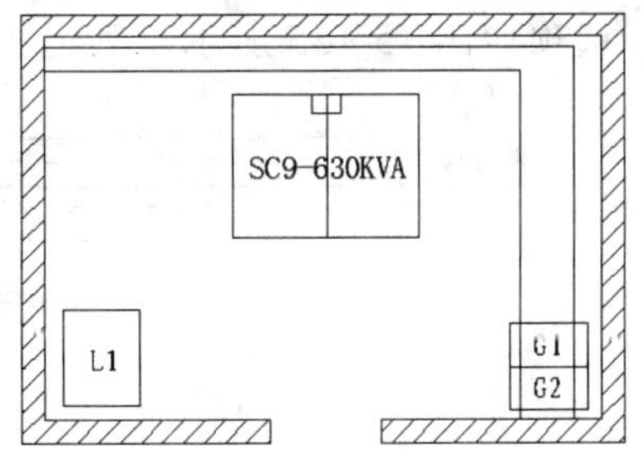

图 15-130　修剪直线

34 延伸直线。

延伸直线详见第 27 例。

延伸的边、延伸对象如图 15-131 所示，完成之后的效果如图 15-132 所示。

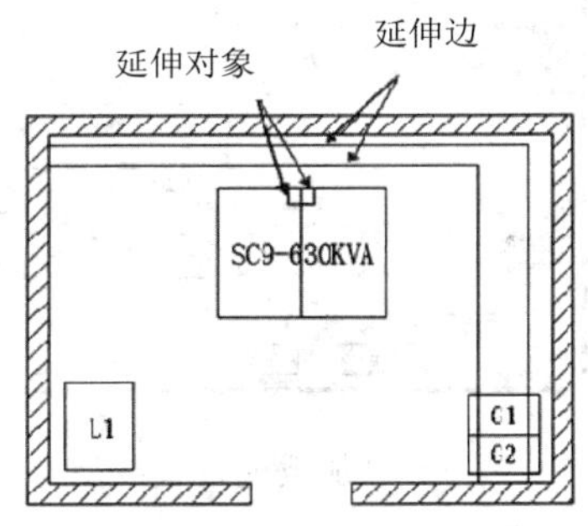

图 15-131　延伸对象及边

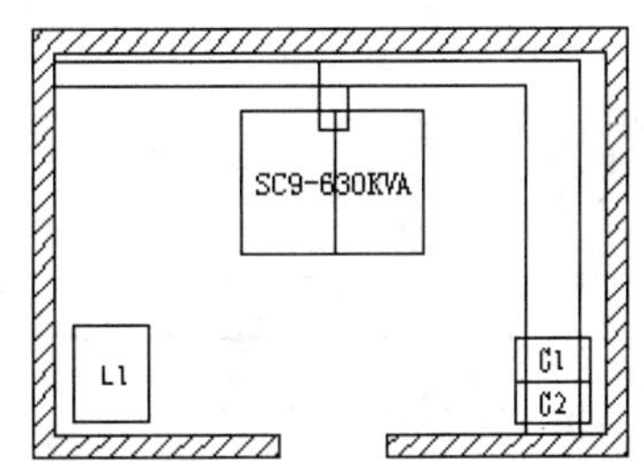

图 15-132　延伸直线

35 修剪直线。

修剪直线详见第 26 例。

对多余的直线进行修剪，最后的效果如图 15-133 所示。

36 删除直线。

删除直线的方法详见第 25 例。

删除偏移的直线，最后的效果如图 15-134 所示。

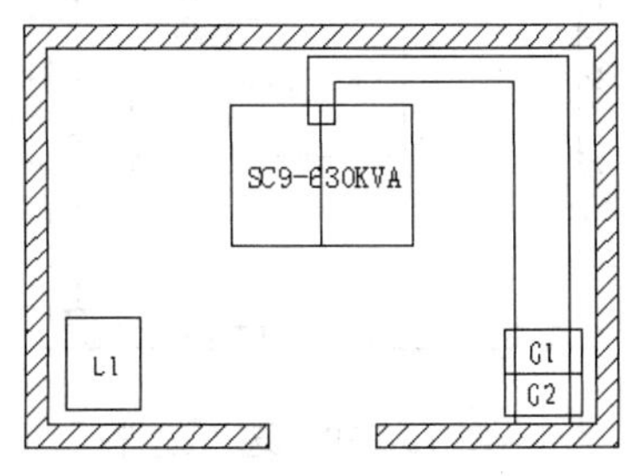

图 15-133　修剪直线

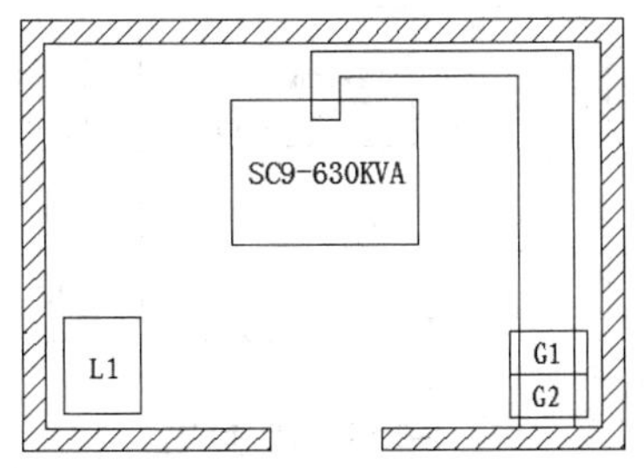

图 15-134　删除直线

37 选择“线性”选项。

选择“线性”选项详见第 49 例。

选择选项如图 15-135 所示，其退出的“线型管理器”对话框如图 15-136 所示。

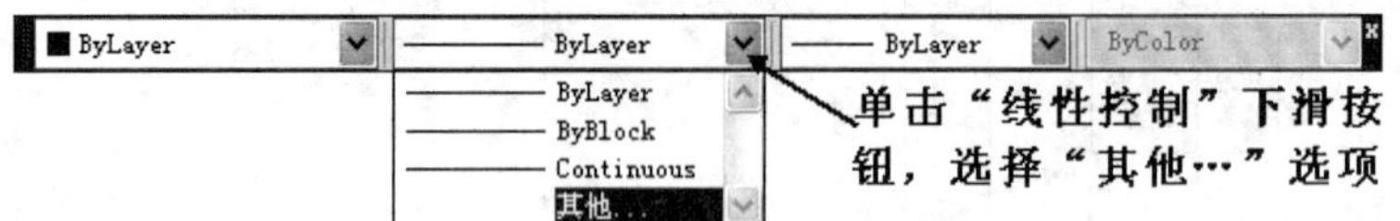

图 15-135　“特性”菜单中的“线型”选项

在“加载或重载线型”对话框中，选择“DASHED”线型，如图 15-137 所示。

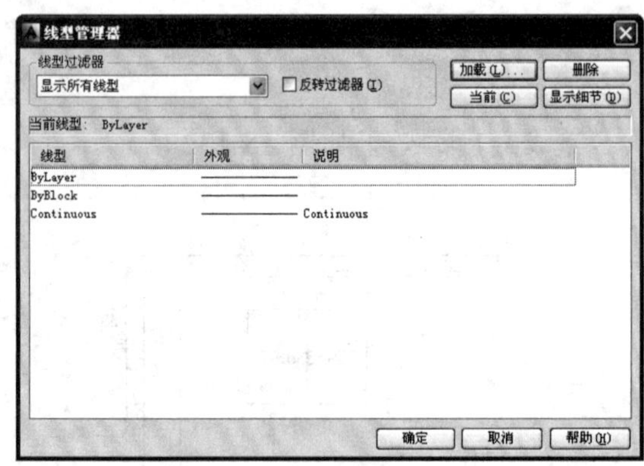

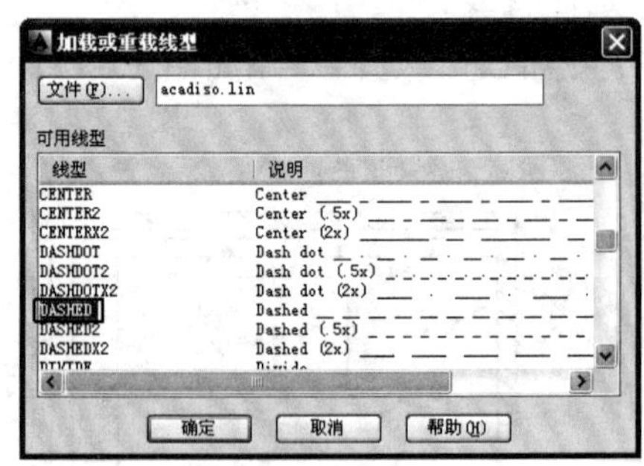

图 15-136　“线宽”对话框　　图 15-137　“加载或重载线型”对话框

单击图中要选择的任意一条要变为虚线的直线，选中后，在“特性”菜单中的“线型控制”里面选择刚才加载的“DASHED”线型，如图 15-138 所示。

38 修改线型比例。

修改线型比例的方法详见第 37 例。

弹出如图 15-140（a）所示的“特性”选项板后，单击所要修改的直线，此时绘图区如图 15-139 所示。

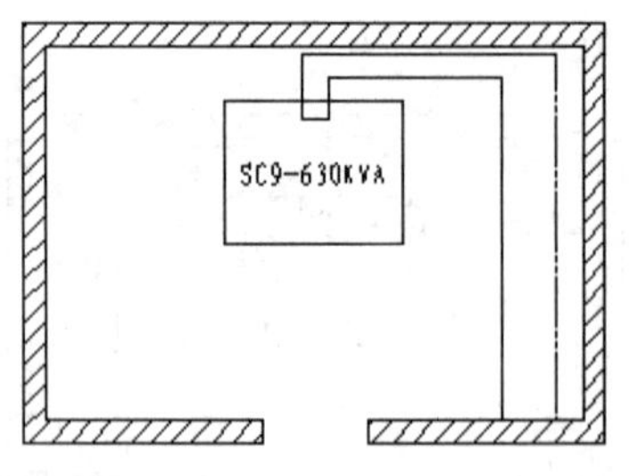

图 15-138　选择线性

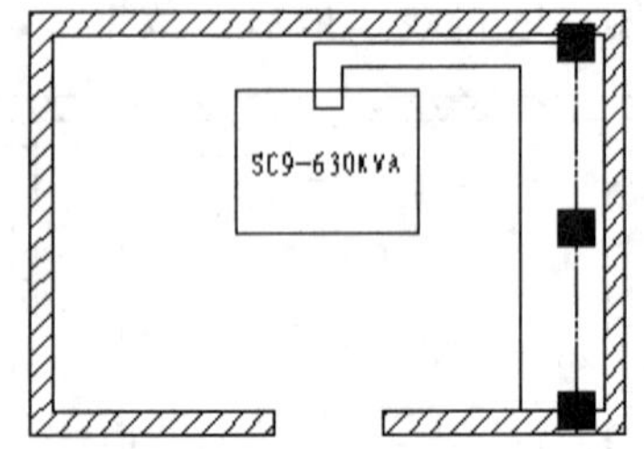

图 15-139　选中线性

在“常规”选项下的“线性比例”选项中，将其修改为“15”，如图 15-140（b）所示。

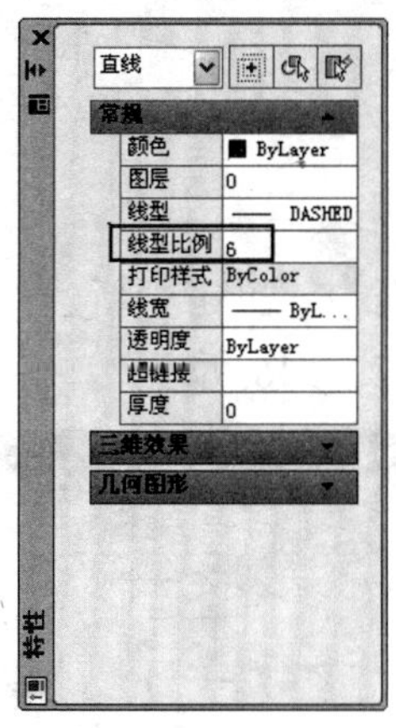

(a) 没有修改线性比例

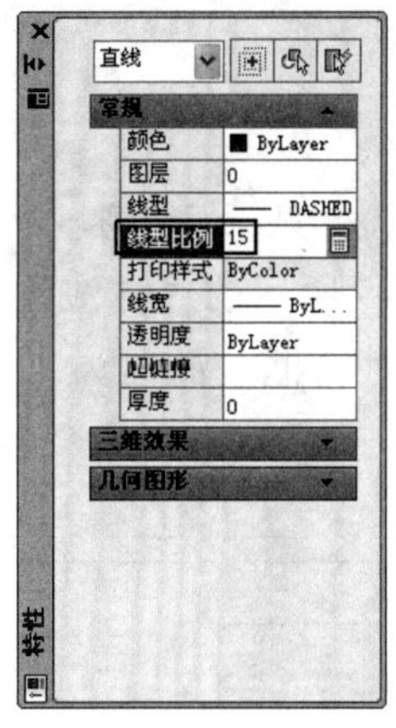

(b) 修改线性比例

图 15-140 “特性”选项板

修改前、后绘图区的变化效果如图 15-141 所示。

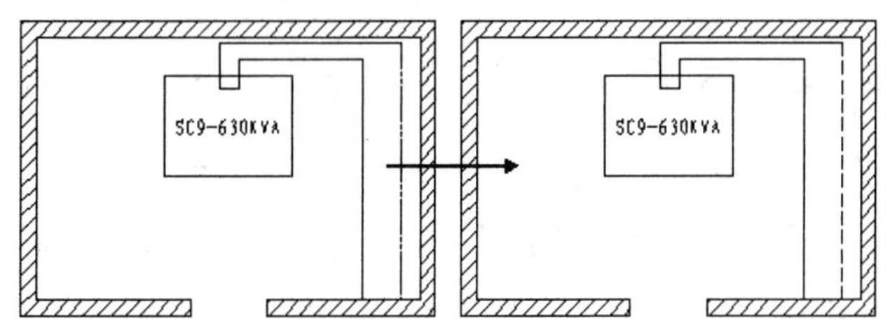

图 15-141 修改前、后的变化

39 特性匹配修改线型。

通过特性匹配修改线型的方法详见第 37 例。

最后的效果如图 15-142 所示。

40 按照同样的方法，绘制另外电缆坑，然后修改其线性颜色，最后的效果如图 15-143 所示。

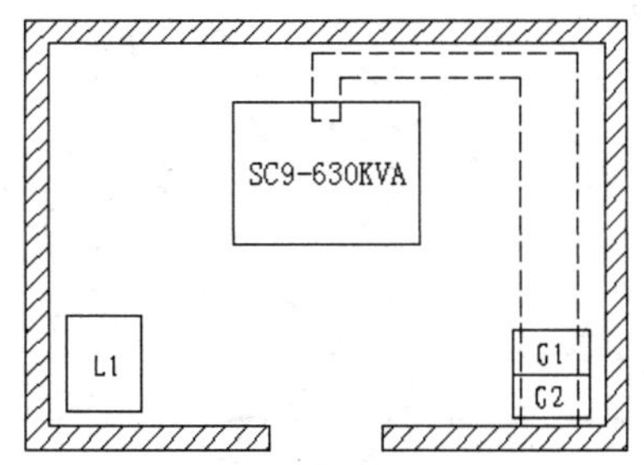

图 15-142 将直线变为虚线

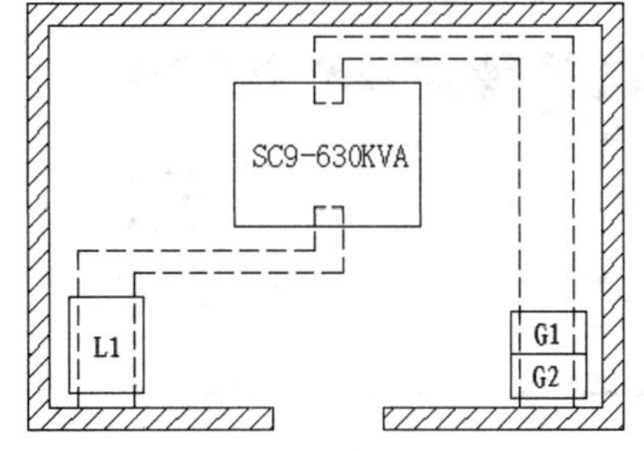

图 15-143 绘制另外的电缆坑

输入文字。

输入文字详见前面第 72 例。

设置文字字体类型为“仿宋”，字体大小为“240”，在图中标出元件名称，如图 15-144

所示。

42 设置标注样式。

设置标注样式详见第 58 例。

在如图 15-145 所示的“标注样式管理器”对话框中，单击“新建”按钮，弹出“创建新标注样式”对话框，命名为“尺寸标注”，如图 15-146 所示。

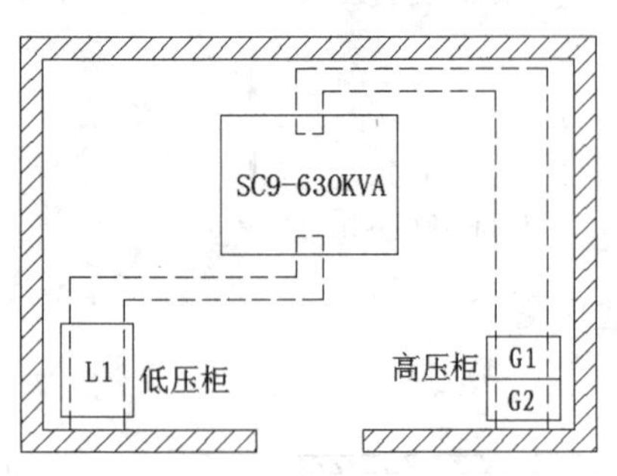

图 15-144　添加文字

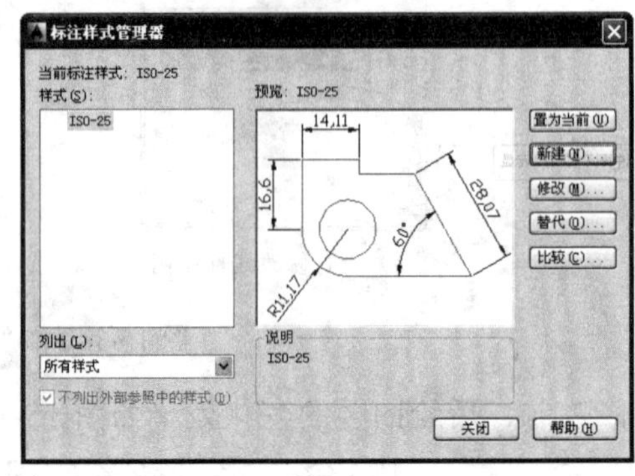

图 15-145　“标注样式管理器”对话框

43 单击“继续”按钮，打开“新建标注样式”对话框，进入“主单位”选项卡，进入“**线**”选项卡，参照图 15-147 所示对该选项卡中的参数进行设置。

注意：各个选项卡的设置为在“符号和箭头”选项卡中的“尺寸界线范围”中输入“30”，在“尺寸界线偏移”中输入“20”，在“箭头大小”设为“150”；然后在“文字”选项卡中的“文字高度”下输入“260”，“文字偏移”为“40”。

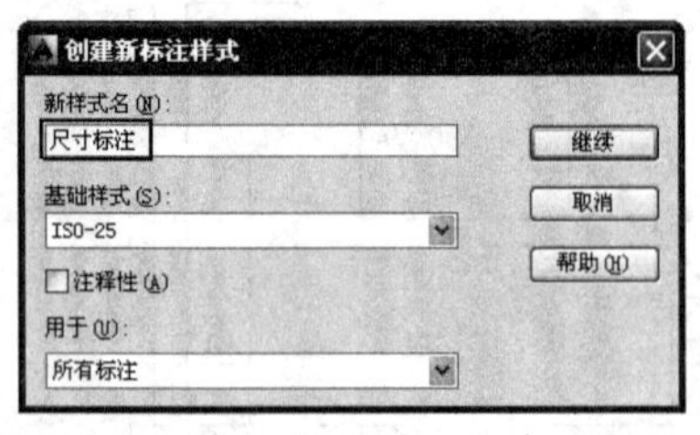

图 15-146　“创建新标注样式”对话框

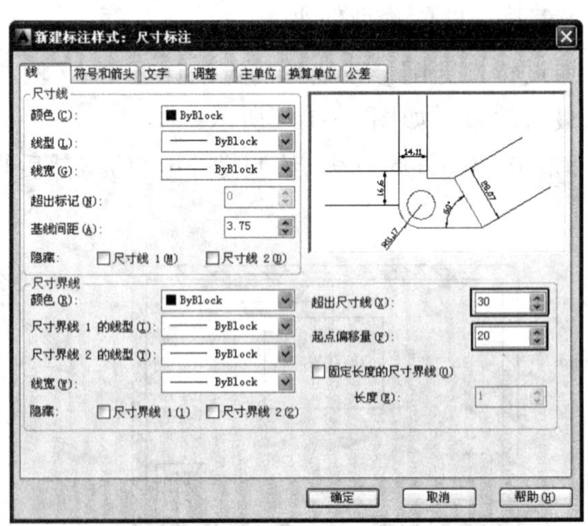

图 15-147　设置“线”选项卡

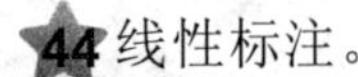

44 线性标注。

线性标注详见第 59 例。

结合对象捕捉功能，完成的一个线性标注的实例如图 15-148 所示。

45 线性标注。

按照上一操作步骤，结合对象捕捉功能，完成的尺寸标注如图 15-149 所示。

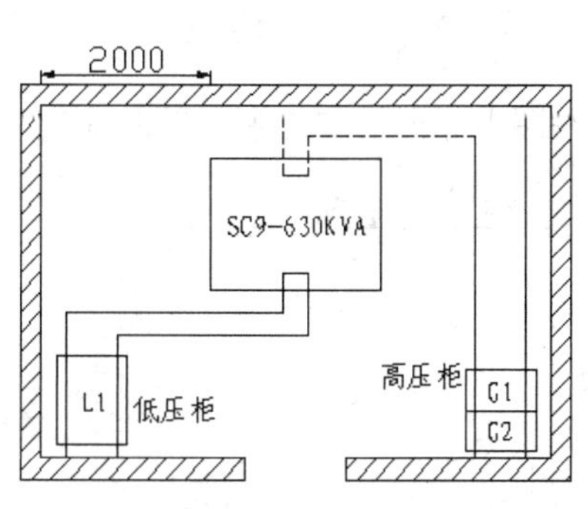

图 15-148　尺寸标注

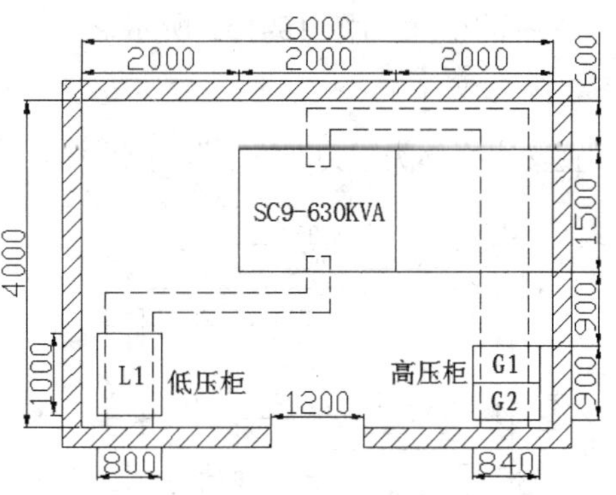

图 15-149　完成的尺寸标注

2．剖视图的绘制

下面将绘制剖视图的剖面线。

46 绘制直线。

绘制直线详见第 13 例。

打开正交模式，在屏幕上绘制如图 15-150 所示的直线。

47 分解标注尺寸。

分解标注尺寸详见第 28 例。

分解标注尺寸的 260 标注，并删除标注的 150 标注及分解部分标注，完成后的效果如图 15-151 所示。

专家提示：这里采用这种方法获取箭头的方式很特别，希望读者能够掌握！

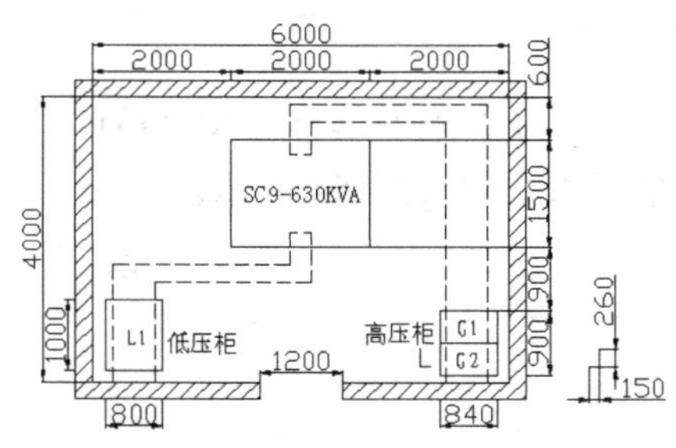

图 15-150　绘制直线

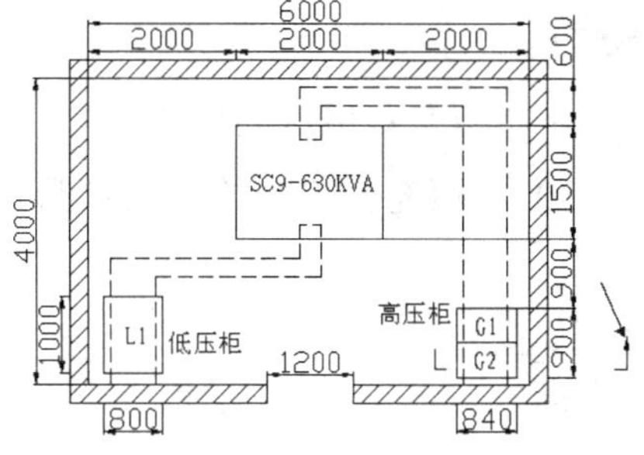

图 15-151　获取箭头

48 移动箭头。

移动箭头详见第 32 例。

移动箭头至合适的位置。

49 复制箭头。

复制箭头详见第 32 例。

完成后的效果如图 15-152 所示。

50 添加文字。

设置文字字体类型为“仿宋”，字体大小为“240”，在图中标出元件名称，如图 15-153 所示。

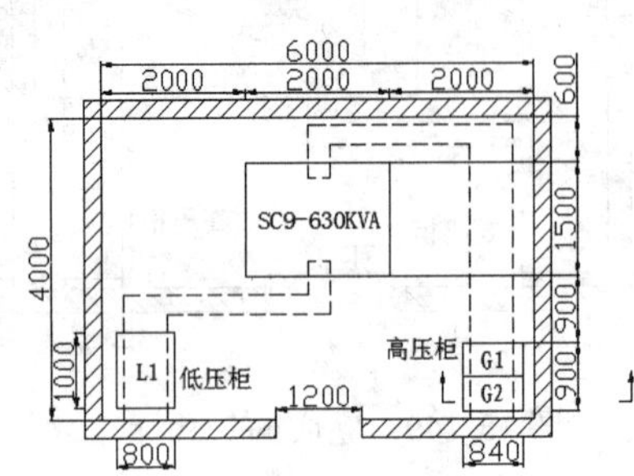

图 15-152　移动并复制箭头

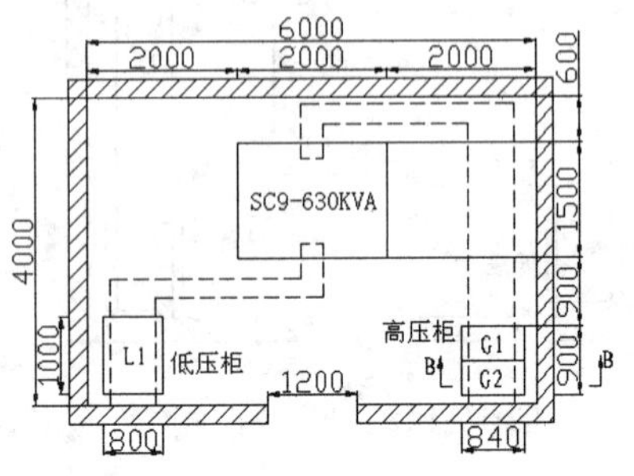

图 15-153　添加文字

下面将绘制 B-B 的剖视图。

51 绘制直线。

绘制直线详见第 13 例。

打开正交模式，在屏幕上绘制 4 条长度分别为 1000×2000 的直线，完成后的效果如图 15-154 所示的直线。

52 偏移直线。

偏移直线详见第 32 例。

偏移的尺寸如图 15-155 所示，完成后的效果如图 15-155 所示。

53 修剪直线。

修剪直线详见第 26 例。

对多余的直线进行修剪，最后的效果如图 15-156 所示。

54 图案填充。

按照前面的图案填充的操作步骤，在填充的图案（P）里面选择“ANSI31”，填充比例设为“30”，填充对象为绘制的图形，完成后的效果如图 15-157 所示。

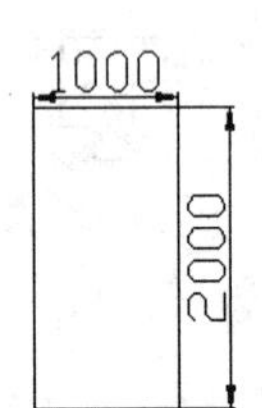

图 15-154　绘制直线

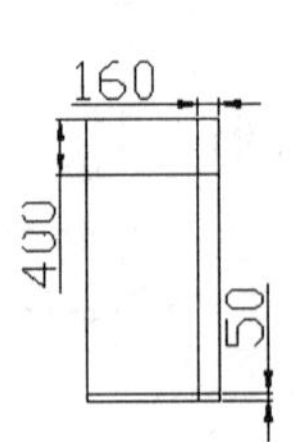

图 15-155　偏移直线

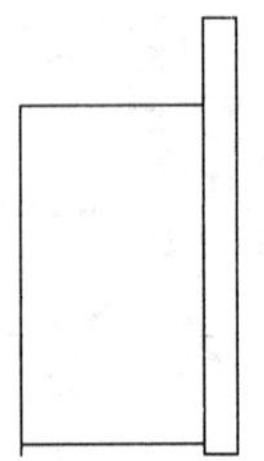

图 15-156　修剪直线

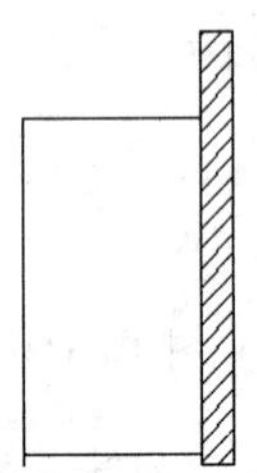

图 15-157　填充图案

55 绘制直线。

绘制直线的方法详见第 13 例。

打开正交模式，在屏幕上绘制如图 15-158 所示的直线。

56 绘制直线。

打开正交模式，捕捉上一步骤绘制的直线中点，在屏幕上绘制如图 15-159 所示直线。

57 偏移直线。

偏移直线详见第 32 例。

偏移的尺寸如图 15-160 所示，完成之后的效果如图 15-160 所示。

58 修剪直线。

修剪直线详见第 26 例。

对多余的直线进行修剪，最后的效果如图 15-161 所示。

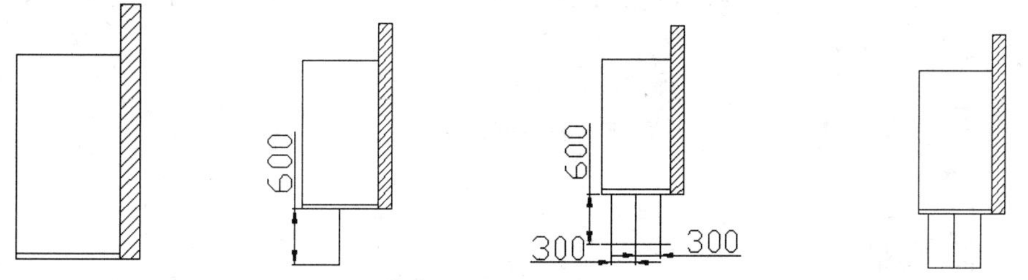

图 15-158　绘制直线　图 15-159　绘制直线　图 15-160　偏移直线　图 15-161　修剪直线

59 修剪直线。

修剪直线详见第 26 例。

对多余的直线进行修剪，最后的效果如图 15-162 所示。

60 删除直线。

删除直线的方法详见第 25 例。

删除偏移的直线，最后的效果如图 15-162 所示。

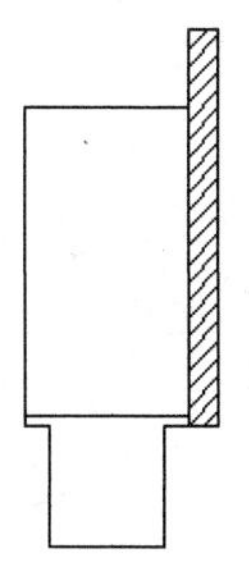

图 15-162　修剪并删除直线

3. 添加文字

下面将添加 B-B 剖视图的文字及标注。

61 输入文字。

输入文字详见第 72 例。

设置文字字体类型为“仿宋”，在图中标出元件名称，其中“SM6”文字大小为“240”，“电缆坑”文字大小为“120”，完成后的效果如图 15-163 所示。

62 线性标注。

线性标注详见第 59 例。

结合对象捕捉功能，完成线性标注的效果如图 15-164 所示。

注意：这里尺寸标注的设置，箭头大小为“120”，文字高度为“200”，文字偏移为“40”，尺寸界线范围为“30”，尺寸界线偏移为“20”。

63 输入文字。

输入文字详见前面第 72 例。

设置文字字体类型为“仿宋”，文字大小为“240”，在图中标出元件名称，完成后的效果如图 15-165 所示。

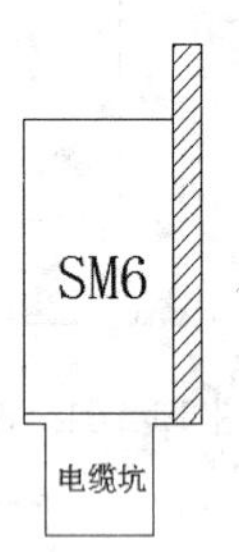

图 15-163　绘制直线

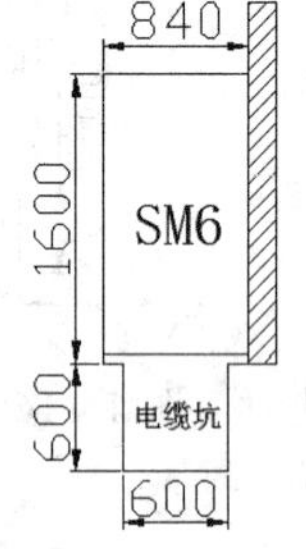

图 15-164　尺寸标注

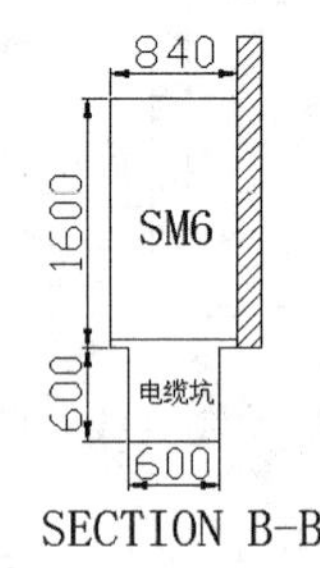

图 15-165　添加文字

下面将绘制 A-A 的剖视图并添加文字。

下面将绘制 SECTION A-A 的剖视图，绘制方法和绘制剖面图 SECTION B-B 一样，最后的 SETION A-A 的效果如图 15-166 所示，最后 SECTION B-B 的剖视图如图 15-167 所示。

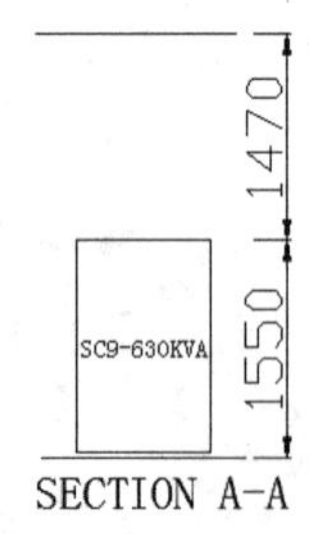

图 15-166　剖视图 A

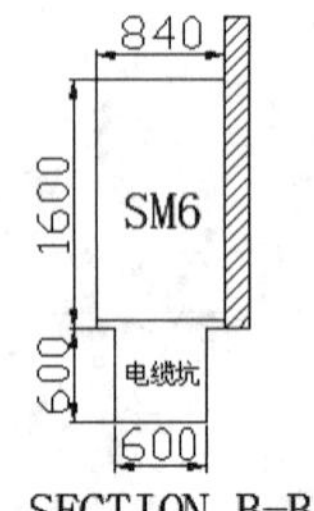

图 15-167　剖视图 B

64 添加备注文字。

输入文字详见前面第 72 例。

最后的效果如图 15-168 所示。

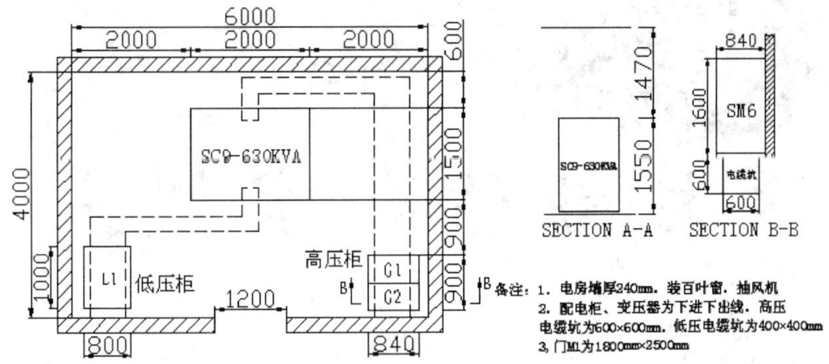

图 15-168　单台变压器终端配电站 6000×4000 干式变压器电气布置图

本章小结

为了帮助读者尽快更好地理解和应用 AutoCAD，本章通过具体的图纸实例，包括对象捕捉绘制直线、机械零件图尺寸标注、建筑设计，以及电气布置图，从需要采用哪个必学技能来讲述绘图的方法，使读者能够真正学会绘图的必学技能，真正掌握绘图的技巧。

第16章 必学技能综合实训三

本章内容导读

前面的第 11 章和 12 章主要向读者介绍了在 AutoCAD 2014 中针对三维对象的编辑和绘制的方法，通过这些三维绘制和编辑的方法，用户可以创建出各种形态的模型效果，这为设计者提供了广阔的思维空间。

本章通过家具模型设计的方法，结合创建和编辑三维对象，制作一组家具模型，以使读者能够更好地来理解这些三维编辑工具的使用方法。

本章必学技能要点

- 熟悉 AutoCAD 2014 三维操作环境
- 掌握绘制三维模型方法（第 11 章内容）
- 掌握命令的调用方法（第 1 章内容）
- 掌握编辑三维模型的方法（第 12 章内容）
- 掌握渲染的方法

必学技能实训——家具模型设计的方法

以如图 16-1 所示为例，按照前面必学技能 100 例为绘图技能，结合创建和编辑三维对象，制作一组家具模型，下面将具体介绍其绘制方法。

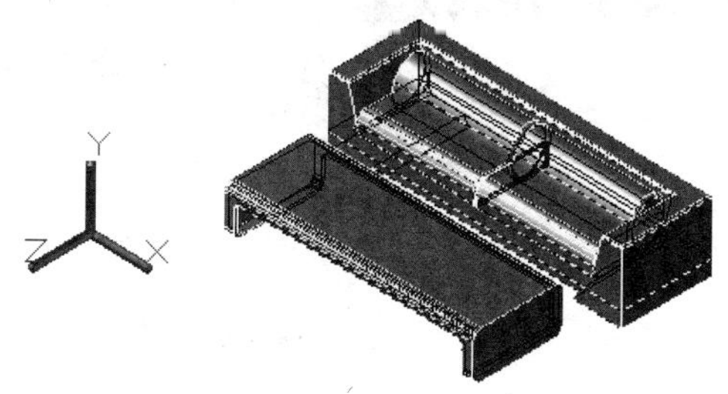

图 16-1　家具模型

操作步骤

1．新建图层

01 启动桌面上的“AutoCAD 2014 - 简体中文 （Simplified Chinese）”程序后的界面如图 1-1 所示，其采用的是“AutoCAD 经典”工作空间。

02 新建文件。

新建文件详见第 2 例。

03 选择“acad”选项后，单击“打开”按钮，即创建新建文件“Drawing2”。

04 保存图形文件。

保存图形文件详见第 2 例。

在“图形另存为”对话框中的“文件名”选项中输入“家具模型设计”，“文件类型”选项中选择“AutoCAD 2004”版本的文件类型。

05 单击“图形另存为”对话框中的“保存”按钮，即创建新建文件“Drawing2”文件变为“家具模型设计”，如图 16-2 所示。

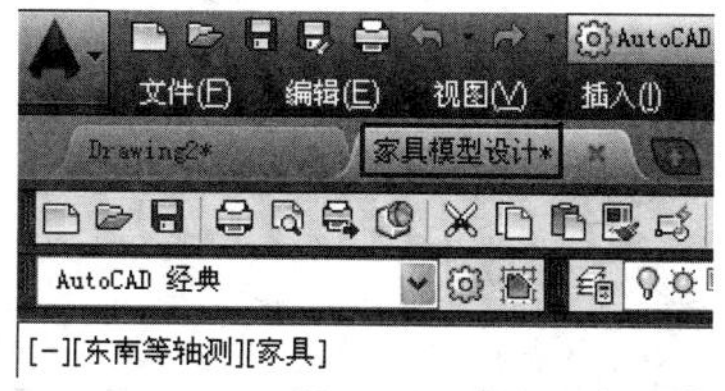

图 16-2　“家具模型设计”文件

06 新建图层。

新建图层详见第 49 例。

在弹出如图 16-3 所示的“图层特性管理器”对话框中，新建“茶几”、“沙发”图层，如图 16-4 所示。

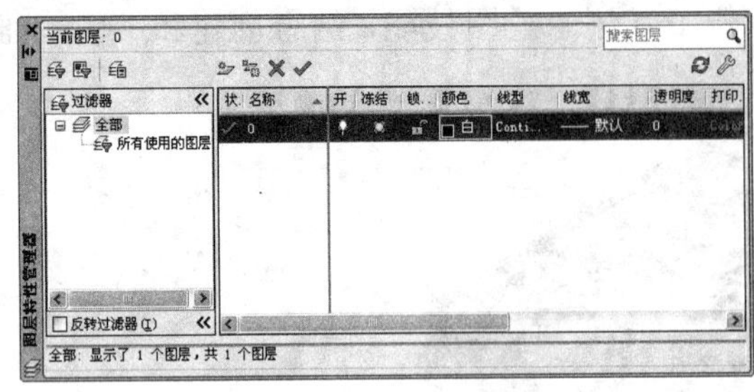

图 16-3 “图层特性管理器”对话框

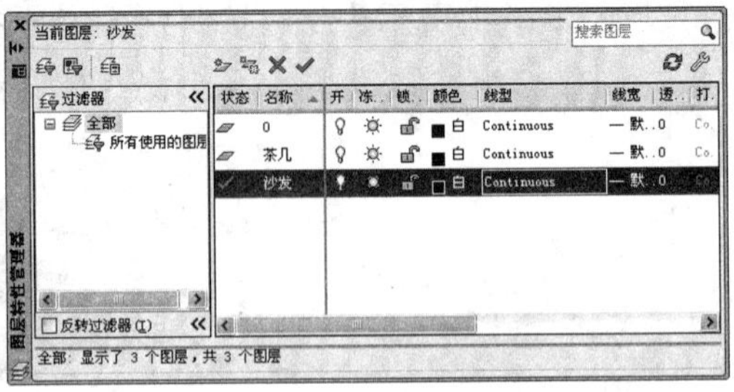

图 16-4 将“沙发”图层设置为当前图层

2. 创建沙发底盘

07 绘制长方体。

绘制长方体详见第 80 例。

命令行提示如下：

```
命令: _box
指定第一个角点或[中心(C)]:360,2150,0                    //输入长方体第一个角点的绝对坐标值，
                                                          按下空格键
指定其他角点或 [立方体(C)/长度(L)]: @2280,-700  //输入长方体第二个角点的相对坐标值，
                                                          按下空格键
指定高度或 [两点(2P)]: 120                              //输入高度值，按下空格键结束命令
```

在俯视图中创建长方体，如图 16-5 所示。

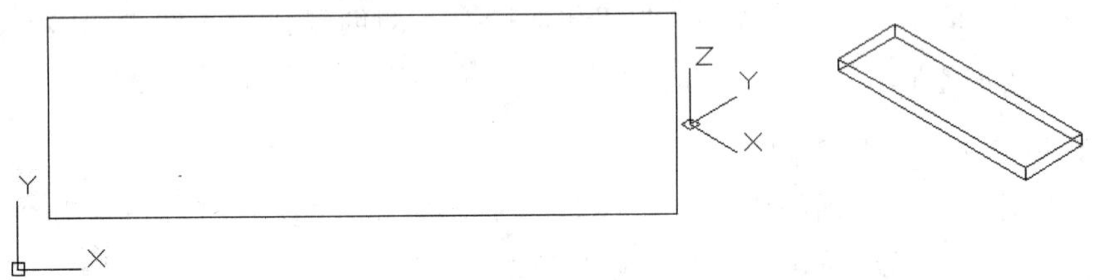

图 16-5 创建长方体

08 选择视图。选择菜单栏“视图”→“三维视图”命令，在弹出的子菜单中选择“右视图”，使其成为当前工作视图。

09 复制图形。

复制图形详见第 32 例。

命令行提示如下：

```
命令:
命令: _copy
选择对象:                                    //选择刚创建的长方体，按下空格键
当前设置: 复制模式=多个
指定基点或 [位移(D)/模式(O)]<位移>:       //捕捉长方体的左上角点并单击，作为复制的基准点
```

```
指定第二个点或<使用第一个点作为位移>:@0,-50
                                        //输入第二个点的绝对坐标值，按下空格键
指定第二个点或[退出(E)/放弃(U)]<退出>:    //按下空格键结束命令
```

对创建的长方体进行复制，如图 16-6 所示。

图 16-6　复制图形

10 倾斜面。

倾斜面详见第 92 例。

根据所示对相应的面进行倾斜，命令行提示如下：

```
选择面或 [放弃(U)/删除(R)]:          //通过单击的方式选择复制长方体的两个面积最小的面按
下空格键，结束选择
指定基点:                            //捕捉长方体的端点 A 并单击，指定基点
指定沿倾斜轴的另一个点:              //捕捉长方体的端点 B 并单击，指定沿倾斜轴的另一个点
指定倾斜角度: 30                     //输入倾斜角度，按下空格键
输入面编辑选项[拉伸(E)/移动(M)/旋转(R)/偏移(O)/倾斜(T)/删除(D)/复制(C)/颜色(L)/
材质(A)/放弃(U)/退出(X)]<退出>:X    //按两次下空格键，结束命令
```

最后所得的效果如图 16-7 所示。

提示

用户在选中长方体的背面后，可能会误选其他面，这时可通过按住<**Shift**>键，在误选的面上单击，将其从选择集中删除。

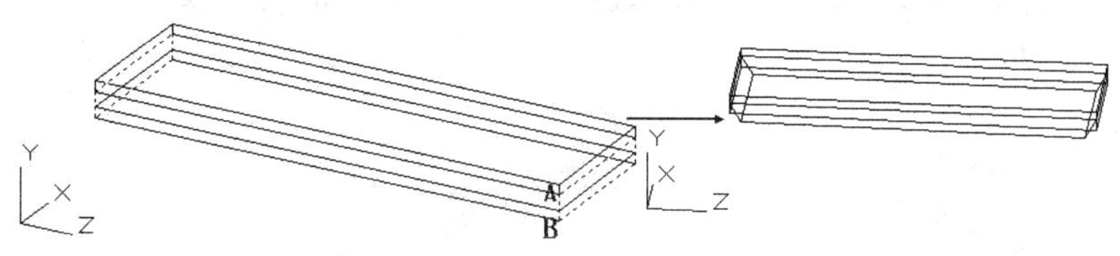

图 16-7　倾斜面

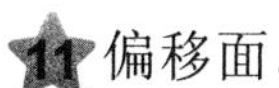

11 偏移面。

偏移面详见第 92 例。

命令行提示如下：

```
命令: _solidedit
实体编辑自动检查: SOLIDCHECK=1
输入实体编辑选项 [面(F)/边(E)/体(B)/放弃(U)/退出(X)]<退出>:face
输入面编辑选项
```

```
    [拉伸(E)/移动(M)/旋转(R)/偏移(O)/倾斜(T)/删除(D)/复制(C)/颜色(L)/材质(A)/放弃(U)/退出(X)]<退出>:
    _offset
    选择面或 [放弃(U)/删除(R)]:找到一个面          //在长方体一侧的倾斜面 A 上单击
    选择面或 [放弃(U)/删除(R)/全部(ALL)]:          //按 Enter 键，结束选择
    指定偏移距离:-300                              //输入偏移距离值“300”，按 Enter 键
```

根据命令行的提示，对向内倾斜的两个面进行移动，如图 16-8 所示。

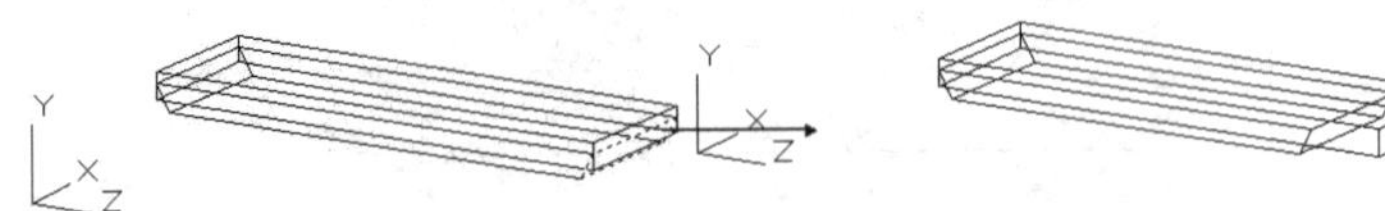

图 16-8　偏移面

注意：用户在三维视图中进行操作时，三维坐标轴的轴向有可能会发生改变，成为用户坐标系（UCS）。这时可通过在“UCS”工具栏中单击“世界”按钮，将其调整为世界坐标系（WCS）。

12 偏移面。

移动面详见第 92 例。

参照以上移动面的方法，接着将长方体另一侧的倾斜面向内移动 300 个单位，效果如图 16-9 所示。

13 选择菜单栏“修改”→“实体编辑”→“差集”命令，选择差集命令后，命令行提示如下：

```
命令: _subtract 选择要从中减去的实体或面域
选择对象:                        //选择长方体，按下空格键
选择对象:                        //选择要减去的实体或面域
选择对象:                        //选择调整后的长方体，按下空格键结束命令
```

根据命令行的提示，对两个长方体进行差集运算，完成沙发底盘的制作，效果如图 16-10 所示。

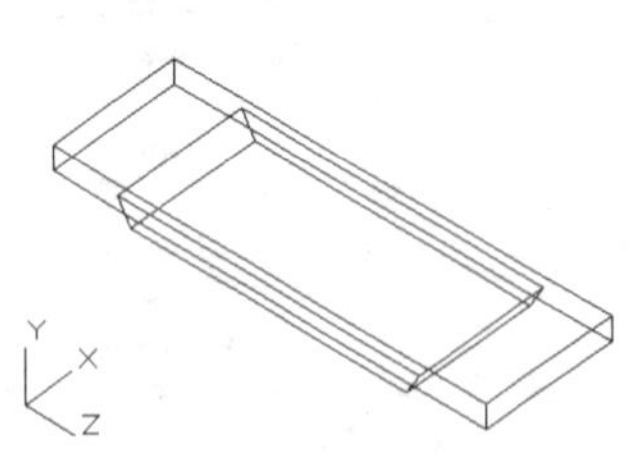

图 16-9　移动另一侧的面

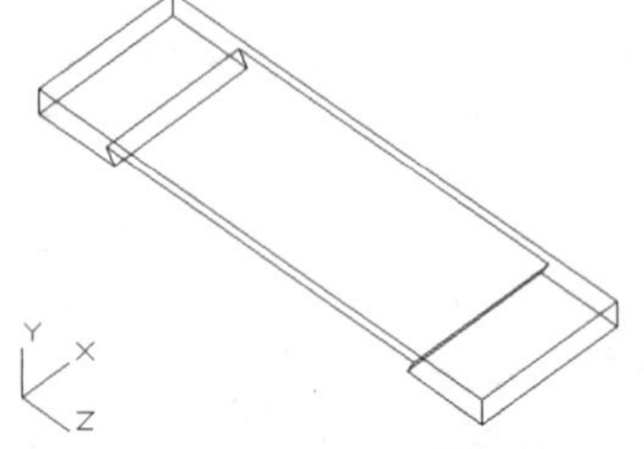

图 16-10　执行“差集”运算

3．创建沙发中层

14 选择视图。选择菜单栏“视图”→“三维视图”命令，在弹出的子菜单中选择

“东南等轴测视图”，使其成为当前工作视图。

15 绘制长方体。

绘制长方体详见第 80 例。

命令行提示如下：

```
命令：DOX
指定第一个角点或[中心(C)]:                    //输入长方体第一个角点的坐标值，按 Enter 键
指定其他角点或[立方体(C)/长度(L)]:             //输入第二个角点的相对坐标值，按 Enter 键
指定其他角点或[立方体(C)/长度(L)]:
指定高度或[两点(2P)]<-100.0000>: 100          //向上移动光标，然后输入高度值，按 Enter 键结
                                                束命令
```

根据命令行的提示在视图中创建长方体，如图 16-11 所示。

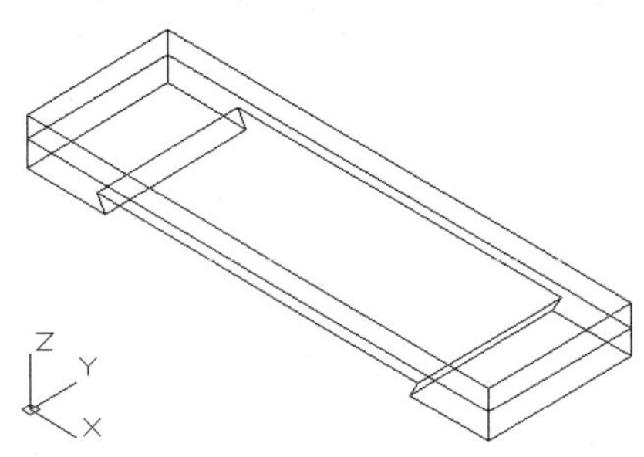

图 16-11　创建长方体

16 选择视图。选择菜单栏“视图”→“三维视图”命令，在弹出的子菜单中选择“俯视图”，使其成为当前工作视图。

17 绘制矩形。

绘制矩形详见第 18 例。

命令行提示如下：

```
命令：_rectang
指定第一个角点或[倒角(C)/标高(E)/圆角(F)/厚度(T)/宽度(W)]:600,2000,220
                           //输入矩形第一个角点的绝对坐标值，按 Enter 键
指定另一个角点或[面积(A)/尺寸(D)/旋转(R)]:@1800,-550
                          //输入矩形第二个角点的相对坐标值，按 Enter 键结束命令
```

根据提示输入相关数据，最后的效果如图 16-12 所示。

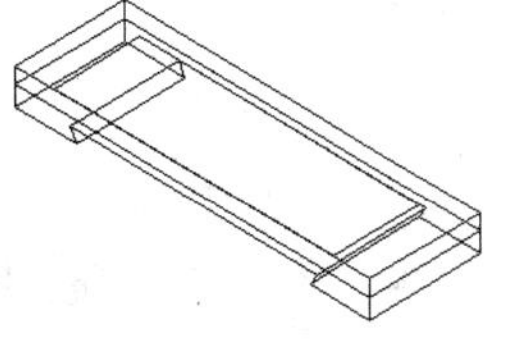

图 16-12　绘制矩形

18 选择菜单栏“修改”→“实体编辑”→“压印边”命令，选择压印边命令后，命令行提示如下：

```
命令: _imprint
选择三维实体:                                   //在新创建的长方体上单击
选择要压印的对象:                               //在新创建的矩形上单击
是否删除源对象 [是(Y)/否(N)] <N>:Y              //选择“是（Y）”选项，按 Enter 键
```

根据命令行的提示，压印矩形，在长方体上创建新边，如图 16-13 所示。

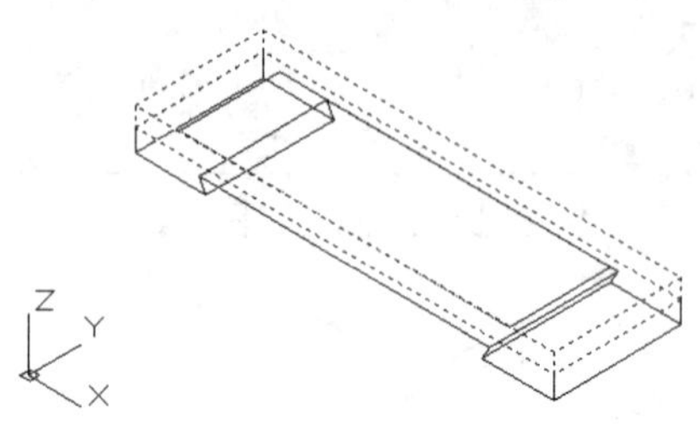

图 16-13　压印实体

19 拉伸面。

拉伸面详见第 92 例。

命令行提示如下：

```
选择面或 [放弃(U)/删除(R)]:                    //选择压印实体顶侧外围的面，按 Enter 键
指定拉伸高度或 [路径(P)]: 300                   //输入拉伸高度值，按 Enter 键
指定拉伸的倾斜角度<0>:                          //按 Enter 键，保持默认的角度设置
输入面编辑选项[拉伸(E)/移动(M)/旋转(R)/偏移(O)/倾斜(T)/删除(D)/复制(C)/颜色(L)/
材质(A)/放弃(U)/退出(X)] <退出>: X              //按两次 Enter 键，结束命令
```

根据命令行的提示，对面进行拉伸，如图 16-14 所示。

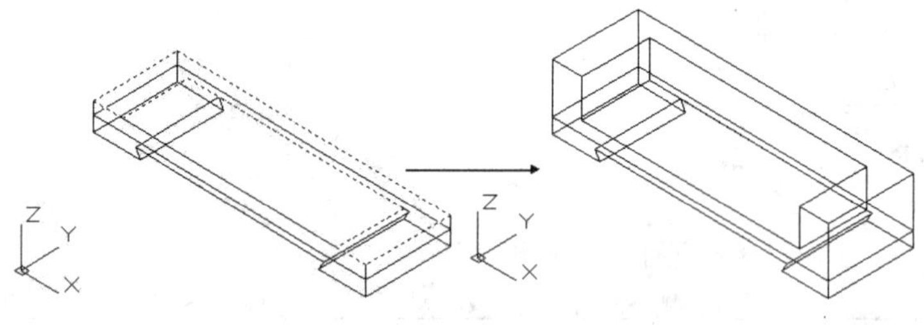

图 16-14　拉伸面

20 倾斜面。

倾斜面详见第 92 例。

命令行提示如下：

```
选择面或 [放弃(U)/删除(R)]:                    //选择拉伸实体内侧的两个相对的面，按 Enter 键
指定基点:                                       //捕捉实体上的端点 A 并单击
指定沿倾斜轴的另一个点:                         //捕捉实体上的端点 B 并单击
指定倾斜角度: 15                                //输入倾斜角度值，按 Enter 键
输入面编辑选项[拉伸(E)/移动(M)/旋转(R)/偏移(O)/倾斜(T)/删除(D)/复制(C)/颜色(L)/
材质(A)/放弃(U)/退出(X)] <退出>:               //按两次 Enter 键，结束命令
```

对拉伸后的实体内侧的两个面进行倾斜，如图 16-15 所示。

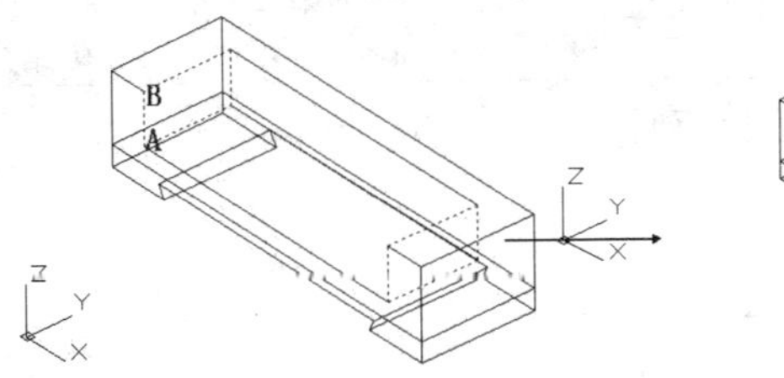

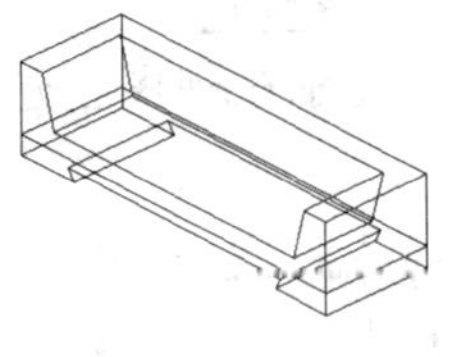

图 16-15　倾斜面

21 倒角边。

倒角边详见第 90 例。

命令行提示如下：

```
命令:
CHAMFEREDGE 距离 1 = 1.0000，距离 2 = 1.0000
选择一条边或 [环(L)/距离(D)]: D
指定距离 1 或 [表达式(E)] <1.0000>: 13
指定距离 2 或 [表达式(E)] <1.0000>: 13
选择一条边或 [环(L)/距离(D)]: L                //选择“环（L）”选项
选择环边或 [边(E)/距离(D)]:
输入选项 [接受(A)/下一个(N)] <接受>: N      //调用“下一个（N）”选项
输入选项 [接受(A)/下一个(N)] <接受>:
选择环边或 [边(E)/距离(D)]:
按 Enter 键接受倒角或 [距离(D)]:             //直接按 Enter 键
```

根据命令行的提示，对沙发中层模型的顶边进行倒角，如图 16-16 所示.

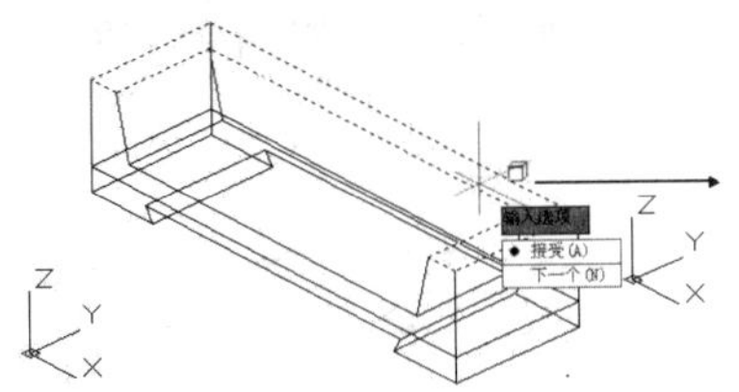

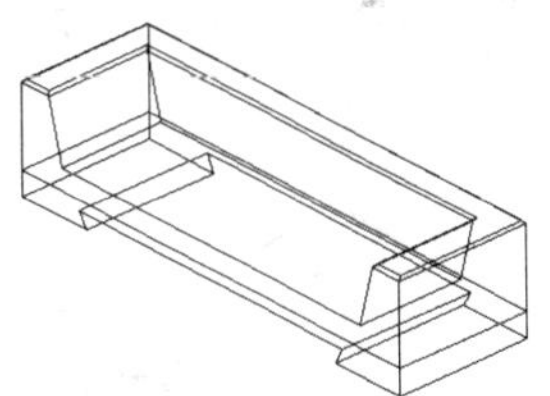

图 16-16　倒角边

4. 创建沙发垫

22 选择视图。选择菜单栏“视图”→“三维视图”，在弹出的子菜单中选择“俯视图”，使其成为当前工作视图。

23 绘制长方体。

绘制长方体详见第 80 例。

命令行提示如下：

```
命令: _box
指定第一个角点或 [中心(C)]: 600,2000,220  //输入长方体第一个角点的绝对坐标值，
                                            按 Enter 键
```

```
指定其他角点或 [立方体(C)/长度(L)]: @900,-550
                                         //输入长方体第二个角点的绝对坐标值，按Enter键
指定高度或 [两点(2P)]: 150               //输入高度值，按Enter键结束命令
```

根据命令行的提示在视图创建长方体，如图 16-17 所示。

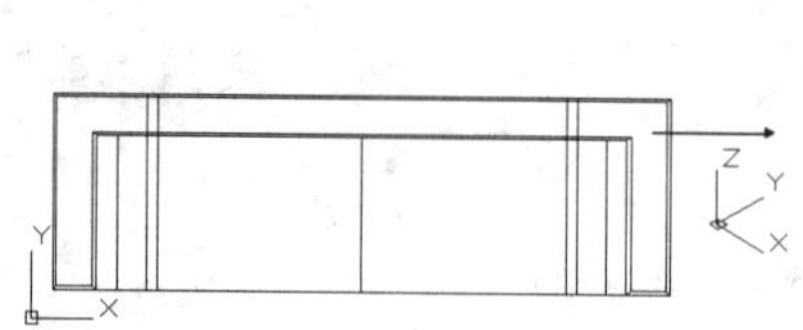
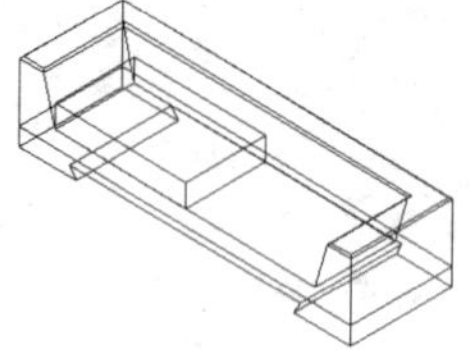

图 16-17　绘制长方体

24 圆角边。

圆角边详见第 90 例。

命令行提示如下：

```
命令: _FILLETEDGE
半径 = 1.0000
选择边或 [链(C)/环(L)/半径(R)]: r             //选择 r，并按 Enter 键
输入圆角半径或 [表达式(E)] <1.0000>: 13        //输入圆角半径值，按 Enter 键
选择边或 [链(C)/环(L)/半径(R)]: l
选择环边或 [边(E)/链(C)/半径(R)]:
输入选项 [接受(A)/下一个(N)] <接受>:
选择环边或 [边(E)/链(C)/半径(R)]:             //依次选择侧面的环，按 Enter 键结束命令
已选定 4 个边用于圆角。
按 Enter 键接受圆角或 [半径(R)]:              //按 Enter 键结束命令
```

根据命令行的提示，在视图对长方体的边进行圆角边，如图 16-18 所示。

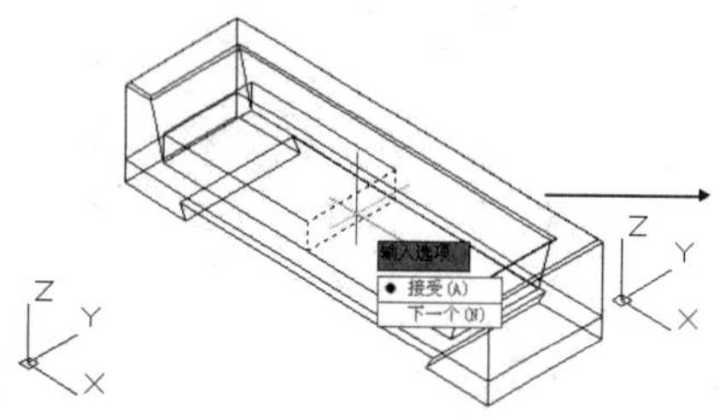

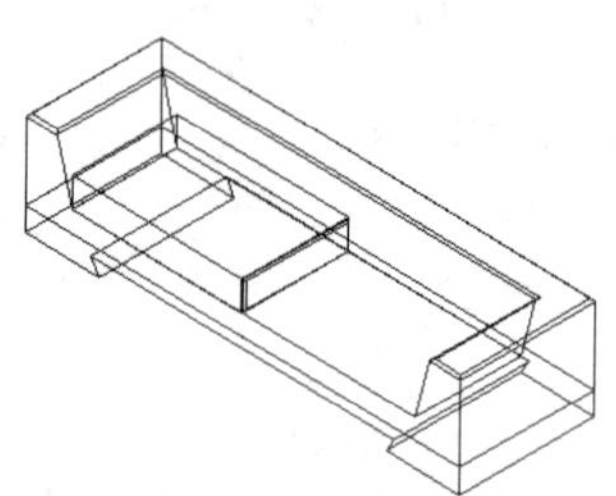

图 16-18　三维圆角边

25 圆角边。

圆角边详见第 90 例。

命令行提示如下：

```
命令:
FILLETEDGE
半径 = 13.0000
选择边或 [链(C)/环(L)/半径(R)]: r             //选择 r，并按 Enter 键
输入圆角半径或 [表达式(E)] <13.0000>: 80       //输入圆角半径值，按 Enter 键
选择边或 [链(C)/环(L)/半径(R)]:
选择边或 [链(C)/环(L)/半径(R)]:               //在图 16-19 所示的长方体的边上单击
```

```
已选定 1 个边用于圆角。
按 Enter 键接受圆角或 [半径(R)]:                    //直接按 Enter 键结束命令
```

对长方体前面的边进行圆角，如图 16-19 所示。

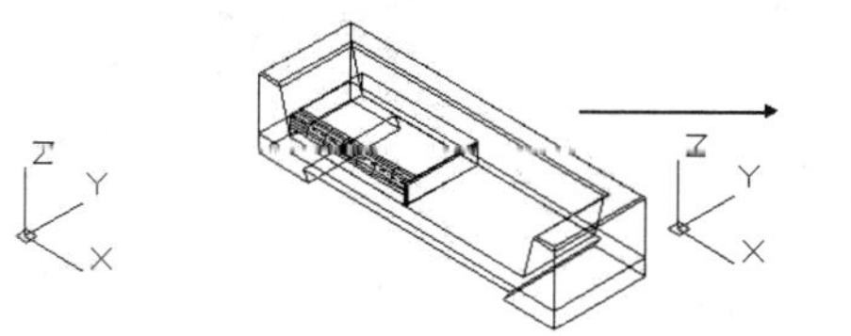
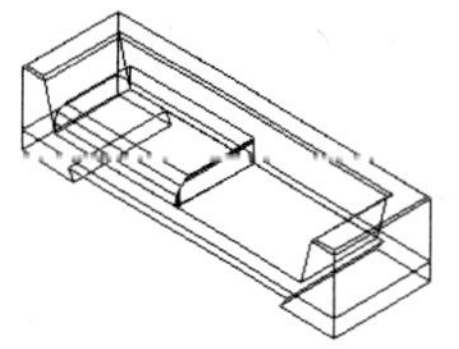

图 16-19　执行“圆角边”命令

26 选择视图。选择菜单栏“视图”→“三维视图”命令，在弹出的子菜单中选择“东南等轴测视图”，使其成为当前工作视图。

27 倾斜面。

倾斜面详见第 92 例。

命令行提示如下：

```
选择面或 [放弃(U)/删除(R)]:              //选择长方体示进行圆角操作的侧面，按 Enter 键
指定基点:                                 //捕捉端点 A 并单击，指定基点
指定沿倾斜轴的另一个点:                   //捕捉端点 B 并单击，指定沿倾斜轴的另一个点
指定倾斜角度: -15                         //输入倾斜角度值，按 Enter 键
输入面编辑选项[拉伸(E)/移动(M)/旋转(R)/偏移(O)/倾斜(T)/删除(D)/复制(C)/颜色(L)/
材质(A)/放弃(U)/退出(X)] <退出>: X        //按两次 Enter 键，结束命令
```

在视图中对长方体另一侧的面进行倾斜操作，如图 16-20 所示。

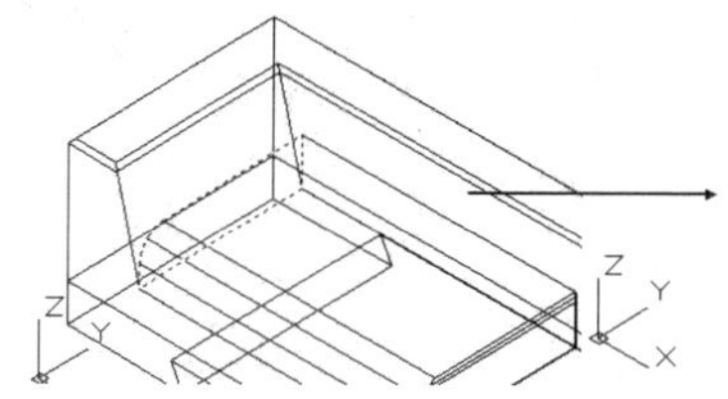
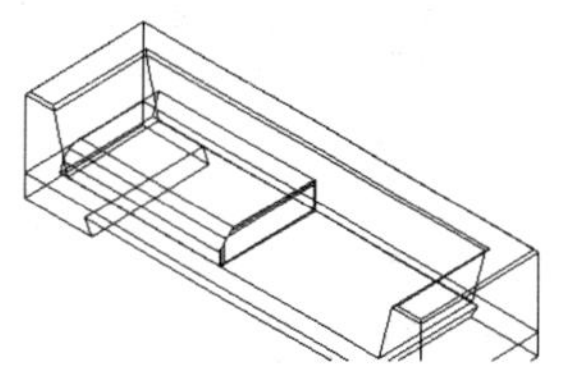

图 16-20　倾斜面

28 圆角边。

圆角边详见第 90 例。

命令行提示如下：

```
命令:
FILLETEDGE
半径 = 80.0000
选择边或 [链(C)/环(L)/半径(R)]: r                     //选择 r，并按 Enter 键
输入圆角半径或 [表达式(E)] <80.0000>: 13              //输入圆角半径值，按 Enter 键
选择边或 [链(C)/环(L)/半径(R)]:
选择边或 [链(C)/环(L)/半径(R)]:
选择边或 [链(C)/环(L)/半径(R)]:                       //在图 16-21 所示的长方体的边上单击
已选定 3 个边用于圆角。
按 Enter 键接受圆角或 [半径(R)]:
```

对长方体前面的边进行圆角边，如图 16-21 所示。

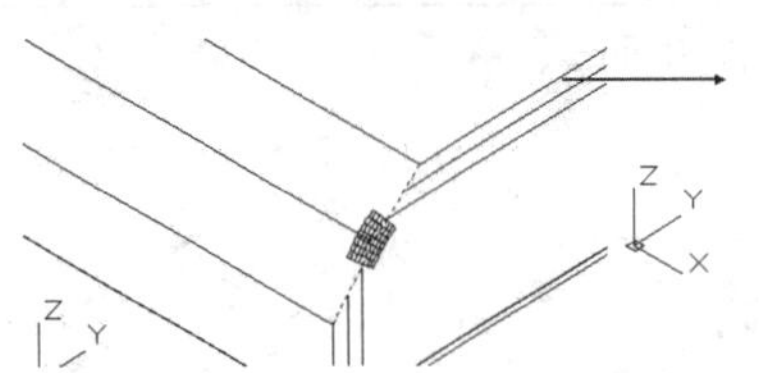
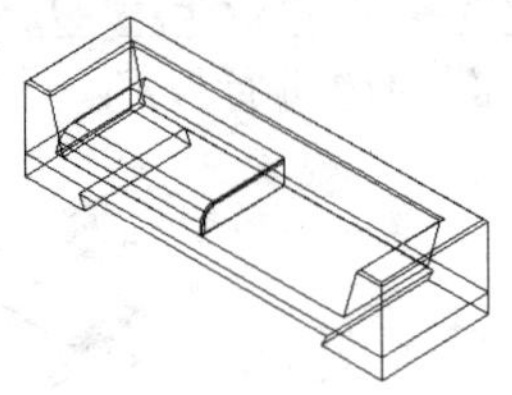

图 16-21　圆角边

29 选择视图。选择菜单栏“视图”→“三维视图”命令，在弹出的子菜单中选择“东南等轴测视图”，使其成为当前工作视图。

30 镜像对象。

镜像对象详见第 32 例。

命令行提示如下：

```
命令: _mirror
选择对象: 找到 1 个                              //选择沙发座模型，按 Enter 键
选择对象:
指定镜像线的第一点: 指定镜像线的第二点:          //在视图中捕捉两个端点并单击
要删除源对象吗? [是(Y)/否(N)] <N>: n           //输入字母 n，按 Enter 键结束命令
```

根据命令行的提示，在平面上指定镜像点，如图 16-22 所示。

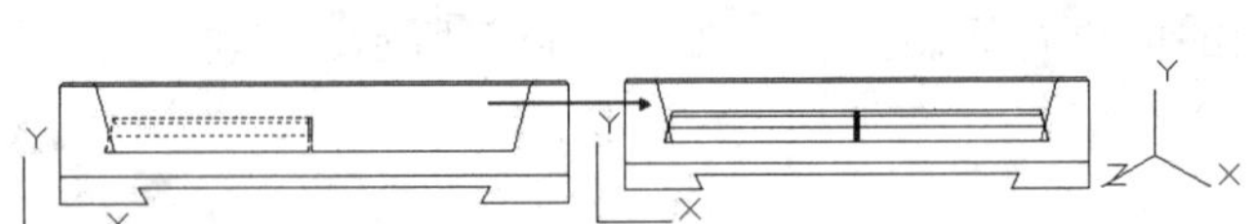
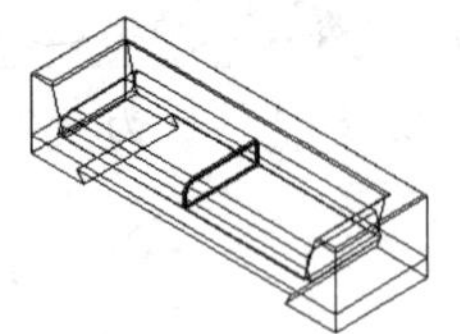

图 16-22　指定镜像点

31 对沙发垫进行镜像后的效果如图 16-23 所示。

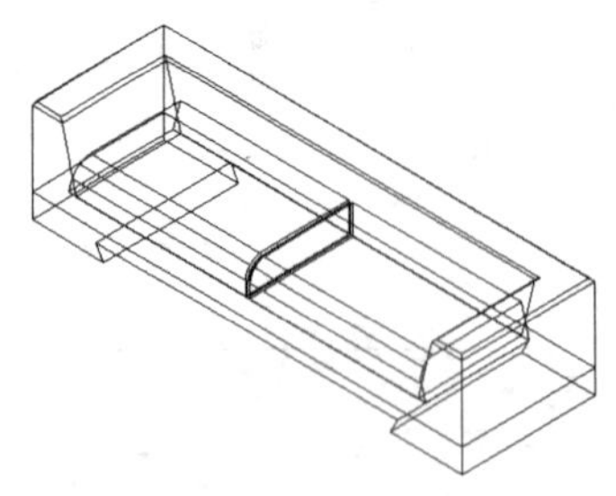

图 16-23　制作出另一侧的沙发座

5. 创建沙发靠背

32 选择视图。选择菜单栏“视图”→“三维视图”命令，在弹出的子菜单中选择“右视图”，使其成为当前工作视图。

33 绘制圆柱体。

绘制圆柱体详见第 80 例。

命令行提示如下：

```
命令：_cylinder
指定底面的中心点或 [三点(3P)/两点(2P)/相切、相切、半径(T)/椭圆(E)]：E
                                          //调用"椭圆（E）"选项，按 Enter 键
指定第一个轴的端点或 [中心(C)]：C          //调用"中心（C）"选项，按 Enter 键
指定中心点：                               //在右视图的任意位置单击鼠标，定义中心点
指定到第一个轴的距离：140                  //输入第一个轴的距离
指定第二个轴的端点：@70<155                //输入相对坐标值并按 Enter 键
指定高度或 [两点(2P)/轴端点(A)]:930        //输入高度值，按 Enter 键结束命令
```

根据命令行的提示在右视图中创建圆柱体，如图 16-24 所示。

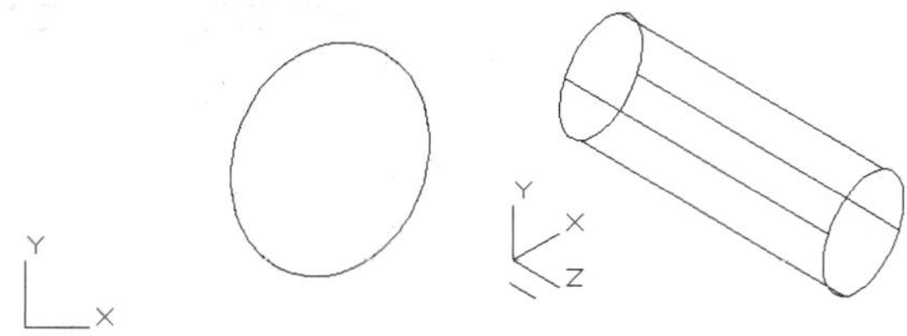

图 16-24　绘制圆柱体

34 圆角边。

圆角边详见第 90 例。

命令行提示如下：

```
命令：_FILLETEDGE
半径 = 13.0000
选择边或 [链(C)/环(L)/半径(R)]：r              //选择 r，并按 Enter 键
输入圆角半径或 [表达式(E)] <13.0000>：20       //输入圆角半径值，按 Enter 键
选择边或 [链(C)/环(L)/半径(R)]：
选择边或 [链(C)/环(L)/半径(R)]：
选择边或 [链(C)/环(L)/半径(R)]：
已选定 2 个边用于圆角。
按 Enter 键接受圆角或 [半径(R)]：              //在圆柱体另一侧的面上单击，按 Enter 键
                                                 结束命令
```

根据命令行的提示，对圆柱体两个侧面进行圆角边，如图 16-25 所示。

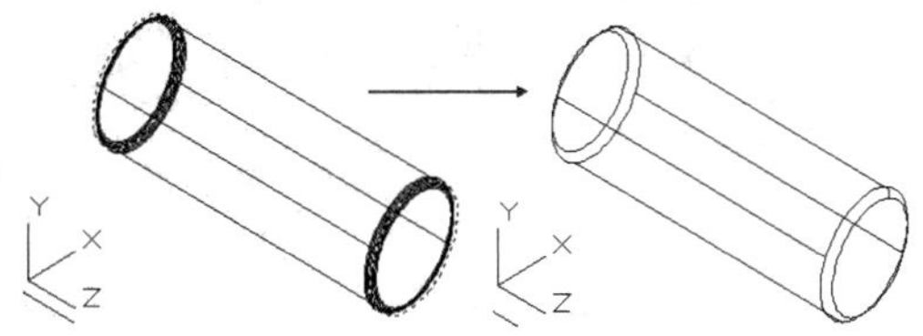

图 16-25　对侧面进行圆角边

35 复制对象。

复制图形详见第 32 例。

在视图调整圆柱体的位置，将该对象进行复制，制作出沙发另一侧的靠背模型，效果如图 16-26 所示。

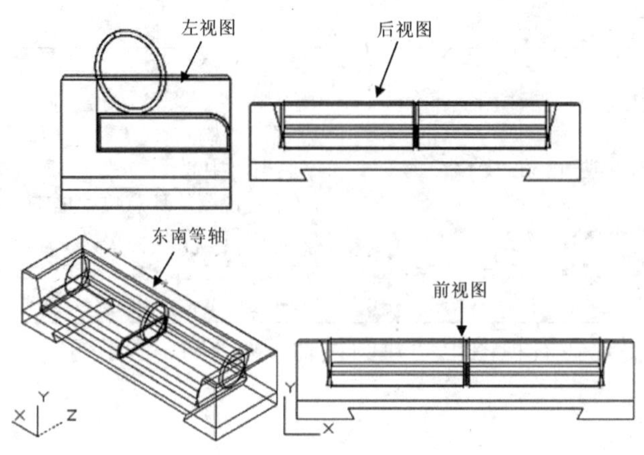

图 16-26　复制沙发靠背模型

6．创建茶几

36 选择图层。在“图层”下拉列表栏中选择“茶几”图层，将其设置为当前图层。

37 选择视图。选择菜单栏“视图”→“三维视图”命令，在弹出的子菜单中选择“俯视图”，使其成为当前工作视图。

38 绘制长方体。

绘制长方体详见第 80 例。

命令行提示如下：

```
命令: _box
指定第一个角点或 [中心(C)]: 580,1133,60
                                //输入长方体第一个角点的坐标值，按 Enter 键
指定其他角点或 [立方体(C)/长度(L)]: @1880,-650
                                //输入长方体第二个角点的相对坐标值，按 Enter 键
指定高度或 [两点(2P)]: 300      //输入高度值，按 Enter 键结束命令
```

根据命令行的提示，在视图中创建长方体，如图 16-27 所示。

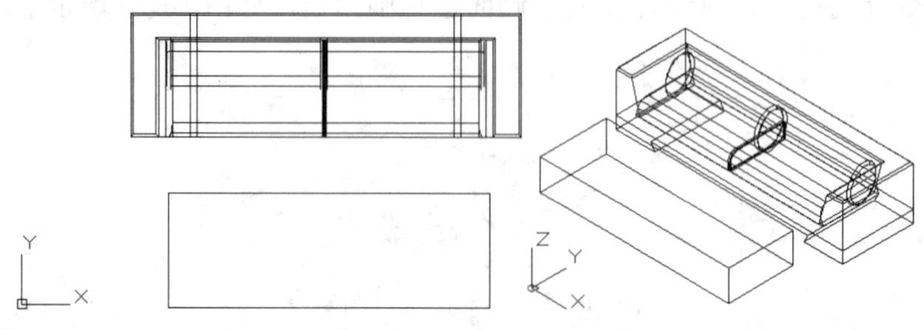

图 16-27　绘制长方体

39 圆角边。

圆角边详见第 90 例。

命令行提示如下：

提示

为方便读者观察，在“图层”工具栏中已将“沙发”图层暂时关闭。

```
命令: _FILLETEDGE
半径 = 20.0000
选择边或 [链(C)/环(L)/半径(R)]: r                    //输入半径“r”，按 Enter 键
输入圆角半径或 [表达式(E)] <20.0000>: 40           //输入圆角半径值，按 Enter 键
选择边或 [链(C)/环(L)/半径(R)]:
选择边或 [链(C)/环(L)/半径(R)]:
选择边或 [链(C)/环(L)/半径(R)]:
选择边或 [链(C)/环(L)/半径(R)]:
选择边或 [链(C)/环(L)/半径(R)]:                     //依次选择四个边
已选定 4 个边用于圆角。
按 Enter 键接受圆角或 [半径(R)]:                    //按 Enter 键完成命令
```

对刚建的长方体边进行圆角，如图 16-28 所示。

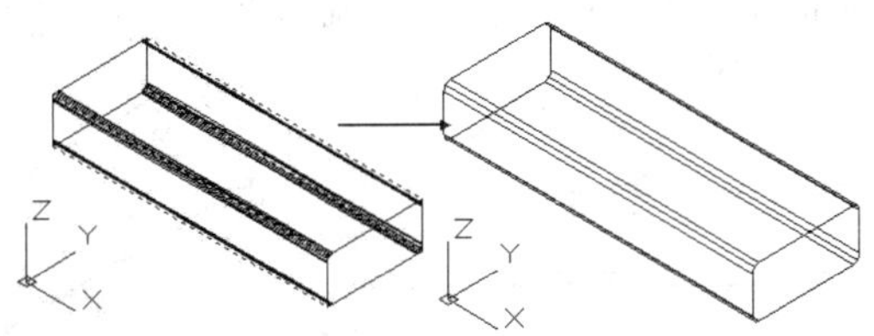

图 16-28　圆角边

40 选择视图。选择菜单栏“视图”→“三维视图”命令，在弹出的子菜单中选择“右视图”，使其成为当前工作视图。

41 抽壳。

抽壳详见第 89 例。

命令行提示如下：

```
命令: _solidedit
实体编辑自动检查: SOLIDCHECK=1
输入实体编辑选项 [面(F)/边(E)/体(B)/放弃(U)/退出(X)] <退出>: _body
输入体编辑选项
[压印(I)/分割实体(P)/抽壳(S)/清除(L)/检查(C)/放弃(U)/退出(X)] <退出>: _shell
选择三维实体:                                          //选择圆角后的长方体
删除面或 [放弃(U)/添加(A)/全部(ALL)]:
输入抽壳偏移距离: -20                                  //输入抽壳偏移距离，按 Enter 键
已开始实体校验
已完成实体校验
输入体编辑选项
[压印(I)/分割实体(P)/抽壳(S)/清除(L)/检查(C)/放弃(U)/退出(X)] <退出>:
实体编辑自动检查: SOLIDCHECK=1
```

```
输入实体编辑选项 [面(F)/边(E)/体(B)/放弃(U)/退出(X)] <退出>:      //按两次 Enter 键,
                                                                 结束命令
```

对三维实体进行抽壳操作，如图 16-29 所示。

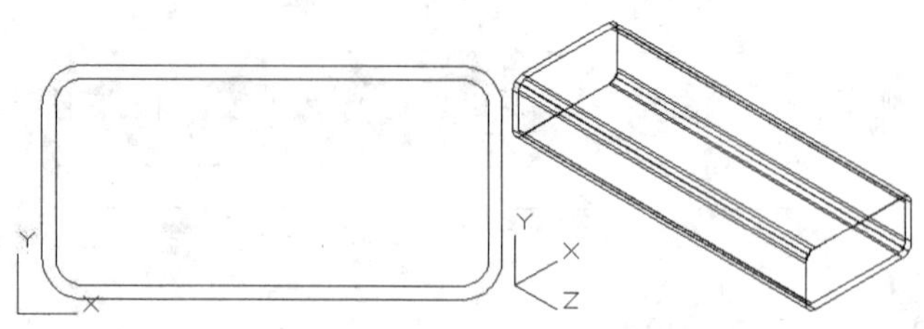

图 16-29　抽壳实体

42 选择视图。选择菜单栏“视图”→“三维视图”命令，在弹出的子菜单中选择“**主视图**”，使其成为当前工作视图。

43 绘制矩形。

绘制矩形详见第 18 例。

在该视图中创建一个长度为 1760，高度为 300 个单位的矩形，然后通过“圆角”命令为矩形上侧的两个角添加半径为 50 个单位的圆角效果，最后的效果如图 16-30 所示。

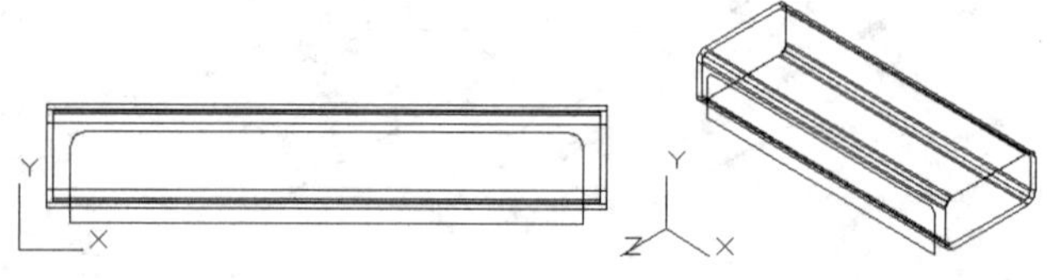

图 16-30　创建二维图形

注意：在创建矩形时，用户要对图形与抽壳实体的位置关系把握好，以保证所创建模型的规则性。

44 拉伸面。

拉伸面详见第 92 例。

命令行提示如下：

```
命令: _extrude
当前线框密度: ISOLINES=4，闭合轮廓创建模式 = 实体
选择要拉伸的对象或 [模式(MO)]: _MO 闭合轮廓创建模式 [实体(SO)/曲面(SU)] <实体>: _SO
选择要拉伸的对象或 [模式(MO)]: 找到 1 个        //在新创建的二维型上单击，按 Enter 键
选择要拉伸的对象或 [模式(MO)]:
指定拉伸的高度或 [方向(D)/路径(P)/倾斜角(T)/表达式(E)] <-800.0000>: 800
          //沿 Y 轴正值方向移动光标，然后输入拉伸高度值，按 Enter 键结束命令
```

对创建的二维图形进行拉伸，如图 16-31 所示。

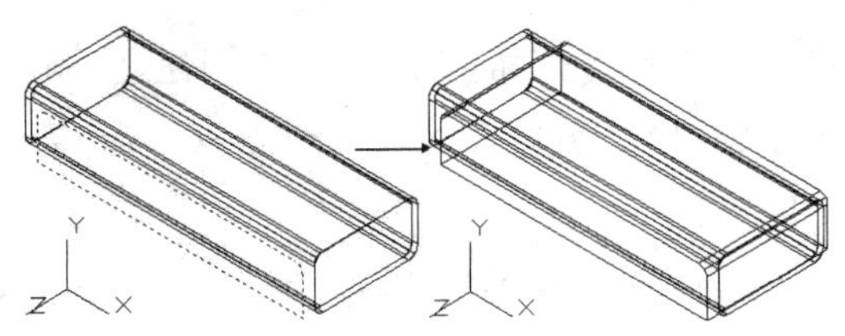

图 16-31　拉伸二维图形

45 选择菜单栏“修改”→“实体编辑”→“差集”命令，选择差集命令后，命令行提示如下：

```
命令:
SUBTRACT 选择要从中减去的实体、曲面和面域...
选择对象: 找到 1 个                    //在长方体上单击，按 Enter 键
选择对象:                              //选择要减去的实体或面域
选择要减去的实体、曲面和面域...
选择对象: 找到 1 个                    //选择拉伸出的实体，按 Enter 键结束命令
```

对两个模型进行差集运算，如图 16-32 所示。

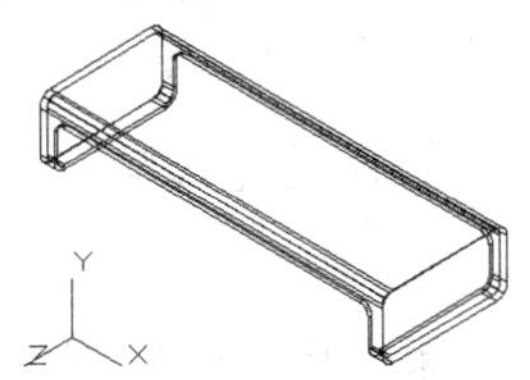

图 16-32　执行“差集”运算

7. 设置视觉样式

46 选择视图。选择菜单栏“视图”→“三维视图”命令，在弹出的子菜单中选择“东南等轴测视图”，使其成为当前工作视图。

47 选择菜单栏“视图”→“视觉样式”→“视觉样式管理器”命令，打开“视觉样式管理器”选项板，如图 16-33 所示。

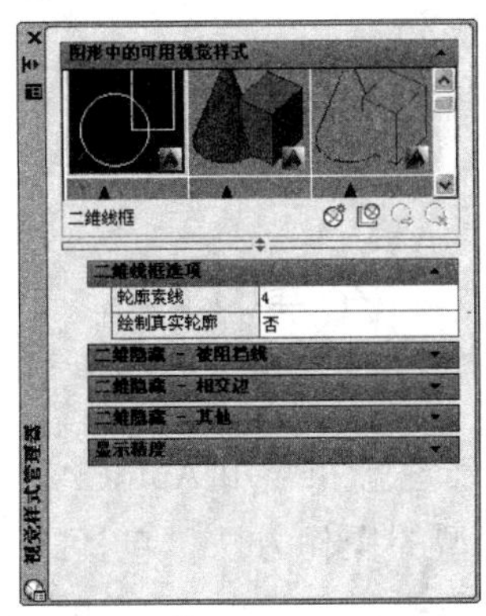

图 16-33　“视觉样式管理器”选项板

48 单击“创建新的视觉样式”按钮，打开“创建新的视觉样式”对话框，然后在“名称”文本框中输入“家具”，为该视觉样式重命名，如图 16-34 所示，完毕后单击“确定”按钮退出该对话框。

49 在该选项板中的“面设置”卷展栏中的“面样式”下拉列表中选择“古氏”选项，如图 16-35 所示。

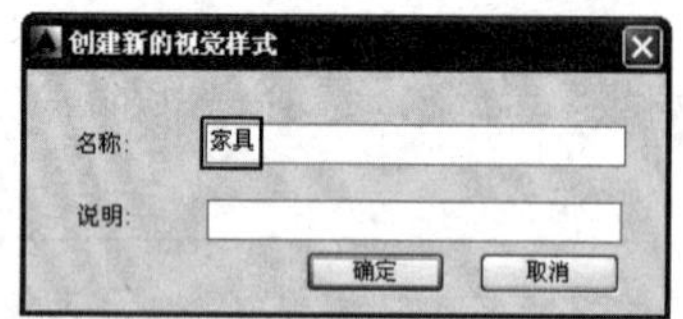

图 16-34 “创建新的视觉样式”对话框

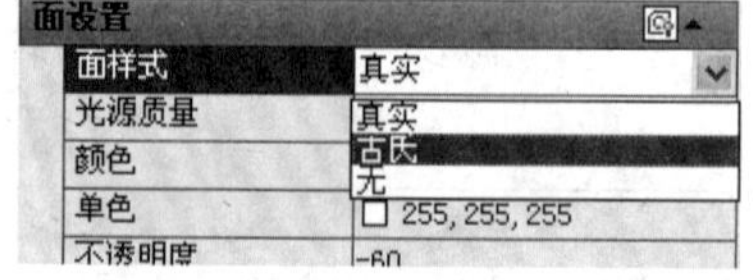

图 16-35 选择“古氏”选项

50 接着激活“光照”卷展栏标题上的“亮显强度”按钮，然后对“亮显强度”参数进行调整，如图 16-36 所示。

51 在“面设置”卷展栏的标题上激活“不透明度”按钮，然后再对“不透明度”参数进行调整，设置为“100”。

52 设置完毕后，单击“将选定的视觉样式应用于当前视口”按钮，将该样式应用于视口中当前视口中。

53 至此完成本实例的制作，效果如图 16-37 所示。读者在制作过程中如果遇到什么问题，可以打开本书“家具模型设计”文件进行查看。

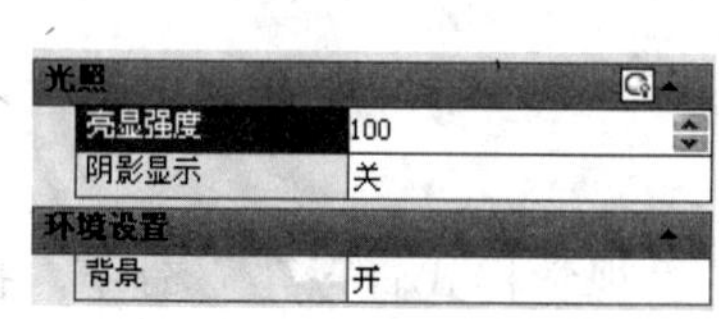

图 16-36 设置亮显强度

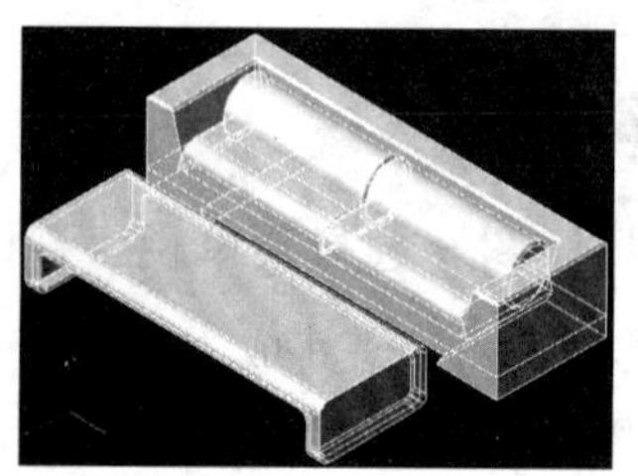
图 16-37 完成效果图

本章小结

为了帮助读者尽快地、更好地理解和应用 AutoCAD，本章通过具体的家具模型设计实例，主要讲了绘制三维实体模型的操作方法，包括绘制三维模型、编辑三维模型，以及渲染的方法，从需要的必学技能来讲述绘制的方法，使读者能够真正学会三维绘图的必学技能，真正掌握三维设计的技巧。

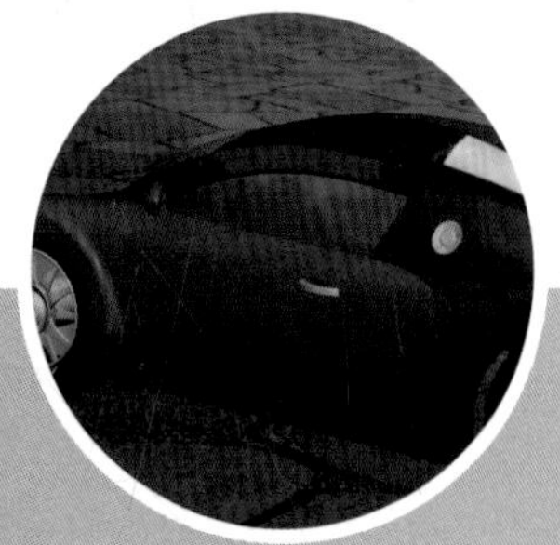

CAD/CAM/CAE 必学技能视频丛书

AutoCAD 2014必学技能100例

UG NX8.5必学技能100例

UG NX8.5数控加工必学技能100例

UG NX8.5模具设计必学技能100例

Pro/E Wildfire 5.0技能速成必学100例

CAD/CAM职场技能特训视频教程

UG NX8数控编程基本功特训（第2版）

UG NX8产品设计与工艺基本功特训（第2版）

PowerMILL 10.0数控编程基本功特训

SolidWorks 2013产品设计与工艺基本功特训

Cimatron E10.0三维设计与数控编程基本功特训

Pro/E Wildfire 5.0产品设计与工艺基本功特训（第2版）

AutoCAD 2012绘图技术实战特训

MasterCAM X5数控编程技术实战特训

PowerSHAPE 2013产品设计与分模技能特训

PowerMILL 10.0数控编程技术实战特训

Pro/E Wildfire 5.0分模技术实战特训

ISBN 978-7-121-22990-9

策划编辑：许存权
责任编辑：许存权
封面设计：朝天世纪

定价：59.00元
（含DVD光盘1张）